2011全国高等学校城市规划专业指导委员会年会
Proceedings of China Urban Planning Education Conference 2011

规划一级学科，教育一流人才

——2011全国高等学校城市规划专业指导委员会年会论文集

Planning Primary Discipline, Educating Qualified Planners

——Proceedings of China Urban Planning Education Conference 2011

全国高等学校城市规划专业指导委员会
云南大学城市建设与管理学院 编

中国建筑工业出版社

图书在版编目（CIP）数据

规划一级学科，教育一流人才——2011全国高等学校城市规划专业指导委员会年会论文集/全国高等学校城市规划专业指导委员会等编．北京：中国建筑工业出版社，2011.9

ISBN 978-7-112-13633-9

Ⅰ．①规… Ⅱ．①全… Ⅲ．①城市规划-教学研究-高等学校-文集 Ⅳ．①TU984-53

中国版本图书馆CIP数据核字（2011）第200098号

责任编辑：杨 虹
责任设计：陈 旭
责任校对：刘 钰 王雪竹

规划一级学科，教育一流人才
——2011 全国高等学校城市规划专业指导委员会年会论文集
Planning Primary Discipline, Educating Qualified Planners
——Proceedings of China Urban Planning Education Conference 2011

全国高等学校城市规划专业指导委员会
云南大学城市建设与管理学院 编

*

中国建筑工业出版社出版、发行（北京西郊百万庄）
各地新华书店、建筑书店经销
北京嘉泰利德公司制版
北京云浩印刷有限责任公司印刷

*

开本：889×1194 毫米 1/16 印张：$25^{1}/_{2}$ 字数：630 千字
2011 年 10 月第一版 2011 年 10 月第一次印刷
定价：65.00 元

ISBN 978-7-112-13633-9
(21409)

2011全国高等学校城市规划专业指导委员会年会论文集组织机构

主　　办　　单　　位：全国高等学校城市规划专业指导委员会

承　　办　　单　　位：云南大学城市建设与管理学院

论文集编委会主任委员：吴志强

论文集编委会副主任成员：（以姓氏笔画排列）

毛其智　石铁矛　石　楠　赵万民

论文集编委会成员：（以姓氏笔画排列）

王　兰　王培茗　王晓云　李　晖

李志英　汪洁泉　欧莹莹　赵　敏

郭建伟　撒　莹

序

城乡规划专业教育正面临一次新的历史性发展机遇和挑战。经国务院学位委员会第二十八次会议审议批准，国务院学位委员会、教育部于2011年3月8日公布了新版《学位授予和人才培养学科目录》。根据该目录，城乡规划学正式提升为一级学科，学科代码为0833。已有博士、硕士学位授权点将按新目录进行对应调整，学位授权审核及学位与研究生教育质量监督工作按照新目录进行。这标志并预示着城乡规划专业在深度和广度上的拓展；研究和教学的对象从城市扩展到乡村，从物质形态范畴为主体扩展到更广阔的城乡社会和经济范畴。

2011年城市规划专业指导委员会年会选择“规划一级学科，教育一流人才”为主题，并作为教研论文和年会论坛的核心议题。在一级学科的建设中，如何对现有教学方式和方法进行创新和改革，如何在中国快速城镇化和城市转型的背景下发展学科，如何培养一流的城市规划人才满足城乡建设的需要，都是未来专业指导委员会工作和全国城市规划教育界长期关键的命题。学科的教学和研究范畴需要拓展，推进城乡规划现实工作范围与教学研究范围的契合。学科建设需要固本开源，在明确以空间为核心的城市规划内涵的前提下，促进其他学科对城乡规划发展的贡献。升级为一级学科的城乡规划，是一个完整的知识体系；其学科结构需要合理设置，以培养一流的人才，满足社会需求。我们的城乡规划专业指导委员会将通过主题发言、讨论会和论文集等方式促进学科建设的稳步进行。

以“规划一级学科、培养一流人才”为题，本论文集是由来自全国33所院校的共93篇教研论文中挑选汇集，形成了学科建设、教学方法、理论教学和实践教学四个版块共71篇文章的文集。学科建设版块主要讨论城乡规划作为一级学科的教学研究内容的增加和调整；教学方法版块主要探讨如何使用新的技术方法开创新的教学模式；理论教学版块主要针对城乡规划专业中的理论课教学内容进行探索；实践教学版块主要探索总结在实践类课程中的教学内容与方式。四个方面的教研论文相互支撑，为调整和创新城市规划教学提供了指导意见。我国城市发展需要大量城乡规划人才，本书集中了对于人才培养的理论探索和实践总结，是城乡规划教育者的重要读物。

在这个城乡规划提升为一级学科的关键历史时刻，本次专业指导委员会年会的召开具有重大意义。感谢来自各大院校的教师出席会议，并踊跃投稿。相信我们的年会将越办越好，相信全国的规划学界对我们规划教育的研究会越来越全面和深入。专业指导委员会将为全国城乡规划教育提供更多的指导，拓宽委员会发挥作用的渠道，共同建设好城乡规划一级学科，推行中国城乡建设的和谐、可持续进程。

全国高校城市规划专业指导委员会主任委员

2011.9

目　　录

学科建设

教学方法

理论教学

实践教学

学科建设

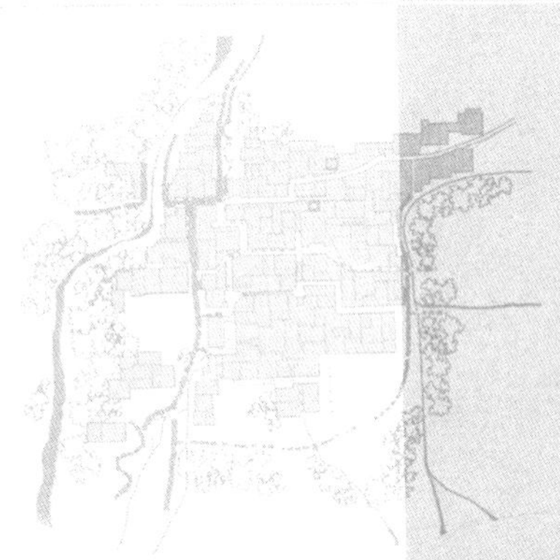

2011全国高等学校城市规划
专业指导委员会年会

基于城乡规划一级学科的城市规划专业教学改革的思考[1]

李和平　徐煜辉　聂晓晴

摘　要：当前“城乡规划学”一级学科成立的宏观背景下，城市规划本科专业教学体系必然面临调整、适应和创新、改革的要求。在此基础上，重庆大学建筑城规学院城市规划学科从分析目前人才培养的现实要求与学科发展的科学规律出发，梳理了本科专业教学体系存在的问题，借鉴国内同行院校的先进经验，从教改原则、方法框架、课程体系、教学环节、实践环节、教学方法等层面上提出适应自身需求的教学改革与创新体系，从而为构建城乡规划学科作出积极的探索。

关键词：城乡规划学，一级学科构建，城市规划专业，本科教学改革，重庆大学建筑城规学院

1　城市规划专业教育面临的现实背景

我国城市规划专业教育经过近60年的建设，已经成为我国城乡建设事业发展和人才培养战略目标的重要保障，支撑了我国城镇化健康发展和城乡和谐统一。重庆大学城市规划学科源于1935年创办的建筑系科，1958年创办并成为国内第二个城市规划学科，2007年被批准为第三个国家级重点学科（清华大学、同济大学、重庆大学）。目前已列入“211工程”重点建设学科，拥有“985工程”科技创新平台、山地城镇建设与新技术教育部重点实验室、城市规划与设计研究院（国家甲级）等研究平台，已经建成由中青年学术带头人为骨干，师资力量雄厚，学术梯队完整，专业和年龄构成合理的教学研究队伍。

1.1　我国城市规划专业人才的新要求

目前，全国开办城市规划专业的院校有180余所，基本涵盖了工科“建筑学”背景、理科“区域与城市规划”背景、农林科“农业区划或林业规划”背景、人文社科“地理学或旅游学”背景等，但截止2010年5月全国通过城市规划专业评估的院校仅26所[2]，尚不足1/7。

随着中国城乡规划事业的迅猛推进，当前城市建设的复杂性、社会性、经济性、文化性、技术性等现实需求，使得城市规划专业人才由主要培养“工程型人才”的目标逐步向“复合型人才”、“创新型人才”、“实践型人才”、“社会型人才”的“四才”体系变迁[3]，对原来的教学培养目标与实践教育环节提出了新要求。

1.2　“城乡规划学”成为一级学科的新目标

我国传统城市规划学科脱胎于建筑学，在“计划经济”制度框架下，蓝图式的物质空间规划是城市规划学科的主要内容。之后，随着城市经济体制转轨、社会阶层不断分化，前所未有的城市化以及由此引发的生态环境、社会公平、公众参与、经济发展等问题，城乡规划学科已经“远远跨出了原建筑学一级学科的学科范围。

---

[1] 基金项目：2011年度重庆市高等教育教学改革研究重大项目（111012）。

[2] 高校城市规划专业评估通过学校和有效期情况统计，《城市规划》，2010年第34卷第6期。

[3] “复合型人才”指适应城乡规划要求的技术、管理与实施型的全面人才；“创新型人才”是指能够经过理性分析和逻辑归纳，寻找出问题缘由，提出创新解决办法的人才；“实践型人才”是指具备正确的价值观和沟通协调能力，可以保证规划得以顺利实施的人才；“社会型人才”是指以城乡社会经济发展与人居环境为研究对象，能够对城乡规划全面认知，具备发现社会问题能力的人才。

李和平：重庆大学建筑城规学院教授
徐煜辉：重庆大学建筑城规学院副教授
聂晓晴：重庆大学建筑城规学院副教授

将城乡规划学作为独立的一级学科进行设置和建设，是我国国情所在，是从传统的建筑工程类模式迈向社会主义市场经济综合发展模式的需求，是中国特色城镇化道路的客观需要，也是中国城乡建设事业发展和人才培养与国际接轨的需要"❶。据此，国务院学位委员会和教育部于2011年4月批准印发了《学位授予和人才培养学科目录（2011年）》，将"城乡规划学"从原"建筑学"一级学科中拆分出来，形成新的一级学科，也适应了国际城市规划学科的发展趋势。

城乡规划学科的建立，表明城乡规划"已从物质形态进入社会科学领域"❷，从社会发展与人才知识结构的需要来说，必然需要产生新的体系变革（表1）。

现代城乡规划学科理念变革　　表1

比较内容	传统城市规划学科	现代城乡规划学科
研究内容	城市物质空间形体	城乡社会经济和城乡物质空间发展
研究方法	城市空间发展构成	社会经济发展和物质空间形态的科学统一
研究理念	空间视觉审美和工程技术	区域与城市社会经济和物质空间的融贯和协调
学科门类	建筑工程类学科（工学）	城乡统筹的人居环境大学科（城乡规划、建筑学、风景园林学）

资料来源：《增设"城乡规划学"为一级学科论证报告》，国务院学位委员会办公室、住房和城乡建设部人事司．

1.3 国内城市规划专业教育改革的新试点

重庆大学城市规划专业利用学校地处西部山地、多民族聚居、历史文化丰富的环境条件，自1984年后逐步对传统教育模式实行全面改革，突出自然、经济、文化和社会地域特征，探索地域性教育之路。在教学体系建设中，先后多次对教学大纲、计划和内容作了多次不同程度的修订：通过调配课程、改变教学结构、调整学时、突出课程重点、增设新课等，补充、加重与山地区域的建设与发展联系紧密的新课程，或在现有课程中增加适应西部山地社会、经济、文化发展的专业知识讲授内容，使学生在掌握建筑学和城市规划的基本原理和设计方法的同时，了解、熟悉和掌握西部山地人居环境建设的基本理论和方法。

几乎同期，不仅"老八校"，其他国内众多城市规划院校也在进行着极具自身特色的教学改革与创新，各种改革模式分别适应了不同目标下的利益诉求。去年，中国城市规划学会主办的《站点2010：全国城市规划专业基础教学研讨会》也第一次将城市规划基础教育与改革的重要性提到了学科发展的高度上，西安建筑科技大学等一批已经先期进行此项创新改革的学校，展示了其相当优秀的成果。面对如火如荼的教学改革浪潮，重庆大学城市规划专业必须站在地区与学校的高度，认真审视规划教学发展的未来局面，提前布局，细致谋划，从社会需求与学科发展的高度适应性地来创新课程体系建设工作。

2 当前城市规划专业教学体系存在的问题

2.1 城市规划专业教学体系与人才培养环节存在的问题

重庆大学城市规划专业目前在一些教学环节还延续了传统"物质规划"的教学思路，与一级学科建设目标与发展方向存在一些差距，具体表现在以下几个方面：

第一，过于重视物质空间教学训练，忽视社会经济空间的扩展认知。例如，现有的设计课程教学实践环节阶段顺序不合理，一、二年级过于重复的"类型"建筑设计训练在猛然转入三年级的城市规划设计课程后，学生们往往会短时期内陷入"城市规划是规模扩大的建筑设计"认识误区，不能尽快扩展城市社会问题的洞察力。

第二，过于注重技术工具的运用，忽视综合能力的融会贯通。尽管在交叉学科理论教学中对理性分析城市问题的技术工具进行了讲解，但是在设计课程中却没有被学生主动地运用起来，其结果是普遍缺乏理性分析技能，且在涉及城乡规划公共政策协调沟通能力方面的教学环节存有不足。

❶ 关于广泛征求《增设"城乡规划学"为一级学科论证报告》意见的函，中国城市规划学会，http：//www.planning.org.cn/news/shownews.asp?id=232.

❷《增设"城乡规划学"为一级学科论证报告》，国务院学位委员会办公室、住房和城乡建设部人事司，2011。

第三，部分教师对课程体系化认识程度不深，没有按照教学环节层层递进，或过于遵循传统建筑类教育“师徒技艺传承”的教学方法，忽视学生全面思维能力的发展。

2.2 同行成功经验的启示

回顾当前国内院校的教学改革，基本上都是围绕培养学生的思维能力、理性分析技能、正确价值观和沟通协调能力的教学主线展开的，回应了城乡规划学科变革对城市规划教学提出的新要求。其成功之处总结为以下几点：

第一，重视城市认知能力培养。城市规划专业教学由传统的空间形态和工程技术领域逐步进入到社会、经济、文化、区域、生态、政策、管理等多学科领域的交叉和融合，必须增加设置有全球化视野及关注社会经济、区域及城市发展、生态环境保护、公共政策等的课程，同时注重地域化特点，让学生全面了解城市规划的本质、规划本身的运作机制、相关学科对城市规划的影响等知识，获得对城乡规划的全面认知。

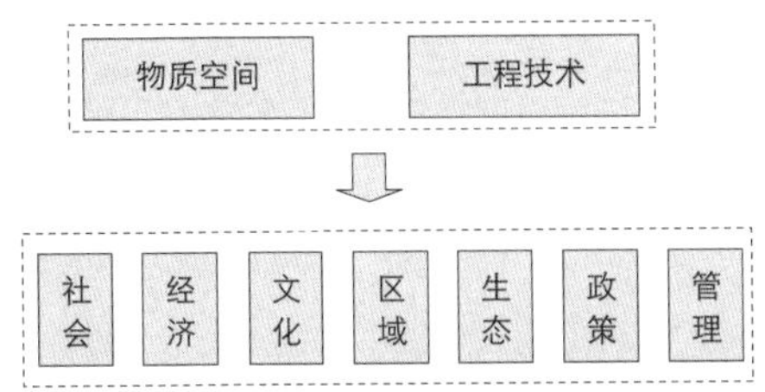

图 1　重视城市认知能力教育

第二，注重从技术工具运用到提升调查与分析能力、设计能力、自学能力、表达能力的综合专业技能培养。

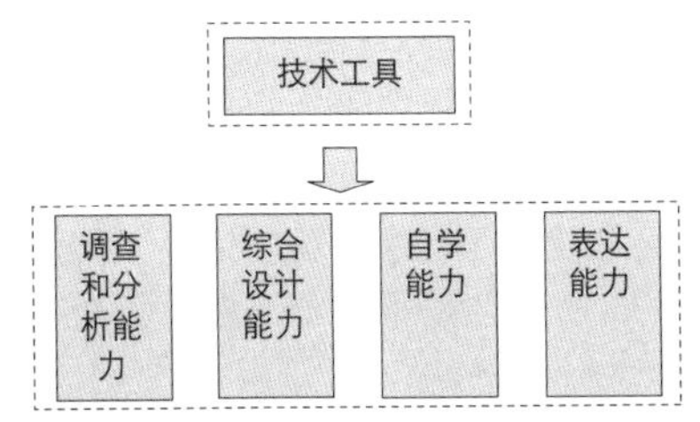

图 2　提升综合专业技能教育

第三，培养学生建立优良的人格素质，从个人价值观逐步升华到社会价值观、职业道德观、团队整体意识。

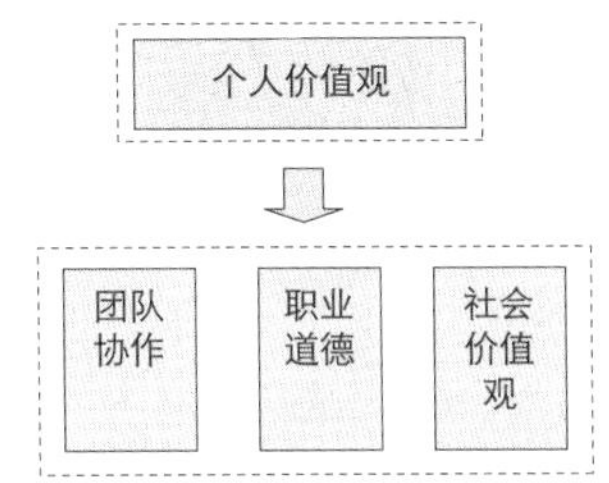

图 3　升华人格素质教育

3　城市规划专业教学体系改革设想

3.1　教改原则

学科建设特色：以学科建设为龙头，注重多学科交叉的培养模式——发挥学院整体实力，建构城市规划与建筑学、风景园林相融合的教学机制，实现教学资源的优化与共享，拓展学生的专业知识面与学习视野。

课程体系特色：以核心课程为主线，形成多个特色教学课程群——构建 5 门具有特色的大课程系列；通过产学研结合，及时转化前沿学术与实践成果提高教学内容的综合性与研究性内涵，培养学生发现问题、解决问题的综合能力。

教学模式特色：围绕基础知识强化与创新能力培养两个主题——从类型教学向目标教学的转变，强调学生专业知识运用的综合性、合理性与逻辑性；明确阶段教学目标，教学评价体系由注重结果向注重过程转变。

教学方法特色：探索建立多元整合、地域特色突出的专业教育体系——积极开展国际国内的教学交流与合作，使学生具有宽广的学术视野和良好的人文素养；通过拓展社会性的教学内容，使城市规划的专业教学目标和成果贴近社会实际需求；注重山地规划与设计、区域规划、山地城市生态学及山地工程技术能力的培养。

3.2　方法框架

拟采用调查——分析——实践——再调查的循环模式，构建适应城乡规划一级学科体系的城市规划专业人

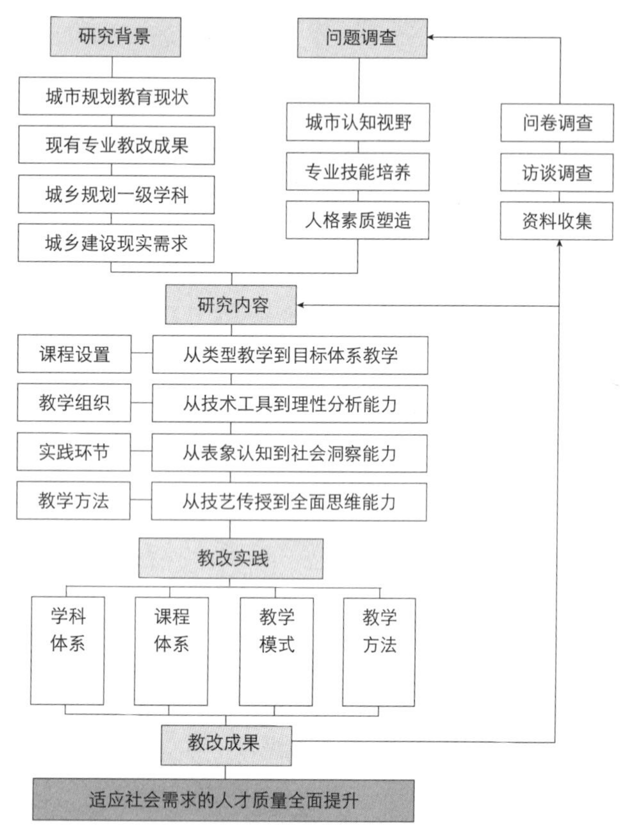

图 4 “重庆大学城市规划专业本科课程创新与实践”方法框架图

重庆大学建筑城规学院城市规划专业学生意见调查

城市规划专业各位同学：

城市规划系拟邀请你们围绕教学问题分批进行座谈，倾听学生意见，对近五年来教学课程设置、教学环节衔接、教学方式、教学改革等话题展开座谈，为成为一级学科以后的城市规划专业教学体系建设贡献你们的力量。座谈非常鼓励和期待富有实效性的批评和富有建设性的意见，为了提高座谈质量，先草拟几个问题给大家思考，但交流是开放性的，并不局限于下列议题。

1. 回顾你的一年级设计基础学习，你如何评价它在你五年学习当中的地位和作用？如果再做一回一年级新生，你希望教学上怎么切入城市规划或认识城市规划专业？你如何看待如果一些专业课程如规划原理和社会调查前置一年级？（是“开门见山好”还是“曲线救国”好？）
2. 回顾你的二年级建筑设计学习，你如何评价它与一年级基础教学和三年级专业教学的衔接？二年级学生的困惑和期待是什么？规划专业的建筑设计教学如何改革？是加强或维持或弱化，还是改变方式？
3. 回顾你的三年级居住空间设计（住宅和小区）和景观环境设计（场地、公园、校园）学习，你如何评价它与二年级建筑设计教学和四年级专业教学的衔接？回想三年级学生的困惑和期待是什么？
4. 回顾你的四年级法定规划（总规、控规、道路）和城市设计（新区、老区）学习，你有何评价和建议？
5. 你如何评价毕业实习的作用？时间是长了，短了还是合适？如果压缩实习时间，增加一些区域规划、发展战略规划等课程如何？
6. 你对五年级教学安排的建议？考研，出国，就业的实际需求与教学安排供给之间有什么冲突，如何协调？
7. 你对理论课教学有什么评价？你的期待是什么？
8. 目前理论课和设计课的相互关系有什么问题？你有什么建设性的回应？
9. 五年来，针对专业学习方面你最大的收获是什么？最大的不满是什么？最希望的愿景是什么？

你们可以将设想发至邮箱：　　　　，或者用纸质文件（署名与否自愿）送交任课教师或直接交与城市规划系各位系主任：　　　　。

谢谢你们的支持！

重庆大学建筑城规学院城市规划系

2011 年 5 月

图 5 重庆大学城市规划专业学生意见调查表

才教育体系（图 4、图 5）。

3.3 课程体系

建立从类型教学到完善目标教学的课程体系框架，重点以训练思维能力、社会洞察力、理性分析技能、沟通协调能力和空间设计技能为主线的主干课程体系改革，形成以规划设计课程为核心的渐进式课程体系。

逐步立足于不同层面的规划课程设计，进一步梳理和细化设计课程中的知识点，对各项能力的培养通过不同阶段的教学目标建立起有上下层层递进、由简到繁的能力和技能的训练。充分尊重同学在对城乡社会各种内在逻辑分析的前提下进行物质空间创作的尝试，同时将各种思维（逻辑思维、感性思维和创造性思维能力）的培养，根据阶段目标的不同灵活穿插于各门课程及教学环节中。

3.4 教学环节

建立从技术工具到提高理性分析技能的课程环节框架，近期重点集中于低年级“城市认知”的专业知识系统化环节。

在一、二年级的教学环节中，通过遵循“从局部到整体、从低层面到高层面、由内而外、由下及上”的客观认知规律，在原有“建筑设计基础”的建筑类课程内容中增加“城市认知”——城市规划基础训练环节，有利于学生从接触建筑初步知识的同时，就开始系统地、整体地认知城市，从而发现城市问题，形成对城市观察的敏锐洞察力。

在高年级的教学环节中，针对不同规划设计目标，培养利用文献、资料的能力，进行基本调查方法和分析技能的提升，掌握并运用于各规划设计课程内。

3.5 实践环节

建立从表象认知到提高社会洞察能力的实践环节框架，重点提高理论教学与社会实践的有机组织。

针对大学本科通识教育的宏观教学制度、城市规划立足社会服务的中观教学目标和学生学习实践的微观教学要求，学习同济大学等同行们的先进经验，拟对本科教学组织中的若干教学实践环节进行整合与提升，由以往单独进行的、长时间的规划院实习，增加结合城市认知课程、总体规划课程、社会调查报告课程、毕业设计课程的多次实践实习，并通过多形式的实践报告方式提升学生的书面、口头表达能力。

3.6 教学方法

建立从技艺传授到提高全面思维能力的教学方法框架，重点组织以价值观培养为目标的开放式教学。

同济大学采用资深教授、用人单位专家、非毕业设计指导教师共同参与毕业设计大组评图的教学方法是开放式教学的范例，能使学生获得更广阔的思维空间。我们拟通过依托各专业教师，吸纳校外教授、来访专家、城市管理者和职业规划师参与部分教学的方法，带来多元化的评价标准，同时也带来多元化的知识来源，有利于学生理解和体验作为公共政策设计者的角色定位，建立正确的城市规划价值体系。

4 结语

抓住“城乡规划学”一级学科成立的机遇，创新本科课程与实践，是全国高校所有城市规划专业必然面临的共同问题，是要具体结合学科发展渊源、原有课程体系、学校地域性条件和发展背景等，在实践中不断探索新理论与新方法的过程，可能不存在通用的法则，但必然存有科学价值的借鉴，我们只有反复完善、充分检验，才能实现学科建设与教学发展相互促进的目标。

主要参考文献

[1] 赵万民，李和平. 重庆大学当代地域性建筑教育［J］. 南方建筑，2011（08）.

[2] 徐煜辉，高芙蓉. 长风破浪会有时，直挂云帆济沧海——重庆大学城市规划与设计学科专业基础教学改革设想［M］. 站点 2010：全国城市规划专业基础教学研讨会论文集. 北京：中国建筑工业出版社，2010：47-52.

[3] 高校城市规划专业评估通过学校和有效期情况统计［J］. 城市规划，2010，（6）：54.

[4] 中国城市规划学会. 关于广泛征求《增设“城乡规划学”为一级学科论证报告》意见的函［R］，http：//www.planning.org.cn/news/shownews.asp?id=232.

[5] 国务院学位委员会办公室，住房和城乡建设部人事司. 增设“城乡规划学”为一级学科论证报告［R］，2011.

[6] 重庆大学建筑城规学院. 全国高等学校城市规划专业本科教育评估自评报告［R］，2010 年 .

The Thinking about Major of Urban Planning Education Reform Based on the First-subject of Urban and Rural Planning

Li Heping Xu Yuhui Nie Xiaoqing

Abstract: At the macro background that the first-subject establishment of urban and rural planning, the undergraduate teaching system of urban planning is to face the requirements of adjustment, adaptation and innovation, and reformation. On this basis, urban planning disciplines of the faculty of architecture and urban planning in Chongqing University has combined the problems of undergraduate teaching system, starting from analysis of the current requirements of training and the development of the subject of scientific laws, taking reference on the advanced experience of the domestic colleague colleges, this paper puts forward education reform and innovation system in aspects of educational reform principles, method framework, curriculum system, teaching procedure, practice links, teaching method, etc, so as to make a positive exploration on construction of urban and rural planning discipline.

Key Words: discipline of urban and rural planning, first-subject establishment, major of urban planning, education reform, faculty of architecture and urban planning of chongqing university

城乡规划一级学科下本科低年级设计基础教学思考❶①

高芙蓉②

摘　要： 跨入新世纪的第一个十年，城乡规划学脱离建筑学成为一级学科，是对城市复杂性的认同与回应，在此前提下，城市规划本科教育体系面临着迫切的改革与重构，低年级教学成为所有改革的基础。论文通过分析目前国内城市规划本科低年级设计基础教学现状找寻存在的问题，借鉴部分院校改革经验，对训练目的、改革方式和课程设置进行了思考。

关键词： 城乡规划学，一级学科，本科，低年级设计基础，教学

城市规划学科对国家与地区建设具有重要的意义，规划专业学生会成为未来的城市规划师，因此，城市规划本科教育不仅关系到个体人才的自我塑造，更关系到城市的发展与未来。我国正进入城市化快速发展阶段，对城乡规划人才的需求也十分强烈，城市规划专业教育面临的责任日趋重大。

跨入新世纪的第一个十年，城乡规划学脱离建筑学成为一级学科，是对城市复杂性的认同与回应，在此前提下，城市规划本科教育体系面临着迫切的改革与重构，低年级教学成为所有改革的基础。

1　城乡规划学一级学科概述

1.1　城乡规划学作为一级学科的重要意义

现代城市规划学科脱胎于建筑学，早期城市规划师多是建筑设计背景出身，这点在国内外情况都十分相似。但是伴随着社会经济的发展，城市系统变得越来越复杂，建筑学的学科体系和技术方式已远不能解决城市规划中出现的问题。在这种认知越来越明晰的前提下，城市规划作为一级学科体系具有明确的现实性，经过无数专家和学者的不断探讨，结合我国国情，城乡规划学终于成为与建筑学并行的一级学科，这标志着对城乡规划学的研究范围和研究独立性的肯定。

1.2　城乡规划学作为一级学科的历程

1.2.1　现代城市规划学科体系发展

工业革命带来了城市的快速扩张，同时带来了复杂的城市问题，在此过程中孕育了现代城市规划。早期的城市规划被视为建筑设计的自然延伸，尼格尔 · 泰勒[1]认为从二战以后到20世纪90年代西方现代城市规划经历了规划方法的变革以及规划重心的转移，在不断的批判与反省中，城市规划早已不再是早期单纯的空间设计，而走向了包含政治、经济、社会、生态等多方面内容的综合道路。

1.2.2　我国城市规划学科体系发展

我国城市规划学科设置分为“理科”和“工科”两类。1999年颁布的《普通高等学校本科专业培养目录》对城市规划专业的归属主要包括两个方面，理科城市规划归属地理科学类下的二级学科“资源环境与城乡规划管理”；工科城市规划归属土建类下的二级学科“城市规划”[2]。

2009年6月，国务院学位委员会办公室和教育部向全国相关部委和各学位授予单位发出“关于修订学位授予和人才培养学科目录”的通知，我国建筑学科中的建筑学、城市规划、风景园林学，纷纷提出关于设立一级学科的设想和建议。参与专家与行业领导们的一致认为：国家正处在社会经济大发展和城镇化高速建设时期，建筑学、城市规划、风景园林学是支撑我国城乡建设与

❶ 基金项目：2011年度重庆市高等教育教学改革研究重大项目（111012）

高芙蓉：重庆大学建筑城规学院讲师

发展的核心学科，当前以传统的建筑工程类型为主体设置的“建筑学”一级学科难以覆盖“三个学科”的建设内容和教育体系，也无法适应现代学科发展的客观需要。专家和领导们一致认为，在国务院学位委员会和教育部提出“修订学位授予和人才培养学科目录”的背景下，建设建筑学、城市规划、风景园林学三个学科各自成为一级学科是具有可能性、现实性和紧迫性的一件工作。[3]

2010年年底，城乡规划作为一级学科的努力终于成为现实，城乡规划自此开始其独立的学科设置。

1.3 城乡规划学作为一级学科的设置

城乡规划学作为一级学科，包含了城市与乡村的规划研究内容。下设六个二级学科：

（1）区域发展与规划；

（2）城乡规划与设计；

（3）住房与社区建设规划；

（4）城乡发展历史与遗产保护规划；

（5）城乡生态环境与基础设施规划；

（6）城乡规划管理。

2 现阶段国内本科城市规划低年级设计基础教学课程设置情况

2.1 目前国内城市规划低年级基础教学课程设置情况

中国目前的城市规划本科教育体系反映的主要是计划经济时期城市规划特征。在高度集中的计划经济时期，城市规划是实现计划的手段，规划主要是工程性和技术性领域的“物质性”设计，而非政策工具[4]。所以在城市规划本科教育中多以物质空间规划为主，训练的目的多是培养形态设计能力。城市规划培养的本科人才准确地说应该是“城市设计”类的人才，只是城市规划需求中的一类。

与之对应的低年级基础教学也呈现出偏重空间形态美学的情况。国内设置城市规划专业的高校中，多数学校城市规划与建筑学专业本科低年级教学课程设置基本相同：一年级以形态基础训练为主，二年级以建筑设计训练为主，一般到三年级才开始与规划有关的设计课程训练。图1为重庆大学城市规划专业一年级设计课程体系图。

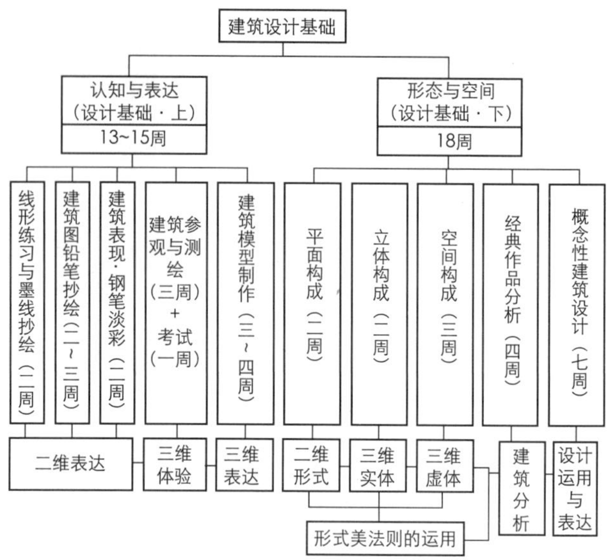

图1 城市规划专业一年级设计课程体系图[5]

2.2 低年级教学课程设置面临的问题

2.2.1 建筑学基础与规划、建筑、景观三位一体的综合基础之间的差距

目前的教学体系注重空间训练，一年级教学设置及教学题材选择基本是建筑设计方向的基础训练，二年级建筑设计更是建筑学训练方式，缺乏城市规划早期教育的必要内容，与城市规划专业发展方向未能很好对接，城市规划专业教育特色体现不足。

2.2.2 高年级学生反映低年级学习与高年级存在断层

在对规划高年级学生调查中普遍反映低年级学习存在断层，分析原因主要有以下几点：

（1）在低年级教学中未明确教学与城市规划专业学习的关系，学生因专业认知的缺失而没有学习方向和目标感，对于当前学习和未来工作的认知缺乏连贯感。

（2）基础教学与专业教学存在脱节现象，从低年级纯粹的建筑学教育一下子跨越到高年级的城市规划教育，学生在相当长一段时间难以适应。

2.2.3 目前的教学设置对学生的综合能力培养相对较弱

在城市规划专业工作中，有一批学生将来会从事城市建设的管理工作，需要很强的综合能力，但低年级的偏重建筑空间教学对学生的综合能力培养不足。

2.2.4　未能很好适应城乡规划一级学科发展的趋势

目前，我国城市规划专业正从以前的单纯关注物质空间塑造转向更为综合全面的城市问题研究。城乡规划一级学科和其下设的六个二级学科均体现了城乡规划的复杂性和综合性。为适应学科的这一发展趋势，在低年级教学中有必要加强培养学生树立更为科学的城市规划专业观。

3　国内高校城市规划专业设计基础教学改革的经验

为了适应国内规划市场需求，各高校城市规划专业教学都在进行不断的改革和尝试，其中基础教学部分也是探讨的热门内容。2010 年 6 月，城市规划专职委员会在西安组织召开了《全国城市规划专业基础教学研讨会》，各大院校介绍了本校城市规划基础教学改革的经验和方法，其中较为成熟的分为两种类型。

3.1　强调城市规划专业基础教学模式

西安建筑科技大学城市规划专业基础教学进行了大胆的改革和尝试，目前已经有了较为完整的体系，从图 2 中可以看出，低年级基础教学课程设置强调城市规划

阶段划分	课程名称	学时	学期	教学内容		能力及素质培养														
						全球与区域视野	规划方法程序	创造性思维	逻辑思维能力	工程设计能力	综合设计思维	调查分析能力	公共政策素质	职业道德与素养	作图基础技能	模型设计与制作	写作能力	社会交往能力	语言表达能力	团队协作能力
第一阶段	城市规划设计初步	224+k	一	专业技能与设计思维练习	专业概述	▲	△		△				△	▲						
					专业识图		△		△		△				▲					
					工程字 / 书法练习										●					
					专业技法 1（徒手 / 工具）										●					
					专业技法 2（快速表达）										●					
					平面构成			●							●					
					色彩构成			●							●					
					立体构成			●								●				
					材料构成							△				●				
			二		空间与尺度			●			△					●				
					小建筑测绘					△					●			△		▲
					名建筑（群）解析					△	△		△		▲	●			▲	●
					外部空间测绘					△		△			●			△		▲
					城市空间解析				△	△	△		▲		●				▲	●
					类城市空间设计			●	▲		▲			△	▲	●			△	
					数字与城市空间			▲	●			△			▲	▲			△	△
第二阶段	规划思维训练	109+k	三	城市 / 城市规划初步认知	城市认识论初步	▲	△		●				△	△			△			
					城市社会调查方法				●			●	△	▲			▲	●	●	●
					公共政策基础				▲			●	●	▲			●	▲	●	●
					系统 – 子系统规划		●	▲	●			▲	▲	△	●		▲	▲	△	●
					城市公共空间改造		●	●	▲	▲	▲	●	▲	△	●	▲	△	▲	△	▲

图 2　城市规划专业低年级课程体系及知识 – 能力矩阵（设计类专业基础课程）

阶段划分	课程名称	学时	学期	教学内容		能力及素质培养														
						全球与区域视野	规划方法程序	创造性思维	逻辑思维能力	工程设计能力	综合设计思维	调查分析能力	公共政策素质	职业道德与素养	作图基础技能	模型设计与制作	写作能力	社会交往能力	语言表达能力	团队协作能力
第三阶段	规划设计基础Ⅰ	48	四	城市规划管理下的建筑设计	规划设计条件制定		●		●			●	▲	●			●	●	▲	●
					小型公共建筑设计			●	▲	▲	▲			△	●	▲			△	
	规划设计基础Ⅱ	80+k	四	建筑计划学下的建筑设计	项目策划		▲	▲	●			●	▲	●			●	●	▲	▲
					中小型公共建筑设计			●	▲	▲	●			△	●	●			△	
	规划设计基础Ⅲ	120+2k	五	建筑设计方法	建筑存在与场地支持			▲	▲	●	▲				▲					
					行为需求与空间支持			●	▲	▲	△	▲			▲			▲	▲	
					空间建造与结构支持			●	▲	●	△				▲	●				
					建筑建构与材料支持			●	▲	●	△				▲	●				
					视觉意象与形式支持			●	△		△				▲	▲				
				综合建筑设计				▲	▲	●	●	▲		△	●	▲	△		△	

注 1. 后续专业设计类主要课程为：第 6 学期：居住环境规划设计（含住宅设计）；第 7 学期：城市总体规划；第 8 学期：控制性详细规划、城市公共中心规划设计；第 9 学期：场地设计、规划师业务实践；第 10 学期：毕业设计。

2. ●核心教学目标；▲主要教学目标；△一般教学目标。

图 2　城市规划专业低年级课程体系及知识 – 能力矩阵（设计类专业基础课程）（续图）

专业特征，注重对城市规划综合能力的统一训练，从一年级开始就确定了城市规划专业的自主学习方向，对城市规划专业学生的教学更多偏向城市空间和城市问题的研究，建筑设计成为城市规划教学整体中的一个部分。

3.2　强调综合专业设计基础教学模式

以同济大学为代表的城市规划专业基础教学强调同建筑学专业、规划专业、景观建筑专业和历史建筑保护专业统一平台。在基础教学中，主要训练学生的设计能力和分析问题的方法，里弄调查和城市调查等环节使城市规划的学生在低年级就对城市的复杂性有初步的认知，对建筑、环境和城市之间的关系开始了解。江南园林分析涉及景观教育基础，对城市规划专业学生的学习也是必要的。

4　城乡规划一级学科下本科低年级设计基础教学思考

4.1　训练目的："单一"专业基础与"综合"专业基础

在城市规划低年级基础教学改革中，必须明确基础训练的目的：是单一的专业基础还是综合的专业基础？单一专业基础指的是针对建筑空间训练或者城市规划专业训练的基础，训练的目标指向单一但十分明确。综合专业基础是指"建筑—景观—城市规划"共同的基础，在低年级教学中不确定目标指向，到高年级再分专业训练。

因为课程设置的总量是一定的，两种训练目的各有利弊：单一的专业基础训练可以某一方向使训练更加深入，但其他方向训练相对较弱；综合专业基础训练使学生对"建筑—景观—城市规划"初步综合了解，但相对认识较浅。

"综合性"是城市规划专业学科发展的重要特征，从这个角度来，城市规划专业低年级基础训练也应强调综合性，在课程设置中，建筑—景观—城市规划基础训练都是不可缺少的，但是，必须强调的一点是，城市规划的综合观确立，要让学生从最初就认识到所有的训练均是城市规划专业综合技能培养的基础，这是十分重要的。

4.2 改革方式："重构"与"渐进"

在城市规划低年级基础教学改革中，必须明确的第二个问题是改革的方式：激进的重构还是保守的渐进？前者强调对目前教学体系大刀阔斧的改革，彻底但却冒险；后者强调采用"小步快跑"的方式改革，稳妥但是缓慢。

教学改革对于学生的培养影响巨大，在改革中必须慎重，对低年级基础教学方案优化建议采用在与现有教学设置不冲突的情况下针对每一个课题设置进行研究，加入城市规划基础内容，采用"保持培养目标，改进培养方式"的方法，一步一步进行优化。这样既可避免激进改革带来的风险，又可以通过上一个课题的优化反馈意见及时修改下一个课题的优化方式。并且低年级教学改革应与高年级教学无缝衔接，这就需要在教改过程中统一考虑本科教学课程设置，根据高年级教学反馈及时调整低年级基础教学课程设置。

4.3 低年级设计基础教学课程设置建议

结合目前国内城市规划专业低年级设计基础教学现状及相关研究，对课程框架提出以下建议（图3）。课程设置按照"二维图纸认知与表现——三维空间认知——形式美法则设计基础——空间设计运用与表达"的逻辑顺序组织。

二维图纸认知与表现主要包含建筑制图与表现，训练的目的是使学生了解建筑制图规范和建筑表现方式，课题设置以建筑抄绘为主。

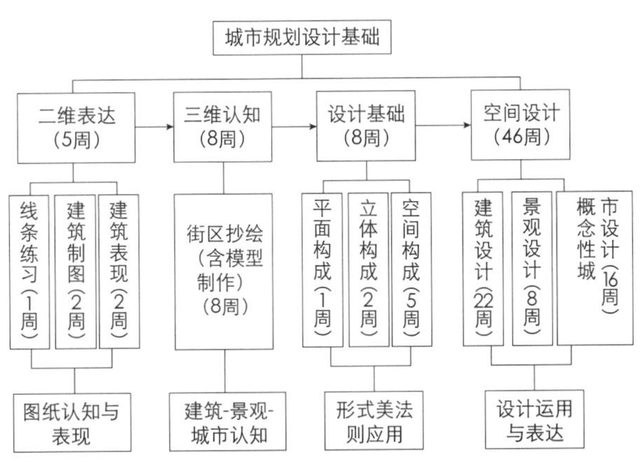

图3 低年级设计基础教学课程设置建议

三维空间认知主要包含建筑、景观、城市空间认知，训练目的是使学生对建筑、景观、城市空间直观认知，课题设置以城市参观和测绘为主，表达方式为图纸和模型。

形式美法则设计基础主要包含三大构成，训练目的是使学生掌握形式美法则应用，课题设置应具有连贯性。

空间设计运用与表达包含建筑、景观和概念性城市设计。建筑设计包含准建筑设计和3个小型建筑设计，每个设计课题时间相对于建筑学教学时间短（5周左右），选择不同类型，教学目的主要是掌握建筑设计的一般方法；景观设计结合空间构成，分为经典园林分析、景观小品设计和公园设计，教学目的主要是了解并掌握景观设计的一般方法；概念性城市设计分为类城市空间设计和数字空间解析[6]，属于城市设计基础，教学目的为了解城市空间和各项控制性指标之间的关系。

5 结语

5.1 基础教学中设计课应和理论课结合设置

城市规划本科低年级基础教学分为设计基础和理论基础两部分，二者需有效结合方能保证教学体系的完整。城市规划理论基础课程主要以城市与规划认知为主，结合设计基础课程，使得学生在低年级就能形成一种综合的城市规划观。

5.2 因地制宜，突出各城市规划学院特色

不同的学校城市规划的办学基础不同，在城市规划教学体系构建中，应强化特色，突出重点，有利于在全国范围内的城市规划专业的综合发展。目前国内城市规划院校大致可分三类：以建筑学为基础的城市规划专业，应在强调城市规划学科交叉基础上保持"设计"优势；以地理学为基础的城市规划专业保持"区域规划"特长；其他类城市规划院校可以向城市社会和公共政策等方向发展。

5.3 改革固有的压力

改革必然会面临诸多阻力，社会的前进无不是建

立在改革派和保守派的不断论战之上。改革也是一种试错的过程，在不断的经验总结中向前推进。城市规划教育体系改革必然也面临体制改革固有的压力，改革派与保守派的论战不是始于近日，也不会止于明日。城乡规划一级学科的确立必然是城市规划教育体系改革的一剂强行针，在此机遇下，需要无数城市规划学者的共同努力，来推动中国城市规划学科教育体系的健康发展。

注释

① 城市规划本科基础教育包含设计基础和理论基础，本文主要研究设计基础课程设置问题，仅在结语中涉及理论基础课程设置。低年级指的是城市规划 1、2 年级教学。

② 论文中部分内容源自重庆大学建筑城规学院城市规划专业低年级基础教学组讨论内容，低年级基础教学组成员为高芙蓉、张辉、戴严、徐苗等。

主要参考文献

[1] 尼格尔 · 泰勒著,1945 年后西方城市规划思想流变[M]. 李白玉，陈贞译. 北京：中国建筑工业出版社，2006.

[2] 谭少华，倪绍祥. 城市规划应作为一级学科建设的构想[J]. 城市规划汇刊，2002，(1)：53-55.

[3] 赵万民，赵民，毛其智等. 关于“城乡规划学”作为一级学科建设的学术思考[J]. 城市规划，2010，(6)：46-54.

[4] 赵民. “公共政策”导向下“城市规划教育”的若干思考[J]. 规划师，2009，(1)：17-18.

[5] 徐煜辉，高芙蓉. 长风破浪会有时，直挂云帆济沧海—重庆大学城市规划与设计学科专业基础教学改革设想. 全国城市规划专业基础教学研讨会论文集[C]. 北京：中国建筑工业出版社，2010：47-52.

[6] 段德罡，白宁，王瑾. 学科导向&办学背景—城市规划低年级专业基础课课程体系构建. 全国城市规划专业基础教学研讨会论文集[C]. 北京：中国建筑工业出版社，2010：18-24.

The Consideration of the Basic Teaching Course of Low-grade Design under the First level discipline Study of Urban and Rural Planning

Gao Furong

Abstract: It is recognition and response to complexity of city that the study of urban and rural planning beestablished and developed as an independent first leveldiscipline.In this context, Urban planning undergraduate education system is facing an urgent reform and reconstruction, and low-grade teaching course is regarded as the basis for all reform.The paper finds problems of urban planning based undergraduate teaching course by analyzing the current situation, and learn from the reform experience of some institutions, and then thinks about training purposes, methods and curriculum reform.

Key Words: study of urban and rural planning, first level discipline, undergraduate course, low-grade foundation design course, teaching course

城规专业学生能力结构的雷达圈层模型研究[1]

杨俊宴

摘　要：本文在设计专业教育的研究方面展开持续深入的剖析，系统阐述了在学科交融的新形势下，城市规划专业教育中复合能力培养的方向转型。在大量第一手积累资料和教育培养经验的基础上，对设计专业学生的深度剖析能力、横向归纳能力、组织负责能力、独立思考能力、架构完成能力、创新设计能力、图形表达能力等各个类别进行深入研究，并在学生的复合能力培养途径方面提出"能力结构雷达圈层模型"等教学评价技术，以一体化的教学大纲、主题化的教学单元、理性化的教学专题、整体化的教学考核和多元化的教学表达作为主要培养方法，将城市规划教学和职业能力培养有机地融合。

关键词：城市规划，教学体系，能力结构，雷达圈层模型

1　学科转型与城市规划教学体系的能力培养

1.1　城市社会整体规划的转型拓展了城市规划教学体系的知识内涵

现代城市规划学科的产生以 1989 年霍华德的《明天：一条通向真正变革的和平道路》(Tomorrow: a Peaceful Path towards Real Reform) 专著出版为标志，当时城市规划的重点是偏重物质形态的土地利用规划。随着当代城市发展决策的民主化，城市规划逐渐向多元化、整体化的多学科规划发展，产业经济、历史文化、景观形态等非物质空间要素作为城市核心竞争力的重要组成部分，日益受到规划者的关注，城市规划也逐步吸收城市社会整体发展思想，规划对象不再局限于土地等物质空间本身，而是延伸到生态、文化、经济、历史等领域。

虽然城市规划的外延与内涵不断地扩大，城市规划的重心也逐渐偏向社会、经济、环境与地域发展，但规划师的复合能力始终是城市规划教学的重要内容。纵观百年来的城市规划理论演进，规划师综合全面的能力始终是城市规划学科教育的支柱之一，特别是近年来城市规划学科交融的趋向，使人们又重新认识到复合能力在城市规划教育中的重要地位，相应的城市规划教学体系如何适应形式的发展亦值得思考。

1.2　我国高速城市化的发展转型提升了城市规划教学体系的实践意义

从古至今城市规划一直在城市建设活动中起着重要的作用，特别在工业革命之后，城市生活、结构、形象发生了巨大的变化，经济的增长、技术的进步促进了城市的快速发展，也催生了现代城市规划学科的发展与成熟，1960 年代后，欧美城市机体的高度复杂化和大规模的开发建设使得城市规划发展成为相对独立的学科领域。目前我国城市化的飞速发展带来了对城市规划方面的人才的大量需求，近年来，随着我国城市化进入中后期的发展转型，城市规划在城市建设中的前期指导性越来越强，这也要求设计者不仅熟知城市规划的内容，更要具备建筑设计的知识与能力、同时还应具备与经济、工程、环境生态等多方面专业人员合作的团队意识等多种复合能力。新的规划需求需要我们用新的眼光来重新审视城市规划教育，建立新的城市规划教学体系，使城市规划教育适应于城市建设的各阶段需求。这些对当前以各类规划课程为主导的专业教育提出了新的任务和难

❶ 基金项目：国家自然科学基金（项目号：50878046）；教育部新世纪优秀人才项目（NCET-08-0114）。

杨俊宴：东南大学建筑学院教授

规划教学的学科基础分类 表1

学科基础	课程培养体系	学科特色	代表院校	规划教学重点
建筑学	建筑设计－基础设施规划－城市交通规划－城市历史－城市形态	空间设计能力强 美学观念深 工程规划齐全 创造性思维活跃	同济大学 清华大学 东南大学 天津大学 重庆大学 华南理工大学	城市用地布局 城市空间形态 城市详细规划 城市设计
地理学	城市地理－产业经济－规划法规－城乡规划	数据分析能力强 宏观经济发展判断 数字技术水平高 逻辑性思维强	北京大学 南京大学 中山大学 华东师范大学	城市性质与规模 城市用地布局 城市产业发展 城市交通发展
农林学	园林绿化－景观规划－生态规划－城乡规划	城市生态环境规划能力强 大地景观规划设计	北京林业大学 华南农业大学 南京林业大学	城市用地布局 城市生态保护 城市绿地规划

资料来源：作者根据相关文献整理．

题，为了适应国家的建设需求，完善我国自身的城市规划课程体系的研究，明确城市规划教学培养目标与重点，建立能力培养导向的教学方法已成为迫切的任务。

1.3 学科基础的交融加深了城市规划教学体系的能力需求

我国目前开设城市规划教学的高校已经超过100所，城市规划教育基本上分为三种类型，一种是由地理学科发展而来，注重城市发展中的经济、社会及等问题，侧重于从更为宏观的角度探讨城市自身及其与地域的关系；第二种由建筑学科发展而来，注重城市的物质形态与工程技术方法等，侧重于解决城市空间形态和工程技术问题；第三种由农林学科发展而来，注重城市发展中生态环境的保育关系（表1）。

这三种教育模式之间缺乏密切的联系，并且相互之间都存在着大量的工作空白。2011年城市规划学科正式成为一级学科，在新的形势下，建立新的以复合能力培养为核心的城市规划教学体系，必将对我国的城市规划一级学科建设起到巩固和发展的作用。

2 城市规划学生的能力类型解析

社会各界从观念上、实践中都认识到了城市规划师的复合能力在实践方面的重要作用，也对高校的教育提出了更高的要求，相应的城市规划教学计划安排不应当仅仅停留在规划知识的学习与设计手法的探讨层面上，而应强调规划专业学生完善的能力结构培养。其系统训练完全可以并且应该从本科教育开始，贯穿硕博研究生的高端培养阶段，建构完整的专业复合能力结构。

对于规划专业学生而言，其知识结构意味着熟悉各种规划和专业理论，这些知识可以通过学习理论书籍、专业课程和参与相关规划获得；而其完善的复合能力结构则要通过规划设计和各类课程中的调研、分析、沟通、组织、设计、表达等步骤，在学习中逐步构筑，完善的能力结构包括四项基础能力群和继续深化的十二项高端能力群组成（图1）。

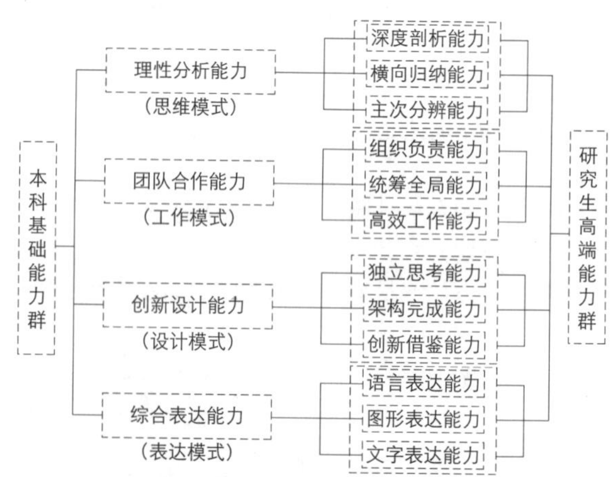

图1 规划专业复合能力群的构成

资料来源：作者绘制．

2.1 理性分析能力群

当前城市规划理论的转型首先体现在从感性设计理论向理性规划理论的拓展。尤其在大尺度城市规划中，以理性分析和科学决策为基调，重视规划设计的严密性和方法的科学性，这成为学界普遍认可的规划技术路线。

在城市规划教学中，同样要培养学生在设计过程中的理性分析能力，主要体现在两个方面：一是善于理性全面地分析相关案例（Case Study），借鉴 MBA 课程的教学方法，通过大量案例分析说明设计对象的现象与问题，总结城市规划经验与教训，为城市规划的课程学习奠定理论基础和积累实证借鉴。二是善于运用数字技术深入分析空间构成规律，空间调查、数据统计、判断预测是必须掌握的技能，应用 Mapinfo 和 Arcview 等 GIS 软件和 Excel、Spss 等数据优化软件，分析地形空间信息，处理数据表格，为复杂现状的城市规划提供重要依据，提高设计的科学性。

2.2 创新设计能力群

在空间形态设计方面，城市规划教学又十分注重培养学生的创新设计能力。只会规划设计理论和逻辑分析是不够的，更重要的是将前期的结论应用到城市规划结果中去，对空间结构的组织、空间序列的设计和空间节点的处理都离不开学生的设计灵感，创新是贯彻在设计课程始终的重要教学要求。

理性分析能力群的构成 表2

理性分析能力群	能力解析	具体描述
深度剖析能力	透过现象看本质，从复杂的城市现象中揭示深层次规律，通过理论素养的培育和定量化数据的增加看问题的深刻性和精确性	（1）从政治、经济、文化等内层驱动来分析空间、交通、景观等外显问题 （2）根据事物发展的流程，以时间为纬度，采用类似“分解物理过程”的方法，将一个具体问题逐步逆向流程解析
横向归纳能力	从实践中寻找规律性的特征，通过技术分析抽象成理论规律，剖析原理以揭示内部深层次原因，进而深入分析归纳为某种抽象理论类型，在此基础上分析同类型的做法，得出结论	（1）由点到面，寻找同类——视野 （2）搜寻文献，发掘技术——途径 （3）归纳模式，揭示规律——方法 （4）延伸分析，理论抽象——意识
主次分辨能力	在繁重的规划事务中区分问题的轻重，在面对众多类型需求时候，迅速分清主次，规划抓住重点，视野长远	（1）甄别紧要的和重要的需求，抓住关键处，重点突破 （2）切忌平均分配时间、眉毛胡子一把抓，什么都想做最后什么都做不好

资料来源：作者编制.

创新设计能力群的构成 表3

创新设计能力群	能力解析	具体描述
创新借鉴能力	善于充分利用归纳和学习借鉴既有优秀规划理论、规划技术和规划成果，在城市规划的各阶段不断创新，从不同的角度建构自己的规划成果	（1）善于总结归纳既有成果，整理和建立自己的成果库，在此基础上不断突破 （2）抓住创新设计的文化、社会、政策、科技以及空间等角度，寻求规划项目的独特切入角度
构架完成能力	在规划分析或者规划设计的过程中，明确阶段性的目标方向，能在较短时间内制定方法，完成既定目标，做完整成果	（1）会谋划：做几种可能的途径，都尝试一下，加上自己的判断，再给导师选择并指导，让指导老师做“选择题”，而不是做“填空题”，更不是做“问答题” （2）会求助：遇到问题不能退缩，找各种帮手解决技术难题，自己突破
独立思考能力	在规划专业方面有独立判断和学术主见，能够做到独立思考，独立分析，独立设计，进而提出自己的价值观和专业判断	（1）敢于假设：提出可能的空间形态规律，在理性分析文献资料的基础上，不断提出可能的假设，并证真或者证伪 （2）善于假设：规划中要“大胆假设，小心求证”，充分利用自己丰富的专业经验、良好的直觉判断制定合理的规律假设

资料来源：作者编制.

同时在课程设置上应突出城市规划型人才的培养特色，有足够的市政设施、交通组织、竖向设计等工程技术的支撑，学会动静交通规划、场地设计、土方平衡计算等基本技能，从而支撑其在城市规划进程中的创新。

2.3 团队合作能力群

城市规划是一门需要多学科、多工种合作完成的工作，复杂的现场调研、问卷分析、专题研究、空间设计、专项规划、细部处理和后期表现需要多人的配合完成，团队精神和合作意识对于一个合格的规划师是必不可少的。因此在教学过程中，应加强学生团队合作的学习，妥善处理好设计过程中出现的各种矛盾、分歧，协调不同设计观点。

在能力培养教学中，要避免两种不良倾向：一枝独大的模式会使其他学生长期处于配合地位，各种能力得不到充分培养；各持己见的模式会导致学生争执过多影响正常的进度安排，甚至影响同学之间的关系。这些倾向都应在教学过程中及时发现和处理，对于一边倒的团队，要经常提点不同观点，引发学生之间的观点争论，对于固执己见的团队，要经常说服学生做出判断，引导团队朝共同的设计目标进发，并避免将学术观点的争执延伸到其他方面。通过大量观点的争执与解决，学生逐渐养成互相尊重、互相协调、互相融合的意识，学会求同存异、共同工作的技能。

团队合作能力群的构成 表4

团队合作能力群	能力解析	具体描述
组织负责能力	能够领导一个专业团队，建立适应不同规划项目的方法程序，处理好规划团队中的人力统筹安排，组织协调规划进程中的各类问题	(1)具备独当一面的办事能力灵活应变，综合协调各类资源 (2)具备规划项目的组织与领导能力，多谋多思，勇于判断
统筹全局能力	具备全局意识和统筹协调力，善于跳出个人所承担的局部工作来分析整个项目的需求，进而调整和提升自己下一步的工作计划与目标	(1)避免局限在自己所承担的工作范围内，要“主动出击” (2)明晰整个规划的全过程，各个环节需要的资料、技术与成果
高效工作能力	在城市规划的复杂脑力工作中，培养多种工作习惯，让大脑更多时间处在专注状态，提高工作效率	(1)聚精会神：思虑单纯的习惯 (2)有条不紊：制订计划的习惯 (3)熟练工作：分割模块的习惯 (4)踩准节奏：顺应时间的习惯 (5)多元操作：任务轮回的习惯 (6)场所精神：心理暗示的习惯 (7)终生体育：身体锻炼的习惯

资料来源：作者编制.

2.4 综合表达能力群

规划专业的综合性决定了设计者需要有较强的综合表达能力，城市规划的方案介绍非常重要，规划设计的概念是否明晰，成果表达是否全面、语言介绍是否具有感染力，往往决定了规划设计的结果成败。尤其在信息技术发达的今天，虚拟现实（VR）、电脑动画（CG）、影像汇报（PPT）等多媒体手段成为规划设计表达的新模式，也是学生应当学习的重点。综合表达能力群的培养包括口头表达能力、文字表达能力和图纸表达能力（包括模型表达技能和多媒体表达技能等）。

这些技能并不是只在城市规划的最终成果中出现，而是贯彻于课程教学的各个时期，通过月评、中评等教学节点考核，在教学大纲的安排下统一进行，学生在教师的指导下可以完整体会不同表达模式对设计方案的影响，最终决定最适合自己规划成果的表达模式。

综合表达能力群的构成 表5

综合表达能力群	能力解析	具体描述
语言表达能力	能够明确地表达自己的观点和规划项目思路，口齿清晰，语言流畅，通过客观理性的逻辑思维和语言表述，全面展示规划成果的特色与优点，得到大家的认同	(1)层次全面的表达逻辑 (2)条理清晰的专业思维 (3)不卑不亢的谈吐态度 (4)主次分明的语言表述
图形表达能力	通过手绘、平面、三维、动态等多种图形表现技术，全面表现规划成果的各个方面特色，达到设计者和观看者的双向有效沟通	(1)各种形式的手绘技能 (2)各种软件的综合表达技能 (3)各种多媒体表达技能 (4)不同表达方式间的转换手段
文字表达能力	以文字的形式缜密地表达自己的专业观点和看法，提纲挈领，简洁明了，行文规范	(1)规划设计说明与文本写作 (2)调研分析报告写作 (3)专业论文写作

资料来源：作者编制．

3 能力结构雷达圈层模型

依据城市规划专业人才的能力特征内涵，将专业人才的复合能力分为理性分析能力、团队合作能力、创新设计能力、综合表达能力群指标，在此基础上建立四象限的矩阵，进一步将四类能力群分解为12项能力指标。根据学生能力发展的实际情况，并以原点出发划分12个均等的扇区，分别对应十二个能力扩展方向，以此为基础对各个扇区内能力水平与增量进行评价打分，作为确定其不同能力结构的依据。其中创新借鉴能力、组织负责能力、架构完成能力和文字表达能力为骨干能力（10分），其余8项能力为一般能力（8分）。

同时，采用圈层分析法的图解分形技术，以特定分析对象几何中心为圆心，根据对象不同能力水平和分析要求，以不同半径、相同间距做向外扩散的同心圆，两个相邻圆之间就自然形成了不同能力数值的圈层。在此基础上，就可以对各圈层的能力数据进行统计、分析，来研究不同学生各类能力结构情况，或分析同一学生不同时期能力结构变化，进而得出类似雷达表的规律心态。采用这种分析法最终形成的雷达表图，可以分析学生各项专业能力的分布变化趋势及各圈层能力结构的转变，并在此基础上建构了复合能力的定量圈层评价模型（图2）。

按照各项能力节点在象限内的位置及变化趋势的划分，根据雷达圈层模型的形态特征，形成了能力结构分析的基本应用法则。依据各项能力指标的表现和位置，可以分析、比较、判别和评价城市规划专业人才复合能力发展的状态，过程和总体态势，也可以模拟预测其能力发展的未来演化，以及分析能力结构的增长特征。有利于教师进行相应的培养方案预选。该模型改变了传统意义上对城市规划人才“感性印象”的评价方法和“师傅带徒弟”的模糊培养途径，将设计人才能力评价及培养方法提升到科学理性的层面，并在本校的教学改革中得到实践应用，在系统建构能力结构评价的基础上，通过一体化的教学体系变革，培养学生的专业能力体系，完成在学科交融的新形式下设计专业教育的方向转型，将设计专业教学和高端人才能力培养有机地融合。

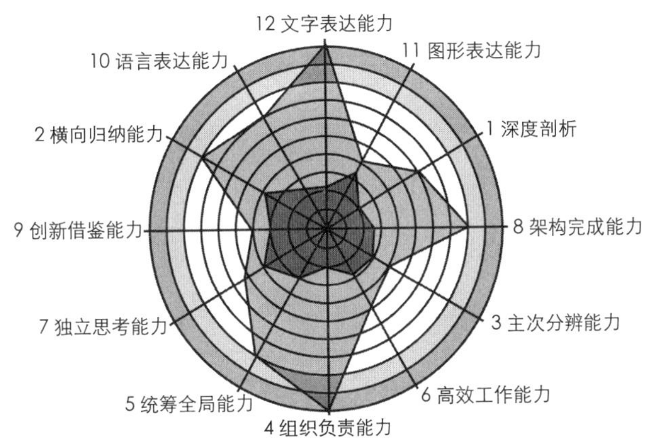

图2 某学生2年级与4年级的不同阶段能力结构分析图，从中可以揭示其2年内的能力增长模式

资料来源：作者绘制的教案．

4 复合能力的教学培养体系优化

就城市规划教学培养体系和对能力评价问题的思考，我们提出了有针对性的整合型教育培养发模式，即以一体化的教学大纲、主题化的教学单元、理性化的教学专题、整体化的教学考核、节点化的教学进度、多元化的教学表达作为主要培养方法，重点培养学生的规划综合能力（图3）。

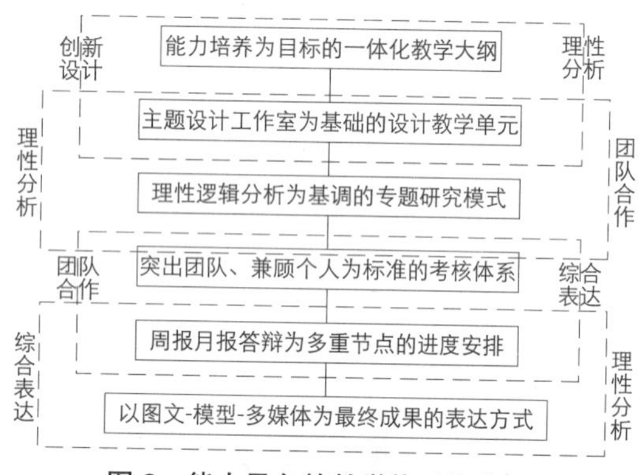

图3 能力导向的教学体系培养框架

资料来源：作者绘制.

4.1 以能力培养为目标的一体化教学大纲

教学大纲的调整，首先是把跨年级的城市规划教学和规划法规、市政工程、交通规划等专业课程作为一个连续完整的过程来看待，从一个整体的角度来建立一个城市规划的教学大纲。在这个一体化原则之下，我们将全部专业课程作统一的规划，将通识教育以外的专业课程归纳为五个大模块，并确定各模块在城市规划教学大纲中所占的比重。这个明确的大纲框架有助于我们更清晰地认识到原来的教学大纲中存在的各种问题，比如工程技术学科的课程相对于规划理论课程而言比重不足，城市中心规划课程与城市规划进程不匹配等。大纲调整的关键在于确定一组主干课目标明确、相关专业工程课程配套并进的交叉课程体系，避免开设过多的课程而造成知识面的重叠和课程结构的松散冗长。在课程体系中还建立了外请规划师的专业讲座制度。每一模块在城市规划主干课中设置主题讲座，不仅点明了下一模块的工作主体，而且可以更好地衔接设计专业课程和相关课程内容。

4.2 以主题设计工作室为基础的设计教学单元

打破大教室混合教学的模式，采用教师负责制的设计工作室单元教学，在课程设计伊始就公布各工作室的设计题目和教学主题，进行教师与学生的双向选择。这种固定岗位的工作室制度使每个学生拥有自己的独立设计场所和共同的交流平台，学生在设计课之外能有大量机会独立或合作讨论分析，有利于师生之间以及学生之间的学术交流，培养学生的职业精神和团队意识。同时，教师在教学过程中可以根据自己的研究重点，整合自己的规划成果设置相应的PPT讲解，学生可以根据各单元的课单交叉听课，这样的设计工作室教学既保证了学生的综合知识的培养，又突出了设计教师的个人研究特色，充分强调“一专多能”的能力培养。

4.3 以理性逻辑分析为基调的专题研究模式

鼓励学生进行现场调查研究，并将调研的结果与规划资料相结合，每类对象都建立相关案例分析库，对大量案例的分析研究成为学生城市规划训练的一部分，通过对个案的分析（包括格局形态、功能分布、空间构成、建筑特色、交通组织等方面），总结个案的优点和规律，发现存在的问题，并尝试以专题研究的模式展开分析，获得针对设计对象的结论，在此基础上寻求解决的途径。在专题研究教学环节，理性逻辑思维模式和数据量化分析手段是教学主基调，学生通过问卷调研、文献资料和互联网调查等手段对基地的城市环境、风貌特色、历史文化、人群行为模式、社区结构等方面进行分析；应用Excel、Spss等数据软件对产业经济、社会心理、交通组织、场所活动等方面进行分析；应用Mapinfo和Arcview等GIS软件对空间形态、地形坡度阴影、地理信息等方面进行分析；应用Sketch up等三维建模软件对轴线序列、视觉廊道、开敞空间等方面进行分析，为城市规划的展开建立坚实的分析基础。

4.4 以突出团队、兼顾个人为标准的考核体系

作为教学课程，学生最终设计课程得分的考核政策具有指挥棒一样的重要作用，在能力培养的教学目标下，课程得分打成平时成绩、中期答辩成绩和最终成果评审

成绩三部分，比重分别为10%、20%和70%，并结合各人在整个城市规划过程中的表现有3%的上下浮动。这样的评分考核体系并不以最终的几张图纸作为学生半年的评价标准，而是突出考察学生在整个教学过程中的学习状况。同时城市规划的团队采用相同的评分以突出团队整体效应，鼓励学生在设计过程中既要凸显个人学习特色和能力，又在关键时刻以大局为重，适当妥协与容让，养成团队整体精神。

4.5 以图文—模型—多媒体为最终成果的表达方式

丰富的城市规划教学过程最终需要有丰厚的设计成果相匹配。鼓励学生采用多元化的手段表达自己的设计成果，设计图纸、实体模型、虚拟现实、CG动画等手段以及学生的各种创新表达都应当得到肯定和鼓励。教师本身在授课过程中也加强课件的多元化表达，使学生在平时上课中得到潜移默化，习惯针对自己方案的特色采取针对性的表达方式。需要指出的是：在信息技术日新月异的互联网时代，各种软件和表现手段层出不穷，教师不仅要鼓励学生积极投身于技术的创新，也要虚心向学生学习新技术、新方法。

5 结语

通过教学实践来检验能力雷达模型评价的理论体系，需要2~3个学年的实施，通过学生和来自各方面的反馈进行调整，方能形成稳固的能力培养教学体系。在教学实施中，每学期有多次专业总结和答辩，利用这些讨论和答辩的机会听取来自各方面的意见，观察学生复合能力培养的结果，对教学实践中出现的问题，做适时地调整，并将成果运用于下一阶段的教学中，完善理论体系的建设。通过对相关学科的教学研究与总结，在其成功经验的基础上，结合我国的建设实践构筑能力培养的课程体系，完成教学机制，教学计划的制定工作。

应当指出的是，在城市高速发展的今天，各高校城市规划课程的培养方案与教学计划多处在探索阶段，需要各位学界同仁针对我国的城市现状，在系统性和实践性上对城市规划的教学方法加以整合与优化。

主要参考文献

[1]（美）E.N. 培根等著 . 城市规划 . 北京：中国建筑工业出版社，1998.

[2] Makoto Yokohari，Kazuhiko Takeuchib，Takashi Watanabec and Shigehiro Yokota（2000），Beyond greenbelts and zoning：A new planning concept for the environment of Asian mega-cities，Landscape and Urban Planning，47，(3-4)：159-171.

[3] 周俭 . 城市规划专业发展方向与教育改革 . 城市规划汇刊，1994，(4).

[4] 吴志强，于泓 . 城市规划学科的发展方向 . 城市规划学刊，2005，(6).

[5]（前苏）E·C· 普洛宁．城市中心规划设计与实施 [M]. 杨葆亭，赫崇骥译 . 北京：中国建筑工业出版社，1988.

[6] 王茂湘 . 西方城市经济管理 [M]. 大连：大连出版社，1991.

The Study of radar circle model on the ability structure of Urban planners

Yang Junyan

Abstract： This paper expands in-depth analysis about the professional education，describes systematically the direction of transformation of capacity-building complex of urban planning professional education in the new form of blending disciplinary. Based on the large number of first-hand information，education and training experience，the design students' capability had been in–depth analyzed, all which of the capability of the depth of analysis, horizontal inductive, organization responsible, think independently, structure completion, innovative design, graphic expression and so on, and the radar circle model of ability structure was put forward in the way of integrated capacity–building complex curriculum and other educational assessment techniques.the integrated syllabus, topic teaching modules, rational teaching topics, overall teaching assessment and the diversified teaching expression was regarded as the main training methods, the urban planning teaching and the cultivating of professional ability had been organic integrated.

Key Words: urban planning, teaching system, ability structure, radar circle model

城市设计教学的奥林匹克
——对本科城市规划专业城市设计课程作业评优教学的思考

卜雪旸　许熙巍

摘　要： 一年一度的城市规划专业设计课程作业评优被看作本科城市规划专业教学的“奥林匹克”竞赛，是对各学校学生综合设计能力和水平的检验，也是对教师教育教学水平的考察。天津大学城市规划专业作业评优的课程设计要求学生在掌握一般城市设计内容要求、基本设计技巧的同时，积极开拓视野。教学中采取“共同框架、自主命题”的设计命题方式和“教师主导、师生互动”的教学组织方式，着重设计思维的逻辑训练和表达训练，开拓学生视野，鼓励创新思维，激发学生的学习兴趣和创作热情，在历次作业评优中取得了较好的效果。为适应当代城市规划研究和设计的技术方法的快速发展，提高教学质量，本文最后提出加强技术方法专题模块教学的设想。

关键词： 城市设计，教学，课程作业，评优

1　对本科城市规划专业城市设计课程作业评优的理解

一年一度的城市规划专业城市设计课程作业评优（以下简称作业评优）是全国高等学校城市规划专业教育指导委员会为提高全国高等学校城市规划专业教学水平、促进各院校交流而举办的重要活动。这项活动被看作本科城市规划专业教学的“奥林匹克”，是对各学校学生（运动员）综合设计能力和水平的检验，也是对教师（教练员）教育教学水平的考察。从我院多年来参与作业评优的实际效果来看，这项活动的确起到了促进教师钻研教育教学方法，提高学生主动学习的积极性，促进设计课“教”、“学”互动的作用。

2　教学目标和针对性的教学安排

高等学校城市规划专业评估要求学生在本科阶段“了解城市设计的基本理论和方法，掌握城市设计在城市规划中的地位与作用。[1]” 我院城市设计教学采取模块化方式，与三年级修建性详细规划、四年级控规、总规设计单元紧密结合，使学生在学习城市规划编制方法的同时了解城市设计与各层次城市规划的关系。根据我院设计主干课教学大纲的要求，城市规划本科三年级是从设计基础学习到专业设计学习的重要的过渡环节，上学期安排了“修建性详细规划单元＋城市设计模块”的设计课程，下学期以专题城市设计为内容，重点强化城市设计思维和技能训练。

在国外，城市设计教学是建筑学、城市规划专业硕士研究生教育的重要内容，如美国麻省理工大学（MIT）和瑞典隆德大学（Lund University）研究生阶段的城市设计课程[2]。在我国，设有建筑教育的高等院校大都开设了城市设计课，而且开课的范围从研究生渗透到本科生[3]。城市设计在本科生、研究生教学目标和内容上应有区别，体现两个教育层次的不同。城市设计教学目标应包括三个方面：设计能力的培养；思维方法的培养；职业道德和素质的培养[4]。我专业在本科生城市设计教学中将教学目标定位为：基本调查分析、图示交流和设计表达能力的培养；建立科学的逻辑思维方法，学习制定工作流程和技术策略的方法；了解常用的城市设计研究工具和方法；建立正确的价值观和城市设计师职业道德。根据教学目标，制定各阶段城市设计模块的具体教学安排。

本科三年级专题城市设计单元的教学目标是使学生

卜雪旸：天津大学建筑学院副教授
许熙巍：天津大学建筑学院讲师

掌握城市设计的基本设计工作程序和方法、技巧并在设计中了解、熟悉当代城市设计理论和思潮。根据教学计划，三年级第二学期是6+10周的课程设置，前六周是一个大快题（4~5周）加一个小快题（1~2周）的城市设计基础训练，后十周是一个专题城市设计训练。根据课程的容量和内容要求，我们将作业评优安排在三年级最后一个设计作业。2010年，作为我院深入教学改革的一项重要措施，设计课的教学计划做了调整。三年级下学期城市设计专题划分为四个板块：第一个板块为统一命题的城市风貌街区更新设计（5周），旨在使学生通过对城市风貌街区复杂城市设计问题的认知，初步了解城市设计目标、思路和一般方法；第二个板块为快速设计（1周集中设计），针对第一板块的设计内容，强化城市公共空间营造的城市设计技法；第三板块为专题城市设计，从第7周至学期末，并在最后两周（第15、16周）设置集中设计周，这一板块采取“共同框架、自主命题”的方式，指导教师根据自选题目特点可灵活安排课堂辅导、调研、中期汇报和课下设计训练时间；第四板块为技术方法专题模块，由专业教师进行城市设计工具、分析方法的针对性讲授，为期两周，穿插在第三板块之中（见图1）。

3 教学思路和方法的探索和实践

3.1 “共同框架、自主命题”的命题方式

针对作业评优，我们对设计内容的丰富性和创新性提出了更高的要求。在设计指导中，强调设计思路和设计方法探新。这一目标是通过采取“共同框架、自主命题”的设计命题方式来实现的。所谓“共同框架、自主命题”就是根据设计课教学大纲的要求，设计课各指导教师采用统一的设计要求、训练内容、教学要点等的基本框架，保证作业评优不打乱设计课程体系的整体教学思路；自主命题就是各教师结合各自的科研方向进行特色化命题，对具体设计题目选址、命题、侧重的研究方向提出“专题化”的要求。具体做法是在选题环节，先由教学组共同认真研究作业评优题目要求，讨论并尽可能全面地提出可选的命题方向，然后各指导教师根据各自的科研方向和研究兴趣针对其中的一个或几个方向提出较为具体的设计任务书，主要包括题目、研究内容、设计思路和策略要点、基地选址意见等。指导教师完成初步命题后进行集中讲题，对各自的题目的设计目标、内容、要求等进行深入讲解。学生根据对各教师拟进行指导的设计题目的了解，结合自己的学习兴趣，选择指导教师。通

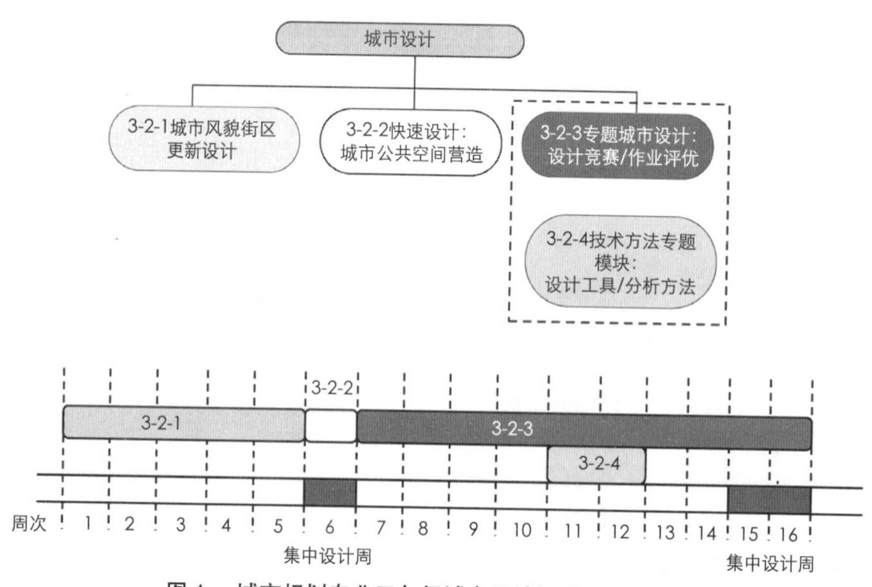

图1 城市规划专业三年级城市设计课程教学安排

过这一环节，实现了教师教学积极性和学生学习积极性的统一。

这种命题方式有利于提高教师教学积极性和学生的学习兴趣。"自主命题"并不是"随意命题"，根据教学组多年指导三年级城市设计课程和作业评优的经验，自主命题的专题化方向设定为：①特定城市地段的特殊问题。包括地域性问题，如特定自然地理及气候条件下的城市设计、历史风貌街区的更新改造、城市核心区城市设计、工业遗址改造等等；②关注特定人群。如城市老年人、低收入阶层、儿童等；③城市设计创新空间理念。如创新的住宅、居住邻里空间模式；④创新研究工具和设计方法的探讨；⑤城市规划热点问题探讨；⑥未来城市空间形态研究等等。例如 2009 年全国城市规划专业大学生作业交流主题为"承载城市安全功能的城市公共空间城市设计"，题目要求设计者在分析规划用地的城市安全功能的基础上，以城市设计的方法，构建承载包括城市安全功能在内的复合功能的城市公共空间。根据题目的要求，指导教师进行了集中讨论，制定可能的研究方向和研究专题，并设置一些引导型的题目以开阔学生的视野（见表 1）。随着调研及设计的展开，学生根据自己的兴趣进一步明确设计主题和设计内容，实际设计题目会与指导教师拟定的题目有所不同（见表 2）。

城市公共安全专题城市设计选题列表 表1

	研究方向	研究专题	可选题目（例）
1	综合防灾	空间综合防灾安全保障系统规划设计；水乡防洪与历史风貌保护	● 汶川县映秀镇中心镇区空间防灾安全保障体系规划设计 ● 城市防灾公园设计 ● 基于综合防灾视角的城市公共开放空间系统设计 ● 城市 CBD 海绵系统——以雨洪控制为主的城市系统
2	社区安全	基于公共安全要素的街区模式推导与空间生成；安全社区综合措施	● "窄路密网"开放式住区街区模式下安全管理模式的探讨 ● 社区防卫空间，防灾生活圈（环境控制犯罪研究、防灾组团） ● 冷静交通模式下住区公共空间的设计策略：商业空间、公园、学校周边的步行环境 ● 基于 CPTED 的安全社区设计 ● 混合功能的安全社区
3	创新空间	承载疏散与避难功能的绿道网络设计；平灾结合的空间转换	● 城市"绿道（Green Way）"——步行安全、生态安全视角下的城市设计 ● 基于对弱势群体关怀的城市空间慢行交通设计 ● 城市广场、公园绿地、体育设施平灾结合的弹性城市设计
4	公共安全	城市特定地段；特定人群	● 地铁及周边环境公共空间的安全体系建立 ● 城市高密度地区公共安全（如 CBD 地区、商业街区） ● 历史风貌街区的综合防灾规划设计，旧城区综合防灾改造设计（历史文化保护与防灾概念的兼容） ● 关注儿童安全的城市设计 ● 校园安全环境、防范犯罪的空间层次与环境研究 ● 关注女性安全的城市公共空间环境设计
5	生态安全	城市生态安全、生态环境保护与城市人居环境	● 雨洪控制与湿地生态保护 ● 生态敏感地段的城市设计、原生态化的都市景观设计（如中新生态城中央地段鸟类迁徙带周边地区城市设计） ● 天津海河滨水区防洪、滞蓄洪环境设计（水环境友好的）

2009获奖题目 表2

设计题目	设计内容类型	设计者	获得奖项
一脉厢城	城市广场、公园绿地、体育设施平灾结合的弹性城市设计	朱妙、赵竹君	一等奖
居高思危	历史风貌街区的综合防灾规划设计	丁寿颐、白继明	一等奖

续表

设计题目	设计内容类型	设计者	获得奖项
溪映神秀	空间综合防灾安全保障系统规划设计	丁拓、何涧	二等奖
城市 Sos	混合功能的安全社区；平灾结合的弹性城市设计	陈阳、刘锦鑫	二等奖
绿径慢道	城市“绿道（Green Way）”——步行安全、生态安全视角下的城市设计	·刘冠男、朱晓娟	优秀奖

3.2 “教师主导、师生互动”的教学方式

我专业教学一直以来注重创新型、复合型、应用型规划人才的培养，使学生具备更强的自主学习能力、具有创新型技术技能和表达能力、具有更高的适应多种岗位的综合素质的创新型复合型和应用型人才。实现这一目标的关键就是对学生实践能力、沟通能力、创新能力和团队协作能力的锻炼和培养。在城市设计课教学上，我们改变“以知识点传授为核心”的传统教学模式，倡导参与式、启发式、讨论式等教学互动型模式。在设计课教学中，指导教师是教学过程的主导，学生是教学过程的主体。“教师主导、师生互动”的教学方式能够很好地体现教学过程中教师主导和学生主体的关系。教师的主导作用体现在教师对教学过程的整体把握、设计方向的引导和细节控制。如在基础研究和调研环节，教师针对每个题目的特点对学生需要查阅、了解的相关案例、基础资料、研究文献提出具体的要求，对学生调研的目标、方法进行具体的指导，在设计指导过程中帮助学生制定完整、清晰的工作程序和设计技术路线。以学生为主体体现在充分发挥学生的研究和创作积极性。体现在学生自主选题、主导设计的发展方向、在设计过程和中期讲评环节充分表达设计思想。课程指导过程中教师更多地起到“参谋”与“共同研究者”的作用而不是简单的“权威”和“评判者”的作用。

3.3 着重设计思维的逻辑训练和表达训练

采取灵活的教学方式并不意味着教学重点的缺失。在本设计中，着重设计思维的逻辑训练和表达训练。这是由于在三年级以前的设计课程中基本上是建筑基础的学习，从三年级开始，学生必须学习从城市和社会宏观的角度思考城市问题，必须学习运用以城市规划研究的视角从纷乱复杂的信息中提取关键的内容，必须学习如何建立一整套科学的、逻辑清晰的研究方法和工作思路，最后还必须学习通过恰当的、高效的表达方式传达设计信息。这些训练内容对学生进入高年级城市规划编制的学习有很大的帮助。

对学生设计的逻辑思维和表达能力的强化训练表现在对一些课程设计环节的特殊要求，如在设计构思环节要求学生学会“拉单子”，即在设计的初始环节学会制定工作计划和技术路线，对设计的目的、任务、涉及的重要设计理念、核心问题和工作要点、主要采取的方法等有一个完整的考虑；在设计的分析环节强调分析的逻辑性训练，帮助学生建立起基地分析、特定城市问题研究的逻辑思维方法，避免问题研究过程中的“想当然”和“拍脑门”，学习一些常用的分析研究工具；在方案的形成过程当中，要求学生熟练掌握草图研究、模型推敲以及“图文并茂”的综合表达，在讲评过程中能够言简意赅、主题鲜明地表达自己的构思，能够运用恰当的图纸和文字表达方法辅助语言的表达；在最终方案的表达阶段能够合理地建立成果表达的“篇章”结构，明确表达重点，选取恰当的表达方式。通过以上环节的重点强化训练和引导，能够使学生建立起设计逻辑观念，掌握较为科学的研究、设计工具和技巧。如在 2009 年城市规划专业城市设计课程作业评优中获奖作业“绿径慢道”在设计展开之前首先建立起清晰的设计思维框架，通过选取小城镇更新改造的城市规划热点问题，有逻辑的通过逐步分析，引入“绿道（Greenway）”的城市设计理念，形成整体技术路线，在深入设计的阶段，制定明确的设计策略框架，使得整个思维过程、设计过程条理清晰、论证充分（见图 2、图 3）。

3.4 开拓学生视野、鼓励创新思维

在整体的设计课教学大纲中，三年级第二学期的城市设计训练是最能够发挥学生的想象力和创作激情的课程。在教学过程中，指导教师将城市设计相关案例分析、

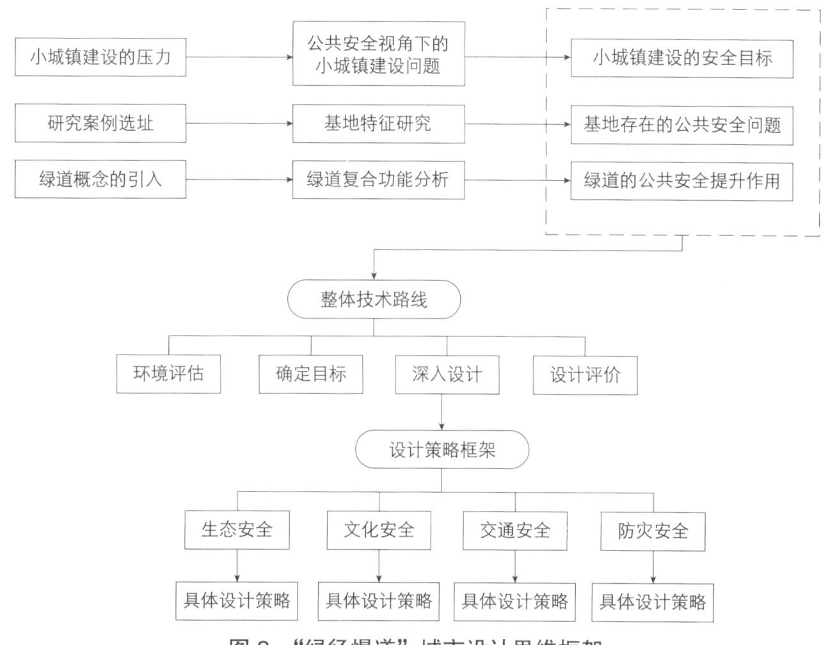

图 2 “绿径慢道”城市设计思维框架

图 3 “绿径慢道”城市设计鸟瞰图

相关知识的讲解作为一项重要的教学内容，指导学生更广泛地接触各种城市设计理论、思潮和实践，开拓学生视野，同时通过集中讲评的教学环节，使各设计组之间能够加强交流，获得更多的知识。在具体的设计内容方面，我们一般对学生采取比较“宽容”的态度，鼓励学生提出创新性的设计思想或设计手法，并帮助学生能够将这些创新点合理实现。教学中将开拓学生视野、鼓励创新思维的过程与讲授城市设计新技术和方法的过程紧密结合。城市设计技术包含了各种主要的设计要素和概念，是城市设计各阶段中采取的一整套方法手段，用以解决与城市发展相关的各种问题…包括了诸如“都市村庄”、“城市交通廊道”的概念。[5]在2008年城市规划专业城市设计课程作业评优中获奖作业“大学城市——与大学结合的城市中心区更新设计”中，指导教师不断启发、鼓励学生对大学校园公共空间的社会作用、使用途径进行重新认识，打破成规，运用“开放城市”、“步行城市”、“冷静交通”等城市设计技术和理念，对建立新型城市公共空间进行了有益的尝试（见图4）。设计作业成绩的评定注重对学习过程的评价，对在选题视角上、设计理念和思路上、分析方法上、空间形态上有创新的作业给予一定的加分鼓励，允许“有缺陷”或“不完善”的设计。

4 深化城市设计教学改革的设想

据我专业“厚基础、宽口径”的办学思想，为学生本科毕业生以后在城市设计及相关领域的继续学习和实践打下坚实的基础，本科阶段城市设计教学的目标重点在对城市形态的分析与创造以及对环境因素的理解与

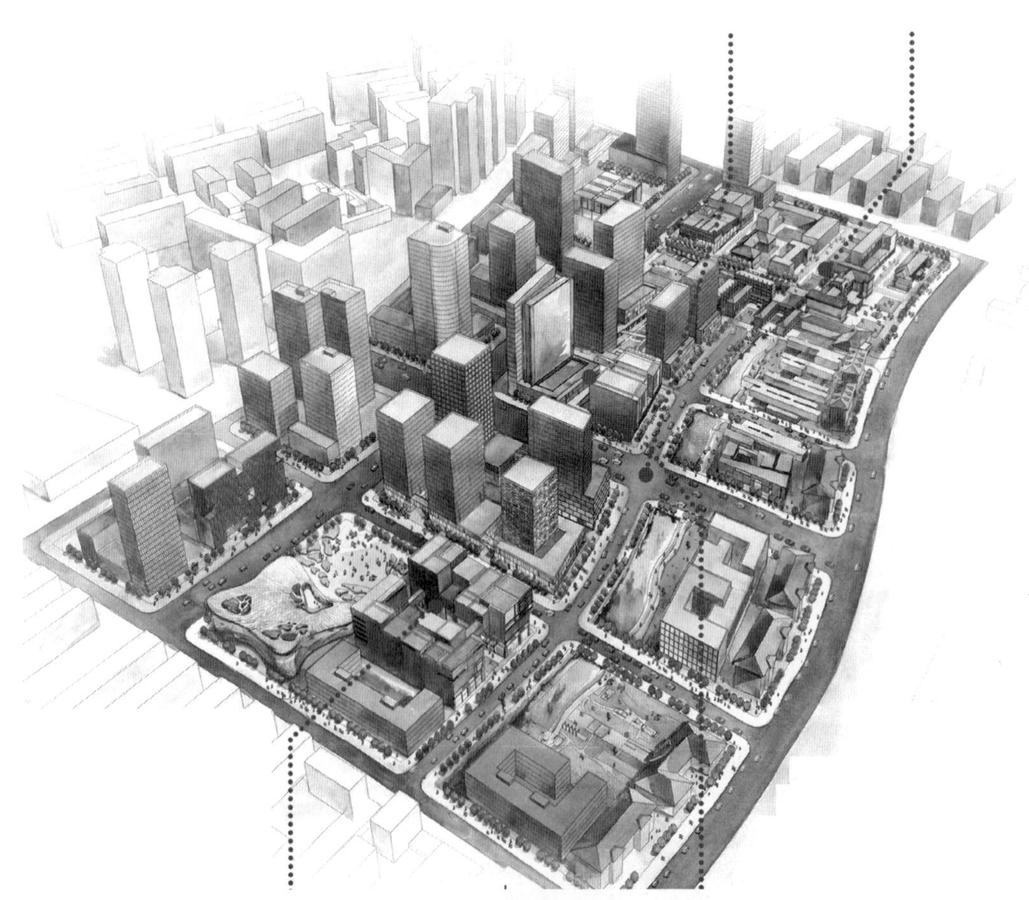

图4 “大学城市——与大学结合的城市中心区更新设计”鸟瞰图

判断能力的培养。这就需要加强基本城市研究和设计的技术方法的教学。当代城市规划研究和设计的技术方法发展很快，如空间的拓扑分析方法、参数化设计、基于数理统计分析的调查研究方法等。在城市设计学习阶段，教学组鼓励指导教师根据自己的研究课题结合学生的兴趣在城市设计研究工具和研究方法方面进行探索和尝试。同时，课程题目专题化的命题方式增加了设计的深度和难度，对指导教师的专门知识提出了很高的要求。为了更好地提高教学水平，有必要采取灵活的教学组织方式，在设计过程中引入专题城市设计教学模块，由专业教师进行有针对性的指导。如何在城市设计课题展开的过程当适时地融入专题理论和方法教学内容，设计课教师与其他专业课（如道路交通、生态设计、市政工程等）密切配合，处理好设计主干课与相关知识课程的关系，是我专业深入教学研究和教学改革的重要内容之一。

主要参考文献

[1] 全国高等学校城市规划专业本科（五年制）设置基本条件（2009 年修订）. 高等学校城市规划专业评估文件（2009 版）. 住房和城乡建设部高等教育城市规划专业评估委员会，2009，8，5.

[2] 梁江，王乐. 欧美城市设计教学的启示［J］. 高等建筑教育，2001，19（2）：2–8.

[3] 金广君. 建筑教育中城市设计教学的定位［J］. 华中建筑，2009，18（1）：18–20.

[4] 陈朋，葛丹，孔亚伟. 构建主义学习理论在城市设计课程教学中的应用［C］.2008 全国高等学校城市规划专业指导委员会年会论文集. 北京：中国建筑工业出版社，2008：74–78.

[5] 拉斐尔 · 奎斯塔等著. 城市设计方法与技术［M］. 杨至德译. 北京：中国建筑工业出版社，2006：9–10.

Olympic Games in Urban Planning Education ——the thinking of urban planning coursework competition for undergraduate students

Bu Xueyang　Xu Xiwei

Abstract: The urban planning coursework competition for undergraduate students every year is considered as Olympic Games of professional education in urban design speciality.It is not only the test of synthesized design ability for students in each school, but also an inspect of teaching level for teachers.We ask the students know the general requests and skills of urban planning through the competition.And we use the method "category same, topic self-choose" and "teacher leading, interaction" to make the students get an open mind.During this period, we make a special effort to training their logic-thinking and express-skill on design, opening their sight, encouraging them bring forth new ideas in design constantly, stimulating their studying interest and creation enthusiasm.This results in good effect in the competition every year.In the end of this paper, we put a forward imagine about strengthen special education-block in order to enhance the teaching level and adapt the request of rapid development in contemporary urban planning research and technical methods.

Key Words: urban planning, education, coursework, competition

地方工科院校规划人才培养模式的特色与路径探索
——浙江工业大学城市规划专业办学思路

宋绍杭　陈前虎　张善峰

摘　要：地方工科院校是城市规划人才培养的重要组成部分，根据地域经济社会发展环境，办学条件创建有特色的人才培养模式是适应社会需求的必然选择。从人才培养定位、培养特色与教育理念、课程体系与实现路径等方面对浙江工业大学城市规划专业人才培养进行了总结和思考。提出地方工科院校城市规划专业可以根据自身条件和外部环境，制订出具有地域特色的人才培养方案，并通过系统的教学模式和课程体系，使规划教育与地方经济形成良好的互动机制，构建有特色的中国规划教育的未来。

关键词：社会需求，培养特色，课程体系，实现路径

引言

城乡规划教育不仅仅是知识的传授，更承担着培养有社会责任的专业人才重任。中国城市化发展和城乡统筹和谐发展态势，要求未来城乡规划专业人才要承担起城乡建设、区域发展与城镇化、城乡社会服务与物质形态规划设计、城乡规划管理与法制等重要工作。

规划师工作内容多元化、城乡规划实施的评估反馈机制、规划公益性和规划师社会责任增强的趋势对规划教育不断提出新的要求和挑战。地方工科院校城市规划专业，如何应对这种要求和挑战，如何创新人才培养模式，如何根据自身条件突出办学特色是需要思考和明晰的问题。

1　人才培养定位

城市规划人才培养的定位必须以行业发展、社会需求为导向。进一步认识梳理本科教育与研究生教育；研究型、教学研究型与教学型大学；地方大学与“211”大学；理工科大学与其他大学之间人才培养定位的差异，构建符合办学环境和条件的教学理念和课程体系，有特色且适应社会需求的人才培养模式。

东部沿海发达地区城乡社会经济的全面发展，产生对规划人才的旺盛需求，出现结构性人才短缺现象，多层次专业人才学有专长，才能各有所需（表 1）。

城乡规划人才需求特征　　表1

学历层次	地域分布	服务单位	专业素质
研究生	大中城市	市县机关、甲级规划设计单位	中高级规划技能与专长
本科	小城镇、大中城市	乡镇机关、其他规划设计单位	一般规划技能与知识

在对 2005、2006 届毕业生就业情况进行跟踪统计和对比分析后，可以发现，学生就业情况与社会经济发展密不可分，具有时代特征，选择就业意愿顺序依次是继续深造、公务员、事业单位、规划设计院、房地产公司及其他（表 2、表 3）。

就业规律和社会需求存在以下趋势：

（1）就业多元化态势明显；

（2）个人成长发展与综合能力关系密切；

（3）选择职业和谋划个人发展愈发理性；

（4）二次择业现象较普遍，且主要流向政府机关与规划设计院。

宋绍杭：浙江工业大学建筑工程学院城市规划系副教授
陈前虎：浙江工业大学建筑工程学院城市规划系教授
张善峰：浙江工业大学建筑工程学院城市规划系讲师

2005届毕业生就业去向（%）　　表2

研究生	公务员		设计院		其他	
	一次	二次	一次	二次	一次	二次
36	24	40	28	36	12	8

2006届毕业生就业去向（%）　　表3

研究生	公务员		设计院		其他	
	一次	二次	一次	二次	一次	二次
32	8	19	58	73	8	8

根据学生的职业生涯规划和就业选择，地方工科院校本科城市规划人才培养承担着双重任务，一是培养能胜任规划设计工作的复合型应用人才；二是培养能继续深造学有专长的研究型创新人才。浙江工业大学确立“立足浙江、开放办学、强化特色、注重实践”的办学理念和定位。培养学生具有专业的思维理念、综合的知识结构、扎实的专业技能、良好的调研分析综合素质与工程素养。

在办学理念和定位指导下，根据地方工科院校本科城市规划人才培养的双重任务，我们将城市规划专业定位于：培养“精”于城市物质形态规划设计、“通”于城市社会、经济、政策管理方面知识与方法的高素质实用研究型城乡规划人才。“精”于城市物质形态规划设计：着力培养学生成为合格的掌握城乡规划设计基本技能的复合型应用人才；“通”于城市社会、经济、政策管理方面知识与方法：在掌握基本技能基础上，为培养能继续深造、学有专长的研究型创新人才打好基础。

2　人才培养特色与教育理念

地方经济社会和城市发展特点决定城市规划人才结构、知识结构和教育理念，外部发展环境是支撑地方工科院校实现特色培养模式的土壤。

2.1　根植地方：面向“产业集群＋中小城市”地域特色的办学特色

改革开放以来，浙江省走过了一条以民营经济为主体、以中小城市为主导、自下而上的城镇化发展道路。城镇化和人居环境建设发展迅猛，城乡规划所关注许多焦点难点问题首先在浙江显露，以问题为导向城乡规划研究有了千载难逢的外部环境。长期以来，浙江工业大学始终坚持“以浙江精神办学、与浙江经济互动”的办学特色，以全面提升学生的综合素质与工程专业素养作为培养的重要目标，培养行业和社会人才。城市规划专业从课程设计、专业实习、课程设计到毕业设计的设置都充分体现教学的地域特色，引导学生思考浙江经济社会发展环境下城乡规划建设的特点，要求学生紧密围绕浙江省民营经济、产业集群、中小城市发展特征思考问题，充分体现浙江新型城市化发展理念和地域特色，使学生具有地域意识和相关知识基础。

——服务地方的科研与教学

城市规划系教师紧密结合浙江、长江三角洲地区城镇发展建设的重要问题展开科学研究，专业办学在满足城市规划专指委要求的同时，以民营经济和中小城市为关注焦点和服务对象，在城乡空间统筹规划与土地集约利用，新农村规划建设，历史文化遗产、风景资源保护与利用，产业集群与工业园区规划等方面进行了探索和研究，并取得了较丰硕的研究成果。教学方面，鼓励教师将研究成果带进课堂，以教师自主创新成果和工作经验，提高课堂教学效果。近3年来，城市规划系4位教师先后被聘为省政府城乡规划督察员、县规划建设局副局长和科技特派员等职，在承担社会责任、支持地方建设的同时，密切了地方与学校的联系，形成了“教学、科研和社会服务三位一体”的学科、专业良性发展模式。

——地域问题导向的教学特色

专业办学始终与浙江区域经济社会发展紧密联系，以项目为纽带，实习基地为依托，通过教师主持项目，传授、帮助和带领学生深入各地城乡进行规划创新实践，以科学的理论指导城镇发展，在规划建设实践中了解城镇化现状和前沿问题，锻炼学生的规划设计能力。设置“城市设计”、“场地研究与分析”等特色课程，加大规划技术方法类课程的比重，新设“城市规划系统工程学”、“地理信息系统”、“概率论与数理统计”等课程，并通过课程建设、教学改革研究项目进一步提炼和强化课程特色。同时，鼓励有志深造的高年级同学积极参与教师的科研项目和各类科技竞赛、社会实践，在课题选题上都紧密结合城乡规划建设实际，着眼于规划建设中暴露出的突出问题，提供分析视角和解决问题的方案和设想。进一步增强学生创新能力，提高理论素养，为理论研究和课堂教学改革提供第一线的真实资料。

——地域特色教学成效的显现

注重地域导向办学理念的实施在科研、教学方面积累了一定的经验。在近几年的全国城市规划专业学生作业评选、课外科技竞赛中取得较好的成绩，初步显现出坚持地域特色教学改革的成效。地域特色的人才培养模式使学生定位清晰，特长突出，得到用人单位的普遍认可，毕业生就业单位不仅有规划设计单位、政府部门，还包括建筑设计院所和华东勘测设计研究院、省古建筑设计研究院等专业设计院所。学生专业能力和基本素质得到用人单位认可，学校在规划建设行业中的影响力、知名度日益提高。

2.2 打破界限：采用“四个内外结合”的专业教育理念

打破学校、学院、专业的界限，初步形成“专业内与专业外、课内与课外、校内与校外、学期内与学期外”结合的开放式教育理念，使人才培养在构建职业规划师必须具备的基本技能、主干理论知识基础上，创造更多的机会让学生进行方向性的专业学习，鼓励差异性培养和个性化发展。为完成胜任规划设计工作的复合型应用人才和继续深造学有专长的研究型创新人才培养的双重任务奠定扎实基础。

——校内、校外结合的实践平台建设

针对专业的应用研究性特点，专业教学把强化学生的工程意识、实践创新和分析研究能力的培养作为提高教学质量的重要环节，各类课程设计、毕业设计与规划实际相结合，注重将规划学科建设、规划设计实践的最新成果转化为优质教学资源。

建立了校校、校院、校地联合培养机制和实践平台，城市规划系先后与德国、英国、香港和国内知名高等院校与规划设计单位开展学术与教学上的交流与合作，建立校外实习基地。城市规划系师生积极参与到学校与衢州、温州、台州、义乌、丽水等地的校地合作项目，服务于这些地区的中小城市与新农村规划、工业区规划、风景资源保护开发规划等项目中。

——国内、国际结合、师生互动的交流开放式办学

城市规划系通过与国外院校建立包括教师互访教学研讨、定期举办学生联合课程设计、互派青年教师、本科生参观、调研、学习等形式的国际交流，不断拓展国际化办学空间，还通过外聘教师、知名学者讲座等方式，延伸教学课堂，形成开放式办学交流系统，拓展学生视野，激发学习热情。

将规划院实习、规划设计、毕业设计与教师科研项目、科研课题相结合；高年级学生毕业设计与教师“工作室”结合，提供学生更多参与实际工程机会，强化实践训练，使学生具备较强的解决实际问题的能力、团队合作能力，帮助学生毕业后更快适应就业环境。施行本科生导师制，并进行师生的双向选择，为学生兴趣特长的发挥和个性发展提供了平台。

3 专业课程体系与实现路径

有特色的人才培养目标，必须有严谨的专业课程体系和实践环节为保障。在教学理念和路径选择上，通过培养方法——研究性教学；应对需求——工程化实践；拓宽视野——综合性知识等对应教学环节的实现。

3.1 系统集成：形成“理论＋技术＋应用”相承接的专业课程体系

课程体系安排根据全国城市规划专业指导委员会的建议及《全国高等院校城市规划专业本科（五年制）教育评估标准》的要求，结合校、院、系办学理念与目标，根据科学研究的思维规律与基本程序，不断调整教学环节及其前后的衔接关系，形成基本理论、技术方法与实践应用相承接的城市规划专业课程体系。

——3个教学模块、1条教学主线的专业教学计划

将城市规划的主干课程按基础理论类课程、方法技术类课程、规划设计类课程、城市管理与政策分析课程进行重组，围绕 “精”、“通”的应用研究型人才培养目标，持续优化整个教学体系，形成3个教学模块、1条教学主线的专业教学计划，通过“模块化”课程架构将规划设计主干课程与社会、经济、政策与管理等理论知识有机整合，突出专业“工程与艺术、经济与社会、政策与制度”知识体系的系统建构。

——循序渐进联系工程实际的理论教学

理论课程教学坚持以课程建设为教学研究与改革的载体，将先进教学理念融入到教学实践之中。根据"观察与认知城市"，"理解与规划城市"、"引导与研究城市"等教学过程，整合课程体系，优化课程结构，由浅入深、循序渐进地设置理论课程，培养学生的发现问题、分析问题、解决问题的能力。针对城市规划理论层出不穷、更新越来越快的实际情况，通过组织多位既有理论知识、又有工程经验的教师共同指导理论课教学组织方式的探索，加大研究型教学方法的应用，采用讨论式、角色模拟、案例式教学方式和数字多媒体等现代化教学手段，规划理论紧密联系工程实际，提高了理论教学效果。

——实践动手能力为重点的技能训练

正确处理好"精"与"通"的关系，结合工程实践，加强学生规划设计技能的训练。一是加强对高学历的新教师进行工程实践培养，鼓励专业教师开展工程实践和考取国家注册城市规划师资格，并专门制订了鼓励青年教师参加规划设计活动制度，增强教师规划工作经验和处理实际问题的能力，为开展规划设计教学奠定工程背景。二是通过城市与建筑研究中心、建筑规划设计研究院、教师工作室、学生实习基地等实践平台和各类课外科技竞赛、设计大赛等活动，将课堂理论知识运用于规划实践，完成认识－实践－再认识－再实践的过程，巩固和加深理论知识。

3.2 专业课程体系构建

根据教学目标与要求，在参照全国城市规划专业指导委员会建议的教学计划与课程设置的基础上，对专业课教学体系进行模块化整合，形成了"3 个教学阶段、3 个教学模块、1 条教学主线"的基本教学模式，探索以城乡规划、建筑学一级学科为基础的多学科交叉渗透的培养模式。

（1）3 个教学阶段

城市规划专业本科教育采取"2.5+1+1.5"的培养计划，即观察与认知城市阶段（2.5 年）、理解与规划城市阶段（1 年）、引导与研究城市阶段（1.5 年），如图 1 所示。

观察与认知城市阶段：专业启蒙与基础训练阶段，完成所有公共课程、主要专业基础课程、建筑设计类课程的学习，培养学生专业概念和基本修养，掌握建筑设计的初步能力，形成从建筑单体到城市广场等不同空间尺度认知概念。

理解与规划城市阶段：专业核心能力培养阶段，培养学生掌握城乡规划设计核心知识、技能。

引导与研究城市阶段：学科启智、知识能力拓展和职业培训阶段，强调专题规划设计和研究型课程教学，安排规划综合实习和规划设计院实习，重在培养学生参与科学研究和规划设计的能力，拓宽规划设计领域，了解规划编制和管理的基本程序和内容，提高实际工作能力的水平。

（2）3 个教学模块

依据城市规划学科的多学科素质要求及其认知规律，从专业启蒙、基础训练到核心能力培养，从知识积累到学科启智，教学计划对教学环节进行系统整合，并融会贯通。形成"形态设计和工程基础"、"规划理论和

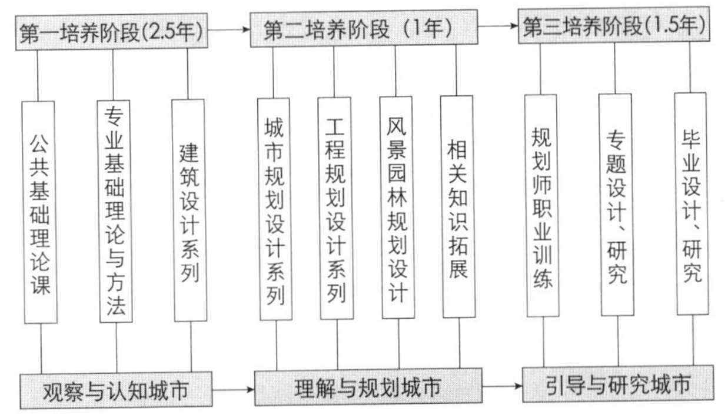

图 1　3 个教学阶段示意图

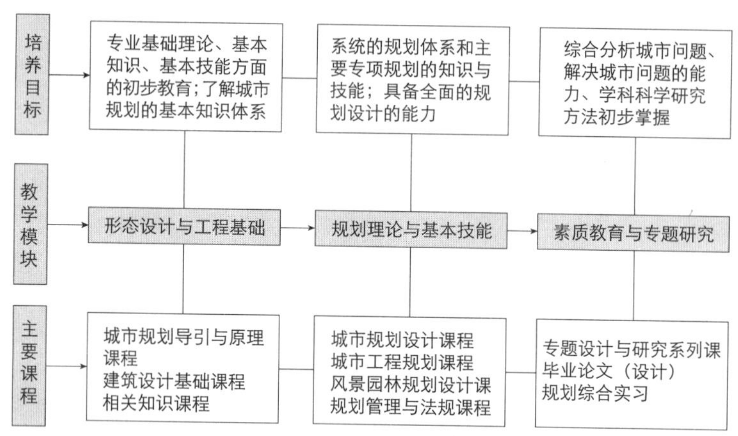

图 2　教学模块与阶段衔接示意图

基本技能”、“素质训练和专题研究”3 个与上述 3 个教学阶段相衔接的培养过程，如图 2 所示。

形态设计和工程基础模块——通过学习城市规划概论、中外建筑史、城市发展与规划史和美术、建筑制图、建筑结构、建筑技术概论、建筑设计概论与初步、建筑设计原理、城市规划原理、计算机辅助设计等课程，使学生掌握城市规划的基本知识体系框架和研究方法，培养学生建筑与城市规划设计的基本知识和技能，建立城市规划的基本概念和专业兴趣，学会观察和认知城市。

规划理论和基本技能模块：通过城市总体规划设计、详细规划设计、城市道路与交通规划、风景园林规划设计、城市地理学与区域规划等课程的学习和训练，使学生具有从事城市规划核心领域的规划设计能力；同时通过城市工程系统规划、场地调研与分析、景观设计等课程的学习，培养学生从事城市工程和专项规划与设计的知识和技能，使学生进一步理解城市，具备规划城市的能力。

素质训练和专题研究模块：通过城市设计、城市规划专题研究、城市规划管理与法规等课程的教学和训练，使学生深化专题性规划设计的能力，加强对城市问题的认知和综合分析、研究能力的培养。同时，通过规划设计院、规划管理单位的实习，使学生了解规划管理基本知识，初步具备规划师职业修养和承担规划设计的实际能力。教学模块增进了教学系统的开放程度，强化了解决实际问题的能力与集体协作的意识，锻炼学生研究城市的意识和能力。

（3）1 条教学主线

规划设计类课程是教学体系的主干，贯穿于整个教学过程；方法技术类课程、基础理论类课程、城市管理与政策分析课程则与规划设计类课程建立有机的横向联系与支撑，共同完成整个专业的教学过程，如图 3 所示。

4　结语

经济社会在不断发展，人才需求在不断扩大，城乡规划一级学科的增设，为规划教育开拓了广阔的平台。城市规划专业教育要适应社会需求就必须在多元化的培养目标，地域性的办学模式，特色化的教学体系方面进行探索和实践，构建适应社会需求和职业发展的特色人才培养模式。地方工科院校层面的城市规划专业人才培养如何定位，以何种教学体系实现培养目标，以何种教学手段调动学生学习的主动性和积极性，是我们必须进一步思考和应对的课题。

基于现代城乡规划以城乡建成环境为研究对象，以城乡土地利用和城市物质空间规划为学科的核心，结合城乡发展政策、城乡规划理论、城乡建设管理等社会性问题所形成的综合研究内容，地方工科院校城市规划专业可以根据自身的条件和所处的环境，制订出具有地域特色的人才培养方案，并通过系统的教学模

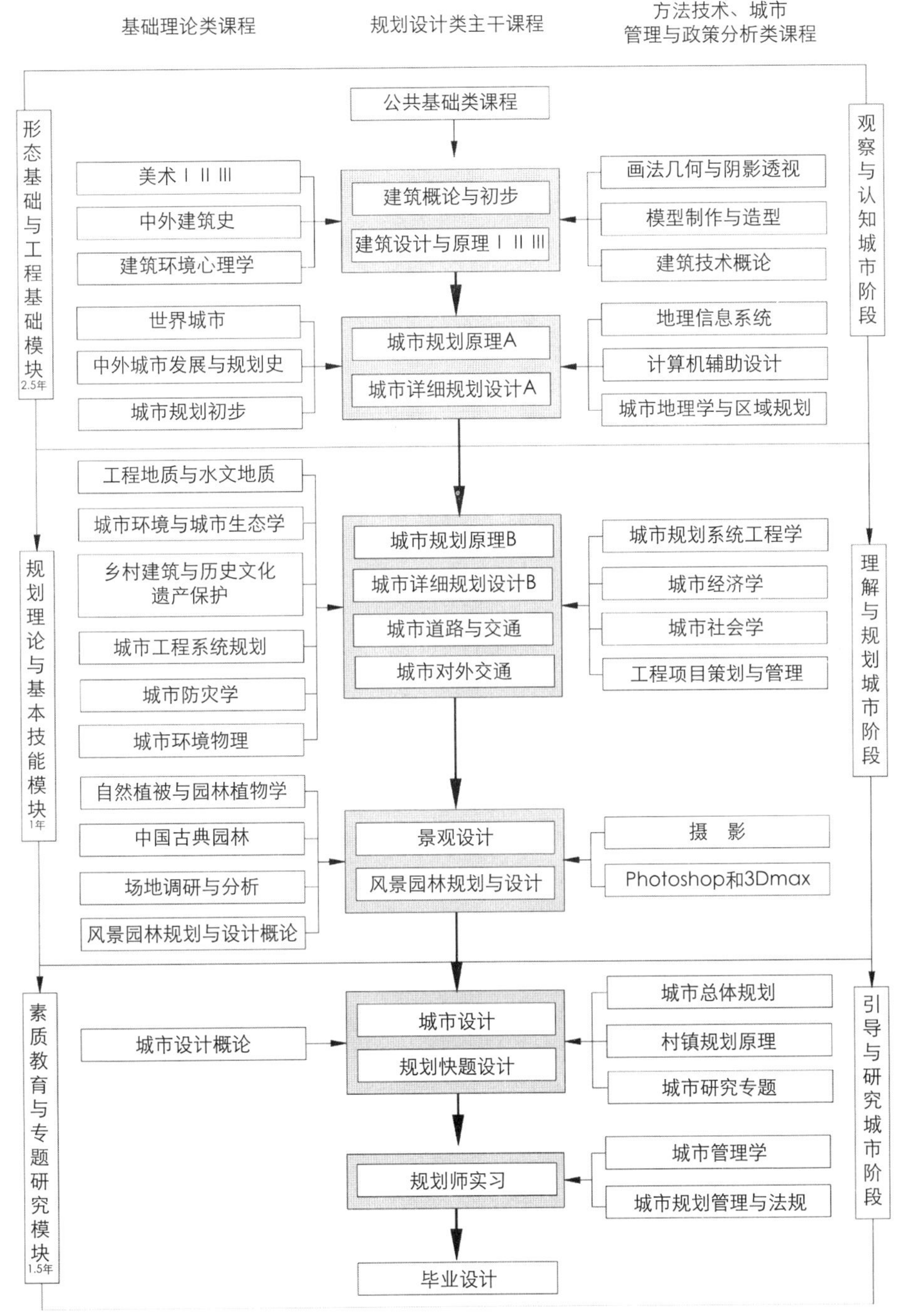

图 3　教学主线与课程体系框架

式和课程体系，使规划教育与地方经济形成良好的互动机制，更好地履行高等教育科研、教学和服务社会的使命，与其他规划教育机构共同构建有特色的中国规划教育的未来。

主要参考文献

［1］张广平，于奇．从专业发展趋向及社会需求趋势探索“以生为本”的建筑学教育新思路［M］.2010全国建筑教育学术研讨会论文集．北京：中国建筑工业出版社，2010.

［2］浙江工业大学．全国高等学校城市规划专业本科教育评估自评报告. 2010.1.

Exploration About the Characteristics and Paths for Urban Planning Talents Training Mode of Local Engineering University ——Teaching Research of the Program of Urban Planning, Zhejiang University of Technology

Song Shaohang　Chen Qianhu　Zhang Shanfeng

Abstract: Local engineering university is an important part of the urban planning personnel training.Based on regional economic and social development and conditions, it is inevitable choice which meet the requirement of society for establishment of a unique talents training mode From students cultivation orientation, training characteristics and education concept, curriculum system and realize path, summarize and thinking on cultivating undergraduates of the Program of Urban Planning, Zhejiang University of Technology.It is proposed that local engineering University urban planning professional can according to their own conditions and external environment, and making out with local characteristics, the talent training scheme.And through the teaching mode and course system, to make the planning education and local economy form good interaction mechanism.It's the future of planning education.

Key Words: requirement of society, training characteristics, curriculum system, realize path

地域、文化、传承与创新
——“城市更新与历史文化保护”课程建设探索

宋 盈

摘 要：本文简要介绍了中南大学“城市更新与历史文化保护”课程的建设历程，阐述了该课程的内容构成、基本特点、教学思路和教学成果。探讨在特殊性历史文化名城长沙，如何立足于城市地域特色和历史文化环境，进行针对性的城市历史保护教育。以学习竞赛为平台，帮助学生建立科学、动态的保护观，在教学中将学生培养成具有正确历史观和发展观的规划师和规划专业人员。

关键词：城市更新，历史保护，课程建设，教学模式

“城市更新与历史文化保护”是中南大学近年来开设的一门新课程，该课程特色鲜明，综合性极强，涉及建筑学、城乡规划、历史学、经济学、人文地理、旅游开发等多个学科及领域。城市是一种历史文化现象，每个时代都在城市建设中留下了自己的痕迹。保存城市的记忆，保护历史的延续性，保留人类文明发展的脉络，是人类现代文明发展的需要。城市历史保护是历史文化遗产保护工作中最为繁重和艰巨的。随着中国城市建设的不断加速，城市更新与历史文化保护越来越成为社会关注的焦点。

但与此同时，近年来多发的建设性破坏，与随之而来的城市历史文化遗失，和“千城一面”的现象，已成为人们痛心疾首但却不得不面对的现实。“前所未有的重视，前所未有的破坏。”同济大学教授阮仪三用一句话来概括历史城市保护目前的现状。他说，“近年来，随着房地产市场的兴起，对旧城地段的开发也掀起了新一轮的高潮。由于许多城市没有重视历史街区的保护，用一般的城市旧区拆建改造的方式，使得很大一批历史街区在经济发展大潮的冲击下受到破坏。”

在这种潮流下，作为城市建设中流砥柱的规划师和建筑师，被时代赋予了保护城市历史文化的重要使命。在欧美，城市历史和文化遗产保护知识是建筑和城市规划人员必须要掌握的重要专业知识，在欧美建筑和城市规划院校中是非常重要的一门基础课程，这为城市的社会、经济、文化协调发展提供了重要的保障。

“城市更新与历史文化保护”是中南大学为了使城乡规划专业教学适应现代社会建设的全面需求，培养具有社会责任感的规划专业人员而开设的一门课程，也是中南地区最早开设城市历史文化保护类的课程之一。本文围绕中南大学“城市更新与历史文化保护”课程建设，经过近十年的努力和探索的成果和体会，与业界同仁展开分析与探讨。

1 “8-4-2”的课程体系建设

中南大学城乡规划专业教学计划与教学大纲经过多年的研讨与调整，形成了“8-4-2”的“城市更新与历史文化保护”课程体系（见表1）。

“8”是指课程体系中的八门相关课程，它们在课程体系中的地位和作用见表一。

作为一门专业综合性极强的课程，严格来说，“城市更新与历史文化保护”课程所包含的知识内涵与外延并不仅限于这八门课程，而应该是大学所学的所有专业知识的综合理解和应用。通过本系列课程的学习，要求学生系统地掌握城市更新与历史保护的基础理论和研究方法，用系统思维方式、整体和综合的观点去研究和解决城市化过程中出现的种种问题。并通过课程作业，具

宋 盈：中南大学建筑与艺术学院讲师

“8-4-2”的“城市更新与历史文化保护”课程体系　　表1

	课程名称	开设学期	学分	内容及作用
第一阶段	中外建筑史	二年一期	4	城市与建筑的历史理论基础知识
	中外城市建设史	二年二期	4	
	中外园林史	三年二期	3	
第二阶段	城市规划原理	二年二期	5	城市发展、建设中相关专业及人文社科知识
	城市环境心理学	三年二期	3	
	城市社会学	四年一期	2	
	城市规划管理与法规	四年二期	3	
第三阶段	城市更新与历史文化保护	四年二期	4	城市历史保护的综合知识

备城市历史保护规划的设计能力。

“4”是指“城市更新与历史文化保护”课程体系所渗透的四个层面，即：

城市总体规划层面：在保护规划方面，历史文化名城保护规划由于是总体规划修编中的必要组成部分，所以城市历史保护中的“整体、大局、协调、突出”概念必须清楚和坚定。在城市总体规划中，把城市历史文化的保护与发展，作为城市发展的一项战略性的规划任务加以研究，并且把它和旧区改建、新区开放，城市土地综合利用，城市环境建设以及专项规划结合在一起，加以统筹兼顾、协调一致和贯彻实施。

城市更新设计层面：城市更新是城市发展过程中的一个重要环节。简单来讲，城市更新就是一种将城市中已经不适合社会生活需求的地区做必要的，有计划的改建活动，通过这种活动使更新后的城市地区获得新的生机。城市更新的方式一般可以分为重建或再开发（redevelopment）、整建（rehabitation）以及保留维护（conservation）三种。大拆大建是不适当的，而单纯地强调那种空城模式的保护，也是有问题的，至少是一件难以为继的事情。比较合理的做法应该是在充分保护旧区人文历史文脉的前提下，通过更加积极的功能发掘与改造，使旧区的生存和发展更加自然地融入到城市更新的发展进程中去。

修建性详规层面：历史街区的保护与整治在我国还是一个较新的课题。历史街区的保护与整治规划目前没有正式的国家标准，而规划的编制所涉及问题的专业性又比较强。历史街区的修建性规划包括：历史资源的调查与分析；历史街区保护范围的划定；用地性质的调整；道路交通规划；社会生活规划；建构筑物保护与更新模式；建筑高度控制；空间环境整治；小品设施布置以及各项市政管线规划等众多内容。正是由于这样的一些实际情况，许多规划设计单位（包括业主）将历史街区的保护与整治规划等同于一般的城市旧区改建或旅游景点的规划设计，编制了一些控制性详规和修建性详规，导致了规划欠科学合理。因此，使学生掌握正确的历史街区的保护与整治规划方法是历史保护课程体系中的重要内容。

历史建筑与环境保护层面：在历史建筑保护方面，有限的人力物力往往局限在历史建筑本身，对历史建筑规划线内的环境几乎力不从心。《威尼斯宪章》中指出：“保护文物建筑，意味着要适当保护一个环境，一个文物建筑不可以从它所见证的历史和它所产生的环境分离出来。”《文物保护法》在这方面也有明确的规定：“文物保护单位的保护范围内不得进行其他建筑工程”。同时还规定：“在文物保护单位的周围划出一定的建设控制地带，在这个地带内修建新建筑和构筑物，不得破坏文物保护单位的环境风貌”。可见，历史建筑环境的保护和建筑本身具有同等重要的意义。

“2”是指“城市更新与历史文化保护”课程教学成果的两种形式，即：

（1）城市更新设计：在所在城市选择具有代表性的城市中心地块，做一个针对性的城市更新设计，要求将课程所学知识结合设计进行综合运用。

（2）城市历史文化调查报告：根据个人研究的兴趣和焦点，对目前城市化进程中城市的各种历史文化现象或现状进行针对性的调查，形成调查报告。

教学计划说明，学生根据学习兴趣和自身特点，可以对这两种作业形式任选。这极大的鼓动了学生的学习热情和兴趣，充分发挥了主观能动性，从近年来的选择结果来看，选择两种方式的学生数量没有太悬殊的差别，说明是合理的（见表2）。

"城市更新与历史文化保护"课程作业两种形式数量比例　　表2

年级	学生总人数	选作城市更新设计人数	选作调查报告人数
2003级	58	28（占48.3%）	30（占51.7%）
2004级	60	27（占45%）	33（占55%）
2005级	62	32（占51.6%）	30（占48.4%）
2006级	57	25（占43.9%）	22（占56.1%）
2007级	59	31（占52.5%）	28（占47.5%）

2 "敝帚自珍"的地域性历史文化观的确立

长沙是1982年国务院公布的首批国家级历史文化名城。早在15～20万年前，长沙地区开始有人类活动。约7000年前，长沙开始形成村落。约2400年前的春秋战国时期楚国于长沙建城。一直到今天，城址一直未变，2000多年前的道路甚至与今天所在位置的街巷依然重合，故此长沙成为中国历史上最长时间在同一地址建城的城市之一。

但长沙城市这样悠久的发展历史，却差一点在20世纪30年代戛然而止。1938年10月武汉失守后，日军继续南犯，湖南由抗战的大后方转变为抗日的前线，因对确保长沙缺乏信心，蒋介石指示实行"坚壁清野"和"焦土抗战"的方针，在长沙沦陷前将全城焚毁。1938年11月12日夜，长沙突然燃起一场全城大火。3000多人在大火中丧生。90%以上的房屋被烧毁，共计5.6万余栋。大火造成经济损失10多亿元，约占长沙总值的43%。是长沙历史上毁坏规模最大的一次全城人为性质的火灾，也让长沙与斯大林格勒、广岛和长崎一起成为第二次世界大战中毁坏最严重的四个城市。文夕大火毁灭了长沙城自春秋战国以来的文化积累，地面文物毁灭到几近于零，地面上的建筑历史文化物质形态出现严重残缺与断代，以至于许多人，甚至包括部分专业人士都认为，"长沙地面上1938年前的历史几乎没有了，没有什么要保护的东西了。"

针对这样一种片面的认识，"城市更新与历史文化保护"课程中特意加入了"城市历史文化的地域性与复杂性"的内容，帮助学生建立正确的全面的城市历史观。经过学习使学生基本掌握：

（1）城市历史文化特色的多样性：被以"原真性原则"保护的雅典卫城、罗马古城区是历史；浴火重生的华沙古城是历史；政权更迭、不断完形的北京是历史；兵燹荼毒后的长沙同样是历史。

（2）城市与建筑历史价值评价的地域性：根据建筑的历史价值、艺术价值和技术价值以及地域修正值对城市历史地段的建筑进行综合评估，对建筑采取保存、保护、整饬、暂留、更新五种不同方式的更新措施。例如，一栋建于二十世纪四十年代初的普通民居，在平遥古城或屯溪老街，很可能会被归为"整饬"或"暂留"，甚至是"更新"。但在长沙，却是文夕大火后长沙的"启动记忆"，具有特殊的价值，那么它的更新措施很可能就是"保护"或"保存"。

（3）"长沙的历史"与"历史的长沙"的辩证关系：长沙作为历史文化名城的特例，其城市历史文化资源的重要组成部分为地下文物（以马王堆汉墓、走马楼三国竹简为例）和近现代革命历史遗产（以湖南第一师范和新民学会会址为例），但记载城市发展轨迹的历史街区和历史地段同样是构成长沙历史文化名城的重要资源，尽管这些历史街区和建筑的建筑质量和建筑艺术价值相对于其他历史文化名城可能有所区别，但却是"历史的长沙"中不可或缺的"长沙的历史"。

3 以学生竞赛为学习平台的交流与提高

为了提高教学质量，检验教学成果，将课程教学与设计实践相结合，完成长沙城市历史保护的"学术性公众参与"，从2004开始，"城市更新与历史文化保护"课程"长沙的历史 · 历史的长沙"系列课程作业连续参加历年的全国高等学校城市规划专业教育指导委员会课程作业（设计课程、调研报告）及教师教研论文交流评优活动竞赛。学院对获奖作业进行配套的奖励措施。有了竞赛的激励机制，学生学习和研究的兴趣与日俱增，参加竞赛的学生人数逐年提高（见表3），课程作业的质量有了显著提高。

中南大学历年课程作业参赛统计　　表3

年份	班级	学生总数	参加竞赛学生人数	占学生总人数百分比
2006	城市规划 2002 级	58	4	6.8%
2007	城市规划 2003 级	60	8	13.3%
2008	城市规划 2004 级	62	13	20.9%
2009	城市规划 2005 级	57	21	36.8%
2010	城市规划 2006 级	58	34	58.65%

在取得一定成绩的同时，更大的收获是在一个以学习和广泛交流为目的的平台上，友好竞技，获益良多。在与兄弟院校的学习、竞赛、交流中，中南大学“城市更新与历史文化保护”的教学成果逐渐形成了自己的特色：

（1）开放、辩证的历史观与城市历史发展脉搏的契合

城市是不断发展的。在城市的历史文化保护中应正确认识保护与发展的辩证关系。积极平衡二者之间的矛盾，并在城市历史文化保护规划中引入发展的观点。使城市历史文化保护与城市发展和谐统一。2004级规划专业“城市更新与历史文化保护”课程作业《昨天＋今天＝明天的历史》（见图1）即在城市中心旧城区改造规划设计中，用动态时空观分析法来梳理城市空间结构和历史文脉。

（2）在城市更新设计中引入建筑类型学与环境心理学的知识内容

作为城市规划者，城市以及建筑设计者，应该深入地去体察一个城市的活动支持与城市文化，进一步发掘出城市的底蕴并把它提炼升华表现出来。城市意象是城市特色的外在表现。城市设计针对的可以是大至区域，城市区块，小至一条街道，乃至单体的组合。要想在多重尺度上把握，建筑类型学与环境心理学的知识内容对于好的城市更新设计来说，必不可少。规划专业“城市更新与历史文化保护”课程作业《重回记忆中的生活》（见图2）就是在城市更新规划设计中结合城市设计、建筑设计、环境设计，多学科专业知识交融，使设计深度达到了一定的高度。

（3）理论结合实践，立足地域文化

“城市更新与历史文化保护”是一个开放的课程体系，除了课堂基础理论的学习，老师鼓励、带领学生体察所在城市的历史文化的自然环境、人工环境和人文环

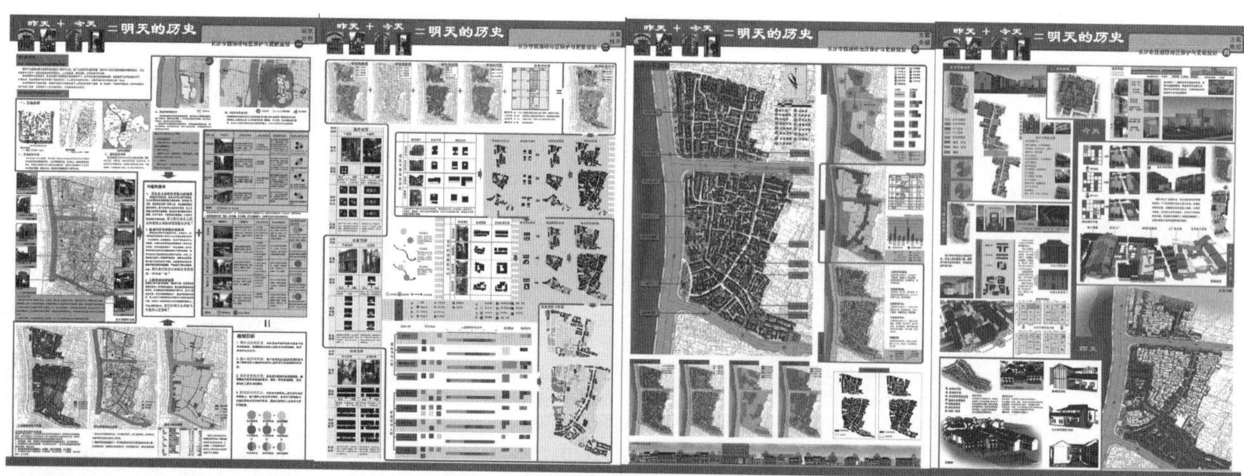

图1 《昨天＋今天＝明天的历史》（2008年全国城市规划专业学生竞赛规划设计佳作奖）

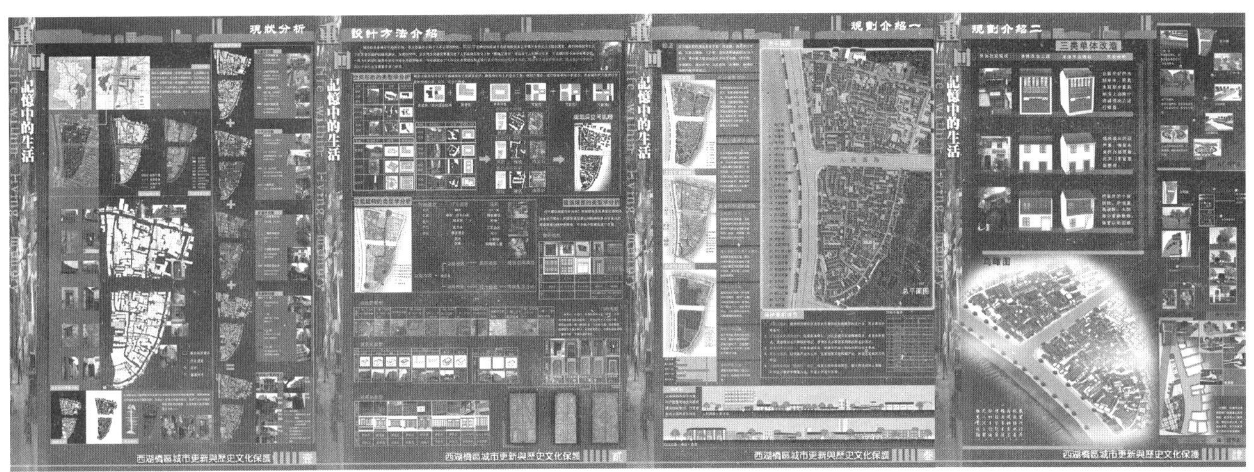

图 2 《重回记忆中的生活》(2008 年全国城市规划专业学生竞赛规划设计佳作奖)

境。让学生用一双善于观察的眼睛自己捕捉地域历史文化信息，通过实地调查研究，获得第一手资料，运用专业知识和方法，对所在城市的历史环境进行综合调查研究。包括旧城区的交通状况 (图 3)、城市更新改造中形成的非正式住区 (图 4)，以及城市更新与历史文化保护的方方面面。

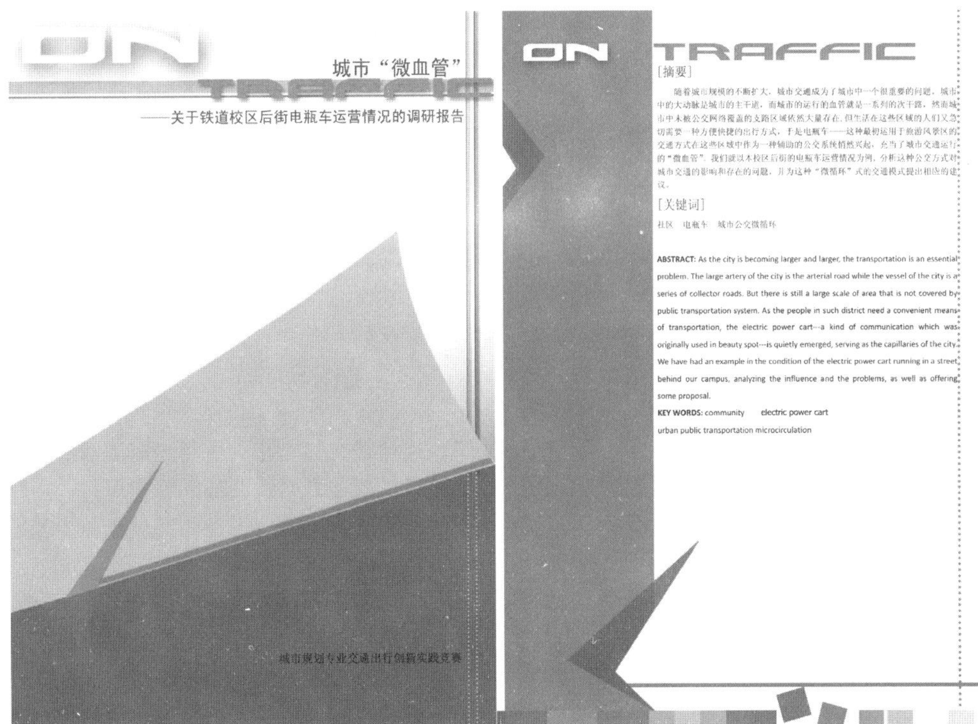

图 3 《城市“微血管”》(2010 年全国城市规划专业学生竞赛社会调查报告佳作奖)

图 4 《“另一半”城市》(2010 年全国城市规划专业学生竞赛社会调查报告佳作奖)

4 帮助学生建立科学、动态的保护观

城市历史文化保护“主要是指对现有的美好的城市环境予以保护，但在保持其原有特点和规模的条件下，可以对它做些修改、重建或使其现代化。”由此可见，真正的保护本身就需要与发展相协调。它的目的并不是要重现已逝去的旧时风貌。而是要保留现存的美好环境。避免具有吸引力的生活场所遭受不适当的改变和破坏，防止社会生活频繁、过度变迁，实现社会稳定和持续的发展。所以在教学中要让学生建立科学、动态的保护观：

(1)积极动态的保护。历史保护规划应该作为总体规划的一个有机部分。与城市的整体发展相协调，在总体规划、城市设计中充分注意保护历史文化传统。维护并发扬城市的格局特色，而不该以消极、静态的方式把城市历史文化保护规划仅仅看作是以保护文物古迹、风景名胜及其环境为主的专项规划。

(2)全面复合性的保护。应该认识到历史文化保护不仅是城市中的一个文物古建的保护，还包括对城市经济、社会和文化结构中各种积极因素的保护与利用。全面地分析城市的结构，找到值得保护的对象，使其得到有效的保护，才能使潜在的经济效益得到发挥，从而有利于城市的长远发展。

(3)避免理论与实际相脱节。理论与实践脱节。一是指理论没有超前性，不能适应瞬息万变的城市发展：二是指理论对规划、建设中出现的许多问题未能深入研究：三是规划与建设各行其是。一旦基础理论不能指导实践，必然导致保护规划与实际发展建设脱节。

结语

我们正处在一个飞速发展的时代，历史环境、社会环境、自然环境的飞速变化更加剧了城市文化遗产保护的重要性、艰巨性和复杂性。我们只有从更本质的层面上去认识理解文化遗产，在更深入而宏大的体系上去保护文化遗产，把遗产保护与整个社会发展结合起来，才得以找到更本源的理论认识、更长远的战略规划和更有效的保护方法。在教学中将学生培养成具有正确历史观和发展观的规划师和规划专业人员，假子之手，保护城市的过去，建设城市的现在，规划城市的未来。

主要参考文献

[1] 王景慧，阮仪三，王林编著．历史文化名城保护理论与规划．上海：同济大学出版社，1999.

[2] 张松著．历史城市保护学导论——文化遗产与历史环境保护的一种整体性方法．上海：上海科学技术出版社，2001.

[3] 董鉴泓，阮仪三编著．名城文化鉴赏与保护．上海：同济大学出版社，1993.

[4] 阮仪三．历史环境保护的理论与实践．上海：上海科学技术出版社，2000.

[5] 阮仪三．护城踪录．上海：同济大学出版社，2001.

[6] 阮仪三主编．中国历史文化名城保护规划．上海：同济大学出版社，1995.

[7] 周俭，张恺编著．在城市上建造城市——法国城市历史遗产保护实践．北京：中国建筑工业出版社，2003.

[8] 西山卯三主编．历史文化城镇保护．路秉杰译．北京：中国建筑工业出版社，1991.

[9] О.И．普希金著．建筑与历史环境．韩林飞译．北京：社会科学文献出版社，1997.

[10] 李雄飞．城市规划与古建筑保护．天津：天津科学技术出版社，1989.

[11] 建设部城乡规划司，国家文物局编．中国国家历史文化名城．北京：中国青年出版社，2002.

[12] 国家文物局法制处．国际保护文化遗产法律文件选编．北京：紫禁城出版社，1993.

[13] 西村幸夫主编．城市风景规划——欧美景观控制方法与实务．张松，蔡敦达译．上海：上海科学技术出版社，2005.

Regionalism，Culture，Inheritance and Innovation ——Exploration of "Urban Renewal and Protection of Historical Culture" Course

Song Ying

Abstract: The thesis briefly reviews the construction route of Urban Renewal and Historic Protection in Central South University.Describes the content of the course structure，basic features，teaching ideas and teaching achievements.How the city based on the geographical characteristics and historical and cultural environment，targeted the city historic preservation education，In the special historical and cultural city of Changsha.Competition as a platform to learn，help students establish a scientific and dynamic protection concept.Students will be trained in teaching have the correct view of history and concept of development planners and planning professionals.

Key Words: urban renewal，historic protection，course construction，teaching model

建筑与城乡遗产保护教学改革初探[1]
——以中法同济-夏约联合教学成果为例

邵 甬 周 俭

摘 要：本文分析了同济大学目前的遗产保护教学体系现状，结合“卓越工程师教育培养计划”，提出培养兼具人文精神与科学理性思想、兼具理论知识与应用实践能力、兼具系统观念与国际视野人才的教学改革目标。同时以同济大学与法国夏约高等研究中心的建筑与城乡遗产保护联合教学为例，探讨具体的教学理念与目标、教学的内容和方法。

关键词：遗产保护，教学，改革

前言

在欧美，城乡历史和文化遗产保护知识是建筑和城市规划人员必须要掌握的重要专业知识，在欧美建筑和城市规划院校中是非常重要的一门基础课程，为城乡的社会、经济、文化协调发展提供了重要的保障。

结合同济大学综合性大学的定位和知识、能力、人格三位一体的人才培养目标，我们的遗产保护课程在专业培养目标中重点突出“国际视野”、“理论与应用并举”和“基础与创新并重”的教学思想。一方面培养建筑、城市规划和景观设计所有学生的社会责任感和正确的价值观，另一方面培养兼具理论知识和实践能力的高级专门人才和拔尖创新人才，成为中国建筑、城乡和景观遗产保护的中坚力量。

1 同济大学建筑与城乡遗产保护教学体系现状

1.1 学科覆盖全面但体系整合不足

同济大学城市规划系自2001年在国内工科专业中率先开设《城市历史与文化遗产保护》课程，主要阐述世界各国关于历史文化遗产保护的历程和法规制度建设，保护规划设计的理论与方法，以及我国历史文化名城保护的历史、演进、保护规划的编制。

建筑系在2003年建立了历史建筑保护工程专业，着重培养以建筑学的基本理论及技能为基础，系统掌握历史建筑和历史环境保护与再生的理论、方法与技术，具有较高建筑学素养和特殊保护技能的专家型建筑师或工程师。

风景园林系也在近年增加了相关课程对本科学生进行景观遗产价值及保护知识的普及。

综上，同济大学遗产保护教学已经覆盖了建筑、城市规划和风景园林三个学科，在全国处于非常领先的地位。但是，由于这些教学分散在不同的学科，学生对遗产保护领域相关知识的了解不够，优势教学资源未能得到充分利用，教学体系整合明显不足。

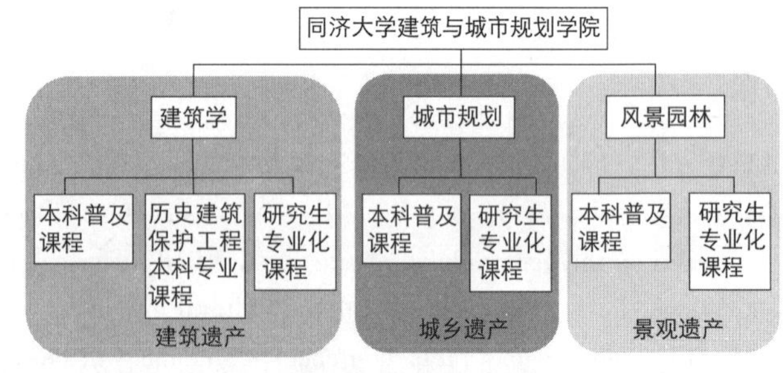

图1 同济大学遗产保护教学课程设置现状

[1] 2007年度上海市高校市级精品课程（沪教委高（2007）49号）。

邵 甬：同济大学建筑与城规学院副教授
周 俭：同济大学建筑与城规学院教授

1.2 理论与实践并举但专业性不够

在上述每个课程中，我们都强调“理论与实践并举”的原则。但是除了历史建筑保护工程专业比较独立地进行课程安排，研究生阶段的理论选修课为三个专业的知识沟通提供了可能外，其他课程都纳入到教学的整体计划中，遗产保护实践课程只能作为城市设计环节的一个课题，缺乏专门化的教学与训练：既不可能针对遗产保护设计小组制定专门的“教案”，也不可能创造具有针对性的教学条件。因此，遗产保护方向的研究生毕业时往往并不具备足够的专业能力，与法国夏约高等研究中心等国际遗产保护教学先进院校毕业生的能力相差较大，也与同济大学“卓越工程师教育培养计划”中“工程基础、专业精神、社会栋梁、济世之才”的目标特色有一定的差距。

2 同济大学建筑与城乡遗产保护教学改革的目标

2.1 培养兼具人文精神与科学理性思想的卓越人才

中国20世纪末的快速城市发展过程中出现了大量的文化缺失、遗产破坏的现象，这已经引起了全社会的关注。而同时，当前的建筑师与城市规划师中人文思想和科学理性精神的缺失已经是不争的事实。

因此，培养兼具人文思想和科学理性精神的建筑师和规划师的教学体系非常重要，帮助学生们养成独立思考的能力和严谨治学的态度。教学改革必须在这个目标指导下将能力培养和人格养成落实到具体的课程和教学环节中。

2.2 培养兼具理论知识与应用实践能力的专门人才

同济大学遗产保护方面的理论教学已经相对比较完善，需要进一步整合优势资源，形成“建筑－城乡－景观遗产保护与发展”的整体理论教学体系。

针对目前实践性教学环节较弱的特点，结合同济大学已经启动的“卓越工程师教育培养计划”，在本科阶段继续完善知识普及的工作，采用启发式、探究式、讨论式、参与式等教学方法培养学生的兴趣和志向；在研究生阶段，针对遗产保护方向的学生在实践性教学方面的教学内容、方法、手段等进行全方位的改革，形成“理论－设计－研究”完整的教学体系，从而满足遗产保护领域对未来人才在知识、能力和素质的基本要求。

2.3 培养兼具系统观念与国际视野的创新人才

未来的建筑与城乡遗产保护的建筑师或规划师，都应该有能力理解、保护和展示饱含历史文脉精髓的物质和非物质遗产的价值。因此，我们需要借助既有的，并且创造新的产、学、研合作平台和国际合作办学平台，培养兼具系统观念与国际视野的创新人才。

他们应该在宏观的区域层面、中观的聚落层面以及微观的建筑层面对物质的、社会的、经济的、文化的各个方面具有理解、分析并综合处理问题的能力。

他们应该掌握多学科合作的团队工作方法，因为这是这个领域的问题特征所决定的：他们需要通过“互补拼贴”的方法完成对一个事物的描述、解释和诊断。

他们应该具有国际眼光，通晓国际规则，具有国际视野的跨文化沟通的能力。

综上，同济大学建筑与城市规划学院建筑与城乡遗产保护教学体系可以做如下的改革。

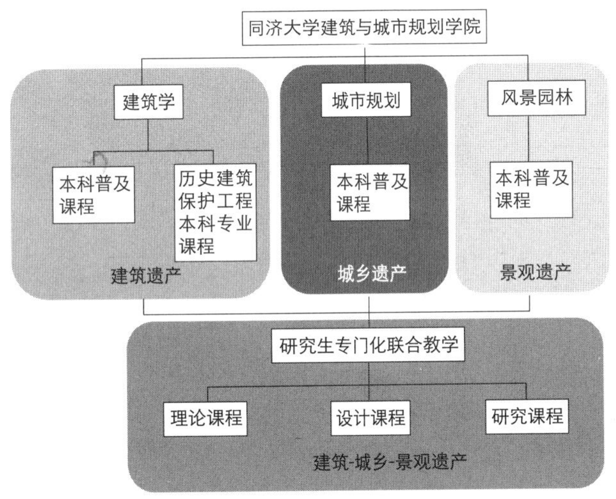

图2 同济大学遗产保护教学课程改革建议

3 同济大学建筑与城乡遗产保护教学改革实验

为了对上述的教学改革进行实验，尤其是加强实践环节的教学，2006年开始，同济大学建筑与城市规划学院和法国夏约高等研究中心❶开始了卓有成效的教学协作。最突出的成果就是2007/2008学年的查济联合教学和2009/2010学年的梁村联合教学。

3.1 教学理念与目标的转变——“授人以鱼”到“授人以渔”

联合设计非常强调知识、能力和人格的综合培养，对遗产保护建筑与规划师的人文精神和科学理性思想的培养贯穿整个教学过程。

（1）掌握科学的调查和严密分析方法。在理性主义思想萌芽的法国，教学方面也非常重视实证调查；而在中国，更加重视对文献的查阅和研究。这两种方法的结合有助于学生能够最大限度地认识遗产的特征、发展演变的过程以及现实的问题。

（2）确立正确的遗产保护价值观。通过物质和非物质遗产方面的调查和社会经济发展现实情况的分析，培养学生对遗产保护的价值观进行认真的思考与辨识。

（3）跨学科整合遗产保护知识与思想创新。遗产是不同历史阶段的社会、经济、文化和技术的产物，同时也面临着各种现实的问题。因此，需要培养学生跨学科整合遗产保护知识的能力，并在此基础上创新。

3.2 教学条件的准备——合便利性到合目的性

3.2.1 教学基地选择

从我们的教学理念和目标出发，教学基地的选择应该更多地考虑目的性而不是便利性，我们设定了三个需要同时满足的教学基地的选择条件：

（1）处于某个特色地域的村落

在中国，随着快速的城市化和现代化，当前还能够清晰地看到地域与聚落、建筑之间的逻辑性主要还是在村落。因此，选择处于某个特定地域的村落，了解聚落形成、发展演变的原因，是学生区域层面教学的主要内容。

（2）具有相对真实、完整的聚落

聚落的要素以及要素的组织结构体现了聚落自然生长的规律。因此，我们摒弃了那些非常有名的但是已经非常旅游化了的村落，目的是让学生在一个要素相对真实、结构相对完整的聚落中，一方面观察、分析并理解从宏观到微观、从时间到空间的相互联系，另一方面体会传统文化和景观的魅力。

（3）拥有典型的但“生病”的文物建筑

“文物建筑”不应当被认为一件孤立的艺术作品，它是某个社会在某个特定时期的一种有形的文化表达。因此，教学基地对建筑物的选择应当满足两个要求：首先，该建筑应该具有地域典型性，以便能够让学生更加容易地发现并理解该地域建筑的普遍特征，并且通过与地域内同类型建筑的比较，发现该建筑物的独特之处；其次，该建筑物的现状要足够复杂。因为我们的工作不是简单的对建筑物的认知，而是进行完整的从认知到修复的教学。因此，所选择的文物建筑是经过历次改造，拥有病理学的特征，这样才能保证给学生真实的、完整的解读训练，形成具有逻辑性的持续的教学环节。

虽然教学基地往往在经济不太发达，条件不太好的乡村，但是现场教学完全融入到当地的生活中，地方领导和居民的支持，老人们的介绍、节日的邀约、乡土的感受等等都是学生们收获的宝贵财富。

3.2.2 基本知识的准备

根据法国和中国学生的实际情况，在进入现场教学

图3 中法教师、地方管理者和当地居民参加的查济联合设计教学准备会

❶ 邵甬．法国建筑、城市和景观遗产的保护与价值重现．上海：同济大学出版社，2010.

前，有两方面的准备工作非常必要：

（1）背景知识的准备：需要搜集尽可能多的地域社会、经济、文化相关的文献资料、中国现行历史文化村镇保护的相关法规等，使所有学生有基本的背景知识。

（2）调查方法的学习：需要学习或者温习村落考古的调查方法、口头文献的调查方法、历史建筑测绘的方法、病理学分析的方法等等，使所有学生掌握调查的基本技能。

3.3 教学内容和阶段

根据教学中对科学理性精神培养的重视，教学内容分为密不可分、环环相扣的三个层次、四个阶段，从而在宏观、中观和微观层面实现“认知－解读－诊断－设计”的全过程教学。

3.3.1 调查（认知阶段）

认知阶段的教学内容是从不同的历史层面、从区域环境的角度了解村落的变化以及村落本身的特点，对于地理特征、景观特征等进行记录和描述。

中国边远的村落提供给我们非常特殊的教学条件：往往没有精准详细的地形图和航空照片，没有完备的历史地图和历史照片，更没有太多可供参考的前人研究，但是这个条件恰恰非常有利于培养学生通过“调查”获得第一手资料的个人能力，而不是对汇编资料的“简单批判”。

在宏观层面，我们强调对景观的阅读。尽可能全面地发现特征要素以及要素之间的关系，如地形地貌、水

图 4　查济联合设计的宏观、中观和微观调查

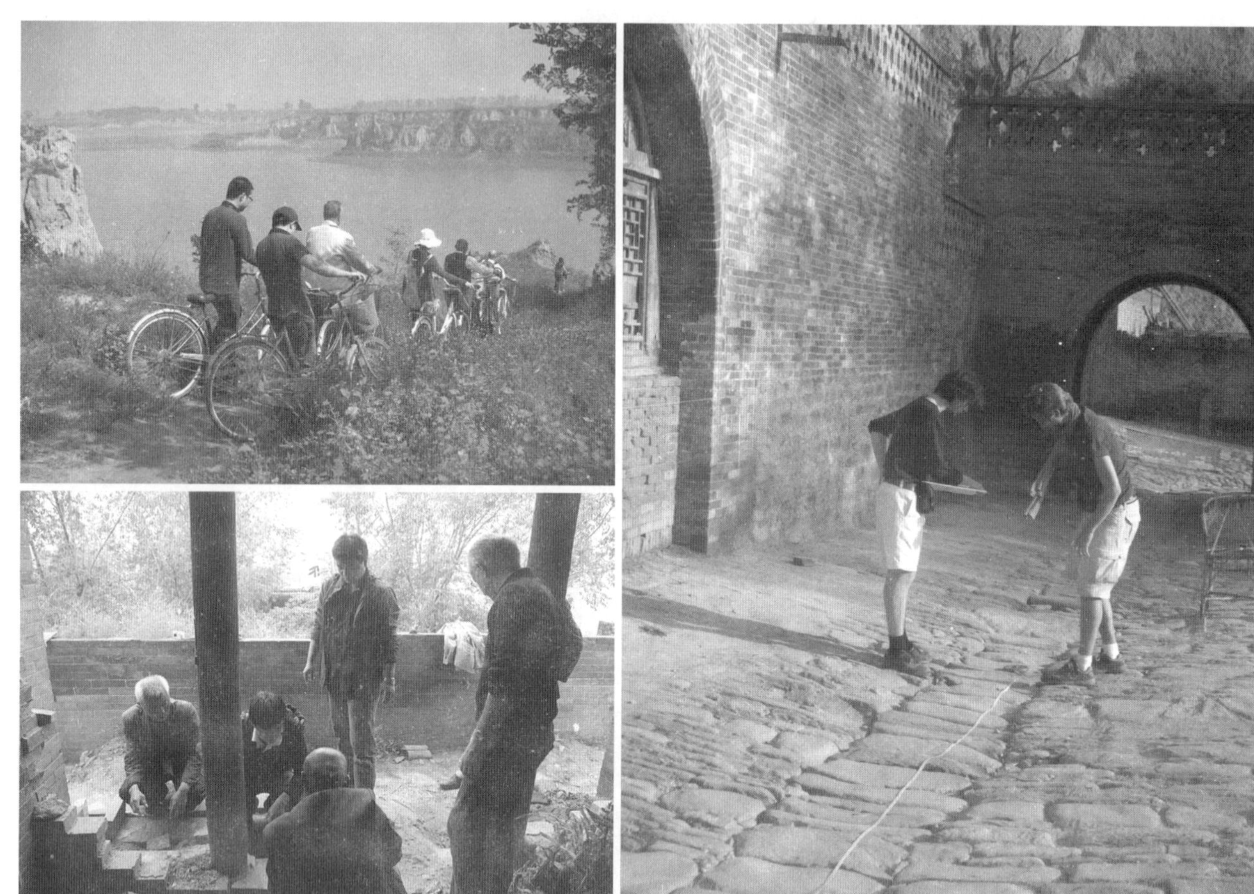

图 5　梁村联合设计的宏观、中观和微观调查

利、植被、农作物、道路、聚落的分布、色彩等。

在中观层面，需要观察的要素包括村落边界、公共空间、公共建筑体系、道路体系、民居院落、民居建筑以及人的活动等。

在微观层面，从文物建筑的周边环境出发，了解文物建筑所处的地形状况、水流状况、公共空间的状况等等。然后对文物建筑进行测绘，制作平、立、剖面图，了解建筑的空间组织、建造材料和结构、装饰等。最后需要观察文物建筑的病理特征、材料结构等的状况。

“访谈”的目的是为了将历史环境“还原”为一个生活场所加以认识。因此，寻找当地的老人，通过访谈并记录其“口述历史”(oral history) 是现场教学的又一个重要内容。同时通过访谈还可以理解现代生活方式与传统空间之间的关系，了解使用者的需求，为方案阶段的保护、修复、利用提供科学的依据。

整个过程是一项集观察、思考与研究于一体的训练，它不是简单的单个要素的数据采集记录，而是动用智力和好奇心试图发现特征要素以及要素之间的关系。教师在这个过程中不是简单地告诉答案，而是引导学生努力去寻求答案。这样，学生们的眼光越来越犀利，能够捕捉到细微的线索，找出潜在的关系。

3.3.2　分析 (解读阶段)

解读的过程就是在观察要素的基础上“破译”要素之间的关系特征的过程，能够使学生真正理解该遗产所具有的共性和特性，从而为确定保护措施中如何维持和

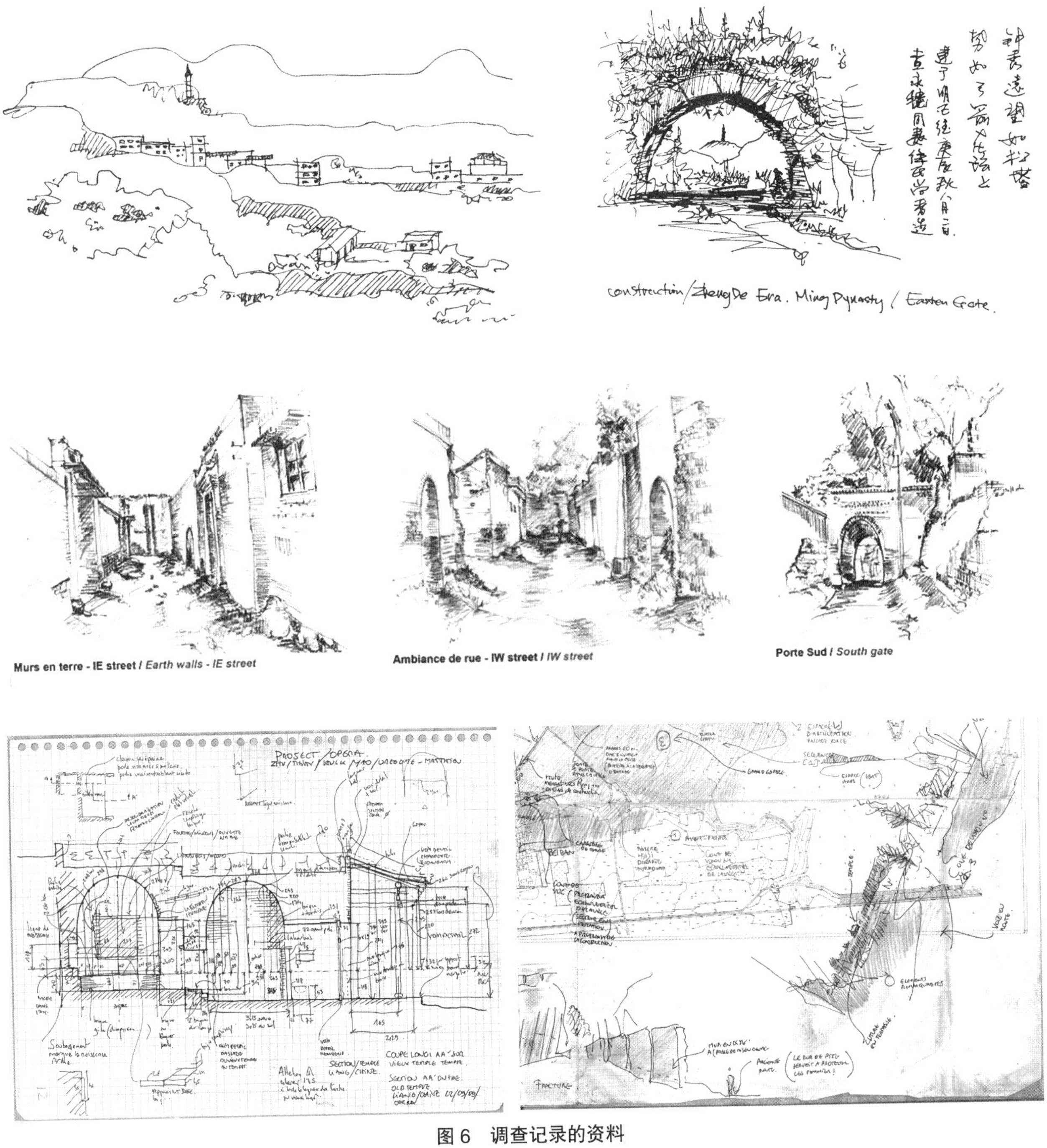

construction/ZhengDe Era. Ming Dynasty / Eastern Gate.

Murs en terre - IE street / *Earth walls - IE street*

Ambiance de rue - IW street / *IW street*

Porte Sud / *South gate*

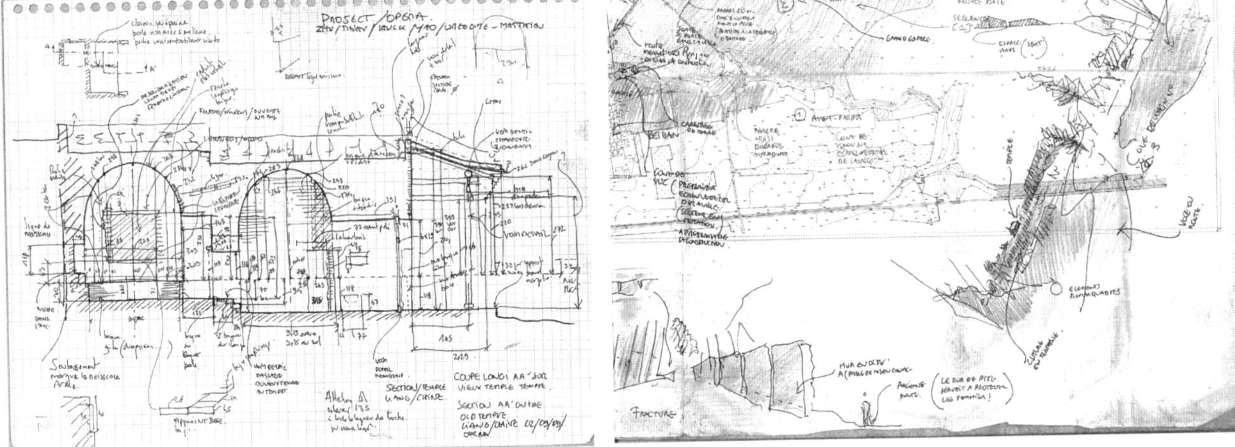

图 6　调查记录的资料

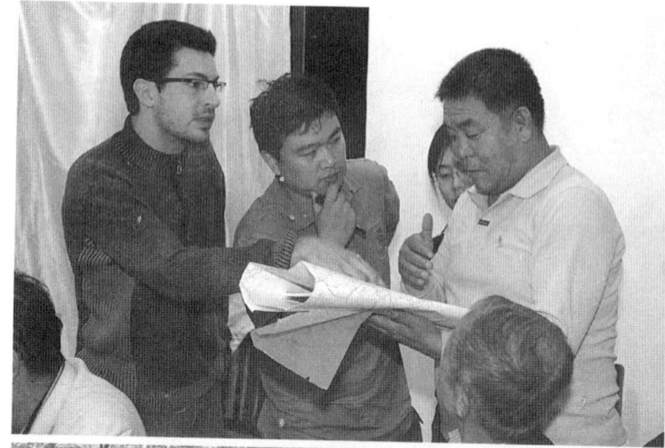

图 7　口述历史的访谈与记录

增强遗产特征提供具有说服力的依据。

分析的工作从文档（Documentation）开始，既对所有的调查信息进行分类和整理。文档在法国已经发展成为一门学科，文档的科学性保证了后续研究工作的有效性。中方特别增加了文档的教学环节，使学生们在现场拍的海量照片通过科学梳理后能够成为深入分析研究的工具。

在宏观层面，需要分析要素的分布特征、建筑群或独立构筑物与周边种植空间的关系特征等等。当然最重要的是结合地域社会经济文化背景的资料以及现场口头文献的收集，了解区域环境的演变与村落发展之间的关系。

在中观层面，包括物质要素的分析和社会人文分析两大部分。前者是通过调查要素进行空间结构分析、空间类型分析、街巷组织分析、建筑类型分析等等；后者则通过现场的口头文献的收集，了解使用者与使用空间之间的关系。

在微观层面，主要了解建筑在选址、空间构成、维护结构、支撑结构、装饰等方面的关系，特别是要了解不同历史时期建筑的使用功能与物质空间的关系。

图 8　梁村宏观、中观与微观的演变分析

3.3.3　评价（诊断阶段）

诊断阶段需要确定遗产最主要的问题及其形成原因。通俗地说就是需要辨认病理的特征，并且要诊断病因。

在宏观层面需要通过对现状社会文化背景的分析，诊断目前村落在经济发展、空间拓展、交通、景观等方面的问题。

在中观层面针对街区物质空间的状况以及引起物质空间问题的宏观社会、经济和文化等方面的原因。

在微观层面需要了解不同的建筑病理现象的成因，特别需要辨别相似病例现象的不同病因。如物质状态的保存状况、破坏状况；如同样的墙面倾斜的病象，需要辨别是因为屋顶塌陷、地基下沉还是雨水上渗等原因造成的。

这个阶段要求学生采用归纳、推理和比较的方法，像“医生”那样对区域环境、聚落以及建筑不同层面的问题进行“切片扫描”，从而帮助学生进行科学的“诊断”，有助于在理想与现实之间寻找可行的“药方”。

如学生们发现梁村的源神祠的“年久失修”不是简单的保护资金匮乏的问题，而是从“功能丧失”到“意义消失”再到“物质缺失”的过程。因此如果源神祠没有新的功能，当地政府和老百姓认为花巨资的好心修缮就是劳财伤命的事情。

3.3.4　方案（设计阶段）

图 9　梁村民居与源神祠的建筑病理学分析

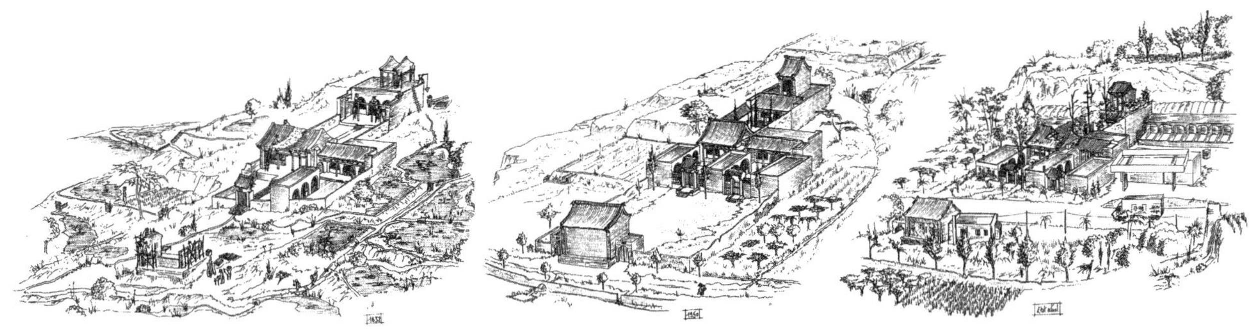

图 10　梁村源神祠使用功能与空间的演变图

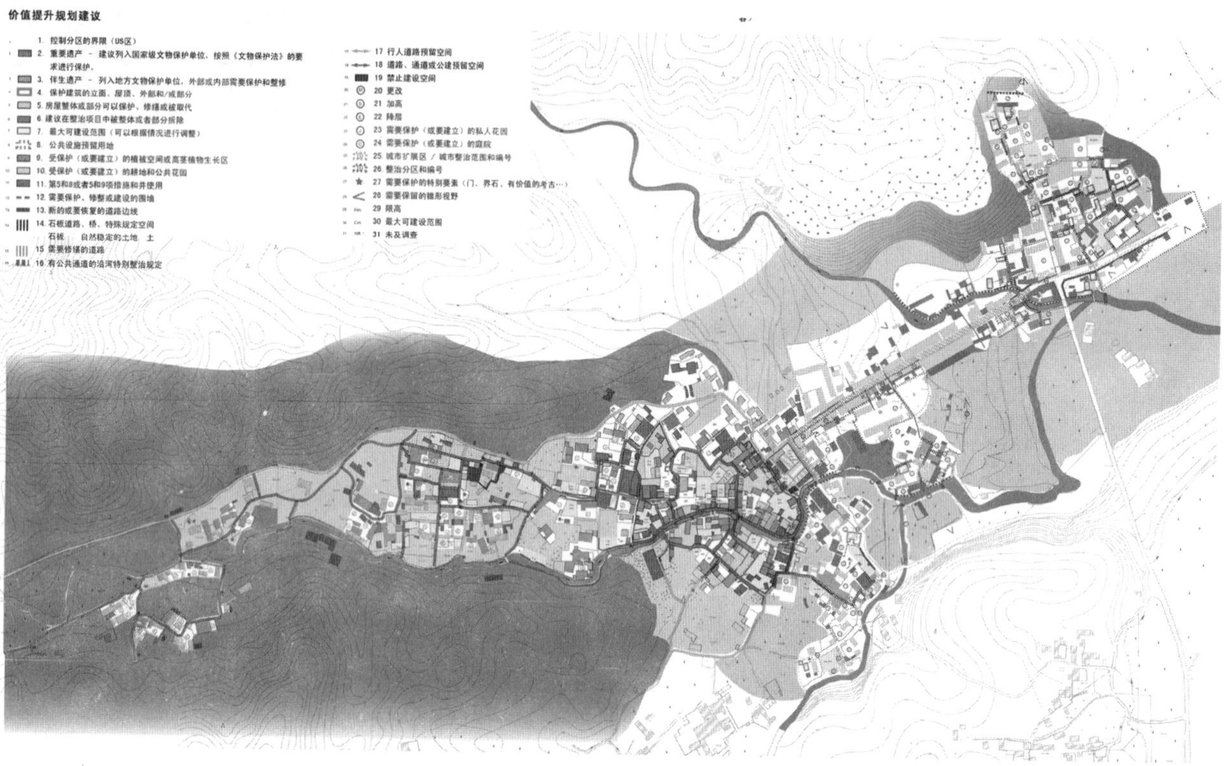
价值提升规划建议
1. 控制分区的界限（US区）
2. 重要遗产 - 建议列入国家级文物保护单位，按照《文物保护法》的要求进行保护。
3. 伴生遗产 - 列入地方文物保护单位，外部或内部需要保护和整修
4. 保护建筑的立面、屋顶、外部和/或部分
5. 房屋整体或部分可以保护、修缮或被取代
6. 建议在整治项目中被整体或者部分拆除
7. 最大可建设范围（可以根据情况进行调整）
8. 公共设施预留用地
9. 受保护（或要建立）的植被空间或高茎植物生长区
10. 受保护（或要建立）的耕地和公共花园
11. 第5和8或者5和9项措施和并使用
12. 需要保护、修整或建设的围墙
13. 新的或要恢复的道路边线
14. 石板道路、桥、特殊规定空间
石板　自然稳定的土地　土
15 需要修缮的道路
16 有公共通道的沿河特别整治规定
17 行人道路预留空间
18 道路、通道或公建预留空间
19 禁止建设空间
20 更改
21 加高
22 降层
23 需要保护（或要建立）的私人花园
24 需要保护（或要建立）的庭院
25. 城市扩展区 / 城市整治范围和编号
26. 整治分区和编号
27 需要保护的特别要素（门、界石、有价值的考古…）
28 需要保留的锥形视野
29 限高
30 最大可建设范围
31 未及调查

图 11　查济的保护规划总图

加强墙的基础
Outside
Inside
A排水管
B边沟

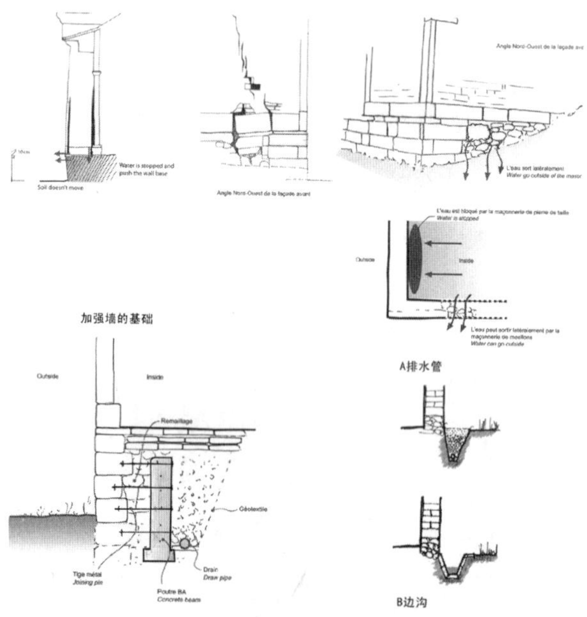

图 12　查济洪公祠的北立面的基础加固设计

以上三个阶段的工作是设计阶段的基础和依据，如果学生最终的方案不能很好地与调查、分析、评价三个阶段的工作形成具有紧密逻辑性的关系，即不能“自圆其说”，再漂亮的设计图纸也将被认为没有价值。过程中的逻辑性成为非常重要的评价标准。设计阶段包括了四个逐步递进的内容：保护、修复、增值、利用。

保护：从宏观、中观和微观的角度鉴别确定需要真正保留下来的有价值的要素。如环境的景观要素和特征、聚落空间的要素和特征、建筑具有特征性的空间布局、架构、装饰等等内容。具体的方法包括维护、加固等。

修复：根据分析以及价值判断，恢复局部的已经消失的要素。修复的过程既要考虑当代有关修复的国际宪章所提倡的原则，如可读性，还要考虑采取谨慎的表达方式，最终要保持建筑物整体的和谐与平衡。如在查济洪公祠第二进院落的修复中同时采取了“传统”和“现

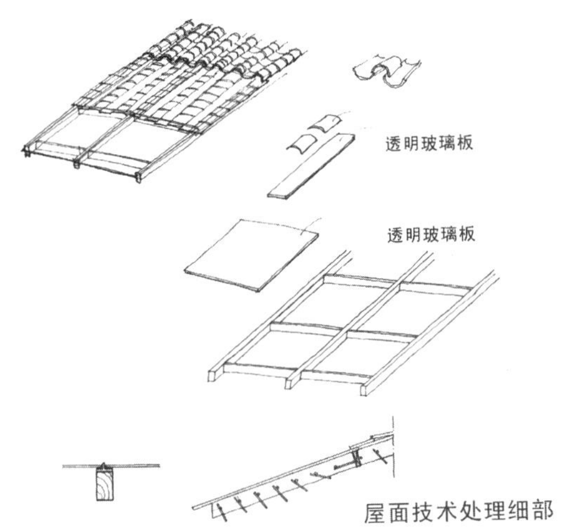

图 14　梁村戏台广场周边环境的整治设计

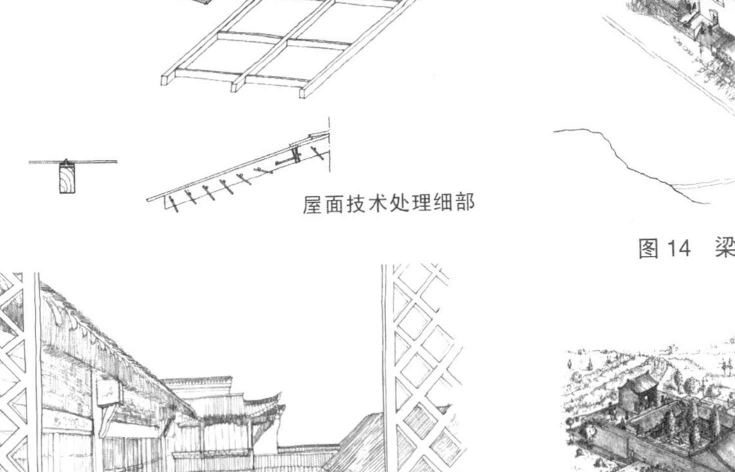

图 13　查济洪公祠二进院落屋檐的修复设计

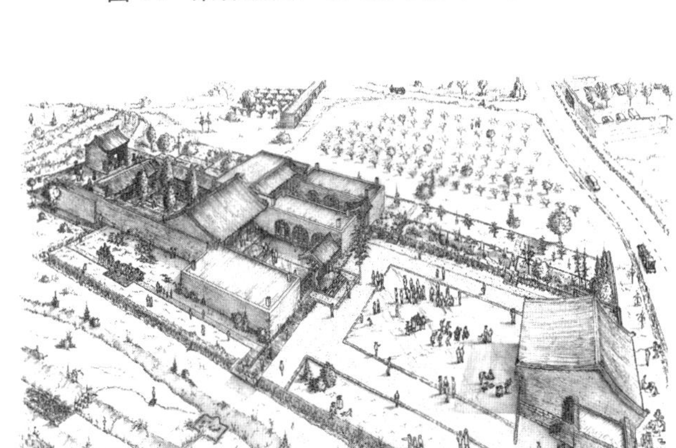

图 15　梁村源神祠周边环境的整治设计

边界、周边环境、景观视野

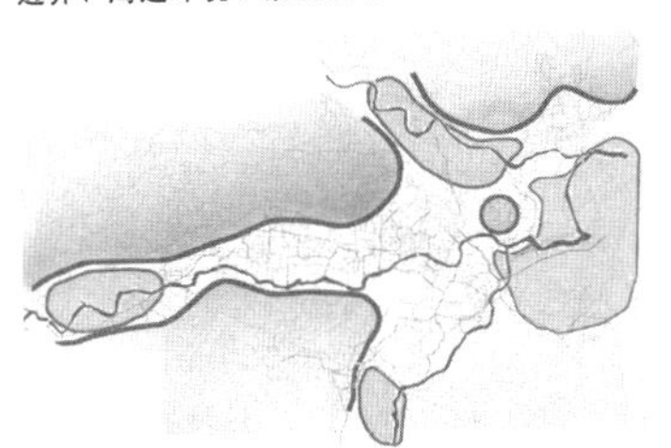

新建筑不能侵占破坏周边环境，包括坡地上的绿化种植，农业空间。保护这些环境的景观视野。必须高度重视村庄边界的处理以及建筑物背立面的处理。

分区控制城市发展

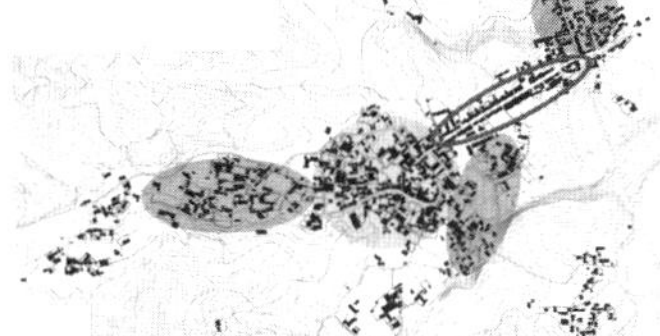

对传统核心区的价值进行提升，改善和控制新建筑的建筑类型。通过分区规定的形式保证整体建筑风貌的协调。村落边缘地区的具有遗产价值的肌理密度可以适当提高。控制新开道路两侧的建设，避免偏离原有模式（控制建筑处理、尺度等内容）

道路、机动车道、传统街巷

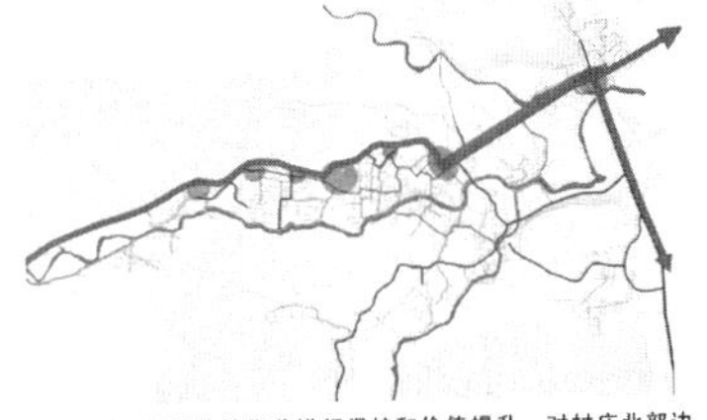

对传统核心区的传统街巷进行保护和价值提升。对村庄北部边界的机动车道重新定性。建立城市和景观规划分区来处理与传统街巷的交叉和连接，在周边考虑小型临时停车场，以方便进入传统中心区。

图 16　查济发展模式图

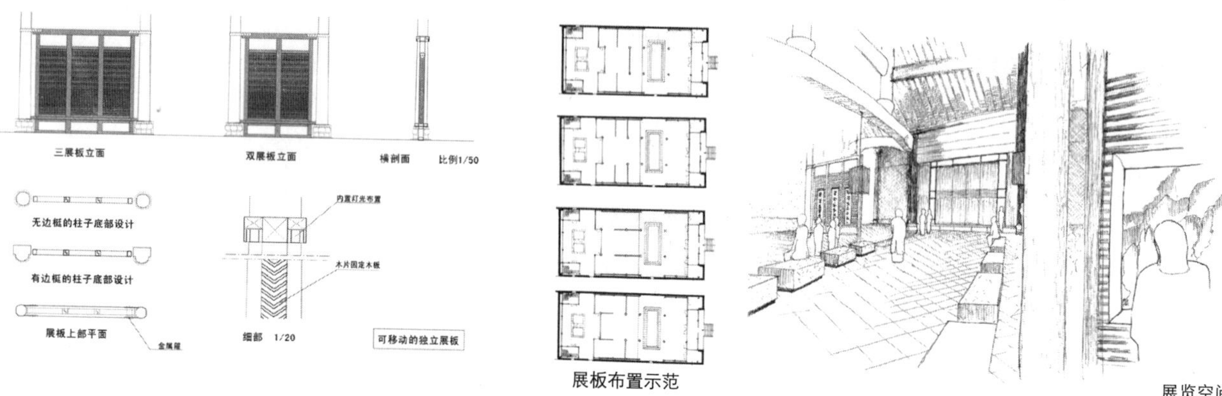

图 17　查济洪公祠的再利用设计

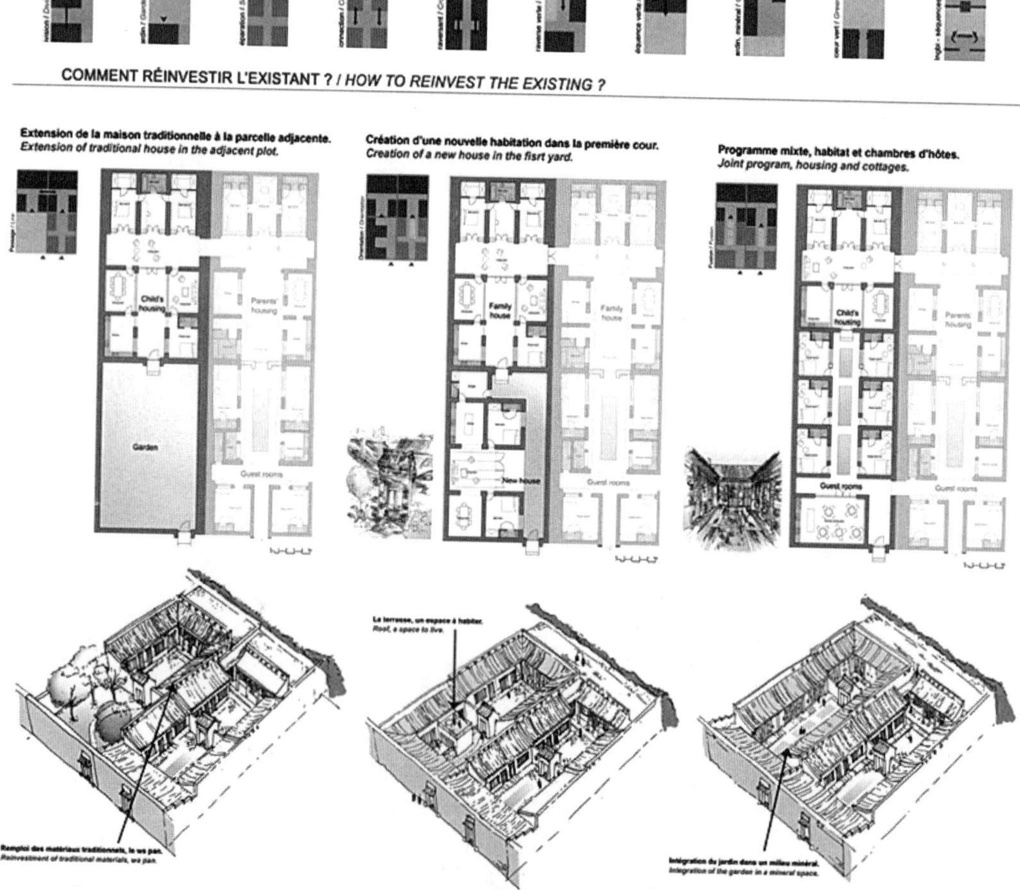

图 18　梁村根据居民需求进行的民居再利用设计

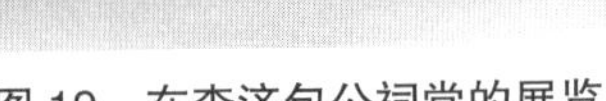
图 19 在查济包公祠堂的展览

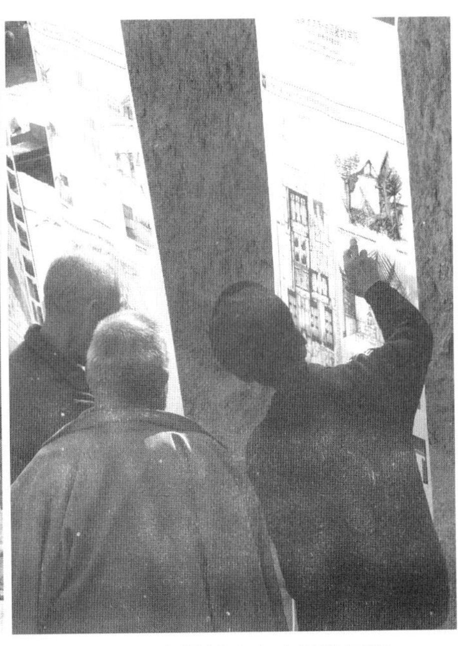
图 20 在梁村戏台广场的展览

代化”材料的结合应用。

增值：通过整治和修理周边的环境，使文物建筑、街区、村落的整体环境更加和谐、富有特色。这个工作看起来简单，但是如何根据研究对象的特征，进行价值延续，并呈现出“自然”的状态，需要在设计中再三斟酌，同时需要学生掌握更多的表达方法。

利用：或者叫再利用。在再利用设计中需要通过前面三个阶段的分析，在宏观、中观和微观层面分别提出合适的功能用途，在本地人（居住功能、文化功能、宗教功能等）与外地人（商业功能、旅游功能等）之间达成平衡。因此，再利用设计既要考虑空间的物理特性，如更好地适应现代的功能需求，同时也要考虑文化与象征的意义，考虑对地方文化的尊重，这样的再利用方式才是可持续的、被接受的。

最后，教学成果非常“隆重”地在查济的古祠堂中、在梁村的戏台广场中展现并予以讲解。当地居民们汇集在展板前指指点点，议论纷纷，他们对他们所熟悉的环境也有了新的认识。

4 结语——建设面向可持续发展的教育

2002 年 12 月，联合国大会签署了 57/254 号文件开始启动联合国可持续发展教育十年计划（United Nations Decade of Education for Sustainable Development，DESD），时间从 2005 年到 2014 年。这个十年计划的主要目标是要将有关可持续发展的原则、价值观和实践纳入到教育的每个方面。其中“建设面向可持续发展的教育”的活动构成了 21 世纪联合国教科文组织的重要活动内容，目的使人们掌握相关知识和教育人们如何使环境更加可持续。2008 年在南京召开的第四届“世界城市论坛”中，中法联合教学成果之一的查济联合设计被联合国教科文组织选中作为该专题的重点展览，这或许也能够看到我们这个联合教学的更为深远的意义。

感谢法国夏约高等研究中心的 Benjamin Mouton，Daniel Duche，Alain Vernet 教授，感谢同济大学卢永毅、张鹏教授在中法联合教学中所作的贡献，感谢查济和梁村的地方领导和父老乡亲们。

主要参考文献

[1] 同济大学夏约高等研究中心．中法查济建筑与城市遗产保护联合设计. 2008.

[2] 同济大学夏约高等研究中心．中法梁村建筑与城市遗产保护联合设计. 2010.

Introduction of scientific rationality based principals and methods of architectural and urban-rural heritage conservation education reform——A case of Tongji-Chaillot joint workshop

Shao Yong Zhou Jian

Abstract: Based on the actual condition of architectural and urban-rural heritage conservation education, this paper emphasizes the importance of education methods which to train high level talents integrating the humanities and scientific rationality principals, combining theory knowledge and practice capacities, with systems approach and international vision. With the case of the Sino-French Tongji-Chaillot architectural and urban-rural heritage conservation joint workshop, this paper tries to introduce the new education principal, objectives, contents and methods.

Key Words: heritage conservation, education, reform

专业成长期渐进式一体化教学模式研究
——以城市规划专业设计课为例

赵 敏

摘 要： 本文在分析我国城市规划专业现状办学格局的基础上，以专业成长期院校为切入点，以城市规划专业设计课为研究对象，总结了设计类课程主干性与分散性的特点，分析了专业成长期院校在设计类课程教学中面临的“邯郸学步、举步维艰”与“积淀薄弱、师资不足”的困境，进而从教学目标、课程体系、教学方式三方面探讨如何构建渐进式一体化教学模式。

关键词： 专业成长期，渐进式一体化，教学模式，设计课

近十年，随着我国城镇化的快速推进，城市规划专业人才的缺口加大，与市场需求相适应，全国城市规划专业的办学数量突飞猛进。然而，到 2011 年，在全国约 200 所开办城市规划专业的高等院校中，通过城市规划专业教育评估的大学只有 29 所，约占 15%。庞大的办学规模必然导致办学质量良莠不齐，有限的专业评估难以有效控制全国所有院校，迥异的办学基础条件使得著名大学的先进办学经验难以推广。对于新办城市规划专业的院校而言，是甘于在竞争中被自然淘汰，还是积极探索适合自己的成长之路?

1 我国城市规划专业现状办学格局

1.1 按学科背景分类

我国早期的城市规划专业主要是由建筑类专业发展而来的，后来逐渐出现地理学背景的城市规划专业。近年来，在市场需求和高校自主办学的双重推动下，呈现出多学科参与城市规划办学的新格局。依据学科背景，目前全国城市规划专业主要可以分成四类：一是以同济大学、东南大学、重庆大学为代表的建筑类；二是以武汉大学为代表的工程类；三是以北京大学、南京大学为代表的地理类；四是以北京林业大学为代表的林学类。另外，一些文科背景的院校也开始涉足规划专业，如中国人民大学公共管理学院的城市规划与管理系。[1]

1.2 按办学阶段分类

从我国城市规划专业的发展历程来看，可以分为三个阶段：第一阶段为 20 世纪 50 年代至 60 年代的城市规划专业创始时期，1952 年，同济大学由金经昌教授主持在国内首先创办了城市规划专业（四年制）；第二阶段为 20 世纪 70 年代末至 90 年代初的城市规划专业形成与完善时期；第三阶段为 20 世纪 90 年代末至今的城市规划专业蓬勃发展时期。[2] 虽然，城市规划专业发展历经三个阶段，办学水平日趋成熟，但大量 20 世纪 90 年代末以后才开办城市规划专业的院校，其办学水平与老牌城市规划专业院校之间存在巨大差异。因此，根据办学水平的发展阶段，目前全国城市规划专业主要可以分为两类：一是专业成长期类型，指专业开办时间较短，学科基础较弱，未通过专业评估的城市规划专业，这类院校多为建筑及工程类专业较弱或缺乏，以及人文地理专业、风景园林专业在全国也不算太强的大学，如云南大学、西南林业大学等；二是专业成熟期类型，指专业开办时间较长，学科基础较强的城市规划专业，这类院校以通过城市规划专业评估的同济大学、清华大学、南京大学、浙江大学等 29 所学校为主体，另外还包括某些虽未通过专业评估，但建筑类专业、工程类专业、人文地理专业、风景园林专业在全国较强，并基本具备专业评估条件的大学。

赵 敏：云南大学城市建设与管理学院城市规划系讲师

城市规划专业现状办学格局

表1

办学阶段	基本特征	学科基础	办学特色	代表院校
专业成长期	专业开办时间较短，学科基础较弱，未通专业评估	建筑学基础	以建筑学为依托开办城市规划专业，重视学生工程设计能力的训练	武汉理工大学 长沙理工大学
		工程学基础	依托学校原有的工程类专业基础而开办城市规划专业，重视学生工程设计能力的训练	北方工业大学 武汉工程大学
		地理学基础	以地理学为依托开办城市规划专业，重视学生在资源环境、地理信息、区域经济等方面研究能力的培养	云南财经大学 湖南科技大学
		农林学基础	以农林学为依托开办城市规划专业，注重学生城市景观设计、风景区规划和城市绿地系统规划等技能培养	西南林业大学 湖南农业大学
		其他	缺乏较强的建筑、工程、地理、农林等学科基础，借鉴国内先进大学的办学经验，重视学生综合能力的培养	云南大学 山东大学
专业成熟期	专业开办时间较长，学科基础较强，已通过专业评估，或已经基本具备专业评估条件	建筑学基础	具备较强的建筑类专业基础，城市规划专业开办时间长，积淀深厚，重视学生工程设计与理论研究等综合能力的培养	同济大学 清华大学 东南大学 天津大学 重庆大学
		工程学基础	具备较强的工程类专业基础，重视学生工程设计能力和研究能力的培养	武汉大学
		地理学基础	具备较强的地理学学科背景，以融合区域、人文社会、经济环境和工程技术为特色，注重学生对城市与区域的综合研究能力的培养	北京大学 南京大学 中山大学
		农林学基础	具备较强的农林类专业基础，以城市生态、景观设计和环境保护为特色，重视学生城市景观设计、风景区规划和城市绿地系统规划等技能培养，以及相关理论研究能力的培养	北京林业大学 华南农业大学

总之，不同类型城市规划专业的院校，在办学过程中所具有的基础条件、主要问题和发展目标明显不同，因此所采用的专业教学模式也不能同一而论，不成熟的后进院校有必要在借鉴成熟的先进院校办学经验的基础上，走出一条适合自身条件的城市规划专业办学之路。

2 设计类课程的特点

2.1 主干性

我国早期高等教育的城市规划专业基本脱胎于建筑学和土木工程类专业，学生工程设计能力的培养一直是办学的重点。尽管从《雅典宪章》到《马丘比丘宪章》现代城市规划经历了由单纯物质规划走向综合规划的发展变化，城市规划专业人才的培养方向也从工程设计能力逐步转向综合设计与研究能力，注重培养城市规划与设计的综合性人才。但是，设计类课程一直都是城市规划专业课程体系中的核心课程，具有主干性的特征，贯穿整个城市规划专业本科教育的全过程。从目前全国城市规划专业设计类课程的设置来看，基本为：设计初步（一年级）→建筑设计（二年级）→规划设计（三、四年级）→业务实践（五年级）→毕业设计（五年级）。

2.2 发散性

城市规划专业是一门实践性很强的应用学科，理论与实践相结合是培养学生专业能力的重要途径，面向具体实践的设计类课程是理论与实践紧密联系的纽带。因此，城市规划专业设计类课程具有发散性特点，每一门设计课都需要几门相关的理论课来支撑，要实现理论教学环节向实践教学环节的转换，应该以设计类课程为主干向外发散出一系列理论课程，构建基于设计课与理论课耦合关系的课程体系。

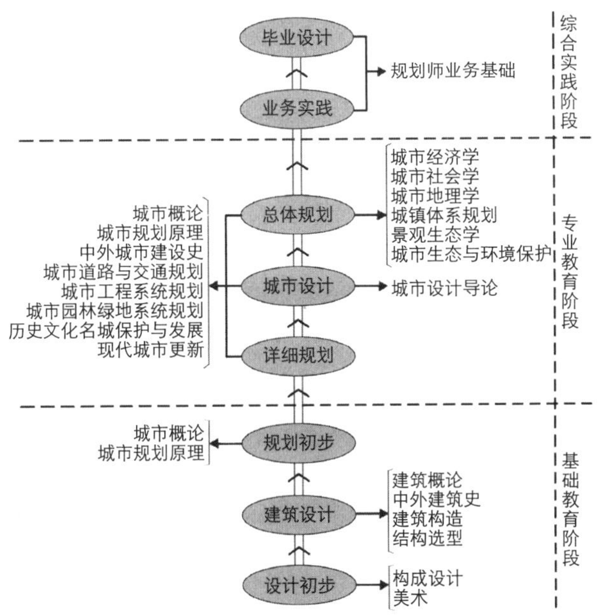

图 1　城市规划专业设计课路线图

3　专业成长期的困境

3.1　邯郸学步，举步维艰

处于专业成长期的高等院校，城市规划专业设计类课程体系的设置，主要依据有三：一是全国高等学校城市规划专业指导委员会提出的城市规划专业课程设置要求；二是面向市场需求，以职业规划师为人才培养目标，以训练学生专业设计能力为设计类课程的教学目标；三是以通过专业评估的同济大学、清华大学、重庆大学等院校为模板，学习和借鉴这些专业成熟期院校的教学计划。

然而，无论是专业指导委员提出的课程设置要求，还是专业成熟期院校的教学计划，都只是一个框架。虽然从全国各所院校的城市规划专业设计类课程体系的设置来看，从课程名称到时序安排都大同小异，但是在实际的教学过程中，由于办学基础条件迥异，教学内容和教学效果相去甚远，专业成长期院校与专业成熟期院校的设计类课程体系只是形似而神不似。因此，就专业成长期院校而言，设计类课程的教学组织，普遍面临“邯郸学步、举步维艰”的困境，如何在教学组织中实现“形神兼备”，是专业成长期院校设计类课程教学需要解决的主要问题。

3.2　积淀薄弱，师资不足

专业成长期院校由于城市规划专业办学时间较短、学科基础较差，因此积淀薄弱。对于专业成长期院校来说，要把城市规划专业办好，要把设计类课程教学组织好，绝非一朝一夕的功夫，需要有时间和经验上的积淀。就学生而言，需要有专业学习氛围的形成和学习榜样的树立。就教师而言，需要有教学经验的积累和教学水平的提高。

师资力量不足是成长期院校城市规划专业设计类课程教学面临的一大难题，主要表现在三方面：一是教师数量不足，师生比达不到专业指导委员会提出的师生比要求；二是教师结构不够合理，包括学历结构、专业结构、职称结构和年龄结构都亟待改善；三是教师的教学能力和水平远不及专业成熟期院校的教师。专业成长期院校由于本学校的专业发展平台较低，难以吸引国内知名的、或专业研究及教学能力较强的人才，造成专业成熟期院校人才济济，而专业成长期院校人才匮乏的局面，与具有豪华阵容师资队伍的专业成熟期院校相比，专业成长期院校只能望洋兴叹。

4　构建渐进式一体化教学模式

4.1　渐进式一体化教学模式的必要性

由于设计课具有主干性和发散性的特征，因此设计类课程教学组织的有效性，直接关系到专业成长期院校城市规划专业整体教学质量的提升。面临诸多困境的专业成长期院校，设计类课程教学质量的提高不可能一蹴而就，必须采用循序渐进的方式，逐步提升。同时，专业成长期院校也不能只单纯地按照专业指导委员会的课程设置要求，或者简单地模仿专业成熟期院校的教学计划，只具有形式上的相似性，而缺乏内容上的同一性。

专业成长期院校在设计类课程教学的组织中，不仅要有科学合理的课程体系设置，更重要的是需要对各门设计课程及相关理论课程的教学目的、教学内容和教学方法进行一体化的控制。因此，对于专业成长期院校来说，有必要采取渐进式一体化教学模式来组织设计类课程教学。

4.2 渐进式一体化教学模式的内容

所谓渐进式一体化教学模式，就是结合专业成长期院校的办学实际，分阶段、按计划、系统有序地组织专业教学，主要包括三方面的内容，即：渐进式一体化的教学目标、渐进式一体化的课程体系和渐进式一体化的教学方式。

4.2.1 渐进式一体化的教学目标

由于专业成长期院校城市规划专业的办学时间较短，学科基础较差，各种软硬件设施条件尚处于起步阶段，不够完善。因此，设计类课程教学首先要确定一个科学的教学目标，既不能好高骛远，也不能妄自菲薄。应该根据各所学校自身的办学条件和办学特色，既要有高起点的长远目标，又要有务实的、可操作的近期目标，确立渐进式一体化的教学目标。所谓渐进式，就是要循序渐进，确定不同阶段的教学目标，所谓一体化，就是要确立一个长远的目标，渐进式一体化的教学目标就是要在长远的总体目标的控制下，制定阶段性目标，通过阶段性目标的实现来逐步达到总体目标。

4.2.2 渐进式一体化的课程体系

作为专业成长期院校，师资队伍的建设需要一定的时间周期，尤其是设计课师资力量的壮大和提高更加需要时间积累和经验积淀。目前，大部分专业成长期院校的设计课任课教师数量不足，且缺乏教学经验丰富、设计水平较高的教师。另外，由于专业成长期院校的城规划专业在国内知名度较低、专业排名靠后，给招生工作带来一定的难度，生源水平远低于专业成熟期院校。师资力量的不足和学生素质的偏低，使得专业成长期院校设计类课程体系的构建必须采取渐进式的模式，由浅入深、由低到高，不断积累，逐步提高，具体内容如下：

初创阶段：按照全国城市规划专业指导委员的课程设置要求，或借鉴专业成熟期院校的先进经验，初步构建设计类课程体系的框架。

探索阶段：在初创阶段框架构建的基础上，结合本校的教学平台特点、师资队伍特点、学生素质特点，调整部分课程设置，探索适合自身实际的设计类课程体系。

调试阶段：构建适合自身实际的设计类课程体系，需要一个“调整——实施——调整……”的反馈过程，在教与学的磨合中逐步摸索，不断改进课程体系。

提升阶段：经过初创阶段、探索阶段、调试阶段的积累，逐步形成切合自身发展实际的设计类课程体系，形成较为稳定的教学环境，有必要在原有基础上以专业评估为目标对课程体系进行调整，实现质的飞跃。

巩固阶段：通过专业评估，根据专业指导委员会在

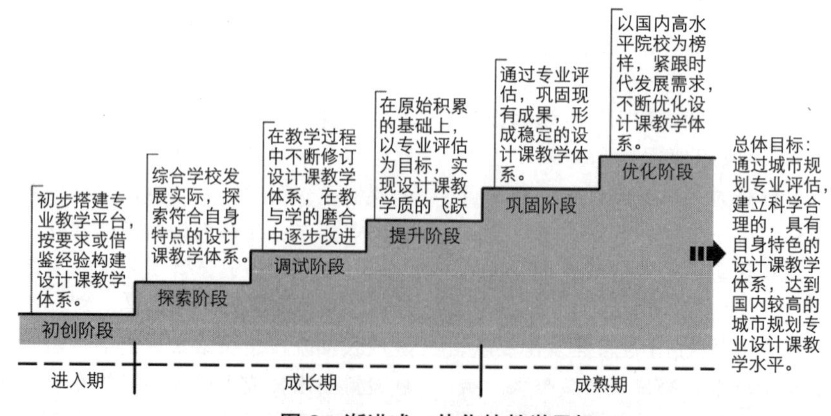

图 2 渐进式一体化的教学目标

专业评估中提出的意见，对课程体系进行适当的修改与调整，构建稳定的设计类课程体系。

优化阶段：随着时代的发展，对职业规划师的能力培养的要求越来越高，城市规划专业教育水平也越来越高，因此，设计类课程体系不可能一成不变，必须以国内高水平院校为榜样，以职业规划师为导向，不断优化城市规划专业设计类课程体系。

设计类课程在整个城市规划专业课程体系中具有主干性和发散性的特点，不仅贯穿 1 ~ 5 年级的整个教学过程，而且设计课与理论课之间联系密切，每一门设计课都需要一系列理论课作为支撑。因此设计类课程体系的建立必须采取一体化的策略：一方面，要理顺低年级与高年级设计课之间的关系，一体化地组织 1 ~ 5 年级的设计课，做到由浅入深、由简到繁、承前启后、环环相扣；另一方面，要理顺设计课与理论课之间的关系，一体化地组织 1 ~ 5 年级的设计课及相关理论课，以理论指导实践，在实践中加深对理论的认识，实现理论课与设计课之间的有效互动。

4.2.3　渐进式一体化的教学方式

教学目标指明了教学方向，课程体系搭建了教学框架，然而要有效地控制整个教学过程，取得较好的教学效果，还必须采用行之有效的教学方式，包括教学内容和教学方法。

目前，大部分成长期院校的设计类课程教学与成熟期院校之间存在形似而神不似情况。究其原因，主要是由于成长期院校虽然按照专业指导委员会的要求，并以同济大学等成熟期院校为模板构建本校城市规划专业设计类课程体系，但是在教学内容和教学方法上与成熟期院校却存在巨大差异。而且，在教学过程中往往出现理论课与实践课相脱节，低年级设计课与高年级设计课衔接不够紧密的现象。因此，专业成长期院校还必须采用渐进式一体化的教学方式，循序渐进和系统地对各门课程的教学内容和教学方法进行整体的把握和控制。

在教学内容上，合理安排 1 ~ 5 年级设计课的教学内容，强化各年级设计课教学内容之间的承接性和关联性。另外，由于城市规划专业的实践性特征，使得理论课与设计课之间不是联系性较弱的并列关系，而是联系性较强、相互交织的网状关系，因此，需要统筹安排设计课与理论课的教学内容，做到相互衔接，互为所用。

在教学方法上，1 ~ 5 年级设计课与相关的理论课应采用“输入式——输出式”的教学方法。低年级学生刚开始接触城市规划专业，难免存在概念不清晰，思路不开阔的问题，宜采用“输入式”教学方法，即以教师讲授为主，力图在较短的时间内帮助学生建立起城市规划的概念。高年级学生经过一段时间的专业学习，已具备一定的专业素质，宜采用“输出式”教学方法，逐渐减弱教师讲授所占的比重，充分调动学生的积极性，变被动式学习为主动式学习，在教师的引导下实现教与学的良性互动。

同时，为加强设计课及相关理论课之间的衔接性，在教学方法上二者也可以相互借鉴，即：在理论课中加入实践教学环节，在设计课中加入理论教学环节，使得学生在理论课的教学中也能够训练动手能力，强化对理论知识的理解与应用；在设计课的教学中也能够训练理论研究能力，避免设计流于形式，而具备一定的思想深度。

5　结语

专业成长期的院校在城市规划专业的办学过程中困难重重，对于专业成长期院校而言，不应该因为市场对城市规划人才的巨大需求，而盲目跟风地开办城市规划专业，应该在办学过程中树立明确的目标，寻找适合自身特点的办学之路。

尽管本文仅以设计类课程为例，探索在专业成长期院校如何组织好专业教学过程，但由于设计类课程在整个城市规划专业本科教学中具有较强的代表性，因此，本文的相关思考希望能为专业成长期院校的城市规划教学提供参考。

主要参考文献

[1] 杨建军，汤婧婕．我国城市规划专业设置方向及其办学格局的探讨［J］．全国高等学校城市规划专业指导委员会年会论文集．北京：中国建筑工业出版社，2010：3-10.

[2] 赵民．“公共政策”导向下“城市规划教育”的若干思考［J］．规划师，2009，(1)：17-18.

Progressive Integration of Teaching in the Professional Growth ——Taking the Design Courses of Urban Planning as Example

Zhao Min

Abstract: This paper analyzes the education pattern of China's urban planning.On the basis of the analysis, this paper discusses the design courses of urban planning in the professional growth institutions.Through summing up the backbone and dispersion characteristics of design courses, analysing the problem in the teaching design courses, the paper investigate how to build a progressive integration of teaching from the teaching objectives, curriculum and teaching methods.

Key Words: professional growth, progressive integration of teaching, the design courses, teaching mode

城市规划专业基础教学的基本问题梳理

段德罡　白　宁　王　瑾

摘　要：本文通过西安建筑科技大学5年城市规划专业基础教学改革历程的追述及实践效果的总结，提出了教改下一步的目标是探寻专业教育中的“本质问题”及其在教学中的应对。文章尝试从对城市规划学科的本质、大学教育的本质的梳理来明确城市规划专业教育的本质问题，进而明确在低年级阶段专业教育应扮演的角色及承担的责任，提出了在专业基础教学中应解决的核心问题是：提升专业兴趣，培养专业自信；打牢技能基础，奠定思维基础；培养职业道德，引导专业价值观。

关键词：城市规划，学科本质，教育本质，专业基础教学，基本问题

1　从西建大的教改谈起

西安建筑科技大学的城市规划专业办学于1986年，早期的办学脱胎于建筑学。在初期，由于各种原因，城市规划专业基础教学一直由建筑学专业承担，头三年进行的基本上是建筑学教育。随着教学条件的逐步好转及城市规划专业评估活动的实施，一些具有专业引导性质的课程或教学内容逐步被安排到了低年级的教学中来。然而，正如陈秉昭先生所说，城市规划专业教学……不是在建筑学基础上加点儿佐料就可以了的。[1]随着我国城市建设事业的迅速发展，西建大城市规划专业的培养模式在应对用人市场的要求、城市规划学科发展等方面逐步暴露出了一些问题。1999年起，为摸清城市规划专业教学中存在的问题，学院开始安排高年级专业教师进入低年级进行跟踪教学；2006年，在多年的前期研究后，学院成立了独立的城市规划基础教研室，全面负责制定专业基础[2]教学计划并实施教学改革，这意味着城市规划专业基础教学彻底由建筑学模式下脱离出来。

1.1　教改的初衷

初期西建大的教改是以问题为导向的，致力于解决多年来一直存在的问题：

1）专业兴趣与专业自信心的缺失

在很长一段时间里，城市规划专业学生来源分为三类：一类是对专业有一定了解的；一类是基本无任何认识的；还有很多学生是因未被建筑学录取而调剂过来的。新生入校时对专业的兴趣普遍不高，加之在前三年基本按建筑学展开教学，使学生对专业的认识及认同感都很差，尽管在开设了诸如《城市规划导引》等专业入门课程之后情况有一定好转，但由于设计类基础课程缺乏与城市规划专业的衔接，导致学生学习方向不明确，长期处于迷茫之中。这种将城市规划专业基础教育“寄养”于建筑学的做法，客观上造成了学生对专业兴趣的降低，也慢慢丧失了专业自信心。

2）高低年级之间的衔接

当学生学习完三年建筑设计基础后，事实上已初步形成了建筑设计思维方式，导致学生很难适应大四全面展开的城市规划专业教学。城市的复杂性与矛盾性、城市规划所要求的整体观、系统分析方法等是建筑设计思维所力所不能及的。因此，很多学生到了四年级后经历着漫长的思维转型期，有些同学可能到毕

[1] 陈秉钊．当代城市规划导轮［M］．北京：中国建筑工业出版社，2003.

[2] 专业基础教学覆盖1-5学期，第6学期起开始进入高年级专业学习阶段。

段德罡：西安建筑科技大学建筑学院副教授
白　宁：西安建筑科技大学建筑学院副教授
王　瑾：西安建筑科技大学建筑学院助教

业也未能顺利转型，只能带着迷茫走向社会，有些学生在毕业时感慨：刚开始有些明白城市规划了，却要毕业了。

3）毕业生就业选择

学生对专业的兴趣、了解程度决定着专业自信心，也影响着毕业时的就业选择。除了少数继续攻读硕士研究生的同学之外，大多数城市规划专业学生选择到建筑设计院工作，多年来这一比例一直维持在 70%~80% 之间，只有少数同学从事城市规划或房地产等工作。同时，由于在校期间接受的专业教育一直以“设计能力”为主，西建大毕业生在工作岗位上专注于设计，虽获得了“西冶❶的学生工作很踏实”的美誉，但这些人中最终能走向城市规划管理岗位或领导岗位的人凤毛麟角。如果从毕业生对工作岗位的选择情况来看，当时的专业教育是失败的。

1.2 教改的效果

基于上述问题，西建大于 2006 年开始进行系统的教学改革，构建了全新的低年级专业课课程体系，提出了课程体系构建的两个原则：尊重城市规划学科的认知规律和学生的学习规律；明确了贯穿课程的四条主线：思维主线、空间主线、社会调查能力主线及公共政策意识主线；组织了系统的专业基础教学内容。❷

教改效果是明显的，在针对 2006 级毕业生的匿名调查中教改团队收获了信心。该级近 30% 的同学继续攻读研究生，其中不乏到北大、东南、重大等名校的学生；在选择就业的学生中，近 90% 选择到著名的规划设计单位、房地产公司就业，只有几个同学到建筑设计院工作；更重要的是，近 90% 的同学表示对城市规划专业依然有浓厚的兴趣，并对未来的专业工作和学习很有信心。

当然，改革不可能面面俱到。2006 级同学在专业知识的系统性、对城市问题的分析及解决能力、思维的逻辑性、语言表达能力等多方面进步显著，但将想法落实为具体空间的能力、形体空间的创造力与表现力等比往届要稍有欠缺。

1.3 教改的走向

城市规划专业教育要解决的问题很多，一次教改不可能一劳永逸。在系统总结 2006 级教学中的得失之后，笔者认为：一、在 5 年的时间内无论选择什么样的教学计划、教学内容，都会有得有失；二、本次教改的成效在于解决了西建大城规专业曾经存在的若干问题；三、解决表面问题不应该成为教学改革的主要目标，作为一项需将持续进行的工作，须从城市规划学科本质及大学教育本质的研究中探寻专业基础教学的“基本问题”。

2 城市规划学科的本质

2.1 城市规划学科的形成

城市是人类社会发展的产物，当人类开始定居后，为了保护部落免受野兽及敌人的侵袭，城市的雏形出现了。当阶级产生后，城市空间布局也因不同阶层人们的需要而逐步改变，慢慢的，宗教、哲学观念也在城市中反映出来。中古世纪以前城市的发展是缓慢的，更多呈现为一种“自组织”的特征，并随着人类社会的发展逐步将人类的主动意识加入到城市的自然生长过程之中。产业革命以后，城市面临着空前复杂的挑战，生产方式的巨变使城市一度陷入混乱，城市环境急剧恶化。为了解决产业革命后城市健康发展的问题，来自不同行业的先驱开始了关于城市规划理论及城市建设实践的探索，并为协调各方利益开始了一系列立法工作，标志着现代城市规划学科逐步形成。

2.2 城市规划学科的本质

在城市规划学科的三个构成部分——城市规划理论、城市规划实践、城市建设立法中，城市建设是核心，理论及立法是为了引导和保障城市更好的建设。从城市的起源及发展历程来看，城市建设是由人的需求决定的——早期部落群体的共同利益决定了城市空间的平等，只存在功能的分区；中古世纪城市呈现出鲜明的权力中心结构，是阶级社会统治者的意志及需求在城市中反映；近现代社会对财富及经济发展的诉求使城市转向

---

❶ 西安建筑科技大学前称的简称。

❷ 详见笔者发表于《城市规划》(2010.09) 文章“基于学科导向与办学背景的探索——城市规划低年级专业基础课课程体系构建”。

了经济中心结构……归根结底，城市规划满足的是“人”的需求，不同层面的规划、不同尺度的空间满足的是不同规模的“人”的群体的需求——上至全人类、全体国民，下至一个社区、街道的居民，甚至是个体的人。

城市规划学科研究的核心理论是关于城市空间的理论（吴志强，2005），并因城市空间属性的复杂性（包括自然属性、社会属性、公共事物属性、技术属性、地理属性、经济属性、艺术属性、人文属性等）引入了不同学科的综合研究，由此拓展出了一系列研究领域。

综上，城市规划学科的本质是以人及人类社会的需求为出发点，进行具有前瞻性的城市（乡）空间创造及利用的活动。

3 大学教育的本质

3.1 教育的本质

恢复高考以来，我国的教育开始变得越来越功利，基础教育[1]演变成了应试教育，高等教育呈现了重知识、轻能力，重理论、轻实践的特征。教育主管部门也在不断的推动改革，然而，不论是中小学的减负，还是大学的各种评估、质量工程建设等往往都流于形式，并未从本质上改变当前教育急功近利的局面，这与我们过分注重一些表面化的成果而忽视教育的本质不无关系。

教育的本质是什么？世界著名教育家杜威[2]先生的教育理论的三个核心命题为“教育即生活”、“教育即生长”、“教育即经验的改造”，他认为：教育是为了给人们提供一种“新生活”，一种“改造了的生活”，学校生活应成为社会生活与学生生活的契合点，从而使它既合乎社会需要亦合乎学生需要；教育应尊重学生，使一切教育和教学合于学生的心理发展水平和兴趣、需要的要求；一切真正的教育是从经验中产生的，经验不仅决定着教材，而且决定着教学和训练的方法。我国著名的教育家鲁洁先生提出“教育的主题应是促进、改善受教育者主体自我建构、自我改建的实践活动的过程”，她认为：人存在着两种发展状态，一种是自然、自发状态下的发展，另一种是通过人的主观世界改造，这种有目的实践活动中所实现的发展。程少波老师则提出“教育本质上具有文化传递性，即教育的本质是社会遗传的机制（方式），或者说是对人类文化、文明的积累和积淀”，他认为：政治、经济、文化共同构成了教育的立体空间；机制是指事物的构造、功能及其相互关系，它既可涵盖教育与政治、经济、文化等的关系，亦可包括教育内部诸要素之间的关系。

有上述观点可以看出，教育是为了满足人类自身发展的需要而存在的，是人类社会发展的主要动力。教育的本质是促进、帮助人学会改善自我，进而促进社会发展的能力。

3.2 大学教育的本质

在中国古代，“大学”是大人之学。在曾参所著的《大学》中，把大学之道列为三个方面：在明明德、在新民、在止于至善。并提出了实现大学之道的八个条目：格物、致知、诚意、正心、修身、齐家、治国、平天下。

卡尔·雅斯贝尔斯认为，大学是一个由学者和学生组成的、致力于寻求真理之事业的共同体。大学具有超国家、普世性的不朽理念：学术自由。大学不仅是一个传授学问的地方，更重要的是，在大学里面学生可以积极主动地参与科学研究，并且凭借这个经验获得终生受用的学术训练。学生在大学里应该独立的思考，批判的学习，并且要学会对自己负责。大学教育必须灌输一种对于科学观念毕生的忠诚，同时也必须要灌输一种对追寻知识之整体性的忠诚。

大学教育的根本目的在于对受教育者人格的完善，使之不断地趋于完美。大学教育的本质，从高校角度来说就是传播知识并为学生自主学习创造条件，从学生角度就是主动获得知识，提高自身修养和素质。而获得知识的途径在于认识、研究万事万物。通过对万事万物的认识、研究后才能获得知识；获得知识后才能加强自身修养，提高自身素质，而后把知识运用到管理好家庭、家族、治理国家，为社会发展做出贡献。

---

❶ 我国的基础教育包括幼儿教育、小学教育、普通中等教育。

❷ 约翰·杜威（John Dewey，1859—1952），美国著名哲学家、教育家，实用主义哲学的创始人之一，美国进步主义教育运动的代表。他提倡从儿童的天性出发，促进儿童的个性发展。

4 专业基础教学应解决的基本问题

4.1 城市规划专业教育[1]的本质

根据上文分析，城市规划专业教育的本质是通过大学所提供的教育，使学生掌握城市规划的基本理论与知识，掌握特定的专业技能，逐步提高自身的综合素养，树立以人为本的指导思想，明确城市规划的目的是为人的生活及人类社会的发展提供空间支持。

城市规划专业教育具有终身教育的特点，大学教育只是其中接受知识较为密集的一个阶段，它以专业教学的形式使学生走进专业之门，为专业人才的形成奠定基础。

4.2 专业教学的应对

教学是实施教育的主要途径。城市规划专业本科阶段的教育主要通过课程的设置来实现知识的传授，并结合适量的实践、研究来巩固知识、运用知识。基于专业教育的本质，城市规划专业教学应覆盖专业知识教育、职业教育、人格教育等几个方面，这些内容不可能完全依赖针对性的课程设置来实现，而是要通过体系化的课程群来获得。

在本科五年的教学组织中，课堂授课（含设计类课程）是主体，约占总学时的70%；近年来，专业教学越来越注重实践环节，增强了实践类课程的比重，约到占30%。研究则更多结合在不同课程中对学生加以引导，并为成为教学的重要环节。

针对城市规划教育的目标、当前社会对城市规划人才培养的要求及新时期的学生性格特征，对我国当前及未来一段时期的专业教学应该建立以下认识：

4.2.1 专业知识教育

最朴素的目标应该是在教学中尽可能全面展开专业知识的传授，并使学生掌握更多的专业技能。但问题是，城市规划学科的内涵及外延极其丰富，如此庞杂的知识不可能要求学生在五年期间全部学到。因此，教学内容的选择不应求全，那种基于市场需求而进行的教学内容调整不应成为教改的主题；教学内容的选择应遴选城市规划学科重要的知识点，但也不可能覆盖所有的知识点；各校结合学科背景、地域特色选择的知识点及建构的教学体系可以被称作是院校的特色，这无可厚非，彼此间并无对错之分。同时，专业知识教育应采用方法论教育，改变当前绝大多数院校一直延续的类型学教育。

4.2.2 职业素质教育

对于绝大多数院校来说，对人才市场特别是高端市场的占有率是评判其专业教育质量的一项重要指标。因此，针对就业需求展开针对性职业教育是不可避免的。需要明确的是，专业教育不等于职业教育。专业教育的结果应该是使学生具备自主学习的能力，善于在未来的工作中解决各种问题，而不是把城市规划作为一项技术，在学校学完了，未来在工作中照搬照用，如此必将会使学生丧失对专业的兴趣和创造的乐趣。同时，专业教育应使学生具备以发展的眼光来预判城市发展方向并预见性的解决城市问题的能力，而不能停留在对当前问题的解决上。

4.2.3 人格教育

城市规划是一项公共事业，专业教育要实现人的个性培养与公众意识培养的统一。对城市规划专业学生的人格教育不能完全依赖公共基础课中的思想素质类课程或纯粹的职业道德教育，而应该通过教师的人格魅力来对学生施加影响，并通过业内精英、优秀学长等榜样的力量来带动学生去思考、学习如何成为一个既具有独立的人格魅力、创新的思想，又将自己的价值观与公众社会价值有机结合的专业人才。

4.3 专业基础教学应解决的基本问题

专业基础教育与中学教育相衔接，但绝不能把大一变成“高四”。我国当前的基础教育被普遍诟病，其中最主要的问题是：学生习惯于记忆知识而缺乏独立的思考；对标准的依赖——习惯于获得来自于教师、课本提供的答案，缺乏质疑精神；应试教育使学生习惯于被动的学习，缺乏追求新知识的兴趣；习惯于“套路”，缺乏面对问题的胆量及解决问题的方法等。因此，专业基础教学所要做的首要事情就是要调整学生的学习状态及思维方式，并帮助他们建立起对专业的兴趣。

---

[1] 本文研究的专业教育、专业教学均只针对大学本科阶段，并以五年制教育为例。

综合大学教育的本质、当前学生的性格特征、城市规划学科发展的要求及专业人才培养要求，为了使学生能更好地面对高年级的专业学习及未来的专业工作，专业基础教学应围绕以下几个核心问题来展开：❶

4.3.1 提升专业兴趣，培养专业自信

兴趣是使学生由被动学习向主动学习转变的前提，而对专业的自豪感、对学好专业的自信心则又是产生兴趣的前提。因此，通过教师的个人魅力、教学内容的趣味性、专业前景的信心教育等提升学生的专业兴趣是在基础教育中最重要的工作。

4.3.2 打牢技能基础，奠定思维基础

高年级专业学习及未来的城市规划工作需要通过扎实的专业技能，城市规划专业所需要的绘图能力、文字能力、语言表达能力、计算机能力、调查与沟通的技巧、分析能力等各种技能，需要在不同的教学环节中合理组织，让学生有序的学习并掌握，当然，其中有些能力的培养是耗时漫长且枯燥乏味的，如绘图能力，需要对学生加以引导，使其能耐得住寂寞，循序渐进的练就扎实的基本功。同时，城市充满了复杂性与矛盾性，需要培养学生的逻辑思维、空间思维、理性思维、创新思维等来应对，鉴于低年级学生的专业认识，需要将专业思维基础组织在相对容易理解的教学环节中，有时甚至要进行"分解动作"式的教育。

4.3.3 培养职业道德，引导专业价值观。

虽然基础教学阶段并不进行职业要求下的规划设计内容的学习，但职业道德的培养需要从入校开始进行。针对当前学生的特点，结合城市规划是为公众服务的根本目的，在专业基础教学中首先要建立学生的公众意识，避免学生以个人价值观取代社会价值观的错误倾向。由于城市规划具有一定的艺术性，而低年级基础教学中又有许多艺术创造的环节，要避免学生将城市规划等同于个人的艺术行为。通过专业价值观的引导，要使学生对城市规划的公共政策属性有基本的认识和了解，增强其对社会问题的关注，尽早将个人价值观与公众利益诉求结合起来。

5 结语

城市规划既是一门科学，又是一门艺术，同时是重要的政府行为及公众活动。随着人类社会的发展，城市规划学科的内涵和外延在不断丰富着，使城市规划专业教育不断受到挑战。然而，教育不应该是一味的跟风，而应该赋予学生最基本的素质，使其把握城市与人类社会发展的基本规律，掌握解决城市规划问题的基本能力，能在纷杂的环境中准确把握问题的本质，以应对不断发展变化的人类社会对城乡生活环境带来的新挑战。

城市规划专业基础教学改革又一次站在一个新的起点——探寻专业基础教学的基本问题，以此奠定专业教育的长远根基。只有在此基础上检验教学内容、教学方法与手段的合理性，才能使专业基础教学能真正回归专业教育的本质。今天，仅仅只是个开始。

主要参考文献

[1] 陈秉钊. 当代城市规划导论[M]. 北京：中国建筑工业出版社，2003.

[2] 孙施文. 现代城市规划理论[M]. 北京：中国建筑工业出版社，2007.

[3] (德)卡尔·雅斯贝尔斯. 大学之理念[M]. 邱立波译.上海：上海世纪出版集团，2007.

[4] 吴志强，于泓. 城市规划学科的发展方向[J]. 城市规划学刊，2005，(6)：2-10.

[5] 谭纵波. 论城市规划基础课程中的学科知识结构构建[J]. 城市规划，2005，(6)：52-57.

[6] 段德罡，白宁，王瑾. 基于学科导向与办学背景的探索——城市规划低年级专业基础课课程体系构建[J]. 城市规划，2010，(9)：17-27.

[7] 贾馥茗. 教育的本质——什么是真正的教育[M]. 北京：世界图书出版公司，2006.

❶ 由于篇幅所限，如何将城市规划专业基础教学中的基本问题的解决同教学计划、教学内容、教学方法与手段有机组织的问题将另文叙述。

A Research on the Problems Concerning to the Basic Teaching of Urban Planning

Duan Degang　Bai Ning　Wang Jin

Abstract: By a close look at the reform in basic teaching of the five-year urban planning studies and its effects in Xi'an University of Architecture and Technology, this thesis proposes that seeking the "basic problems" and possible solution will be the main task of the reform in next stage.This thesis also crystallizes those basic problems in the light of the essence of urban planning, and tertiary education; then clarifies the role and responsibilities for the basic teaching of urban planning in lower grade of the university; further set forth the problems to be resolved, that are, to develop the interest of urban planning students and then boost the confidence of them; to lay a solid foundation for the studies and grasp some basic thinking approaches and skills in solving urban planning problems; to foster a positive professional ethnics and establish some common professional values.

Key Words: urban planning, essence of the urban planning teaching, essence of education, basic teaching in urban planning major, basic problems

城市规划专业的建筑设计教学核心问题探讨

白　宁　段德罡　杨　蕊

摘　要：随着城市规划发展成为独立的一级学科，建筑设计与城市规划专业的关系及其在城市规划专业教育中的地位也在发生变革。本文探讨了以“城市物质空间规划与设计”为主导方向的城市规划专业院校教学中，建筑设计教学的核心问题。提出将建筑设计纳入到城市规划专业教育，其主旨在于为城市规划设计奠定相应的基础，教学内容与方法应遵循城市规划专业特点。我校城市规划专业的建筑设计教学实践中，将城市规划设计条件、建筑设计任务书等概念引入建筑设计教学，通过扩展了外延的建筑设计，使学生了解城市规划与建筑设计之间的关系，认识城市规划对建筑设计的指导性，理解建筑设计的本质，并能够提出创造性的设计理念与方案。

关键词：城市规划，建筑设计，教学

随着现代城市规划学科的发展，学科内容上越来越多地融入了不同的学科方向，现代城市规划的核心正逐步由城市物质空间形体转入城乡社会经济和城乡物质空间发展。发展到今天，现代城市规划学科已由建筑学一级学科下属的二级学科（属工学门类）发展成为独立的一级学科。城市规划专业的教育也随着这种发展变化而在不同院校中有不同方向与内容的调整。随着传统的“城市物质空间规划与设计”主导地位的变化，城市规划与建筑的关系发生了一系列微妙的变化。在今天的规划视角下应怎样看待建筑教育？依托传统的建筑学科优势，培养具有较强空间形体设计能力的，以“城市形体规划与设计”为主导方向的城市规划专业院校，其教育应如何发展，怎样面对建筑教育与城市规划专业的关系？而作为城市规划办学重要背景的建筑教育，在这种学科的发展与调整下，其教学核心问题是什么，教学方法与教学内容又将发生怎样的调整？面对这一系列现实问题，对现代城市规划专业的建筑教育进行科学研究，就显示出了现实意义与理论价值。

1　我国城市规划专业与建筑的关系

现代城市规划源于建筑学，现代城市规划专业教育也基本是以建筑学为专业背景发展起来的。我国的城市规划专业办学始于20世纪50年代，盛于20世纪80年代后期，改革开放以后，我国城市规划专业教育发展迅速，迄今为止，我国已有近200所高等院校开设城市规划专业，其中的65%是从建筑学专业发展而来的（另还有15%以工程类，如测量，环境等为基础；15%以社会经济类学科为基础；5%以林学类为基础）。在依托于建筑学专业开设的，培养具有较强空间形体设计能力的以“城市物质空间规划与设计”为主导方向的城市规划专业院校中，建筑设计长期以来一直是教学中重要的组成部分之一。

我国目前城市规划院校的数量呈现一种爆炸性的扩张，城市规划教育覆盖的领域空前扩大，城市规划学科的外沿不断向外延伸和扩张，形成了多领域、多模式、交叉性的结构体系。而其中，侧重于物质空间规划与设计的内容仍在数量上占主导地位。学科核心理论的向空间化回归，使我们必须清醒地认识到城市空间和城市设施仍是规划设计的核心，脱离了城市空间的城市规划无法成为一种职业，城市规划学科也难以立足。因而，对于占相当比例的“侧重于物质空间规划”的规划院校（相对于侧重社会经济、区域经济、国土规划与区域规划以及工程技术的规划院校）而言，掌握建筑空间塑造手法正是城市规划专业学生未来驾

白　宁：西安建筑科技大学建筑学院副教授
段德罡：西安建筑科技大学建筑学院副教授
杨　蕊：西安建筑科技大学建筑学院讲师

驭城市空间的基础。

2 城市规划视角下的建筑教学核心

2.1 将建筑设计纳入城市规划专业教育体系

对城市规划的学生而言，建筑教育的核心是什么？它不应等同于建筑学专业的学生所学习的纯粹的建筑空间设计。城市规划专业学生学习建筑设计，归根到底还是为理解城市空间而服务的。城市规划的专业特点对建筑设计教学的内容组织与教学方法等方面均提出了不同于建筑学专业的要求，有不同的侧重。

城市规划专业的建筑设计教学内容不应局限在建筑空间、功能及形体的研究上，建筑设计条件与城市规划管理条件的制约与限制（以及提供的可能性）对城市规划专业的学生而言是不可忽视的重要内容。对城市规划专业的学生而言，对建筑的功能定位、建筑对城市的影响以及受周围环境的影响、容积率、高度限制等问题的思考，有时比设计空间本身更为重要。未来学生将不仅仅是设计者，同时有可能扮演管理者、经营者的角色，所以在建筑教学中，应将设计的平台建立在城市的背景下，而不能仅仅局限于单纯的形式创造和功能组织。

因此，城市规划专业的建筑设计教学课题应与城市规划专业的内容衔接起来，让学生对城市规划专业与建筑设计的关系能有一个清晰的认识，能够去理解建筑设计实质上是在城市规划管理的控制下展开的创作。城市规划专业的建筑设计教学强调建筑不是脱开城市孤立存在的，它的存在是有社会因素的，要求学生理解建筑的社会属性。

在我校城市规划专业的建筑设计教学实践中，我们将建筑设计纳入到城市规划专业教学体系中，从城市的角度去认识建筑设计，从城市规划的专业视角去看待建筑设计教学。在建筑设计的入门教学中，要求学生思考建筑设计与城市规划的关系，了解建筑设计实质上是在城市规划管理下进行的有条件有目标的创作。要求学生以小组为单位从城市的层面对基地及基地环境进行调研分析讨论，在解读分析规划设计条件的基础上，研究制定设计任务书，了解在做设计前进行充分的分析研究工作是城市规划专业学习的基本要求。

2.2 对建筑设计内涵的思考

我们认为，城市规划专业的建筑设计教学应引导学生主动思考设计的本质与内涵，从城市角度思考建筑设计问题，应该知道“为何为谁而做”与“应该做怎样的设计”，而不是只知道“怎样进行单纯的创作”。教师不是简单的提供建筑设计任务书和各项指标要求，而是指导学生分析规划设计条件，理解其制定的依据与背景；通过调研和资料收集、研究，确定设计依据并自拟建筑设计任务书。学生应理解建筑设计任务书的意义何在，它是怎样得出、怎样指导我们进行建筑创作的。因此，我们在城市规划专业的建筑设计教学中，要求学生分析城市与建筑的关系，分析研究同类建筑项目，了解建筑功能定位与城市规划、市场需求之间的关系，进而拟定建筑计划与建筑设计任务书，并在其指导下进行建筑设计。

2.3 变被动设计为主动设计

以往的建筑设计教学中，教师通过建筑设计任务书给出明确的设计任务，一般包括具体的建筑性质、各功能空间的内容、大小、各空间之间的关系，有时还包括建筑的形式特征要求等，而至于为什么这样制定任务书往往并未要求学生主动去思考。学生在设计中往往只需要去考虑如何按照要求完成空间的组合与赋形。我校城市规划专业的建筑设计教学，教师不提供建筑设计任务书，而是指导学生通过调研和资料收集研究，分析规划设计条件，学习建筑设计指标的确定与测算以及建筑设计任务书的制定方法，并针对不同的设计任务（建筑计划与设计任务书是学生自主完成的，因此每个学生完成的建筑设计类型与内容都可能有所不同），主动学习相关设计资料与设计规范，并完成相应的建筑设计。在此过程中，学生不再是被动的进行单纯的创作，其设计是主动的，主动分析设计条件，主动分析建筑设计任务，并主动学习研究如何完成建筑设计。

从设计条件的解读，到自拟建筑设计任务书，指导后续的建筑设计的全过程中，培养学生客观理性的分析课题的习惯，鼓励学生自主寻找背景资料和理论支持，引导学生主动探索问题的实质和根源，为复杂背景下的特定地块寻求最合理的利用方式，并依此提出创造性的设计理念与方案。

3 我校城市规划专业建筑设计教学实践探讨

3.1 教学目标及内容

我校城市规划专业的建筑设计，是强调建筑设计的社会属性、强调建筑设计本质的建筑设计课题。教学重点是建筑设计与城市规划的衔接、建筑设计方法启蒙。我们将规划设计条件的解析以及建筑设计任务书的制定引入到建筑设计教学中，要求学生对城市有所分析，将建筑置于城市环境中，重视社会、经济等背景问题的思考。引导学生主动探索问题的实质和根源，要求学生思考城市规划管理对建筑设计的控制，思考建筑设计的本质，了解制定建筑设计任务书的意义与方法，并在对规范、技术经济指标、空间等方面的深度理解的基础上完成建筑方案设计。在教学实践中注重调研与分析研究，强调逻辑分析能力，强调感性思维与理性思维的结合与交互。要求学生学习系统的调研方法，让学生了解在做设计前进行充分的分析研究是城市规划专业学习的基础。

首先是通过教师的理论课讲授让学生理解城市规划与建筑设计之间的关系，了解规划设计条件的基本内容，了解建筑设计任务书的内容与制定方法，学习建筑设计相关基础知识。然后围绕研究对象，分组进行现场调研，解读规划设计条件，制定建筑设计任务书，并在其指导下进行小型公共建筑设计。

3.2 教学阶段之一——规划设计条件的解读

在建筑设计教学实践中，城市规划设计条件的解读是第一个学习阶段，要求学生在现场调研的基础上分析给定地段的城市规划设计条件及其对建筑设计的引导与控制。

城市规划设计条件是城市规划主管部门对建设项目提出的规划建设要求，是指导和审批修建性详细规划及具体建筑设计的重要依据，用以实现对其控制和管理。城市规划设计条件的具体内容主要涉及土地使用、环境容量、配套设施、城市设计及建筑设计等多方面，对地块内建筑的位置、形式、体量、高度、风格、色彩等产生影响。

在以往城市规划专业的建筑设计教学中，教师布置任务时往往不提供设计对象的规划设计条件，用地条件只有红线和退红线的要求，学生在进行设计时，仿佛在真空中做设计：没有城市周边条件的制约、没有合理土地利用的概念、没有机动车出入口的限制、没有停车位数量的要求、没有建筑风格、色彩与形式的引导……长此以往，很不利于学生建立对建筑设计和城市规划设计的正确认识。学生忽略了城市规划专业学习建筑设计的主要目的在于认识“如何合理的制定规划设计条件”。在城市规划专业的建筑设计中引入规划设计条件的解读与分析，有利于学生建立清晰的规划设计条件的概念，初步了解城市规划管理的概念与意义，有助于学生正确理解城市规划和建筑设计之间的关系。

考虑到低年级学生的专业基础，以及课程对于建筑设计的规模要求（这个环节是城市规划专业的第一个建筑设计），本环节选择周边环境条件不太复杂且用地规模较小的城市用地作为研究对象，在充分考虑低年级学生认知能力的基础上让学生掌握规划设计条件的相关知识。

3.3 教学阶段之二——制定建筑设计任务书

制定建筑计划与设计任务书是教学过程的第二个阶段。要求学生在规划设计条件的指导下，进行现场深入调研，同时查找资料做同类项目类比研究，制定策划报告，对项目进行具体的定性与定量分析，确定建筑规模，制定建筑设计任务书。

建筑设计任务书的制定这一环节来源于建筑计划的概念。建筑计划是一种科学的建筑设计方法。它是利用对建设项目所处的社会环境及相关因素的逻辑数理分析，研究项目任务书对设计的合理导向，制定和论证建筑设计依据，科学的确定设计的内容，并寻找达到这一目标的科学方法。建筑计划是规划之后建筑设计之前的一个环节，它的研究内容既包含偏于规划领域的社会、经济、环境等宏观因素，也包含偏向于具体建筑设计的环节：建筑计划受制于城市规划管理，需对项目的社会环境、人文环境以及物质环境进行实态调查，确定建筑性质、规模与具体设计原则。它的思维方式与工作方法更接近于城市规划宏观的、由大及小的逻辑思维。它从城市规划的角度对项目的社会、环境、经济等因素进行分析研究。它是建筑设计的依据，是在具体建筑设计之前对设计内容、规模、建筑性格意向、空间组织与大小等进行调查研究和定量分析，并提出建筑设计任务书。建筑计划的研究成果，对建筑设计有直接的指导意义。

过去的建筑设计教学模式和规划专业的关系较弱，在教学过程中，建筑设计课题是孤立的，而后期的规划专业教学又是另一套框架与思路，这样的教学模式不利于学生形成完整的知识架构。我们的建筑设计教学，将建筑置于城市环境中，思考全面的建筑设计框架，对构建城市规划专业全面的知识和能力体系具有重大意义。通过建筑计划下的建筑设计教学，能让学生思考城市规划与建筑设计的关系，对完整的建筑设计步骤和程序建立全面的认识，同时也对高年级的城市规划专业学习奠定良好的基础。

建筑设计的核心是“空间”的创造，但建筑设计的空间教育并不只停留在物质形态方面，应对“空间”的属性进行充分的发掘，深入认识建筑空间的多重属性（如经济属性、政治属性、社会属性等）。建筑计划作为规划与建筑设计的衔接阶段，正是对建筑的多重属性进行分析与研究，并进而提出建设目标与设计依据。

3.4 教学阶段之三——提交成果，完成建筑设计

在学生完成了规划设计条件的解读以及建筑设计任务书的制定之后，要求学生依据自拟建筑设计任务书进行建筑方案设计，推敲建筑的空间、功能、形体等，掌握建筑设计方法和技巧。

成果要求提交 A3 图册，具体内容包括调查的工作框架、规划设计条件的解读与分析、详细的调研报告以及建设目标、项目性质、规模、设计原则、设计内容、建筑空间组成、建设项目的空间构想等内容；制定建筑设计任务书，内容包括：（1）对建筑的性质、规模和形象定位进行文字性的表述；（2）确定各功能空间的面积；（3）提供经济技术指标——包括建筑密度，建筑容积率和绿化率等；在任务书的指导下，推敲建筑的空间、功能、形体等，个人独立完成小型公共建筑的方案设计。

4 结语

随着城市规划专业由建筑学一级学科下属的二级学科发展成为独立的一级学科，城市规划专业与建筑学的关系也随之产生了变化，相应的城市规划专业中的建筑设计教学问题也随之引起思考。建筑设计教学在“以物质空间形体规划与设计为主导方向”的城市规划专业院校中仍是教学的重要内容。但其教学的核心、教学内容与方法，应因规划学科的发展而调整。我校城市规划专业的建筑设计教学改革的核心内容是在设计之前增加了规划设计条件的分析解读、建筑计划以及建筑设计任务书的制定，教师创造条件，使学生在深入调研、了解背景的基础上，共同探讨建筑设计与城市规划的关系以及建筑设计的本质与目标；通过调研和资料收集研究，学习建筑设计任务书的制定方法；鼓励学生自主寻找背景资料和理论支持，引导学生主动思考与探索，引导学生建立客观理性的分析方法与习惯；并完成小型建筑设计方法的学习。

主要参考文献

［1］陈秉钊．当代城市规划导论［M］．北京：中国建筑工业出版社，2003.

［2］庄惟敏．建筑策划导论．北京：中国水利水电出版社，2000.

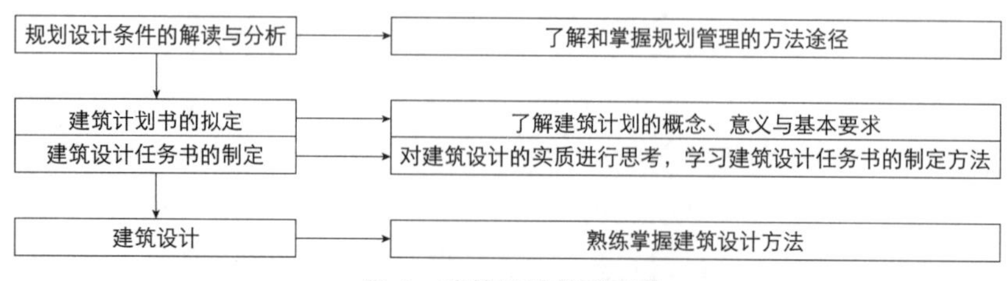

图 1 建筑设计教学环节

Argumentum of the Heart of Architecture Design Education in Urban Planning Specialty

Bai Ning Duan Degang Yang Rui

Abstract: After urban planning being as an independent subject, the relationship between architecture design and urban planning、the status and content of architecture design in urban planning specialty are changing a lot.This article has discussed the core issue of architecture design education in those urban–planning colleges with "urban physical space planning and design" as their leading professional direction.This article has proposed to pull architecture design into urban planning education, which purpose is to provide corresponding foundation for the urban planning and design.the content and method of teaching should follow the professional characteristics of urban planning.This article has indicated that urban planning conditions and architecture planning has been pulled into architecture design teaching in our teaching practice, and then, by expanding the extension of architectural design, it purposes to makes students understand the relationship between urban planning and architectural design and the nature of architecture design guided by urban planning and architectural design and to stimulate students to propose the creative design ideas and solutions.

Key Words: urban planning, architecture design, education

城乡规划学二级学科设置与发展对策研究——以沈阳建筑大学为例

李　超　姚宏韬　张海青

摘　要：城乡规划学提升为一级学科反映城市规划在我国社会经济发展的重要地位，也给学科的发展带来广阔前景。城乡规划学二级学科的设置面临各大学学科基础差异较大，难以统一设置的局面，同时教育部下放二级学科设置权为各单位设置独具特色的城乡规划二级学科提供了难得机会。本文深入分析沈阳建筑大学城乡规划二级学科设置的基础条件和优势，按照二级学科相近的理论基础、相对独立的专业知识体系、社会要对该二级学科有一定规模的人才需求等要求，划分5个二级学科，分别是东北地区城乡统筹规划、城乡规划与设计、城乡基础设施规划、城乡历史遗产规划、城乡规划实施与管理，并提出全校相关专业重组、组建学科协作团队、教研实体空间拓展的学科发展对策。

关键词：城市规划，城乡规划，二级学科设置

1　设置背景

1.1　城乡规划一级学科统一设置二级学科的困难

根据国务院学位委员会教育部发布的《学位授予和人才培养学科目录（2011年）》，城乡规划学与建筑学同属工学（编码08）学科门类的一级学科。城乡规划学一级学科相较于1997年城市规划作为为建筑学的二级学科设置有两个方面的变化，一是名称从城市规划变化为城乡规划，二是从二级学科上升为一级学科。这两点的变化或者变更反映了规划行业在我国社会经济发展作用的提升和学科领域的重要调整，适应了我国城市和乡村在发展过程中协同的必要性。

城市规划从建筑工程技术为主导迈向多元化的发展是并存发展模式是有中国特色城镇化道路选择的客观需要，也是中国城乡规划建设管理事业发展和人才培养需要。城乡规划作为一级学科的设置和建设是我国发展阶段的必然要求，也是学科发展的动力有着充足的支撑和需要。但目前我国城市规划专业发展现状与基础给城乡规划学一级学科统一设置二级学科带来很大困难。我国180余所大学设置的城市规划专业依托学科背景差异较大，有建筑、地理、测绘、农林等；通过城市规划专业评估的只有24所大学，发展较好包括清华大学、东南大学、同济大学、重庆大学、天津大学、华中科技大学等国家“211”和“985”的重点院校；乡村规划作为城乡规划的重要组成部分，之前并没有专门的学科涉及，属于随国家农村建设和发展的需要产生的新领域，亟待有相关研究基础的人才加入到城乡规划学的队伍中。因此统一城乡规划学二级学科设置几乎不可能。

1.2　教育部下放二级学科设置权的有利时机

教育部办公厅在2010年11月24日出台了《授予博士、硕士学位和培养研究生的二级学科自主设置实施细则》，并于2011年3月1日施行。该《细则》规定“学位授予单位可在本单位具有博士学位授权的一级学科下，自主设置与调整授予博士学位的二级学科；在具有硕士学位授权的一级学科下，自主设置与调整授予硕士学位的二级学科。”这也表明教育部下放二级学科设置权为学位授予单位。

李　超：沈阳建筑大学建筑与规划学院讲师
姚宏韬：沈阳建筑大学建筑与规划学院副教授
张海青：沈阳建筑大学建筑与规划学院讲师

受国务院学位委员会办公室委托，住房和城乡建设部人事司组织论证的《增设“城乡规划学”为一级学科论证报告》（征求意见稿）中建议城乡规划学设6个二级学科，分别为：①区域发展与规划，②城乡规划与设计，③住房与社区建设规划，④城乡发展历史与遗产保护规划，⑤城乡生态环境与基础设施规划，⑥城乡规划管理。在《学位授予和人才培养学科目录（2011年）》中城乡规划学一级学科没有列出二级学科，这说明城乡二级学科设置意见分歧较大，同时也为每个学校带来了发展机遇。各个学校都可能抓住教育部下放二级学科设置权的有利时机，整合资源，立足优势，设置合理的二级学科，支撑城乡规划学的发展。

1.3 城市规划二级学科相关研究

关于城市规划学科探讨的研究较多，涉及城市规划学科的特点、内涵、科学性等一系列的研究，但涉及学科划分的研究比较少。比较有代表性的是谭少华、赵万民把城市空间发展与社会问题根治作为基点划分城市规划三个二级学科，即理论城市规划学、技术城市规划和应用城市规划，并认为科学性是推动城市学科发展的持续动力。

2 设置基础

2.1 发展概况

沈阳建筑大学1989年开始招收城市规划专业本科学。2001年城市规划与设计学科招生硕士研究生。2008年城市规划设计通过专业评估，同年城市规划设计成为辽宁省重点学科。经过20年的努力，沈阳建筑大学城市规划系得到了较快的发展。作为东北地区及国内其他地区培养城市规划人才的基地，现已为国家输送了大批城市规划专门人。

2.2 教师队伍

目前沈阳建筑大学城市规划系建立了多元、丰富、合理的教师队伍。教授、副教授和讲师构成了合理教师职称结构，老、中、青教师年龄结构比例协调。教师来源具有多所国内、国外名牌大学和科研院所等多个学科背景。经过多年积累，形成了多个富有特色的学术团队，有针对性的对于我国城乡规划教学、理论研究、项目实践面临的问题解决形成了多个富有地域特点与交叉学科特点的城乡规划研究方向。沈阳建筑大学城市规划系教师队伍团结协作，持续不断地进行高水平的教学和研究工作。

2.3 科学研究与成果

城市规划系近五年实际获得并计入本学院财务账目的科研经费及纵向科研经费基本达到国家关于博士点建设的指标要求。五年内获省部级以上科研奖励10余项。目前城市整体学术水平、科研能力在东北同学科中处于行列，在一些学科方向上达到或接近国内先进水平。近5年来科研成果显著，为国家经济建设、社会发展和科学技术进步做出重要贡献。目前承担较多国家级、省部级的重要项目或其他有重要价值、学术水平高的项目，科研经费充足。

2.4 广泛实践基础

沈阳建筑大学城市规划系广泛服务地方经济建设的实践，参与项目具有广泛性。结合东北老工业基地振兴、辽宁沿海经济带、沈阳经济区等国家重大战略，完成沈阳市城乡统筹专题研究、盘锦市城乡统筹规划、辽滨新城规划、辽沈城际连接带新城新市镇规划、大连皮杨黄海新城规划等多项重大标志性社会实践成果，500余项村镇规划遍及辽宁14市44县，获得辽宁省政府高度评价，形成广泛社会影响。

2.5 其他支撑条件

沈阳建筑大学设置与城市规划学科相关的学院、系别和专业有管理学院、市政环境学院、交通机械学院、文法学院等，学校还有村镇规划研究院、新建大城市规划研究院、城市与区域规划管理中心、城市规划信息中心等科研及相关支撑机构作为支撑。

2.6 学科特点与优势

城市规划学科研究目前形成具有地域特色有四个。一是独特的城乡规划与生态学交叉研究方向特色：基于生态学与城乡规划的交叉，围绕北方寒冷地区及老工业城市地域特征，研究辽宁及东北的城乡发展适宜模式。二是突出的小城镇与新农村人居环境研究特色：围绕快速城镇化进程中城乡统筹重大命题，承担国家重大科技支撑计划课题，探索小城镇科学发展路径，开展新农村建设模式与示范基地研究，编拟相关国家技术标准，推动县域经济和城乡一体化发展。三是地域性鲜明的寒地城乡规划研究与教学特色：科研和实践紧密结合辽沈和东北地区，硕士论文选题80%为地域性城乡建设问题、1/3以上与寒地特色相关，主持编撰地方标准与图集，成为辽宁省这一领域的核心技术支撑。四是基于城乡建设领域多学科交叉基础的全面发展：作为建设部与地方共建的唯一高校，已形成以建筑土木学科为优势的多科性大学，集合建筑与规划学院、四个研究院、两个设计院、建筑博物馆等八大机构，打造产学研一体化的“大建筑、大规划、大景观”协同格局，形成全面的学科发展布局。

3 设置内容

3.1 原则

3.1.1 独立性

针对城乡规划的应用实践和研究的可能性，每个二级学科的设置培养目标应对应一定的社会需求，毕业学生应用相应的去处，做到产、学、研一体化的发展。

3.1.2 系统性

系统性表现在两个方面，一是城市和乡村看作一个整体，尤其把乡村规划作为城乡规划完整体系的重要组成部分，二是二级学科作子系统是完整的，同时有机的组成整个城乡规划学，满足城乡规划学的需求，从研究、实践到管理，建立完整的社会需求。纵向关联满足学科发展要求，横向关联满足社会发展需求。

3.1.3 关联性

每个二级学科的设置均应有相对向社会、经济的支持与研究，弥补作为以工程技术起家的城市规划的不足，也是当前解决复杂的城乡问题所必需的，因为一个规划项目的成功包括复杂的社会、经济、市场、人员、资金等各种要素合力作用。

3.1.4 满足我国规划体系的要求

我国规划体系包括总体规划（非《城乡规划法》所确定的“城市总体规划、镇总体规划”）、专项规划。城乡规划应当成为我国规划体系相对独立而又是其有机组成部分，承担规划体系所赋予城乡规划的责任。

3.2 二级学科划分

城乡规划学科内涵是以城乡建成环境为研究对象，以城乡土地利用和城市物质空间规划为学科的核心，结合城乡发展政策、城乡规划理论、城乡建设管理等社会性问题所形成的综合研究内容。二级学科设置立足于内涵，面向城乡规划理论研究——实践应用——实施管理的需要，以城乡发展问题为立足点，以现实可操作性为准绳，综合我校城乡规划发展现状优势与趋势，设置五个二级学科，包括东北地区城乡统筹规划、城乡规划与设计、城乡基础设施规划、城乡历史遗产规划、城乡规划实施与管理。

3.3 各二级学科的研究方向、内容与依托

3.3.1 东北地区城乡统筹规划

主要研究方向为东北地区城乡发展历史与理论、区域发展与城镇化、城乡统筹规划。研究内容：东北地区城镇发展历史研究、东北地区城乡关系史、区域发展战略与城镇规划、城乡人口与产业统筹规划、城乡空间统筹规划、城乡规划体系、城镇化理论、城乡统筹政策与制度等。

所依托城市规划、管理学院的城乡与区域规划管理专业的整合。

3.3.2 城乡规划与设计

研究方向：城乡规划理论与方法、城乡规划的工程技术。研究内容：城乡规划理论、城镇体系规划、城市规划、城市设计、镇规划、乡村规划、城乡环境规划、住房与社区规划、城乡规划与新技术、城乡规划编制与公共参与等。

所依托城市规划、建筑学、园林的专业整合。

3.3.3 城乡安全与基础设施规划

研究方向：城乡安全与防灾、城市基础设施规划。研究内容：城市防灾减灾研究、城乡公共服务设施规划、城乡商业服务设施规划、城乡工程性基础设施规划。

依托城市规划、市政与环境工程学院相关专业。

3.3.4 城乡资源与历史遗产规划

研究方向：城乡资源保护与利用、城乡历史遗产保护与利用。研究内容：城乡资源保护与开发、聚落史、城市建设史、城乡历史保护与利用方法、历史文化名城、镇、村规划、城乡历史文化遗产保护规划与设计。

依托城市规划、地域性研究中心和天作建筑科学研究院、建筑学。

3.3.5 城乡规划实施与管理

研究方向：城乡建设规划管理理论与方法。研究内容：城市建设规划管理、乡村建设规划管理、城乡规划实施评价、城乡规划实施监督与法规、城乡规划实施与公共利益等。

依托城市规划、管理学院和文法学院等。

4 发展对策

4.1 全校相关专业重组

为构建完整的城乡规划二级学科，实施全校范围内的专业重组。管理学院的城市与区域规划管理中心与城市规划合并，成为城乡规划实施与管理二级学科;市政与环境学院相关专业与城市规划组合，调整为城市安全与基础设施规划二级学科；地域性研究中心与城市规划组合形成城乡资源与历史遗产规划二级学科。设立五个二级学科，争取招生规模达到5-7个班级的招生规模。

4.2 组建学科协作团队

建立城乡规划学基础教学团队和主要研究方向团队，争取全校范围内进行教师组合，调整完毕城乡规划一级学科人员由30人增加到50人，涵盖管理、经济、社会、法律、市政等人员，并在未来5年内引进20人以上。基础教学团队负责五个二级学科专业基础课程，由不同专业学科背景教师组成研究方向协作团负责各二级学科的教学与研究，引导二级学科的发展。

4.3 教研实体空间拓展

充实一级学科要有充足的教学和科研空间的支撑，在与其他相关专业形成开放的联系平台的基础上，形成城乡规划学独立的空间，使其具有发展的主导地位。

主要参考文献

[1] 谭少华，倪绍祥．城市规划应作为一级学科建设的构想．城市规划汇刊［J］.2002，(1).

[2] 赵万民，赵民，毛其智等．关于“城乡规划学”作为一级学科建设的学术思考．城市规划［J］.2010，(34)：6.

[3] 授予博士、硕士学位和培养研究生的二级学科自主设置实施细则（2010年，教育部办公厅）。

[4] 沈阳建筑大学．城市规划学学位授权点对应调整申请表（2011年）。

Study on the second level discipline setting and development measures of urban and rural planning：Shenyang Jianzhu University as an example

Li Chao　Yao Hongtao　Zhang Haiqing

Abstract: Urban and rural planning as an first academic not only indicate the Importance Of the urban planning to the social and economic development in China，but also bring about broad prospects to development of discipline. The second level discipline setting of Urban and rural planning faced with the different disciplines base and difficultly unified setting，however the Ministry of Education gives the right to for each units what set their distinguishing second level discipline. The paper analysis deeply the basic conditions and advantages of urban and rural planning on Shenyang Architecture University.According to two subjects close to the theoretical basis，relatively independent professional knowledge，a certain size social needs，etc，I divided into 5 second level discipline，namely the Northeast urban and rural Co-ordination planning，urban and rural planning and design， urban and rural infrastructure planning, urban and rural heritage planning, implementation and management of urban and rural planning, and put forward the relevant professional school restructuring, the formation of interdisciplinary collaboration team, teaching and research s space to expand the subject to development.

Key Words: urban planning, urban and rural planning, the second level discipline setting

面向城乡规划学的城市设计专业教育变迁探索❶

黄 勇 李和平 许剑峰

摘 要：在考察城乡规划学发展历程的基础上，指出城市设计的学术框架正在从“空间决定”走向“决定空间”，不断突破传统的空间形态设计进入社会研究领域。在专业教育工作中呈现出三个新的趋势：在学术逻辑上从设计本体往设计客体深化；在设计本体上从人文环境向物理空间拓展；在设计方法上由形态设计走向形态与数据的综合设计。

关键词：城乡规划学，城市设计，专业教育，变迁

引言：城乡规划学的建立

西方现代城市规划学科发轫于19世纪工业革命时期，经由霍华德、盖迪斯、芒福德、柯布西耶等人的理论与实践，逐步脱离传统建筑学学科范畴，而成为以缓解社会矛盾、实现社会改良、治疗“城市病”为目的，以功能分析和物质空间规划为主要对象的技术学科。不过，在近百年社会变迁的引导下，城市规划逐步展现出其公共政策和制度建设的非技术属性而越来越成为政府应对市场的调控手段[1]。尤其是20世纪中叶以来，城市规划学科不断突破传统形体规划的范畴，而以城市问题和空间矛盾为导向，将视点从物质空间拓展到社会研究的过程中，由单纯强调城市空间的物质形态和工程技术，逐渐转向城市社会学、城市经济学、社会心理与行为科学、城市地理学、城市生态学、城市行政管理学等多学科交叉研究领域，不断关注影响规划过程的各种复杂环境及其矛盾关系[2-4]。事实表明，2006年新版《城市规划编制办法》和2008年《城乡规划法》的颁布实施，说明城市规划学科的公共政策属性已经在我国得到了制度层面的认可，正在由“技术性”向“公共政策性”转变。

我国的城乡营建思想，自春秋战国已有之，两千多年来的发展自成一脉，也曾对世界产生过很大的影响。时至今日，在西方城市规划学科的影响下，我国城乡规划学正在逐步成为具有自身文化内涵和理论特色的综合学科。尤其是近20年以来，随着国家经济社会的快速发展与变革，城乡规划学已经成为支撑我国城乡经济社会发展和城镇化建设的核心学科[5]。传统工科和建筑工程类的学科体系已经远远不能涵盖现代城乡规划的学科内容，不能满足社会发展与人才知识结构的需要。传统的城乡规划教育观念和学科属性，已经极大地制约了现代城乡规划学科的健康发展和人才培养的社会需求关系。

1 城市设计的发展：从空间决定到决定空间

在我国城乡规划学的体系构成中，城市设计是直接关注城市形体空间，尤其是城市公共空间的学科方向；是城乡规划学和建筑学的学科联系纽带；即是城乡规划与设计的具体化、形态化和空间化，又是景观或建筑设计的政策标准和空间架构。随着城乡规划学学术内涵的不断变革和深化，城市设计的核心内容也随之变化（表1）。

城乡规划学的学术内涵的延展　　表1

	早期城市规划学科	现代城市规划学科
研究内容	城市物质空间形体	城乡社会经济和城乡物质空间发展

❶ 基金项目：2011年度重庆市高等教育教学改革研究重大项目（111012）。

黄 勇：重庆大学建筑城规学院讲师
李和平：重庆大学建筑城规学院教授
许剑峰：重庆大学建筑城规学院副教授

续表

	早期城市规划学科	现代城市规划学科
研究方法	城市空间发展构成	社会经济发展和物质空间形态的科学统一
研究理念	空间视觉审美和工程技术	区域与城市社会经济和物质空间的融贯和协调

资料来源：赵万民．城乡规划一级学科的学术思考［J］．城市规划．2010（6）．

事实表明，城市设计的学术内涵正在从“空间决定”走向“决定空间”。尽管城市设计的历史与城乡规划学、建筑学等学科一样古老，但直到 1960 年代左右才逐步具备自身独立的理论和实践体系[6]。二战以后，西方国家社会经济快速复苏，城镇急速发展，单体建筑环境与城镇整体形态之间的冲突日益加剧，城市设计以空间形态布局规划整体最优化为工作核心和目标，成为解决这一矛盾最为直接的技术途径[7]。可以说，城市设计是为城镇整体形态和空间秩序而生的一门学科。其不断发展的理论和实践也表明，无论是早期“Team 10”的空间流动与生长理论，还是新近“新城市主义”等理论流派的“TOD”或“COD”空间模式[8-9]，城市设计始终是一门“空间决定”的科学，它尝试着以物质空间的组织形式和秩序规定来规范和引导人的行为，进而达到调适和缓解城市问题、完成社会改良的目的。

而问题是，“空间决定”面对当代社会和城市空间问题的日益复杂和资本化趋势，非但难以解决，有时反而还会引发社会矛盾，也无法达成寻求城镇公共空间利益的目的。现时城市设计在城乡规划学和建筑学学科体系中所面临的尴尬地位似乎也表明了这一点。那种认为只要有好的城市空间就能解决城市和社会问题的想法，在某种程度上已经因为难以对抗市场和资本而不能得偿所愿。诸如新城市主义等理论也仅仅只是在“倡导不同于美国当前郊区化的另一种空间组织形式，而对其中涉及的社会分化问题很少提及”[10]。它无外乎是现代社会转型以来空间领域形成的一种区别于工业化生产的后福特生产方式而已。

因此，城市设计走向“决定空间”，以社会和城乡问题为导向，关注到当下城乡发展中的社会隔离、生态恶化、人文缺失等主题，由此而决定采取什么样的空间形式与秩序，为人们创造一个舒适宜人而又方便高效的特色环境，正在成为其学术发展的另一种趋势（图 1）。需要说明的是，这一发展并不排斥城市设计固有的“空间化”[11]过程，反而是对城市设计学科逻辑的理论提升与完善过程。因应这一发展，城市设计的专业教育也在不断的调整与完善。总体而言，大致有以下三个新的变化。

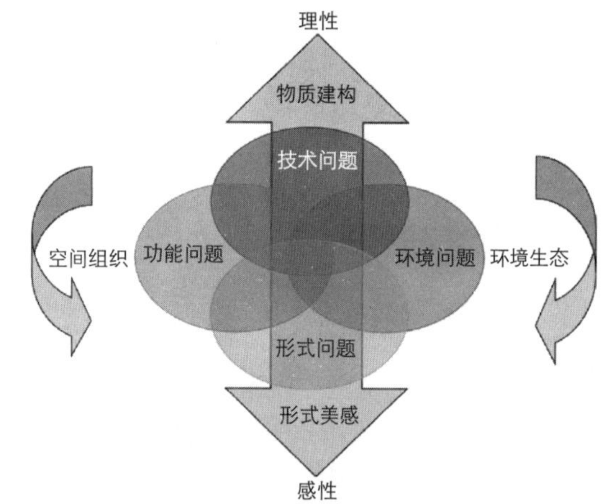

图 1　城市设计从“空间决定”走向“决定空间”

资料来源：赵万民．重庆大学建筑城规学院年鉴 2010．重庆：重庆大学出版社．2011．

2　专业教学范畴的深化：从设计本体到设计客体

过去，城市设计的教学工作大多围绕着物质空间的构成、尺度、肌理或密度等形态特征而展开。同学们以接受空间形态、色彩或材质等本体要素的训练为主要目的。客观上，这种训练方法可以使同学们快速理解城乡空间发展的一般规律和特点，掌握空间建构的基本原则和方法，由此获得城市设计的基础知识，形成基本理论与实践体系。

随着城市设计不断突破物质空间形态范畴而走向社会研究，由此，建立空间形态的意义与脉络框架，并进而投射到空间形体的创造过程中，已经成为城市设计专业教学面临的主要课题。这意味着城市设计专业训练中，“讲故事”的方式将从“物质⟷空间”转化为“物质⟷意义⟷空间”。我们不仅要理解空间形态的物质规律，还应该挖掘和构建空间形态与社会主旨、生态命题或文化意义之间的逻辑关系。因而，城市设计的专业训练将从对空间本体的设计不断深化为对空间客体的设计。

3 设计本体内涵的挖掘：从人文环境到物理空间

“建筑是凝固的音乐”，“让我看看你的城市，我就能了解你的文化”等等耳熟能详的论断表明：城市空间，尤其是城市设计最为关注的公共空间往往是场所精神与地域文化的集中体现。因此，长久以来，城市设计的主要议题就是如何建构空间形体、建立一定的空间尺度或肌理，或如何构建界面景观、建立视觉或材质系统，或如何布置小品或设施、形成完善的识别或空间家具体系，等等，以此而保留或创造城乡公共空间的社会功能和人文艺术特征，并作为历史的构成部分而不断传承。另一方面，以往的城市设计则往往忽视了城乡公共空间作为一种物质形态，其所具备的温度、湿度、气压或风速等基本物理环境特征，也应该包含在专业训练与设计之中。尤其在一些特定主题的城市设计训练中，比如要创造一个生态型的城市空间，这些基本物理指标恰恰是直接体现或反映这类特定主题最好的方式，更有必要将其纳入到城市设计的训练过程中。

像保留或创造人文艺术特征一样，精心对待空间的物理特征设计，是城市设计未来应该承担的重要工作之一。这不仅仅是对城市设计本体的挖掘，更是提升城市设计的科学性和客观性，改善城市设计学科地位与社会影响力的根本途径之一。

4 专业教学方法的拓展：从形体创造到数据分析

城市设计的实践和教学之所以有意无意地忽视了物理环境的优化与提升，这与传统上城市设计的研究本体范围有关，而缺少行之有效的数据分析工具也是重要原因之一。城市设计工作并非不需要数据分析，空间尺度关系、密度关系、日照关系等等都需要进行相关的定量数据分析才有可能得到相对客观和科学的结论。即使是传统上看起来难以进行数据定量分析的空间文化特色研究，目前也已经开始在一些特定的研究阶段引入数据定量分析。

目前而言，针对空间形体现状的评价与分析大致可以通过相应的数学工具进行描述和模拟，如利用 AHP 层次分析平台上加上模糊分析数学模型，可以将定量与定性分析有机地结合起来，得到相对客观的空间现状评价结论。而针对空间形态设计过程的数学模拟，目前也出现了空间句法、参数设计等数学方法或设计工具。另外，通常用于宏观地理表层变迁时空格局分析的 GIS 空间分析方法也正在不断向微观领域突破，进入城市设计研究和实践领域也只是时间问题。因此，建立城市设计的数据分析与定量工具将是城市设计实践和教学未来必然的发展趋势之一。

5 结论

城市设计是一门古老而年轻的学科，作为城乡规划学的一个重要学科方向，随着社会变革所赋予的发展需要在不断地调整和深化自身的学术框架。这种调整首先是学科逻辑的深化、其次才是研究对象和工具方法的优化，并最终反馈到学科逻辑的调整中，是一个螺旋上升的过程。

主要参考文献

[1] 陈秉钊．城市规划专业教育面临的历史使命［J］．城市规划汇刊，2004，153（5）：25-29.

[2] 赵蔚．知识结构 · 方法技能 · 价值取向——当前城市专业教育中若干问题的思考与探讨［C］// 城市的安全 · 规划的基点——2009 全国高等学校城市规划专业指导委员会年会论文集．北京：中国建筑工业出版社，2009.

[3]（加）约翰 · 弗里德曼．北美百年规划教育［J］．城市规划，2005，29（2）：23-27.

[4] 柏兰芝．反思规划专业在社会变革中的角色［J］．城市规划，2000，24（2）4：56-58.

[5] 赵万民．城乡规划一级学科的学术思考［J］．城市规划，2010，（6）．

[6] 徐雷等．城市设计［M］．武汉：华中科技大学出版社，2008.

[7] 王建国．费移山．城市设计的整体性理论［J］．城市规划，2002，26（11）：63-69.

[8] 吴林海．从“边缘城市”到“新城市主义”：价值理性的回归与启示［J］．科学技术与辩证法，2002，19（3）：16-18.

［9］ 叶齐茂．新城市主义对解决中国城市发展问题的启迪——对新城市主义创始人 Peter Calthorpe 的电话采访［J］．国外城市规划，2004，19（2）：37-40.
［10］ 董宏伟．美国新城市主义指导下的公交导向发展：批判与反思［J］．国际城市规划，2008，23（2）：67-72.
［11］ 吴志强，于弘．城市规划学科的发展方向［J］．城市规划学刊，2005，（6）：2-11.

A preliminary thinking on education trend of urban design in context of urban-rural planning science

Huang Yong　Li Heping　Xu Jianfeng

Abstract：based on the study of development process of urban and rural planning science，it is identified that the academic framework of urban design is transforming from the "Decision by Space" to "Decision to Space"，going beyond the traditional physical planning and involving into the social research field.Three new trends in urban design education are identified：from design body to design object in the academic logic；from the human environment to physical space in the design subject；from physical design to a syntheses of form and data in the design method.

Key Words：urban-rural planning science，urban design，professional education，transformation

城乡规划学科中空间教育与政策教育的协同性探讨❶

许剑峰　黄　瓴　谭文勇

摘　要：城市规划学科一直以来设置在建筑学一级学科下面，受学科路径影响，总体上来说是重空间而轻政策的。在这样的学科背景下培养出来的规划师最拿手的是物质空间规划，而缺乏对城市社会、经济、法律运作规律的认识。当下“城乡规划学”一级学科的确立是学科发展的一次历史机遇，应该抓住此次机遇进行规划学科的政策转向，把空间教育和政策教育统筹好，建立空间教育和政策教育的协同教育平台，从而进行规划教育的结构性和实质性的变革，为未来中国城乡规划实践培养文武双全的人才。

关键词：城乡规划学科，空间教育，政策教育，协同

空间与政策是城乡规划的两大基本要素，它们的关系是城乡规划和社会发展的重要议题之一。西方现代城市规划在早期建立时更多表现为一门关于空间的学科，随着社会发展与转型，越来越面临政策转向。其中缘由是在城市化、现代化、全球化过程中，空间越来越不是它自己，而是越来越政治化、权力化、利益化，规划也随之转向公共政策的诉求[1]。我国的规划实践发展历程也经历了空间－政策的转向过程：计划经济时期的城市规划更多的是一种计划的空间化，是重大建设项目的空间落地工具；而市场经济的建立和发展促使城市规划成为分配公共资源、设施、服务和利益的工具，并向公共政策转向。规划在空间和政策方面的角色是动态的，是跟政治体制和社会发展阶段相关的。

城市规划学科具有空间和政策的二重性。这两者本来是一只手的手心和手背的关系，不可分割，然而在当下的现实中，无论是城市规划教育、编制、管理阶段，空间和政策经常各说各的话，体现了相当程度上的分裂和隔离[2]。总的来讲，在空间上的研究多于政策上的研究，空间和政策背靠背的研究多，整体的、同步的、协同的研究少。其问题的源头还是在规划教育上。

1　问题缘起：空间教育与政策教育的分裂

中国的城市规划教育在改革开放的过程中取得了长足的发展，但到目前为止的总体评价是重空间而轻政策的。这也许是跟中国的城市规划学科是从属于建筑学一级学科下面的一个二级学科不无关系。在这样的学科背景下培养出来的规划师最拿手的是作为技术层面的物质空间规划，而缺乏对城市社会、经济、法律运作规律的认识。城市规划的“政策内涵”往往是从业人员在工作实践中才逐渐认识到的。美国著名的经济学家弗里德曼把规划在公共领域的角色归纳为社会改革、政策分析、社会学习、社会动员[3]，可见规划从根本上是依托于具体的政治经济制度的，是政府对社会经济环境问题的各项干预，并依托以空间工具为核心的技术手段来执行。规划是“空间性”和“政策性”的综合体。政策性是规划的战略性，空间性是规划的战术性。中国规划教育的空间教育与政策教育的不平衡体现的是战略性和战术性的不平衡。

在规划研究领域，研究空间的研究空间，研究政策的研究政策，其分裂程度也是十分严重的。规划编制单位主要进行空间研究，忙于物质规划的编制，长于空间设计，弱于政策研究。人大、国务院相关部委、地方规划主管部门则构成一个等级分布的政策研究体系，但总

❶　基金项目：2011 年度重庆市高等教育教学改革研究重大项目（111012）。

许剑峰：重庆大学建筑城规学院城市规划系副教授
黄　瓴：重庆大学建筑城规学院城市规划系副教授
谭文勇：重庆大学建筑城规学院城市规划系副教授

体来说，这个体系强于政策的实施，弱于政策研究；强于部门本位的政策研究，弱于政策与政策之间的搭界、重置、关联的研究。在高校板块，受到教学实践和生产实践精力的制约，以及空间政策交叉的学科背景门槛的限制，真正将空间研究和政策研究结合起来的成果并不多。文（政策）武（空间）双全的研究人才缺乏，软（政策）硬（空间）兼施的研究实践稀缺，这种现象从源头上来说是规划教育的问题。一只脚长（空间），一只脚短（政策），或者独腿打天下，先天不足，营养不良。如果从教育开始，空间和政策截然分野，对规划学科的发展是有百害而无一利的。

2 现实需求：空间思维与政策思维的复合

城乡规划实践既需要空间思维又需要政策思维，很多规划失效（Planning Failure）的现象很多都源于空间或政策思维的单一性和片面性。规划实践是围绕空间利益的制造和分配展开的，离不开政策的导向和控制。"制造利益"实质是确定利益的边界，并依托法律和政策平台把利益透明和显现；"分配利益"实质是在明确利益边界基础上保护利益的实现、促进利益有效和有序的达成。规划是利益格局划分和保障的制度工具，其公共政策性很强。在理论上，政府、市场、社会构成了规划实践的三大主体：从政府主体来讲，国土规划、区域规划、城乡总体规划和控制性详细规划构建了一个全空间链条的政府利益制造和分配的体系；从市场主体来讲，各种尺度的修建性的开发规划构建了市场利益制造和分配体系；从社会非盈利组织（NGO）主体来讲，社会规划是公民利益制造和分配的体系。目前中国政府主体的规划是绝对强势的，市场主体的规划仅仅局限于微观开发层面，而社会主体的规划参与是非常不足的。

伴随着物权法的实施，民主进程的深入与政制体制改革的启动，尊重日益扩大的私有产权，羁束公权力，强化公共参与，是发展现实的需求，需要大量的精通公共政策与公共管理的人才。从某种程度上来说，城乡规划政策人才比空间规划人才更为稀缺。空间规划之前、之中、之后既离不开也必须结合现实的政策框架，同时空间政策框架又如何在发展中与时俱进也是一个值得研究的议题。城乡规划实践中空间思维与政策思维结合是减少规划失效和规划失误的前提。

3 历史机遇：空间平台与政策平台的相遇

不久前，国务院学位委员会、教育部公布了新的《学位授予和人才培养学科目录（2011年）》，增加了"城乡规划学"一级学科，所设6个二级学科之中，第一个区域发展与规划二级学科是区域发展和区域规划的空间政策平台，是有关区域发展、城乡统筹、城镇化的理论、政策与发展战略，某种程度上来说政策性大于空间性；第二个城乡规划与设计二级学科主要研究方向为城市规划理论与方法、城市设计、乡村规划。这个板块在规划教育中体系性较强，发展历史悠久，传统主要是以物质规划为主；第三个住房与社区建设规划二级学科主要研究方向是住房政策与规划和社区建设规划，随着政府在控制房价，保障中低收入居民居住的力度加大，这个板块面临着从空间到政策的转型；第四个城乡发展历史与遗产保护主要研究方向是城乡历史发展与理论、城乡历史文化遗产保护规划与设计，其政策性一直较强；第五个城乡生态环境与基础设施规划主要研究方向是城乡生态规划、城乡安全与防灾，随着生态危机加重和城乡灾害频发，这个板块的政策性研究需求强烈，本校也在参与地灾规范的编制；第六个城乡规划与建设管理二级学科主要研究内容为城乡安全与防灾、城市建设管理、城市管理与法规、乡村建设管理，这个板块几乎是中国规划教育的短板。当前"城乡规划学"一级学科的建立，是一次历史机遇，应该抓住此次机遇，进行规划学科的政策转向，把空间平台和政策平台统筹好，从"十二五"期间开始，为中国城乡规划实践培养文武双全的人才（如果尚不能在全面的功夫上提高，至少在意识上提高）。另外，本次学科调整应该打破学科界线，在规划学、建筑学、地理学、生态学、公共管理与公共政策的学科融合中，建立空间教育和政策教育的协同教育平台，使规划教育利用这次历史机遇结构性和实质性地进行变革。

4 目标指向：空间素质与政策思维的并蓄

规划教育主要是培养未来的规划相关职业从业者，包括规划教育、研究、设计、管理人才。其目标指向应该是培养规划学生的素质，包括空间素质和政策思维以及空间政策协同的意识。由于学科路径依赖，针对学生空间素质的培养经验已经比较丰富，但针对政策思维和的空间政策协同意识培养是全新的话题。

政策体现的是一种支配的权力。支配表现为羁束与赋权两个方向的努力。其中羁束是一种对权力限制、约束的支配，是负向的、消极的支配；赋权是对权力鼓励、支持的支配，是正向的、积极的支配。政策是协调任何一个社会人与人之间、人与社会之间利益冲突的工具。羁束与赋权是政策支配利益的手段。对个人利益、集体利益和国家利益的羁束与赋权是任何社会政策的主要内容。政策是基于一定目标和任务的行动准则，包括宪法、法律、行政法规、规章、条例、规划、政府措施计划方案项目等。城市规划是城市公共政策的重要组成部分，它既包括其他城市政府部门的公共政策的部分内容，又是一个相对独立的部门政策。城市规划与城府其他部门的政策相互交织在一起。城市规划必须切实反映城市各项组成要素在城市发展过程中的政策取向，管理各要素的部门政策又必须在规划确立的基本框架引导下实施。规划编制和政府政策的关系会在日益法制化背景下日趋紧密。城市规划编制涉及的政策是由纵向的（条条）和横向（块块）的各组成要素所制定的。各种政策门类广阔、层次丰富、互有重叠、或有冲突。因此在政策教学中，案例教学特别重要，不然无法理清其中的关系。为了使案例生动，让一些有规划管理背景的学者型官员参与教学计划的制定和进行一些课外讲座是十分有益的（考虑到这个群体的人一般都非常繁忙，不可能参与到日常教学中）。在实践环节，鼓励学生到规划局去实习，并与地方规划局签订实习基地协议，让同学了解课堂上抽象的政策在社会现实中到底是怎样实施，空间政策如何作用到建成环境等等。

有学者根据影响城市规划编制的紧密程度和环节分成四类，构建了影响城市规划编制的政策框架体系，分别为：最相关、次相关、一般相关和特别相关[4]。最相关政策是指对规划有全局性影响的政策，是刚性的、强制性的政策，包括耕地保护、生态林地保护、水源地保护等有全局性影响的政策，是刚性的、强制性的政策，包括耕地保护、生态林地保护、水源地保护等；次相关政策是对规划的局部环节产生影响的政策，往往是引导性、有一定弹性的政策，包括产业发展、环境整治、交通发展、市政设施供应政策；一般相关政策是指对城市规划中的片段环节产生影响的政策，往往是导引性、鼓励性政策，包括人才引进、产业创新、经营融资等；特别政策是对城市编制特定地区的特殊政策，如开发区、大学城、科技园、历史街区。政策对城市规划编制具有十分重要的影响，是规划编制的现实基础。在规划教育中让学生掌握最相关政策、熟悉次相关政策、了解一般相关和特别相关政策，展开对政策的层次性解读，并督促学生关心社会发展，讨论社会热点问题，敏感问题，在现实语境中讨论发展政策与区域及城乡空间规划的关系。

5 发展路径：空间教育与政策教育的协同

规划行为是价值、政策、空间、运作四个系统共同作用的职业行为。其中教育行为构建规划的价值体系，政策行为构建规划的政策体系，编制行为构建规划的空间体系，管理行为构建规划的运作体系。它们构建了四位一体的规划行为协同框架（如图 1 所示）。在这个框架中，教育行为是其他各种规划行为的认知基础，政策行为是其他各种规划行为的制度保障，编制行为是规划政策的空间安排和落实，管理行为是规划空间和政策实施的控制和管治手段。

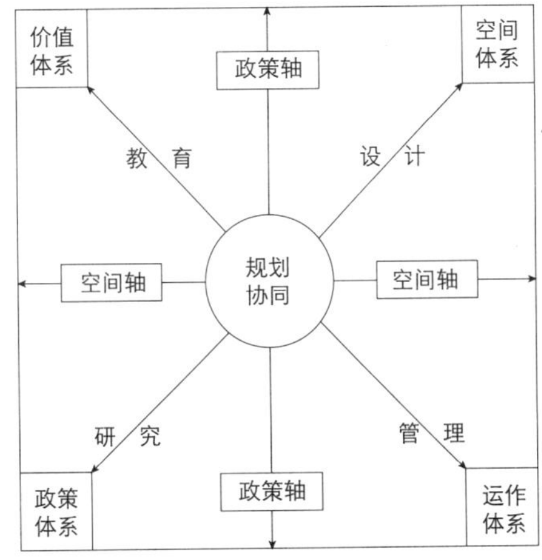

图 1 四位一体的规划行为协同框架

资料来源：作者自绘 .

由于规划行为的多样性（教育、管理、研究、设计），规划机构的多样性（规划系、规划局、规划院、规划政策研究所）以及规划人才的多样性（规划教师、规划设计师、规划管理人员、规划研究员），要求当代城市规划专业教育也是多类型、多模式的。近年来，全国城市规划专业指导委员会指定了8门核心课程。❶其课程留给各规划院校自主选择，但对比美国的城市规划教育，公共政策和公共管理的内容在我国的规划教育中要么缺失，要么权重不足。从价值体系的“水桶效应”来讲，由于公共政策和公共管理教育的短板，导致规划人才“半桶水”的状况普遍。规划价值体系的不完整，导致学生的政策理论素养普遍较差，组织协调能力较低，职业道德操守教育也非常欠缺。

吴志强先生认为规划教育要避免“去物质化极端”和“唯空间论极端”，实际上是强调规划教育中空间和政策并重的价值观（如图2所示）。这就要求规划院系从师资队伍的准备、课程设置、教学体系的完善等各方面都要注重空间和政策的二重性平衡的问题。规划核心理论既要空间化，又要和中国本土化的政策相结合，从人的尺度、地方尺度、区域尺度和国土的尺度来思考规划问题，可以避免城市规划学科的危机，即规划核心理论空心化、规划理论创新惰性化、规划研究阵地孤立化[5]。

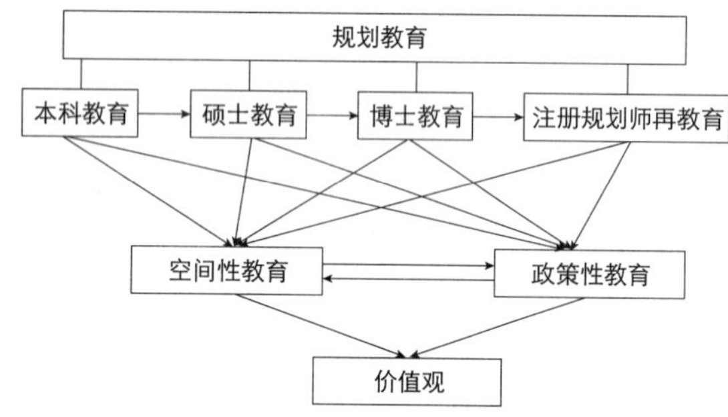

图2　规划的价值系统协同教育框架

资料来源：作者自绘.

规划教育可以分为学院教育和职业教育两大部分。前者从低到高可分为本科阶段教育、硕士阶段教育和博士阶段教育；后者主要是注册规划师考前教育和注册后再教育。针对我国城市规划学科的高校教育以空间教育为主的特点，应该增加政策教育的必修课内容。本科教育建议在全国城市规划专业指导委员会指定的8门核心课程的基础上在增加一门公共政策和公共管理的核心课程，形成“9+N的课程体系”。通过城市规划专业教育评估活动，以评促建，以评促改。对空间教育传统为主的规划院系加强政策教育的内容，对政策教育传统为主的规划院系提高空间教育的比重，并在“高等城市规划学科专业指导委员会”每年的年会上交流经验。职业教育中政策教育的分量更要加强。注册规划师考试要与时俱进，新时期的新政策、新法律的考试内容和比例要增加，考后再培训的教材和讲座也要增加公共政策和公共管理方面的内容。

毫无疑问，城市规划的教育是一种终身教育，但规划教育的核心价值观在政治体制稳定的前提下应该具有一定的连续性。随着城市规划学科地位的升级，规划教育应该从“量的繁荣”走向“质的提高”。这种“质的提高”体现在规划的空间教育和政策教育的平衡。在价值观平衡的前提下，针对学生的特点和喜好，因材施教，培养不同类型的规划人才：有的偏设计，有的偏研究，有的偏管理。这种“和而不同”的规划教育模式首先强调的是价值观的“和”，即“道”的“和”，然后是社会行为的“不同”，即“器”的“不同”。空间教育与政策教育的协同至关重要。

随着社会经济的不断发展，城乡规划已经走入一个跨学科、跨行业、跨部门的跨界和融合的方向发展[6]。从本文的规划协同角度来说，跨学科主要是规划实践需要跨空间学科的硬学科和政策学科的软学科。学科的融合是价值观的融合，学科割据的模式必须瓦解和革新；跨行业主要是指规划实践需要多种行业的介入和宽视野的人才，城市规划要跨空间实践和政策实践行业发展，需要空间研究人才和政策研究人才的共同努力，而教育平台中空间教育与政策教育的协同将为城乡规划学科发展和进步的做出基础性贡献。

主要参考文献

[1] 许剑峰．空间与政策的规划协同研究［D］．规划师，

❶ 这8门课程是城市规划原理（含城市道路与交通）、中外城市发展与规划史、建筑设计（课程设计或评析）、城市环境与城市生态学/风景园林规划与设计概论（供选择）、城市规划课程设计、城市经济学、城市规划管理与法规、城市规划系统工程学。

2009，(12).

[2] 许剑峰，黄瓴，谭文勇．空间性与政策性的规划协同初探[J]．规划师，2009，(12)：73-79.

[3] Friedmann J.Planning cultures in transition [M]. Comparative Planning Cultures.New York：Routledge，2005.

[4] 罗震东．中国当前行政区改革及其机制 [J]．城市规划，2005，(8).

[5] 吴志强．城市规划学科的发展方向[J]．城市规划汇刊，2005，(6)：2-10.

[6] 黄鹭新等．跨界与融合城市规划的时代转型．[C]．中国城市规划学会国外城市规划学术委员会及国际城市规划杂志编委会2009年会．会议论文集．北京：三联书店，2009：1-10.

A Study on Education Synergy of Space and Policy in Urban-Rural Planning Subject in China

Xu Jianfeng　Huang Ling　Tan Wenyong

Abstract：Urban planning education in China in the past focused more spatial issues than policy issues.It was due to the planning curriculum system set under the Architecture subject.The planners followed this education system were good at physical planning，but lacked understsanding to urban social，economic and legislative rules.It comes a big chance for the Urban-Rural Planning Subject's upgrading to the 1st class subject.It is the time to transform the planning education from the space-centered to the policy-concerned，set up a kind of balance in the process of Education Synergy of Space and Policy.Planning education in China is waiting a strucatural transform to raise more qualified planning professionals to invovled into future practice.

Key Words：urban & rural planning，space education，policy education，synergy

城乡规划学视野下城市规划专业本科基础教学构想

撒 莹

摘 要：随着城市规划专业扩展为城乡规划学的变化，中国城乡规划教育的改革也需审时度势。从乡村到城市的统筹发展，从市域到区域的协调发展，城乡规划设计指导空间的和谐发展，以满足社会和经济的需要。由此，在本科阶段的学习必须结合城乡联系，加强同学们宏观思想的引导。

关键词：城市规划专业，基础教学，本科

近来，喜闻城乡规划学作为一级学科进行建设，学科的蓬勃发展，使得城乡规划教育为地方社会经济发展和城乡建设服务的必要性和现实性显得越来越重要，我国城乡规划教育正显现出良好的发展态势和承担重要社会职能的作用。在这种形势下，城市规划专业的设计初步以建筑学专业的设计初步为主，笔者认为有不妥。虽然一直以来，各高校的传统一直是沿袭原来的教学计划和教学大纲，即以建筑的基础为主，随着社会的不断发展，需要对城市规划专业的设计初步做出调整；城市化进程不断加速，城市的面积从几平方公里扩展到几十平方公里，需要同学们在校学习期间就树立宏观的思想。

历届的城市规划专业的学生，在经过设计初步时都会问笔者一个问题："老师，怎么我们需要学这么多建筑设计的方法，我们就是学建筑的吗？"由此引发，笔者对城市规划专业《设计初步》课程的调整和构想，在总结我校2004级至2009级的授课经历后，认为《设计初步》（面向城市规划专业）应包括以下五个部分：

1 规划概述

作为刚刚开始入门的新生，应粗浅的介绍一些城市规划的基本概念。"城市"、"城市社会"在不同领域有不同的含义：传统的经济史在讲到工商业发展时，所谈及的城市，是重视城市及其市场 在经济活动中的作用；历史地理学把城市作为一种人文地理现象，探讨城市的沿革和成长过程、城市的地域分布、内部结构、城市与人口、环境、资源及交通的关系等[1]；建筑学则研究城市的规划方法、建设及相关的技术问题。

在设计初步阶段学习，从历史学、考古学了解中国古代城市的历史非常重要。在《中国城市建设史》中没有经过考古和文字记载论证的，仍标注"复原想象"字样，因此从这两方面了解城市，但能看到都城规划的图样，还能了解各朝代的经济和文化，学习面会更宽广。老一辈史学家中，何兹全先生对秦汉时期的城市，予以特别关注，在其所著《读史集》（上海人民出版社，1982）、《中国古代社会》（河南人民出版社，1991），以及2000年由《历史研究》编辑部组织的"社会形态与历史规律在认识笔谈"中，何先生认为"战国秦汉时期的城市，有着繁荣的城市经济生活，一个城市就是一个地区的经济中心，它的经济势力可以操纵一个广大地区的农村经济生活和农民的命运。魏晋南北朝的城市只不过是一个地方政府的所在地或一个军事要地[2]。"对于一个工科学生来说，学习历史、文化能更好地培养他的兴趣。

介绍一些不错的史学论著也是非常必需的。需要的宽泛的介绍。例如，提及城、镇、乡、聚、村、戊、坞、堡等四千多处的《水经注》；经过多方校正的《三辅黄图校注》等古书籍。历史能使同学们了解国家和民族的兴衰，这些教材能为我们的同学补充新知识。

2 建筑的基本知识

作为城市规划专业的学生，应该以建筑单体为基本单位，不同的单体建筑组成建筑群，建筑群是城市

撒 莹：云南大学城市建设与管理学院讲师

形象的最起始形态。作为一个完整的城市，从古至今所需要的建筑类型从人们的心理和实际需要出发，并且不断发展变化。因此，同学们应了解城市建筑的类型及特点。

古今所有城市均沿河而建，建筑业沿河而建，这是缘于人对水的需求。原始社会的村落，包括：居民点、壕沟、窑址、公共墓地四种用地，仅需要设计遮风避雨的“大房子”；封建社会，等级观念的出现，不但城市有“城”、“廓”之分，建筑也开始出现等级划分。皇帝和大臣居住在城内，百姓们居住在廓内。雕梁画彩是皇家的住所，茅次不剪是百姓的居所。为了便于管理臣民，设置里坊；皇族学习设立明堂和辟雍，其余则为私塾；不同类的商品交易则分别集中于市，就是祭祀活动也据等级不同设置祭祀建筑。

城市发展到近现代社会，社会变革和新思潮的涌现，人类改造自然的能力明显提高，城市里的建筑盲目、大量无规律的建造。《雅典宪章》定义了城市的四大活动：居住、工作、游憩与交通，明确了居住是城市的第一活动。《马丘比丘宪章》使我们认识到，今天的城市不应当只是居住、工作、游憩与交通一系列组合的拼贴，而应综合规划、建筑、景观多方面的、综合的多功能环境及场所。

1966 年阿尔多 · 罗西在其著作《城市建筑学》一书中阐述了他的城市建筑学理论，为欧洲城市的改造奠定了理论基础。“城市是本书的研究对象，它在此被理解为建筑。我所说的建筑，不仅是指城市视觉形象与城市不同建筑的总和，还包括城市的历史建设。我们也能注意到现有的两种主要研究体系：一种是视城市为其建筑和空间在形成功能体系上的产品，另一种是将城市看做一种空间秩序。前一种体系是从政治、社会和经济体系等方面以及相应的学科来分析和研究城市的，而后一种体系则更接近建筑学和地理学。虽然，我以第二种体系展开讨论，但我也会关注第一种体系中那些能够引出重要问题的事实。”（摘自引言）这是对欧洲传统城市建筑进行的重新认识，呼唤传统的回归。

3　形态构成

对城市来说，城市的立面和形态比建筑的细节更有魅力。低年级同学需要学习一定的造型方法组织形体、创造形体，掌握形体之间的聚合与分割，为今后创造城市所需要的场所和空间垫定基础。

不同建筑形象的城市意义不是建筑形象的叠加，而是他们的集合，是整体，是建筑群。[3] 在组合建筑群时，要考虑它们的变化和统一。功能不同的建筑，其建筑风貌虽迥异各态，一个城市的特色都是通过城市里的建筑体现出的，而最能使人记住的便是城市的地标建筑，因为只有城市里的建筑是能看得见的、是具象的。如说到巴黎，大家都能想到埃菲尔铁塔；说到北京，大家都能想到故宫、天安门；说到上海，大家能想到东方明珠、外滩、城隍庙。当然，城市的地标会变化，所以建筑知识就应介绍城市里存在的不同类型建筑及其建筑的构成。

从宏观的角度学习和了解，不同形态产生的心理感受：量感、力感、动感、质感、场所感、方向感，对城市肌理、轴线和序列的形成奠定基础。

4　城市肌理的创造

从古到今，一个城市的活力和有趣，完全在于城市里建筑实体空间和室内外空间的合理性，这就是城市肌理的塑造。城市肌理是城市文明的标志，于长期的历史岁月中浸润、积淀而成，与城市的产生和发展休戚相关，与人的生产生活有机相伴、密不可分、[2]。

城市肌理是人们认知和感受城市的媒介，透过纷繁复杂的表象，城市肌理的背后都展现着一幅生动的城市生活画卷，这一画卷蕴含着过往的时间、事件与情感，联系着过去、诠释着现在[4]。

每座城市不同的肌理向我们展示出不同的城市文化和城市特色。笔者认为认识城市从街巷入手，这不仅能让同学们了解，以街巷的形式所构筑的线性外部空间尺度，还能让同学们真实地感受街巷的宽高比和宽宽比。不同的街巷产生不同的城市肌理，也反映出不同的城市文化特色，不同城市文化特色，也映射着人们特定的生活方式。对于任何一个城市的理解，都不应仅仅局限于它的结构、历史的、文化的、社会的因素都会使这个城市变得丰满。城市为人而建，它如何为人的活动尤其是社会活动，提供场所，创造可能，这些都是城市的重要意义。

因而，在基础教学中，加强同学们对城市肌理深入、全面的了解，对今后寻找和发现城市历史、现在与未来的关系，让已有历史感和丰富内涵的城市肌理成为未来发展的预示和指引；让人们熟悉、喜爱的空间场所得以延续。

5 设计表达

作为设计类专业，首先必须绘制图纸，图纸是设计专业表达设计理念必不可少的工具。从设计方案开始设计师就需要在图纸上，表达自己的观点和思想，还必须具有艺术表现力。笔者认为，作为城市规划专业的本科教学，应从建筑设计的表达和规划设计的表达两方面加强训练。

5.1 建筑设计表现

建筑是城市最重要的元素，教学基础的设计表达应从其始。

首先应从钢笔徒手画作为训练的起点。钢笔徒手画的表现是通过图像或图形的手段来表现设计师设计思想和设计理念的视觉传达手段，形象思维表达灵活，不受时间和空间的限制，也是最直接交流的方式，因此钢笔徒手画是设计表达的起点。

其次就是线条图、水墨渲染图、水彩渲染图这些必要的训练。这些训练中线条是设计图表现中一种最普遍形式，使用工具简单，速度快，表现力丰富，主要是通过运用铅笔、钢笔、针管笔等工具进行绘制，用线条来表现物体的基本特征：形体轮廓、转折变化等，看似平淡无奇、单一乏味，其实仔细研究，具有无限的表现力。线条的疏密能准确地表达出建筑材料的不同纹理，也能表现出光泽和质感。

要掌握表现图技法，就必须有很强的专业观察能力和绘画表达能力：

（1）准确性　表现的效果必须符合建筑设计的造型要求如建筑空间的准确性，绝不能脱离实际的尺寸而随心所欲的改变形体和空间的限定，或者完全违背客观的设计内容，而主观片面地追求画面的某种“艺术趣味”；

（2）真实性　空间气氛营造真实，形体光影、色彩的处理遵从透视学和色彩学的基本规律与规范。灯光色彩、绿化及人物点缀诸方面也都必须符合设计师所设计的效果和气氛。

（3）说明性　明确表示建筑材料的质感、饰物位置造型等。

（4）艺术性　一幅建筑表现图的艺术魅力必须建立在真实性和科学性的基础之上，选择最佳的表现角度、最佳的光线配置、最佳的环境气氛，本身就是一种创造，也是设计自身的进一步深化。

不同手法、技巧与风格的表现图，充分展示同学们的个性，每位同学都以自己的灵性、感受去认读所有的设计图纸，然后用自己的艺术语言去阐释、表现设计的效果。

水墨和水彩的训练也是必不可少的。

5.2 规划设计表现

了解城市规划设计表达的表现工具和表现技法，尝试学会使用表现工具、表现技法。在学习实践中，从快速设计概念和透视理论入手，全面深入了解快速规划设计的主要类型等内容，注意“全面因素”：构图、比例、结构、透视、明暗、空间、质感、色彩、技法等等问题的培养。

设计师用表现图的形式来表现自己的设计，展示自己的构思。对于设计师，把自己的构思变成精美的实体效果图像，进而实施，使之变成现实，这是令人着迷、沉醉的过程，有莫大的满足与乐趣。

作为基础教学是为同学们今后学习打下基础的，非常重要。这仅是笔者经历了四个年级的基础教学课程后的一些思考和感想。

主要参考文献

［1］张继海．汉代城市社会．北京：社会科学文献出版社，2006，6：2.

［2］何兹全．中国古代社会形态演变过程中的三个关键性时代．历史研究，2000，(2)：5-7.

［3］沈福煦．城市论．北京：中国建筑工业出版社，2009，2.

［4］马琰．规划视角下的城市肌理研究初探．西安建筑科技大学硕士学位论文［D］.2008.6.

［5］田学哲．建筑初步(第二版)．北京：中国建筑工业出版社，2008.

［6］(意)Aldo Ross（阿尔多·罗西）著．城市建筑学．黄士钧译．刘先觉校．北京：中国建筑工业出版社，2006.

Professional Idea in Urban Planning at Stage of Basic Education

Sa Ying

Abstract: With the development of the city, it is not always to aware of town and village study.It guides the developing of the space from village to town and from place to area.And it meets the needs of the community.During the Undergraduate, it is necessary that combine town with village.For inducing Macroeconomic thinking, Basic Education needs reform.

Key Words: urban planning, basic education, undergraduate

城市规划专业教学中公众参与意识的培养
——哈尔滨工业大学建筑学院中日联合设计的启示

冯 瑶 冷 红

摘 要：随着城市规划的公共参与在我国法制层面上获得确认，城市规划学科的需求和发展方向发生变化，公众参与意识培养成为城市规划专业教学改革中面临的迫切需求。以哈尔滨工业大学建筑学院城市规划专业教学中的联合设计为例，探讨在城市规划专业教育中，如何结合课程需求，学习和借鉴国外知名大学的先进经验，科学、有效的引入公众参与环节，培养学生的公众参与意识，增强学生关注与维护公众利益为基本原则的职业道德与社会责任感。为我国城市规划专业教育的发展及教学方法的改进提供借鉴和参考。

关键词：公众参与，联合设计，城市规划教育

1 前言

所谓公众参与，是在社会分层、公众和利益集团需求多样化的情况下所采取的一种协调对策。它强调公众参与城市社会发展的决策和管理过程，使公众自下而上的参与和政府部门自上而下的管理形成合力，以促进社会的和谐发展。随着新版《城市规划编制办法》（2005年）和《城乡规划法》（2008年）的颁布实施，强调了公众参与制度，它采取听证会、论证会和其他方式听取公众意见作为规划的必要程序，标志着我国城市规划的公共参与已在法制层面上获得确认。

在此背景下，单纯的设计与工程性专业人才已不能满足城市与社会发展的需求，需要规划师科学、有效地组织公众参与到城市规划中，在政府与市民之间发挥桥梁作用，促进两者间的沟通与交流，并满足和保障两者的意志和利益。因此，在专业教育中，如何结合课程特点与需要，科学、有效地引入公众参与环节，优化现行教学内容和课程设置，培养学生的公众参与意识，增强学生关注与维护公众利益为基本原则的职业道德与社会责任感，探索适应学科发展需要的人才培养模式，是当前我国城市规划专业教学改革中面临的迫切需求。

本文以2010年哈尔滨工业大学建筑学院城市规划系（以下简称哈尔滨工业大学）与日本国立大学法人千叶大学都市计画研究室（CHIBA UNIVERSITY JP，以下简称千叶大学）在城市规划专业研究生教学中的联合教学与设计（以下简称联合设计）为例，如何结合课程需要，引入国际合作与公众参环节，学习和借鉴国外知名大学的教学方法、教学特色和人才培养等方面的先进经验，优化现行教学内容和课程设置，探索具有国际竞争力的人才培养模式，为今后的城市规划专业教学改革提供借鉴和参考。

2 教学安排

2.1 教学目标

通过联合设计，学习和借鉴千叶大学的教学方法、教学特色和人才培养等方面的先进经验，引入公众参环节，培养学生的公众参与意识，增强学生关注与维护公众利益为基本原则的职业道德与社会责任感，提高学生的国际交流能力、团队协调能力和从事城市规划设计研究的综合素养。

2.2 课程简介

本次联合设计的题目是“哈尔滨花园街历史文化街

冯 瑶：哈尔滨工业大学建筑学院讲师
冷 红：哈尔滨工业大学建筑学院教授

区更新保护和开发利用规划研究”。哈尔滨市花园街历史文化街区，位于哈尔滨市南岗区，总用地49.7公顷。联合设计主要以该街区内的四个市级保护街坊为主要研究对象，总用地14.4ha。两校师生按A、B、C、D四个街坊分为四个小组进行工作。

哈尔滨市花园街历史文化街区是哈尔滨市现存的唯一一处保持着哈尔滨开埠时期新城住宅区基本原貌的地区，也是早期俄罗斯风格住宅区的典型代表，对后来哈尔滨市城市风貌的确定起到了一定的影响。近年，由于该街区的房屋老化，市政设施不足，居住环境恶化，原住民逐渐搬离，随着出租屋的增多，大量外来务工人员涌入该地区，现有住户以低收入群体为主。而且，该街区内各类用地和建筑产权复杂，开发成本较高，难以吸引开发商，已制定的保护规划迄今无法得以实施。基于以上原因，花园街历史文化街区的更新保护和开发利用，更需要得到市民的理解与支持，培养和启发公众参与规划是十分必要的。这正是本次联合设计引入公众参与环节的主要原因。

图1 研究基地区位图

3 教学内容

从时间上，联合设计的教学过程分为两个阶段。

图2 研究基地现状

3.1 第一阶段

第一阶段，包括文献调研和预备调研。

（1）文献调研：两校师生学习和研究文献及历史资料，初步了解并掌握花园街历史保护街区的历史、文化和社会背景。

（2）预备调研：哈尔滨工业大学师生从建筑、交通、土地利用、空间环境与人群活动、绿化和人口构成与房屋产权等6个方面入手，进行了现状调研和居民访谈，理解和掌握基地的现状。

3.2 第二阶段

第二阶段，包括课堂教学和课程设计两部分。

（1）课堂教学：结合本次联合设计主题，千叶大学北原理雄教授以《Urban Design of Human Place》为题，从“Reshaping Street for People”、“Redesigning Urban Living”和“Improving Neighborhood with People”三方面，介绍了日本及欧美各国在历史保护与城市更新

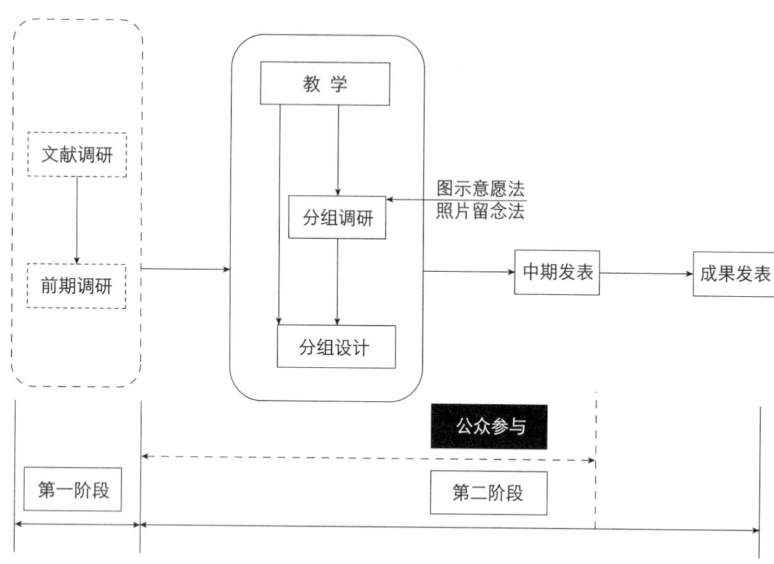

图3 课程设计顺序

方面的先进理论和优秀案例，并结合自身的科研与工作经验，讲授了在城市规划过程中，规划师应该如何培养和启发公众的参与意识，如何发挥专家在公众参与工作中的作用等等。

（2）课程设计：按调研——设计——调研——设计——中期发表会——设计——成果发表会的顺序开展工作（图3）。

1）调研——进一步调查发现和发现该街区在历史保保护与更新阶段所面临的问题和潜藏的可能性；通过访谈形式了解当地居民对该街区规划与设计的具体愿望和建议。

2）设计——在教师的指导下，各组整理调研和访谈资料，针对其中的问题点与难点，进行讨论、分析，并提出解决相应问题的概念和方案。

3）中期发表会——向居民代表汇报阶段性设计成果，通过互动环节，再次听取居民代表对各方案的意见和建议。

4）成果发表会——向哈工大建筑学院全体师生讲解联合设计过程，汇报最终的设计方案。

4 基于公众参与意识培养的教学特色

公众参与主要贯穿于联合设计的第二阶段的调研、访谈、中期发表会、设计等环节之中，学生通过与居民的零距离接触，彼此建立信任与信赖，利用专业视角，发现地区内潜藏的问题和可能性，制定切实可行的方案。潜移默化中，学生不仅初步形成了自身的公众参与意识，而且发挥专业优势，因势利导地培养起该地区居民的公众参与意识。四十余位不同年龄层的居民参与此环节，特别是儿童的踊跃参与，增强了学生推动公众参与及学科发展的信心与积极性。基于公众参与意识培养的教学特色具体体现在以下四个方面：

4.1 启发性

无论是课堂教学，还是现场教学，教师不断地启发学生如何发挥专业所长，培养居民的公众参与意识。在访谈中，学生通过示意愿法和照片留念法两种方法来启发居民，捕捉居民心中的魅力要素以及对该街区规划与设计的愿望。具体做法有。

（1）图示意愿法——A、B两组请居民用绘画的方式描绘出心中的花园街区的美好景象，共有27名儿童参与此环节，其中的7名儿童参加了中期发表会（图4）。

（2）照片留念法——C、D两组请居民选择一处他们心目中花园街区最有魅力地方拍照留念，共有21位不同年龄层的居民参与此环节，其中的8位参加了中期发表会（图5）。

图4　图示意愿法访谈

图5　照片留念法访谈

4.2　互动性

在调研中，通过访谈环节，学生与居民间充分交流，并建立了良好的信任与信赖关系。参加过访谈的15位居民代表如期参加了在哈尔滨工业大学举行的中期发表会。首先，各组分别向居民代表汇报了调研成果和阶段性设计成果。然后，通过一系列互动环节中，充分听取了居民代表对各方案的意见和建议。最后，师生们与居民代表一同畅想未来的规划（图6）。

图6　中期发表会

4.3　多样性

中日双方师生和当地居民作为不同立场、年龄层和需求的参与者，参与本次设计，围绕同一目标，一起思考、体验和感受现场所存在的问题及潜在的可能性，充分发挥想象、齐心协力、努力探索出更全面的解决方案。

4.4 现场性

从现场调研到中期发表会到设计，中日双方教师根据现场情况不断地做示范或指导工作，使学生更快地融入教学环节，师生间的及时沟通与交换意见，是提高工作效率和质量的根本（图7）。

图7 现场指导

5 教学效果

在联合设计过程中，通过场地踏勘、调研和设计指导，师生间及时沟通、交换意见，虽然由于不同国家和文化背景，使彼此的观点和视点有所不同，但双方努力地通过英语、图示语言甚至肢体语言等方式进行沟通和交流，最终达成共识。而且，联合设计中的各项工作都是分组进行的，通过团队合作，锻炼了学生的沟通、协调与组织能力，也充分调动了学生的积极性和创造性。通过公众参与环节，学生与居民间建立了良好的信任关系，增强学生从事公众参与的相信心，将带动相关专业学习（图7）。

6 结语

公众参与是城市规划的发展方向和趋势，体现在规划、建设、管理全过程。但是，目前我国城市规划中的公众参与尚缺乏普遍性。因此，在城市规划专业教学中，公众参与意识培养是非常必要的。哈工大在城市规划专业研究生教学中，结合联合设计需要，在各个教育环节巧妙地融入了公众参与环节，调动了学生的积极性和创造性，增强了学生全面理解城市规划专业本质、树立正确职业价值观、培养国际交流和沟通协调能力，有利于形成城市规划为公众服务的职业意识。

主要参考文献

[1] 胡云．我国城市规划的公众参与．城市问题，2005，(4)．

[2] 徐岚，段德罡．城市规划专业基础教学中的公众政策素质培养．站点·2010——全国城市规划专业基础教学研讨会论文集．北京：中国建筑工业出版社，2010.

The Training of Public Participation Awareness in The Urban Planning Education ——The Revelation of International Design Workshop of Harbin Institute of Technology School of Architecture

Feng Yao Leng Hong

Abstract: As the subject of urban planning turns from the technicality to the public policy, the public participation is increasingly important as the premise of the study of public policy.On the perspective of the international design workshop of Urban Planning teaching in Harbin Institute of Technology School of Architecture, this article is intended to probe into, in urban planning education，learning and drawing on the advanced experience of foreign well-known universities，and how to introduce the process of public participation scientifically and effectively according to the course requirements，develop the students' awareness of public participation，enhance the students' professional ethics and social responsibility which safeguard and pay close attention to the interest of the public as the basic principles，so as to provide some references for the development of urban planning education and the improvement of teaching method in our country.

Key Words：public participation，international design workshop，urban planning education

关于城乡规划专业硕士培养的进出口径
——基于城乡规划一级学科设置背景的讨论❶

曹 康 韦亚平

摘 要：2011 年城市规划学更名为城乡规划学，作为一级学科的城乡规划学所设二级学科方向有六个，它们同时也是专业硕士培养的职业方向，方向之间及与相关学科之间的交叉是规划专业的综合性质决定，也是新形势下的社会需求的体现。本文基于这一城乡规划学一级学科设置背景探讨城乡规划专业硕士教育的培养方式，认为可以吸取美国城市规划教育的经验，进行单核心、多元化的专业硕士培养体系建构和以执业能力为导向的专业硕士规划教育改革，达到拓宽专业硕士的进出口径从而使其成为规划专业的教育主体的目的。

关键词：城乡规划学，专业硕士，研究生培养

2011 年城市规划学更名为城乡规划学并从建筑学一级学科独立出来以后，作为一级学科的城乡规划学所设二级学科方向有六个，分别为：区域发展与规划、城乡规划与设计、住房与社区建设规划、城乡发展历史与遗产保护规划、城乡生态环境与基础设施规划以及城乡规划管理。这六个学科方向之间及与相关学科的交叉比以往更广，已远远超出了目前城市规划专业办学的四个来源❷的范围。方向之间的交叉由规划专业的综合性质决定，也是新形势下社会需求的体现。这无疑是扩大城乡规划专业硕士招生规模与范围、拓宽专业硕士就业面，从而将规划专业的教育主体转移到专业硕士的一次契机。但如何调整现行的城市规划专业硕士教育体系，使之适应全新的学科体系，并吸引更多其他专业的本科生在继续硕士研究生学习时选择城乡规划专业；如何拓宽硕士研究生的就业领域，丰富城乡规划从业人员的层次——简言之，如何基于城乡规划一级学科的框架来拓宽专业硕士培养的进出口径，这是本文探讨的核心问题。

1 单核心、多元化的专业硕士培养体系建构

欧洲规划院校联合会（AESOP）下属的规划教育工作组（Working Group on Planning Education，WGPE）依照 1999 年欧洲 26 国教育部部长共同签署的《博洛尼亚宣言》的精神，自 2004 年起进行了为期两年的调查，成果集结为 2006 年出版的《博洛尼亚调查》（Bologna Survey）。根据这份调查报告，欧洲大部分院校已经实施或正在进行两阶段模式❸的改革。不过这期间也出现了一个问题，即规划教育的共同核心如何在两个阶段中分配，如何将本科阶段的基础知识和研究生阶段的高等或专业知识区分开来，同时又能顺应规划专业的跨学科特性（曹康，2010）。这样的问题在我国的高等规划教育中同样存在。我国城乡规划学的高等教育分为三个阶

❶ 基金项目：教育部人文社会科学青年基金研究项目（08JC840015）；浙江省之江青年社科学者行动计划；浙江省哲学社会科学规划课题（10CGSH04YBQ）；浙江省教育厅科研项目（Y201016458）；中央高校基本科研业务费专项资金资助。

❷ 住房和城乡建设部人事司组织论证的《增设“城乡规划学”为一级学科论证报告》当中提及，“据 2008 年高等学校城市规划专业指导委员会的不完全统计，国内目前设有城乡规划专业的大学院校在 180 所左右。办学领域涉及面较广，如建筑类、地理区域类、人文社科类、农林类等。”

❸ 指“本科—硕士 / 博士”两个高等教育阶段。

曹 康：浙江大学区域与城市规划系副教授
韦亚平：浙江大学区域与城市规划系副教授

段——本科、硕士和博士。本科教育阶段培养一般专业人才；而包括硕士和博士在内的研究生阶段则重点培养能满足专业发展的人才，其中硕士研究生阶段偏重于专业实践的拓展（韦亚平，赵民，2008）。但现状情况是我国规划专业中本科、硕士这两个阶段的培养目标错位，把本应放在硕士阶段的专业化职业教育放在了本科阶段（韦亚平，董翊明，2011），使本科生成为规划专业的教育主体。

据《城乡规划学一级学科设置说明》统计，城市规划专业本科、硕士、博士三阶段毕业生的就业去向主要分布在国家或地区的规划设计单位、政府部门、高等院校、房地产开发企业，城建系统的企业、城市建设咨询和研究机构、国外相关研究、设计和咨询企业等。目前硕士研究生的毕业去向仍以规划院、高校和研究机构以及规划管理部门为主。以华中科技大学为例，从1978年至2008年所有毕业的硕、博士研究生当中三者各占45.71%、27.35%和15.92%，即“大部分毕业生在从事本专业技术、管理、教育工作”（黄亚平，2009）。而山东建筑大学20届591个毕业生中这三者的比重分别占51.3%、6.8%和28.4%（任绍斌，2009）。虽然两所高校都以规划院为毕业生最大的去向，但在高校和研究机构以及规划管理部门这两者上的就业情却相反，华中科技大学是高校和研究机构为多，而山东建筑大学是规划管理部门占优。出现这一现象的原因在于华中科技大学院校合并后于2000年转变了办学思路，“加大了研究型人才的培养力度”，使得“2001-2008年直接读研的人数约占学生总人数的26%”（任绍斌，2009）。而这一客观数字恰巧说明，国内高校对规划专业本科与研究生的定位仍然是前者是职业人才而后者是研究人才，本科与硕士阶段培养目标错位的情况依然存在。

针对这一问题，现行的美国城市规划教育的组织与课程设计中有些可借鉴的经验。首先，虽然美国在本科也设有城市规划的文学或科学学士学位，但一般而言，想取得注册规划师的资格并获得好的职位需要有硕士学位。进入城市规划专业学习的硕士研究生具有各种本科学位背景，如社会科学（包括公共管理、社会学、经济学、地理学或行政学）、工科（建筑学、景观建筑学等）、人文学科（英语文学、艺术、历史）以及公共健康、护理等等。而在我国，以往报考城市规划专业硕士的本科生多来自建筑、地理、环境、农林这四类专业，也即近年来因教育规模扩大、新开设城市规划专业最多的几类相关专业；其他专业本科生报考的情况较少。这一现象的成因有两个方面，其一，本科阶段缺乏城市规划学与其他学科联合设置的本科双学位和主辅修制度，其他专业的本科生很难通过规划专业的硕士招生考试；其二，硕士阶段的培养单一化，课程过于“专业”而很难兼容其他专业进入的学生。

与多样化的本科生来源背景相匹配，美国城市规划硕士教育采取了开放与多元化的专业教育组织，这也是它的一大特色（韦亚平，董翊明，2011）。所有经过美国规划院校联合会（ACSP）和加拿大规划院校联合会（ACUPP）认证的美国与加拿大高校规划专业都包含着一套相同的核心要素和技能教育，但ACSP并不要求各高校开设同样的课程和科目，课程设置与所授学位相关。美国的城市规划专业所授的硕士学位有两种，其中专业学位类似于我国的工科学位，研究型学位类似于我国的理科学位。专业学位和研究型学位的培养重点不同，前者旨在使学生掌握专业技能，而后者侧重于让学生掌握研究能力。学位的名称则有多种，如城市规划硕士（Master of Urban Planning）、社区与区域规划硕士（Master of Community and Regional Planning）、城市研究硕士（Master in Urban Studies）等；并可与其他专业联合设置双学位硕士，如“规划/建筑学（M.C.P./M.Arch）”、“规划/法律（M.C.P./M.L）”等等。

根据城乡规划一级学科设置框架以及美国的经验，我国城乡规划专业硕士在培养上宜先将其分为设计导向的专业型和研究导向的研究型两类，然后根据六个二级学科方向，结合开设专业的院校本身的特色以及经济学、法学、理学、工学、管理学等相关专业，设置多元化与差异化的培养方案，同时可根据专业交叉的情况对毕业生授予双学位硕士（见表1）。各学科方向培养方案的框架是一致的，但内容可以由各高校的专业根据自身情况灵活安排。

专业硕士二级学科培养方案

表1

二级学科方向	相关专业❶	培养方案	可授的双学位硕士❷
区域发展与规划	经济学、地理学、公共管理、建筑学	核心课程（4–7门） 专业方向上的限定性选修课（约6门） 工作坊、专题研究或相关实践课程（2门以上） 毕业设计（形式包括专业报告、客户报告或主题论文）	应用统计、理学、公共管理、建筑学
城乡规划与设计	建筑学、地理学、风景园林学、环境科学与工程、土木工程、交通运输工程		建筑学、风景园林、理学、工程、工程管理
住房与社区建设规划	建筑学、公共管理、心理学		建筑学、公共管理、应用心理
城乡发展历史与遗产保护规划	文学、历史学、风景园林学、工商管理		文物与博物馆、旅游管理、风景园林
城乡生态环境与基础设施规划	生态学、环境科学与工程、农业资源与环境、林业工程、土木工程、交通运输工程		农业推广、林业、工程、工程管理
城乡规划管理	公共管理、法学、公共卫生与预防医学、公安技术、信息与通信工程、控制科学与工程		法律、社会服务、工程管理、公共卫生

2　执业能力为导向的专业硕士规划教育改革

在城乡规划学一级学科改革和专业方向调整的大前提下，如何对现有的规划教育结构进行以执业能力为导向的变革，是本文讨论的另一个重点。《城乡规划学一级学科设置说明》中对硕士的培养目标描述为“为教育部门、政府部门、规划设计机构、建设与开发企业培养高级专业技术人才和高级管理人才”。经学科调整后，城乡规划一级学科的六个方向就是专业硕士培养的职业方向。以执业能力为导向的教育改革可分两个方向进行，其一是专业技能的培养，其二是专业硕士教育与执业资格考试的对接。

2.1　专业技能的培养

上文中已提到过，在我国硕士研究生的毕业去向仍以规划院、高校和研究机构以及规划管理部门为主，美国的情况则与我国差异较大。美国规划院校联合会2009年制定的《城市与区域规划本科与研究生教育指南（第15版）》（ACSP，2009）将规划工作分为土地利用规划、环境规划、经济发展规划、交通规划和住房、社会与社区发展规划这五类。除此之外，公共卫生、历史保护、海岸管理、刑事司法、公共财政、公共政策与管理、城市设计、小学与中学教育、劳动力发展、公共服务、法律等行业也需要规划师的参与。这说明不同城市规划专业方向的学生毕业后，其就业面非常广泛，涉及社会生产生活的各个层面。美国城市规划专业的毕业生就业的高度适应性，与其学习阶段对专业技能的培养直接相关。

在以专业硕士为教育主体的前提下，执业能力导向的专业技能训练是美国城市规划教育的一大特色（韦亚平，董翊明，2011）。专业技能的培养当中并未将专业基础课程完全独立设置，而是与各专业化方向的课程体系结合在一起，将其他专业的知识灵活地组织到规划执业当中所需的技能教育里。而在我国，这些专业基础课很多都放在本科阶段，课程的设置相互独立、衔接性不好，学生只知原理不知应用，难以将所学的技能“综合”运用到规划实践中。为了解决这一问题，可以将规划实践中所需的专业技能（如沟通技能、可视化分析与模型模拟技能等）拆分为几个类别，并分别与相关科目组织在一起，进行以训练专业技能为目标的专业硕士教育。

---

❶　按《学位授予和人才培养学科目录》（2011）中的学科门类或一级学科名称。

❷　按《学位授予和人才培养学科目录》（2011）中的专业学位名称。

2.2 教育评估与职业制度

规划专业的教育评估与职业制度相互脱节、对接不良的问题早有学者指出（赵民，林华，2001）。并且，虽然仿照西方国家规划职业制度，住房和城乡建设部委托高等教育城市规划专业评估委员会对高校规划专业教育进行评估，但这种评估“很大程度上来讲是一种国家行为，而非职业协会行为”，与西方差异很大（赵民，赵蔚，2009）。

而美国的教育指导机构 ACSP 与执业指导机构 AICP 的对接也做得非常好。在上述领域内工作的规划师只要满足一定的身份、教育（并不一定要就读经认证的规划专业）、执业和工作年限条件，都可参加注册规划师的考试。美国注册规划师学会（AICP）的非认证规划专业名单上既包括除美国与加拿大之外的大学，也包括从管理学到动物学的 195 个学位。而经美国规划学会（APA）界定的属于城市规划专业的职位有 112 个，这些都“反映出美国的规划行业已经远远超出了传统意义上的城市规划学的界限”（张宏伟，2005）。

因此，若想解决规划教育指导机构（专指委）和评估机构（评估委）与规划职业指导机构（全国城市规划执业制度管理委员会）之间对接不良的问题，必须加强几个机构的合作，将城乡规划教育结构与执业资格考试的框架对接起来，进行以执业能力为导向的专业硕士规划教育改革。目前我国注册规划师执业资格考试的科目有 4 门，分别是城市规划原理、城市规划管理与法规、城市规划相关知识以及城市规划实务，其中前三门题型为客观题，第四门为主观题，包括规划制定、实施管理、监督检查三大方面。

3 结论

2011 年城市规划学更名为城乡规划学是学科发展的一个极好的契机。城乡规划学一级学科下设的六个方向就是专业硕士培养的职业方向，方向之间及与相关学科之间的交叉是规划专业的综合性质决定，也是新形势下的社会需求的体现。城乡规划专业硕士教育的课程体系的组织可以吸取美国城市规划教育的经验，进行单核心、多元化的专业硕士课程体系建构和执业能力为导向的专业硕士规划教育改革。其中，课程体系的建构主要是设置框架一致、多元化与差异化的培养方案，并根据专业交叉的情况授予双学位硕士。执业能力为导向的教育改革则包括专业技能的培养和教育评估与职业制度的对接两方面内容。通过这些改革，最终达到拓宽专业硕士进出口径、以专业硕士为规划专业的教育主体的目的。

主要参考文献

[1] 曹康 . 西方现代城市规划简史 . 南京：东南大学出版社，2010.

[2] 黄亚平 . 城市规划专业教育的拓展与改革——华中科技大学城市规划专业办学 30 年的回顾与展望 . 城市规划，2009，33（9）：70-73，87.

[3] 任绍斌 . 基于就业市场需求的城市规划本科教育研究——以华中科技大学为例 . 城市规划，2009，33（9）：78-81.

[4] 韦亚平，董翊明 . 美国城市规划教育的体系组织——我们可以借鉴什么 . 国际城市规划，2011，（2）：109-113.

[5] 韦亚平，赵民 . 推进我国城市规划教育的规范化发展——简论规划教育的知识和技能层次及教学组织 . 城市规划，2008，32（6）：33-38.

[6] 赵民，林华 . 我国城市规划教育的发展及其制度化环境建设 . 城市规划汇刊，2001，（6）：48-51.

[7] 赵民，赵蔚 . 推进城市规划学科发展　加强城市规划专业建设 . 国际城市规划，2009，24（1）：25-29.

[8] ACSP.Guide to Undergraduate and Graduate Education in Urban and Regional Planning，15th edition，2009.

[9] Davoudi，S.and Ellison，P.（2006）Implications of the Bologna Process for Planning Education in Europe：Results of the 2006 Survey.AESOP.

A Discussion on Enrollment and Employment of Master of Urban and rural Planning: Based on the background of urban and rural planning as a first-grade discipline

Cao Kang　Wei Yaping

Abstract: The discipline of urban planning is renamed as urban and rural planning in 2011.Urban and rural planning, as a first-grade discipline, is subdivided into 6 second-grade disciplines, and they are also the professional directions of master development.The overlapping and mutual crossings within these sub-disciplines and with other disciplines are determined by the comprehensive nature of urban and rural planning, and are reflections of social requirements in a new situation of our country. Based on the above background, this article discusses the development model of the master of urban and rural planning, and argues that a one-core and diversified development system could be constructed and a professional-orientated educational reform could be put forward based on some useful planning educational experience of the U.S.

Key Words: urban and rural planning, master, graduate student development

规划设计课程架构及教学载体研究

范霄鹏　冯　丽

摘　要： 规划设计系列课程作为专业能力培养的教学主干，贯通于城市规划专业整个教学过程之中，其教学内容覆盖从微观尺度到宏观尺度的城市规划各层面、各种类型规划设计的知识要点与方法。根据专业教学的目标和教学的规律，建立由浅入深、由简单至复杂的规划设计课程选题和对象规模尺度，设置与之相对应的教学内容、教学载体和教学方法，以搭建相互连贯的规划设计系列课程架构。

关键词： 规划设计课程，架构，教学载体，城市规划专业

1　规划设计课程架构

规划设计课程作为城市规划专业教学的核心主干，贯通为期五年的专业教学周期全过程，承担着从入门基础培养到综合能力培养的主要职能。规划设计课程体系的建立对于在整个专业教学周期中，落实教学计划、形成教学特色和实现培养目标有着至关重要的作用。规划设计课程体系包括教学内容和教学载体两大部分，课程体系的架构重在根据专业教学的规律、各个不同的教学阶段，建立起连贯的和相宜的教学课程。

整个规划设计课程体系的教学覆盖从微观尺度到宏观尺度的城市规划各层面、各专题的规划设计知识要点，涉及的和可选择的教学内容多种多样。规划设计课程涉及从修建性详细规划、控制性详细规划、城市总体规划、乡镇规划到城镇体系规划等多方面的内容，并将公共建筑设计、住宅设计、城市设计、风景园林设计等教学内容融入其中。根据教学在设计基础、专业基础、专题类型和专业综合不同阶段的教学目标，对规划设计课程的教学内容进行划分，以构成连贯、渐进的教学内容环节链。并以连贯的规划设计课程为教学内容环节链，组织专业基础、专业理论、实践环节等一系列教学课程的安排，形成纵向衔接和横向关联的城市规划设计教学架构。

无论规划设计课程的教学载体是具象还是抽象、对教学内容的支撑是直接还是间接，教学载体与教学内容及教学目标之间的相互匹配则是必需的，因此，根据设计基础、专业基础、专题类型、专业综合阶段教学内容的不同，选择循序渐进、选择支撑相应教学内容、选择由抽象到具象的教学载体，并贯穿以规划设计对象在规模尺度上的渐进，来构成覆盖整个专业教学周期的载体系列。

2　设计基础阶段的规划设计课程

专业教学的第一年为设计基础阶段，这一阶段的教学目标是为不具备专业常识的新生建立起设计的基础，侧重的是将接受高等教育的必备常识转换到专业教育基础常识的获取上。设计基础阶段的规划设计课程以“设计初步”为主线，建构起设计基础的课程系列，空间和实体形态的测绘、二维形态的平面构成、三维形态的立体构成等成为规划设计课程中教学内容的主体，建立空间认知、空间想象、空间思维和空间表达的基础是这一阶段教学内容的基本点。通过设计初步的课程载体——“观器”、“居器”、“四界”和“九宫”等规划设计对象，强化学生的手绘、模型制作和数字化设计三重技能的培养，并促使学生建立起实体与空间造型的基本概念。

在教学载体方面，依据由浅入深、由简单到复杂的教学规律，宜选择规模尺度相对较小的抽象载体，从人们日常行为的基本尺度入手训练建筑空间与实体形态建构。在这一设计基础阶段，避免过于具体和过于类型化的设计对象对建立单纯化空间认知的干扰，抽象的载体

范霄鹏：北京建筑工程学院建筑与城市规划学院副教授
冯　丽：北京建筑工程学院建筑与城市规划学院副教授

有利于建立具有广泛适应性的空间形态建构基础能力。教学载体采用建筑物级规模的设计对象，空间建构侧重“门内尺度”，有利于学生将日常行为中的空间感知转化为空间认知和空间建构的基础。

3 专业基础阶段的规划设计课程

专业教学的第二年为专业基础阶段，该阶段规划设计课程的教学内容更加侧重在建筑物的外部场所空间认知和场所空间建构的训练上，而建筑物实体形态则作为建构空间边界的教学内容。专业基础阶段的教学是将前一阶段的“空间基础单词”转换成针对城市规划专业的“城市空间基础语汇”，即通过二年级上学期“实辨”——测绘建模、“壹杆”——空间构形、“双面”——地点成场的三个规划设计课题，以及二年级下学期“步记”——体验外部空间、“四度”——空间概念规划、“三性”——空间概念设计的三个规划设计课题，建立一系列从建筑物外部场所规模到城市地块级规模的规划设计对象，将空间类型学、场所空间和城市空间等方面的专业知识融在规划设计对象中，建立起外部空间认知、想象、思维和表达的城市规划的专业基础。

在教学载体方面，衔接“设计基础阶段”打下的基础和其后的城市规模级的教学内容，宜选择逐渐扩大规模尺度的抽象载体，形成与空间使用属性相对应的由小到大的系列化设计对象。系列化抽象载体有利于将建筑空间建构逐渐过渡到城市空间形态建构，有利于建立起普遍性的城市空间、场所特性与人们行为方式和规模之间的对应关联。教学载体采用逐渐扩大规模的设计对象，空间建构侧重“门内尺度”向“门外尺度”和城市“地块尺度”的拓展，有利于为学生其后的城市规划设计课程建立起城市空间认知和城市空间建构的专业基础。

4 专题类型阶段的规划设计课程

专业教学的第三、四年为城市规划专业的专题类型阶段，该阶段前期（第三学年）的规划设计课程的教学内容涉及的空间规模和尺度较前一阶段更大，如居住区规划、历史街区保护规划不仅涉及建筑实体造型和空间建构，也涉及城市土地、街区功能和市政交通等方面的教学内容，涉及的社会与文化内容也更加广泛和复杂。城市规划专业教学在“专题类型阶段”的基本点，是通过专题化的规划设计，将空间建构、功能匹配与设施布局等实际内容与居住区、历史文化区的理想化营造相衔接，并形成与修建性详细规划相对应的规范成果表达。在教学计划中对规划设计课程进行了细分，如三年级上学期的“城市规划设计及原理（居住区规划）”包含有4周的空间群设计和12周的居住区规划两部分规划设计课程；三年级下学期的“城市规划设计及原理（历史街区保护）”包含有13周的历史街区保护规划和3周的城市调研两部分课程。

在专题类型阶段前期的教学载体方面，与居住区规划和历史街区保护规划相对应须选择具体的项目地块作为规划设计的对象，并根据前一阶段教学的抽象载体与现阶段教学具象载体之间在规模和认知内容方面的差别，设置针对小规模真实场地的短周期规划设计作为过渡性先导，以利于两阶段教学内容的衔接。针对专题类型的具体对象，侧重的是在给定的主题下建立诸多相关要素之间的规划设计对应支撑，由此在规划设计地块的规模选择上不宜太过庞大或太过狭小，达到覆盖规划设计的各种相关要素并将相应的规划设计规范融入到教学训练之中即可。

专业类型后期（第四学年）是专题类型教学的深化拓展时期，其规划设计课程的教学内容既涉及城市空间形态的建构，也涉及城乡规划体系中的详细规划、总体规划和体系规划。规划设计对象的空间规模不仅较前一阶段更大，而且区域范围内的城市研究也深入到教学内容之中。规划设计课程有景观规划设计（7周）、控制性详细规划（9周）、城镇总体规划（10周）和城市设计（6周）的细分，专业教学所关注的基本点随着规划设计专题类型的多样而拓展到环境生态、土地资源、经济等与建造之间的关联方面，并且进一步深入到城市规划管理和城市研究层面。

在专题类型后期的教学载体方面，根据各规划设计专题采取规模相应的规划设计对象，如城镇总体规划宜选择镇级别的规划设计对象，控制性详细规划宜选择城镇地块级别的规划设计对象，规模太大则涉及内容过于复杂从而导致学生难以把握。以各专题的规划设计为关联主线，将城市生态学、城市经济学、城市社会学、城市地理学等课程的教学内容与之贯通，将城市研究、区域研究等内容作为规划设计教学的先导融入到课程之中。

5 专业综合阶段的规划设计课程

专业教学的第五年为专业综合阶段，是城市规划专业教学的整合提升时期，其教学目的是将前期各个阶段训练和积累起来的专业知识与技能进行整合，并通过在校外和校内两个时段的教学对从规划思维到成果表达的连贯专业能力进行综合训练。

该阶段中前期时段为规划院的专业实习，通常是参与具体的规划或设计项目，这一时段的教学重点为实际项目的规划设计流程、规划设计团队的协作以及与规划设计委托方之间的交流。教师按照教学计划的要求定期到规划设计院，巡视学生的实习情况、收集学生的反馈意见；学生按照教学计划与安排，定期返校接受教师对实习内容的检查及成果的汇报；实习结束后举行答辩、教师讲评与展览等活动，以保证教学内容、成果达到教学计划的要求。后期时段为毕业设计的课程教学，每年的毕业设计课程教学均有多个专业方向的选题，毕业设计的选题宜为实际的规划设计项目，教学内容也以各自不同的选题为主线展开。

在教学载体方面，专业综合阶段规划设计的教学对象宜为真题，课程选题宜在城市总体规划方向、城市历史遗产保护规划方向、村镇规划与设计方向和景观设计方向等多个培养方向上滚动进行。毕业设计的教学内容不仅落实在具体的规划设计对象之上，也落实在相关的历史文献和同类专题的实地调研之上，通过阅读和翻译相关的文献并建立文献综述，侧重训练学生对国内外在选题方向上发展状况的认识；通过实地调研侧重训练学生建立起对相关选题在各地建设状况的直观认识，为通过毕业设计的训练获得专业综合能力奠定基础。

在教学方法方面，顺应当前城市规划学科与其他相关学科频繁交叉的发展态势，采取校内学院之间的合作、校际的联合设计、教学和生产单位的校企联合设计等多种方式开展毕业设计，侧重利用多种教学方式拓宽学生的专业视野。在毕业设计的过程中，宜加强过程管理、成果管理和进度管理，侧重团队分工协作能力的训练，为学生在今后的专业发展培养优良的团队合作精神和方式。

主要参考文献

[1] 范霄鹏，冯丽，李勤 . 构建规则逻辑——城市设计课程中导则专题教学 .2010 年全国高等学校城市规划专业指导委员会年会论文集 . 北京：中国建筑工业出版社，2010.

[2] 范霄鹏 . 多向整合——规划专业设计课程教学内容的拓展途径 .2008 全国建筑教育学术研讨会论文集 . 北京：中国建筑工业出版社，2008.

[3] 范霄鹏 . 城市规划专业二年级教学任务与指导书（2009、2010 版）.

Study on Design Courses and Object

Fan Xiaopeng　Feng Li

Abstract：Design courses of urban planning，including all the phases and types，are the core of the whole professional teaching.According to curriculum topics and scale of the objects，the corresponding content，object and method of teaching，based on professional purpose and regulation，should be established，to construct a consistent framework for design courses.

Key Words：design courses，structure，object，urban planning

农林院校特色型城市规划专业培养模式探索

郑玮锋　胡喜生　周沿海

摘　要：城市规划专业在农林类院校属“非主流”专业，而农林类院校办城市规划专业的初衷往往源于社会需求及自身已有的办学资源。其培养模式在专业开办初期多借鉴国内城市规划专业主流院校。几年后，经过教学实践及市场竞争，开始深刻认识到自身的弱势，进入到寻找出路的彷徨期。这是农林院校城市规划专业办学的客观发展历程。针对上述问题，本文结合我校城市规划专业的发展特点，近年来我校城市规划专业学生的就业特点，以及地域性的城市规划专业人才需求特点，认为凝练特色，另辟蹊径是出路之所在，具体来说，就是：整合资源，优势交叉；高位嫁接，借船出海；知行结合，创新技能；因材施教，有的放矢。

关键词：农林院校，城市规划，培养模式，特色

1　问——凝练特色，另辟蹊径

城市规划专业具有多学科交叉的特点，近年来，我国高等院校城市规划专业的培养模式也呈现多元化的现象，其侧重点或办学背景各有不同，有以建筑学为背景的，有以宏观规划为侧重点的，有以地理学为背景的，也有以园林学为背景的等等。而且，各校城市规划专业的办学历史长短不一，教学资源分布不均。本文认为：探索一种在地域上、时代上、学缘关系上、学科资源上优势互补，面向社会的城市规划专业的特色培养模式，是各院校城市规划专业可持续发展的重要前提。

我国农林院校地缘分布广，因各地自然气候及自然资源的差异性，使我国各地农林院校的研究特色较为鲜明，这正是城市规划专业所需要的，因此，农林院校的城市规划专业应借助这种特色的多样性，探索城市规划专业的特色培养模式。

对于农林院校的城市规划专业，属弱势专业，学习借鉴强校培养模式固然需要。但强校毕竟是强校，农林院校望其项背的城市规划培养模式终究不是长久之计，凝练特色，另辟蹊径，才是农林院校城市规划专业的出路。

作为农林院校，结合我校城市规划专业的地域及教学资源特点，本文探索并总结农林院校城市规划专业特色培养模式，以期抛砖引玉。

2　融——整合资源，优势交叉

2.1　特色课程设置

园林专业是农林院校的传统专业，是多学科交叉的边缘学科，与城市规划专业交叉，可以弥补城市规划专业的一些盲区。园林专业的植物学、园林树木学、花卉学等可作为一门综合课程纳入农林院校城市规划专业的专业选修课模块，学生在做详细规划及城市设计方时，可在这方面发挥特长。

农林院校在如今非主流的传统材料的研究上也有自身特色，如：木材、竹材、农作物纤维类材料等。结合城市规划专业学生的创新实验项目，可以开展一些这方面的城市规划实践，将低碳理念、再生理念落实在城市规划实践中，有针对性地具体解决城市规划从概念到实施的问题，使规划从文本到图纸具备实施上的可操作性。

生态学也是农林院校的专门学科，通过系统论、控制论、信息论的概念和方法的引入，促进了生态学理论的发展。结合到城市规划专业，学生可在低年级通过专业基础课掌握生态理论，进而开出城市生态学专业选修课，在高年级通过设计实践，融入生态规划理念，使

郑玮锋：福建农林大学交通学院城市规划系副教授
胡喜生：福建农林大学交通学院城市规划系讲师
周沿海：福建农林大学交通学院城市规划系讲师

规划设计更具前瞻性。城市生态学是在生态学基础上的一门面向与城市规划相关的工科专业开设的城市学类课程，是一门专业领域知识拓展型的特色专业选修课。通过理论学习，学生理解城市产生和发展的基本过程；理解城市化过程及其主要问题；理解有关城市社会结构；理解城市人口、社会、生态对于城市发展的影响，从而掌握城市社会学研究的方法等。使学生能够系统地掌握相关的理论知识并运用到城市发展的实践中去。

农林院校的校级公共选修课有许多与农林直接相关，城市规划专业在这方面课程上可以有一定的选修空间，适当选修这方面的课程，可以建立起家林院校城市规划专业学生知识体系上的特色，为今后就业打开新的局面。

2.2 就业点的选择

与城市规划专业的强校相比，农林院校城市规划专业的弱势是不言而喻的，毕业生在高资质等级的规划设计单位就业的可能性低，因此，在培养模式上创出特色，使毕业生能另辟蹊径，找到强校毕业生的就业盲区，发挥自己的特长至关重要，而这一特色只能借助农林院校自身的学科特点来建立。福建是林业大省，与林业结合的规划设计院有一定的数量，如各地的林业勘察设计院，其对具有林业背景的规划人才的需求量也比较大，而这些就业点往往不是强校城市规划专业毕业生的选择，至少不是首选，农林院校的城市规划专业可在这些用人单位发挥特长。

3 借——它山之石，可以攻玉

"它山之石，可以为借。鹤鸣于九皋，声闻于天。"

3.1 在实践教学中交流

农林院校的强势学科是农林，在教学及科研资源的投入上比其他综合性大学城市规划专业及市规划专业强校肯定要少，要弥补这一不足，需要"高位嫁接"和"借船出海"。

在实践性教学环节方面，通过参加区域性及全国性的设计竞赛的方式走出去，扩大与强校的校际交流；通过聘请资深教授、专家、设计师开讲座、指导学生课程设计、毕业设计的方式请进来，也能扩大与强校的校际交流及与设计单位的交流。

充分利用寒暑假及综合设计实习时间，加大学生设计院实习的力度，使学生在设计院内与强校城市规划专业的实习学生直接交流，与毕业于强校的设计院规划设计师交流，从中取长补短，是农林类院校城市规划专业学生特色培养模式的重要环节。

3.2 "宽口径"培养

城乡规划学已设置为一级学科，但从大建筑的角度看，建筑与规划不可截然分开，城市规划专业、建筑学专业的强校，其培养模式的专门化程度高，学生就业的对口性强，而农林类院校的城市规划专业，应注重培养模式的宽口径，以更好地适应社会的需求，即多方借鉴建筑学专业强校的培养模式，结合自身特点，消化吸收，形成自己的"宽口径"培养模式。适当加强建筑设计能力的培养，并结合农林院校特色，融入前述非主流的传统材料在建筑上的应用。使学生在中、低端建筑设计院也能适应工作需要，找到自己的就业岗位。

4 践——知行结合，创新技能

校内特色实践环节实训，农林院校特色规划设计实训，使学生在农林类专项规划项目方面得到独到的培养。

4.1 特色教学环节

新农村规划、森林旅游规划、农产品物流园区规划、农业生态园区规划、设施农业生产区规划、林产品加工区规划、农业技术示范中心规划、林业生产区规划等，学生毕业后可以有更专门化的就业机会。我校作为一所位于海峡岸经济区的农林类高校，城市规划专业学生对台学术交流也是特色培养模式之一，通过选送本科生到台培养，实现学术交流与互补，培养特色专业技能。

4.2 "大设计"主线

我校城市规划专业学制 5 年，作为学校的非农林专业，自 2004 年以来，其专业培养计划经过 6 次修订。近几年来，结合社会对宽口径、较高设计实践能力的需求，并结合 2004 级到 2010 级城市规划专业毕业生就业情况及城市规划专业学生实习情况，发现城市规划专业培养计划中设计实践课尚存在结构体系不尽合理的问题，主要具体表现为：设计题目的不够实，真题少；规划与建筑的设计基础强调不够，互不联系；专业理论课与设计课脱节，难以让学生学以致用；设计课没有完全形成一个培养学生创新思维能力的完整体系；设计课的主导地位不够突显，学生过迟介入设计课程。

设计实践课是城市规划专业学生与社会接轨，体现专业技能的重要课程。针对上述现状，为彰显设计实践课在专业课程教学中的重要地位，在进一步对用人单位人才需求调查的基础上，完善设计实践课的结构体系，打通规划与建筑的设计基础类课程，以各种形式的设计实践类课程为主线，与专业理论课有机结合，注重学生做真题设计，做设计院的实项目，建立了设计院高级技术人员对设计课教案的评价机制，形成贯穿城市规划专业5年教学全过程的“大设计”特色培养模式。从而培养学生的设计创新和适应社会能力。

实践证明：农林院校城市规划本科设计类课程形成1个完整有机的“大设计”创新能力培养体系，并以此为主线引领整个专业课程的教学，为我校城市规划本科专业特色型培养计划的修订提供了依据。

5 类——因材施教，有的放矢

宋代叶适的《水心别集 · 十五 · 终论》：“论立于此，若射之有的也，或百步之外，或五十步之外，的必先立，然后挟弓注矢以从之。”

《论语 · 为政》：子游问孝、子夏问孝朱熹集注引宋程颐曰：“子游能养而或失于敬，子夏能直义而或少温润之色，各因其材之高下与其所失而告之，故不同也。”

5.1 重点培养

因材施教，分类指导。农林院校城市规划专业学生有一部分学生有一定的发展潜力，想通过自身的努力，在本科毕业后进一步考研，而且考研的目标院校多为城市规划专业的中、高端院校，对于这类学生，在培养计划的制订上应体现“拔高”原则，通过公共选修课、聘请高端院校专家教授开学术报告、课外设计小组、组队参加校际设计竞赛等模式，发挥学生长处，激发学习兴趣，有针对性地进行指导，帮助他们实现自己的跨越梦想。

5.2 创新项目

通过校大学生创新项目研究平台，结合本地区特点，组织学有余的城市规划高年级的学生尝试特色研究。我校城市规划专业在福州城市滨水区规划建设方面展开大学生创新项目的特色探索。

福州地处中国东南沿海，闽江下游冲击平原，闽江入海口在其城市东部，城内分布较多内河、湖泊。形成了福州独特的“江—河—湖—海”四位一体的城市水文化，作为中国的历史文化名城，千百年来积淀形成了其富有地方特色的城市滨水空间。

根据中国传统的文化取向，阴阳五行是人们认识自然的基础，金、木、水、火、土是构成自然的基本要素，在此基础上，建立了指导人与自然和谐共生的风水理论体系，对中国城市的建筑空间环境产生了深刻的影响。福州城市建筑空间环境以水为主脉形成城市空间结构，体现了天人合一，道法自然的原生态理念。当今，随着城市化进程的加速，原生态的城市生活空间日渐消失，对城市生存环境构成了威胁。如何让城市回归自然，如何用今天的科技塑造生态形的城市空间成为摆在我们面前的一个突出问题。

本方向大学生创新项目研究平台拟理清水文化对福州城市建筑空间环境形成的潜移默化效应，从中整理出福州城市建筑空间环境的脉络结构，总结其中的原生态理念，得出福州城市建筑空间环境脉络结构图，以期对当前福州城市建筑空间环境的设计提供可资应用的原则。学生在本方向与指导老师沟通，形成具体的研究子项目，应用所学专业知识，完成规划与建筑设计创新性探索。

6 解——特色水到，模式渠成

苏轼《答秦太虚书》：“至时别作经画，水到渠成，不须预虑。”；释道原《景德传灯录》：“问：‘如何是妙用一句？’师曰：‘水到渠成’”。

实践证明：农林院校城市规划专业在办学模式的选择上应在全国高等学校城市规划专业指导委员会的培养模式框架基础上：一方面，借鉴强校的培养模式，高位嫁接，明确专业培养方向。另一方面，又不能脱离自身实际照搬照抄。

凝练特色是找准自身培养模式的重要前提，特色定位正确，个性化的培养模式才能水到渠成。因而，农林院校特色型城市规划专业培养模式的确立应着重以下4个方面：

（1）充分融合利用现有办学资源，发挥资源利用的最大化；

（2）"站在巨人的肩膀上"，以强校的优秀培养模式为我用，在消化吸收的基础上寻求一定的个性化；

（3）以设计实践技能的培养为城市规划专业培养的核心，立足应用，提高学生的动手能力；

（4）分类指导，点面结合，将"创新"作为城市规划专业培养永恒的主题。而特色型城市规划专业培养模式的形成，是培养创新型人才的关键前提。

主要参考文献

[1] 陈前虎．城乡规划法实施后的城市规划教学体系优化探索[J]．规划师，2009，(4)．

[2] 徐海燕等．城市总体规划课程设计教学改革探索[J]．高等教育研究，2008，(4)．

[3] 周江评，邱少俊．近年来我国城市规划教育的发展和不足[J]．城市规划学刊，2008，(4)．

[4] 陈征帆．论城市规划专业的核心素养及教学模式的应变[J]．城市规划，2009，(9)．

[5] 叶飞帆．本科工程教育的能力与课程关系模型及其应用[J]．高等工程教育研究，2009，(1)．

[6] http：//baike.baidu.com.

An Exploration of Urban Planning Education Mode Based on Features in Agriculture and Forestry University

Zheng Weifeng　Hu Xisheng　Zhou YanHai

Abstract: Urban planning in the agricultural and forestry university are "non-mainstream" professional, and agricultural and forestry colleges and universities in urban planning in mind the needs of society and often from their existing educational resources.The training model in the early is learning from the mainstream institutions of domestic urban planning. A few years later, after teaching practice and competition, go into the period to find a way out of the loss, and began to deeply conscious of their weakness, This is the urban planning in the objective course of development of the agricultural and forestry university. To address the above problems, with our characteristics of urban planning, our urban planning employment characteristics, and the characteristics of regional urban planning professionals demanding.Think it is the outlet that to condensed feature and find anther way.Specifically, it is: Integration of resources and advantages Cross, High grafting and by boat; Combination of knowledge and innovation skills; Individualized education and targeted education.

Kew Words: agricultural and forestry university, urban planning, education mode, features

培养面向社会实践的规划师品质
——对城市规划管理与法规课程教学目的和方法的理解

杨 帆

摘　要：城乡规划管理与法规课程是城市规划专业高年级学生在具备了基本的空间语言和设计能力之后，应当及时增加的教学内容。它可以帮助学生了解城市规划实践活动的真实情况，并认识到城市规划活动的社会实践特性，这对学生反思已学的规划设计技能是有益的。同时，它对学生树立面向实践的规划价值基础体系，形成理性与渐进相融合的思维模式，处理好专业理想与现实问题、法律精神之间的关系，具备综合的规划师素养，是有帮助的。

关键词：城乡规划管理与法规，教学，面向社会实践

城乡规划管理与法规课程现有的教学内容和教学方法，主要是针对与城乡规划有关的法律法规和地方管理规定所开展的解读。从以往的经验看，这门课内容相对枯燥，难于组织生动直观的课堂教学，学生学习的热情和兴趣不大。从 2011 年初国务院学位办批复城乡规划学为一级学科之后，城乡规划管理成为二级学科设置，由此而来，城乡规划管理和法规不仅要进行大量的学术积累，更需要从教学上寻找新的突破。

通过对这门课的讲授笔者认为，立足于学术实践、管理实践和社会实践来组织教学内容，以面向执业需求和社会需求的理念来组织课堂教学，是这门课程达到预期目标的重要手段。

1　课程设置的意义

城乡规划管理与法规课程一般在规划专业本科总体规划实习的前一个学期讲授，这是一个“分水岭”式的课程设置：学生在接受了基本空间思维训练并掌握了一定的空间技巧之后，需要进一步理解城乡规划的政策、社会、经济、管理等内涵；在所具备的空间技巧基础上，逐步培养其关注社会问题，关注城市问题，合理、有效地运用城乡规划空间语言表达思想、解决问题的基本能力；同时，要逐步养成尊重经济规律、社会规律的习惯，了解规划的实施过程和作为城市管理手段之一的规划管理如何被合理地运用。上述知识的获得，对学生转而深入理解规划空间语言的深刻意义无疑是非常有益的。

2　授课重点的把握

在城乡规划实践过程中，经常用到社会学、政治学和行政学的一些概念，因此，帮助学生理解和接受相关概念和理论是这门课的重点之一。比如，国家和政府体制，行政，行政法律关系等等概念。同时要对行政学、法学的有关知识进行补充和讲解。通过这一环节，学生可以在已有的空间语言技能之外，初步理解政策语言的表达方式和侧重点，从而为他们建立政策与空间手法之间的逻辑关系打下基础。

另一个授课重点，是对与城乡规划有关的法律法规的比较。比较分三种类型，第一种是新旧法律、法规、条例的纵向比较，比如，对新、旧版《城乡规划法》的比较，以诠释法律调整和修改的目标、意义、社会经济背景变化等重要内容，包括一些具体细节的修改所反映出的整个社会的发展趋势。第二种是城乡规划法律法规与相关领域法律法规的比较，比如，对《城乡规划法》、《物权法》等的比较，可以帮助学生理解私有物权、土地使用权、公共利益等基本概念，从而影响他们在做规划方案时所采用的技巧和手法。第三种是中外相关法律、法规的比

杨　帆：同济大学建筑与城市规划学院规划系副教授

较，比如，对大陆法系和海洋法系关于城乡规划的有关制度设计和条款进行比较，可以帮助学生了解国外的做法，使学生们建立城乡规划理论要与我国现实和当地情况相结合以具体运用意识。

第三个授课重点，是让学生们建立起规划是指导建设实践的公共政策这一理念。关注规划是如何得到实施的，在实施过程中有哪些管理和行政手段，应当注意哪些内容是需要在实践的过程中再去决定的，以及如何理解和面对实施结果与规划设想的差距等等。

3 课程核心内容的设置

笔者理解该课程的授课核心是为了达到对学生能力的培养，或者称为规划师素质培养，学习相关知识本身并不是唯一目的。有学生在课程小论文中“认识到城市规划并不是城市规划师个人的事情”，并“对将要从事的行业环境的理解加深了一步”，[1]这说明授课效果是明显的。

3.1 理解城乡规划目标价值的实现

通过讲授相关概念和法律条款的涵义，帮助学生理解《城乡规划法》的立法目的，尤其是城乡规划部门法与宪法之间立法目的的比较，指出“行宪能力（constitutional competence）”[2]是一个规划师进入职业领域所必需要牢记的，因为，宪法的立法要求要高于行政价值，也高于规划价值。如果某些规划有可能损害宪法价值，那么即使在图面和空间效果上看是合理的，也应当给予纠正。当然，在空间语言和法律价值之间还存在着漫长的推断过程，但是，意识到这一点无疑有益于提高学生对规划的把握能力。

空间感觉是这个年级学生已经初步掌握的能力，并且逐步建立了一套“空间价值”体系，比如，什么样的空间结构是符合“成本－效益”的，什么样的布局是符合经济原理的，什么样的空间是有益于人的心理和行为的，如此等等。尽管这样，学生可能缺乏的是描述这些有效的空间原理得以实现的过程。课程讲授帮助学生了解，这些空间战略与每一个管理步骤是紧密相关的，并有可能因为某一“基层行政（street-level bureaucracy）”的决定而完全改变了宏观战略的意图。因此，城乡规划管理事实上也是在“做”规划，并成为城乡规划活动的一个环节。

再者，学生们对空间语言的掌握和运用，往往建立在对空间使用者需求和心理的揣摩基础之上，这又很可能暗含了对使用者人群的分类，这种分类恰恰是对责任或者利益的分配。这种分类是否妥当，是否会在不自觉中侵害了其他某些市民的权利，这些问题要在恰当的时候给予点明，从而使学生理解空间规划的社会经济影响的具体所指。

3.2 从实施的角度理解城乡规划

学生们掌握的空间谋划能力，并非是一种自娱自乐的技巧，要通过这门课告诉学生，规划的实施才是根本目的。因此，课程结构中要有足够的课时讲授行政管理以及它与规划的关系。

在看待行政能力上，始终存在着“效率和公平”的不同评判标准，这一标准对规划成果的影响也始终过于抽象。同样的规划方案，如何在效率和公平的考虑上是有差别的，对两者的权衡如何又明显地决定着规划空间手法的运用，相信很多教师自身也难以明确回答。但是，作为一个值得探讨的话题，这或许会激发学生的探究热情；既可以通过小组讨论、课堂专题讨论等方式开展，也可以通过小论文、课后研讨的方式进行。结论和探究过程显得同样重要。

其次，“效率”是实现目标的工具，同时也常常被视为目的，因为行政管理业绩是培养市民对政府信任的关键，有效率的行政管理是政府的一种道德准则。[3]通过课堂提出这一思考，促使学生将法律和行政的价值要求与规划所关注的城市利益、公共利益建立起具有实践意义的关系，对其理解和运用空间规划技能会有一定的启发。

再次，规划的实施过程始终逃不过“如何看待专业”这一命题。专业，或者称作规划的价值取向，在等级化

---

❶ 引自，同济大学2007级城市规划本科生“城市规划管理与法规”课程小论文。

❷ 戴维.H.罗森布鲁姆，詹姆斯.D.卡罗尔，乔纳森.D.卡罗尔著，王丛虎译，公共管理的法律案例分析，中国人民大学出版社，2006，第2页。

❸ 同❷，第177页。

的行政体制中如何找到应有的地位，从现实来看，影响着规划目标的实现。将这一不争的事实告诉学生，所可能产生的教学后果值得关注。这一情况是让他们在规划实践中去摸索，还是此时适当晓以实情，关系到学生们对城乡规划职业的愿景。

3.3 宏观战略与微观事务之间关系的解读能力

通过这门课可以让学生了解，城乡规划在运用空间语言同时，也是由一系列的决策和决定组成的行动链条，这是城乡规划的另一个侧面。

决策或者决定，可能是对最佳空间方案的设计，也可能是不同意见和方案之间的调和。重要的是，学生们必须了解到，现实中这些规划方案是经历了什么样的决策过程而最终得以实现的，或者是根本无法实现的。对规划事务性操作层面的了解，会影响到学生在方案制定阶段做出更为有效的规划。很显然，这一逻辑路径使学生们意识到：规划空间方案的制订，实际上是在制定一项政策，这个政策有大量的决策环节，而所有的个体决策、微观决策最终促成了一个宏观构想的实现。

当然，学生们还暂时无法直观理解决策过程的复杂性。在决策中，大规模的社会试验可能是完全理性模型的最科学或最纯粹形式，因为它们在自然科学和生物科学上建立模型是可行的，❶但是，一个城市的建设和市民的生活是不可能通过试验的方式纠错的，这不仅涉及经济因素，更涉及法律、道德伦理和个人权利的问题。由此，学生们普遍体会到应更谨慎和客观地制定空间规划方案，而不是随性、随意、极富个人张力的表达。

3.4 推崇理性地思考问题和做出判断

初步建立理性的思考习惯，对规划本科学生来讲，可能是一个较高的要求。但是，在该门课程中，应当给予必要的提醒。

完全理性模型强调在解决问题和方案实施中寻找并运用正确的方案和技术。它包括，其一，将公共政策目标和目的具体化，用可以观察和测量的方式将之阐明和表达；其二，尽可能设计每一个可选方案的所有结果；其三，通过选择、比选来确定达到理性目标的合适方式，而不是通过武断和自我欣赏。城乡规划的管理和法律条文，恰好给理性的决策提供了边界条件。

同时，必须向学生指明，完全理性模型是建立在科学思维基础之上的，却未必是符合现实利益格局和法律体系的。比如，在理性思维中经常使用的分类和分层方法，却有可能在社会现实中遭遇困境，甚至带来法律基础上的麻烦，因为分类和分层思考方式在本质上并不打算给每个个体赋予平等的含义。❷

在这个时候，课堂教学就需要适当引入渐进决策的概念，在规划所碰到的复杂问题面前，有相当多的时候需要把目标和手段作为一个整体来看待，不谋求全面、最大化和预测决策的长期结果，而是运用充满活力的方式来实现这些目标，有的时候甚至需要运用直觉。不仅在规划方案制定过程中是这样的，而且在规划实施管理过程中也同样如此。事实上，规划管理始终是理性模型和渐进模型融合使用的过程，这些内容对规划本科生来讲，既是新鲜的，也是充满挑战的。

3.5 处理专业理想与现实问题、法律精神之间的关系能力

通过这门课要让学生们了解，城乡规划是艺术、科学和技巧的结合：管理通常倾向于科学，艺术则与直觉相对应，技巧依靠渐进主义和直觉，但同时也受科学的影响。用最为普遍和通俗的话来讲，就是做规划要兼顾“真善美”三方面：城市规划的价值取向和专业理想，既包括建立在科学精神基础上的理性思考，也包括建立在感官愉悦基础之上的艺术追求，以及社会运行所必须遵守的规则和条律。而我们以往规划培养中最为欠缺的就是对规则和条律的接受，对多元价值取向的尊重和理解，这使得多年来城市规划一直将自己置于某些规则的对立面。

事实上，我们试图向学生传达一个信息就是，规划核心价值的实现，需要建立在法律精神和社会规律之上，忽视了这些，我们只能在小圈子里“自娱自乐”，却从本质上损伤了城市规划的核心价值。

---

❶ 戴维.H.罗森布鲁姆，詹姆斯.D.卡罗尔，乔纳森.D.卡罗尔著.公共管理的法律案例分析.王丛虎译.北京：中国人民大学出版社，2006：117.

❷ 同❶，第119页。

4 教学方法的探索

笔者始终在担心，上述授课重点和核心内容讲解，对于20岁左右的大四学生，是否显得过早和“沉重”。通过与学生的沟通发现，绝大多数的学生对这些内容是接受的，只要老师以恰当的方式提醒他们：这是对空间能力的必要补充，是走向职业时所必须面对的。学生们能以超出预计的速度理解这门课的核心意义，并积极扩展相关知识。笔者以为在教学方法上可以尝试作如下探索：

4.1 增加学生课外阅读

课程涉及很多基本概念和知识，学生以往接触不多也很难完全通过课堂听讲掌握，因此，课外阅读是非常重要的学习手段。一般笔者在第一堂课就布置若干方面的阅读材料，比如，有关行政学、行政法学、行政管理学等的文献资料。

在课外阅读的基础上，可以提出一系列的思考题，启发学生有针对性地进行思考。比如，在介绍我国城市等级制的时候，启发学生思考行政等级制对城市规划的影响和意义。围绕这些思考题，要求学生们在课外分组研究和搜集资料，再组织课堂讨论，在分组讨论的同时老师给予点评和鼓励。通过教学实践笔者发现，学生对新鲜的知识充满了好奇，搜集素材之丰富、课堂发言之踊跃、观点表达之犀利充分体现了他们对社会状况的关注程度超出了我们的预想。在这样的情形下，老师所能够做的，就是在赞赏学生研修过程的同时，适当淡化对于完美答案的苛求。

4.2 尝试案例化教学

曾经流行于西方商学院的基本教学模式“案例化教学”，非常适合于城乡规划的教学。事实上，传统规划教学中采用的实题实做、总规实习等教学设置，就是案例化教学的一种。有所不同的是，在城乡规划管理与法规课堂教学中采用案例化教学，需要要求学生考虑更为多样的角色设定，而不是大家都以为自己是设计师或者规划师。

案例化教学的魅力在于参与性和互动性。根据老师的启发，学生们分别模拟不同的社会角色人群参与到同一个规划事件中，从而体会和揣摩不同的人群用何种不同的眼光看待规划、在规划中如何表达自己的观点以及试图从规划过程中获得何种结果。这一教学过程显然不是老师在讲台上拿实例所进行的“举例说明”，而是由学生们主宰的讨论。其目的是让学生们体会到，现实中的城市规划过程是如何的复杂和充满变化。

5 结语

城乡规划管理与法规课程并不应当是一个通读法律条文的枯燥课程，如果从城乡规划学培养学生全面素质的目标来理解，选择恰当的时机告诉学生“城乡规划是一个社会实践活动”是非常有必要的。在城乡规划过程中，空间设计是对意愿和未来的“表达”；其间充斥着各种不同的观点，以及各种观点之间的“调适”；在完成了综合协调之后，规划的最终目的是去实现它，而在这一“执行”的过程中，又会产生新的“表达”和“调适”活动，如此循环往复（见图1）。

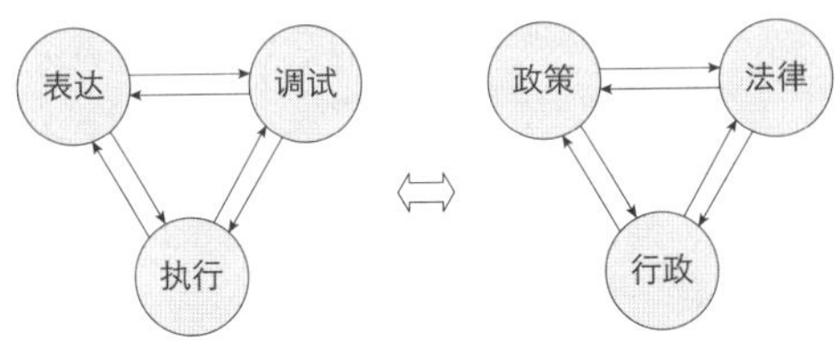

图1 城市规划活动特点与社会管理模式的比照

社会管理和城市管理的主要手段，体现在政策的制定、法律的规范和约束、行政权力的运用和管理三个方面，这与城乡规划活动的内容非常相似。城乡规划过程包括了空间政策的制定、实施行动的管理和管制，以及多元利益取向在共同游戏规则约束下的自身利益最大化三个基本内容。由此可以引导学生去获得一种感知：城乡规划是进行城市社会管理的工具或者手段之一。

笔者感到，城乡规划管理与法规课程设置实际上体现了一种培养目标，即我们希望城乡规划专业的学生在走上社会、在面临就业时，除了那些至关重要的设计技能之外，应当还要具备什么样的价值结构基础。或许不能现在苛求他们如大师般成熟，但是应当使他们知道如

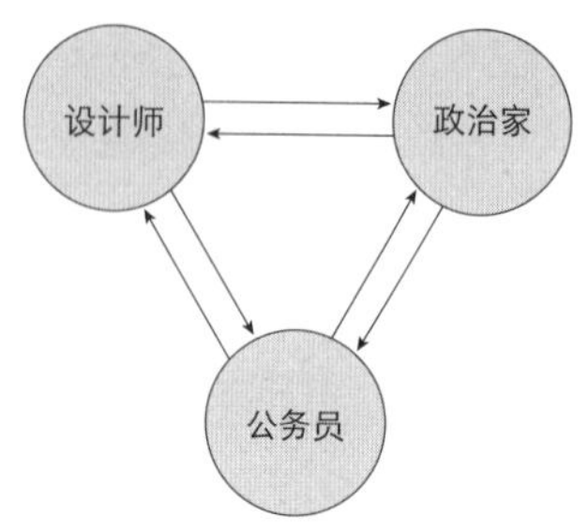

图 2 城乡规划的角色模型

何为未来设定目标，以及如何为目标而努力。

城乡规划是“设计师”、“公务员”（规划管理者）、“政治家”（为城市制定各项政策的人）三者之间的互动过程，这一模型体现了城乡规划的社会实践性。面向社会实践的规划师，是同时具备这三者素质的人，倘若如此，则是一种理想的状态。正如一名学生在课程论文中表达的：“过去十年中出自规划师手下的无数宏伟壮丽的设计蓝图，在未来能够转变为对每一个色块的精雕细琢、将大量渲染蓝图的时间花在走街串巷上，这应该是一个优秀规划师的选择。”

（感谢耿慧志教授在教学中给予的支持和帮助。感谢同济大学 2007 级城市规划专业本科学生们的精彩课程作业。）

主要参考文献

［1］ 戴维.H. 罗森布鲁姆，詹姆斯.D. 卡罗尔，乔纳森.D. 卡罗尔著 . 公共管理的法律案例分析 . 王丛虎译 . 北京：中国人民大学出版社，2006.

［2］ 杨帆 . 试论城市规划理论研究中的若干问题［J］. 城市规划学刊，2005，（11）.

Training the Undergraduate to become a Social Practice Oriented Planner ——the Understanding of Course Instruction of Urban Planning Management and Regulation

Yang Fan

Abstract: The Course of Urban Planning Management and Regulation is a seasonable setting for the advanced undergraduate, after the space language and design training.This course helps them to understand the true condition of urban planning activities, and to be helpful for them to rethink the designing skills undoubtedly.Furthermore, this course is useful for the undergraduate to set up fundamental planning value system, forming thinking model mixing rationalism and gradualism, integrating ideality, reality and the spirit of the law.

Key Words: urban planning management and regulation, teaching, social practice oriented

多元合作 持续发展
——记“同济－美丽城”国际合作模式

于一凡 周 俭

摘 要：同济大学建筑与城市规划学院（CAUP）与法国国立美丽城高等建筑学院（ENSAPB）之间的国际合作历经10余年，摸索出了一条多元合作、持续发展的道路。本文从国际联合双硕士学位培养、国际联合设计教学、国际学术交流等角度，介绍了两校间业已开展的合作及取得的成果，指出形成长期、稳定、全面的交流机制是培育具有持续发展潜力的专业高校国际交流的前提与保障。

关键词：同济大学建筑与城市规划学院，法国国立美丽城高等建筑学院，国际合作

在21世纪的中国高等教育中，国际合作被视为培养具有国际视野的创新型人才的重要手段。同济大学建筑与城市规划学院自上世纪末开展对法国际交流，在10余年的时间里陆续开展了包括教师互访、联合课程设计、联合培养硕士博士等在内的全方位合作，不仅在培养人才、形成教学特色方面发挥了积极的作用，而且通过长期稳定的合作形成了长效互动机制，为双方的科研和交流活动提供了广阔的天地。作为高质量的国际合作项目，同济大学建筑与城市规划学院（CAUP）与法国巴黎国立美丽城高等建筑学院（ENSAPB）之间的国际合作在过去的10余年间已经陆续产出了联合培养双硕士、教师互访培训、合作科研等成果，形成具有一定代表意义的国际合作模式。

1 国际联合双硕士学位培养

同济大学建筑与城市规划学院与法国巴黎国立美丽城高等建筑学院合作双硕士研究生培养项目开始于2005年。项目设立的主旨是为了适应中国改革开放和经济发展的需要，培养在国际市场上有竞争力的城市规划领域的高层次人才。该项目允许同济大学在校硕士研究生申报，在取得家长、导师书面认可的前提下，接受由中法双方共同组织的面试筛选。成功通过筛选的研究生将在中国上海和法国巴黎完成3个阶段的学习。

第一阶段，在同济大学完成第一年学业。在这一年中，学生在完成同济大学专业必修课学习的同时，接受由同济大学中法工程和管理学院（IFCIM）提供的强化法语训练，最终参加TEF或TCF考试，成绩合格者由同济大学正式派遣赴法留学。

第二阶段，在法国完成18个月的学习。巴黎国立美丽城高等建筑大学负责安排学生在法国的课程和实习。学生完成全部学分和教学环节，并顺利通过论文答辩或毕业设计以后，法方即授予建筑专业深入硕士文凭（D.S.A）。[1]

第三阶段，为期6个月左右。学生回到同济大学完成硕士学位论文和答辩，通过后可申请同济大学工学硕士学位。

双学位培养教学计划包括必修课、选修课和实习环节。必修环节包括专题讲座、健身课、论文选题、教学实践或专业实习，其中专题讲座、健身课在同济大学第一阶段学习时间内完成，论文选题、教学实践或专业实习在法国的第二阶段学习时间内完成。

[1] 法国建筑专业深入硕士文凭 Diplôme de Specialisation et d'Appronfondissement en Architecture，简称D.S.A。

于一凡：同济大学建筑与城规学院教授
周 俭：同济大学建筑与城规学院教授

自 2005 年同济大学和巴黎国立美丽城高等建筑学院签订双硕士培养计划以来，同济大学共计向法国输送了 5 批计 17 人赴法国学习深造，其中 13 人顺利毕业，3 人在读，1 人退学。已毕业的 13 名学生中，有 2 人继续留在巴黎国立美丽城高等建筑学院攻读博士，占毕业生总数的 15%；6 人选择进入在沪法国设计机构从事实践工作，占毕业生数的 46%。其中，2008 年学成回国的杨旋同学已经成为法国著名 SCAU 建筑设计事务所驻中国负责人。事实证明，这些在法国接受了专业教育的同济毕业生，正在成为城市规划领域的中坚力量，也为进一步推进两国的专业合作奠定了基础。

“同济大学 – 巴黎国立美丽城高等建筑学院”双硕士培养计划部分师生合影

2　国际联合设计教学

联合教学是在高校师生间开展交流的主要途径，也是提升双方国际声誉的重要手段。自 2000 年以来，同济大学建筑与城市规划学院与法国合作开展的联合教学先后涉及巴黎国立美丽城高等建筑学院（ENSAPB）、拉 – 维莱特建筑学院（ENSAPLV）、凡尔赛建筑学院（Versaille）、夏乐（Chaillot）建筑学院、斯特拉斯堡建筑学院（Strasbourg）、南特建筑学院（Nante）、南戴尔建筑学院（Nanterre）、里昂二大（Lyon II）、法国国立公共工程大学（ENTPE）、波尔多建筑学院（Bordeaux）等知名建筑学院，成为法国建筑与城市规划专业院校了解中国同行的重要桥梁。

同济大学建筑与城市规划学院与法国国立巴黎美丽城高等建筑学院之间的联合教学是最早开展的中法联合教学之一。在过去的 6 年中，随着对中国城市发展的兴趣以及对同济大学城市规划专业国际地位的尊重日益提高，该校参与联合教学的教师人数不断增加。目前，法方参加联合教学的研究生人数约 20 人，师资近 10 人；而同济大学参与联合教学的学生则由早期仅限城市规划系研究生扩展到建筑系的研究生和本科生，2011 年参与中法联合教学的中国学生总数达到 30 余人。值得一提的是，法方指导教师中既有长期稳定负责合作项目运行的美丽城建筑学院教师，也有适合当年项目特点的特约专家，后者来自不同的学术机构、设计机构以及政府管理部门，极大地丰富了教学的内容，提高了教学的质量。

不同文化背景和教育体制下的同学们在教学过程中表现了出明显的差别，促使双方教师相互借鉴和思考彼此的教学模式，寻求完善和改进的途径。

2.1　工作方法

相对于法国同学所表现出来的创造力强、想象力丰富等特点，中国同学呈现出一定“军事化”特点，按部就班地着手调查、分析，工作过程条理清晰、技术性强、创意有限，遇到问题以后显得无所适从。指导教师必须非常谨慎地评价一个有明显缺陷的方案，否则很容易导致后者放弃已经形成的概念和思路，彻底重头来过。而法国同学常常不按照教学计划提交成果，成果往往不符合命题中的主要规定也令指导教师颇感棘手。

2.2　学习态度

中国同学竞争意识很强，收集和分析文献迅速，成果完善而全面，常令法国学生汗颜。但从培养专业兴趣的角度来看，法国学生更富于热情，主动性和积极性高，不似中方同学们常常表现出处于压力下的工作状态。

2.3　实施性和探索性

法国同学的方案火花四溢，但对实施过程中可能遇见的问题充耳不闻、视而不见，因而常常只能停留在概念阶段，由中国学生加以深化完善。中国同学的工程意识相对较强，但由于经验不足，对教师指导的依赖远超

2009 年“同济 - 美丽城”联合教学回顾展

2009 年 “同济 - 美丽城”系列论坛“国际视角下的城市可持续发展”（II）与会嘉宾

过法国学生。

2.4　教学组织

联合教学交流过程中也不可避免地存在教学组织的协调问题。譬如法方对项目的选择往往与指导教师的研究兴趣密切结合，历年教学主题大幅转换，缺乏必要的延续性。相反，中国的专业教育注重教学体系的完整和科学的步骤，个别老师的研究兴趣不会过多地介入学生的知识结构。中国的教育体制强调教学体系的连贯性和阶段目标，在这一点上，法方教学的松散性和随机性很难保障学生形成清晰的知识脉络。

对于双方之间的差异，我们认为，中国同学应格外注意取长补短，借鉴欧洲学生开放的思维，保持自己对社会需要的敏感适应性。同时，国际联合教学的开展需要在筹备和管理过程中投入大量人力、物力和时间，为了能达到的较好的实际效果，需要教师和学生都在联合教学中保持清醒的认识和心态。

3　国际学术交流与其他合作

利用上海在当代国际化浪潮中枢纽城市的优势资源，近年来，同济大学建筑与城市规划学院在国际交流活动中发挥着日趋重要的作用。学院与联合国环境署、联合国人居署、国际文物保护修复研究中心、国际建筑师协会、世界银行等国际组织及机构的合作，逐步将传统的教学合作模式转变为教学、科研、实践、管理的全方位合作，实现了国际合作水平的战略型提升[1]。2006 年，联合国亚太地区世界遗产培训中心入驻同济校园，为建筑与城市规划学院开展国际合作提供了国际化的平台。

在与著名专业院校与研究机构合作的基础上，同济大学建筑与城市规划学院将对法的合作对象拓展到与文化部、住房与设备部、罗纳 - 阿尔普地区等政府部门开展的多元合作，涉及历史保护、文化、社会、交通、环境、城市经济等多个领域，极大地丰富了城市规划专业学科视野。近年来，由学院主办或承办的“中法建筑与城市发展论坛”、“中法可持续发展城市交通系统论坛”、“中法保障性住房与城市的可持续发展论坛”等重要学术论坛进一步将中法双方的合作推入了更为全面和广泛的交流阶段。

4　稳定合作团队与拓展的合作空间

同济大学建筑与城市规划学院与巴黎国立美丽城高等建筑学院 10 余年来的成功合作与交流，一方面得益

---

[1] 吴长福，黄一如，李翔宁 . 从兼收并蓄到博采众长——同济大学建筑与城市规划学院国际化办学历程与特色［J］. 城市建筑 .2011（3）.

于中国城市发展所取得的世界瞩目的成就；另一方面，取决于双方长期不懈的努力和维护，使得合作资源得以最大程度的发掘，彼此建立了长期稳定的信任。

美丽城建筑学院的 Pierre Clément 教授是一位对中国有着深厚感情和深入了解的建筑师与城市规划师。自 1998 年开始，Pierre Clément 教授所领导的巴黎建筑、城市与社会研究中心（IPRAUS）陆续接待了多名来自同济大学的教师、博士研究生，该中心同时也为参加同济留法双硕士学位计划的学生提供了重要的实习基地和研究资料。2008 年，在 Pierre Clément 教授组织下，同济大学教师应邀参与了由美丽城建筑学院负责的法国总统项目大巴黎规划（Le Grand Pari），为大巴黎地区的发展贡献了中国近年来区域发展方面的理论和实践经验。

同样，同济大学亦形成了稳定的项目负责人，一方面负责安排历年双方的联合教学，一方面利用联合教学的机会，每年在同济大学组织国际论坛，邀请同济大学、上海市其他研究与设计单位的专家一起就共同感兴趣的国际课题进行交流。多年来的实践证明，双方均认为这种形式对于拓展双方的科研思路和增进了解发挥了重要作用。2011 年，同济大学周俭、于一凡应邀担任巴黎国立美丽城高等建筑学院讲座教授，而较早完成双硕士培养学业并继续在该校攻读博士的两名同济的毕业生，也在协助联合教学与国际交流方面开始发挥积极的作用。

巴黎国立美丽城高等建筑学院 Pierre Clément 教授

在教学与研究领域的合作之余，由上海同济城市规划研究院负责组织中法高级研修班，培训执业规划师，分期分批赴法国接受短期培训。而法国当代著名的建筑师与规划师保罗 · 安德鲁（Paul Andreu），布鲁诺 · 瓴铁(Bruno Fortier),安冬尼 · 格汉巴克(Atoine Grumbach)，雅克 · 费尔叶（Jacques Ferrier）等先后携手同济投入了在中国城市的学术和实践活动。

5　结语

国际化办学是当前中国高等教育积极探索的教育模式。由于存在文化背景、语言沟通、项目维护，以及运营经费等难题，拓宽国际交流的渠道并形成积极、持续的发展模式并非易事。在实际工作中，国际交流也往往面临着意向谈判多于实质启动，或者启动之后难以持续开展的困境。

同济大学建筑与城市规划学院的与法国国立美丽城高等建筑学院之间的合作从最初教师自发参与发展到目前有组织的教学，从以研究生为主拓展到本、硕一体化的联合教学，从法方单向派遣师生到上海从事交流活动到同济师生的大量回访，从城市规划专业领域延伸到建筑学与景观学，从短期联合教学活动衍生出双硕士学位培养的长期合作项目，至今已经形成横跨教学、科研、实践的全面互动，展现出多元合作、持续发展的特点。

鉴于双方长期稳定、卓有成效的合作，中法双方都视对方为重要的国际同盟和资源。2005 年，同济大学建筑与城市规划学院的 10 余位拥有留法经历的教师发起成立了留法教师联谊会，并锁定法国国立美丽城高等建筑学院（ENSAPB）和法国国立路桥大学（ENPC）作为学院对法国际交流的长期战略合作伙伴。2007 年，同济大学百年校庆之际，美丽城建筑学院校长与合作最早的发起人 Pierre Clément 教授及其他主要负责人一行应邀访问同济大学，并就继续拓展双方的合作与同济大学展开了深入探讨。

“同济－美丽城”10余年成功合作的经验证明，具有活跃成长性的国际合作需要以长期、稳定的协调人和彼此不断调谐的合作机制为保障。专业高校间开展国际交流需要充分的相互理解，以及在此基础上形成的相互信任。优质的合作项目更容易在双方院校中获得体制和资金方面的支持，从而保障项目的持续发展。事实证明，在“同济－美丽城”合作框架下接受培训的教师和获得双学位的学生已经成为合作延续的力量，在协助双方沟通、拓展双方多层面全方位的合作中发挥着重要的作用。

主要参考文献

［1］ 吴长福，黄一如，李翔宁．从兼收并蓄到博采众长——同济大学建筑与城市规划学院国际化办学历程与特色［J］．城市建筑，2011，（3）．

［2］ 李振宇，黄一如．同济建筑国际化教学［J］．时代建筑，2004，（6）．

Multiple Cooperation and Continually Growth —— The International Cooperation between CAUP and ENSAPB

Yu Yifan　Zhou Jian

Abstract: This paper Introduces the experiences and the results on the international cooperation between CAUP and ENSAPB. A long-term strategic cooperation has been established by means of international joint teaching program, joint advanced studies program, academic exchanges etc.The paper indicates that the multiple cooperation and continually growth are the core principles which help advance all aspects of international cooperation within universities.

Key Words: College of Architecture and Urban Planning of Tongji University（CAUP），Ecole Nationale Supérieure d’Architecture de Paris-Belleville（ENSAPB），International Cooperation

注重实践能力培养的城市规划专业教学改革探索
——哈尔滨工业大学建筑学院学生实习基地建设指要

赵志庆　刘生军　王清恋

摘　要：在城乡规划与设计专业即将调整成为国家一级学科的大背景下，通过对规划专业学科建设及培养模式的探索，寻找到满足社会发展和学生实践能力培养的新路，本文通过对哈尔滨工业大学建筑学院学生实习基地——哈工大规划院建设的深入分析，构建促进规划及相关专业建设、学科发展、学生实践的综合平台成为城乡规划专业教学改革新的模式和方法。

关键词：城乡规划与设计，教学改革，实习基地

1　强化实践能力是城乡规划与设计专业教学改革的首要问题

随着城乡规划建设的迅速发展，城乡规划与设计教育为国家、地方社会经济发展和城乡建设服务的必要性和现实性显得越来越重要，在此背景下，我国城乡规划教育正显示出良好的发展势态和承担重要社会职能的作用。由国务院学位委员会、教育部公布的新版《学位授予和人才培养学科目录》中，将城乡规划学正式调整为一级学科。这一调整使得城乡规划专业面临着发展的重大机遇与挑战。如何通过对城乡规划专业的教育创新性改革，培养出适合城市发展的具备较强实践能力的人才已经成为各高校规划专业所要面对的首要问题。

目前，国内设立城乡规划专业的高等院校有 180 多所，哈尔滨工业大学是我国较早创办该专业的院校之一，城乡规划专业成立于 1985 年，并于 1998 年以 A 级通过国家专业教育评估，在全国同类院校中居领先地位。建筑学院拥有国家甲级规划资质的哈尔滨工业大学城市规划设计研究院，承担了大量的城乡规划设计与科研项目，在倡导培养应用复合型人才的今天，哈工大城市规划设计研究院成为城乡规划专业学生进行理论实践和综合素质培养的实习基地，作为承载城乡规划一级学科的重要载体和实验平台发挥了巨大的作用。

2　强化实践能力人才培养目标的实施策略

2.1　强化应用复合型人才的培养

作为现代的城市规划师需要面对错综复杂的城市问题，系统的专业知识是认识、分析及解决复杂问题的理论基础，但是城乡规划作为庞大的学科体系，在综合协调的基础上切实可行才是城乡规划的目标。作为规划学生而言，扎实的专业理论知识是准确认识和把握城乡规划的基础，而更加重要的是通过对实际项目的接触和深入，获得将所学理论知识与技能进行应用与验证的机会，并以此为媒介进行更为广泛和深入的研究。所以哈工大规划院学生实习基地以专业学生作为主要服务对象，以培养应用复合型人才作为宗旨，为学生提供了大量不同规模与方向的城乡规划设计项目，使学生有更多的机会接触规划与设计及其相关专业的实际课题。规划院的实践课题的广泛性、综合性、专业性等特点为各个专业的学生都提供了实践的平台，不仅有利于巩固学生的知识，还为学生提供了多角度多学科的学术交流，锻炼了学生的团队协作能力，为社会各界及各级政府规划行政管理部门培养出适合社会发展的高级实用性专业设计人才，

赵志庆：哈尔滨工业大学建筑学院副教授
刘生军：哈尔滨工业大学建筑学院讲师
王清恋：哈尔滨工业大学建筑学院硕士研究生

培育未来的城乡规划与设计行业领袖、精英与大师。

2.2 注重系统化培养及规划全过程管理

规划院在教学实践的过程中强调学生的实践题目设置的系统性，编入项目组的学生，遵循由浅入深的原则，将参与现状基础资料汇编和相关规划案例研究梳理、现场实地踏勘、规划方案创作构思、方案交流与论证、规划成果编制、项目成果汇报等不同工作程序，全过程的熟悉、了解实际项目从立项、到规划与设计的主要环节和重要节点，建立体系化的培养实习机制。

在实践管理过程中重视系统性，将参加实习工作的学生纳入到规划院的日常管理程序中，同时针对学生实习特点，制定相应的管理体系，建立从学生实习注册到实习结束的管理体系，有计划、有步骤的指导学生建立明确的科研方向、科研课题、科研路线、科研技术与手段，并辅助学生完成研究项目的资料积累、题目论证和研究的具体内容。

2.3 对课程实践或课程设计的重新定位

转变以课堂讲授、逐一辅导为导向的传统教学方式向以规划全过程参与为导向的课程改革实践。针对城乡规划与设计学科的专业特点，规划院学生实习基地更强调实习内容与课程及学科研究的有机联系，通过一些国家级重点项目，鼓励结合本专业及环境工程、市政工程、道路交通、土木工程等相关专业进行深入探索，尝试运用新的规划与设计技术的方法，以团队方式形成多学科融合，解决城乡规划与设计的复杂系统问题。

规划全过程导向的转变，在于课程的内容和结构追求的不单是学科架构的系统化，而是工作过程的系统化。这种转变强调了过程目标而不是终极蓝图式的成果。通过在建筑学院规划系和规划院分别设立主、副导师的模式，使得这种实践课程从根本上区别于以往的设计院单一实习、缺乏双重管理的模式。从而促使学生尽早领会城乡规划与设计思维模式和科学方法，从情境型的思维方式到实战型的思维方式转变，提高规划专业的教学效果。

3 高标准的教学实践平台建设

3.1 强调研发、生产和服务的能力

（1）研发能力：依托哈工大建筑学院的支持，规划院拥有较强的实用研发和产业创新能力。规划院不仅聘请省内外知名的教授、专家乃至海外的著名学者作为特别规划顾问，同时，还得到建筑学院及相关学院众多中、青年骨干教师的支持，使规划院能够在项目中做到高端化和前瞻性，能够在实际规划工程项目中，应对并解决我国城市化进程中的新问题、新要求。

（2）生产能力：规划院具有承担战略性、概念性、综合性规划设计项目和市政基础设施等专业设计的能力，涵盖的业务范围小至街道标志设计，大到数百平方公里的战略规划、概念规划及总体规划等众多课题。

（3）服务能力：规划院拥有完善的服务体系，不仅有后勤保障团队，也拥有优良的办公空间。此外，规划院的职工与研究生可以共享建筑学院的一切资源和空间，包括食堂、运动场、学生活动中心、书店、图书馆和其他设施。

3.2 国际化的实践基地建设

哈工大规划院设立国际科研部，加强与境外学术机构与设计实体的合作，并定期交换研究生参加设计实践教学过程。同时，通过国际化的建设，举办培训班和进修班，开展城市规划研讨会，以适应经济全球化的需求，为设计师、青年学生拓展国际化的学科视野。

4 强化实践能力的实习基地建设

4.1 实践教学体系建设

（1）课堂实践教学。由于规划专业的特殊性和前瞻性，从大学一年级开始逐渐让学生学会认知城市。结合本科教学中的设计课程，将部分课堂内容安排在规划院或项目场址实地讲解，如《居住小区规划设计》、《城市设计》、《公共艺术设计》、《公共建筑设计》、《综合调研》；随着年级和专业知识的增加，将理论课程如《规划原理》、《公文写作》；以及毕业学年上学期的《规划师实践》、《建筑师实践》、《设计师实践》等实习课程与实习基地进行对接，使学生熟悉课程学习中的相关概念、理论在实际工程中的应用，巩固加深课堂知识，锻炼实际设计能力，实现从理性到感性互动的认识过程。

（2）设计实践教学。随着专业基础知识的增加，部分课堂内容可通过吸收、采用规划院做过的实际案例进

行示范，通过PPT、动画和语音汇报的形式辅佐课程的进行。并在大学三年级将“城市总体规划、控制性详细规划、修建性详细规划、城市设计”等多项内容结合实际项目形成综合性的设计，在学生实习基地运用各种技术平台，利用一年的时间完成系统的研究报告，使学生在综合能力的运用上更加娴熟。

（3）学术交流体验。规划院定期举办各种形式的交流活动，如现场观摩、研讨会、汇报总结、学术沙龙、大师讲座等活动，提高综合素质，拓展学生的知识深度和广度，并进行多角度的海内外的学术交流。哈工大规划院现已同台湾中国文化大学环境设计学院建筑及都市设计学系、台北市开放空间文教基金签订了两岸学术交流的合作意向书，希望通过合作增进海峡两岸规划专业的建设，并促进彼此的文化、教育和科技方面项目的合作与交流。让更多的学生参与到异地学习交流的方式中来。目前，已有2名来自台湾中国文化大学建筑及都市设计系所的硕一研究生来到规划院实习基地。

（4）教学管理评价。建立科学合理的评价体系和方法，动态地评估实习基地的运行和管理模式，及时修正和补充新的内容，促进实习基地长久发展。根据社会发展和学生的需求，适时的调整和完善实习基地的培养方案和管理模式。

4.2 课堂实践教学培养内容制定

课堂实践教学内容应以教学中的重点问题为中心，进行印证式比较与分析。同时应注意规划院案例的准确性和有效性。包括：

① 理论应用与实践说明；

② 规划项目实践案例解说；

③ 经验总结与问题反馈；

④ 规划与设计文件绘制。

4.3 设计实践教学内容的优选及要求（高校和企业）

① 拟定题目库，分类设置实践题目（从复杂程度、软硬件分类等方面考虑）；

② 研制部分硬件设备，组成系统；

③ 按研发项目的过程要求。

4.4 实践教学软硬件平台的扩展研究（高校）

规划院研究生实习基地服务领域以面向硕士、博士研究生为主，同时也兼顾对本科生的规划全过程培养与训练。主要包括：

① 向上扩展服务博士生；

② 向下扩展服务本科生；

③ 形成本硕、博一体化实践平台。

4.5 实践教学的管理与评价体系建设（高校、学生、企业）

研究生实习基地实行全过程和管理双项评价体系，规划院和建筑学院定期对实习基地的教学效果进行评估，发现问题及时调整计划，同时也鼓励学生对实习基地的各项条件和实践效果进行评价，从而使建筑学院与规划院得以及时发现问题予以解决。

①按项目的要求对实践教学进行过程管理；

②校内和校外、学生和教师相结合的评价体系。

4.6 模块化的平台建设

规划院研究生实习基地在管理建设中，重点突出对规划师、设计师、教师联合辅导团队的建设，精选业务突出，示范能力和理论性力较强的职业规划师和教师领导各个实习小组，从而保证实习的质量和效果。同时建立规划院——设计所——项目组三级责任制，严格把关，避免实习过程敷衍了事，流于形式（见图1）。

5 结语

根据我国城乡规划专业人才的培养目标，既要积极应对城镇化发展和社会转型对高层次规划人才的需要，又要培养适应社会、经济和区域发展的专门人才，哈工大建筑学院将哈工大规划院打造成为学生实践基地，适时的打造出满足社会需求，适应个人发展的平台，为城乡规划专业人才的培养提供了新的教育改革方式。

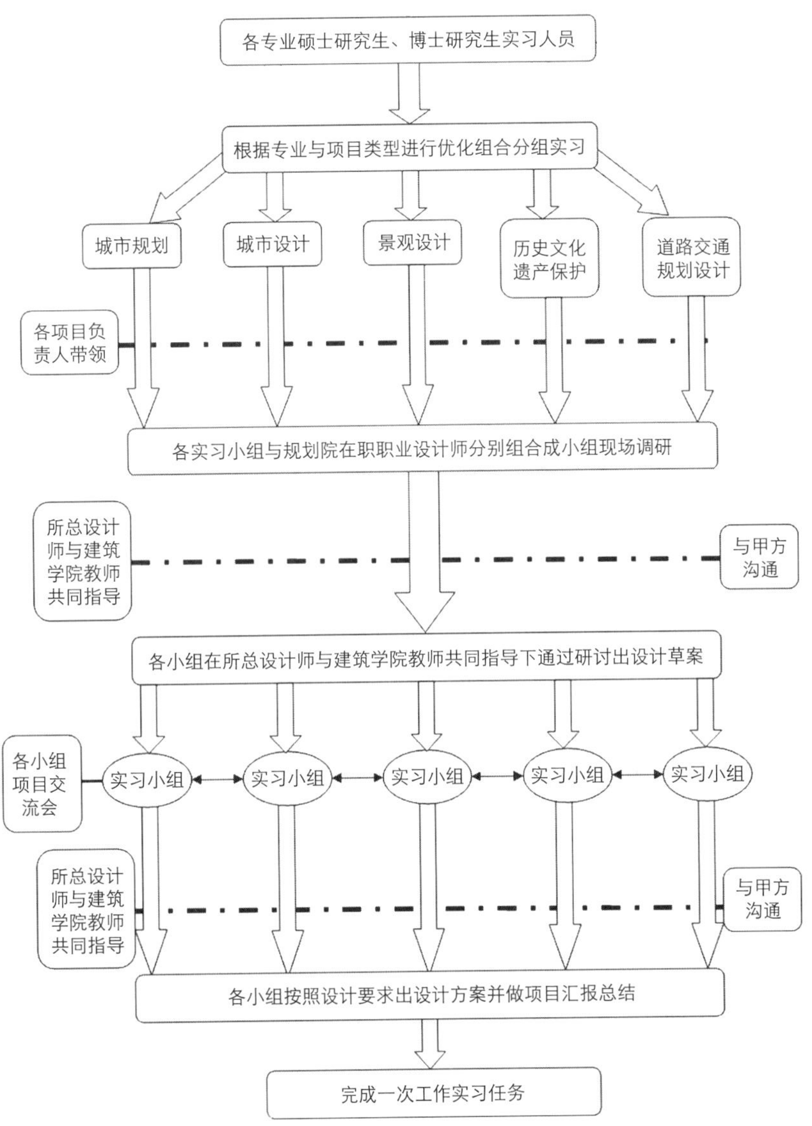

各专业硕士研究生、博士研究生实习人员
根据专业与项目类型进行优化组合分组实习
城市规划
城市设计
景观设计
历史文化遗产保护
道路交通规划设计
各项目负责人带领
各实习小组与规划院在职职业设计师分别组合成小组现场调研
所总设计师与建筑学院教师共同指导
与甲方沟通
各小组在所总设计师与建筑学院教师共同指导下通过研讨出设计草案
各小组项目交流会
实习小组
实习小组
实习小组
实习小组
实习小组
所总设计师与建筑学院教师共同指导
与甲方沟通
各小组按照设计要求出设计方案并做项目汇报总结
完成一次工作实习任务

图 1　模块化平台建设

Exploration of the Urban Planning Teaching Innovation Oriented in the Practical Ability Cultivation ——Student Internship Base Construction Guidance and Abstract of Architectural School of Harbin Institute of Technology

Zhao Zhiqing Liu Shenjun Wang Qinglian

Abstract: As Urban and Rural Planning and Design will be adjusted and become national Grade A discipline, the new ways for satisfying social development and practical ability cultivation for students have been sought through the exploration of planning discipline construction and cultivation modes.With the in–depth analysis of student internship base construction of Architectural School of Harbin Institute of Technology—Urban Planning & Design Institute of Harbin Institute of Technology, this paper has constituted the comprehensive platform for the professional construction, discipline development and student practise, which also becomes the new modes and methods for the teaching innovation of Urban and Rural Planning.

Key Words: urban and rural planning & design, teaching innovation, internship base

中国城市规划专业办学分布特征及讨论

魏 伟 周 婕

摘 要：分析了中国城市规划专业办学在数量及质量、办学高校及专业支撑、地区及城市分布等三个层面的基本特征，以当前城市规划基本属性与基本价值观的清晰和城乡规划学一级学科的确立为背景，提出“提升专业办学质量，拓宽专业办学口径”，“发挥办学高校优势，保障专业依托特色”，“面向地区发展需求，培养特色化专业人才”的办学思路。

关键词：城市规划，城乡规划学，学科分布，学科发展

1 中国城市规划专业办学高校分布的基本特征

1.1 数量及质量

1950 年代，中国只有两所高等院校设置城市规划专业；1980 年代为 6 所；1998 年 8 月建设部高等城市规划学科专业指导委员会成立之初，全国设置有城市规划专业的院校不足 30 所，至 2000 年代增长为 40 余所[1]；进入 21 世纪后，城市规划专业经历了“井喷”式的数量增长，先后有 137 个高校创建了城市规划专业（其中修业年限由四年改为五年的有 19 所，由五年改为四年的有 1 所），截止到 2011 年 5 月，全国共有 180 所高等学校设立了本科城市规划专业，❶有 40 余所高校设立了“城市规划与设计”方向的硕士点。这种惊人的扩张规模既是我国高等学校大规模扩张的结果，也是社会需求使然，但更是专业设置门槛低、缺乏专业认证评估标准、相近专业鱼目混珠的结果。

2000~2010年经教育部备案或审批同意设置的高等学校城市规划本科专业统计表 **表1**

年份	2000	2001	2002	2003	2004	2005	2006	2007	2008	2009	2010	合计
专业数量	13	13	16	13(4)	12(1)	15(4)	10(2)	10(2)	7(3)	13(1)	17(3)	143

注：表中的数据均为当年设置城市规划专业的高等学校数量，括号中的数字表示当年原专业修业年限变动的院校数；

资料来源：中华人民共和国教育部门户网站“信息公开专栏”：2000 ~ 2010 年经教育部备案或审批同意设置的高等学校本科专业；经作者统计整理。

截止 2011 年 6 月，全国共有 29 所高校通过了全国高等学校城市规划专业评估委员会的评估（其中通过本科评估的有 28 所，通过硕士评估的有 12 所，本科、硕士均通过评估的有 11 所），仅占全国设置城市规划专业的高校数量的 1/6。从专业教育的层次上讲，全国也仅有 19 所高校具备从本科到硕士、博士完整的培养城市规划及相关人才的教育体系。❷“规划院校数量

❶ 本数据来源为中华人民共和国教育部门户网站“信息公开专栏”，并在各高校 2011 年招生门户网站中逐一核查所得。

❷ 目前，由于城乡规划学科、风景园林学科升级为一级学科之后，全国又有多所高校申请设立城乡规划学一级博士点。

魏 伟：武汉大学城市设计学院城市规划系副教授
周 婕：武汉大学城市设计学院城市规划系教授

全国城市规划专业评估及学位教育情况一览表（截止到2011年6月） 表2

序号	学校名称	学校性质	专业评估情况			专业教育层次		
			首次通过评估时间	通过本科评估	通过硕士评估	本科	硕士点	博士点
1	同济大学	985	1998.6	●	●	城市规划	城市规划与设计	城市规划与设计
2	清华大学	985	1998.6	—	●	城市规划	城市规划与设计	城市规划与设计
3	东南大学	985	1998.6	●	●	城市规划	城市规划与设计	城市规划与设计
4	重庆大学	985	1998.6	●	●	城市规划	城市规划与设计	城市规划与设计
5	哈尔滨工业大学	985	1998.6	●	●	城市规划	城市规划与设计	城市规划与设计
6	天津大学	985	2000.6	●	●	城市规划	城市规划与设计	城市规划与设计
7	西安建筑科技大学	省属	2000.6	●	●	城市规划	城市规划与设计	城市规划与设计
8	华中科技大学	985	2000.6	●	●	城市规划	城市规划与设计	城市规划与设计
9	南京大学	985	2002.7	●	●	城市规划	城市规划与设计	城市与区域规划
10	华南理工大学	985	2002.6	●	●	城市规划	城市规划与设计	城市规划与设计
11	山东建筑大学	省属	2004.6	●	—	城市规划	城市规划与设计	—
12	西南交通大学	211	2006.6	●	—	城市规划	城市规划与设计	景观工程
13	浙江大学	985	2006.6	●	—	城市规划	城市规划与设计	建筑学
14	武汉大学	985	2008.5	●	●	城市规划	城市规划与设计	建筑学
15	湖南大学	985	2008.5	●	—	城市规划	城市规划与设计	建筑学
16	苏州科技学院	省属	2008.5	●	—	城市规划	城市规划与设计	—
17	沈阳建筑大学	省属	2008.5	●	—	城市规划	城市规划与设计	—
18	安徽建筑工业学院	省属	2008.5	●	—	城市规划	城市规划与设计	——
19	昆明理工大学	省属	2008.5	●	—	城市规划	城市规划与设计	—
20	中山大学	985	2009.5	●	—	城市规划	城市与区域规划	人文地理学
21	南京工业大学	省属	2009.5	●	—	城市规划	城市规划与设计	—
22	中南大学	985	2009.5	●	—	城市规划	城市规划与设计	土木工程规划与管理
23	深圳大学	省属	2009.5	●	—	城市规划	城市规划与设计	—
24	西北大学	211	2009.5	●	●	城市规划	城市与区域规划	人文地理学
25	大连理工大学	985	2010.5	●	—	城市规划	城市规划与设计	建筑学
26	浙江工业大学	省属	2010.5	●	—	城市规划	—	—
27	北京大学	985	2011.5	●	—	城市规划	城市与区域规划	人文地理学
28	北京建筑工程学院	市属	2011.5	●	—	城市规划	城市规划与设计	—
29	广州大学	省属	2011.5	●	—	城市规划	—	—

资料来源："全国高等学校城市规划专业教育评估委员会"公布信息，及表中29个高校城市规划专业所在培养单位的门户网站，经作者统计整理。

全国设置城市规划本科专业高校统计表（截止到2011年5月） 表3

院校类别			全国总数	设置城市规划本科专业的院校数量	比例
全国普通本科院校	公办普通本科高校	（985 高校）	39	23	59%
		（211 高校）	116	49	42%
		小计	741	150	20%
	民办普通本科高校		79	7	9%
	合计		820	157	19%
独立学院			311	23	7%
共计			1131	180	16%

资料来源：中华人民共和国教育部门户网站“信息公开专栏”：《2011 年具有普通高等学历教育招生资格的高等学校名单》、《2011 年具有普通高等学历教育招生资格的独立学院名单》、《2011 年全国民办普通高校名单》，及表中 180 个高校城市规划专业所在培养单位的门户网站；经作者统计整理。

惊人，质量堪忧是我国当前规划教育的最主要问题之一”[2]。而美国及加拿大“规划院校联合会”（“ACSP”及“ACUPP”）2009 年有 120 家成员单位，获得“规划专业评估会（PAB）”认证的有美国 71 家、加拿大 9 家[3]，这种国际间的专业认证差距也是值得我们对比和思考的。

1.2 办学高校及专业支撑

至今，我国城市规划专业的办学大概分为三个阶段：

第一阶段：早期城市规划专业主要脱胎于建筑学专业和土木工程类专业，从 20 世纪 50 年代开始创办，之后停滞很长时间，80 年代陆续开始创办。较早设立城市规划专业的高校均依托于建筑学科的优势，如同济大学、清华大学、❶天津大学以及重庆、武汉、南京、哈尔滨、西安、济南等地的建筑工程类高校；❷

第二阶段：上世纪 90 年代至本世纪初，在延续了建筑学背景下创办城市规划专业的态势下，以理学类、工程类、林学类高校为依托创办专业成为新的趋势[4]，在综合性大学中创办城市规划专业也方兴未艾；❸

第三阶段：2000 年以后，城市规划专业办学进入“井喷”时代，2000 至 2010 年间，共有 137 所高校新创建了城市规划本科专业，在这其中，西北农林科技大学、大连理工大学、厦门大学、清华大学 4 所“985 高校”以及合肥工业大学、云南大学、东北林业大学、福州大学、广西大学、上海大学、苏州大学、西藏大学、北京工业大学、四川农业大学 10 所“211 高校”（“985 高校”同时也是“211 高校”）相继创办城市规划本科专业，另有近 40 所建筑、工程（工业）、交通类学科的高校、近 30 所师范、财经、艺术类学科的高校、近 20 所农林水利类学科的高校、10 余所综合类地方高校新办了城市规划本科专业。

1.3 地区及城市分布

中国城市规划的专业教育地区分布存在明显的不均衡性：传统的教育大省（市）与强省（市）对城市规划的专业教育无论是数量上还是质量上都处于领先地位，

❶ 清华大学在本科阶段只设置建筑学专业，城市规划系 1988 年成立，2011 年开始招收城市规划本科专业。

❷ 如重庆建筑工程学院（后改为重庆建筑大学，现并入重庆大学）、武汉建筑材料工业学院（后改为武汉城建学院，现并入华中科技大学）、南京工学院（后改为东南大学）、哈尔滨建筑工程学院（后改为哈尔滨建筑大学，现并入哈尔滨工业大学）、西安建筑工程学院（后改为西安冶金建筑学院，现改名西安建筑科技大学）、山东建筑工程学院（后改为山东建筑大学）等。

❸ 如北京大学、南京大学、武汉大学、浙江大学、中山大学、东北大学、湖南大学等综合性大学，虽然其城市规划专业的起源可归入建筑、地理、工程等学科，但其办学特点及发展模式明显具有综合性大学学科门类齐全、体系完整的特点。

中国城市规划专业本科院校地区分布统计表 表4

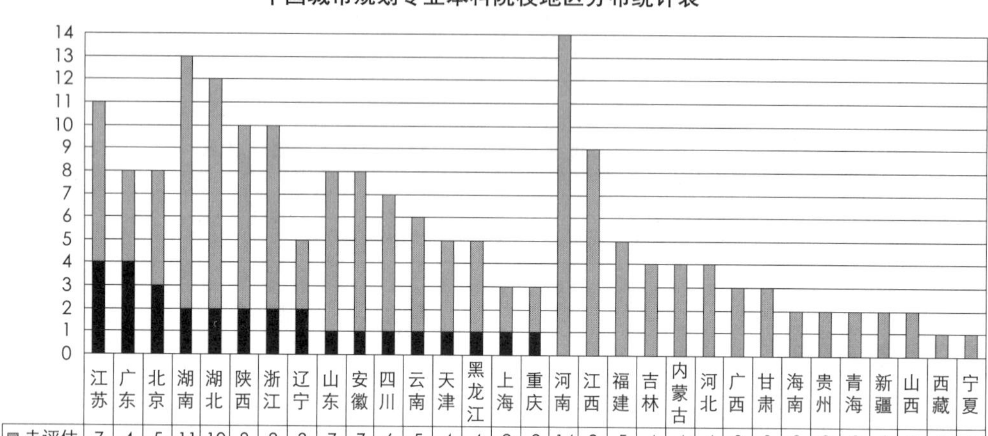

	江苏	广东	北京	湖南	湖北	陕西	浙江	辽宁	山东	安徽	四川	云南	天津	黑龙江	上海	重庆	河南	江西	福建	吉林	内蒙古	河北	广西	甘肃	海南	贵州	青海	新疆	山西	西藏	宁夏
■未评估	7	4	5	11	10	8	8	3	7	7	6	5	4	4	2	2	14	9	5	4	4	4	3	3	2	2	2	2	2	1	1
■评估	4	4	3	2	2	2	2	2	1	1	1	1	1	1	1	1	0	0	0	0	0	0	0	0	0	0	0	0	0	0	0

注：表中的数值均为开设城市规划专业的院校数量；港澳及台湾地区未列入统计数据。

资料来源：“全国高等学校城市规划专业教育评估委员会”公布信息，教育部门户网站“信息公开专栏”“2000 ~ 2010 年经教育部备案或审批同意设置的高等学校本科专业”，以及表中 180 个高校的招生门户网站；经作者统计整理。

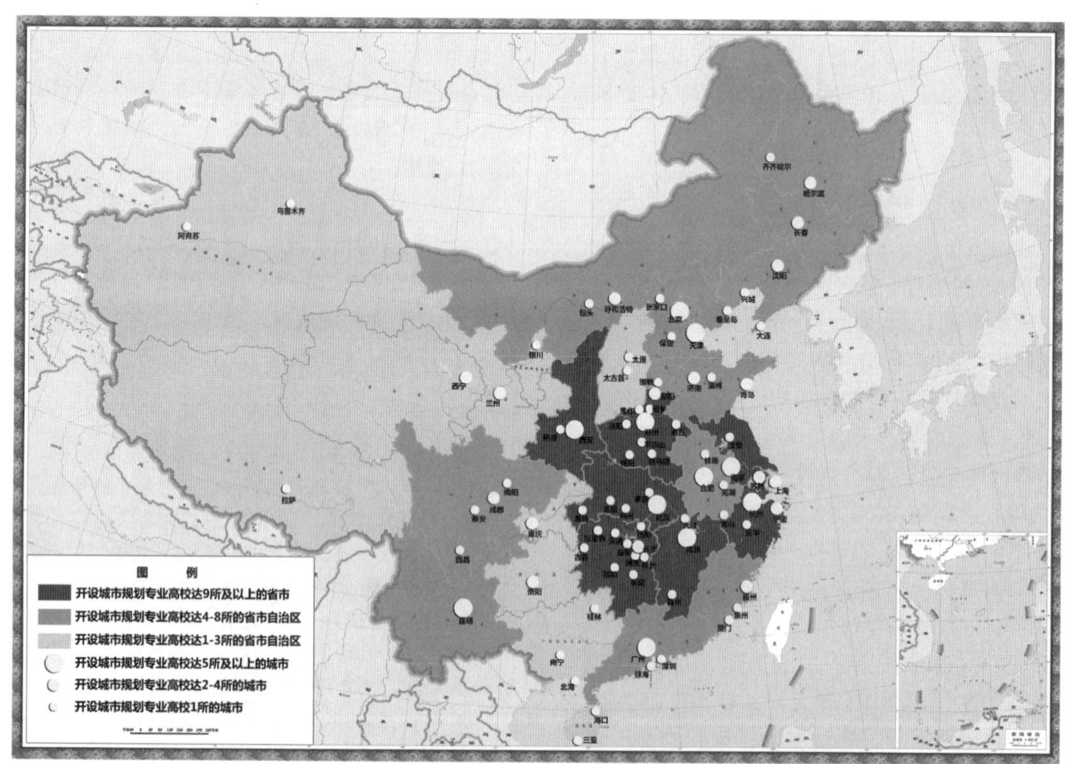

图 1　中国城市规划专业本科院校地区及城市分布图

注：港澳及台湾地区未列入统计数据。

而教育的重视程度与否和地方的经济及文化水平直接关联。值得我们关注的是，在河南、江西、福建等省份的城市规划院校设置中，明显存在量多而质缺的问题；而在广西、甘肃、青海、山西、西藏等发展迅速、地域广阔、特色鲜明、城乡问题突出、社会及经济亟待转型的省区，则存在城市规划专业量少质差的问题。城市规划院校的数量及质量，最终体现到的就是人才输出的数量及质量，以及科技支撑的广度和深度——要想形成城乡规划学科与地方城乡发展的良性互动，人才与科技必不可少。

从城市分布来看，中国所有的直辖市及省会城市都创办了城市规划专业，分布状况也与城市的经济发展实力以及文化教育实力相匹配；北京、上海、天津、重庆、南京、武汉、广州、西安、杭州、长沙、成都、哈尔滨、沈阳这些中心城市是中国城市规划办学的主要阵地，数量多且质量高；而昆明、合肥、长春、南昌、济南、郑州、兰州、福州、呼和浩特、苏州等城市中均有3所以上的城市规划办学高校；西部省区的各中心城市如乌鲁木齐、西宁、银川、拉萨、贵阳、南宁等依托各自的“211高校”分别创办了质量较高、特色鲜明的城市规划专业。

2 当前学科发展及办学的背景

2.1 城市规划核心理论、基本属性与基本价值观的逐渐清晰

在经历着快速城镇化与经济全球化的巨变中，中国城市规划学科的内容也不断扩充，但也经历着“核心理论空心化，理论创新惰性化，研究阵地孤立化”的学科发展危机，“既满足学科构成日益多元化，也要重视核心理论的空间化回归成为必然”[5]；城市规划的基本属性也从物质空间的部署与安排逐渐开始向“调控城市空间资源、指导城乡发展与建设、维护社会公平、保障公共安全和公众利益的重要公共政策[6]”过渡，并逐渐清晰了“永续发展作为城市规划的基本价值观、和谐城市作为城市发展的理想目标”[7]。这也是城市规划专业教育的几个基本出发点，即在培养基本价值观的基础上，以城市空间的多重属性研究为核心，培养落实城市规划基本属性各项要求的能力。

2.2 学科目录调整

2011年3月，国务院学位委员会、教育部共同印发了《学位授予和人才培养学科目录（2011年）》，“城乡规划学”成为目前中国110个一级学科之一。这实际上是中国城镇化发展、城乡统筹协调、人居环境建设以及公共政策推广等外部需求共同推进的结果，也是城乡规划学科本身的综合性、包容性与拓展性的必然结果；在这种外因、内因共同作用下，城乡规划学与建筑学从学科体系上正式“分离”，这不啻为一种“新生”。同时，建筑学、城乡规划学、风景园林学的关系逐渐清晰，“共同构成人居环境科学系统的‘主导专业’，形成多元化的发展模式”[8]。

此次学科目录的调整，主要是为研究生教育服务的。由“城市规划与设计”变为“城乡规划学”，名称的改变反映的正是当前社会需求对学科发展提出的更全面、更高的要求。我国城乡规划领域，长期以来一直存在着学科建设、规划实践与社会需求之间的脱节问题，存在诸如“话语权不多、作为有限、战略思维能力未见显现、缺席国计民生的决策、‘幕僚’角色退步到‘高级跟班’角色[9]”，这与城乡规划学科在前瞻性、系统性、科学性方面存在的不足有直接关系。结合《城乡规划法》的颁布与实施，此次学科名称的调整，即是对城乡规划学科在解决诸如城镇化、城乡统筹、永续城市、和谐城市这几个中国社会发展的核心命题所提出的要求和寄予的期望。

3 基于分布特征的城市规划专业办学思考

基于以上对我国城市规划专业办学高校的分布特征分析，以及当前学科发展的新背景，提出以下思考：

3.1 提升专业办学质量，拓宽专业办学口径

可以预见的是，随着城乡规划学成为一级学科，城市规划专业的学科认知度和重要性会进一步提升，并且伴随着国家城乡发展对专业人才的大规模需求，本科专业设置快速增长的局面会继续保持；而在研究生教育层面，随着城乡规划学二级学科的逐渐清晰并确立，特别是“社会学科”属性的增强以及“公共管理政策”导向的清晰，使得以此为背景的院校设置城乡规划学科成为可能，也是本学科发展的新的趋势。

但是我们也清晰地看到，“准入门槛”相对较低与“专业评估标准”不断细致深化完善，也形成当前城市规划

本科专业“数量”与“质量”之间的落差。解决这样的“落差”问题，应该充分发挥“全国高等教育城市规划学科专业指导委员会”与“全国高等教育城市规划学科专业评估委员会”在专业准入、专业指导、专业评估三个关键环节的作用，更要落实“设定准入门槛及加强新办专业基本办学条件的审核，扩大对现有专业的评估面，教育评估与执业制度紧密相连[10]”。

而在专业办学口径上，也要适应“城乡规划学”一级学科的确立，以二级学科为具体指向拓展办学口径❶。城乡规划学科的工程属性、社会属性、经济属性、政策属性都把这个学科推到了社会发展中更高、更广、更复杂的平台之上，使得其在“独立”之后将会面对更宽广的学科平台和更开放的知识融入体系；而城市规划教育也面临“知识更新与知识领域的扩大、规划理性要求的提高、形体规划设计范畴的扩大、创新能力要求的突出[11]”等现实挑战；如何在这种趋势下保持清晰而明确的学科体系及本色，“立足专业实践要求，把握有关学科知识在专业实践中的应用[12]”，提升专业教育质量，是目前摆在我们面前的一个大问题。这方面，可以充分借鉴法国“坚持城市规划教育的跨学科特征[13]”、美国“侧重能力建构（capacity building）与共识培养（consensus making）[14]、解决复杂的社会实际问题[3]”的做法。

3.2 发挥办学高校优势，保障专业依托特色

所在高校的特点及背景，是其城市规划专业建设及发展的主要平台，从这个角度看，不同的高校应发挥不同的优势及价值：

“985 高校”、“211 高校”中设置城市规划专业的比例很高❷，也是城市规划学科专业综合性发展的重要平台。“城市规划如果放到综合性大学，会更有潜力一些[15]”，优质的高校资源可以为城市规划专业的发展提供良好的学校平台：强调知名高校的影响力对城市规划专业的“武装”，强调多学科平台对城市规划学科发展的“筑基”，强调多专业对城市规划教育的“供氧”（比如“通识课教育课”就是城市规划专业教育必要的基础平台）。

对于专业办学基础扎实的专业性高校来说，特色化、标准化、优势化的道路十分必要，如沈阳建筑大学、山东建筑大学、安徽建筑工程学院、苏州科技学院、昆明理工大学、浙江工业大学等，已经走出了一条学科特色明显、行业认知度高、优势明显、影响力不断扩大的道路，这为很多类似的高校提供了典型。

对于其他大量高校的城市规划专业来说，走规范化、基础性的道路是当务之急，“专指委”的教学指导框架及“评估委”的评估要求，应该成为这些城市规划专业发展的基本标准。

3.3 面向地区发展需求，培养特色化专业人才

城市规划工作具有很强的地方性特征，各城市规划专业高校也承担着为地方及全国培养规划专业人才、提供规划科技支撑与服务的历史使命，“重视城市规划教育在全球化趋势中的本土化进程[16]”尤为重要，这就要求城市规划专业的培育与发展也要适应各地区不同的发展目标与特色。例如在《全国城镇体系规划 2006-2020》中，对东部、中部、西部、东北地区都提出了明确的规划要求发展目标[17]，这对各地区城市规划专业的人才培养与科技服务无疑提出了重要的方向。另外，随着区域协调和城镇化的发展，广大中小城市、城镇甚至乡村地区，对城乡规划人才的需求将会进一步加大，城市规划专业数量的进一步增多、面向这些地区输出高质量的规划人才，也是当前我国城市规划专业发展的重要任务。

同时，针对不同地区的自然、文化特征，城市规划专业的学科培育及发展也可形成特色化的优势方向，而相应的城市规划教育也能够因此而培养出文化多元化、生态可持续的地区性人才。许多高校的城市规划专业业已探索出这样的道路，如华南理工大学针对亚热带

---

❶ 当前我国在学科目录的设置上，采用的是“一级学科为指令性目录，二级学科为统计性目录”，也就是说在国家确定了一级学科的基本内涵及方向后，由各个学科根据实际情况建设其二级学科，各学校有一定的学科设置空间，这既为城乡规划学的发展留足了发展空间，也对城乡规划学的整体性和独立性提出了严峻的挑战。

❷ 实际上，除了国防、军事、医学、电子、海洋、艺术学科类的高校之外，多数“985 高校”“211 高校”均设置城市规划专业；少数如人民大学、复旦大学、山东大学、兰州大学、吉林大学等，以及各师范类、理工类、农林类高校，在科研、研究生教育等层面都与城市规划学科紧密结合。

地区的城镇[18]、重庆大学针对山地城镇[19]、西安建筑科技大学针对黄土高原城镇、哈尔滨工业大学针对寒地城镇[20]、东南大学和华中科技大学针对冬冷夏热地区城镇、湖南城市学院针对洞庭湖区小城镇[21]、安徽建筑工程学院针对徽派村镇、西北大学针对西北文化地区、昆明理工大学针对西南民族山区、西南交通大学针对川藏文化地区，开展了大量针对性的学术研究和科技服务，也培养出大量专门型人才。这种趋势对很多正在形成和发展的城市规划专业高校很有借鉴意义，以地方特色科研为导向，以服务地方城镇发展为宗旨，以特色化人才培养为目标，正是当前很多新兴规划专业的发展之路。

4 结语

“为多才多艺之人准备的多面性工作”——这是美国对城市规划师的职业评注[3]。这是否也能成为中国城市规划教育及职业的形象解读？我们期待……

主要参考文献

[1] 陈秉钊. 中国城市规划专业教育回顾与发展[J]. 规划师，2009，25（1）：25-27.

[2] 周江评，邱少俊. 近年来我国城市规划教育的发展和不足[J]. 城市规划学刊，2008，176（4）：112-118.

[3] 韦亚平，董翊明. 美国城市规划教育的体系组织——我们可以借鉴什么[J]. 国际城市规划，2011，121（2）：106-110.

[4] 赵民，林华. 我国城市规划教育的发展及其制度化环境建设[J]. 城市规划汇刊，2001，136（6）：48-51.

[5] 吴志强. 城市规划学科的发展方向[J]. 城市规划汇刊，2005，160（6）：2-10.

[6]《城市规划编制办法》2006.

[7] 吴志强，李德华. 城市规划原理（第四版）[M]. 北京：中国建筑国与出版社，2010.

[8] 吴良镛. 关于建筑学、城市规划、风景园林同列为一级学科的思考[J]. 中国园林，2011，（5）：11-12.

[9] 杨保军. 城市规划30年回顾与展望[J]. 城市规划学刊，2010，186（1）：14-23.

[10] 赵民，赵蔚. 推进城市规划学科发展加强城市规划专业建设[J]. 国际城市规划，2009，107（1）：25-29.

[11] 刘博敏. 城市规划教育改革：从知识型转向能力型[J]. 规划师，2004，20（4）：16-18.

[12] 韦亚平，赵民. 推进我国城市规划教育的规范化发展——简论规划教育的知识和技能层次及教学组织[J]. 城市规划，2008，（6）：33-38.

[13] 卓健. 城市规划高等教育是否应该更加专业化——法国城市规划教育体系及相关争论[J]. 国际城市规划，2010，119（6）：87-91.

[14] 田莉，杨沛儒，董衡苹，刘扬. 金融危机与可持续发展背景下中美城市规划教育导向的比较[J]. 国际城市规划，2011，121（2）：99-105.

[15] 周婕. 教育改革势在必行——访武汉大学城市设计学院周婕副院长[J]. 城市环境设计，2008，（6）：12-13.

[16] 袁媛，许学强，薛德升. 中国城市规划教育的全球-本土化（Glocal）思考[A]. 许学强等主编. 全球化下的中国城市发展与规划教育. 北京：中国建筑工业出版社，2006：206-214.

[17] 住房和城乡建设部城乡规划司，中国城市规划设计研究院. 全国城镇体系规划（2006-2020年）[M]. 北京：商务印书馆，2010.

[18] 汤黎明，朵朵. 城市规划特色专业建设初探[J]. 价值工程，2011，（5）：231-233.

[19] 赵万民. 城市规划学科办学的地域特色思考[J]. 规划师，2005，21（7）：18-20.

[20] 冷红，赵天宇，郭恩章. 面向新世纪的城市规划专业教学改革的探索[J]. 高等建筑教育，2000，（3）：37-38.

[21] 谢宏坤，易纯. 地方院校城市规划应用型人才培养特色探讨[J]. 高等建筑教育，2007，（1）：29-31.

China's universities urban planning school distribution and discussion

Wei Wei　Zhou Jie

Abstract: China's urban planning school in the quantity and quality of university education and professional support, regional and urban distribution of the basic characteristics of the three levels, the basic properties of the current urban planning and basic values of clarity and learning first level discipline of urban and rural planning established as the background, that "enhance the quality of professional education, to broaden the professional school caliber", "play school college advantages, security professionals rely on characteristics", "demand for regional development, training characteristics of professionals" educational ideas.

Key Words: urban planning, study of urban and rural planning, the distribution of subjects, academic development

城市规划专业“卓越工程师”培养模式构建

张　建　赵之枫　禹永万

摘　要：结合国家“卓越工程师”培养通用标准和全国高等学校城市规划专业指导委员会的培养计划要求，探索我院城市规划专业卓越工程师培养模式，从培养目标、校企联合培养、校外教学基地建设等几个方面，探索城市规划专业工程化教学应对方法。

关键词：卓越工程师，工程化，培养模式

当前，规划的“龙头作用”的观点得到普遍认同，社会对城乡规划人才日益关注，对城乡规划专业人才的需要也呈日益增长态势，2011年城市规划在学科调整中成为一级学科，正式更名为城乡规划学，这是从传统的建筑工程类模式转向社会主义市场经济综合发展模式的需求。为此，应根据城市规划专业的学科特点，进一步明确培养学生的实践能力和创新能力的目标，以社会需求为导向，以社会实践为背景，以工程技术为主线，着力提高学生的工程意识、工程素质和工程实践能力，城市规划专业应在教学模式和教学方法上不断深化改革，尽力满足城镇化快速发展和社会转型期对高层次人才的需求。

1　构建“工程化”人才培养模式

1.1　培养目标

我院城市规划专业以国家“卓越工程师”培养通用标准为依据，根据国家高等学校城市规划专业指导委员会的培养计划要求以及我院城市规划专业办学的实际情况，确立如下培养目标。

第一，掌握城市规划的基本理论、基本知识和基本设计方法。

1）要求学生具有基本的人文社会科学理论知识和素养：在经济学、地理学、社会学等方面具有必要的知识，对文学、历史、艺术、哲学、伦理学、公共关系学等若干方面进行一定的修习；

2）具有基本的自然科学理论知识和素养：掌握高等数学，了解生态学、信息工程学、环境科学等学科的基本知识，了解现代科学技术发展的主要趋势和应用前景；

3）具有扎实的基本理论：一是关于城乡空间发展理论，包括城市发展规律、城市空间组织、城市土地使用、城市环境关系等。二是关于城乡规划基础理论，主要涉及规划性质、指导思想、规划技术和方法。

第二，具备分析和解决问题的能力，获得规划师职业基本训练。

1）具有综合应用各种手段查询资料、获取信息和深入现场调查的基本能力；

2）具有应用语言、文字、图形等进行设计表达和交流的基本能力；能恰当地选择各种手段准确表达规划设计构思；具有较高的计算机辅助设计及表达能力；具有良好的语言文字表达能力；

3）在强调科学辩证思维能力、丰富的形象思维能力和逻辑推理能力培养的基础上，具有创造性思维能力和在解决实际问题中的创新能力；

4）以正确的理论观点为指导、有较强的规划设计方案构思能力和空间环境意识。

第三，具有在工程实践中综合应用知识和与其他专业交流的能力。

1）具有团队合作精神和沟通协调能力，具备良好的研究探讨、综合协调及策划能力；

张　建：北京工业大学建筑与城市规划学院教授
赵之枫：北京工业大学建筑与城市规划学院副教授
禹永万：北京工业大学建筑与城市规划学院讲师

2）具有协调相关各专业工作的方法和能力；

3）能够统一考虑社会、经济、文化、生态环境等问题的能力。

第四，具备在一定企业和社会环境下，从事城乡规划设计、规划管理等工作的初步经验。

1）熟悉规划师业务实践流程，对规划师工作内容、工作程序、工作方法和过程有实际了解；

2）了解规划规划编制管理、建筑与规划方案审查、规划咨询等工作的程序、了解各类相关法律法规；

3）具有与城市规划师相关的多种职业适应能力。

1.2　校企联合的培养模式

校企联合培养是指在学校和企事业单位两种培养环境中，综合教师与规划师的知识与实践经验，通过校内教学与校外实践两种途径，强化学生的实践能力，实现从学校培养到社会需求无缝衔接的人才培养模式。

根据循序渐进的教学规律，我院本科城市规划专业将5年的教学进程细分为四个阶段：即3+1+0.5+0.5的模式，前3年为基础知识、基本理论和基本技能的学习；1年为校企联合培养（规划师进课堂），第一个0.5年为企业培养（规划院实习），第二个0.5年为毕业设计（或采用校企联合培养——双师制，或与教师横向课题结合），各个阶段的教学目标既明确又相互关联，重点是培养学生的工程实践能力。

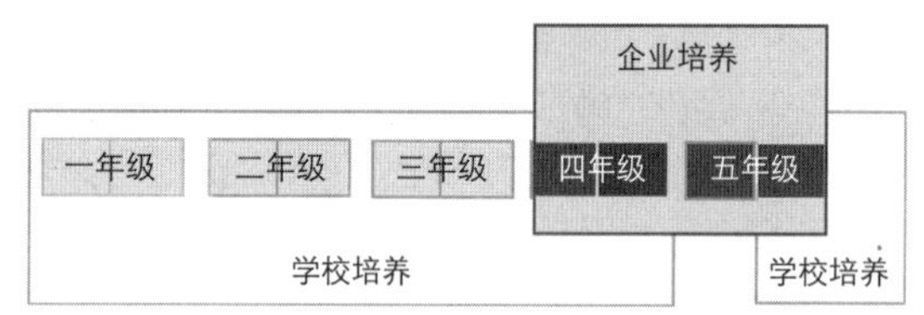

图1　城市规划专业校企联合培养模式

1.3　校外教学基地的建设

校外教学基地建设是实践教学的物质支持，高质量校外教学基地的建设是工程型人才培养模式中的关键环节。我院规划专业教学计划中，16周的城市规划综合实习，以及学院组织、学生自愿参加的大三、大四暑期一个月的设计院短期实习均主要依托与我院共建的校外教学基地进行。

我院城市规划专业近几年加快提升校外教学基地的建设水平与质量，与北京市规划设计研究院、中国建筑设计研究院所属城镇规划院、清华规划院等多家甲级规划院签订了校外教学基地合作意向书。这些都为卓越工程师培养计划的实施奠定了良好的基础与必要条件。北京市规划设计研究院、清华规划研究院等，都是北京地区城市规划方面实力最强、影响最大的专业规划研究院，我院与北京市规划设计研究院有多年的合作经历，与中国建筑设计研究院也有十余年的良好合作，借助双方的资源优势培养城市规划专业人才，解决工作能力的培养问题，已成为拓展与丰富双方合作内涵的重要内容。稳定的实习基地，保证了实践性教学环节的正常进行及实践教学的质量。

1.4　多种形式利用校外资源培养人才

以培养学生综合能力为主线，在内容上注重与课堂教学有机结合，我院充分利用校外资源开展了工程大师论坛、国际合作夏季工作营多种类型的课外学习活动。

工程大师论坛：自2006年开始，利用地处首都北京的地缘优势，每年坚持举办高水平的工程大师论坛，7年来共邀请了32位城市规划领域、建筑设计领域的工程大师们来学院讲座，大师们的讲座高屋建瓴，对培养学生的学习兴趣，提高学生综合地分析问题、解决问题的能力十分有效。

第二课堂：为了锻炼和检验学生们的设计能力，学生在教师和校外导师共同指导下展开了第二课堂活动，对外承接简单的任务。此举为学生对外交往、沟通搭建了平台，可为学生将来创业打基础，这种活动既极大地激发了学生的学习兴趣和热情，又使学生通过勤工俭学有一定收益，非常受学生欢迎。

夏季工作营：近年来，学院积极参与探索与国际知名高校合作教学的新模式，2007–2010年，我院承办或参与的夏季工作营活动5次，共有8个国家和地区的16所国内外知名院校参与其中，我院直接参与教师17人次，学生50人次。通过国际合作教学，学生开拓了国际化视野，强化了综合素质和工程创新能力。

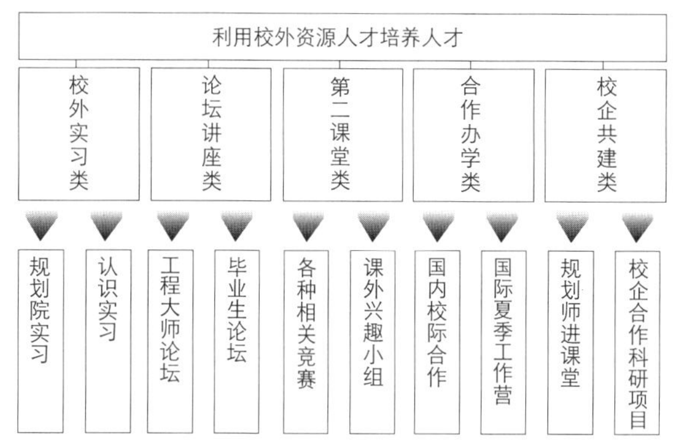

图 2　利用校外资源培养人才形式分类

2　探索工程化教学方式

2.1　规划师进课堂

与实践教学合作单位联合，建立校外指导教师资源库，定期、定员聘请规划院规划师辅助教学，共同保证课堂教学的实践性和工程性是我们在四年级主干课程中采用的方式。此外，在毕业设计中，我们分成两个阶段实施规划师进课堂的方案：一是在前期准备和中期检查阶段，在真实任务书的制定中征求规划师的意见，在毕业设计检查中请规划师参与审查，共同给学生成绩，帮助学生指出毕设中存在问题，二是在毕业设计答辩中，每个答辩小组都聘请了校外规划师参评打分，最后与规划师一起分析探讨毕业设计从选题、过程管理、成果表达等方面应注意的问题及改进措施。

2.2　研究所教学与案例式教学的结合

研究所教学是指高年级本科生参与研究所教授的实际项目。我院的科研工作主要是采用研究所的机制，建立了一系列与城市规划学科密切相关的研究所，通过在研究所教授带本科生的"导师制"强化学生工程实践训练，增强学生继续深造、就业和创业的竞争力是一种培养学生工程素质的新做法。历史环境保护规划研究所使得学生有机会亲身参与历史街区的测绘实践，与教师一起站在学术前沿，体验学术研究的辛勤与快乐。村镇规划设计研究所借助教学团队的特色科研项目，采用真题的形式，对学生进行理论联系实际的真实训练。城市设计研究所带领本科生参与城市重点地段的规划设计，与研究生一起解决技术问题，有力地推动了相关课程的教学水平。

案例教学是在学生掌握了有关城市规划的基本知识和基本理论的基础上，根据教学目的和教学内容的要求，通过典型规划项目案例进行详细解剖，通过学生的独立思考和集体合作，提高其分析、解决问题能力的教学方式。通过案例教学的方式，还可以把规划师的职业道德和价值观融入到教育当中，使德育与技能结合起来。我们选取的项目案例主要来自师生共同参与的实际项目，当然，这种方法会涉及项目来源、进度、难度与相应教学环节关联的限制，教师投入的精力如何对教学效果的影响较大。

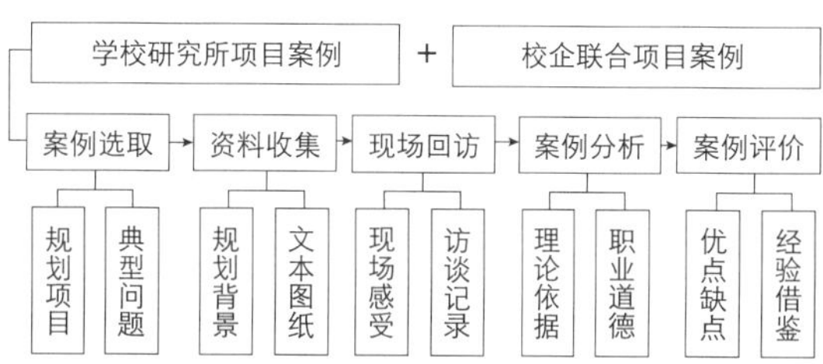

图 3　研究所教学与案例式教学结合流程

2.3　结合地方建设需求培养人才

我校地处首都北京，我们利用熟悉首都的经济、社会状况这一有利条件，在教学、科研及生产实践方面强调"服务北京"的目标是我校的办学方针。我院城市规划专业经过多年积累，已形成了一系列与北京城市建设密切相关的研究成果，培养了一支具有较高水平的学术队伍，服务北京成效显著。村镇规划与建设领域，在北京具有领先优势，国内具有较好的影响。结合北京城乡统筹的大背景和新农村建设的热潮，我们结合城市规划教学大纲的要求，我们开设了 64 学时的村镇规划课程，指导学生学习《小城镇规划》和《村庄整治规划》等相关规划的编制标准和编制方法，指导学生掌握新农村规划的相关知识。并在相关课程中补充关于村镇建设的特点和相关案例。在城市总体规划课程中补充镇的总体规划编制方法及技术要点，在城市道路与交通课程中补充村镇道路规划的基础知识和实际案例等。我们还结合毕业设计带领毕业班参与新农村规划的实践，这不仅契合了政府全力推行的新农村建设，并且使平时生活在城市的学生可以直接接触生活在社会底层、平时从不为他们所熟知的农村和农民。通过深入农村调查研究，学生们不仅学到了从收集资料、调研、方案设计与成果汇报等全方位的锻炼，而且学习到了专业知识技能以外更多的东西——为人的原则、职业的道德，体会到了将来作为职业规划师的责任。

3 工程化教学保障机制

3.1 构建产学研结合的教学平台

我院依托校外人才培养基地和实践教学基地的建设，努力把校企双方的合作从城市规划教育过程中的工程实践拓展到更多层面，包括我院青年教师到设计院、规划院所进行短期工作实践或从事相关的学术研究，双方共同参与项目投标及科研项目的研究合作，以及共同为本行业提供技术服务等。

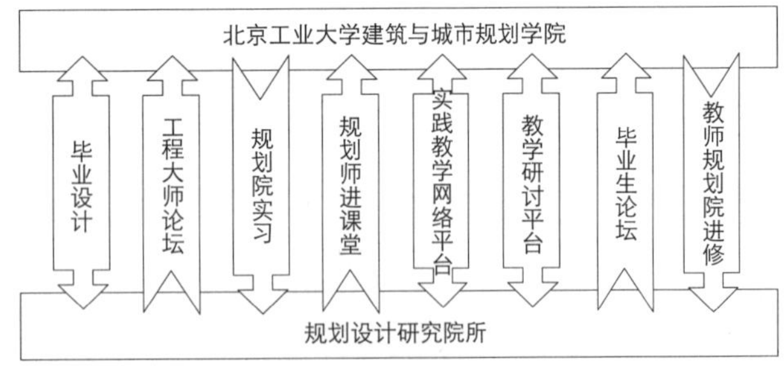

图 4 产学研结合教学平台

3.2 培养“双师型”教师队伍建设

城市规划专业教育需要知识和技能两个层面，专业教师应该成为讲堂上的“老师”和工程实践中的“规划师”，成为具有理论知识丰富和实践经验强的“双师型”的综合性人才。一方面，我们优先聘用有丰富实践工程经验的教师（以有国家注册规划师的教师为核心）担任主干课程主讲教师，同时在教师保证完成教学任务的前提下，鼓励教师参加各种执业资格考试；另一方面，鼓励教师把高水平的科研与实践教学相结合，提高实践教学水平。经过多方面努力，极大地改善了城市规划专业教师的知识与能力结构，初步形成老、中、青三代相结合的“双师型”教师队伍，为学生创新、创业的能力的培养创造了条件。

3.3 多种措施为工程化教学提供条件保障

首先，挑选理论基础扎实、实践经验丰富、责任心强的教师组建相对稳定的实践环节师资队伍，明确任务并将其作为教师岗位聘任职责之一。对参加学生课外实践指导的教师明确工作量计算标准，对成绩突出的指导教师给予奖励。

第二，依托学校教学基地建设经费，并投入教改专项经费建设具有开放性质的模型实验室和学生设计实践中心，为学生课外工程实践提供设备和场地等基本条件。

第三，为了保障校外实习质量、加强有关的指导工作，包括学校统一联系实习单位、制订实习计划、检查实习情况、参加实习的考核与答辩等环节。在管理手段上，将尝试通过学生感兴趣的互联网方式，提高管理的时效性。建设了体系完整的实践教学管理网站——设计院实习管理信息系统，该网站内容丰富、形式多样，具有师生互动的特点，内容主要有实习日志、网上交流论坛、教师在线辅导答疑、“系列讲座”通知、实习作品展示等。网络学习平台便于学生自学，激发了学生的参与意识，扩大了学生的受益面。

第四，为了激励学生积极参与课外实践，学院规定对参加活动并取得一定成绩的学生计以课外实践创新学分。对获得相关竞赛等级奖的学生给予表彰和奖励，并在推免研究生中优先给予考虑，同时在评定奖学金中加分，在就业时积极向用人单位推荐。

主要参考文献

[1] 黄天其. 关于城市规划教育体系建设的几点建议. 规划师，2005（3）：60-62.

The construction of training Pattern of Urban planning's Prominent Engineer

Zhang Jian　Zhao Zhifeng　Yu Yongwan

Abstract: Our target is searching after our college's Training Pattern of Prominent Engineer in urban planning subject, combining with the National Current Standard of Prominent Engineer and the demand of National Colleges' Urban Planning Subject Directive Committee; and searching after the training measure against the enginization of urban planning subject, from the areas of training target, teamwork training by college and enterprise, constructing the outside training base and so on.

Key Words: prominent engineer, enginization, training pattern

试论城市规划专业的生态学基础教育❶

付士磊　姚宏韬　马　青

摘　要：随着城市的发展和人口的增长，产生了一系列的城市生态安全问题，而生态学思想在城市规划专业教育体系中却没有引起足够的重视，如何在特色专业的背景下培养出具有生态学教育基础的城市规划专业人才是当前我国建筑类院校城市规划专业发展所面临的现实问题。论文从适应社会经济发展需求出发，通过对国内城市规划专业当前现状和发展趋势的分析，结合沈阳建筑大学的特色办学思路和优势学科建设，提出了沈阳建筑大学城市规划专业生态学基础教学的定位与特色，探讨了沈阳建筑大学城市规划专业生态学课程体系教学方法和教学实践，以促进学科间的交流和合作，为城市规划专业生态学教学提供的新思路和新途径。

关键词：城市规划，生态学教育，教学方法，教学内容

1　引言

城市规划（Urban Planning）研究城市的未来发展、城市的合理布局和综合安排城市各项工程建设的综合部署，是一定时期内城市发展的蓝图，是城市管理的重要组成部分，是城市建设和管理的依据，也是城市规划、城市建设、城市运行三个阶段管理的龙头。城市规模迅速扩张导致耕地锐减、生态失衡等后果，城市规划必须与生态规划相结合，城市规模不能无限制膨胀。建设部副部长仇保兴指出："城市应当被融合进当地的生态系统之中，而不是凌驾于它们之上。"因此，城市规划教育中生态学理论的引入成为当前学科教育的研究热点之一，城市规划需要从宏观的角度去探索、研究和解决，使人工环境更好的与生态环境相适应[1]。

2　城市规划专业生态学基础教育的背景和问题

2.1　城市规划专业加强生态学基础教育的背景

（1）实践需求

伴随着经济的发展，生态城市的建设也越来越成为国家和各个经济部门所重视问题。生态城市是社会经济和环境协调发展，各个领域基本符合可持续发展要求的市级行政区域。建设生态城市是用生态理念指导传统生产与生活方式转型，缓解资源环境压力，保护自然生态，创造优良人居环境，促进经济社会与资源环境协调发展，实现社会和谐、经济高效、环境优美的城市发展目标[3]。中国城市大规模扩张直接造成有些地方土地资源稀缺、环境污染乃至"城建腐败"盛行，但中国城市建设所面临的窘境，也迫使原有城市发展观尽快实现"升级换代"。随着沿海发达地区进行产业升级，中西部有些地区"接盘"心切，已经出现不惜以牺牲环境为代价，降低环保门槛的招商引资新热潮。前事不忘，后事之师。因此之故，还应当采取严厉监管手段，避免中西部地区重复"先污染后治理"的城市和经济发展模式。进一步来看，近年来中国经济备受资源瓶颈约束，能耗过大的经济发展模式弊端凸显，在这样的背景下，注重生态规划毫无疑问将是今后城市建设的必然趋势。换句话说，无论是从城市建设还是经济发展的角度来看，当前中国城市发展势难维持原有理念，为过度膨胀的城市"减肥"、增添"生态美"，已是势在必行。

目前我国建设事业兴旺，城市建设生态化的需求日趋高涨。相应的，城市规划事业正面临着多变的社会环境的挑战，规划工作难度也不断增大，其中针对城市稀

---

❶ 基金项目：沈阳建筑大学自然科学基金（2008118）。

付士磊：沈阳建筑大学建筑与规划学院副教授
姚宏韬：沈阳建筑大学建筑与规划学院教授
马　青：沈阳建筑大学建筑与规划学院教授

缺资源，城市规划更是需要扮演“保护神”的角色 但是在目前城市化高潮下，这类资源屡屡受到侵害，伪生态、甚至破坏生态的建设行为屡有发生，规划的合理性和实际调控能力并未得到有效提高，可以说，目前沿用的城市规划理论存在着生态缺失，运用生态学的原则，指导我们建设适合人与自然生态平衡的人居环境，是我们掌握生态学思想的目的所在。

（2）专业需求

生态学（ecology）1969 年由德国生态学家赫克尔（Haeckel）首先提出这一概念。虽然生态学是生物科学的一个分支，但其涉及面相当广泛，是各门学科的大汇合，触及自然界和社会的许多方面，生态学日益受到人们的重视 经过一百多年的发展，自然科学、社会科学、系统科学等学科，不断渗透、融合到生态学的领域中，形成了一系列交叉学科，生态学成为当前最活跃的前缘学科之一。

将城市规划与生态学相融合，具体而言就是要将土地适宜性分析、景观生态规划、环境机制规划、生态承载力、循环经济规划、生态区划等因素引入城市规划，从而确定城市的发展规模、发展方向和发展方式，使得城市的扩张不得触碰生态保护这条“底线”[1]。目前国内将城市规划学与生态学相结合的交叉学科还鲜有所闻。

建筑规划学院城市规划专业采取学科交叉的培养的方式，由建筑大学城市规划专业教师和生态学专业老师共同完成专业课程的教学计划，突显了学科交叉的优势，主要表现在：一是专业的课程体系设置以城市规划学科为主线，以生态学为辅线，充分实现生态及规划学科的联系与互补，充分利用建筑院校的优势资源，创建特色专业；二是课程教学目标突出专业特色[2]。每个学校都会根据自己办学的条件以及社会对人才的需求，对人才培养目标进行自己的定位。专业培养目标和课程教学目标转化为本学院有特色的教育的质量目标成为了当前学院专业建设的首要问题；三是依托相关的合作单位，建设有现代化技术、设备的专业实习基地，满足生态学实践环节的培养要求。

2.2 城市规划专业生态学基础教育的现状

（1）专业教育体系不完善

目前各高校城市规划专业教学基本上都是以规划设计为主干课程，以城市规划基础知识理论知识和相关知识为重点课程，注重设计技能的培养和专业知识的传授，着力提高学生的专业素质和专业技能；对于生态教育的内容，仅仅安排一门专业选修课《城市环境与生态学》，24 学时，或者专业课教学和实践环节中进行穿插讲授。这样的生态学教育对培养城市规划人才生态素质的作用微乎其微。

（2）师资队伍结构不合理

《全国高等学校城市规划专业本科（五年制）设置基本条件》师资条件要求有城市规划、城市道路与交通、城市建设史、区域规划、市政工程设施、建筑设计和美术学科的专业教师，能独立承担本专业 80% 以上的必修课程的教学任务，并未对城市生态与环境方面师资做出规定。目前各高校城市规划专业（五年制）基本上以工科建筑学专业为主建立起来，其特点是师资队伍依托于原建筑学专业师资力量，缺乏生态环境相关专业教师，培养出的学生设计思维能力强，擅长城市空间形态的规划设计，不足之处是对城市生态等宏观城市问题分析训练少，对生态的规划技术掌握不够。以建筑、工程为主体的规划教育已不适应形势的需要，随着市场经济体制的建立与完善，城市物质要素与空间资源愈加依靠市场力量进行优化配置，规划工作者除了必须掌握建筑工程技术外，还必须学习城市经济、公共政策、地理学、生态学及经营管理行政学等，这就要求城市规划专业师资队伍知识结构的宏观化、多元化，才能有力地把握城市这个复杂与开放的巨系统，在制定城市规划专业培养方案时，既要把握住专业发展的大方向，又要根据自身的条件、优势和对人才市场的分析办出特色。

3 建筑大学城市规划专业生态学教学的实践

3.1 生态学课程的定位和发展

生态学是一门庞大的学科体系，有着诸多的分支学科。随着人口的增加和工业、技术的进步，人类正以前所未有的规模和强度影响环境，随之而来的是诸多全球性的问题，如能源与资源枯竭、粮食短缺、环境退化等，涉及人类的存亡，这些问题的解决都有赖于生态学理论的指导，因而生态学逐步引起全社会对它的兴趣与关心，不少国家都提倡全民的生态意识，如在荷兰，走进一般普通市民的院落中，其庭院绿化很具专业水准，甚至能准确地用植物的拉丁学名与你交流。美、英、日、俄、德等把社会教育与中小学生态学教育结合起来，在教材中加强了生态学内容。

随着生态学的研究领域日益扩大，不再局限于生物学，而渗透到地学、经济学、农、林、牧、渔、医药卫生、环境保护、城乡规划等各个部门，使生态学理论和思想成为一种普遍的科学思想和生活、行为准则，于是，各大院校纷纷设立生态学课程，来普及生态学教育[4]。

3.2 沈阳建筑大学城市规划专业的加强生态学教育的调整

目前，全国规划类教育中都在不同层次地开展生态学相关知识教学，有的作为专业基础课，如城市环境与生态学；有的作为限制性选修课，如景观生态学。从教学内容和方法来说，差异较大，有的学校已经普及多媒体教学；有的还在沿用"一根粉笔加黑板"式传统式教学。教学内容多具有地方特色，同济大学的生态学教学侧重于城市生态学知识，沈阳建筑大学侧重于景观生态学内容，缺乏统一的大纲和教材。如何在规划类教育中开设好生态学课程，是当前急需解决的问题[5]。

对于建筑大学而言，从学院现状出发，生态学必然要与建筑和城市规划专业协同发展。其定位应结合建筑学、城市规划和园林专业，走应用生态学的路线，理论学习与应用研究相结合，依托建筑学、规划学和景观园林等专业的学科优势，发展有建筑专业特色的生态学。基于社会对生态规划人才的需求结合学院的师资力量及优势学科，本专业设立城市生态规划方向的城市规划专业，将城市规划专业与生态学专业相融合，培养从事城市生态规划的应用型专业人才。

（1）完善生态学专业课程体系

在保证城市规划普遍教育、坚持统一规格要求的基础上，城市规划专业开设了生态学方向的专门化课程，以促进学生的个性发展。按照生态学课程体系设置了《生态学基础》、《城市环境与生态学》、《景观生态学》、《建筑生态学》、《生态环境影响评价》五门专业选修课，让学生从入学开始就培养生态学的思想和观念，并配以相应的设计课来培养学生将生态学理论运用到城市规划实践中[2]。

（2）优化师资队伍

城市规划专业培养计划的调整必须要求师资队伍知识结构的宏观化、多元化。目前沈阳建筑大学城市规划系已引入生态学专业教师 3 人、区域经济地理教师 2 人，已初步形成了教授 + 副教授 + 讲师的人才梯队，根据自身条件、优势和对人才市场的分析办出了有生态特色的城市规划专业，取得了良好的教学效果。

3.3 规划专业的生态学教学实践

由于规划学生学习特点和基础情况有别于其他专业教育，至今尚未有适用于城市规划本科教学的相关生态学教材。但城市规划专业的生态学教学应有其独特性，需要在教学理论体系的设计、教学内容的处理以及教学方法的使用等诸多方面加以改进。

（1）教学内容结合专业方向增加应用知识

目前已出版的生态学教材有的内容较深，不利于外专业本科生的学习和理解，有的内容较旧，没有新技术和新方法，所以任课教师可以选取一本主要教材和几本辅助教材，根据专业需求来删减或添加内容。规划类专业的生态学教学在内容省应侧重于宏观方面，即以群落生态学、生态系统生态学、景观生态学、全球生态学为主。

（2）采用现代化教学手段，提高学生学习兴趣

目前，不少高校仍然采用传统的灌输式课堂教学。生态学内容广泛，发展迅速，新的信息日新月异，沿用传统的教学方式，任课教师难以在短时间内，把大量知识传授给学生，所以规划专业生态学的教学点应从传授知识相培养学生获取信息能力的方向转变。教师在课堂上讲授一些基本概念、基本原理和方法，简明扼要地介绍当前生态学研究的主要问题与进展，知道学生应用网络获取更多的前沿信息。采用多媒体教学，将文字、图像、数字和声音有机地结合，提高课件的吸引力，变传统的平面教学为立体教学，可以交叉使用视频、图像、照片、实物、模型等，吸引学生的注意力，提高学习兴趣，从而提高教学效果。

（3）加强野外与实践教学，提高教学的参与性

生态学是一门实践性很强的科学，通过生态学野外实习可让学生增加感性知识，验证理论知识。由于课时所限，单独开设生态实习实践环节困难重重，城市规划专业可利用城市认识实习环节，由规划教师和生态教师一起带队实习，将城市规划实习与生态实习有机结合，即丰富了实践内容，又融合了专业知识，圆满地完成了教学任务，教学效果不错，是学科交叉的一个有益尝试。

（4）灵活考核方式，科学评价学生

考试作为教学评价的重要手段，必须有利于学生充分发挥自主学习和实际动手的能力，有利于学生的全面发展。改革现行考试方法，以考核技能与能力水平为主，平时的过程性考核和期末的总结鉴定性考试并重，确立全面的考试模式，不断完善考试考核内容和办法，适当增加平时考核比重，加强学生出勤、课堂表现及作业的分值，将有利于科学全面的评价学生学习成果，做出恰当的教学决策。

本课程的考试方法改变了传统的一考定成绩的考试课考核方式，采用平时成绩 + 期末考试成绩的形式，将理论知识题与实践能力的考题都溶到学习的全过程中。生态学课程最终成绩构成：平时成绩占 50%，期末测试成绩占 50%。使用此考试方法，考核全面，覆盖知识面较广，能够更有效的锻炼学生的实际操作能力，培养学生熟练掌握生态学的基本技能，使学生具有用生态原理解决实际问题的能力，从而激发学生主动学习的热情。使用该考试能够更准确的评分，避免了许多人为的因素。

4 结语

生态城市作为一种新型城市具有强大的生命力，它是未来城市发展的方向。城市规划专业在未来的教学中应主动与生态城市建设相结合，致力于现行城市经济、社会、环境结构的完善和提升，改善城市的生态功能，提高城市各系统的再生能力，促进现行的城市结构、城市功能、城市管理和城市运营向生态城市的转变。这就要求在建筑类高校发展城市规划专业除了需要加强自身的建设之外，还需要积极与生态学专业开展专业平台，依托学院的大平台，充分发挥建筑院校的特点和优势，开展专业间的交流和合作，取长补短，相互促进，共同探讨城市规划专业生态学教学的新思路和新途径。

主要参考文献

[1] 沈清基．论城市规划的生态学化——兼论城市规划与城市生态规划的关系［J］．规划师，2000，16（3）：5-9.

[2] 沈阳建筑大学城市规划专业本科培养计划和教学大纲（2010 年版）.

[3] 刘力．国外城市生态研究的主要方向与研究进展［J］．世界地理研究，2001，10（3）：86-91.

[4] 刘敏．可持续发展的生态城市规划初探［J］．上海环境科学，2002，21（2）：101-103.

[5] 李素英．地理教育中的生态学教学初探［J］．内蒙古师范大学学报，2003，16（6）：90-92.

[6] 罗晓莹等，强化生态学基础的城市规划专业本科培养探索［J］．科学决策，2008，（11）：79-80.

Discussion on the Ecological Basic Education of Urban Planning Specialty

Fu Shilei　Yao Hongtao　Ma Qing

Abstract: With the urban development and population growing, it produced a series of urban ecological problems.But we has not pay sufficient attention to ecological thoughts in urban planning professional education system.How to bring up innovative urban planning talent with higher stuff is a actual question to the architectural university under the characteristic education.From the point of view of being seasoned with the development of economy, the paper analyzed the current stage and development trend of the internal urban planning educational characteristic, based on the subject predominance and characteristic of Shenyang Jianzhu University, proposed the position and characteristics of ecological basic education in urban planning specialty of Shenyang Jianzhu University, and probed into the specific contents and related measures of ecology course system construction.

Key Words: urban planning, ecological education, teaching method, teaching content

教学方法

渔场效应

常海青

摘　要：如果说“授人以鱼”可以比拟为传授知识，那么“授人以渔”就可以比拟为培养能力。这二者的关系在今天的教育理论里常常为大家所争论。但是在教育的过程中由于学生和教师的个体差异，“授人以渔”较难实现，如何能将二者完美结合呢？作者结合在挪威科技大学的教学参观经历，谈一谈 “授人以渔”不如“授人以渔场”的观点，希望通过促成良好的“渔场效应”，有效实现城市规划卓越工程师教育培养计划。

关键词：渔场效应，个体差异，城市规划专业，卓越工程师教育培养计划

当教育界讨论如何教书育人的问题时，大家常常会讨论“什么是教育的目标”。中国有句古语说得好：“授人以鱼，莫若授之以渔；授人以鱼只救一时之急，授人以渔则可解一生之需。”如果说“授人以鱼”可以比拟为传授知识，那么“授人以渔”就可以比拟为培养能力。这二者的关系在今天的教育理论里常常为大家所争论，普遍的认为是应该在“授人以鱼”的同时结合不同的教育阶段和教育对象还要 “授人以渔”，既有知识的传递，又有能力的培养。但是在教育的过程中由于学生的个体差异，受“鱼”相比学“渔”易，同样，由于教师的个体差异，送“鱼”比授“渔”易。如何能将二者完美结合呢？本人提出的观点是“授人以渔”不如“授人以渔场”，灵感来源于挪威科技大学（NUNT）建筑与美术学院（Faculty of Architecture and Fine Art）的教学参观。

1　挪威科技大学建筑城市规划教育概况

挪威科技大学位于挪威历史文化名城特隆赫姆（Trondheim）。其建筑与美术学院（简称建筑学院）是挪威最古老也是最大的培养建筑师的院系，由五个系组成：建筑设计（形式与色彩）系 Department of Architectural Design，Form and Color Studies；建筑设计（历史和技术）系 Department of Architectural Design，History and Technology；建筑设计与管理系 Department of Architectural Design and Management；城市设计和规划系 Department of Urban Design and Planning；美术系（同时也是特隆赫姆美术学院）Department of Fine Art – The Trondheim Academy of Fine Art。院系总共约有 110 名雇员，其中 50 个是固定教师。除上述各系，在挪威科技大学与建筑和设计领域相关的院系有工程设计与材料系、产品设计系、工程科学与技术学院以及房地产及设施管理中心、智能建筑中心、零排放建筑研究中心、能源和室内环境研究组等几个机构。

挪威科技大学建筑与美术学院（后简称建筑学院）学制特点为除美术系外不设学士学位，主要培养五年制建筑学硕士，还有两年制城市规划硕士、设施管理硕士、城市生态规划技术硕士以及可持续建筑技术硕士。可以看出和国内学科设置以及学制安排非常不同，以一至三年级普适性基础教学为前提，在高年级分不同方向培养不同的人才，除了建筑学专业具有连续系统的教学以外，两年制的硕士教学非常开放，采用 work shop 的方式，可以接受多种学科的学士生。其中城市规划专业的培养是从硕士阶段开始，主要面向建筑学和土木工程背景的学生，研究领域包括：

- 城市发展与城市设计 Urban growth and Urban design
- 发展规划 Development Planning
- 景观规划 Landscape Planning
- 规划和建设申请管理 Handling of Planning and Building Applications

常海青：西安建筑科技大学建筑学院副教授

- 综合土地利用和交通规划 Integrated land use and transport planning

建筑设计（形式与色彩）系肩负着整个学院从低年级基础教学工作到博士阶段的全程参与，特别是基础课程教学的架构。其成员主要是由艺术家和建筑师组成，研究主题方向包括光线，建筑理论，美学理论，设计史的不同方面，以及在公共场所的艺术使用。教师研究方向与教学活动密切关联，目前主要研究项目如下：

- 建筑 - 自然还是文化？自然如何塑造建筑使其具有文化表现力 Architecture-nature or culture? How nature shapes architecture as a cultural expression；
- 建筑中的比喻 Tropes in architecture；
- 现代转化——1940 至 1970 年挪威工业设计思想本土化 Modern TransFORMed.The Domestication of Ideology in Norwegian Industrial Design，ca 1940-1970；
- 锦上添花：关于艺术作品如何在公共场所创造空间的分析 Icing on the Cake：An analysis of how art creates its space in public places；
- 在高纬度地区进行窗户设计的智能日光系统 Smart daylight systems for window design at high latitudes；
- 日光影响对房间尺寸的感知 The effect of natural light on the perception of a room' s dimensions；
- 半透明墙壁和屋顶的视觉品质 Visual qualities of translucent walls and roofs；
- 采用图形技术评估使用自然采光的设计 Graphic techniques for evaluating designs using natural light。

在实际接触挪威科技大学建筑学院低年级教学过程时，发现无论是学时还是课程与国内各高校相比分量要轻，学生任务并不是很重，但是教学效果非常不错，享誉北欧及国际建筑教育界，吸引了包括欧美学生在内的各国留学生来此学习，究其原因总结有以下 5 条：

1. 非应试教育及免费的高等教育资源使得学生在专业选择上能顺应个人特点、能力和意愿。

2. 先进的教学硬件条件给学生提供丰富的教学环境。

3. 具有良好素质的教师团队，在课程教师队伍配备上充分发挥多种专业及职业背景教师的参与。教师的科研与教学紧密结合，个人专长突出，成绩斐然。

4. 教学方法体现“以学生为本”，充分发挥学生的主动性，调动学生的学习兴趣。从基础课程开始就非常重视“环境 - 空间 - 结构 - 尺度 - 材质 - 构造 - 光线 - 形式 - 感知 - 文化”等多种要素的关联和搭配。低年级学生设计过程中充分体现“图 - 模 - 机 - 实体建造”四种方法的结合。

5. 公开公平的评价方式帮助学生客观认知自己的设计能力。每门设计课都有“第三方”参加——职业建筑师或艺术家。这些建筑师和艺术家都有自己的事务所或工作室，只是部分地参与教学活动，但是具有举足轻重的角色——监督教学过程、为学生答疑解惑、评议学生设计成果。

所有这些原因的背后是因为“渔场效应”，特别是在低年级基础教学里，“渔场效应”可以充分发挥学生和教师的潜质，给予更丰富的知识营养和施展个人智慧的机会。挪威科技大学建筑学院教学的“渔场效应”体现在如下几个方面。

1.1 城市是教学的宏观“渔场”

挪威科技大学所在的特隆赫姆市是挪威重要的科技之都、大学城。挪威科技大学校园设施遍布全城（如图 1 圆点所示为校园设施），包括校园主体、展览馆、艺术中心、体育中心等，拥有将近 3 万名学生和教工，约占整个城市人口的 1/5。其建筑学院低年级教学的设计题目都是基于城市文脉在特隆赫姆市内各类空间中进行设计与实体搭建。

教学案例 1：一年级的设计启蒙课。教师带领学生去特隆赫姆市尼德河河口的岛屿，在那里学生利用岛上原始的材料搭建一个庇护所（如图 2 所示），题目虽说很简单，但是学生在类似游戏的教学过程中认识了空间、尺度、材料、环境和城市历史。

教学案例 2：二年级设计课选择城市中的某一地段，以解析某位建筑大师的作品为前提，模拟该建筑大师的设计手法设计完成任务书所要求的设计内容，完成图纸和模型。2006 年作业为城市传统街道中某个建筑地块置换为艺术馆，其中图 3 所示是模仿安藤忠雄的作业，图

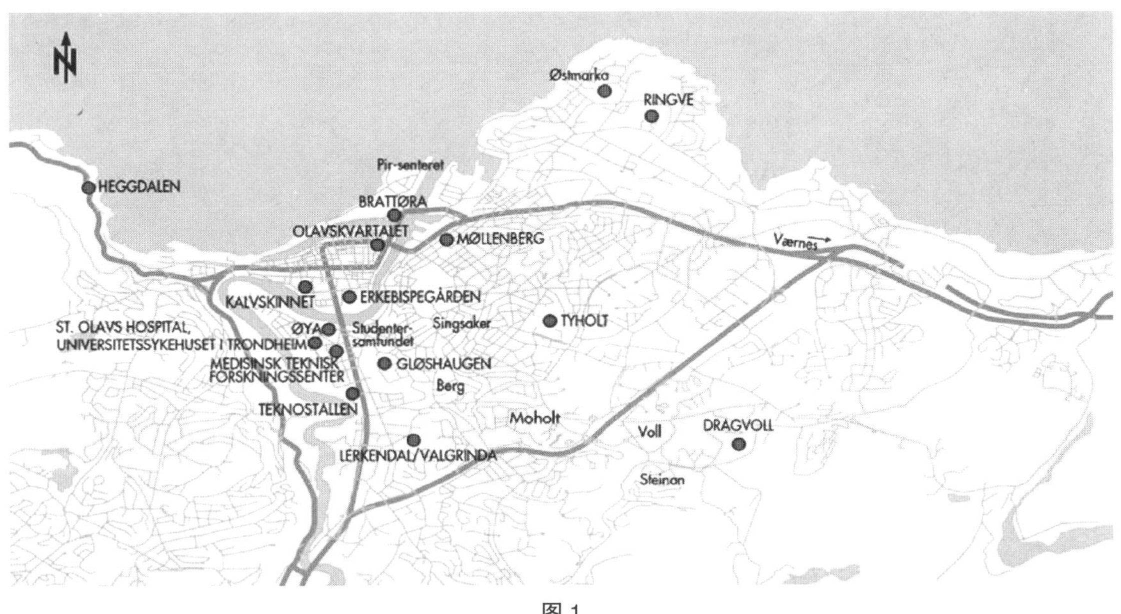

图 1

N
Østmarka
RINGVE
Pir-senteret
HEGGDALEN
BRATTØRA
OLAVSKVARTALET
MØLLENBERG
Værnes
KALVSKINNET
ERKEBISPEGÅRDEN
ST. OLAVS HOSPITAL,
UNIVERSITETSSYKEHUSET I TRONDHEIM
ØYA
Studenter-
samfundet
Singsaker
TYHOLT
MEDISINSK TEKNISK
FORSKNINGSSENTER
GLØSHAUGEN
Berg
TEKNOSTALLEN
Moholt
Voll
DRAGVOLL
LERKENDAL/VALGRINDA
Steinan

图 2

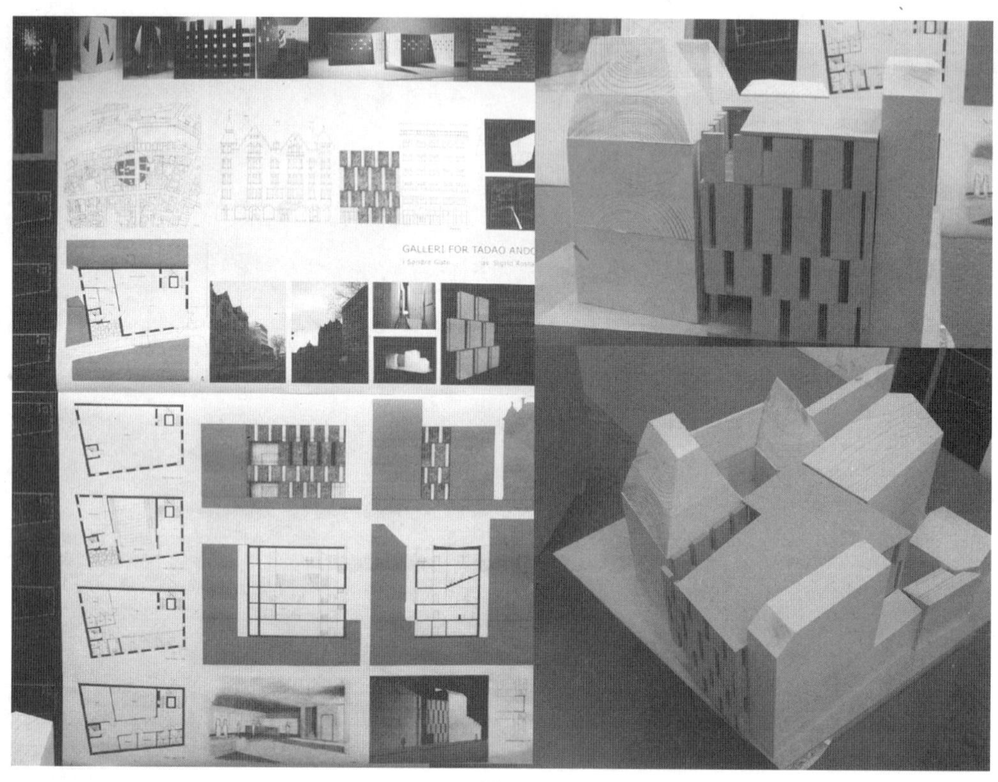

图 3

中颜色略深的部分为方案主体。学生通过作品集对安藤忠雄建筑进行解析，了解建筑师的建筑思维，并以安藤忠雄的视角分析设计基地及设计任务书，最终以其设计语汇、手法、营建方式构建理想中的建筑。

1.2　校园是教学的中观“渔场”

教学案例 3：一年级城市空间搭建，结合城市环境和设计主题建造 1 ∶ 1 尺度的一组空间组合体（如图 4 所示为 2005 年作业）。地点一般选特隆赫姆市的某个公共空间，学生需结合建造地点和课题要求，搭建实体空间，材料主要是木头和织物等，连接方式主要是采用钉子等简单连接方式。需考虑尺度、肌理、光线、照明、景观、材质、制作等因素，先做小尺度模型分析，在进行大尺度建造。由于处在城市公共空间，成为城市景观之一，可接受公众的参观体验。

教学案例 4：二年级结合校园环境和设计主题建造 1 ∶ 1 尺度的空间组合体，类似小品建筑。首先是方案研究，绘制草图；接下来是制作 1 ∶ 10 模型，接受教师组答辩检查，研究确定方案的可行性；方案敲定后在校园里进行 1 ∶ 1 尺度实体搭建，要求不能采用胶粘和钉子的连接方式，必须使用确实可行的结构和构造方案，可采取螺栓锚固等复杂的结构构造方法。作品搭建完毕也就成为校园里的一道风景（如图 5 所示）。

1.3　教学综合体是教学的微观“渔场”

由于挪威地处北极圈附近，冬季漫长而寒冷，因此在教学空间组织中常采用集约式的空间组织方式，形成教学活动的高效紧凑，为学生和教师的学习与交流提供了方便的场所。以建筑学院所在的教学楼为例，一楼有餐厅、咖啡厅、邮局、银行提款机、公共教室等，特别是门厅和走廊空间像城市街道空间，课间时间不仅是人流穿梭如织，而且常有学生社团在此进行各类

图 4

图 5

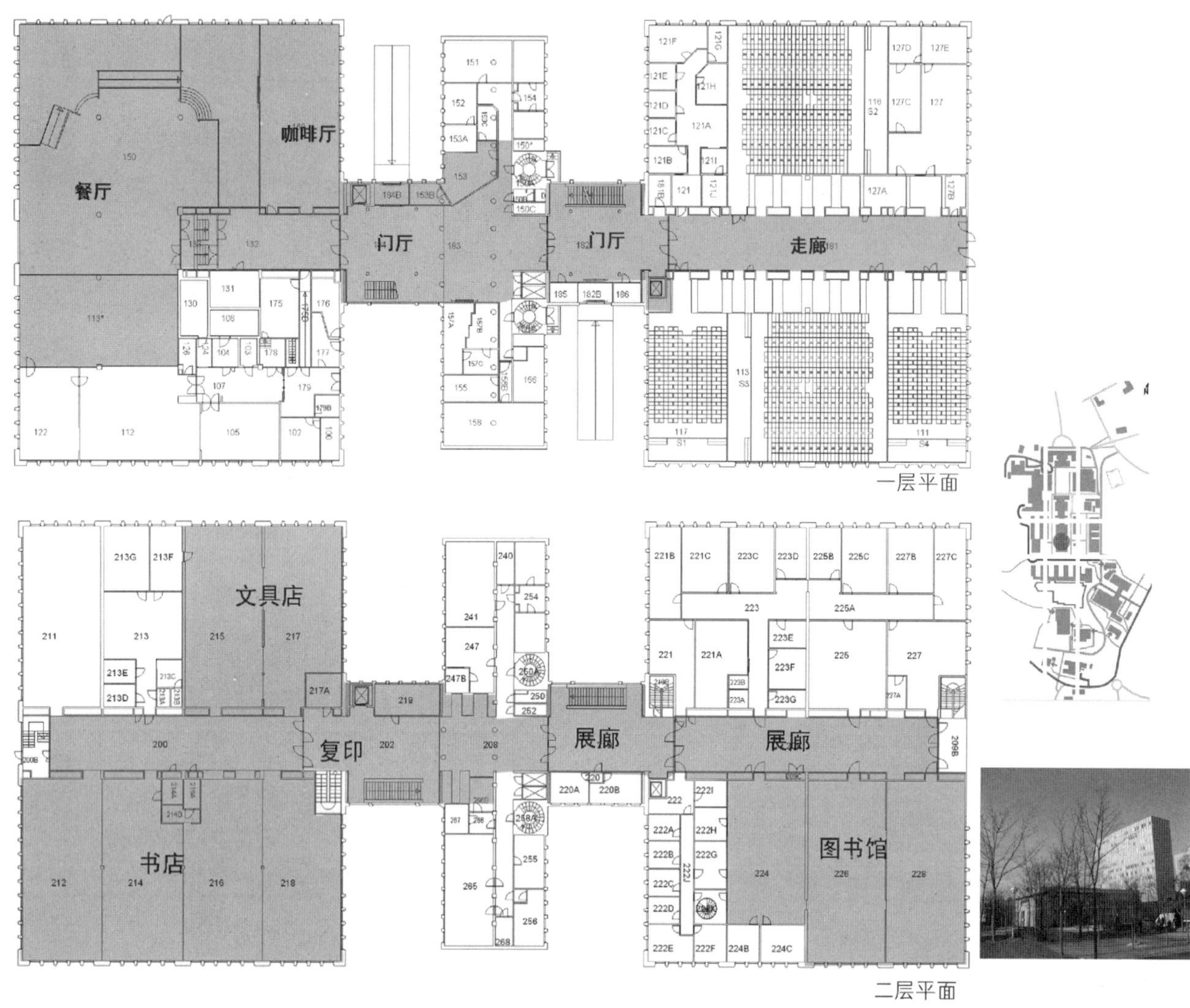

图 6

活动甚至是表演；二楼有图书馆、书店、文具店、复印点等，像大学校园，走廊就是学生作业的展廊；每一层或每个部门单元都是以公共空间为核心（如图 6 中灰色部分所示），学生与教师的交流以及他们各自的活动可以十分频繁和高效的在这些公共空间展开，连餐厅、咖啡厅也常常是教师讨论工作、学生学习交流的场所，这为形成良好的学习氛围和快捷的信息交换提供了很多机会。

1.4　网络资源环境是教学的虚拟“渔场”

挪威科技大学有着丰富方便的网络资源，同时免费的无线网络覆盖广泛，随处可以看到使用网络资源的学生的身影。学校的网站内容丰富，链接广泛，教学活动组织充分利用网络资源，学生可以借助网络和学校网站了解到课程安排、教师情况、本校及其他地区和国家的院校以及设计事务所的相关信息，为学生拓展知识，自我管理提供了很好的机会和平台。

1.5 设计事务所是教学的实践“渔场”

挪威科技大学不但在各年级教学过程中有职业建筑师、艺术家的参与，同时事务所也是学生的实习基地，学生从三年级开始就可以联系各个事务所进行相关的实习工作，事务所对学生的教育是结合事务所自身的项目进行的，学生可以在实际项目中找到自己的职业定位和未来阶段的发展方向。

2 卓越工程师教育培养与“渔场效应”

今天，中国教育大谈素质教育，但其实质依然不能摆脱应试教育模式，对于经历从小学到高中一系列应试教育培养出来的学生如何适应城市规划专业高等教育，正是城市规划专业特别是基础教学就是专业教育成败的关键环节，也是扭转学生摆脱应试学习的状态向综合素质能力培养的目标前进。传统的“授人以鱼”与“授人以渔”的方式依然需要进一步研究，“授人以鱼”的同时，“授人以渔”其实是种理想的境界，它能从根本上解决学生如何自觉获取知识和如何实现创造性活动之类的问题，但是理想境界实现起来非常难，使得教学在短时间内不容易见到效果。如果能创造一个多元化营养丰富的“渔场”让个体之间存在差异的每个学生和教师既可以传递丰富的“鱼”也可以交流各种“渔”的技能，加速实现“授人以渔”的目标，而这种“渔场效应”更易深入学生内心，在他们今后的学习和工作中将产生深远的影响。

2010 年 6 月，我国教育部、人力资源和社会保障部、财政部等 22 个部门和单位启动实施了“卓越工程师教育培养计划”，目标是从 2010 年到 2020 年培养造就一大批创新能力强、适应经济社会发展需要的高质量各类型工程技术人才。北京交通大学、浙江工业大学、西安建筑科技大学等 61 所工科院校成为首批入选高校。如何安排有效合理的教学计划成为各个相关高校近期工作的重点内容。作为城市规划专业，如何在以往的教学经验的基础上培养卓越工程师，显然需要有新的教育思路和教学计划。目前国内各个高校在培养计划方面往往面临课程繁多，任务量重的问题，学生普遍感到时间紧迫压力大，而卓越工程师教育培养计划实行的培养模式的基本框架为“2+2+1”的校企合作模式，学生在学校的时间比传统教育模式减少，如何提高教学效率和提升教学效果，并且让学生适应实践环节，发挥和利用“渔场效应”是一个可借鉴的思路。

3 如何借鉴和发挥“渔场效应”

目前我们国内城市规划专业教育体系和挪威教育体系有很大差别,在仔细分析了挪威科技大学建筑学院“渔场效应”的内容与效果，针对国内高校城市规划专业卓越工程师培养教学工作如何营造有效的“渔场效应”提出如下几点建议：

1. 合理组织教师队伍：多学科，多背景教师（包括城市规划师、工程师）组合，部分或全程参与。

2. 加强教师科研力度，充分将个人专长运用到教学活动中。

3. 精心设计教学内容：减少课程门数和课时，综合教学内容，减轻学生负担，加深教学深广度，保持学生的学习兴趣，重视环境、空间结构、尺度、形式、感知、文化等多种要素的关联和搭配。

4. 学生设计过程中充分体现“图 – 模 – 机 – 实体建造”四种方法的结合，特别是实体城市空间的研究。

5. 充分发挥城市的宏观层面的教育场效应，校园的中观层面教育场效应，结合所在城市特色和校园特色选择合适的研究对象，便于学生深入学习。

6. 充分发挥教学综合体的微观层面的教育场效应，加强教学环境建设，营造互动良好，信息丰富的学习环境。

7. 充分发挥网络的教育场效应，建立资源丰富，信息灵便，沟通顺畅的网络平台，打开学生的眼界和对外交流。

8. 充分发挥规划设计单位等实践基地的场效应，让学生在学习中了解未来职业特点和工作内容。

Effects of Fishing Ground

Chang Haiqing

Abstract: If the "Give a man a fish" can be compared to teaching knowledge, then the "Teach a man to fishing" can be compared to building capacity.This relationship between the two is often be debated by all the people in today' s educational theory.But in the process of education due to individual differences of students and teachers, "Teach a man to fish" is more difficult to achieve.How to combine two views together? With visiting Norwegian University of Science teaching experience, the authors talk about "Teach a man to fishing" rather than Give a man a fishing ground point of view.Author hopes to promote good "fishing ground" effect, in order to achieve effective urban planning education and training programs of excellence engineers.

Key Words: effects of fishing ground, individual differences, urban planning, engineering education and training programs of excellence

"数字与城市空间"教学环节的再探讨
——城市规划专业低年级空间基础能力培养

吴　锋　王　琛　谢　晖

摘　要：在新的城乡规划学科的构建中，复合意义的城乡空间设计能力仍然是专业培养的核心之一。在此背景下，今天的教学体系中，如何在低年级规划专业学习中，加强对不同尺度城市空间的感知、认知教育，始终是一个空白。自2006年以来，我校规划基础教研室围绕之展开了多年的研究与教学实践，目前已初步构建了低年级相关的教学体系，并进行着不断地完善与调整。

在一定周期的教学经验总结后，教学组重新认识了其中的一个重要教学环节"数字与城市空间"的教学价值，并认为是低年级城市空间前后学习的重要关键点。围绕着这一点，教学组对教学体系、教学方法及教学要求进行了调整与完善，强调通过参数"a"的设置，使学生对城市更好地进行不同尺度和功能空间的认知，并通过google earth的运用，进行空间的采集、重塑及相应容积率、建筑密度、建筑高度的关联认知，为今后城市空间的学习打下更为系统、完善的学习基础。

关键词：城乡规划学，低年级，城市空间，教学方法，参数"a"

1　低年级培养"空间"能力的重要性

1.1　"城市空间"是城乡规划学的重要基石

2011年城乡规划学成为独立一级学科，标志着城市规划已成为支撑我国现代城乡经济发展和城镇化建设的核心学科。现代城乡规划学科在研究对象和研究内容上都发生了巨大变革，形成以城乡建成环境为研究对象，以城乡土地利用和城市物质空间规划为学科的核心，结合城乡发展政策、城乡规划理论、城乡建设管理等社会性问题所形成的综合研究内容。❶建设一级学科，应有一流的教育与之接轨。把握城乡规划学科的发展方向，及时调整和改革现有教学体系和教学内容也是各规划院校都在积极探索的重点。

对城市规划学科发展方向和核心理论的讨论由来已久，从城乡规划学科理念的变革中也可看出核心理论仍立足于巩固空间问题这一根本，但不仅只局限在物质形态规划设计的狭义范畴中，而是不断对周边学科的空间属性进行挖掘，将"城市空间"的多重属性与相关学科的空间化指导意义相融合，形成不断扩大的城市规划核心理论圈"空间化"作为学科核心理论和基础理论。❷

现代城市规划学科理念变革　　表1

	传统城市规划学科	现代城市规划学科
研究内容	城市物质空间形体	城乡社会经济和城乡物质空间发展
研究方法	城市空间发展构成	社会经济发展和物质空间形态的科学统一
研究理念	空间视觉审美和工程技术	区域与城市社会经济和物质空间的融贯和协调
学科门类	建筑工程类学科（工学）	城乡统筹的人居环境大学科（城乡规划、建筑学、风景园林学）

❶ 赵万民、赵民、毛其智，关于"城乡规划学"作为一级学科建设的学术思考，城市规划，2010.6：46-54.

❷ 吴志强，于泓．城市规划学科的发展方向．城市规划，2006.6：2-10.

吴　锋：西安建筑科技大学讲师
王　琛：西安建筑科技大学讲师
谢　晖：西安建筑科技大学讲师

1.2 加强专业基础教学中对"城市空间"的认知

目前，"城市空间"教学内容依然是城市规划专业本科教学的"主体"。并且使学生通过研究不同尺度、不同内涵的城乡空间，认识到城乡综合发展的复杂性与多元性，从而加强城市空间规划设计能力，也是在教学中需要进一步强化的重点内容。

我校城市规划专业背景以建筑和工程学科为主，2006 年城市规划专业开始进行一系列基础教学改革。随着教改的深入我们也逐步认识到专业教育既要不断调整顺应学科发展趋势，也要体现自身的办学优势和特点。在一级学科建设的大背景下，我校城市规划专业，尤其是基础教学改革中对空间能力的培养应贯穿始终。关于"空间"系列课程的改革是一个层层递进的教学过程，在此过程中学生对于空间规模、尺度、组织等内容应不断加深认识，回归人的尺度的空间设计，对人的行为活动的关怀，在思维方法上不再局限于简单物质形态的设计，而更多关注经济、社会、人文等城市特征。

2 "数字与城市空间"教学环节在低年级城市空间教学平台中的再思考

2.1 空间系列教学平台的建立

教学改革后，确立课程体系中的空间主线为：在低年级阶段重点培养城市物质空间的设计能力。同时，还要引导学生从经济、生态、社会和政治等角度，立足于"城市空间"这个基石来认识城市规划本质——即以空间为资源的公众利益分配。

空间主线教学内容按照学期内容分为四个阶段：第一阶段是形态与空间，空间基本概念的建立及抽象空间的塑造，以"三大构成"训练为载体；第二阶段是单一属性的空间认知、体验及空间限定，通过小建筑测绘、外部空间测绘→建筑解析、城市空间解析→"类城市空间"设计→"数字与城市空间"进行循序渐进的培养；第三阶段是复合属性的空间认知，城市整体认识下的城市地段空间塑造，即在充分尊重城市空间的各种属性的前提下进行空间创作的尝试；第四阶段是城市空间背景下的建筑空间，以建筑空间（含外部空间）的塑造为核心培养设计能力，注重空间实现的技术手段。❶

2.2 教学环节价值的重新界定

从低年级就进行"城市空间"的入门思考，目标清晰，价值显而易见，使其在连续多年的教学实践中，得到了包括学生、老师在内的越来越多的专业人士的广泛认可。对从一年级就开始的"城市空间测绘"到"城市空间解析"，再到"类城市空间设计"，以及最后的"数字与城市空间"每一个环节的设置中，秉持了由简入繁的"城市空间"思维能力的训练理念，虽尚有细微环节需要深化，但总体目标也是清晰的，学生对此也充分认同，并完成了一批批非常优秀的作业。

然而每次进入"类城市空间设计"这个与城市空间设计相关的教学环节时，却发现学生进入状态缓慢，更多地关注以空间形态创造为核心的发散性思维训练之中，从而导致对空间尺度、城市空间本质关注的缺乏，虽然教学中一再强调这些内容，但由于缺乏学生潜意识的认同，从而也导致虽然设计成果不错，但与想要学生理解的真实目标尚有差距。

而另一方面，作为衔接一、二年级课程的"数字与城市空间"课程一直重在强调"容积率、建筑密度、建筑高度"三维体系的量化认知的定位，目标虽然容易达到，但由于前一个设计的影响，往往使得有些学生，最后只把视角集中于建筑密度、建筑高度、容积率的数字游戏与空间构成之中，缺乏城市空间的系统认知，缺乏数字与城市空间概念影像的对应。

鉴于以上原因，在后期的教学实践当中，通过与学生不断地沟通、交流，以及教师间的反复商榷，教学组重新界定了"数字与城市空间"课程的价值，认为它是城市空间认知的延伸，城市空间设计的基础，是城市空间教学平台中关键环节。故将其从二年级前置到一年级"类城市空间设计"之前，并对该环节进行了更深入的细节要求，使学生在本环节的关注点由单一的容积率、建筑密度、建筑高度的关系认知上，扩展到不同城市空间的比对认知，某一空间的深入认知，理解到"数字化"只是城市空间认知的一种中介，这样也使得后来的类城

❶ 王侠，段德罡，吴锋．从"空间"到"城市空间"：城市规划专业一年级的城市空间意识培养，2010 全国高等学校城市规划专业指导委员会年会论文集。

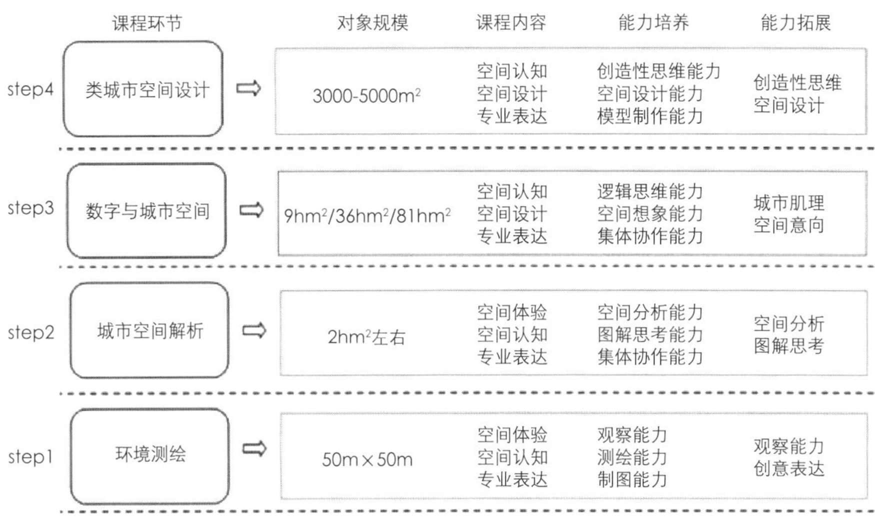

图 1　调整后的第二阶段教学模块

市空间设计环节中，学生很快把握住教学的本质目标，并能在此基础上完成一个有意义的类城市空间设计。

3 "数字与城市空间"的教学内容与方法的深入研究

3.1 "数字与城市空间"课程主要教学内容

该环节教学内容主要有如下两个方面：❶

3.1.1　由数字认识城市，用数字描述城市空间

由于我国城市规划教育特殊的历史原因，建筑类院校城市规划专业学生往往仅从一种感性的、具象的视角认识城市。"数字与城市空间"课程以城市规模、空间尺度、城市职能、国民生产总值、产业构成等多个角度出发，用平时生活中常见的实际空间举例，引用详实的统计数据分析。一方面，使学生初步了解实体空间形成的各种影响因素，强调初步建立科学的数理分析能力，即从数字来发现一些城市问题，认识数字背后反映出的城市问题或城市特征，学习用数字来描述城市；另一方面，学习城市空间基本尺度，并通过对学生生活的校园空间、周边城市空间规模的认识，形象的说明一些基本尺度单位的空间感受，有助于了解基本的城市空间尺度及基本单位所对应的实体空间。

3.1.2　用数字创造实体城市空间

学习城市规划中的基本数据在城市空间上的反映，建立整体性、立体化、空间化的城市概念，课程以不同数据结合实际城市空间进行类比讲解，使学生初步搭建专业中的各种量化指标与实际城市空间形态之间的相互关系。课堂中引入人口密度、人均建设用地、容积率、建筑密度、建筑高度、绿地率等基本概念，通过大量的实例图片、三维模型启发学生想象某一指标变化的情况下，地块内建筑群可能发生的高度、空间组织上的相应变化，培养学生建立抽象的数字与具象的城市空间之间的联系能力。

3.2 教学调整方向

在原有教学任务书设置中，要求学生在280×300m的街区中，以10m为单位进行网格化划分，并运用平面构成手法，划分虚实空间，制作建筑密度分别为15%、25%、35%、45%的城市局部的空间肌理，并进一步运用立体构成的手法，建立三维模型，形成密度、高度、容积率的关联认知。

结合教学实践的再研究，可以清晰地感受到起初设置的教学内容是合适的，只是由于教学实践中研究对象的界定，使学生容易发生认识的偏离。在新的教学计

❶ 王琛，吴锋，段德罡．"数字与城市空间"——城市规划思维训练环节 1. 建筑与文化，2009，(5)：43-45.

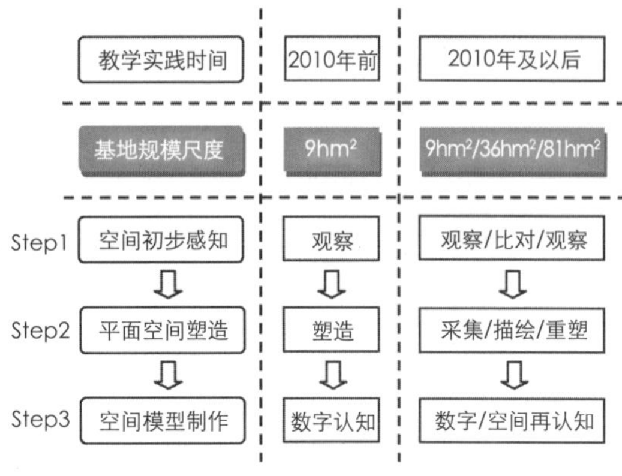

图 2　教学侧重点调整

图 3　城市空间采集

划中，随着“数字与城市空间”教学环节价值的重新确定，其教学内容没有发生改变，但是教学侧重点进行了很大的调整，伴随着这些调整，在具体的教学要求和教学方法上也发生了一定的变化。具体主要表现为以下几个方面：

3.2.1　不同尺度、不同类型的城市空间肌理与空间关系的比对认知

教学中首先在本环节教学任务中增加了变量 a 这一系数，a 可以取 1、2 或者 3，则基地由原来的 280×300m 的空间，转化为包含原空间在内及其他 560m×600m、840m×900m 的三种不同的空间。之所以增加“a”这一变量，主要目标为让学生在上一环节“城市空间解析”这种针对某一空间细节详尽认知的基础上，进一步衍深，对城市空间有一个整体的概念，了解城市空间相对性，在其初始的印迹中形成更全面的城市空间理解。

教学中首先要求学生思考 280m×300m 在现实中是个什么概念？尺度大小？现实中哪些可以联想的区域占地与之相似？超过三个标准足球场？天天生活的宿舍集中区？学校门口商业街区？同样 560m×600m；840m×900m 在现实中又是一个什么概念？尺度大小？现实中哪些可以联想的区域占地与之相似？整个校园？一个街坊？一个小城镇？一个中心区？这是学生在完成作业之前首先必须回答的一个问题。

3.2.2　某一城市空间的深入采集与重构

在对不同空间尺度进行认知的基础上，进一步对城市空间进行思考。要求学生选择一种尺度进一步展开采集认知工作，以 google earth 为平台，对印象中的场地进行相应尺度的采集，将其绘制在平面图上，使学生理解到，建筑的长、宽使得其在抽取的场地中又是什么样子，现实中的空间在平面上是什么样的肌理，继而通过图底黑白关系进行密度计算，通过反复的感知，最终形成数字、空间、图纸的全面联系。

城市空间的形成，有经历过岁月积淀，逐渐自下而上形成的，也有通过仔细规划，自上而下建设的，其中有自然的美，也有雕琢的巧。在要求学生进行空间实际感知的同时，强调建筑、场地图底艺术效果的感知。教学中通过往届作业的评析，以及一些以图底关系为基础，展开建筑、场地、空间设计的竞赛案例的讲解，使学生在写实的平台上，按照作业设定密度的要求，通过主观的设计，艺术的加工，进行空间的重塑。

3.2.3　三维空间的调整与反馈`

城市是三维的，平面的认知是片面的，只有“高度”概念的融入，才真正形成空间的客观理解与认识。在该教学实践的后期中，仍然首先坚持使学生建立起容积率、密度、高度之间对应关系的理解，真正理解这些数字的含义。

其次，仍是学生空间想象能力的再强调。通过学生三维实体模型的制作，及以模型空间为平台，学生进行介绍、交流、老师进行讲评，通过类似于“我想组织的是城市的中心空间”、“我是以城市的边缘过渡区为蓝本”、“这是城市中某个校园空间的缩影与再塑造”这样的介绍，使得学生先进一步建立起模型与城市对应存在

空间的关联认知。并通过成果的集中展示，使学生进一步加深对城市空间的立体感受。使得其认识到同样的容积率下，同一组内不同密度要求，其空间模型是什么样的，感受又是如何的，不同组之间相同密度，设计概念、功能选择的不同，空间模型又是如何的。

4 小结

教学改革是一个动态的、持续的过程，不可能一蹴而就。学科的调整、改革，教学中的总结、提炼都是促使我们不断改进教学方法、教学手段的动力。本课程的教学改革是以空间认知作为基础，以创造空间作为本次课程的目标，在过程中体验不同指标在地块中产生的空间效果，不同地块规模形成不同尺度的城市空间，不同的城市肌理提炼、抽象出不同的空间特征。这些教学内容及手段上的不断调整与改革正是促进我们教学体系逐步完善的持久动力。

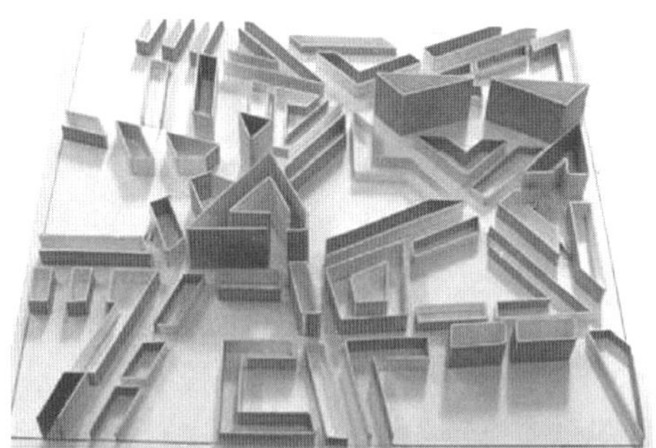

图 4　建筑密度 35%，容积率为 3 的城市空间

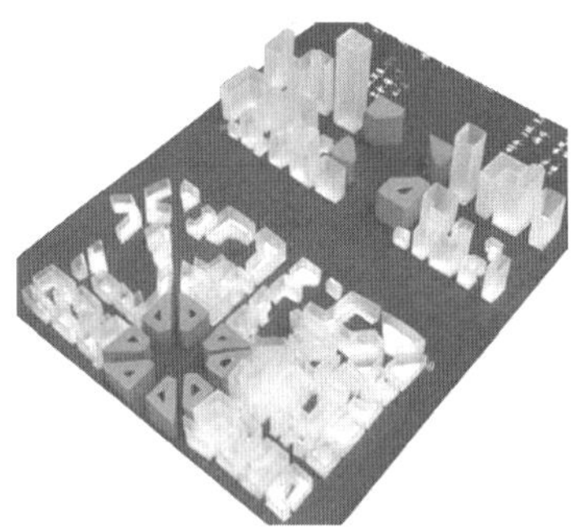

图 5　建筑密度 35%，容积率为 3 的城市空间

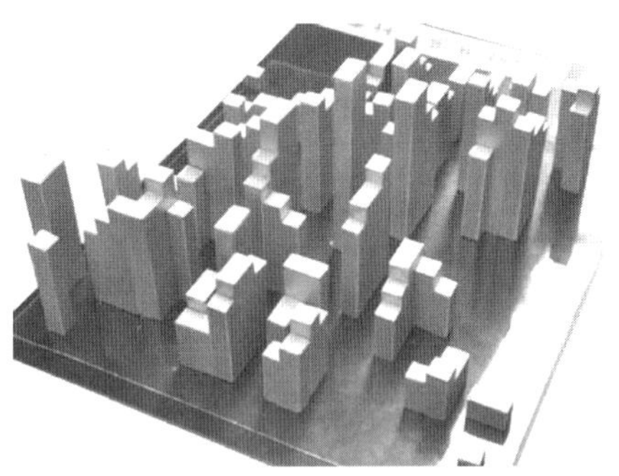

图 6　建筑密度 25%，容积率为 3 的城市空间

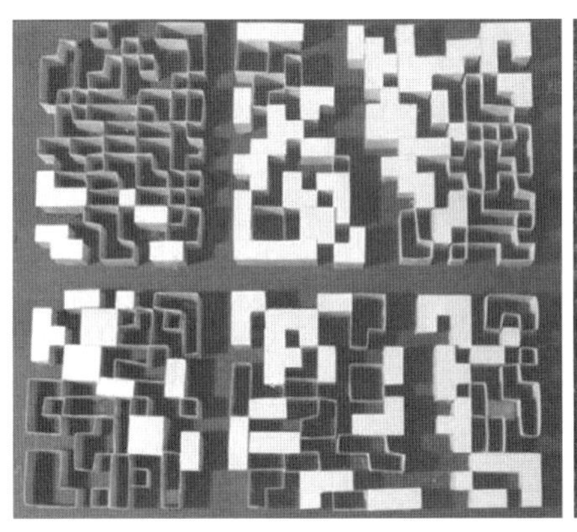

图 7　建筑密度 45%，容积率为 3 的城市空间

图 8　建筑密度 45%，容积率为 3 的城市空间

图 9　建筑密度 25%，容积率为 3 的城市空间

The re-discussion of education link “figure and urban space ” ——cultivation on space basic ability of urban planning specialty

Wu Feng　Wang Chen　Xie Hui

Abstract: In the System construction of new urban and rural planning, the teaching on urban space is still as a key set, is the one of the important cornerstone of cultivating best planning and design talents.however, in today' s education system, how to start the education on urban space for the professional grades was always a blank.From 2006, by the years of research and teaching practice from our urban basis office, there has been initially established the junior relevant teaching system and the constant improvement and adjustments.

By the summary of teaching experience, education group recognize the value of the important link “figure and urban space” anew, and thank that it is an important key on urban space studying of junior.Education group has been adjusted and perfected educational system and teaching methods of teaching and demand anew.And emphasize student better understand on different dimensions and function by the setting of parameter “a”, and by the using “google earth”, gathering, remodeling urban space, and understanding of corresponding capacity rates, the building density, building high degree, For the study in the city space setting the systemic and perfect foundation.

Key Words: urban and rural planning, junior grade, urban space, education method, parameter “a”

“案例式教学”在城市规划专业基础教学中的探索[❶]

王　瑾　段德罡　张晓荣

摘　要：本文通过论述案例式教学的特征及其与城市规划专业教学人才培养目标之间关系，指出案例式教学应该成为城市规划专业教学的重要手段，进而结合我校基础教学改革实践，系统阐述了案例式教学在城市规划专业低年级教学中的应用方式，提出了“明确目的、准备案例、教学组织和总结拓展”4个主要教学环节，并通过具体课程的实践进一步明确案例式教学的组织方式及教师、学生在其中的角色与任务，旨在推广案例式教学在城市规划专业基础教学中的应用。

关键词：城市规划，专业基础教学[❷]，案例式教学，实践

案例式教学与传统教学的比较　　表1

类型	参与主体	授课内容	组织方式	教学侧重	效果
案例式教学	学生为主教师引导	提供问题思考的方向，把握讨论的广度、深度	学生以小组为单位展开实践活动、模拟场景、辩论等	重在方法认知、思维训练	增强学生解决实际问题的能力调动学生学习积极性丰富教师教学经验
传统教学	教师	传授已有的教材、文献、理论知识	以班为单位，课堂传授	正确有效传递知识	—

案例式教学，起源于哈佛大学商学院的情景案例教学课，之后迅速在全世界管理学中得以应用，随着时代的发展，这种教学方法有了全新的内涵，即在教学过程中，根据教学目的和要求，通过模拟或者重现与课程相关的案例、问题或设定具体的场景，让学生把自己纳入案例场景，通过讨论或者研讨来进行学习的一种教学方法，以激发学生积极的连锁思考和反映，提高学生发现问题、分析问题和解决问题的思维能力。较之传统的教学模式，案例式教学强调学生的主体地位，倡导学生学习主动性与教师教学启发性的有机结合（表1），因此被全球培训界公认为最行之有效的教学方法之一。

针对城市规划低年级教学而言，学生对专业的特点、专业知识知之甚少，相比于传统教学，案例教学更有利于学生快速建立专业理论知识与实际应用之间的桥梁，促进学生对规划思维的培养，有效激发学生学习的积极性。[❸]不仅如此，从城市规划专业的发展趋势来看，案例式教学也将成为专业教育的重要途径之一。

---

❶ 基金项目：2010年西安建筑科技大学教育教学改革项目“案例式教学（苏格拉底教学模式）在城市规划专业低年级教学中的应用研究”，项目编号JG100201.

❷ 我校城市规划专业基础教学的“基础”是指1~5学期的专业低年级阶段。

❸ 美国教育学家奥苏贝尔的“学与教”理论指出，在教学过程中，只有将学生学习过程中的认知因素和情感因素进行合理地融合，才能使学习者在“集中注意力”“加强努力”和“学习持久性”等方面发挥积极性和能动性。从教学论的角度来看，教师和学生都是教学活动的承担者与参与者，二者的区别在于：一是教授主体，一是学习主体，但教师的主导行为只有通过学生的主体意识和主体行为才能发挥效用。在教与学的矛盾中，学是矛盾的主要方面。由此来看，强调学生主体性的案例式教学法符合增强教学心理效应的规律。

王　瑾：西安建筑科技大学建筑学院助教
段德罡：西安建筑科技大学建筑学院副教授
张晓荣：西安建筑科技大学建筑学院讲师

1 城市规划专业教育面临的历史使命

随着我国经济的持续发展与城市化进程的加速，城市规划已成为落实我国政策、方针的重要手段。面对这样历史性的机遇和挑战，城市规划人才培养也面临新的使命。

1.1 全面的专业认知

现代城乡规划已从物质形态进入社会科学领域，传统的学科体系已不能满足社会发展与人才知识结构的需要，2011 年，城市规划学科发生了巨大变化，由原来所属的建筑学一级学科中独立出来，升级为城乡规划一级学科，发展为包括城市与区域发展、城乡规划与设计、城市历史意义产保护、城乡生态环境与基础设施、住房与社区建设规划及城乡规划管理等多个方向的综合性学科。因此，城市规划专业教育要涉及社会、经济、文化、艺术等多个领域的相关知识，对于低年级学生而言，需要调动他们的积极性和主体意识，从而培养他们的自主学习能力，这样才能适应市场对人才的多元化需要。

1.2 高尚的职业道德

随着市场经济体制的建立与发展，我国经济持续快速发展了二十多年，城市建设也取得了令人振奋的成绩，与此同时，社会中也出现了不同利益集团并日趋壮大，由此产生不同利益集团间的矛盾与冲突，出现了许多令人忧虑的问题，如：不切实际的形象工程、耕地的锐减、拆迁的惨剧、交通的拥堵等。城市规划作为政府宏观调控的手段，规划工作者应自觉、有力地维护社会的整体利益，维护社会的公平和正义。然而，这在本科教育中并未得到足够的重视。因此，在学生刚进入这一领域需要进行科学而感性的引导，使其意识到规划不是个人意志的反映，是站在不同群体角度思考其利益协调的过程。

1.3 扎实的专业技能

专业技能培养是城市规划专业低年级教学的主体，但当今社会信息爆炸，学生获取专业知识的渠道十分容易，传统的教学模式难免会使一些有思维惰性的学生逐渐丧失独立思考问题的能力。同时，针对目前城市规划低年级的"90 后"学生，他们思维活跃但较为浮躁，个性鲜明但协作能力差，在专业教学中应当针对这代人的特征进行相应的调整。除了加强对学生动手能力的培养外，还应加强他们的调查分析能力、语言表达能力以及文字表达能力。结合城市规划工作的特征，特别要注重学生团队协作能力的培养，学生与社会沟通、交往的能力也亟待提高。

综上，面对时代变迁城市规划本科低年级教学应转变几点思路：①"重技术"转变为"职业道德与技术"并重；②"重知识"转变为"重能力"；③变"被动接受"为"主动思考"。道德的培养需要感悟，能力的培养离不开实践，因此，在教学中引入案例式教学是城市规划专业教育发展的必然需求。

2 城市规划专业基础教学中的案例式教学方案设计

在我校城市规划专业低年级教学改革的基础之上，结合设计类课程"理论讲授 + 课堂辅导"的形式，提出了案例式教学的初步设计方案，即通过明确目的——准备案例——教学组织——总结拓展等四个阶段来组织整个教学过程（表 2）。

案例式教学的方案设计 表2

类型	第一阶段 明确目的	第二阶段 准备案例	第三阶段 教学组织				第四阶段 总结拓展
			课堂讲授	分组展示	提问讨论	把握方向	
主要内容	明确教学目标	选择合适案例	讲授认识方法	分组 确定主题 案例分析	提问 – 回答 –辩论	调整节奏 纠正偏差 调控气氛	追加提问 归纳要点 拓展思路
教师 / 学生工作安排	教学组讨论确定	主讲教师备课	主讲教师讲公共课❶	小组（学生）展示成果	小组（学生）间提问与辩论	各位辅导教师适时调控	各位辅导教师点评

❶ 本校城市规划专业 2 个班，共 6 名教师。基础教学改革后，1~5 学期每学期有若干个相对独立的教学环节，每个环节有一位主讲教师进行理论讲授，即公共课，课堂辅导由 6 位教师共同完成。

2.1 第一阶段：明确目的

这一阶段需要教师在教学之初掌握每个环节的教学内容及整个过程的大致组织形式，明确各个知识点需要通过何种形式可以有效地培养学生的创造性，发挥学生的创新思维能力，同时通过精彩的案例组织引发学生对相关问题探索的兴趣。

2.2 第二阶段：准备案例

案例是对一个复杂情境的记录，是将部分真实生活引入课堂，将学生带入特定事件的“现场”，以此引发学生的思考而展开相关内容的认知。准备案例是案例式教学取得成功的关键所在，需要结合教学内容和目的、学生知识水平和社会阅历选择恰当的案例。因此案例准备需满足以下几点要求：①案例选择的针对性，案例针对教学目标，具有重要价值的信息；②案例素材的真实性，案例应是师生熟知的真实对象，这种对象既有利于激发学生的学习积极性，也有利于让学生理解专业理论如何应用于实践；③案例内涵的时代性，选择最近社会中存在热点的、有争议的话题，引导学生建立正确的职业价值观；④案例内涵的深刻性，案例材料的规模不宜大，内部构成要素之间的关系也不宜太复杂，但内涵必须具有可研究性，有助于深入挖掘思想和拓展思维，能够为将拓展出的问题提供最大限度的支持。

2.3 第三阶段：教学组织

这是案例式教学的核心环节，首先由教师进行相关知识讲授，告诉学生此教学环节的内容、目的，并为下阶段的学习提供方向。

案例式教学的展开需结合小组的形式，根据教学环节和案例规模的大小每组分 4~10 人，每组设一名组长，不仅负责组内成员分工和协调工作，同时在一定范围内担负着考核组员的职责。结合案例，教师可设置多个主题供每个小组选择，或者待小组对案例进行初步认知之后，教师辅助每组确立主题。每组自己设定情景，结合多媒体或者角色扮演等方式，在限定的时间完成对案例的分析。分析内容需围绕该教学环节的主要内容，并给出小组自己的解决策略及想法。

在其他组展示的过程中，要求其余组扮演观众和评委的角色，认真聆听、积极思考，之后围绕案例所阐述的观点，提问并展开讨论。

整个讨论活动的展开，需要教师对全程进行有效的调控，调整讨论的节奏，驾驭讨论的进程。讨论中的这种调控，既包括对学生情绪的调控，也包括对问题的调控及讨论方向的调控。

2.4 第四阶段：总结拓展

所有组完成汇报与讨论之后，教师需要对学生们提出的观点进行追加提问、归纳论述要点。教师通过总结指出哪些论点值得肯定，哪些存在不足，应当如何纠正，从而引出该教学环节所涉及的知识点和必须掌握的内容，并结合实际指出学生在汇报、提问、讨论中需注意的事项。“授人以鱼，不如授人以渔”，条件允许的情况教师可拓展学生思路，讲授相似案例的不同处理方法。

作为教学实践，教师需及时将实践过程、讨论结果整理，一方面作为组建教学案例数据库的资料，更重要的是不断完善案例式教学的方案设计。

3 教学实践——案例式教学在《城市规划思维训练》课程中的尝试

《城市规划思维训练》课程是我校城市规划专业基础教改之后的一门核心课程，是建构城市规划思维方式的基础，该课程结合城市认识论初步、城市规划社会调查方法初步、城市规划公共政策初步、空间设计等教学环节展开（图 1），希望学生通过该课程的学习树立正确的城市、城市规划认识观，形成初步的规划思维方式。然而这门课程的难度大，对于低年级学生而言较难理解，于是在课程开设之初，我们就引入案例式教学，将其与城市规划思维训练的各环节紧密结合，以期促进教学的顺利进行。

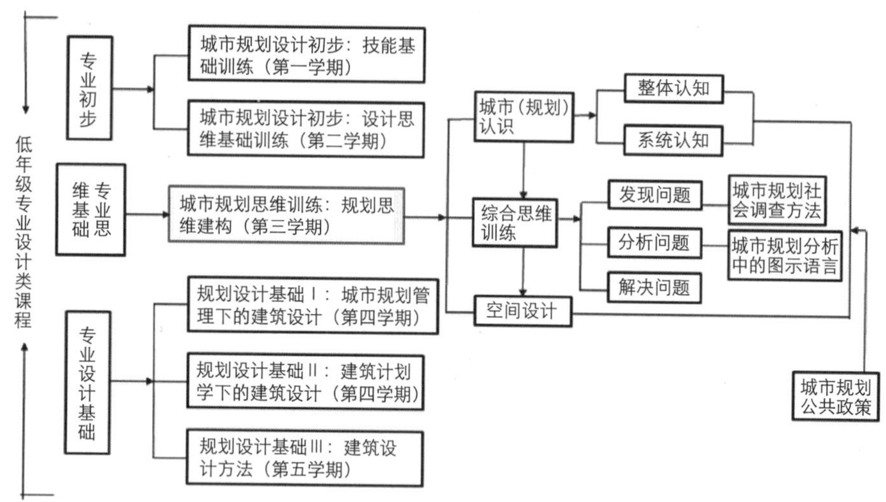

图 1　城市规划思维训练课在低年级专业课程中的位置

案例式教学在城市规划思维训练课的教学安排　　表3

教学内容	城市（规划）认识（1周）	综合思维训练			空间设计 5周
		发现问题（2周）	分析问题（3周）	解决问题（3周）	
公共课	城市规划认识论	城市规划社会调查方法	城市规划分析中的图示语言	城市规划公共政策	局部地段详细设计
辅导课	协调分组、现场指导	组内初步确定研究方向，课堂讨论 a，讨论各组分类是否合适，教师把关； 课堂讨论 b，相互找寻别组不足，教师点评	课堂讨论 a，各自介绍对问题成因分析的方法、步骤，其他学生提问，教师引入规划分析图示语言、科学分析法 课堂讨论 b，组间相同类型问题的学生的思想碰撞，教师把关，确保问题分析的深度	课堂讨论 a，各组介绍解决问题的方法、途径，其他组提问，教师引入城市规划公共政策 课堂讨论 b，角色扮演，争取自己的利益，全部参与辩论，找寻获得利益相对均分的最佳出路，教师点评 课堂讨论 c，展示各组对组内核心问题的解决方案，比较其在思考问题方向上的差异，教师总结	课堂讨论，学生介绍各自方案，全班投票；票数相同同学继续为各自方案拉票，教师点评 （注：在二草、三草中均采取这样的形式）
课外	实地调研、发问卷	实地调研、落实小组的研究内容、成果 1 制作	实地补漏、发问卷、分析问题成因、成果 2 制作	实地补漏、明确解决问题的着眼点、探讨解决问题的方法、成果 3 制作	改造地段调研、草图勾勒、实地检验方案、方案推敲、成果制作

注：上表辅导课主要展示案例式教学的主要内容。

3.1　准备案例

基于该课程的教学目的，因此所选案例必须能体现出城市的基本特征，符合城市发展的一般规律，但不宜太复杂，因此我们选择了学校的铁路局社区，这是一个过去“企业办社会”所形成的大社区，其囊括了构成城市的各个系统，但比城市本身要简单许多，问题相应浅显一些，便于学生在较短时间内加深理解。同时需要选择大家比较熟知的内容，以便激发学生主人翁精神。

3.2 教学组织

3.2.1 分组

考虑到研究对象的复杂性，我们将两个班分为6组，每组约10人。分组依据每人大致专业兴趣的差异性，以保证小组研究方向的多样性，实现发现问题的广度。分组时要选择合适的人选作为组长，这个人需有较强的组织协调能力，有责任心、有原则，同时在学生们心目中有较强的认同感。

分组之后，需要确定组员的研究方向。组内讨论，确定研究对象的若干系统（如居住、交通、商业、绿化等），并落实到个人。

3.2.2 展示与讨论

提问、倾听和反馈是案例式教学的灵魂。通过提问－回答的方式才会给学生以启发、才能把讨论引向纵深。在学习过程中每当小组完成阶段任务，就要以班级为单位组织一次讨论；而在小组内部也需要多次的讨论确立小组研究思路，细化个人研究内容。

小组展示的方式有“语言＋图表”，即学生把自己当做教师向其他学生讲述看待城市问题的想法，如划分问题的方法、分析问题的依据等，而其他同学在认真倾听思考之后要及时反馈演说者发现的问题是否到位、这些问题是否可以通过规划的途径得以缓解，问题成因是否充分，解决问题的方法是否得当、解决了老问题是否随之带来许多新问题，这个“度”如何把握……小组展示的方式还有“情景模拟”，主要希望学生通过这一环节理解城市规划公共政策属性的含义，即学生分别扮演各自代表的利益主体（包括社区居民、社区商贩、老人小孩、社区保安、管理者等），从利益体的角度换位思考，为自己争取更多权益，通过演绎摆出矛盾，而观众作为社区管理者提出思路以协调各方利益，在“利益分配”的辩论中寻求规划出路。虽然对有些矛盾的难以协调，但学生从中理解到城市规划是从不同群体角度思考其利益协调的过程，进而树立一个正确的职业价值观。

3.3 总结拓展

当每个议题接近尾声时，需要教师进行点评，点评的目的是将实践的内容转化为理论或方法，加深学生印象。由于案例式教学能充分调动学生的积极性，所以课堂氛围往往非常热闹，热闹过后，教师如不加以归纳，学生可能只记得讨论的形式而忽略讨论的本质。比如，在进行情景演绎时，学生常常会偏离主题，把目光集中在经济、道德、制度等问题上，教师除了在讨论中适时引导外，还需要在总结中再次强调城市规划专业是围绕“城市空间”进行公共利益分配的，一切直接或间接可转化为空间的问题是我们解决的重点，而这也是空间设计的重要依据之一，继而拓展思路，为学生展开物质空间设计积累经验。

4 案例式教学对教师的要求

案例式教学的核心要件是收集、提问和反馈，这些决定着教学的成效，然而这种教学方式对于教师也提出了更高的要求和挑战。

4.1 收集——教学的激情

精心设计并找出富有启发性的案例是成功运用案例式教学法的保证。案例的收集离不开教师的实践、调查、比较、筛选；同时，当代社会网络信息量大，更新速度快，但代表性不强，而且学生获取信息的能力更优于教师，在众多的事件、事物中选择合适的内容并及时更新，需要教师踏实认真，有耐心，然而这些都会耗费教师大量的时间，在竞争异常激烈的今天，进行案例式教学要求教师更加敬业，对教学更有激情。

4.2 提问——应变的技巧

提问的目的在于探索知识和激发学习。学习是一个循序渐进、由浅入深的过程，提问要符合思维的规律和讨论的逻辑，才能控制好课堂的氛围。提问的过程是一场头脑风暴，它的技巧是在合适的时间向合适的学生提出合适的问题，以满足学生的不同水平和兴趣，有效平衡学生的参与程度。因此，教师要根据现场情况及时纠正学生错误并适时启发他们向深度方向讨论，同时，由于性格差异，有些学生不善表达，教师还要适时向他们提出些相对简单的问题，以增强他们的自信心和勇气。教师在教学中要注意观察、勤于思考，在实践中不断积累经验，逐渐培养自己的反映能力与应变能力。

4.3 反馈——广博的知识

反馈是一种即兴的艺术，教师根据课堂内容运用不同的策略，如提出追加问题、总结发言要点、寻求额外信息等。因此，要求教师能迅速将学生提出的各种观点在脑海中进行分类，指出哪些地方值得肯定，哪些地方有待完善，可以由某类问题联想到相关事件的处理方法，也可以通过设问的方式由相关案例回到主题。然而这一切都源于教师自身知识结构体系完善及对专业理解的深度，这也是教师魅力培养的重要途径。

总之，案例式教学是“形”与“神”的结合，形即为教学组织方式，神即是教师的综合素养，形的存在以神为依托，因此，实现案例式教学法与城市规划专业教学真正有机的结合还需我们教师不断加强自身修为！

主要参考文献

［1］ 陈琦，刘儒德等．当代教育心理学（修订版）［M］．北京：北京师范大学出版社，2007.

［2］ 赵万民，赵民，毛其智等，关于“城乡规划学”作为一级学科建设的学术思考［J］．城市规划，2010，36（6）：46-54.

［3］ 段德罡，白宁，王瑾．基于学科导向与办学背景的探索——城市规划低年级专业基础课课程体系构［J］．城市规划，2010，34（9）：17-27.

［4］ 任明川．哈佛案例教学的“行”与“神”［J］．中国大学教学，2008，（4）：91-92.

A Preliminary Research on the Case-based Teaching Method Applied into the Basic Teaching of Urban Planning

Wang Jin　Duan Degang　Zhang Xiaorong

Abstract: By exploring the characters of the case-based teaching method and its relationship with the instructional objectives of urban planning, this paper thus points out that the case-based teaching should be an indispensable pedagogy of urban planning. In association with the pedagogic reform practices implemented by Xi' an University of Architecture and Technology, this paper further elaborates systematically the application of case-based teaching method into the process of teaching students (lower grades in the department of urban planning), proposing four major pedagogic steps, namely, to clarify the teaching objectives, to prepare the cases, to organize the teaching and finally to summarize and expand the case-based teaching.Moreover, the paper, combined with specific teaching practices, elucidates how to organize the case-based teaching, and also specifies the roles and responsibilities of students and teachers, respectively, in the whole process, in expectation to spread the case-based teaching method in the pedagogy of urban planning.

Key Words: urban planning, basic teaching, case teaching method, practices of teching

"识、思、辩、践"教学法于城市规划专业主干课程的应用探索

白立敏

摘　要： 城市规划发展动态逐渐向社会性规划和公共政策方向转型的趋势对城市规划人才能力培养提出新的要求。本文以规划人才能力需求变化为出发点，提出"识、思、辩、践"教学法；并以其在《控制性详细规划》课程教学实践为例，阐述了该教学法内涵及在城市规划专业课程教学各环节中对应自学能力、分析研究能力、交流技能、编制技能及创新能力的培养，使规划人才具备应对城市发展转化，掌握规划方法，进行综合规划的能力。

关键词： 教学法，城市规划主干课程，城市规划人才培养，规划能力

1　引言

1.1　城市规划的发展趋势

研究我国当前城市规划发展状况，我们发现市场经济体制的确立以及伴随而来的城市开发利益多元化的格局对城市规划在协调社会利益矛盾方面提出了更高的甚至是全新的要求，城市规划日益显现具有广泛调控功能的公共政策的特点，成为政府宏观调控的手段。[1] 同时随着社会问题的突出和城市规划师对社会问题的关注，城市规划也越来越具有了社会性规划的属性。城市规划发展动态呈现逐渐向社会性规划和公共政策方向转型的趋势。

1.2　城市规划人才培养能力的需求变化

城市规划的社会性规划和公共政策发展趋势对城市规划专业人才能力培养提出新的要求，更注重自学能力、分析研究能力、交流技能以及创新能力的培养。同时，当前我国正处于城市化迅速发展的时期，规划教育要提供有关物质空间形态规划为主的城市规划编制技能知识，满足城市规划实践的要求。所以城市规划专业人才能力培养应将"物质性规划"与"社会性规划"对人才能力需求结合，使其具有综合能力。

2　"识、思、辩、践"教学法的提出

2.1　城市规划专业主干课程体系教学改革

吉林建筑工程学院根据建设部高等院校城市规划专业指导委员会《全国高等学校城市规划专业本科（五年制）教育培养方案》[2] 的指导以及城市规划发展趋势对规划人才能力培养的新要求，就 2006 级开始转为五年制的教学要求制定了《城市规划专业本科（五年制）培养计划》。

结合《城市规划专业本科（五年制）培养计划》，完成了城市规划专业主干课程体系建构，其中城市规划原理类课程与规划设计实践类课程进行整合，形成规划专业主干课程体系框架（如图 1 所示）。每门主干课程

图 1　城市规划专业主干课程体系框架图

白立敏：吉林建筑工程学院讲师

由理论环节与实践环节组成，理论先导，设计实践课程紧随其后设置，并且每位老师负责一门主干课程，完成该课程理论与设计实践两个环节教学与研究。通过纵贯各门课程的教学，使学生完成规划原理（理论）与规划设计（实践）的知识体系建构。

2.2 “识、思、辩、践”教学法

“识、思、辩、践”教学法可以看做是一种贯穿于课程教学的教学模式与教学方法。以培养学生综合能力为目标，可以应用于上述城市规划主干课程体系的每一门课程。

首先，设定课程目标：学生掌握该门课程理论与编制技能，尤其注重教学过程对学生综合能力的培养。技能与知识是密不可分的。技能是以一定的知识为基础，而技能的掌握又为进一步获得知识提供有利条件。所以，在日常学校教学活动中，往往把知识与技能作为整体来对待。每门课程目标实现均由理论教学与实践教学两环节组成，按照理论（原理课程）先导，实践教学（设计课程）反馈的程序进行。

其次，在教学中将理论教学与实践教学融入“识、思、辩、践”教学方法，将分析研究能力、创新能力、交流技能以及自学能力等的培养贯穿到具体教学过程中。教学法思路如图 2 所示：

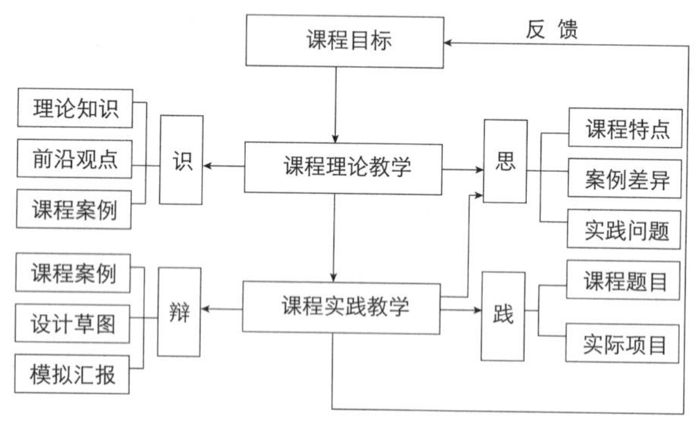

图 2 “识、思、辩、践”教学法思路框架图

3 “识、思、辩、践”教学法内涵与规划人才能力培养

3.1 “识”的内涵及自学能力的培养

“识”即认识、学习，是教学法中“思、辩、践”的基础。学生学习知识主要是接受间接经验的过程。教师在理论教学环节重点讲授课程基本理论知识，同时结合学科发展动态提供前沿信息，并将理论知识贯彻于课程案例让学生掌握。

当今是信息时代，是知识经济初见端倪的时代，如果学生没有掌握学习的方法，也难以适应社会的要求。教师必须调整自身的身份，不仅仅是基础知识传授者，而更应是知识爆炸时代的引路人，教导学生学习的方法，培养学生的自学能力。所以“识”既要学习知识，也要学习方法。

理论教学可以实行“1+1”的教学模式，即课堂与课外、教师课堂讲授与学生课外自学双结合的教学模式，教师课堂以问题为引导，提供相关阅读文献，使学生课后阅读专业相关书籍，将学习延伸至课堂之外，形成学习的连续性，同时培养其自学能力。

3.2 “思”的内涵及分析研究能力的培养

“思”即思考，要带着“为什么”去学习理论，并能够分析研究规划多因素影响，独立思考进行规划设计。工科院校的城市规划专业基础课程的知识结构具有明显的工程实践导向型的特点，因此学生有重设计、轻分析的倾向。[3]针对城市规划正日益转变为一种“公共政策”的特点，城市规划教学也面临着新的挑战。传统的教学中传授的符合“原理式”的规划知识与方法，其依据假设中的合理性来制定城市规划教学方案，在现实世界中，规划人员常常会遇到“原理式的规划”无法解释现实问题的现象。规划所遇到的问题常常是新问题，在传统经验不能解决问题时，规划的理性内容就成为规划的关键。所以现今的规划教育应注重传授给学生“为什么”，让学生探究方案背后的社会、经济、文化等深层原因。

在教学中坚持启发式教学，教师引导学生讨论、思考的方式，使学生成为课堂的主角，最大限度地调动其积极性，促使学生形成主动分析和解决问题的习惯。并将学科知识的侧重点从解决实际问题转向解决问题与对问题的认识和把握以及对问题的展望相结合，[4]积极培养学生以研究为导向的技能。

3.3 “辩”的内涵及交流技能的培养

“辩”即让学生分析案例、汇报和讨论方案，重点

培养学生交流技能。在课程教学不同阶段，安排学生课堂单人汇报、分组讨论等方式，培养学生交流技能。现实规划方案的决策者常常不是规划专业人员，要使规划方案被领导、开发商与企业单位主管接受，必须有足够的理由。规划方案被认可，取决于规划对评委、领导与开发商有多少说服力，方案汇报是检验规划者这一能力的工作环节，所以在课堂教学中是有意识地培养学生交流能力是规划执业素养的需要。从事于城市规划教育方法研究的 Schon 等人指出与政府官员协作、谈判，运用权力关系、和客户协作，评估复杂系统内的平衡点、阐明问题并计划如何最好地解决一系列问题均是规划从业者的基本技能以及在总结教育工作者对于规划工作本质的看法中提到交流技巧的发展替代了单纯掌握技术的技巧。[5] 可见，交流技能的培养已经成为规划教育的重要内容。

3.4 "践"的内涵及编制技能与创新能力的培养

"践"即让学生参与课程设计实践，并鼓励学生参与实际项目实践。学生通过课程设计题目的实践，将知识转化为技能。城市规划是应用性、实践性、社会性很强的专业，在工业化过程中，现实建设任务的紧迫迫使城市规划教育不得不寻求学以致用的捷径，规划教育要提供有关物质空间形态规划为主的城市规划编制技能知识，满足城市规划实践的要求。城市规划应用性教育人才培养的特点，要求学生毕业后能够马上投身社会主义现代化建设，参与城市规划设计与管理等相关工作。

实践环节是规划教育的重要环节，学生通过独立或分组完成设计题目（或实际项目），进行实战训练，完成规划编制技能与创新能力培养的目标。21 世纪是一个全面依靠知识创新和知识创新应用的可持续发展的世纪，城市规划人才培养必须充分适应社会需求，以创新能力培养为核心，积极探索城市规划基础课程体系的整合与优化。创造力的基本要素是创造意识、创造性思维、创造性想象和创造性个性，教学中善于激发与培养学生创造力至关重要。总之，实践环节要充分发挥学生的主动性与创造力，积极寻找多种渠道增加学生锻炼的机会。

4 "识、思、辩、践"教学法于《控制性详细规划》课程教学实践

"识、思、辩、践"教学法在城市规划 2006 级、2007 级《控制性详细规划》课程进行了教学实践。

《控制性详细规划》课程教学按照理论教学与实践教学两环节展开。理论教学授课结构可分为：基础知识、控规研究前沿信息、控规案例三部分。基础知识部分以《控制性详细规划》[6] 教材为主体，学生掌握控规设计编制的基本原理、基本内容、基本方法；控规研究前沿信息部分则着重介绍控规研究的发展趋势、最新成果，这部分内容注重研究背景的介绍，以使学生了解新的研究出现的原因，拟解决的问题；控规案例的讲解着重将编制的理论知识贯穿其中，并通过案例的比较教会学生发现问题、分析问题的能力，引发他们的思考，培养其分析研究能力。同时，设置相应题目，引导学生课外阅读专业文献有关控规内容，并通过完成读书报告等方法进行检查，逐步培养其自学能力。

实践环节教学内容主要采用真题真做、真题假做的方式，要求学生独立或合作完成一个控规设计。课程设计选题紧扣控规关注热点，契合控规发展的趋势。并且不同学年更新课题选题，选取不同控规类型，如城市中心区、居住区、工业区、旧区改造等，使选题多样化。实践教学环节鼓励学生参与教师的工程实际项目，或结合设计院实际控规项目，结合课程要求提出考核办法。实践环节重在培养学生技能，题目的设置与选择和真实项目结合，更容易让学生进入职业角色，思考项目背景与限定条件，提出解决方案，培养其规划设计能力、研究能力和创造能力。实践环节采用开放式教学模式，组织学生讲评案例、汇报方案及分组讨论等方式锻炼其交流沟通技能。

通过两轮教学实践与反馈，我们发现"识、思、辩、践"教学法对发挥学生学习主动性和学生综合能力的培养效果明显，对城市规划专业主干课程体系整合与优化给予积极的肯定。

5 结语

教学是一种创造性活动，选择与运用教学方法和手

段要根据各方面的实际情况统一考虑。万能的方法是没有的，只依赖于一两种方法进行教学无疑是有缺陷的。"识、思、辩、践"教学法在城市规划基础课程主干体系课程的实践要进一步结合其他多种教学方法，并不断探索与完善，达到社会发展对城市规划人才培养提出的目标要求，实现城市规划教育对人才综合能力素质的培养。

主要参考文献

[1] 张峰，任云英等．城市规划基础理论教育教学改革实践探索[J].A+C，2009，(6)：54-57.

[2] 原建设部．全国高等学校城市规划专业本科（五年制）教育培养目标和培养方案及主干课教学基本要求[M]．北京：中国建筑工业出版社，2004.

[3] 焦胜，陈飞虎等．城市规划专业基础理论课的教学改革初探[J]．高等工程教育研究，2006，(3)：122-125.

[4] 谭纵波．论城市规划基础课程中的学科知识结构构建[J].城市规划，2005，(6)：52-57.

[5] Ian Skelton 等著．城市规划的方法教育：对新兴趋势的评价[J]．何小涛译．国外城市规划，2003，(3)：19-21.

[6] 夏南凯，田宝江主编．控制性详细规划[M]．上海：同济大学出版社，2002.

The Explore on the Teaching Mode of "Knowing, Thinking, Debating, Practicing" Applicating in Main Courses of Urban Planning

Bai Limin

Abstract: The new requirements about training of planning are proposed following the trends that urban planning transforms to community planning and public policy.The author proposed the teaching mode about "knowing, thinking, debating, practicing" and explained its application in the teaching process by the example of Regulatory Plan.In particular, how to train the ability about self-learning, analysis, communication and creating is involved.

Key Words: teaching mode, main courses of urban planning, training of urban planning, planning capacity

"城市规划管理与法规"课程的教学内容和教学方法

耿慧志

摘　要："城乡规划管理与法规"课程的教学内容在不同的教材中存在差异，文章首先讨论了课程教学内容的板块设置，对密切相关学科的基础理论知识和城市规划实施管理2个教学板块进行了分析，而后结合多年教学经历，从案例讲解等5个方面探讨了教学方法，最后基于二级学科的建设要求提出了进一步的建议。

关键词：城市规划管理与法规，教学内容，教学方法

"城市规划管理与法规"课程已经成为我国高校城市规划专业教育的核心课程，注册规划师考试制度更是赋予该门课程举足轻重的地位，注册规划师考试科目为4门：城市规划原理、城市规划管理与法规、城市规划相关知识、城市规划实务，该门课程直接对应其中一门考试科目，另一门考试科目——城市规划实务也有近半数的题目是关于城市规划管理的实务，该门课程在规划师执业资格考试中的重要性是显而易见的。

1 "城市规划管理与法规"课程的教学内容

1.1 教学内容的板块设置

笔者选择了近几年出版的4本教材，通过对这4本教材内容的梳理可以看出，该门课程基本形成了教材内容框架的普遍共识，但在具体内容的选择上尚存在分歧（表1）。

下述几个方面的内容纳入教材形成了普遍共识：①行政管理学和行政法学的基础理论知识；②城市规划法律规范；③城市规划组织编制和审批管理；④城市规划实施管理和监督检查管理。存在的分歧主要表现为：①相关学科的基础理论边界到底怎样界定，是否要扩展到城市管理、决策学等领域？②城市规划的设计单位资质和执业资格管理、城市规划档案管理、城市规划信息管理等是否要纳入教学内容？

实际上，一门课程的教学内容设置应当允许不同的

《城市规划管理与法规》课程教材选录　表1

教 材	目 录
耿毓修 编著 《城市规划管理》 中国建筑工业出版社 2007年1月第一版	第一章　绪论 第二章　行政管理思想和理论的发展 第三章　城市规划管理的现代理念 第四章　城市规划管理活动构成要素 第五章　城市规划管理职能 第六章　城市规划管理方法 第七章　城市规划管理依法行政 第八章　城市规划法律规范 第九章　城市规划组织编制和审批管理 第十章　城市规划实施管理 第十一章　城市规划实施监督检查管理 第十二章　城市规划管理运行机制 第十三章　外国城市规划管理与借鉴
王国恩 编著 《城乡规划管理与法规》 中国建筑工业出版社 2009年8月第二版	第一章　城市管理概述 第二章　决策概论 第三章　行政管理学概述 第四章　行政法学概述 第五章　城乡规划法概述 第六章　城乡规划依法行政 第七章　城乡规划文本的编制 第八章　城乡规划管理基本知识 第九章　建设用地规划管理 第十章　建设工程规划管理 第十一章　道路交通和市政工程规划管理 第十二章　城乡规划的监督检查 第十三章　违反城乡规划法的法律责任

耿慧志：同济大学建筑与城规学院教授

续表

教 材	目 录
刘维彬、王玉芬 主编 《城乡规划管理与法规》 北京科学出版社 2011 年 2 月第一版	第一章　城乡规划管理概述 第二章　行政管理学和行政法学 第三章　城乡规划法律法规 第四章　城乡规划行政许可和行业管理 第五章　城乡规划组织编制和审批管理 第六章　城乡规划实施管理 第七章　城乡规划行政监督检查管理 第八章　城乡规划档案管理 第九章　城乡规划信息管理
耿慧志 编著 《城市规划管理教程》 同济大学出版社 2008 年 1 月第一版	第一章　行政管理的基础理论和知识 第二章　城市规划的法规制定和法规体系 第三章　城市规划的行政机关和行业管理 第四章　城市规划的编制和审批管理 第五章　城市规划的实施和监督检查管理 第六章　国外城市规划管理

主讲教师有不同的理解，这是开放式学术氛围形成的基本条件，也是不同高校教学差异化和特色所在。但对城市规划本科教学而言，一门课程的教学内容也确实需要形成更为广泛明确的共识，差异化教学应当主要是表现在对课程内容关注重点的不同，而不是在教学内容上的大的分歧。因此，有必要对城市规划管理与法规课程的教学内容设置进行开放性的探讨。

笔者认为，该门课程的教学内容可以概括为 6 个板块：①密切相关学科的基础理论知识；②城市规划行业管理；③城市规划编制管理；④城市规划实施管理；⑤城市规划法规体系；⑥国外城市规划管理。其中，第③、⑤板块已经是形成普遍共识的内容，在此不再展开讨论。对第⑥板块而言，由于各国的政体制度背景、城市化水平等多方面的差异，梳理出令人信服的脉络存在较大的难度，这可能是个别教材未能将其内容纳入的原因所在，但对设置这一板块的必要性应该没有太大的歧义。第②板块主要包括规划设计单位资质管理和从业人员执业资格管理，两者既涉及规划设计资格的准入条件，也关乎规划人员专业知识的掌握导向，应当纳入教学的内容，并且已经有较为成熟的政策文件作为支撑，其内容是比较容易把握的，需要进一步指出的是，曾经一段时间规划学界热议的规划师职业道德问题应当纳入该板块的教学内容。下文主要对第①板块和第④板块的教学内容进行展开讨论。

1.2　密切相关学科基础理论知识教学板块

目前，城乡规划已经被列为一级学科，这是经过六十多年的发展，城乡规划已经远远超出建筑学一级学科范畴的必然要求，也是适应我国特色城镇化道路和城乡统筹发展的客观需要。尽管城乡规划一级学科之下的二级学科尚未形成权威的结论，但无疑城市规划管理将是其中的候选之一，"城市规划管理与法规"也相应成为二级学科的核心课程。

城市规划管理机构是政府行政管理机构的分支，城市规划管理本质上是政府的行政管理，城市规划的核心价值取向是维护公共利益和关注社会保障。城市规划法规设定城市规划管理的体系架构，同时也是城市规划管理的基础依据，依法行政是城市规划管理的基本要求。因此，"城市规划管理与法规"的课程内容设置应首先考虑这些密切相关学科的基础理论知识，主要涉及公共管理学和法学 2 个一级学科，以及之下的 4 个二级学科：行政管理学、社会保障学、法理学、行政法学。从上述对已有教材的梳理来看，行政管理学的基础理论已经得到普遍的重视，法理学、行政法学也有较多的介绍，但对社会保障学的认识还显得重视不够。事实上，保障性住房以及大规模暂住人口的保障性服务设施配置已经成为我国城市规划领域日益关注的重要内容，客观上要求对社会保障学基础理论知识有很好的掌握。

1.3　城市规划实施管理教学板块

该教学板块中规划许可和方案审批等教学内容早已固化，前文提及的城市规划档案主要是指建设项目的报建材料档案，其管理可归入该教学板块。同时，该教学板块中需要重视对城市规划管理机构的解读以及对城市规划管理数字化信息系统的介绍。城市规划的管理机构各地设置差异很大，有些城市单独设立了城市规划管理局，甚至并入了土地管理的职能（如上海、深圳），有些城市的规划管理还归属于建设局，非建制镇这一级大多没有独立的规划管理机构，对此要有较为清晰的了解。但更重要的是，要理清楚城市规划行政管理机构设置的内容，首先需要对我国党领导下的政府行政机构组织特点以及政府各个分支行政机构的主要职能有清醒的认识，即只有将城市规划行政管理机构放在大的政府机构的框架体系之中，才能对城市规划行政管理机构的设置及其主要职能有更加准确的把握。

城市规划管理数字化信息系统是规划行政管理机构的运作支撑平台，也是未来我国城市规划管理将会逐渐普及推广的技术。尽管对我国很多县级城市、镇而言，城市规划管理尚处于“刀耕火种”原始手工时代，人才、技术、资金的多重短缺阻碍了城市规划管理数字化信息系统的实现。但随着计算机技术的普及，城市规划管理数字化信息系统建设将是大势所趋，且目前已经取得了令人欣慰的进展。例如，2005 年“上海市城市规划信息共享平台”便已经正式运行，全市各项规划业务被纳入“平台”系统，实行了电子报件。因此，需要将这方面的内容纳入教学体系。

2 “城市规划管理与法规”课程的教学方法

如何将一门课程讲好，从本质上讲，是一个十分个性化的事情，不同的教师有不同的讲课风格，并不存在普遍适用的教学方法。下文结合笔者个人的实践教学经历，谈几点体会。

2.1 互动问答——活跃课堂气氛的重要手段

“城市规划管理与法规”课程的内容设置决定了其特点，不像城市规划设计课程那样有强烈的视觉冲击力，抽象的概念很容易使课堂气氛显得沉闷，学生在沉闷的气氛中也容易分散注意力。在讲课过程中采用互动问答的形式是活跃课堂气氛的较为有效的手段，有意识地在讲课的过程中设定问题，随机点名让同学来回答，能够集中所有同学的注意力，同时也是抽查学生出勤状况的一种变通方式。

例如，在讲解“建设项目规划管理”内容时，首先提出了一个问题：“建设项目规划管理涉及哪些政府部门？”学生的回答基本不得要领，而且大多搞不清楚政府部门到底有哪些，这与学生尚未接触总体规划、未进行总体规划现状调研有关，学生在这方面知识的缺乏大大超出了之前的乐观估计，为此，对政府部门的设置和主要职能进行了较为详尽的讲解。通过课堂上的互动问答，使教师更加清楚知道需要重点讲解内容之所在。

2.2 案例解析——增添讲课趣味的关键环节

适合的案例往往是最具说服力的，煞费苦心的说教总是不及榜样的力量，与课程内容相匹配的案例选择至关重要，这也是增添讲课趣味的关键环节。当讲解枯燥抽象的法规内容时很难看到学生聚精会神的表情，而当出现案例介绍的时候常常发现学生屏气凝神的样子，通过案例来解释教学内容更容易达到事半功倍的效果。

例如，在讲解建筑工程管理的复杂性时，首先展示一个造纸厂的总平面图，让学生猜猜这是什么建筑，随后出现该造纸厂的照片，告知学生识别总平面图是规划管理必须具备的基本专业能力。在讲解对某一地块设定规划设计条件时，展示规划设计条件的表格和附图，随后出现按照规划设计条件设计的居住小区总平面和鸟瞰图，使得学生对规划设计条件对空间形态的约束和影响有更加直观的认识。

2.3 引智讲座——接受新鲜信息的可行路径

在条件允许的情况下，邀请工作在城市规划管理第一线的专家和领导，回到学校讲座是一种不错的选择。通过讲座能够让学生了解到第一手的最新信息，城市建设当前的热点在哪里？城市政府目前关心的主要问题是哪些？实际管理工作中的棘手问题是什么？等等。同时，也可对学生感兴趣的问题给出更加可信的、更加权威的解答。

例如，2005 年结合教学改革课题，邀请了上海市土地局、区建委和规划局在岗的校友和领导回校进行了讲座，使得学生对上海区规划局的机构设置和职能、区重点地区的开发建设过程、上海市规划局与区规划局的管理权限分工等方面的内容有了更加深入和真切的了解。同时，有意向毕业后从事城市规划管理工作的同学还就所关心的就业问题与专家领导面对面进行沟通，取得了较好的效果。

2.4 实践调查——加大理解深度的有效安排

城市规划编制管理指向的是一项项具体的规划设计，城市规划实施管理面对的是一件件具体的建设项目，城市规划管理实际上是由实践事项堆积而成的。不仅仅局限于课堂上内容的讲授，安排学生在实践考察中发现问题、进行思考，并提出解决的方案，能够更加切实地掌握该门课程的知识点。

例如，2010 年的课程小论文是结合对上海市虹口区的实践考察进行的，包括待转换用途工业用地和待开发闲置土地的使用状况调查，之前硕士研究生已经对这两个方面有一些知识储备和案例积累，实践调查具备必要的工作基础条件。通过调查，学生对这2个方面有了更加直观的感受，并基于城市规划管理视角分析原因、寻找对策，表现出投入的态度和高涨的热情。

2.5 论文笔试——巩固知识要点的必要举措

近几年的课程考查基本上是采取撰写小论文的方式，对课程讲授内容的考试不再作为必要环节。提前布置小论文题目，学生通过撰写小论文，对某一方面的问题能够有更加全面系统的认识，也是对学生发现问题、分析问题、文字表述能力的一种锻炼。例如，2011年布置学生评析修订后的地方城乡规划主干法，学生通过查阅比较地方城乡规划条例与国家城乡规划法的差异，以及与修订之前的地方城市规划条例的内容变化，并比较不同省市的城乡规划条例内容差异，对法律规范的层级关系和反映地方特色等有了更加深入的认识。

但也发现存在一些问题，总体规划实习或是毕业设计阶段再与同一批学生接触，会却惊异地发现，该门课程讲授的一些最基本的知识点已经被学生抛到脑后。对规划管理机构的主要构成完全不知道了，这对规划课题的理解以及与地方规划管理部门的沟通造成了阻碍。由此看来，对核心知识点的考试还是必要的，尽管较为抽象，受制于专业经验和见识，本科阶段不一定能很好理解，但略带强制性的灌输核心知识点对后续学习和今后的工作还是有益处的。

3 进一步的建议和思考

越来越多的迹象显示，城乡规划管理将成为城乡规划一级学科之下的相对独立的二级学科，而在大多数高校规划课程目录中，“城市规划管理与法规”是仅有的与此二级学科对位的一门课程，这显然是与二级学科的要求不相适应的。前面概况了该门课程6个板块的内容，从某种意义上讲，这6个板块都具备单独开设一门课程的可能性，至少可以开设3门课程，如城乡规划行政管理、城乡规划法规体系、国外城乡规划管理，并且可以开设一门城乡规划管理认识实习课程，这是课程设置精细化的发展趋向。

城乡规划管理与城市规划管理虽然一字之差，其内涵却有极大的扩展，乡村的规划管理如何进行，《城乡规划法》虽然指明了方向并给出了原则性的意见，但具体如何落实目前尚处于初期探索阶段，关于这方面的内容目前还不具备纳入本科教学的条件，可以在研究生的选修讲座中进行前沿性的讨论。

城市规划管理与法规课程的内容设置决定了其讲解起来较为抽象和条文化，容易产生较为枯燥的教学效果，采取案例讲解等措施有助于活跃课堂气氛，取得更加生动的教学效果。但始终牢记的还应该是该门课程的核心知识点，绝对不能以教学效果为核心关注，否则就会“因噎废食”，如果学生只记住了案例，而未能掌握核心知识点，事实上并没有达到预期的教学目标。

主要参考文献

［1］耿毓修编著．城市规划管理［M］．北京：中国建筑工业出版社，2007.

［2］王国恩编著．城乡规划管理与法规［M］．北京：中国建筑工业出版社，2009.

［3］刘维彬，王玉芬主编．城乡规划管理与法规［M］．北京：北京科学出版社，2011.

［4］耿慧志编著．城市规划管理教程［M］．上海：同济大学出版社，2008.

Teaching content and methods of the curriculum of “Urban planning administration and regulations”

Geng Huizhi

Abstract: The teaching content of “Urban planning administration and regulations” are different in different kinds of textbooks.Firstly, this article discusses the part setting of this course, analyses the two parts which are the basic theories of the closely related disciplines and urban planning implementation.Secondly, combining with the past teaching experiences, it explores the teaching methods from five aspects including the case explanation.Finally, based on the construction requirements of the second-degree subject, it puts forward some further proposals.

Key Words: urban planning administration and regulations, teaching content, teaching methods

城市规划专业计算机辅助设计课程教学改革探讨

罗 曦

摘 要： 计算机辅助设计是规划设计意图表达的重要手法，已成为城市规划编制、城市规划管理工作中不可或缺的重要部分，城市规划专业学生必须熟练掌握该技能，才能适应今后的社会工作。《计算机辅助设计》课程是一门实践性很强的课程，需要学生在学好理论知识的同时，又要掌握和灵活使用实际的操作技能。本文根据笔者近年在中南大学的教学实践，分析了城市规划专业计算机辅助设计课程传统教学中的不足，通过近年的教学创新改革，对课程设置、课程内容、教学方法、考核体系等做了探讨。

关键词： 城市规划，计算机辅助设计，教学改革

20世纪80年代开始，随着计算机图形技术的成熟和个人电脑的普及，计算机图形技术应用得到空前的发展，计算机辅助设计已逐渐发展成一门新兴学科，并深入应用到各个行业当中。计算机引入中国城市规划已有二十几年的历史，计算机已从单纯的出图工具转变成为设计师创造活动的得力助手，城市规划领域中那种传统的耗时耗精力的工匠式工作方式已被淘汰，使用者可以利用计算机快速、便捷的处理图形数据，辅助设计已成为设计师设计意图表达的重要手法，[1]为城市规划提供了现代化的技术支撑，逐步成为城市规划编制、管理过程中不可或缺的辅助手段，提高了城市规划工作的效率。[2]掌握快速、准确和美观的计算机辅助设计和绘图技术是城市规划专业学生知识结构和能力结构的重要构成内容。[3]为了培养社会适应型人才，高校城市规划专业教育中纷纷开设了计算机辅助设计类课程，以培养学生掌握计算机辅助设计的基本原理和方法。但随着计算机辅助设计技术科学的迅速发展，各种新型技术的不断更新，使得该课程的教学内容、教学模式、教学方法也处于不断更新变化当中。本文结合笔者近年在中南大学的教学实际，对计算机辅助设计课程的教学理论和实践进行改革探讨。

1 城市规划专业教学中计算机辅助设计课程特点

计算机辅助设计课程的教学目的是使学生掌握计算机辅助设计的基本原理和方法，熟练各种辅助设计软件的使用，具备使用辅助软件正确、快速表达设计成果的能力。其内容庞杂，各类设计软件之间跨度大，设计软件版本、功能不断更新，各种新兴软件不断推出，给教学目的的实现带来很大的挑战。

2 计算机辅助设计课程传统教学概况及存在的不足

2.1 传统教学概况

计算机辅助设计课程传统教学主要采用课堂讲授、操作演示、上机实践、课后练习等环节进行，教师课堂讲授设计软件的基本原理和使用技巧，并进行一定量的操作演示，学生在教师的指导下通过上机实践操作，再通过课后的设计类作业等来进行练习，以加深和巩固所学知识。因学生兴趣、爱好、基础不同，学习效果参差不齐，基础好的学生能同时熟练掌握多种软件的使用，部分学生对基础软件的掌握还存在一定不足。

2.2 传统教学中的不足之处

2.2.1 教学内容片面，滞后于计算机辅助设计技术学科的发展

从教学内容来看，计算机辅助设计课程主要学习AutoCAD、Photoshop、3Dmax、MapGIS、ArcGIS、SPSS等图形图像处理、三维模拟、数据统计分析软件。低年级学生学习最基本、应用最为广泛的AutoCAD，高

罗 曦：中南大学建筑与艺术学院城乡规划系讲师

年级学生再深入学习其他软件的使用。但目前在基础软件平台上二次开发的产品增多，如基于 AutoCAD 平台开发的专门针对城市规划、园林、市政等专业的湘源控规、鸿业 CPS 城市规划、飞时达等软件，功能强大、针对性强、集成度高、使用方便，在实际的城市规划设计和管理工作中使用普遍。另外，计算机辅助设计类软件种类也不断增多、版本不断更新，如平面设计软件 CorelDRAW、三维模拟软件 SketchUP 等新型软件不断推出，现有软件版本以一到两年一次的速度不断更新，使教学内容、教学组织处于不断更新之中，教学内容明显滞后于设计技术科学的发展。[4]

2.2.2 课程安排不当，与城市规划设计类课程脱节

计算机辅助设计应该是城市规划设计类课程的辅助教学内容，传统的教学中未体现二者的关联性。规划设计类课程教学中未能穿插辅助设计课程的基本方法和技巧，在城市规划设计类课程中，通常要求学生完成一定量的实践设计作业，在作业完成过程中，往往出现计算机辅助设计表现不足、设计意图表达不充分、“眼高手低”现象明显；辅助设计课程中也未能体现设计类课程的基本思想和原理，导致学生上机练习时仅仅充当了描图、绘图工匠师的角色，对软件和专业的关联性认识不够、针对性差、学习兴趣低下。

2.2.3 教学课时安排不足

计算机辅助设计课程一般分为两个阶段进行教学，第一阶段为基础课教学阶段，主要以 AutoCAD 为教学重点，学时安排 32~48 学时；第二阶段为辅助设计课程教学阶段，主要以其他相关软件为教学重点，学时安排 48~60 学时。要在 100 各学时左右的时间内掌握多种软件的基本原理及使用方法难度很大，学生通常需要花费大量的课外时间来自学和练习，以提高对各种软件的熟练程度，来适应毕业后的具体工作要求，学生学习的效果很大程度上取决于其课后的自学。但课后练习缺乏教师的跟踪指导，遇到困难时需要耗费大量的时间去摸索，增加了学习负担，降低了学习积极性。

2.2.4 缺乏针对性的教材

教学中针对本专业的教材甚少，学生缺乏针对性强的学习依据和范本。现有教材中，多数主要讲授软件的应用以及基本工具的使用，少数以实例为主，系统性较差、重点不突出、专业针对性不强，与城市规划专业的要求和行业特点相差较大。教师教案撰写基本参照各类软件的说明，结合教师自身的操作实践，缺乏系统性，加上教师对学生学习的内部心理机制缺乏清醒的认识，使得他们在教学中，很难根据学生的心理，以学生为中心进行针对性教学。

2.2.5 考核方式存在弊端

计算机辅助设计课程的考核，通常以完成作业、考试或机试等方式，从三种考查方式来看，均存在一定的弊端。以完成作业来考核，若布置相同题目，学生之间存在文件拷贝现象而教师很难做出正确的判定，导致考核结果不能完全体现学生的真实水平；若布置不同题目，因题目之间存在一定差异，难以形成一致的考核标准，且检查作业工作量大大增加。以考试的形式考核，更多的只能考查学生的理论水平和简单的操作命令，与培养应用型能力存在偏差。以机试形式考核，考查内容偏重于学生对常用命令与基础知识的熟练程度，考试过程组织的难度相对较大。

3 计算机辅助设计课程教学改革的措施

3.1 调整教学内容，组织“基础课 + 配套课”教学内容

为培养适应信息技术发展条件下的新型人才，在计算机辅助设计课程教学内容选择时，应把握学科和技术发展前沿，在教授学生基础软件的同时，应着重加强新兴软件的教学。可将 AutoCAD 作为低年级学生基础课教学内容，主要讲解通用的绘图理论及基础的操作命令。其他各种应用软件根据其在城市规划设计、管理中的普及情况作为高年级学生的配套教学内容，有重点、有针对性的开设课程。教学中将使用频率较高的内容以实例的方式来讲解，在实例讲解中逐渐渗透相关的概念和知识点，使学生在做中学，在学中做，有利于激发学生的学习兴趣和提高学习效率。同时在实例中适当设置问题情境，鼓励学生质疑，以激发学生学习的主动性，培养学生的创造力。[5]此外，针对城市规划成果由规划图件和文字说明两部分组成的情况，笔者在教学过程中发现，学生对图件的学习主动性较大，对文字排版内容的学习容易被忽视，从提交的设计作业看，文字排版问题比较突出，因此在计算机辅助设计课程中，还应以专题的形

式补充讲解文字排版的知识。

3.2 改革教学方式，采用“设计课 + 辅助设计”教学方式

将计算机辅助设计课程与城市规划专业的设计类课程挂钩，在设计类课程中有针对性的穿插部分计算机辅助设计课程教学内容，以便提高设计效率，如在控制性详细规划课程教学中适当安排湘源控规的学习内容，让学生在掌握控制性详细规划编制内容和成果表达的同时，相应掌握成果表达方法和设计操作技巧；在城市设计课程中适当安排 3Dmax、SketchUP 等软件内容的学习，让学生掌握城市设计基本原理和方法的同时，掌握三维模拟软件在城市设计中的应用。这样既能加强辅助设计的针对性，真正起到辅助于设计的效果，又能提高学生的学习兴趣。在教师的组织上，可以由设计课教师兼任辅助设计课的教学，也可以由设计课课程任课教师与专业的辅助设计课程任课教师共同承担。

3.3 修订教学计划，制订“必修课 + 选修课”教学计划

将计算机辅助设计中的基础课程（AutoCAD）设为必修课程，安排 32 学时，其他开设多门配套课程作为选修课程，适当增加学时。学生可根据兴趣、爱好、需求做出适当选择，但要求每个学生至少需要掌握各类软件中的一种。如可开设平面设计软件类选修课，主讲 Photoshop、CorelDRAW 等内容，开设三维模型类选修课，主讲 SketchUP、3Dmax 等内容，开设统计分析类课程，主讲 MapGIS、ArcGIS、SPSS 等内容。

3.4 建设辅导队伍，搭建“教师 + 学生”的辅导团队

配备 1~2 名在计算机辅助设计方面有丰富经验的专业教师，组织其参加各种相应的培训，提高教师师资水平，在该教师团队的组织下，选取部分基础好的学生共同组建辅导团队，解决学生在学习中遇到的实际问题，利用网络、电话等手段进行跟踪指导，建立专门的论坛，为学生搭建讨论、交流的平台，定期收集常见的问题，进行针对性总结和分析，以指导后续教学。并可结合城市规划专业特点，编写简易教材、制作相应的教学课件（包括 ppt、flash、其他影像文件等），提高针对性，便于学生课后学习和查阅。

3.5 更新教学模式，培育“讲授 + 自学”新模式

学生学习计算机辅助设计课程，需要大量的实践来巩固所学知识，讲授课教学过程中，应尽可能让学生经历知识的发生、发展、形成的过程，即操作—感知—想象—概念—应用的过程，借助直观帮助思维，培养空间想象能力，加深记忆，同时学生也能从中体验参与的乐趣。一种非常有效的方法就是结合老师自己的规划设计项目进行教学，让学生参与其中，或找到比较经典的规划案例让学生进行临摹，既提高了学生的动手能力，又能将理论和实践结合起来，学生也学到了知识并体验到参与的乐趣，同时也提高了学习的兴趣和积极性[6]。同时尽可能多的组织学生参加实践练习，可通过开展各种竞赛、论坛、讲座、成果展览等活动来调动学生积极性，让学生的自主学习更有针对性，高年级的学生还可以通过实习来参与实践工程设计，以此提高自身水平。

3.6 改进考核方式，建立“平时考核 + 设计作业”综合考核体系

针对前文提及的传统考核方式的弊端，笔者近年一直尝试建立“平时考核 + 设计作业”的考核体系。平时考核以课堂作业、课后作业、课堂交流等形式为主，通过布置 5~6 次课堂作业和课后作业，主要考查学生对重要知识点的掌握程度，偏重于“点”的考核。课程作业结合设计课程作业，单独考核学生的综合表达能力，考核内容包括图件表达的规范性、图件设计意图表达的清晰程度、文字内容的排版规范性等，偏重于“面”的考查。

4 结语

通过近年的教学改革实践，我校城市规划专业学生的计算机应用能力逐年提升，毕业生均能较好的适应社会工作，获得较好的社会评价。笔者认为强化城市规划专业计算机辅助设计课程的教学效果，确保学生在有限的时间内掌握更多的表现技术、提高技巧和速度是目前城市规划专业教育改革的一个重要方向，应对实际教学中存在的问题，有的放矢，分别从教与学两方面采取改革措施，以培养既有思想又能动手的综合型、应用型人才。

主要参考文献

[1] 庞磊等. 城市规划中的计算机辅助设计 [M]. 北京：中国建筑工业出版社，2007.

[2] 钮心毅. 西方城市规划思想演变对计算机辅助规划的影响及其启示 [J]. 国际城市规划，2007，22 (6)：97-102.

[3] 张加颖，孙洪庆. 城市规划专业应用型人才培养的实践研究 [J]. 中国冶金教育，2004，(1)：28-31.

[4] 庞磊，杨贵庆. c+A+d：城市规划计算机辅助设计课程教学探索 [J]. 城市规划，2010，34 (9)：32-48.

[5] 栗亮. 计算机辅助设计教学浅谈 [J]. 中国科教创新导刊，2009，(9)：114-115.

[6] 区奕甫. 计算机制图在区域与城市规划课程中的实践教学探讨 [J]. 中国水运，2007，5 (12)：231-232.

Research on the Teaching Reform of Computer-Aided Design of City Planning

Luo Xi

Abstract: Computer-aided design (CAD) is an important approach to express the planning and design intent, and has become an indispensable part of urban planning and management.Students must master it to adapt to future social work.Because of strong practicality, CAD requires that students not only learn the theory, but also become skilled in practical operation. According to teaching practice and creative educational reform in Central South University in recent years, this paper presents some shortcomings of the traditional model in CAD' s teaching and discusses the curriculum, content, teaching methods, evaluation system etc.

Key Words: city planning, computer-aided design, teaching reform

基于克服“短板效应”的城市规划基础教学模式探索

唐晓岚

摘　要：克服教学中的“短板效应”，针对城市规划专业的特点，本文从克服教学“短板效应”的视角，探索培养城市规划应用型人才的教学模式。划分专业方向并实行分类教学是结合每位学生学习的优势和劣势，提高学生的自主性和选择性的重要措施。

关键词：短板效应，城市规划，基础教学

1　引言

当前中国的城市规划教学基本以行业技能训练为主要导向，以物质规划为主，城市规划专业培养的学生，往往是工程师或建筑师这样的单一人才。而国外高校的培养方向则截然不同，以英国为例，其城市规划培养方向较好地平衡了技能训练和创新素质教育两个方面。其教学旨在培养未来的管理人才、房地产策划师、社会组织者等多领域人才，真正使学科走向多元化。因此，城市规划教学应尽早走向多学科融合发展的态势，形成多学科“交叉”、独立、具有创新意义的研究领域和科学理论，以培养具有良好的规划理论素养，掌握专业规划技能，并在区域规划、土地利用规划、市政工程规划等某一专门化领域获得较深的知识及较多的职业实践技能训练的多类型、多层次、多领域的应用型专业人才。❶

2　当前城市规划教学存在的问题：“短板”现象

2.1　“短板效应”的来源和推论

短板效应是由美国管理学家彼得提出的，指由多块木板构成的水桶，其价值在于其盛水量的多少，但决定水桶盛水量多少的关键因素不是其最长的板块，而是其最短的板块。若仅作为一个形象化的比喻，“短板效应”可谓是极为巧妙和别致的。但随着它被应用得越来越频繁，应用场合及范围也越来越广泛，已基本由一个单纯的比喻上升到了理论的高度。这由许多块木板组成的“水桶”不仅可象征一所学校、一个学院、一个专业，也可象征某一个学生，而“水桶”的最大容量则象征着学校的整体实力和竞争力。❷短板效应反映出任何学校的教学，可能面临着一个共同的问题，即学生的层次和专业素质往往是优劣不齐的，而学习较困难的那些学生往往决定学校的教学水平、知名度、竞争力和未来发展潜力。

此外，“短板效应”还有两个推论：其一，只有桶壁上的所有木板都足够高，那水桶才能盛满水。其二，只要这个水桶里有一块不够高度，水桶里的水就不可能是满的。这也就是说，只有所有学生的通识教育都取得成功，专业基础知识都打牢，教学质量才能得到提高；同时，只要有一个学生基础知识不牢固，教学质量就会或多或少地受到影响，进而影响学校的整体教学水平。

2.2　城市规划教学中存在的“短板”现象

当前我国的城市规划教学存在着如“短板效应”反映出的问题，学生基础知识掌握不牢，专业素养良莠不齐。主要体现在：①对于一些学习困难的学生，许多人失去了学习和探索的激情、乐趣，有的甚至破罐子破摔，在基础课学习时就出现“瘸腿”，迫使教师减缓教学进度，

❶ 赵万民，李和平，李泽新．城市规划专业教育改革与实践的探索［J］．规划师，2003，19（5）：71-73.

❷ 王懿．从“木桶原理”看大学英语教学的问题与对策［J］．河南财政税务高等专科学校学报，2010，24（6）：73-76.

唐晓岚：南京林业大学风景园林学院教授

严重影响教学计划的开展，即成为城市规划专业提升教学质量的“短板”；②大部分学生基础知识掌握也不甚牢固，有的看起来了解一些城市规划的专业知识，但认真分析后，就会发现他们对于一些城市规划的基本原理在运用时仍旧出现问题，如对绿地率、绿化率概念的混淆，设计时忽视房屋朝向、防火间距，忽视城市中心区规划应注意的动线布局问题等。❶这可以视作构成教学质量这个“水桶”的“木板”的平均高度不够；③大部分学生在专业学习时存在这样那样的短板，如擅长区域规划的，常常在做详规时出现原则问题。我们不是要求规划学生样样精通，但基本的规划原则必须牢牢掌握。

3 克服“短板效应”的途径

3.1 克服“短板效应”的原则

为有效克服教学中出现的短板效应，提高城市规划专业的整体教学质量，必须遵循相关原则。首先，城市规划教学应该培养所有学生的基本专业素质，使所有学生都能牢牢掌握规划基础知识，抓好通识教育和公共基础课这一重要环节。唯有如此，才能提高构成教学质量“水桶”之“木板”（学生综合专业素质）的平均高度；其次，要针对不同学生各自的特点和专长，为他们设计不同研究领域和方向，避开各自的短板，采用分类教学方法，有针对性地开展专业特色课的教学，避免所有学生千篇一律，重点培养在分支领域上各有所长、各有所精的规划人才。

3.2 克服“短板效应”的手段

“短板”指城市规划专业学生应掌握而未掌握的基础知识，根据其内容，可划分为“大短板”和“小短板”，大短板指学生欠缺的较为完整、系统的基础知识，小短板指学生遗漏的较为零散的知识点。遗漏的知识如同一块块木板，其补充过程像“胶水”黏结“短板”一样，这“胶水”就是有效的查漏补缺的方法，作者认为，主要指创造学习的氛围，而创造学习的氛围是一个长期的过程，不可能立竿见影。同样，“大短板”的“修复”不可能一蹴而就，需要从修复“小短板”做起，从量变引起质变，具体表现可称为“微峰效应”，遗漏的知识每补一小步，学生的知识体系、基本专业素质就上了一个台阶，如同登上一座小山峰（微峰），随着学生跨越一座座“微峰”，其知识体系和知识结构将益发完善，将从修复“小短板”逐渐步入修复“大短板”，最终达到健全和巩固学生城市规划专业基础知识体系的目的。

3.2.1 初筛

在新生进校之初，分析其高中所接受的通识教育对城市规划专业基础知识的影响，以便将来分类培养学生对城市规划专业的学习热情和兴趣。以下是一些高中主要学科与城市规划各种知识之间的联系：

数学——城市经济学、城市规划中的一些定量理论、规划设计规模等

物理——城市规划系统分类、城市中物理现象分析等

化学——城市环境生态规划学等

语文——规划成果文字说明、规划论文写作等

英语——外国城市规划文献阅读等

政治——城市规划方面的法律与法规等

生物——城市生物多样性分析等

然后，城市规划学科可以组织新生进行与专业相关的测试，即所谓的初筛。之后分析测试结果，重点在考察每个学生的专业基础，可以采用 ISO9000 教学质量管理体系的方法（如图 1）。举例来说，在地理学方面测试突出者，可以朝城市土地利用规划等和地理学知识相关的领域培养；数学测试突出者，可以朝经济社会发展规划或房地产评估等和经济知识相关的领域培养。教师至少做到心中有数。

3.2.2 初期分类

经过诸如 ISO9000、AHP（层次分析法）等各种方法的分析，建立不同的权重指标体系，定性定量分析相结合，找出每位学生目前的薄弱学科，并预估他们在未来 4 年学习中可能存在的漏洞短板，对学生进行初步分类，以便为本科期间的分类教学提供依据。作者认为，城市规划专业的学生主要可以分为宏观战略研究（主要从事项目和设计）、城市设计方向（主要从事城市设计规划）、政策研究方向等。

3.2.3 强化通识教育

由于城市规划专业基础教学应该培养所有学生的基

❶ 华晨，马倩．更深还是更广——城市规划专业本科知识覆盖面的抉择［J］．城市规划，2010，34（9）：22-27.

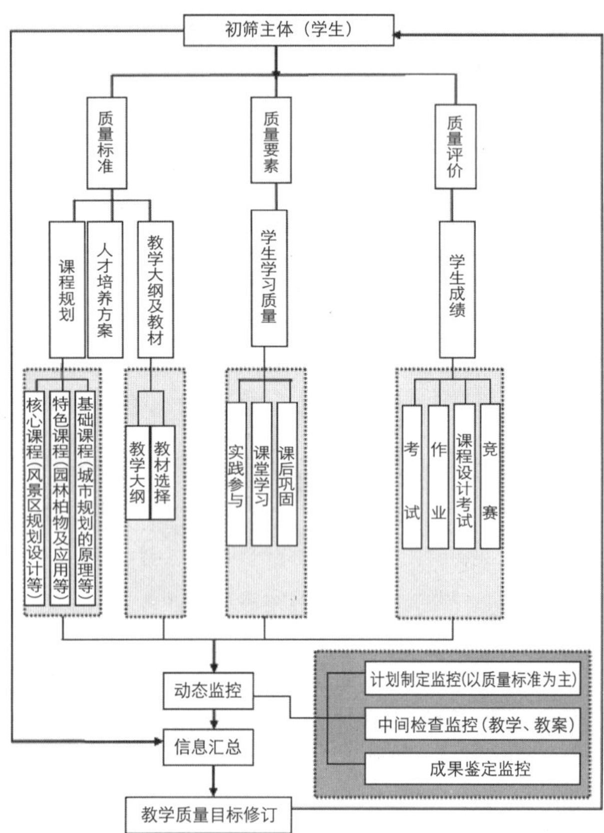

图 1　ISO9000 教学质量管理系统图

本专业素质，因此需要在教学中进一步强化通识教育。具体来说，课堂教学在保证 8 门核心课程（城市规划原理、中外城市发展与建设史、建筑设计、风景园林规划与设计、城市经济学、城市规划课程设计、城市规划管理与法规、城市规划系统工程学）的基础上，重点要把基础学科、工程学科、边缘学科和人文学科等方面的课程相互交织贯穿，组织成“综合课程”，形成知识面较宽泛的“通识教育”。此外，课后还应给学生布置一定数量的专业基础知识阅读任务，以巩固所有学生的专业基础知识结构。

3.2.4　监测

每学年均要分析每位学生的专业各科成绩，动态监测其发展。因为每位学生在专业学习中都有可能发生各种变化，原先的优势可能变为劣势，原来的短板可能被克服，或是产生了新的“大小短板”；再者，通过分类教学以克服每位学生的“短板”不是静止，而是一个动态过程。只有实行动态监测，才能及时发现每位学生学习中新的变化，并进一步探索其变化规律。动态监测对克服教学中出现的“短板效应”、提升专业教学质量及其重要。

3.2.5　分类教学

采用分类教学的方法，针对不同学生开展不同的专业特色课程教学，强化学生在各自不同领域的理论基础和实践技能。分类教学是城市规划教育发展的必然潮流，也是使学生能够满足社会对规划师职业“一专多能”需求的重要途径。基础理论知识与专业特色知识是树木的根与枝的关系，只有根部坚实，树木才有可能生存；只有枝杈繁茂，树木才能向空间扩展。因而在保证城市规划基础课程的同时，应针对不同学生，加强城市生态、风景区规划等相关课程的开设，培养能满足多元化社会需求的规划人才。此外，分类教学可以提高学生对课程学习的自主性和选择性。可根据不同学生的优势和短板，划分不同的专业方向，并设置相应的课程组合。

3.2.6　建立模型

计算每位学生的短板占其学习所有课程的权重，分析后可建立相应的数学模型。一个合理的数学模型是保障城市规划教学质量的重要基础，可以起到量化、评估、预测城市规划专业教学工作的重要作用。因此，首先要加强城市规划专业学生“短板”分析的数学模型的宏观指导作用。其次，要进一步建立不同类型院校各自的数学模型，多类型的数学模型有利于不同院校办出自己的特色。❶

4　结论

面对当前中国城市化快速推进，急需大量城市规划专业人才的背景下，高校城市规划学科应加强城市规划专业应用型人才培养，克服教学中的“短板效应”，提升每位学生的专业综合素质，改革现有教学模式，避免追求学生培养数量而忽视教学质量。❷针对城市规划专

❶ 全国高等学校城市规划专业指导委员会．全国高等学校土建类专业本科教育培养目标和培养方案及主干课程教学基本要求——城市规划专业［M］．北京：中国建筑工业出版社，2004：34.

❷ 吴志强，于泓．城市规划学科的发展方向［J］．城市规划学刊，2005，(6)：2–10.

业的特点，本文从克服教学“短板效应”的视角，探索培养城市规划应用型人才的教学模式，提出：城市规划基础课程是克服短板，提高整体教学质量的核心；相关专业特色课程是丰富学生多元化知识背景、使学生在不同领域各有所专的保障。划分专业方向并实行分类教学是结合每位学生学习的优势和劣势，提高学生的自主性和选择性的重要措施。以期为培养能适应时代发展要求、肩负新时期城市规划建设任务，具有创新性的规划专业人才作出贡献。

主要参考文献

[1] 汤放华，谢宏坤．城市规划应用型本科专业实践教学体系的优化研究［J］．中外建筑，2010，16（8）：101-102.

[2] 赵万民，李和平，李泽新．城市规划专业教育改革与实践的探索［J］．规划师，2003，19（5）：71-73.

[3] 王懿．从“木桶原理”看大学英语教学的问题与对策［J］．河南财政税务高等专科学校学报，2010，24（6）：73-76.

[4] 何小平．对高校实验技术队伍建设“短板”问题的思考［J］．桂林师范高等专科学校学报，2007，21（1）：86-88.

[5] 李浩，赵万民．改革社会调查课程教学，推动城市规划学科发展［J］．规划师，2007，23（11）：65-67.

[6] 华晨，马倩．更深还是更广——城市规划专业本科知识覆盖面的抉择［J］．城市规划，2010，34（9）：22-27.

[7] 黄天其．构建新世纪城市规划教育体系的再思考［J］．规划师，1998，14（4）：32-34.

[8] 吴良镛．关于城市规划教学及教材编写的点滴体会——谭纵波《城市规划》代序［J］．城市规划，2006，30（7）68-70.

[9] 黄天其．关于城市规划教育体系建设的几点建议［J］．规划师，2005，21（6）：60-62.

[10] 陈秉钊．谈城市规划专业教育培养方案的修订［J］．规划师，2004，20（4）：10-11.

[11] 崔英伟．我国城市规划教育体系创新构想［J］．规划师，2004，20（4）：12-15.

[12] 洪亮平，朱霞．新形势下城市规划专业教学探讨［J］．城市规划，2000，24（5）：42-44.

[13] 吴志强，于泓．城市规划学科的发展方向［J］．城市规划学刊，2005（6）：2-10.

[14] 韦亚平．推进我国城市规划教育的规范化发展——简论规划教育的知识和技能层次及教学组织［J］．城市规划，2008（6）：33-38.

[15] 赵民，林华．我国城市规划教育的发展及其制度化环境建设［J］．城市规划汇刊 .2001，12（6）：48-49.

[16] 全国高等学校城市规划专业指导委员会．全国高等学校土建类专业本科教育培养目标和培养方案及主干课程教学基本要求——城市规划专业［M］．北京：中国建筑工业出版社，2004：34.

Exploration on urban planning foundation teaching mode based on overcoming the short board effect

Tang Xiaolan

Abstract: To overcome the teaching of "short board effect", in view of the characteristics of the specialty of city planning, this article from the teaching "short board overcome effect" point of view, and cultivation of urban planning application talents of teaching mode.Professional direction and the categorized into teaching is combined with each student learning, advantage and disadvantage, improve the student's independency and selectivity of the important measures.

Key Words: short board effect, urban planning, foundation teaching

探索城市规划教学的研讨课模式

刘 崇　赫伯特・卡尔迈耶

摘　要：本文首先简要回顾了研讨课在东西方教育中的发展历程，然后通过对两次研讨课教学实践的总结，指出城市规划专业设置研讨课有利于增强学生的自主学习能力和合作交流能力，培养自由和思辨的学术精神。

关键词：规划教学，研讨课，自主性，合作，交流

1　背景

在西方的高校里，研讨课一般指由学生组成研究小组，在教师的指导下进行专题研究，将研究成果进行汇报和集体讨论的授课方式。相对于我们所熟悉的讲座型授课，它更强调发挥学生的主动性，着重培养独立的研究和分析能力。研讨课德语原名“Seminar”，在欧洲最早见于德国的师范学校中，1737 年德国哥廷根大学的格斯纳第一次将研讨课引入高校教学。1809 年德国改革家冯・洪堡创立柏林大学，进一步确立了研讨课在大学教育中的地位。在现代主义建筑教育兴起的 20 世纪初，无论是魏玛的“包豪斯”还是莫斯科的“呼捷玛斯”，都视研讨课为重要的授课方式。在当代西方大学的建筑学和城市规划专业中，研讨课和讲座课、设计课和练习课同为主要的课程类型。一般地，研讨课的比例随年级而增加，而在许多城市规划的硕士学位课程中，研讨课的比例甚至多于讲座课。比如，在德国魏玛包豪斯大学建筑学院“欧洲城市研究”硕士研究生专业 2002/03 年度的课程中，共设有 9 门供选修的研讨课；另外，该专业将所有的课程都集中安排在每周的前三天，以利于学生有充足的时间自主学习。

在我国高等教育史上，通过师生共同的研讨、辩论进行学习的模式由来已久。早在西汉时期，官学中的最高学府“太学”已将相互问难与讨论视为重要的教学方法。但在我国当代的许多高校里，古代教育的思辨传统并没有得到充分的继承，课程普遍偏重对知识的讲授，而学生的主动参与度较低。在城市教育领域，除了办学历史悠久、国际交流频繁的“老八校”外，许多城市类专业的师生对“Seminar”还很陌生。可以说，对研讨课的重视程度是我国与西方国家当代城市教育的一个显著差异。

2　教学实践

经过研究德国慕尼黑工业大学和魏玛包豪斯大学城市教育中的研讨课模式，青岛理工大学建筑学院于 2011 年春季在本科和研究生教育中进行了教学实践，其中后者又以德国教授主持、英汉双语授课的方式进行。下面就简要介绍一下教学的过程和体会。

2.1　城市设计的理论和实践

城市规划本科四年级的一个主要设计任务是历史街区的城市设计。研讨课安排在该设计课之前，教学目的是学习国内外优秀实例和研究相关的设计理论。教师将同学分为 13 个研究小组，每组 2 至 4 人，各负责一个设计实例或理论专题的调研和分析。小组成员需要以 PPT 或 WPS 演示的方式综述研究课题，介绍自己的心得并回答提问、进行讨论。教师对调研的课题进行了如下的布置（表 1），并对图书馆、互联网文献检索方法进行了详细的指导。

刘　崇：青岛理工大学建筑学院副教授
赫伯特・卡尔迈耶：青岛理工大学建筑学院教授慕尼黑工业大学教授

城市规划本科四年级城市设计研讨课的调研课题　　表1

组别＼内容	调研侧重	课题名称
第 1 组	项目	北京菊儿胡同
第 2 组		上海“新天地”街区
第 3 组		上海八号桥时尚创作中心
第 4 组		上海市多伦路街区的保护与更新
第 5 组		平遥古城的保护
第 6 组		杭州元福巷街区的更新
第 7 组		香港历史建筑的适应性改造
第 8 组		旧金山叶巴 · 贝那中心的城市更新
第 9 组	理论	美国对大规模城市改造的反思
第 10 组		当代西欧城市更新的特点与趋势
第 11 组		生态视野下的旧城更新
第 12 组		类型学思路在历史街区更新中的运用
第 13 组		政府“赋予能力”在旧城改造中的作用

“以学生为中心”的新型课堂引起了学生们的好奇。各个小组都在课下积极准备，进行多次预演，课堂上学生间、师生间互动的气氛非常热烈，一些其他班的同学也参与进来（图 1、图 2）。分组的形式构成了相互竞争的氛围，许多同学还通过卓越网、当当网订购最新图书来充实本组研究的内容。从涉及知识面的广度和独立思考的深度上，多数小组的表现超出了教师的预期。根据汇报的课题，学生们踊跃提问和发表观点，讨论的热点包括“菊儿胡同模式为什么没有被广泛应用”、“如何看待新天地全部迁出居民的作法”、“渐进式更新是否适合中国国情”和“类型学方法是否是重塑过去”等。在每节课上学生都是教学的主体，他们自由地提出自己的疑问、见解和主张，与其他同学展开讨论乃至辩论；教师以平等的身份加入听讲和提问，鼓励和引导同学的思路，就大家感兴趣的内容进行知识的补充，最后进行总结。通过这次研讨课，学生以自身的参与加深了对旧城改造理论知识与实际项目的理解，还锻炼了交流与表达的能力，课程教学取得了令人满意的效果。

图 1　自由活泼的“类型学”研讨

图 2　激烈辩论后的握手

2.2　城市结构与停车问题研究

2011 年 4 月，德国慕尼黑工业大学博士生导师卡尔迈耶教授被聘为我校教授，他为研究生开设的研讨课题目是“城市结构与停车问题研究”。学生被分为 5 个研究小组，每组 4 至 6 人。教师要求以实地调研、访谈和研究剖面关系等方式了解用地的特征，通过对用地发展现状和趋势的分析提出停车功能的拓展建议，每堂课均以小组汇报进展情况和师生自由讨论的方式进行。

学生们分别在青岛城区特色鲜明的中山路街区、八大关街区、人民路街区、台东商业街和海云庵街区选取了五块大小为 500m × 500m 至 1000m × 1000m 的用地块作为研究对象，教师与各研究小组一起实地踏勘，具体地讨论各类街区面临的停车问题（图3）。通过各小组在课上的介绍，同学相互观摩、共同学习，教师鼓励对各种观点的质疑，鼓励综合多种方法提出解决问题的途径，及时表扬有创造性的想法，也及时纠正错误的观点。通过课堂上的观察，教师客观地了解到学生的知识基础，从而“因材施教”，提出不同的建议。课程以双语形式进行，英语表达能力强的同学是汇报和讨论中的“主角”，英语基础稍差的同学也努力用英语表达自己的观点，课上既有小组间在专业表现上的竞争，也贯穿着同学间在语言沟通上的互助。在课外，学生们以小组为单位反复调研和分析课题，请教师指导，通过广泛的阅读了解其他城市处理类似问题的策略，台东商业街研究小组内部的争论甚至持续到终期答辩会开始前（图4）。

图3　课上的平等讨论

图4　课下的积极探索

终期答辩会的评委由任课教师和各教研室的老师共同组成，并欢迎未选修该课程的同学旁听与提问，每个小组都须规定的时间内以PPT的形式演示课题成果。虽然中英文答辩均可，但各组全部选择用英语汇报并回答问题。答辩完成后，中外教授不仅欣喜地表扬了“先进集体”，还客观地指出了同学们的研究成果与慕尼黑工业大学同年级学生的差距（卡尔迈耶教授兼任该校博士生导师）。这次研讨课不但鼓励了“问难”和“思辨”意识，增强了同学们对分析复杂城市问题的能力和自信，还有效地进行了专业英语的“实战演习”，开阔了教学的思路。

3　经验总结

作为一种全新的教学尝试，研讨课带给了我们许许多多的思考。首先，研讨课的学生是学习的主体，课堂是学生的舞台，这有利于激发学生的主动性和创造性，形成生动活泼的课堂氛围。第二，课上学习小组之间的表现构成了竞争关系，促使其课下积极进行研究，学习从课堂延伸到课外，从而提高了学习的效果。第三，团队式的工作模式、讨论乃至辩论式的思想碰撞不仅有利于学生深入理解学习的内容，还锻炼了学生合作、交流的技能，而后者正是社会发展需要规划师所具备的必要素质。此外，外籍教师开设的双语研讨课还能有效地锻炼学生在专业上的英语表达能力，达到“一石二鸟”的效果。

在研讨课教学中，教师工作的角色从为学生介绍知识的“讲授者”转变为引导学生主动学习知识的“导演”和“参与者”，学生是舞台上的“主角”。但这并不意味着教师的作用有所削弱。作为行动的导演，教师需要对学习的主题、内容和方向进行整体架构和全程把握，需要善于提出有建设性的问题，在讨论中提供协助、总结知识、纠正错误观念，客观地了解学生对知识的掌握，并因势利导。而作为行动的参与者，教师为学生提供通过主观努力获取知识、发展独立学术见解的空间，和学生以平等的身份进行学术探讨，这有助于帮助学生树立自信和自我负责的精神，培养其创新和思辨的学术精神。

主要参考文献

[1]　吴健梅，徐洪澎，张伶伶．中德建筑教育开放模式比较．建

筑学报［J］，2008，（10）：85-87.

［2］ 张路峰．中德建筑教育的不完全比较．世界建筑［J］，2006，（10）：33-36.

［3］ 李剑萍主编．大学教学论［M］．济南：山东大学出版社，2008.

［4］ Frank Whitford. 包豪斯［M］．林鹤译．北京：三联出版社，2001.

［5］ Matthews，R.S.Collaborative Learning：Creating Knowledge with Students.R.J.Menges（ed.）.Teaching on Solid Ground ［M］.San Francisco，CA：Jossey-Bass，1996［M］.San Francisco，CA：Jossey-Bass，1996.

Exploring Seminar Mode in Urban Planning Education

Liu Chong　Herbert Kallmayer

Abstract：This article reviews the development of seminar model in higher education，then introduces two present seminar practices respectively for bachelor and master students.The authors point out that seminar can help promote self-learing，communication and cooperation abilities of the students，and it is a realistic and effective model for urban planning education in China.

Key Words：urban planning education，seminar，self-learning，cooperation，communication

论城市规划专业教学中的徒手表现

闫　芳　赵淑玲

摘　要：通过讨论徒手表现在城市规划专业教学中的重要性，并结合郑州航空工业管理学院城市规划专业的特点，提出如何快速提高学生徒手画表现能力，进一步调整教学计划、完善教学环节和教学方法等具体的改革措施。

关键词：徒手表现，城市规划，教学改革

徒手表现在古老的建筑学发展史上早已出现，文艺复兴时期的建筑师大都是全才，他们把设计与表现融为一体。如米开朗基罗既是建筑师，又是工程师，同时还是著名的画家、雕塑家；建筑教育始祖布扎的理论中，建筑师要接受大量的渲染训练。城市规划作为建筑学科的一个分类，徒手表现作为表达设计意图和设计方案的直观表达和外在展示的一种手段，是艺术性和科学性的高度结合，是其中非常重要的一门课程，然而随着数字化技术、个人电脑和数码相机的普及，徒手画表现在城市规划专业正经受着越来越大的冲击。在这种背景下，城市规划专业的教学正处在发展的十字路口。我们必须对徒手表现的意义进行重新审视、反思和分析。

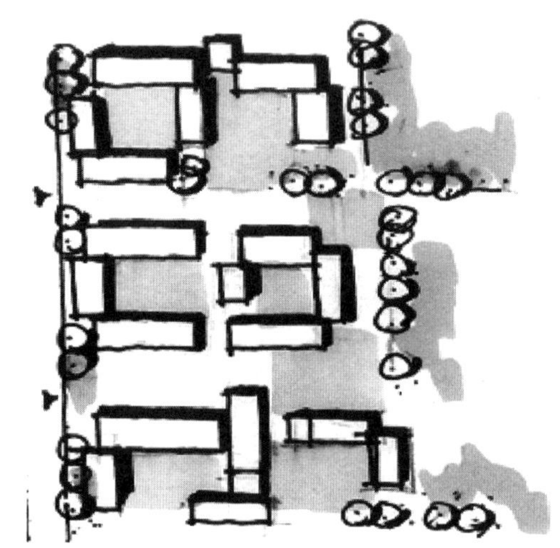

图 1　学生作业

1　徒手表现在城市规划专业中的现状分析

1.1　电脑对徒手表现的冲击

随着电脑辅助绘图在规划领域的大量使用，使得多年从事规划设计的规划师，亦开始疏于徒手设计和制图了，常常以电脑来代替纸笔，直接在电脑屏幕上进行方案的创作、修改，以及效果图和施工图的绘制，渐渐地对电脑的依赖性加强了，而头脑中的形象思维却变得僵硬而缺乏活力。这是一个非常危险的倒退的信号。因为电脑设计不可能取代方案初级阶段的徒手设计（图 1、图 2）。

图 2　规划师设计草图

1.2　学生对徒手表现的认识

有些学生对徒手表现的认识存在偏差，认为钢笔墨线、水彩渲染、墨线淡彩等传统的表现手段无法如电脑精细逼真，应该退出历史的舞台，这种思想是非常错

闫　芳：郑州航空工业管理学院土木建筑工程学院助教
赵淑玲：郑州航空工业管理学院 土木建筑工程学院 教授

误的。

另一方面学生没有美术基础，由于普通高等院校城市规划专业招生对绘画没有单科的要求。例如我院城市规划专业，学生在入学前除个别学生外都没有任何绘画基础，有个别学生甚至是色弱或色盲。很多学生对徒手表现要从零开始，基础薄弱，学生对色彩的理解和表现能力较差，尤其是透视知识不过关，对透视现象的理解能力差，更不能灵活运用透视理论用于实践写生。因此，如何快速提高学生的徒手表现是当前必须解决的一件大事。

1.3 教学方面

因受课时限制，静物写生、色彩绘画实践课时相对较少，同时也少有理想、合适的教材和参考书籍。

课时短，任务重，对徒手表现的训练也只能安排在课余时间进行，不利于学生对徒手表现持之以恒的训练。徒手表现草图尤其成为一个薄弱环节，学生速写基本功的薄弱，使其在规划草图和景观的快速表现方面显得力不从心。

以上这些现象久而久之，使某些学生对徒手表现失去了兴趣，绘画水平难以提高，作品画面艺术处理效果不够理想。徒手表现到底重不重要？徒手表现真如很多人认为那样，应该成为历史了吗？教学实践证明，“徒手表现”无论对于规划设计实践、课程学习，还是规划师自身艺术修养都是不可缺少的，它将以其他的形式随时表现出来，影响学习和工作。

2 徒手表现在城市规划设计中的重要性

2.1 徒手表现有助于思考、便于设计

电脑设计在方案的初始阶段表现出许多缺陷。方案的初始阶段许多问题在思维中是混沌的、不确定的，需要通过徒手草图来探索规划设计方案。需要一个不断比较、不断改进理清思路，发现矛盾、解决问题的过程，这一过程反映出思维活动的多样性和灵活性。这一阶段如果使用电脑，由于电脑操作熟练程度，软件本身发展的局限性等原因，会限制设计师思维的运转速度，使设计人员的思维和想象空间严重受限，造成设计水平和能力不进反退的现象。作为一名规划师，平时注重收集规划资料至关重要。在收集整理中，虽然可以用照相和复印技术，但若能亲手勾画图书资料，加深对平、立面及空间形象的分析，或者在实际考察的过程中，能够运用徒手表现记录参观资料，更好地训练规划师的形象和逻辑思维。这样日积月累可以收集到大量不同的规划空间形态、景观细部等设计的处理手法，这种资料收集有取舍有重点，加以提炼和概括，培养规划设计师的分析概括能力。掌握一定徒手表现技巧和拥有实践经验的规划师，能在较短时间内，敏捷、快速地表达自己的设计意图，就是这个道理（图 3、图 4）。

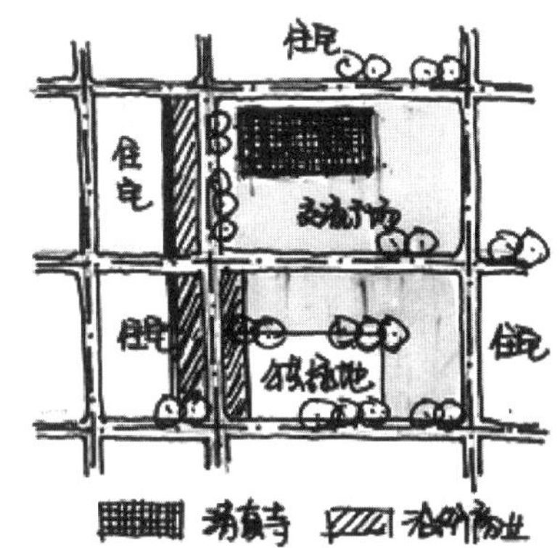

图 3 徒手表现与设计构思相容一体

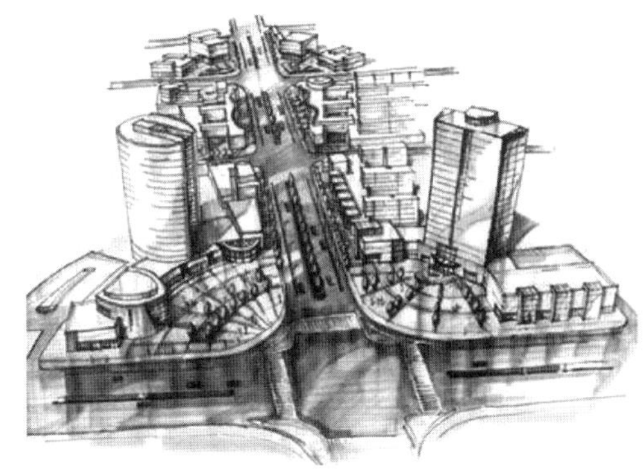

图 4 学生城市设计作业

2.2 徒手表现有助于培养研究型、应用型人才

徒手表现作为传统规划师素养的一部分，在科技高速发展的今天，应该更加重视。现代大学教育以培养研究型人才和应用型人才并重，我们规划领域同样如此。徒手表现对于应用型人才的意义重大，而对研究型人才的培养同样会产生积极作用。随着时代的进步，我们应

该逐步调整徒手表现在教学环节中的设置。我们学院城规专业对此也很重视，在高年级的设计初始阶段，要求学生交重点设计阶段的徒手作业，而设计的最终成果形式不限。这样学生比以前纯电脑作图更加勤于思考，学习态度也有很大的进步。在当今社会就业压力明显增大的情况下，用人单位也越来越重视徒手基本功的技能。无论是考研还是就业找工作，城规专业都是采用多年以来的传统题目——快速设计考试，它是对考生专业技能的全面测试，不仅涵盖了大量的专业综合知识，更重要的是对考生动手能力的考察。但是由于学生对徒手基本功训练的忽视，或者在低年级阶段较为重视，高年级阶段没有很好地坚持，导致徒手作图能力不高。很多学生尽管其他专业课程都比较优秀，专业知识结构也很全面，却会出现头脑中有很好的创意和想法，却无法表达到图纸上的尴尬状况。这势必对学生的继续深造和就业造成影响。因此对于城市规划专业研究型与应用型人才的培养，应该重新审视结合时代特点进行的徒手表现训练，以期澄清模糊认识，达到应有重视的结果（图 5、图 6）。

图 5 设计院招生考试要求成果

图 6 来自互联网

2.3 徒手表现有助于养成良好的设计习惯

徒手表现的训练需要几年、甚至几十年的钻研和实践。建筑界老前辈杨廷宝先生曾经说过，“用笔简练、豪放、传神，必须出自深厚的功底。不要看人家传神的寥寥几笔，它是凝结了多少年的心血。粗要出自细，从功深的细得到解脱和发挥，才能获得神韵。”徒手表现在城市规划设计中占有重要的位置，而提高这一能力重点在于加强速写训练、临摹、写生和默写“三结合”的实践，它会为学生在规划设计和规划表现方面打下坚实的基础（图 7）。

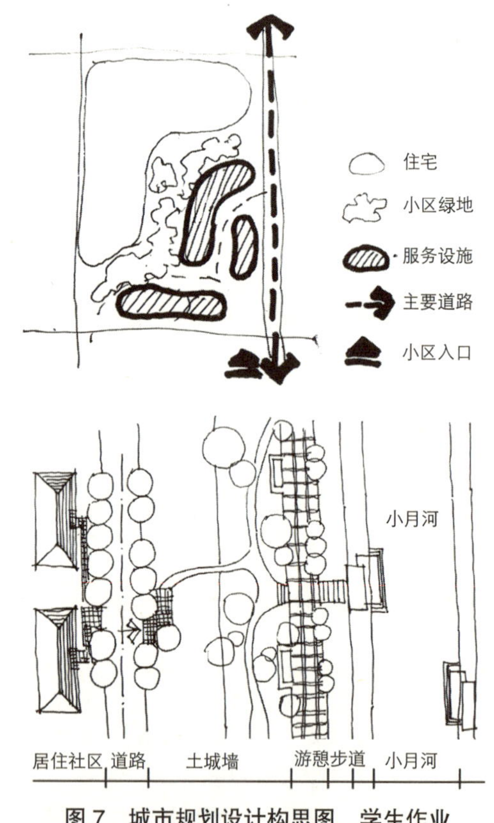

图 7 城市规划设计构思图 学生作业

设计师把自己最感兴趣或最吸引人的地方绘下来，然后再由这一点向全局观察，最后描绘成画，这个过程累积了作画者自身的真情实感。如果画面再辅以简要的文字说明或自身对场景的感受，则更能有助于表达我们对所要表现的东西整体特性的深刻体会。把速写与相片实录作一比较会更全面地理解场景的基本特性，简练的线条加上精练的语言，可以使我们获得丰富的知识，积累丰厚的经验。当很多年以后再次翻看这些速写时，会很自然地联想起当时作画的情景以及发生过的故事，并能对建筑表述一种新的认识，会因为发现一些当时并未注意或思考到的另外一些有趣的东西而“兴奋不已”。这些习惯的形成很重要。那么学校这个大的环境，是形成这个良好习惯的最好土壤。当学生走上工作岗位后，再进行徒手表现的训练就很困难了。因为没有那么多、那么好的时间和精力了，因此在学校应重视学生徒手表现的技能训练。

3 对教学改革的建议

3.1 兴趣爱好的培养

浓厚的学习兴趣会使学习产生巨大的动力。成功感、信心感是激发学生兴趣的催化剂。课堂教学要调动学生的积极性，使其主动、自觉地去学习。这样他们的注意力就会变得集中和持久，观察力变得敏锐，想象力变得丰富，从而大大提高教学质量。多鼓励学生，使其信心倍增，他们很在意教师的评价，他们会珍惜每一点点的进步。所以在评判学生的每一幅作品时，不论什么样的作品，教师都要找到其中的优点，先用欣赏的眼光去审视，然后再指出缺点，最后达到在愉悦的心情中提高徒手表现技能的目的（图 8~ 图 10）。

3.2 电脑与教学相结合

应用先进的技术进行设计是时代趋势，但徒手表现的训练和培养也不可忽视，这二者并不相违背，还可以相辅相成。把数字化技术应用到徒手画中，就能提高设计效率，创造个人独特的表现形式（图 11）。

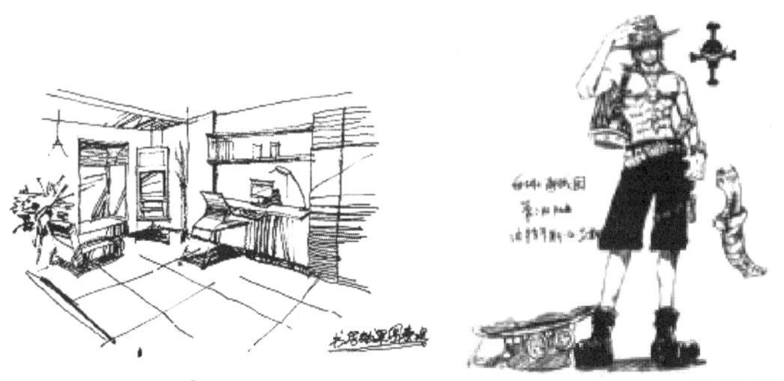

图 8　丰富多样的徒手表现题材

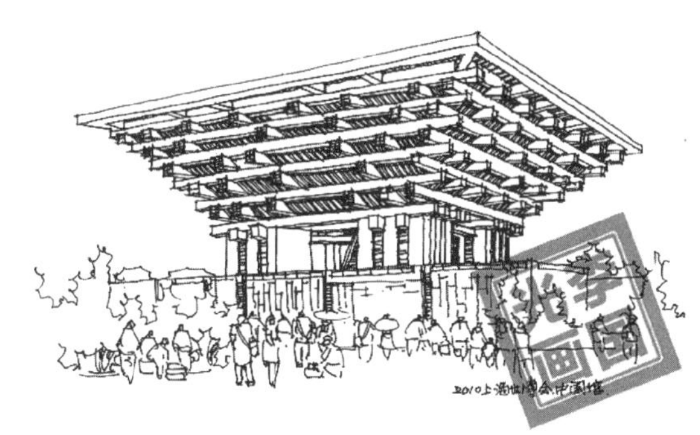

图 9　李国光建筑徒手画

图 10　学生作业

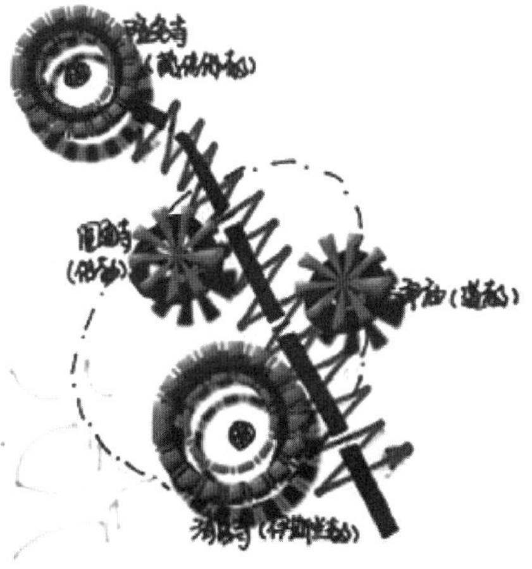

图 11　电脑与徒手相结合的分析图

3.3 教学计划的调整

在教学计划方面做适当的调整，加强徒手表现方面的训练，例如除了在低年级设徒手表现专业课程外，在高年级的设计作业或者课程设计时，要求交些徒手表现作业，使徒手表现的技法贯穿整个专业设计课程。

3.4 相关行业的支持

规划徒手画还应得到社会相关行业的大力支持，提高整个规划界对徒手画的重视。例如2006年10月，在山东威海召开的全国建筑画大赛就是一次很好的活动。不仅促进了参赛者之间互相学习与交流。同时又推动了城市规划徒手表现实实在在的发展，应予大力表彰和提倡。

结语

本文讨论“徒手表现”这一课题，是因为在科学技术和信息化普及的今天，规划行业普遍存在的现象，规划师对徒手画的忽视，徒手作图能力的缺失，从而对规划创作造成了一些消极影响。规划徒手对于一名职业规划师来说具有非常重要的意义，因此规划设计从业人员及在校学生应充分重视平时手头训练，从而扎扎实实地打好规划徒手画基本功。

主要参考文献

[1] 康宁. 建筑师的徒手绘画基本功[J]. 山西建筑,2002,(8).

[2] 赵笑寒等. 建筑徒手画刍议[J]. 河北建筑科技学院学报(社科版)，2004，(9).

[3] 王郁新. 浅谈风景园林教学中的徒手表现[J]. 艺术教育，2002.

[4] 冯刚. 论建筑学教育中的“徒手表现”教学[J].2010全国建筑教育学术研讨会论文集.

[5] 王桢栋，李兴无. 速写训练在建筑学专业教育中的反思与调整[J].2010全国建筑教育学术研讨会论文集.北京:中国建筑工业出版社，2010.

Analysis of the Importance of Hand-painted Illustration Skill in Urban Design Education

Yan Fang　Zhao Shuling

Abstract: This paper discusses the value of hand-painted illustration skill, and with the Zhengzhou Institute of Aeronautical Industry Management characteristic, this paper puts forward how to rapidly improve student performance ability hand-painted illustration skill, further adjusting teaching plan, perfecting the teaching process and the teaching method and so on the concrete reform measures.

Key Words: hand-painted illustration skill, urban planning, teaching reform

新时期下工科院校城市规划专业教学思路的研究和探讨

林 翔

摘 要：本文从城市规划的学科发展的角度出发，针对传统工科院校城市规划专业教育存在的现状问题，探讨了新形势下专业教育中知识结构的构成，提出了“两主线＋知识模块”的课程体系建设思路，并对相应的课程组织阐述了“课群”建设的设想和模式。

关键词：城市规划专业，工科院校，知识结构，课程体系，课群

前言

当前我国城市建设体现着两面性：一方面经济的快速增长，处于城镇人口与用地高速增长的快速城市化阶段，我国的城市建设外显为大规模的物质形态建设；与此同时，伴随着经济社会转型，外延式扩张到内涵式优化、生态环保、节能减排、社会公正等主题将成为我国社会发展和城市建设关注的重点，从而确保了城市和谐健康的有序发展，这些又对城市规划学科提出的更高的要求。在此外部环境下，城市规划专业教育尤其是传统工科院校以工程设计为核心的培养方式越来越难以面对新形势的要求，面临着优化和提升的必然要求。

1 城市规划学科发展的现状

20 世纪初形成的城市规划作为一门应用学科，从最初乌托邦似的幻想，到以技术蓝图为主体的物质空间规划，到系统分析和理性规划时代的城市规划数理模型研究，发展到今天公共政策属性的凸显，可以看出学科随着社会形势的变化不断丰富和发展，其知识体系日益复杂化、综合化。

与此同时多元学科的介入又形成规划理论“空心化”的局面，针对这一现象国内外学者进行了大量反思和研究。在此基础上，Friedmann 所提出的城市规划是“社会——空间”过程的论断是业内学者基本达到的共识。Friedmann 和 Kuester 还归纳了影响规划教育模式的 4 个核心观念：第一，规划作为公共的和政治的决策，是确定未来发展目标及其实施方案的理性过程；第二，综合性空间规划是经济、社会、环境和形态的协调发展；第三，规划既是科学又是艺术，但在理论上和方法上更为注重科学；第四，规划受到价值观念的影响，社会公正和环境可持续发展成为主流的规划价值观。[1]

因此根据我国社会经济转型的要求，并借鉴、反思国外发达国家城市规划的发展历程，我国的城市规划学科发展必须强调以下两个方面：

1.1 学科理论要注重建筑、工程与人文社会科学的结合

必须认识到城市规划是一个涉及经济社会发展和物质环境建设的综合学科，城市问题的解决绝不是单纯的物质空间规划问题，城市规划所面临的不再是单纯的规划编制问题，要真正解决好城市问题，如果没有坚实的理论基础是无法做出科学理性判断的。城市规划必须从关注物质空间形态设计走向引入相关学科知识结构与理论，并最终形成独立的知识与理论结构体系。

1.2 城市规划的本体核心是“空间规划”

在引入大量交叉学科理论的同时，必须清醒的认识到城市规划的空间性问题是只有规划师才能够胜任的独特知识领域，这样才能避免出现学科“空心化”的现象。

在对待社会学、经济学、生态学、地理学这些交叉学科的认识上，必须认识到城市规划对这些理论的研究

林 翔：华侨大学建筑学院讲师

与运用必须始终以空间问题作为研究的核心和导向。在学科知识体系建构过程中，不管它研究的内容、重点、技术方法如何拓展变革，有一点是作为其明显区别于其他学科专业的特质而存在的，那就是它对经济、社会、文化、生态等各方面的研究最终都要落实到其在二维或三维物质空间中，并通过空间格局和形态的有效控制来实现经济发展、社会公正和环境永续的综合目标。

需要强调的是文中所提及的“空间规划”和传统物质性空间规划不能混为一谈，这里的空间性实质包含了一系列空间的社会、人文、经济等内涵（图 1）。[2] 空间既具有物质属性，也具有社会等其他属性，即在各种属性之间寻求新的平衡和整合。只有具备了这方面的空间知识结构以及空间的行动和思考，才能够真正理解城市规划的空间性涵义，才能够真正的发挥规划师的作用。换而言之，与传统的物质形体空间规划相区别，今天的规划空间性强调的是“试图在规划行动和具体空间文脉之间，在政策与场所之间建立一种新的平衡”，[3] 是“质的提升和螺旋式的上升”。[4]

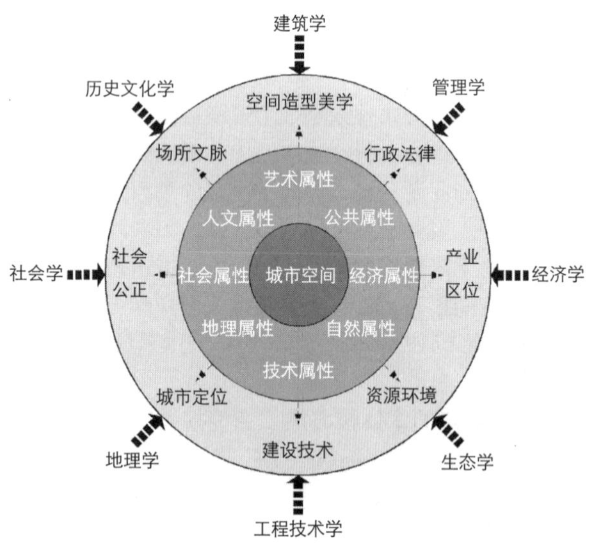

图 1 城市规划学科核心理论概念图示
（根据吴志强文章图示进一步调整）

通过以上两个方面问题的界定，我们可以清楚的认知“城市规划是研究城市及其空间发展变化规律的学科，对城市及其空间发展的控制与引导是城市规划学科的本质与核心，物质形体规划设计方法是解决城市问题的手段和措施，城市问题理论研究为物质形体规划设计方法提供坚实的理论基础与平台”。[5] 同时城市规划与建筑学将逐步成为各自独立的学科向前发展。

2 传统工科院校城市规划专业教育的现状

随着城市规划学科在国家发展中的重要地位日益加强，我国设有城市规划专业的高校已达 175 所，根据其发展学科背景大致可分为工科（建筑学）、理科（经济地理）和农林科（风景园林）三大类，其中又以工科为主要类型，占了 65% 左右。各种背景下的专业教育各有特点，现针对工科院校的现状教学提出以下几个问题：

2.1 教学目标

一般具有明显的工程实践导向型特点，而对于城市规划学科发展历程及其体现的规划理念发展，以及社会内涵的研究涉及较少，因此学生有重设计、轻分析，重表达、轻思考的倾向。

2.2 知识体系

工科院校的规划专业是以建筑学为基础成长起来，教学特点是重视工程设计能力的训练，各种类型的课程设计、实践学时比重较大，而且课程设计往往侧重于具体的物质形态教学，如修建性详细规划教学，城市设计教学也往往局限于物质形态美学的视野，对当前不断丰富的城市设计内涵（如社会、经济、环境、公共政策）着墨不多。培养出来的学生形象思维能力和图面表达能力强，擅长城市空间形态的规划设计，毕业后也得到了用人单位的肯定。

但同时对城市规划知识体系中的其他要素如社会、经济、地理等宏观城市问题掌握较少，专门的规划分析技术掌握不够，文字表达能力不强。因而培养出来的学生理性思维偏弱，欠缺从宏观的、战略的角度去研究城市问题和城市发展的能力。这点在总体规划课程教学中表现得尤为突出，在现状调研分析阶段，或是无从下手，或是知其意义却缺乏分析方法，出现“无米之炊”的现象，文本及说明书写作更是差强人意。

2.3 教学安排

工科院校城市规划的教学安排目前基本按照“前两年建筑设计，后三年城市规划”的模式。前 2 年所开设的基础理论课程与建筑学专业基本相同，主要的城市规划专业基础理论课都是在三年级才开设；而与此同时城市规划类设计课程也同步开展，设计实践得不到应有理论的支撑，理论课与实践课冲突。结果一方面是低年级城市规划学生一直存在疑惑“城市规划究竟是什么？”、“建筑学的知识今后工作会有用么？”，另一方面三年级设计课学生不会做专题分析、设计分析缺乏技术分析手段，设计指导教师要花费大量时间在一些基础理论的重复讲解上，而这又是“囫囵吞枣”。

3 工科院校城市规划专业教育的知识结构

城市规划学科涉及面宽，根据专业指导委员会的指导意见，不同学校城市规划专业办学依托相关学科发展，在保证核心课程建设的基础上，其办学方向及课程设置可以因地制宜，各有侧重和特色。

城市规划的核心任务是促进城乡空间资源的合理分配。因此城市规划的教育也必需以“空间”为核心进行展开，这点与前文所论述的城市规划学科的核心知识导向是一致的。考察“空间”的内涵，具有物质性和功能性双重涵义。[6] 物质性涵义指的是反映三维空间的形态设计和工程技术性，功能性涵义指的是反映二维空间的土地利用。前者是工科院校城市规划教育目前的重心所在，而后者则是理科背景下城市规划教育的专长。两类院校同步发展，各有特色，但在面对实际问题解决中也都存在着知识缺陷的问题。这点在对毕业生进行回访的过程中也得到了反馈。因此从规划实践的能力要求出发，建立理工复合的规划教学体系是保证学生知识结构合理，能力均衡的要求。

同时我国正处于城镇化的加速发展时期，许多新城镇、大量新城区在建设，未来很长一段时间内对物质空间形体规划的需求仍然很大；另一方面虽然说形体规划设计只是在修建性详细规划层面上出现，但实际工作中，控制性详细规划、发展概念规划、分区规划等层面，甲方都希望规划设计人员能够给出具体的城市形态，这也是一种普遍的“国情”。因此规划师物质性规划的技能培养仍然是当前规划与建设的需要。从这点意义上来说，工科院校应该发挥自己的优势，有所侧重，保持并进一步加强这方面的教学和研究。

因此，笔者认为工科院校的城市规划教育的知识结构应该归纳为“理工融合，以工为主，多学科交叉渗透”的模式。

4 工科院校城市规划专业教育的课程体系——主线 + 模块

在课程体系建构上，考察、借鉴兄弟院校和国外的城市规划教育模式，笔者提出构建一个“双主线 + 知识模块”的体系结构，建立一条设计课程主线、一条基础理论主线和知识模块相耦合的课程体系（图 2）。即以规划课程设计为主线加强系统规划训练，以基础理论课程为主线奠定专业认识，以知识模块课程建立多方位知识结构。

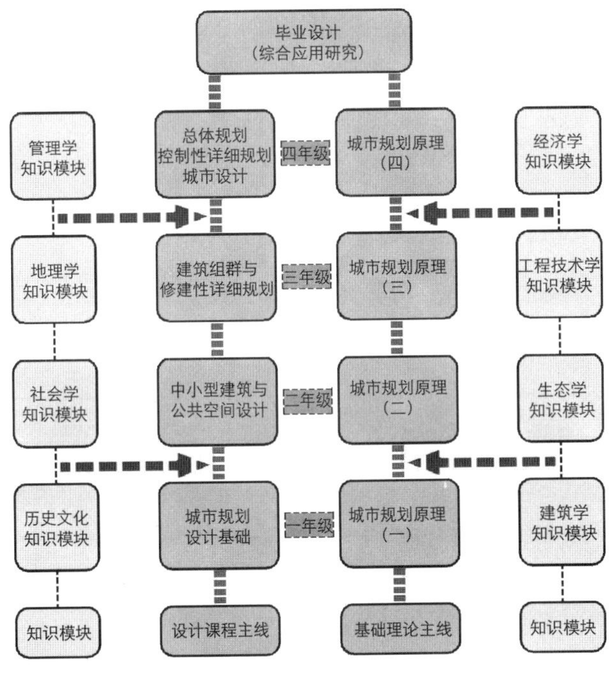

图 2 课程体系框架

4.1 设计课程主线

城市规划空间规划设计课程的设置，结合《城乡规划法》，城市总体规划和控制性详细规划是中国城市规划体系中政策性规划的代表，也是在城市规划教学中最能体现设计与分析结合，建筑、工程与社会经济学等多学科交叉的设计类型。而与之相辅相成的是道路交通与市政工程规划。

因此可以把空间规划划分成两个层面，核心层面包括总体规划、控制性详细规划、道路交通与市政工程规划，延伸层面包括城市空间发展战略规划、区域规划、景观规划、城市设计、修建性详细规划等（图3）。核心层面内容是不同背景下城市规划专业教育所必须包含的内容，

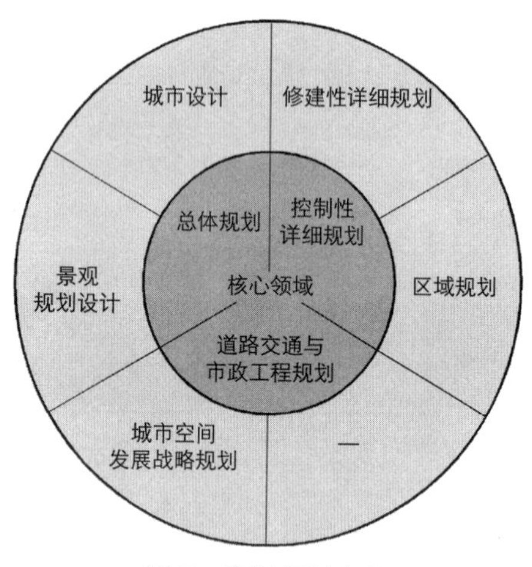

图3　空间规划内容

延伸层面不同院校可根据自己的专业优势加以侧重。结合工科院校办学背景，在延伸层面上主要以修建性详细规划、城市设计、景观规划设计作为其办学特色予以加强。

4.2　基础理论主线

基础理论主线主要体现在城市规划原理系列课程建设上，结合设计课程教学和学生认知规律，形成了四个层次的课程结构。原理（一）内容是城市规划导论，安排在低年级进行教学，通过入门和概述型的讲述，建立起学生对城市规划专业感性的初步认识；原理（二）内容是住区规划和修建性详细规划原理；原理（三）内容是城市总体规划和控制性详细规划原理；原理（四）则安排了城市规划专题，通过对重点和热点问题的探讨加强学生对学科基础理论掌握的深度，此外还包含城市设计理论的内容。

4.3　知识模块

如前文论述，城市规划学科需要多学科知识的支撑，在考察各知识理论的基础上，结合图1所示，加入分析表达知识模块，可以将其划分为九个知识模块（表1），每个知识模块都包含了必修课程和选修课程。从知识模块的课时安排上也可以看出，在工科院校城市规划培养中，建筑学、工程技术学、地理学、历史文化知识占了主要比重，这也是符合前文所提出的知识体系的。

知识模块内容（括号内为课时）　　**表1**

知识模块	专业基础课（必修）	专业选修课
建筑学（288）	建筑制图（80）　中外建筑史导论（24） 建筑物理概论（24）　公共建筑设计原理（16） 居住建筑设计原理（16）	外国建筑史（32）　中国建筑史（24） 建筑结构概论（16）　建筑构造概论（16） 历史建筑保护与更新（16）
工程技术学（128）	城市道路与交通规划（64） 城市基础设施工程规划（48）	城市安全与防灾（16）
地理学（120）	区域经济与区域规划（24）	GIS在城市规划中的应用（24） 经济地理学（24）　土地经济学（16） 土地规划学（16）　人文地理学（16）
历史文化（112）	外国城市发展史（24）　中国城市发展史（24）	历史名城保护（16）　中外园林史纲（24） 当代城市规划思潮（24）
表达分析技能（88）	AUTOCAD原理（24）　城市规划计算机制图（24）	城市规划系统工程学（24）　文献检索（16）
生态学（48）	城市环境与城市生态（24）	城市绿地景观规划（24）

续表

知识模块	专业基础课（必修）	专业选修课
社会学（40）	城市社会学（24）　社会调查研究方法（16）	行为心理学（16）
经济学（40）	城市经济学（24）	房地产开发导论（16）
管理学（32）	城市规划管理与法规（16）	公共政策概论（16）

5 工科院校城市规划专业教育的课程组织——课群建设

在教学内容组织上，从学生认知能力出发，以对城市的认知——理解——创造为递进过程，重点关注时间的衔接，以设计课程和基础理论课程为主线，组织知识模块，建立立体的联动教学。对于地理学、经济学、生态学、社会学等知识不能仅仅限于理论学习和了解，在设计课程中强调相关知识、工程技术知识在设计中的分析和应用能力的培养，要正确引导学生处理好规划与分析之间的关系，如道路交通、生态思想、社会与历史文化、经济与产业等在各阶段设计教学中必须作为突出的教学环节内容加以明确。

从这点意义出发，本文提出“课群”建设的思路。“课群是一个由几门相邻的，互相紧密联系的课程组成的一个课程群体，主要着眼于课程之间的联系和内容优化”。[7]在课群建设中，从剖析城市规划专业所需的知识、能力和基本素质入手，从有利于学生学习吸收知识能力的角度出发，注重两条主线与相关理论知识模块之间的联系，进行教学内容的组合和优化，实现课程体系的整体优化。在此原则下，结合教学年级将专业课程划分为四个课群（表2）。

课群组织结构　　**表2**

序号	设计课程主线	基础理论主线	知识模块	
1	城市规划设计基础	城市规划原理（一）	建筑学、社会学	表达分析技能
2	中小型建筑与公共空间设计			
3	建筑组群与修建性详细规划	城市规划原理（二）	历史文化、生态学、工程技术学	
4	总体规划、控制性详细规划与城市设计	城市规划原理（三）	地理学、经济学、管理学	
		城市规划原理（四）		

课群建设中，必须理顺各个课程之间的横向整合和时间上的纵向连接。

第一，横向上基础理论课程保证了设计课程的基本理论认知，相关理论模块则提供了理论基础和思维深度。而设计课程中也必须注重把相关阶段的理论知识应用于设计教学中，要求在各个阶段课程设计教学组织中突出相应的理论知识侧重点的分析应用研究。

第二，纵向上各个阶段的理论课程中，基础理论和知识模块的必修（核心知识）课程应该在安排在相应设计课程之前，理论与设计前后衔接，避免教学脱节，提前开设相关理论课程为相关课程设计提供了应有的知识储备；同时知识模块的选修课程可以平行设计课程开设，辅助设计教学进一步提升理论分析应用能力。这样的安排使得学生能够在设计过程中能对相关理论知识加以应用，从而加深对理论的理解，也保证了相应的一些非空间性学科理论能够落实到“城市空间”的城市规划学科核心。

结语

现代城市规划正逐步从物质形体规划走向社会——

经济——环境——物质复合空间规划，从建筑工程技术学科走向科学与社会人文学科的交叉融合，从规划蓝图的绘制走向图纸与公共政策的结合。伴随着城市发展，城市规划教育也会随之与时俱进，本文就当下中国城市化的现实图景对工科院校城市规划专业的教学提出一己之见。不可否认的是，正如城市规划是个动态的过程一样，城市规划学科今后也会面临的发展，这也是我们在当下思考中所必须预见和展望的，也有待规划教育界同仁进一步研究。

主要参考文献

[1] 唐子来．不断变革中的城市规划教育[J]．国外城市规划，2003，(3)：1-3.

[2] 吴志强，于泓．城市规划学科的发展方向．城市规划学刊，2005，(6)：2-10.

[3] 段进，李志明．城市规划的职业认同与学科发展的知识领域[J]．城市规划学刊，2005，(6)：59-63.

[4] 王世福．当前城市规划学科发展的线索和路径[J]．规划师，2005，(7)：7-9.

[5] 谭少华，赵万民．论城市规划学科体系[J]．城市规划学刊，2006，(5)：58-60.

[6] 杨建军，汤婧婕．我国城市规划专业设置方向及其办学格局的探讨[C].2010年全国高等学校城市规划专业指导委员会年会论文集．北京：中国建筑工业出版社，2010：3-10.

[7] 李建伟，沈丽娜，尹怀庭．以课群建设优化整合具有专业特色的课程体系[C].2008年全国高等学校城市规划专业指导委员会年会论文集．北京：中国建筑工业出版社，2008：36-39.

The Explore on Teaching Thoughts about Urban Planning of Engineering Universities In The New Era

Lin Xiang

Abstract: In view of the development of the discipline of urban planning, for the situation and problem about teaching of urban planning in traditional engineering universities, discussed in the knowledge structure and curriculum system under the new situation.The author also expounds the idea and mode of curricula group about curriculum organization.

Key Words: urban planning, engineering universities, knowledge structure, curriculum system, curricula group

新形势下控制性详细规划设计课程中开放式教学的探索和应用

王晓云

摘　要：文章分析了在社会经济转型时期，特别在《城乡规划法》实施后，控制性详细规划面临的新问题和新要求，结合当前教学改革的大背景文中提出开放式教学在控制性详细规划课程设计中的探索和应用。

关键词：控制性详细规划，开放式教学

1　新形势下控制性详细规划设计课程面临的要求

美国伟大的批评家、社会评论家刘易斯·芒福德曾说过："真正影响城市规划的是最深刻的政治和经济的转变。"城市规划是一门社会实践性很强的学科，它的专业教育要和社会实践紧密联系，不断改革、完善，以适应社会经济发展变化的需要。当前，中国正处于社会经济转型时期，城市的发展变化必然引发城市规划学科的变革，并对城市规划专业教育产生巨大影响。控制性详细规划（以下简称控规），作为政府直接管理城市土地开发与建设的依据，成为政府和市场衔接的关键环节，其在城市规划体系中的社会实践性占首要地位。控规跟随城市发展的不断变化，迫切要求控规及控规教育进行变革。深入分析控规在新形势下的发展特征与要求，提出实践中传统控规教学出现的新情况与新问题，改革控规教学，培养适应城市发展需求的城市规划人才是控规设计课程面临的要求。

首先，控规作为城市政策载体是管理城市空间、土地资源和房地产市场的一种公共政策。当前市场经济的发展使城市问题社会化、复杂化，控规在编制和实施过程中都包含城市产业、用地结构、人口、环境保护、社会效益、等各方面广泛的政策性内容，通过传达政策方面的信息，引导城市社会、经济、环境协调发展。可见城市规划的公共政策属性越来越突出。如果说过去控规是土地与空间资源的一项工程技术配置，那么在市场经济深入发展的今天，在土地使用权市场化以后，控规已成为土地利益分配的重要工具，"控规各项指标的确定，事实上是政府动用了公共部门的规划权而赋予土地使用者的发展权"。这意味着，深藏于控规背后的利益辨析、分配与协调远远比控规编制技术本身重要，"控规成为了一项以城市科学为核心的公共政策"。

其次，城市规划作为社会实践性很强的学科。其存在和发展，必然以社会对其需求为支撑，而社会的需求在不同的社会背景、体制和发展阶段有不同的内容。控规在中国的发展还不到30年，而我国经济正处于转型时期，在宏观政策不稳定的前提下企望控规的稳定是永远无法实现的。这即意味着控规的基础理论知识仍处于变动、发展、完善、积累之中，这种状况决定了控规的教学不可能将动态发展的控规知识一次性完全交给学生。[1]

最后，2008年《中华人民共和国城乡规划法》的实施，赋予了控制性详细规划的法律地位，控规成了城市规划实施管理最直接的法律依据，是国有土地使用权出让、开发和建设管理的法定前置条件。其控制性指标和图则成为管理城市土地出让的法定依据，并直接引导房地产的开发建设。它将覆盖城市全部的建设开发用地，众多规划工作者日常工作都将涉及控规的编制、调整修改、管理和使用。可以看到学生走出校门后不仅仅会成为城市规划的工程技术人员、更多的同学将有可能进入到政府部门、地产公司、咨询机构等和规划相关的企业单位。所以只有部分同学会涉及控规的编制，而更多的同学将会涉及控规的调整修改、管理和使用。

2　传统控规教学方式存在的问题

传统的控规教学是以控规的编制工作为基础，将控

王晓云：云南大学城市建设与管理学院副教授

规作为调控土地开发的规划工程技术来组织定位的，主要教授控规的编制内容；侧重于原有的土地利用规划编制的程序步骤和方法。例如：地块划分、用地性质确定、控规指标预测、交通组织、公共设施与市政设施配套等工程技术内容；教学理念上，局限于工程技术思维下的控规教学。然而控规的不断发展告诉我们，工程技术思维下的控规教学已无法满足控规实践的需要。传统满堂灌的教学方法既无法促进学生对知识的理解与掌握、激发学生学习兴趣，也不可能及时有效地传授给学生“全部”或不断更新的知识，更不利于培养学生的自主学习意识和探索研究问题的能力。因此，在控规面临的新形势与新需求下，找寻控规教学中存在问题，将公共政策与工程技术相结合，培养学生关注社会问题的学术态度，拓展学生自主运用理论知识发现问题、分析问题、解决问题的研究能力。根据规划院校办学方向和培养特色，优化控规教学方法及内容；将学生跟着老师的指挥棒“按部就班”的陈旧教学方法改为开放式、启发式教学。让学生学习时贴近社会，“身临其境”不仅知其然，更应知其所以然，将是规划院校控规教学改革的有益方向。

3 控制性详细规划设计课程中开放式教学的探索和应用

3.1 教学目的

由于控制性详细规划是我国城市建设控制与引导层面上的规划管理与设计，它以总体规划或者分区规划为依据，对规划范围内地块上的土地开发利用做出具体规定，表现为详细规定建设用地的使用性质、开发强度、各项控制指标和其他规划管理要求，并用以指导修建性详细规划的编制。因此，控制性详细规划是处在总体规划（或分区规划）与修建性详细规划之间“联络环节”性质的规划编制层面工作，同时也是规划与管理、规划与实施相衔接的重要环节。[1] 在贯彻落实城市总体规划的空间布局时，尤其是对城市建设用地的开发和利用，控制性详细规划起着关键性作用。所以教学的目的是让学生不仅从规划技术的角度作出土地使用性质及其兼容性的控制规定，而更能以城市科学的研究方法和城市公共政策的角度出发优化城市功能结构、提高城市建设用地综合效益，对土地的开发强度、开发时序、开发策略等提出控制要求和规定。控规课程设计的教学重点是培养学生自主探求科学问题能力为目标，强调学生的经济分析、价值判断与利益协调等方面的能力训练。

3.2 教学选题

控规课程设计的教学选题原则上要求具有典型性、真实性、趣味性。一般选择在院校所在城市的真实项目地段，便于学生进行实地考察调研。考虑到如果真题真做，学生的实际能力以及教学进程和规划思路上受甲方影响较大，因此，在教学实践中，一般采取以真题为基础，假作为手段，使学生在各个教学环节都能得到锻炼且能感受和捕捉适时社会信息。例如：从 2008 年开始，我们从学院实验基地（昆明的各大设计院）正在进行项目中精选出面积适宜（100~200ha），特色较鲜明片区，采用项目的真实设计条件和相关的政策规定作为课程设计的题目，让学生的控规设计紧扣社会发展。

3.3 开放式教学的探索和应用

开放式教学从广义上理解，可以看成是大课堂学习，即学习不仅是在课堂上，也可以通过包括网上学习来进行。开放式教学在狭义上可以说是学校课堂教学，就课堂教学题材而言，它不仅可以来自教材，也可以来自生活，来自学生；就课堂教学方法而言，即在教学过程中通过对教材的个性化处理，使教学方法体现出灵活多样的特点，并且在教学方法中运用“探索式”、“研究式”的方法，引导学生主动探索、研究，获取知识；就答案而言，开放式教学要体现在答案的开放性、条件的开放性，一题多解等；就课堂师生关系而言，它要求教师既作为指导者，更作为参与者；它既重视教师对学生的指导，也重视教师从学生的学习中吸取营养。总之，开放式教学能让每个学生在参与中得到发展。充分培养他们的自主学习能力和创新意识。

我们学院控规的理论部分已在规划专业二年级的城市规划原理课上完成，学生在控规的课程设计之前已对控规的涵义、编制内容与方法、控制要素等基本内容有了一定的了解和掌握。因此，课程设计在开始之处就以开放式教学来进行。整个课程设计分为四个开放式教学模块来完成。图中的虚线框为开放式教学的主要内容。

模块（1）：案例分析

由老师和学生以小组为单位一同寻找控规案例

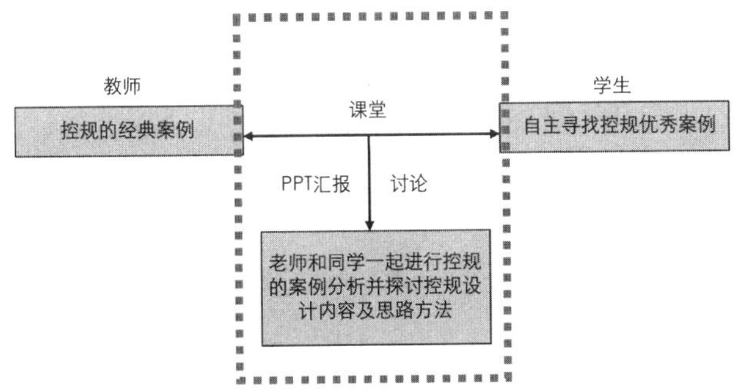

通过学生对控规优秀案例的主动寻找与辨析，培养他们主动对控规编制内容的认识和理解，调动他们研究控规编制办法的积极性。初步建立控规设计步骤与程序的基本框架。集思广益，促进同学之间的相互学习与交流。老师以参与的方式和各小组同学探讨控规，并提出针对控规设计内容及思路方法的具体问题。例如：比较方案甲与乙在思路方法的不同点，并说出原因等，引导学生去思考控规基本编制内容后的一些较深层次的社会问题，并要求学生提出前期基础资料调查内容或调查问卷，为下一步的现状调研与社会调查做准备。

模块（2）：现状调研与片区发展策略

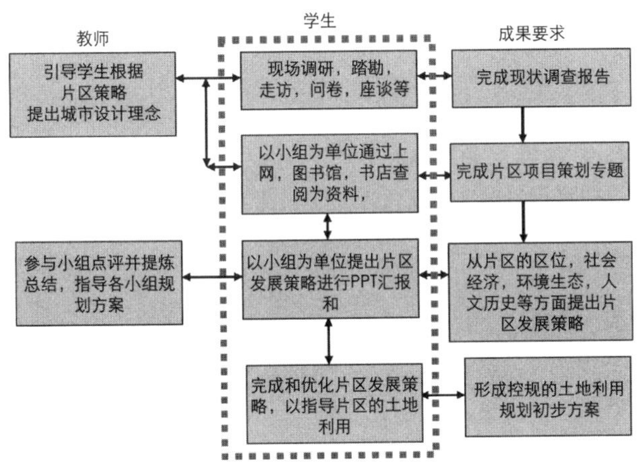

该教学模块将充分落实控规作为以城市科学为核心的公共政策多纬度、多元化的发展要求，即由关注城市物质空间，向经济、社会、生态、文化、地理等外延的扩展。学生以小组为单位实际地进行片区的实地踏勘和社会实践调查，用照相机和绘画捕捉自然地形特征，采取访问、交流、和甲方座谈的方式了解地块的社会、经济、文化等诸多方面的信息，充分利用外界媒体获得片区相关资料并进行课题的研究设计。在现状调查和片区发展策略之间我们增加了片区项目策划专题。这个专题的加入是站在开发商的视角来提出的，专题的加入使得学生在研究片区策略时增加了趣味性，更重要的是使学生对片区多纬度的发展要求理解得更具体和深刻。根据具体的项目策划从政府公共政策视角出发来形成片区发展策略，培养了学生逻辑思维、抽象思维及社会经济思维。这种“开放式”的教学方式带给学生最直接的社会调查体验，留给学生充分发挥自我能动性的空间，培养学生规划设计团队的协调和组织能力以及团队间竞争和交流意识。形成较为全面的城市规划实践调研能力。同时，把课堂教学和学生课外学习有机结合，培养和增强城市规划专业学生学习的自主性和探究性。训练学生的口头表达和成功介绍方案的经验。为适应未来控规乃至城市规划不断发展和更新的要求。

模块（3）：城市设计

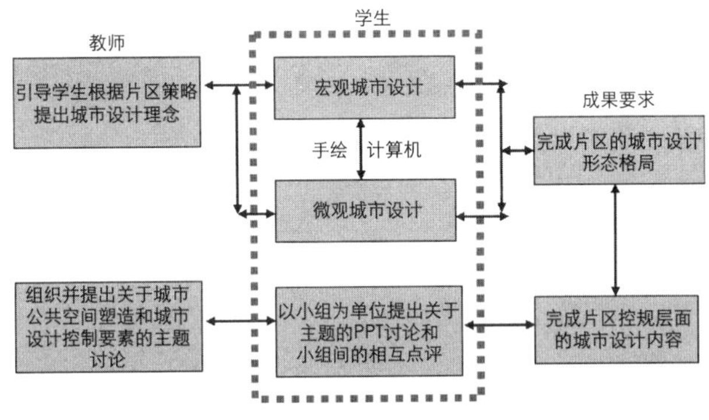

控规中的城市设计教学模块是城市公共政策与城市物质空间环境艺术结合最紧密的部分。控制性详细规划是将城市总体规划、分区规划中宏观的城市设计构想，以微观、具体的控制要求加以体现。按照美学和空间艺术处理的原则，从建筑单体环境和建筑群体环境两个层面对建筑设计和建造提出指导性的建议和要求，并直接指导修建性详细规划等的编制。[2] 可见控规中城市设计教学有两项内容。第一项为传统的城市物质空间形态的塑造，我们是让学生充分利用多种技术手段来完成，积

累和培养对城市的尺度感，建立起指标数据与实际建成效果的关联。第二项是将优美的城市空间形态转换为具体的城市设计控制要求和提出开发控制的管理准则。这一项我们是形成公共空间的塑造和城市设计控制要素两个主题来进行专题讨论的开放式教学。教学取得了较好效果，同学们对控规中城市设计的目的以及城市公共空间体系的塑造和城市设计控制要素有了较深刻的认识。

模块（4）：控规指标的确定和文本、说明书的完成

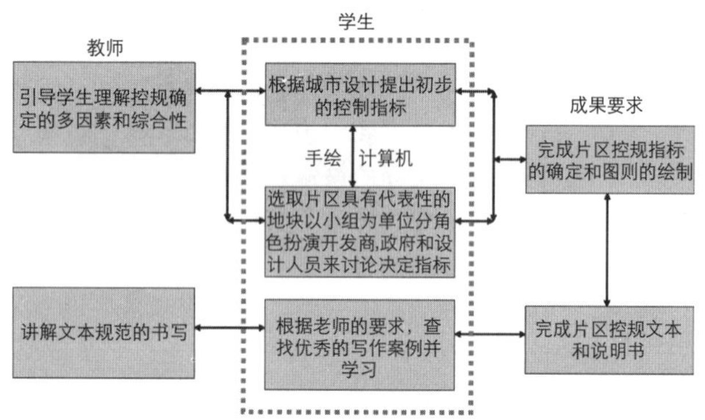

在行政管理与法规体系中，建设项目的选址、建设用地的核定、规划设计条件的拟定、建设工程的竣工验收等环节，都涉及控制性详细规划。其现实依据就是控制性详细规划中对规划区块的详细控制指标和控制图则要求。所以控制指标和控制图则具有较强的科学性和综合性，它们是抽象的规划原则与复杂的规划要素的简化和图解化。我们是让学生在以城市设计为基础形成的量化指标体系上，分角色即从城市的不同利益角度来审核和探讨指标。以实践的方式研究指标的科学性。同时积累学生良好的从业意识和经验。三年级的同学在控规课程设计中第一次撰写规划文本，所以文本的写作相当重要，必须符合控规文本写作要求，包括内容和格式两个方面。老师是采用案例教学的方式，选择优秀的文本来讲解文本规范的书写。

形势催人，新形势下控规教学迫切需要教师不断探究各种切实有效的教学方式来适应社会发展的要求。"开放式教学"将成为以城市规划课程设计作为教学改革的新起点，探索多样化的城市规划教学方法，坚持教学与实践相结合，就能逐步形成具有时代特色的城市规划专业人才培养模式。

主要参考文献

[1] 汪坚强．转型期控制性详细规划教学改革思考［J］．高等建筑教育，2010.

[2] 吴志强，李德华．城市规划原理（第四版）．北京：中国建筑工业出版社，2010.

Under new situation in regulatory detailed planning curriculum open teaching exploration and application

Wang Xiaoyun

Abstract: The article has analyzed in the social economy reforming time，specially after The Urban and Rural Planning Law implementation.The regulatory detailed planning faces new question and new request.In the union current educational reform' s big background article proposes the open teaching in the Regulatory detailed planning curriculum project utilization.

Key Words: regulatory detailed planning，open teaching methods

引入建构主义理论的城市规划专业设计课教学探索

丁 奇 张忠国 李 勤

摘 要：如何培养出适应社会发展与时代变迁的城市规划专业人才是城市规划教育面临的挑战，传统城市规划教学在应对这些变化时还存在一些不足。本文从建构主义教学理论的优点、城市规划学科与专业的特点出发论述了在城市规划教学中引入建构主义理论的必要性与可行性，并在城市规划设计课教学中进行了探索与尝试。

关键词：建构主义，城市规划教学，设计课

我国的城市规划学科一直以来都是从属于土木建筑工程大学科，城市规划专业也一直定位于工程应用性专业，因而其长期以来采用“师傅带徒弟”的培养模式，以教师为主体，学生为客体，将学生培养成技术熟练的“工匠”。这种教学模式为我国培养了大批城市规划应用型人才，基本解决了我国改革开放以来城市建设对应用型人才的急迫需求。

但是，随着我国城市化进程的加快和对城市规划学科本质和城市规划作用认识的逐步深入，人们发现城市规划的学科属性更多的趋向于工学、理学、人文社会科学的交叉。城市规划专业人才仅仅满足于具备工程应用技能是远远不能适应城市发展的复杂需要的。当前的形势迫切要求我们改变传统城市规划教学。

1 建构主义教学理论的背景研究

自 1980 年代以来，以行为主义为核心的传统教学理论逐渐被建构主义教学理论所取代。尤其近年来多媒体技术与互联网教育应用的飞速发展，建构主义教学理论正越来越显示出其强大的生命力。

1.1 建构主义理论基础

现代建构主义的直接先驱是皮亚杰和维果斯基的智力发展理论。皮亚杰在 1970 年发表了《发生认识论原理》（The Principles of Genetic Epistemology）一书，主要研究知识是怎样形成和发展的。他从认识的发生和发展这一角度对儿童心理进行了系统、深入的研究，提出了认识是一种以主体已有的知识和经验为基础的主动建构的观点，这也是建构主义观点的核心所在。

在皮亚杰的上述理论的基础上，科尔伯格在认知结构的性质与认知结构的发展条件等方面作了进一步的研究；斯腾伯格和卡茨等人则强调了个体的主动性在建构认知结构过程中的关键作用，并对认知过程中如何发挥个体的主动性作了认真的探索；维果斯基创立的“文化历史发展理论”则强调认知过程中学习者所处社会文化历史背景的作用，在此基础上以维果斯为首的维列鲁学派深入地研究了“活动”和“社会交往”在人的高级心理机能发展中的重要作用。所有这些研究都使建构主义理论得到进一步的丰富和完善，为实际应用于教学过程创造了条件。❶

1.2 建构主义教学观

建构主义教学观是对传统教学观或客观主义（Objectivism）教学观的批判和发展，认为学习不仅受外界因素的影响，更主要的是受学习者本身的认知方式、学习动机、情感、价值观等的影响，而这些因素却往往被传统教学观忽略。1950 年代末和 1960 年代初，美国著名心理学家布鲁纳（J.S.Bruner）提出了教学要以“学

❶ 何克抗 . 建构主义——革新传统教学的理论基础 . 电化教育，1997（3）：3-9.

丁 奇：北京建筑工程学院副教授
张忠国：北京建筑工程学院教授
李 勤：北京建筑工程学院讲师

习者为中心（Learner-Centered）”的理论，后来倡导“发现学习（Discovery Learning，1970）”，即知识不是由教师灌输给学生，而是学生在教师的指导下去发现、去建构；教师由传统的“教员（instructor）”转变为“促进者（facilitator）”或“引路人（guide）”。[1]建构主义教学观既强调学生的认知主体作用，又不忽视教师的指导作用，教师是意义建构的促进者、帮助者，而不是知识的传授者和灌输者。学生是信息加工的主体和意义的主动建构者，而不是外部刺激的被动接受者和被灌输的对象。

1.3 建构主义教学思想与传统教学思想的区别

建构主义的教学思想与传统教学思想在教学观念、教学目的和教学方式上都有很大不同。

1.3.1 教学观念不同

传统教学观以“教”为主，教学是一种按既定步骤进行的固定程序，相应的教学效果也是完全可以预期的，具有很强的重复性。学生的意识被看成是“一张白纸”，教师用理性的结论把图画印到纸上，学生的学习不受个人头脑中原有认知图式的影响，而是取决于教师及教育环境的控制与影响。与传统教学观相反，建构主义学习理论的核心是：学习是以自身已有的知识和经验为基础的建构活动。学习者的个体差异得到充分的肯定，每一项新的学习活动都与学生已有的知识和经验直接相关，是动态的。每个人的经历和所处的社会环境不同，对世界的观察和理解也不一样。对学生知识的评价体系一般是建立在“问题解决”过程中学生对事物的理解和解决问题的能力之上。

1.3.2 教学目的不同

传统教学观的教学目的是帮助学生了解固定的知识，而不是鼓励学生自己去分析他们所观察到的事物，限制了学生创造性思维的发展。建构主义的教学观强调学生的积极性、主动性和创造性，以及与之相关的是一系列手段、方式、策略以及探幽入微的工作，合适的学习环境，让学生有“所见”、“所思”、“所悟”，善于创新。

1.3.3 教学方式不同

传统教学方式以教师为中心，强调教师的“教”而忽视学生的“学”，全部教学都是围绕如何“教”而展开，很少涉及学生如何“学”的问题。这样的教学方式，学生参与教学活动的机会少，大部分时间处于被动接受状态，学生的主动性、积极性很难发挥，更不利于创造型人才的成长。基于建构主义理论的教学围绕学生如何“学”的问题来设计教学，产生了围绕“基于问题的学习（problem-based-learning）”、“基于项目的学习（project-based-learning）”等的一系列教学方法，如随机进入式（Random-access Instruction）教学方式、支架式（Scaffolding Instruction）、情景式（或抛锚式）（Situated or Anchored Instruction），也叫“实例或案例式教学”等。

2 城市规划学科与专业特点的思考

2.1 规划设计学科体系的特点

严格意义上，城市规划学科“并不是一项直接和真正完善的学科”，[2]它所面对和需要处理的既不全是关于“事实”和“经验”的问题，也不仅是以逻辑关系为基础的“规范”性问题，它更多的是面对调和矛盾、平衡冲突和整合关系和以价值为前提的取舍、选择和决策。

即使最保守的传统教学的拥护者也承认，以直接讲授为主的传统教学（即“直接教学”）可以在结构良好的学科领域（如数学、物理等学科）取得较好的教学效果，但在结构不良的学科领域（如规划设计、医疗诊断等），建构主义教学方法可以导致学生的优异成绩。这些建构主义教学方法通常包括“发现式”方法、“探究式”方法以及“基于问题”、“基于情境”、“基于资源”等方法。[3]

2.2 城市规划专业能力的要求

城市规划专业具有很强的工程性与实践性。工程活动是一种综合性很强的实践活动，相应地，工程师的能力构成应是系统而完备的。美国工程与技术认证委员会（Accreditation Board of Engineering and Technology，

---

[1] 孔宪遂．试论建构主义理论对教学的启示．清华大学教育研究［J］，2002，增（1）：128-133.

[2] （英）克莱拉・葛列德．规划引介．北京：中国建筑工业出版社，2007：5-6.

[3] 何克抗．对美国“建构主义教学：成功还是失败”大辩论的述评．电化教育研究，2010（10）：5-24.

简称 ABET）对 21 世纪新的工程人才提出了 11 条评估标准，其中涉及多项能力指标，包括应用数学、科学与工程等知识的能力、进行设计、实验分析与数据处理的能力、根据需要去设计一个部件、一个系统或一个过程的能力、有多种训练的综合能力以及有验证、指导及解决工程问题的能力等等。从这些能力构成可知，现代工程师应具有多方面能力。但在这些能力构成中，创新能力应居于“能力金字塔”的顶端。因为工程师从事的不是简单的、重复性的技术劳动或低水平的、循规蹈矩的设计，而是高端的设计、开发和创造活动。

城市规划学科体系的开放性、复杂性和不完整性以及城市规划专业对创新能力和解决社会实际问题能力的要求都要求我们反思传统教学存在的问题并引入建构主义教学方法。

3 引入建构主义的城市规划设计课的教学探索

设计课通常是城市规划教学体系的主干，是建立在理论课基础上，对城市规划的一些典型课题进行模拟解决的训练练习，在老师直接指导下完成对课题的分析解读，最后以物质的形式给出答案的课程。在传统教学模式下，师生间教与学的方式经常是教师直接给学生改图，近似于送给学生答案。本文尝试引入建构主义的教学方法，以学生自主学习为核心，教师作为辅助与引导的角色协助学生分析问题、提出选择的可能、给出案例解读，鼓励其完成设计的目标，而非简单给出一个解决方案。

3.1 引导学生树立正确的规划设计观念

任何一种教学模式，它对形成某种基本观念所具的影响是个十分重要的问题。正确的价值观念是学生形成正确判断的前提，是学生自主学习的基础。现在教学中存在两种模糊观念值得我们重视：一是把规划设计等同于绘画，满足于图面效果，把手段当目的；一是盲目创新，把与众不同作为设计的目的，设计成为形式游戏。欲建立正确的设计观念，首先要加强对城市规划设计概念的教育，城市规划设计的过程是解决城市问题的过程，在这个过程中不仅要创造美的形式，更要遵循社会公平正义、环境可持续的价值观。教师在教学中通过现场观察城市、案例分析等方法引导学生进入城市问题的情境中，感受生态环境问题带来的严重后果并与城市弱势群体的生活状态形成共情，使学生主动树立正确的规划设计观念，主动燃起承担规划师社会职责的热情。

3.2 帮助学生主动锻炼规划设计能力

陈征帆曾借用冯友兰的类似概念将城市规划专业的核心能力概括为：“学”、“识”、“才”。即认知能力、创造能力和表达能力。在设计课的教学中应用建构主义教学方法能更好地培养学生规划设计的能力。

伦敦大学的巴特利特（bartlett）城市规划学院曾展开过一项主题为“变化中的规划师角色”的综合调研。主办方对约 30 位世界顶尖的规划师进行了一项关于当代规划师的职业技能的调查评判，在被列举的 10 项技能项目中，最后按其重要性而位列第一位的是规划师“发现和界定问题的能力”。❶“发现和界定问题的能力”是认知能力的重要部分。以经验方法为基础的传统设计教学强调“悟性”而轻视认知，要求学生经过长期的熏陶而达到豁然开朗的境界。而以建构主义理论为基础的教学更重视认知能力的培养，强调学生的自主性，强调用自己的眼睛观察问题，用自己的大脑思考问题。所谓的分析思维就是将认识的对象还原至基本的构成要素，再研究各要素的性质及要素之间的相互作用关系。此外，分析思维还体现在解决复杂问题时先将其分解为若干可以认识的部分，分别进行研究求解，最后再进行综合。这也是城市规划方法学的基本原则。另外还有图解分析的方法，包括要素分析、结构分析、比较分析和分类法等。

所谓创造思维就是将思维要素重新组合，或依据一定法则将要素及关系加以改变。城市规划专业的创造力是创造性解决复杂城市问题的能力，是面对调和矛盾、平衡冲突和整合关系和以价值为前提的取舍、选择和决策的能力。创造力不是靠传授能够获得的，不是通过某几个孤立的教学环节和教学内容的设定就可以培养的，而需要通过系统的训练和大量的实践。设计实践活动是激发学生创造性思维的必要基础。设计课的课题选取城市中的真实课题，让学生直接面对这些矛盾和问题，直面政府或甲方的需求、环境压力和社会公平等，锻炼学

---

❶ 周岚，关于市场经济下规划师的职责［J］. 国外城市规划，2001（5）：33.

生的规划创造能力。

爱因斯坦曾写道"唤起对创造性表达……的乐趣是教师的最高艺术"。在城市规划专业领域，表达能力体现在对事件、问题、意向的表达（包括有图式、言辞和文字），以及将抽象的理念、目标转化为具象的物质形态的能力。更进一层的是以回应目标为出发点的"方案"表达力。它的形式是图像的，但其重点在于将抽象的构想、目标、意向与概念转化为具象的形式，以明确、肯定（定量、定形）的空间物质方案构成回应现实问题的答案。城市规划专业的设计课将重点放在引导学生探索逻辑清晰地方案表达形式，而不是像传统教学中按国家规范设定的固定格式。

3.3 精心组织和安排教学过程

建构主义强调教学过程。过程教学，是与传统的经验教学方法相比较而存在的，是反映现代城市规划人才培养规律的教学方法。城市规划设计教育的目的不是产生规划设计的产品，而是造就规划师。城市规划设计能力是一个持续的发展过程，大学教育只是其中间环节。大学教育的目的是帮助学生建立系统性自主学习的框架，在其今后的工作中不断完善和提高，形成终身学习的能力。因此城市规划教学计划研究的重点应该放在教学过程的研究上，并通过教学过程的组织来培养学生自主学习的能力。自主学习能力包括：①确定学习内容表的能力（学习内容表是指，为完成与给定问题有关的学习任务所需要的知识点清单）；②获取有关信息与资料的能力（知道从何处获取以及如何去获取所需的信息与资料）；③利用、评价有关信息与资料的能力。城市规划专业设计课应包含以下要点：

3.3.1 设定规则

从课题的选择到设计方案评价的整个过程做到明朗化和公开化。课题精心选择带有典型城市问题的真实题目，在保证课题类型、规模和成果要求的前提下，鼓励学生自主设定设计任务要求和设计程序，这样做有利于鼓励提高学生的主动性和责任感，通过这一过程去完成的设计方案将使他在复杂条件下去发现、界定和解决问题的能力得到整体性的提升。同时鼓励学生提供多种可能的解决方案。

3.3.2 引导思维

教师在设计过程中不是提供现成的答案，而是启发学生的思维，向学生提供解决该问题的有关线索（例如需要搜集哪一类资料、从何处获取有关的信息资料以及现实中专家解决类似问题的探索过程等），引导学生一步步寻找和界定问题、分析归纳问题和矛盾、平衡个矛盾主体之间的复杂关系，最终找到解决问题的答案。

3.3.3 记录过程

学生完成的每一个规划设计作业均是一个过程。学生要用一系列的分析图文、构思草图以及模型等来反映其设计思考的过程，而不仅仅是结果。

3.4 营造集体学习和教学相长教学氛围

建构主义认为，学习者与周围环境的交互作用，对于学习内容的理解（即对知识意义的建构）起着关键性的作用。这是建构主义的核心概念之一。学生们在教师的组织和引导下一起讨论和交流，共同建立起学习群体并成为其中的一员。在这样的群体中，共同批判地考察各种理论、观点、信仰和假说；进行协商和辩论，先内部协商（即和自身争辩到底哪一种观点正确），然后再相互协商（即对当前问题摆出各自的看法、论据及有关材料并对别人的观点作出分析和评论）。通过这样的协作学习环境，学习者群体（包括教师和每位学生）的思维与智慧就可以被整个群体所共享，即整个学习群体共同完成对所学知识的意义建构（即深刻理解和掌握），而不是其中的某一位或某几位学生完成意义建构。❶城市规划专业的设计课通常都有3~6名同学组成设计小组共同完成设计任务，这也是对规划设计单位的工作模式的适应，为学生毕业后从事规划设计职业打下基础。传统教学模式下，设计小组中能力强的同学会承担更多的设计任务，掌握整体的设计思路，而能力差的学生往往对设计思路一知半解，被动完成组长安排的画图任务。这样的学习会拉大学生之间的差距，不仅能力差的同学学习兴趣不高，并且能力强的同学也没有从其他同学那里学到更多东西。因此在专业课教学中，教师引导设计小组的每一个成员都对整体设计思路进行头脑风暴式的讨论，通过这样的协作学习环境，设计小组每位成员（包括教师和每位学生）的思维与智慧就可以被整个群体所共享。学

---

❶ 何克抗．建构主义——革新传统教学的理论基础．电化教育，1997，(3)：3-9.

生完成设计能力的训练，教师也达到教学相长。

3.5 尝试开放式教学成果评价与反馈

传统教学对于设计课程的评价通常是“黑箱操作”，学生不知道自己的设计是好是坏，程度如何。建构主义理论认为教学成果评价过程应该是学习的延伸过程，在成果评价中可以完成意义建构的深化。城市规划专业设计课应形成开放性的评价体系，引入评委会（Jury）制度。评委可以由教师、甲方、资深职业城市规划师甚至学生代表共同组成，在多方面的评价意见的碰撞下，引导学生对自己的设计成果进行多个层面的反思，完成学生学习的再一次深化与升华。

主要参考文献

[1] 何克抗．建构主义——革新传统教学的理论基础［J］．电化教育，1997，(3)：3-9.

[2] 孔宪遂．试论建构主义理论对教学的启示［J］．清华大学教育研究，2002，(增1)：128-133.

[3]（英）克莱拉・葛列德．规划引介［M］．北京：中国建筑工业出版社，2007.

[4] 高桂娟．注重实践教学环节培养优秀工程人才——以同济大学建筑与城市规划学院为例［J］．大学（学术版），2010，(4)：59-64.

[5] 陈锦富，余柏椿，黄亚平等．城市规划专业研究性教学体系建构［J］．城市规划，2009，(6)：18-23.

[6] 孔宪遂．试论建构主义理论对教学的启示［J］．清华大学教育研究，2002，(增1)：128-133.

[7] 陈琦，张建伟．建构主义学习观评析［J］．华东师范大学学报，1998，(1)：61-68.

[8] 莱斯利.P.，斯特弗杰里．盖尔．教育中的建构主义［M］．高文，徐斌燕等译．上海：华东师范大学出版社，2002.

[9] 何克抗．对美国“建构主义教学：成功还是失败”大辩论的述评［J］．电化教育研究，2010，(10)：5-24.

[10] 项海帆．改革工程教育培育创新人才［J］．高等工程教育研究，2007，(5)：1-6.

[11] 陈征帆．论城市规划专业的核心素养及教学模式的应变［J］．城市规划，2009，(9)：82-85.

[12] 周岚．关于市场经济下规划师的职责［J］．国外城市规划，2001（5）：33.

An Research on Design Courses of Urban Planning Based on Constructivism Theory

Ding Qi Zhang Zhongguo Li Qin

Abstract: How to cultivate the talented individuals who can adapt to the development and the changes of times in urban planning is a challenge which the urban planning educator faced with.There is some shortcomings to respond these changes in traditional teaching way of urban planning.This paper is based on the advantages of constructive teaching theory, characteristics of urban planning, discussed the necessity and feasibility to introduce constructive teaching theory in the teaching process of urban planning, and carried out the exploration and try in the urban planning studio design teaching process.

Key Words: constructivism, urban planning teaching, design courses

对规划表达的训练——基于沟通理论的规划教学探索

赵　蔚

摘　要：本文针对当前我国城市规划教育中规划表达与沟通训练进行了理论与方法上的探讨。在我国城市发展理念和模式进入新的注重民主与沟通的时期，面对前期发展中涌现的问题，城市规划专业人才需要具备更良好的沟通方式和技巧、更为综合的判断力和综合实践能力。目前我国的规划专业教育中对规划表达及沟通的训练仍有欠缺，很多规划专业学生在修完所有的专业课程后，虽具备了一定的专业知识和实践技能，但在与不同人员进行规划沟通中仍具有障碍，各方就规划意图很难达成共识，使规划作用大打折扣。从专业培养的角度，沟通应当成为专业素养的必要组成部分，其方法层面的渗透应贯穿于专业课程的各个环节。因此，笔者认为应当通过课程、实践、交流等进行全方位的规划沟通技能培养。通过教学环节的教学内容及对象不同，形式和方法，范围相应调整，使学生从中掌握规划师所必需的沟通方法、职业素养和社会工作能力，并逐步建立更为全面的专业技能。

关键词：规划表达，沟通理论，专业技能

1　引言：沟通在规划中的重要性

我国高速城市化过程对城市规划专业人才提出了大量的需求，规划教育主要致力于专业人才和政府管理部门公务人员的培养。在 1990 年代后的中国城市规划院校与专业人员数量激增，但专业教育与实践的质量提升相对滞后。

自我国城市规划专业诞生以来，在我国传统的规划教育理念和教学环节中，一直更为注重规划的理论知识与技术应用的学习，而较少在沟通和规划表达方面进行系统的训练，致使很多规划专业毕业生在毕业时具有一定的专业理论和技术水平，却往往因为沟通与表达的逻辑能力欠缺或面对不同对象时不善于捕捉问题重点而导致沟通障碍，使规划意图无法充分有效地得到体现。

随着城市化进程的深化与社会进步，以及城市发展模式与规划范式的转变，规划人才的发展及教育方向也应有所跟进。城市规划作为一种社会公共政策行为，必然需要经历达成共识并取得一致行动的过程。在此过程中，组织沟通至关重要，沟通是使相关方相互理解、相互合作的重要途径。尤其在多元化的社会背景及民主推进条件下，联络性规划模式得到普遍认同，良好的沟通可以使双方或相关多方，对规划方案及过程形成更多共识，为规划实施奠定更坚实基础。

2　沟通理性在规划中的介入及趋势

2.1　规划范式的转变

现代城市规划虽然在诞生初始就结合了物质形态与社会改良思想，但早期的职业规划师的工作方式仍以精英式为主，与利益相关方鲜有沟通。规划师成为一种面向客户的专业角色，应市场经济对城市发展规范的客户需求产生，这一概念首先由 Paul Davidoff 和 Thomas Reiner 于 1962 年提出，由此引起的规划范式的转变在于规划并不仅仅是技术问题，参与到规划的价值判断和政治决策中同样重要，规划师需要通过沟通将规划决策与政治过程密切关联。

整个 1960~1970 年代的城市规划理论界对规划的社会学问题的关系超越了过去任何一个时期。与此同时，这期间的规划实践是在系统、理性和控制论的指导思想下进行的，理性系统的规划指导思想及规划过程控制方法成为主流，这造成了这期间规划对社会问题的关注存在理论与实践的差距，规划理论界不断对规划实践

赵　蔚：同济大学建筑与城市规划学院城市规划系讲师

进行着研究与反思，规划实践虽然一直与理论研究间存在一定距离，但可以肯定的是，理论思想的先行对规划实践起了积极的作用，20 世纪 60 年代至 70 年代后期的十几年中，城市规划致力于建立和完善规划的公众参与机制，显示出沟通的雏形，渐渐向平民化方向发展的趋势。

在 Friedmann 提出的以行动为导向（action-oriented）的规划过程中，规划师必须擅长于协调人与人之间的关系，即规划实施需要人际网络的协调技巧——交流与谈判（Pressman and Wildavsky，1973）。这一概念成为 1980 年代～1990 年代规划研究的一个重要领域：联络性规划理论（Innes，1995）。1990 年代初期，规划理论围绕规划的交流和谈判过程展开。Sager（1994）提出“联络规划理论”（Healey1992 年也发表过相应的观点），相对于倡导性规划和公众参与，联络性规划更偏向于社会学研究的工作方式，即强调人与人之间的交流和谈判技巧。在此之前的规划并非没有规划交流的概念，例如在综合性规划占主流的时候，规划师需要就规划方案进行公开陈述，这是当时规划师与政府官员以及公众的一种主要的联络方式，这种交流基本上是一种团体行为，以告知和获知为目的，并没有将注意力放在人与人之间的对话交流上，1990 年代的联络性规划则着重于研究规划中不同角色之间的交流问题。需要指出的是，交流与谈判是两个概念：前者是指普遍意义上的联络，而后者是人与人交流的一种特定的形式。具备良好交流能力的人不一定具有较强的谈判能力。❶这一时期的规划研究对待规划实施的问题不再局限于“怎样做？怎样实现？”，而是将重点转移到更有实效的方面——如何通过谈判交流，说服投资者进行投资，目的依然是保证规划能够得以实施。

改革开放后我国城市规划专业得以复兴，1990 年代中期以后随着土地制度改革的深化，城市建设发展模式发生了根本性转变，促使我国城市规划院系数量与规模迅速扩张。在量变的同时，城市规划教育内容也出现了变化。早期的规划教育主要以依托建筑土木、地理学、农林等学科。近年来新增设的规划专业有依托管理类、政策类的，从总量和覆盖面上来看，大部分规划专业课程的设置偏重于设计与技术，相应地，规划人才培养也定位于专业人员。随着社会发展需求导向的变化，以及与国际规划院校与专业交流的频繁，受发达国家经验的启示，专业教育中对专业人才综合素质的重视程度有所提高。

2.2 沟通理性

有关沟通的理论属于社会心理学范畴，源于米德的符号互动论（symbolic interactionism），主要观点认为行动者之间的关系是在语言沟通的各种模式中确立起来的，沟通作为社会借以进入每一个行动者内心的中介，各种理解通过沟通达成共享，社会意志由此得以浮现。这里探讨的沟通是作为一种达成协议的手段或方式，相应的沟通理论研究可以作为沟通行动的指导。

沟通理性是哈贝马斯（Jurgen Habermas）基于对传统“目的理性”批判而提出的。传统的目的理性的核心是社会行为如何以手段满足其目的，人们的社会行为可理解为如何更有效的利用外界资源，以满足自身的目的，在此过程中，人与人之间的沟通主要为认为是满足目的的手段，带有典型的“工具理性”色彩。哈贝马斯对工具理性导致的异化（alienation）现象做出反思，认为工具理性的过度膨胀会使人们丧失自主和反省能力。并在此基础上提出“沟通理性”以使人们从扭曲的沟通情景或封闭的意识形态中获得解脱。

哈贝马斯的沟通理性核心观点综合了工具理性和实践理性的内容，建立在人类社会生活理性化基础之上，具有民主、多元、开放整合的特征。哈氏认为沟通理性是人类回归自我价值、走向理性社会的前提。通过理性的沟通和反复讨论的民主沟通程序，人们可以达成理性的共识。与韦伯的独白式（monological ratioanality）目的理性和价值理性所不同的是，哈氏认为沟通理性应当是一种对话式的理性（dialogical rationality），所有的行为都互为主体且将会发展成为一种相互期望。制度化的理性讨论作为一种对话设计，能促进人群之间共同意志的合理形成，并进一步影响社会的发展。

---

❶ 1980 年代曾出现过一些关于谈判的理论研究，如 Fisher 和 Ury（1981）、Raiffa（1982）、Susskind 和 Cruikshank（1987），但规划研究的重点并未放在谈判上，而是在联络和交流上，这种研究受到了德国哲学和社会学界的很大影响，如哈贝马斯（J. Haberrmas）。

在传统的规划理念与教育程式中，目的理性与程序理性一直是重点，而互动的沟通理性及沟通技能则在内容之外，对于一名素质全面的职业规划师来说，这无疑应成为基本职业素质之一。

3 作为规划职业素养训练的沟通方式及要素构成

3.1 规划的沟通方式

由于沟通贯穿于社会研究中，更接近于一种技巧而非方法，这里将其单列出来是由于在规划中，民主保障越来越全面，公众参与规划的意识也不断有所加强，观察西方国家的规划程序及规划教育，谈判与沟通的方式在规划中的地位有上升的趋势，因此有理由认为，沟通是帮助观察获取信息的有效方式。沟通在规划中主要运用在调查获取信息（如座谈、访谈），以及规划方案形成过程中的协调，协调的对象介于管理层、公众以及规划师（包括内部界的沟通协调）之间。以下进一步探讨公众参与（包括精英参与）的沟通原则，即规划师与被访者之间的沟通。

首先是沟通的前提——建立良好的沟通平台。良好的沟通平台是保证沟通的前提基础，为了沟通能有一个良好的开端，应明确三方面的前提：①双方应明确彼此的角色；②沟通的议题应当明确，避免模棱两可的问题；③对于所要沟通的问题，应是双方都有沟通意愿且有能力进行沟通的问题。

其次是沟通的过程——把握沟通的方向和节奏。目的明确且有重点的沟通是保证沟通质量的有效途径。对在沟通中占主动方的规划师而言，需要：①有得体的着装和举止，形成恰当的沟通氛围；②熟悉所要沟通的内容，并对一些关键性问题有所准备；③沟通过程中的问题要前后相关并由浅入深逐步递进；④需要掌握问题回答的深度，避免在某些问题上使用过多时间，而对一些关键性问题则需要深究；⑤对沟通内容进行准确的记录。

再次是沟通结果的分析解释——在问题和不同答案间建立联系。对规划而言，分析和解释是否客观准确，将影响到规划决策的恰当与否。

沟通作为鼓励社会各层（或各利益集团）参与规划的手段，以保证和显示规划公正、公平，在各方参与规划的过程中显得尤其重要。公众参与的沟通途径在我国正处于逐步培育中，受多方面因素制约，规划中的沟通和参与并非一蹴而就可以达到较高的参与阶段，必须在有限的条件下，采取具有可操作性的措施进行探索与实践。参照西方公众参与的经验，可以总结出以下十种沟通方式（见下表）。

不同参与和沟通方式的比较

参与强度	沟通方式	参与对象	对决策影响力	优点	缺点
象征性 tokenism	报告 report	所有群体	相关意见提供／决策依据	• 掌握其他有关组织见解 • 参考有关专家意见	• 与公众利益和意见可能产生差异
	大众媒体 mass media	所有群体	宣传告知／对决策无直接影响	• 使问题公开化，提供信息反馈途径，为居民提供广泛信息	• 成本过高 • 信息在传播中可能出现偏差
单向沟通 one-way	通信联络 direct mail	群体抽样	征询意见／决策依据	• 听取多数人的意见 • 可以保护个人意见 • 消除对意见的责任感	• 无回应比例可能很高
	问卷调查 questionnaire survey	群体抽样	征询意见／决策依据	• 节约个人时间 • 便于分类统计分析 • 意见采集领域广泛	• 问卷设计集中 • 介入设计者偏见，抽样误差 • 答卷者可能不诚实应答 • 调查可能流于形式

续表

参与强度	沟通方式	参与对象	对决策影响力	优点	缺点
对话 dialogue	日常接触 day to day contact	群体自由参与	意见沟通／决策商议	● 容易沟通，扩大居民参与范围	● 所采集意见集中于部分善于发表意见者 ● 很难统一公众意见
	公众会议 public meeting	群体自由参与	意见沟通／决策商议	● 可确保信息的完整、可靠 ● 可运用幻灯、录像、地图、讲义、宣传册等多种媒介 ● 具很强的展示宣传效果	● 会议进行较困难 ● 期待有效的意思表达困难 ● 少数意见的统一困难 ● 很难确保信息的秘密
	研讨 workshop	群体自由参与	意见沟通／决策商议	● 参与者积极性高 ● 过程中可加入创意性环节	● 费用和时间花费多 ● 容易受特定利益集团的意见引导
	咨询组 advisory group	群体代表	意见沟通／决策制定	● 综合多方信息，决策理性且慎重 ● 组成成员间沟通顺畅	● 组成成员的个人意见可能介入 ● 很难有效组织广泛而多样的利益和意见
	专门委员会 ad. hoc committee	目标群体	意见沟通／决策制定	● 容易获得公众的支持 ● 决定政策的高度信赖性	● 可能形成难以代表全体意见的委员意见 ● 受委员会规定约束，难以作出决定
	要员接触 key contact	利益群体代表	意见沟通／决策妥协	● 将不同有影响的人事有效集中 ● 容易说明普通成员并缺的支持	● 要员的个人意见或其代表的私人（集团）利益可能介入

上述十种沟通方式由于各有优缺点，在一项规划中往往同时运用其中的几种方式，而参与过程中的控制可以使参与的程度因目标而不同，即可以达到合作（partnership）的阶段，也可以停留在操控（manipulation）阶段。

3.2 规划的沟通过程及要素

上述沟通过程及要素在规划师与接收者之间形成半网络的关系，其中规划师对信息表达的准确性和逻辑性，以及使用的沟通渠道直接影响接收者的理解程度。而接收者的信息反馈也会影响规划师。从规划师角度，需要建立起从信息到渠道到反馈的畅通的沟通机制，减少沟通障碍。

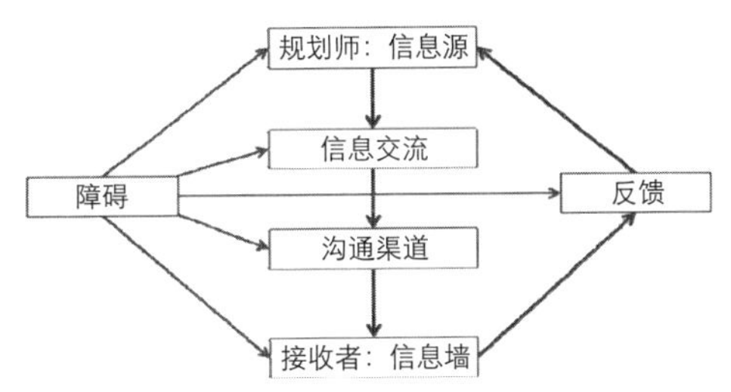

图 1 沟通过程及要素

4 规划教育中的沟通训练

根据规划专业人才培养目标及教学环节，我们在教学过程中穿插了一些鼓励要求学生沟通的步骤，并纳入成绩参考，以激励学生摆脱只会方案或文字、疏于口头表达沟通的困境。

4.1 过程沟通

在现有的规划设计教学中，学生与老师之间的沟通主要发生在一对一的对话中，即学生陈述自己的意图与方案，老师对其做出评判。这种一对一的沟通方式非常不符合实际规划中的沟通形式，实际规划沟通中往往需要面对多方质疑。在教学中，可以模拟实际规划沟通，由小组形式代替一对一的形式进行，每位同学就自己的思路和方案对组内所有的同学老师进行陈述，接受提问，并回答问题。

在每个作业的时间节点上，小组合并，并交换老师进行沟通和交流，以使学生尽可能在更多不同的对象面前陈述自己的方案，并进行交叉沟通。

4.2 总结陈述

总结陈述作为最终成果不以从前的交作业形式为落幕，而是每一个人都必须进行方案陈述，接受所有老师和同学的提问。这一环节作为整个教学的一次总结，在互动中完成，学生当场即可知道自己的优点和不足，以奠定以后的环节。

Professional Training on Planning Expression: Based on Communication Theory

Zhao Wei

Abstract: The paper focused on current Chinese urban planning education in expresses and communicates training on the theory and the method discussion.With the urban development, the new pattern pay great attention the democracy and the communication, the urban planning professional needs to have the better communication skill, a more comprehensive judgment and the synthesis practical ability.At present in China' s urban planning education to planned the training which expressed and communicates is still short, many plan college majors has had certain specialized knowledge and the practice skills, but still have the barrier in communication with the different personnel.All quarters were very difficult on the plan intention to achieve the mutual recognition.From the specialized perspective, the communication must become the specialized accomplishment. The method stratification should pass through in special course.Therefore, the author thought that must through the curriculum, the practice, the exchange and so on carry on the multi-directional plan communication skill.Different teaching course and the object, the form and the method, the scope adjusts correspondingly, causes the student to grasp plans the communication method which, the professional accomplishment and social work ability the teacher must, and establishes a more comprehensive professional skill gradually.

Key Words: planning expression, communication theory, professional skill

自主性参与、拓展性学习的分组教学方法实践
——城市交通课程教学方法改革探索

刘　冰

摘　要：面向城乡规划一级学科的卓越人才培养目标，本文结合城市交通课程的教学特点，首先论述了开展教学方法改革的必要性，进而结合分组教学活动的尝试，总结了自主性参与教学方法的实践经验和问题。学生的反馈结果表明，在理论教学中合理安排分组调研和交流等环节，能够有效提高学生的学习能动性和拓展课堂教学内容，对改善教学效果具有十分积极的作用。

关键词：城市交通课程，教学方法，分组教学，案例研究，教学改革

1　背景

城乡规划学一级学科的设置，对本专业卓越人才的培养提出了更高的要求。城市交通作为城乡规划课程体系中的一门专业基础课和重要的学科研究方向之一，具有工程技术强、政策因素多、知识更新快的特点。比如，高速铁路和快速公交等交通技术和服务方式的涌现，公共交通、个体机动交通和慢行交通的各项政策等，使城市交通面临日趋复杂的发展形势，国内外城市交通规划理论和实践也出现诸多新的动向；而城市交通课程因涵盖对外交通和市内交通两大层面，教学内容的跨度很大，这些都对该课程的教学带来巨大的挑战。

对于城市规划专业三年级的学生来说，其前修课程主要是侧重城市微观尺度的专业理论和设计课程，学生对复杂的城市活动及其联系尚缺乏全面和系统的认识。在这种情况下，单纯依靠学期内的课堂教学时间，向学生讲解大量的基本概念、基础理论、技术方法以及城市交通发展的战略与政策等，难免会出现教学课时不足、知识点分散等问题。学生则易对课程的教学重点感到困惑，进而影响学习的效果，而且在课堂理论教学中学生的参与度相对有限，有些学生易产生枯燥感，不利于提高学习的积极性。

为了适应我国城乡规划学一级学科发展和同济大学卓越工程师人才培养的总体目标要求，笔者对城市交通课程的教学方法改革做了一定的尝试，即通过课堂教学向课外教学的拓展和延伸，强化教学过程中学生的自主性参与学习，培养学生运用理论知识独立思考和分析实际问题的能力，从而更好地实现课程的教学目标。

2　教学方法改革的必要性

2.1　扩展知识面

鉴于城市交通学科发展的动态性，在城市交通课程的教学中，不仅要求学生掌握基本的理论知识，更重要的是要使学生树立正确的思想观念，关注当前交通的发展及其潜在的社会经济影响，并能够针对实际问题合理运用专业理论和技术方法加以分析，找到解决问题的途径。而这仅仅依靠教材和课堂教学是远远不够的，必须走向课堂外更广阔的教学天地，充分发挥“第二课堂”的作用。

2.2　提高主动性

无论是课堂教学还是课外教学，学生的学习主动性是提高教学效果的关键之一。已有研究表明，学生在积极参与教学过程的时候，取得的学习效果最好。特别是较之于大班化的课堂指导，学生在参与小组学习时能够学得更多、更持久。因此，该课程采取大班与分组教学

刘　冰：同济大学建筑与城市规划学院城市规划系副教授

相结合的形式，将贯穿于整个学期的分组调研环节融入到日常的理论教学过程中，以提高学生学习的兴趣和主观能动性。

2.3 培养探究能力

城市交通课程的教学目标，是使学生在理解和掌握基本理论知识的基础上，进一步提高深入开展相关研究和规划设计的能力。由于城市交通具有很强的实践性，在教学中可指导学生从表象的问题入手，选择实际的案例作为研究对象，通过系统的调查研究使学生找出其深层次的根源，并利用可行的技术手段探索解决方案，由此培养学生深入探究的素质和能力。

以上三个方面也正是城市交通课程开展教学方法改革的出发点。

3 教学方法改革的实践

3.1 整体教学方案设计

遵循课程教学大纲的要求，紧密结合班级的理论教学，对分组教学的内容、进度、考核方式进行总体安排。为了加强课内外教学的互补和促进，分组教学以课外调研为主，考虑到学生在现阶段的知识结构，调研题目的范围和难度不宜太大，且应尽量贴近学生的实际生活。因此，要求各组学生围绕“身边某一实际的交通问题或现象”进行选题。同时，为了加强各组之间的交流，在课堂教学中必须留出一定的时间进行分组成果的演示和汇报。

3.2 分组教学组织形式

按照学习任务和时间长短的不同，分组教学通常可分为非正式学习小组、正式学习小组和学习团队三种形式。第一种形式多见于课内的临时分组讨论；第二种形式是针对一整节课或连续几周的某项实验或报告等教学任务而进行的分组；学习团队则是贯穿整个学期的长期分组，组内成员合理分工、共同完成课程作业。为使分组调研活动开展得更为充分有效，本次教学实践采用了第三种分组形式。每组有 4 名学生组成，便于组内分工和协作，整个班级共分为十数个小组。

3.3 教学环节安排

为保证分组教学与班级教学的进度相一致，必须合理划分调研环节的阶段，并按时督促检查学生的阶段性成果。本次分组教学有三个主要的时间节点：明确调研选题的时间，约为 2 周；开展调研和完成小组中期成果的时间，约为 6 周；进行补充调查、提出方案建议和完成小组最终成果的时间，约为 7 周。在此期间，利用课堂教学有机穿插各组的成果交流，并根据各组的进展情况和问题，及时对学生给予相应的指导。

3.4 成绩考评

为了调动学生的积极性，鼓励学生主动参与到分组教学的过程中来，分组调研报告的完成质量必须与课程成绩相挂钩，这也更有利于在课程的成绩评定中综合体现学生的平时表现、对专业理论的理解和运用能力乃至文献查阅和自学能力。因此，结合这次分组教学活动的开展，改变了以往侧重个人考试成绩的考评方式，而是在学生个人理论考核成绩、小组调研报告成绩的基础上进行综合评定后，给出最终的成绩。

4 教学效果评价

4.1 教学成果

总体上，这次城市交通课程的教学方法改革达到了预想的成效。首先，学生的调研选题覆盖面较广。从对外交通（高铁对出行方式的改变、机场一体化交通、上海三个火车站比较等），到城市交通（轨道交通站点设计、公交换乘组织、公共自行车规划、地区街道设计、轮渡交通现况等），再到校园交通（校园内部交通、大学入口交通等），学生能够从多个视角关注交通的实际问题，为理论教学提供了有益的帮助。

其次，分组调研成果有一定的深度，部分小组通过案例研究得出了有价值的结论，如江浙地区乘客的“被高铁”现象、不同地区差别化的轨道－公交换乘模式、杨浦大学城自行车专用道的绿色纽带改造建议、校园减速带的设置方法等，为学生更好地建立“交通活动需求－规划设计－交通空间环境”三者之间的关系提供了鲜活的实例。

此外，分组调研还在一定程度上促进了不同课程之间的交叉学习。有些小组运用数理统计分析方法对进行出行方式选择研究；有些小组运用 VB 语言，编写了校园减速带的设计程序；还有的小组尝试运用人流模拟软件，对地铁车站的客流进行仿真。这些充分体现了学生的拓展性学习能力在这一过程中得到了有效的锻炼。

4.2 学生反馈

从整个课程结束后的学生反馈意见也可以看出，开展分组学习对提高城市交通课程的教学效果具有积极的作用。在 56 名学生中，认为小组调研对本课程学习帮助很大的占 62.5%，认为帮助大的占 35.7%，认为一般的仅占 1%。

进一步按照 5 级制打分的方法对教学效果进行具体评价，其结果表明，学生对增强自学能力、深入了解实际、培养团队意识、促进同学交流、拓宽学习视野、提高学习兴趣等方面都十分肯定，对尝试研究方法、促进课程交叉学习也有一定的帮助（图 1）。

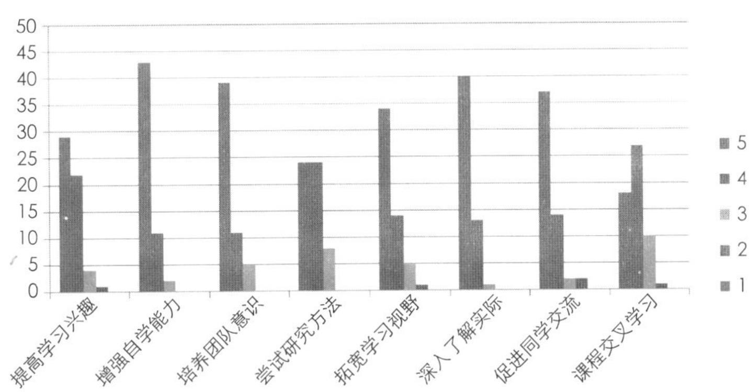

图 1 学生对本次分组教学效果的评价

4.3 存在问题

当然，在理论课程的教学中开展分组教学的实践也有一定的问题，需要在今后的教学工作中逐步加以改进（图 2）。例如，为保证每个调研小组的适当规模，导致总的分组数量较多，而各组学生关注的问题和角度有较大不同，对教师的指导工作形成较大的压力。学生认为相关知识不够、文献资料少，从侧面上说明了这一点。又如有些小组在学期开始时提出的选题和调研框架偏大，而实际的调研活动未能完全按计划开展，使得这些学生对于时间太紧、选题难度大、调研思路不清晰等问题有较多的反映。此外，还存在个别学生投入不足，导致组内分工不均的现象，在课程成绩评定中需要进一步考虑这一因素。

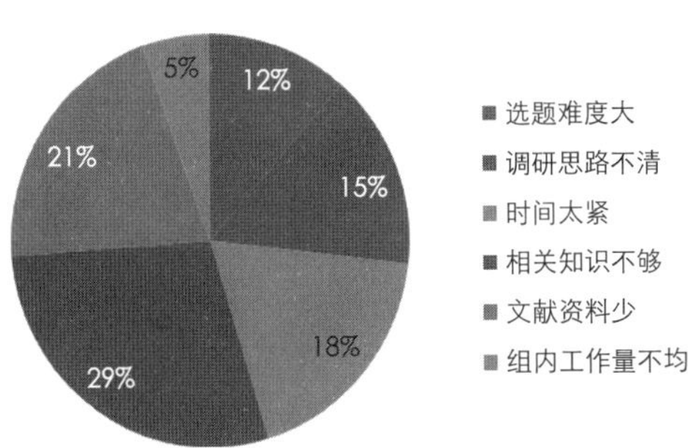

图 2 学生认为本次分组教学的主要问题

5 结论

城市交通课程是城乡规划学课程体系中的一门专业基础课，对于其他相关理论和设计课程的学习有十分重要的作用。本次城市交通课程教学方法改革的尝试和经验表明，以案例研究为重点的分组教学方式有助于提高学生在教学过程中自主性的参与学习，这不仅能加深他们对课程基本理论和方法的理解，使他们更好地认识城市交通所具有的工程性和政策性特点，也能加强学生拓展性学习的能力。总之，与案例调研相结合的分组教学方法，其教学效果明显优于单纯的课堂理论教学，可为其他理论课程的教学提供借鉴。而加强教学团队的力量、帮助学生选择难易适中的题目，是进一步改善这种教学方法的关键。

Practice of Team Learning for Students' Active Involvement and Potential Development ——Teaching Methods Reform of Urban Transport Course

Liu Bing

Abstract: Facing the excellent personnel training objectives of urban and rural planning discipline, this paper discussed the need of carrying out teaching methods reform based on the characteristics of urban transport course; and summarized the experience and problems of active involvement learning practice with study teams. Students' feedback suggested that the rational organization of group learning and discussion activities during the theoretical teaching process could effectively improve students' motivation and expand class-wide teaching, which played an important role to enhance teaching effectiveness.

Key Words: urban transport course, teaching method, team learning, case study, teaching reform

理论教学

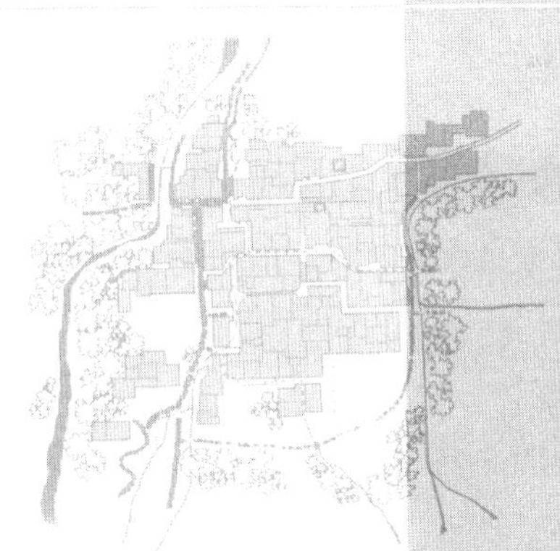

2011全国高等学校城市规划
专业指导委员会年会

从“专业英语”到“专业传达”
——国际化背景下城市规划与建筑类教育之专业英语及双语教学建设的思考

陈闻喆　刘临安

摘　要：随着全球化时代的到来，应规划师建筑师执业制度及市场机制的要求，城市规划和建筑学领域的专业英语、传达、交流和管理能力，是高校专业教育培养高素质专业人员的重要目标。国际化背景对城市规划和建筑类教育专业英语及双语教学建设提出了复合型新要求。本文试图通过对国内该领域教学实践的现状分析，结合北京建筑工程学院建筑及城市规划学院的“专业传达”课程的教育改革实践，对教学现状与经验进行总结，旨在为该领域将来的课程发展与建设提供分析与思考。

关键词：国际化，城市规划，建筑学，专业传达，专业英语，创新型教学，双语教学，规划师执业制度

随着近年中国城市化进程加快和城市建设的迅猛发展，城市规划和建筑学领域的教育也随着与时俱进。当今业内的国际交流日益增多，对外交流与合作的深度和广度都大为提升。城市规划和建筑学领域的专业知识和传达交流及管理能力，是当前高素质专业人员必备的基本素质。除了传统建筑教育中的专业理论知识，当前日渐广泛的国际化的研究与实践趋势，也对大学教育中结合专业的高素质的传达与沟通能力提出更高的教学要求。面对此国际化的挑战与要求，规划与建筑类教育之专业英语及双语教学的建设也在整个教学体系中凸现日趋重要的地位。

当前国内专业教育界对该领域的教学改革尚在探索和尝试中，对其中经验的总结与思考十分必要。本文结合北京建筑工程学院建筑及城市规划学院的当前的“专业传达”课程的教育实践为研究基础进行分析和总结，希望为规划与建筑类教育的双语教学领域将来的发展与课程建设提供有益的思考。

1　课程发展背景：“专业传达”——双语类专业课程建设和发展的动因及目标

在传统的“广义建筑学”（UIA，1999）观念下的城市规划学科，正如1999年的国际建协UIA大会发表的《北京宪章》（“Beijing Charter”）指出：“历史上，建筑学所包括的内容、建筑业的任务以及建筑师的职责总是随时代而拓展，不断变化。传统的建筑学已不足以解决当前的矛盾，21世纪建筑学的发展不能局限在狭小的范围内。”（UIA，1999）2011年，城市规划学在国务院学位委员会及教育部公布的学科调整中成为一级学科，时代的发展对教育提出了“规划一流学科，教育一流人才”的要求。

概括而言，当前针对双语类专业课程的需求主要出自以下几方面：

1.1　应对新时代复合型建筑规划类教育的要求及目标

作为21世纪世界建筑教育的纲领性文件，《北京宪章》提出：“建筑教育要重视创造性地扩大的视野，建立开放的知识体系”，其中明确指出除了“智能教育”之外，“通才教育”、“管理教育”等一并重要，“蔚为体系”，同时，“培养学生的自学能力、研究能力、表达能力，与组织管理能力，随时能吸取新思想，运用新的科学成就，发展、整合专业思想，创造新事物。”（UIA，1999）其中“表

陈闻喆：北京建筑工程学院建筑与城市规划学院讲师
刘临安：北京建筑工程学院建筑与城市规划学院教授

达能力”、“研究能力”、“组织管理能力”被明确为重要的教育目标，而此目标在今天国际化的行业背景之下颇具重要意义。

1.2　应对全球化时代的交流需求

时代进入网络发达交通便捷的全球化时代，当今的城市规划与建筑业界，已经是国际化的行业运作，跨国家跨地区的交流合作广泛无间，在此背景之下，标准规范共通的工作媒体与行业语言在业界实践中意义重大。而运用国际化的语言、媒体和专业传达交流的手段，已成为对优秀专业人员的基本素质要求。高等院校在培养建筑规划类学生必须加强除了专业知识以外的交流与传达能力。对于业内实践及专业教育而言，不只对专业知识和理论方面提出与国际接轨的要求，对与专业相关的交流方式和表达沟通方面的技能与技巧也提出与国际接轨的要求。

1.3　应对规划师与建筑师执业制度及市场机制的要求

中国的注册规划师与注册建筑师的执业制度已日趋成熟。市场运作机制要求从业人员在竞争中具有良好的交流、沟通与管理。高校毕业生在其将来的执业生涯中与专业知识经验同等重要是强大的管理运营与沟通交流能力。如何运用时代发展中的多媒体手段与专业的传达与沟通技巧成为一个成功规划师或建筑师必备的职业素养。

1.4　应对新形势下的教学改革的要求

在当前社会从工业社会向信息社会转型的过程中，

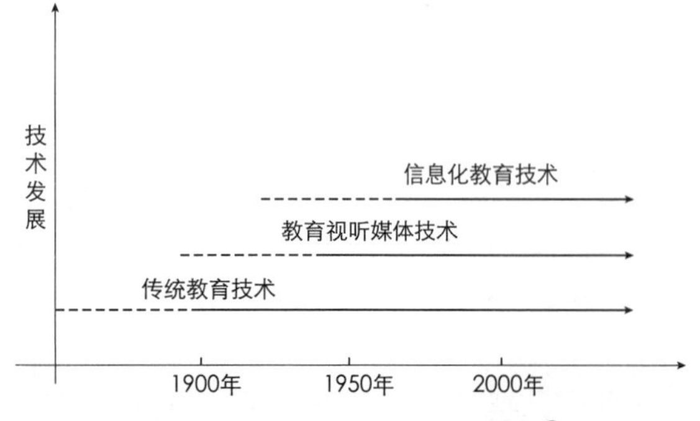

图 1　现代教育技术的发展历程[❶]

当代教育从专才教育向通识教育的转变，牵动着教学观念变革。在建筑及城市规划领域，大学教育面临着更高的要求与挑战。更多地被要求承载培养复合型创新型专业人才的任务与使命，同时需要兼具提高专业知识和职业沟通技能的功能。

2　课程发展现状：国际（海外）城市规划及建筑类院校中有关教学语言与“双语教学”的概况：

当前全球范围内的城市规划及建筑类高等院校的教育官方语言，英语仍占据最广泛的地位。其中，在英语地区使用英语教学，如欧美英语国家美、加等，同时在相当多的欧美非英语国家的建筑类院校中英语也被作为通行使用的教育语言。在华语地区的海外高校中英语教学也成为主体。如香港的香港大学，教学语言全部使用英文，整个教与学的过程都在英语的平台下完成，并使用国际通行的专业语言与规范。东南亚的新加坡国立大学也使用英文教学。部分高校如香港中文大学等则在英文教学的基础上辅以中文教学。海外的高校经验展示，专业语言国际化的接轨更利于与全球主流的科研与实践的体系接轨，吸纳不断更新发展的知识。海外华语地区的高校已经在其发展多年的经验中利用语言优势占到先机。当前，处于华语地区主体的中国内地，在意识到全球化战略的重要性的基础上，对英语平台上的专业教育与双语教学的重视也正在强化。

3　课程发展实践：关于北京建筑工程学院“专业传达”的教学实践

3.1　课程设置改革的历史背景：

正是出于对新形势下专业需要的考虑，北京建筑工程学院的建筑与城市规划学院在教学改革中，突破原有课程设置中的“专业英语”的教学设置和内容要求，提出了创新型的思路，以“专业传达”为名称命名新的教学课程，取代以往国内建筑院校中传统的“专业英语”课的课程设置，以适应新形势下针对复合型建筑人才教育而提出的培养要求。这一课程改革在国内教育同行内

---

❶　资料来源：吴疆．现代教育技术教程（第三版）．北京：人民邮电出版社，2009.

仍属先行及创新。

传统的规划及建筑类课程设置中的“专业英语”（Professional English）最早定位为语言类课程，重在向学生介绍专业词汇及固定语言表达方式。教学方式及教学材料也多拘于专业题材的语言类读本。而新课程设置中的“专业传达”（Professional Communication）课程，顾名思义，已经突破了原有的设定语言类课程的范畴，而成为一门基于专业知识基础上的以英语做媒介承载专业综合传达能力与沟通管理技巧的专业课程。本课程已不再是纯语言的英语课程，而定位为以英语为媒体的专业知识课程。这门课程更多地被赋予了多方位的综合专业表达能力与沟通管理能力培养的使命。新的课程设置体系中的“专业传达”成为发展建设中的整个“双语教学”体系中最基础的一环，也是整个双语教学课程序列中最先让学生接触到的课程。

从“专业英语”到“专业传达”改名的意义所在，不光在课程名称的变动，更重要的是对课程内涵和外延的扩大。这也是应对新时代教育发展的要求下的积极举措，意在更贴近行业发展实践的需求。

3.2 课程的教学目标

从“专业英语”转换为“专业传达”，是教学内容和模式内容及思路的转变。通过该课程的教学实践，笔者有了更深的体会。在本学院当前的教学改革中，当前的“专业传达”的课程的教学目标从传统的主要针对英语语言的学习，转化为同时针对语言和专业知识能力的学习，从单一的语言技能课，变为复合型的知识课。这就意味着，课程学习，不单单是类似传统英语教学的语法与翻译等语言类的基本技巧的学习，而是对学生个人将来能独立和熟练地运用各方面的综合表达技巧和能力，从而能达到对专业实践成果、理论和研究的有效率的高素质的沟通与表达。

一方面，原有的“专业英语”教学中对基础语言的学习要求还继续延续。配合专业学习，讲解语法，扩大学生的专业词汇量，讲解翻译理解的技巧，训练学生初步能够阅读和翻译英文原版专业著作、期刊，并具备专业领域内英语听、说与写的一定能力。通过对专业文章的阅读，了解专业英语与大学英语的不同，从专业英语词汇、表达方式等方面培养专业英语的听说读写的基本能力。

另一方面，也是改革后更为重视的方面，就是将语言作为工具与基本承载媒体，通过所选用的专业英语文章，了解国内外建筑与城市规划方面的基本理论知识及最新发展动态，从而培养阅读英语原文资料的能力，学习相关专业理论知识，拓宽专业视野。通过语言学习知识内容，以外文为媒体，更多扩展学生对专业理论知识和最新国际实践的认识。

综合以上，整体而言该课程的新思路更多的是对具备专业质素的综合表达能力的培养。能够结合多媒体手段，并具有良好的个人现场表达能力，图示表达能力，文字表达能力，以及对整体沟通和交流的过程能够有良好的控制和管理的能力，能将自己的设计或研究的成果良好地传达给受众。学生通过课堂的互动式学习，通过实际演示传达训练，如国际会议、方案表达等情景训练，增强具专业素养的沟通与表达能力。课程突破原有培养语言能力的局限，而是基于全方位综合表达和管理能力的培养。

3.3 课程当前设置的基本情况

“专业传达”，作为一门重要的选修课程，在本科教育中“大学英语”的基础上，在大学二、三年级进行系统设置，通过三个学期的学分选修，致力于培养和训练学生基于语言能力提升基础上的整个专业能力和专业表达的全方位复合技能。新的“专业传达”的课程名称也传达出了对课程的复合型使命的概括与要求。正是基于此，学校提出新思路与做法，在教学的整体安排上创新，由建筑与城市规划类的专业教师主持课程教学，也鼓励了教师从一个颇具创新性的起点上进行大胆的改进与尝试，启发思路，提升课程教学效果。

3.4 课程的教学手段：互动与参与

正如《现代教育技术教程》中指出，“现代的教学法强调学生是知识的发现者，学生学习不再是被动地接受而是主动地探求，从而充分发挥学生的创造力、想象力，以及培养学生独立观察以及分析和解决问题的能力”。（吴，2009）结合新的教学目标，并适应现代教学思想和方法，在本课程的教学中更多地运用了多媒体辅助的互动与参与式教学，以适应新时代学生的需求。根据教学目标中对国际化形势的学术研究与交流的需求，以及注册规划师考试执业制度下的市场机制中的交流需求，结合教学材料，以情景教学的参与方式展开课堂学习。其中大量采用的形式包括：

（1）汇报（Presentation）：要求学生对课程教材上的原文专业材料进行阅读及消化，并制作编辑演讲幻灯文件。在课堂上给予每个学生单独发言汇报演说的机会，鼓励学生在自我目标实现的激励下完成任务。在此过程中，学生既要接触中英资料的互译，又要训练搜集资料分析等研究方法，同时也训练了运用多媒体组织汇报的实战能力，其中现场的汇报及学生之间的问答互动交流也更促进了学生之间的互相比较与取长补短的学习，更易于发现自身问题与有效的提高方法。

（2）研讨会（Seminar）：将课堂汇报的组织安排以研讨会的形式展开，既有主讲教师的知识讲授，也有学生有序的集体讨论。研讨会的形式将分散的个人汇报以集体的讨论形式有效组织，更明确各阶段教学目标。

（3）工作坊（Workshop）：工作坊也是有效的课堂互动组织形式。将学生以分组的形式组织起来，协同完成任务，同时进行组间的比较和讨论，有利学生从多角度多方位的实战中学会运用课堂教授的技巧和知识。

（4）学术会议（Conference）：在初步的课堂汇报、研讨会、工作坊等形式的训练基础之上，课堂的期终结课作业也以学术会议的形式展开。同时，让学生们也担任评审委员会的评委，在同学的汇报与互评中加深对“专业传达”课程的终极目标的认识，即是专业知识的国际化交流方式的实现。

（5）多媒体教学参与：“It’s Show Time”（“这是演出的时间”）结合时代特色，课堂的学习工具及材料充分发挥多媒体时代的优势。现代的“专业传达”是全方位立体的交流方式，除了书本的文字语言，声光影兼具的多媒体材料更能反映教学内容。在本课程的安排中，结合课文，尽多加入教学影片等原版声音影像资料，现场感强，生动具体，深受学生欢迎，并有效刺激提高了学生的学习兴趣。在学生课后对课程的反馈意见中提到：“真的真的，多点教学影片”

（6）现代化的交流方式：网络通讯工具软件、讨论群、课堂邮箱、网络讨论群、共享与参与。在互联网的时代，课堂的教学互动也充分利用网络展开。除了课堂教学，整个课程组织中也充分利用网络通讯工具软件、讨论群、课堂邮箱、网络讨论群等，及时开展师生及学生之间对整个学习过程的共享与参与，及时对课堂教学反馈。

（7）更多的原版资料：在当前的教学中，基于国际化接轨的目标要求，课程中选用了范围广泛的英文原版知识读物。并且在课堂导读的过程中，更多地调整了学习基点，从过往以语言出发的基本点，转换为从专业知识点出发的基本点，调整学生的学习思路，更充分贴切地运用原版专业资料。

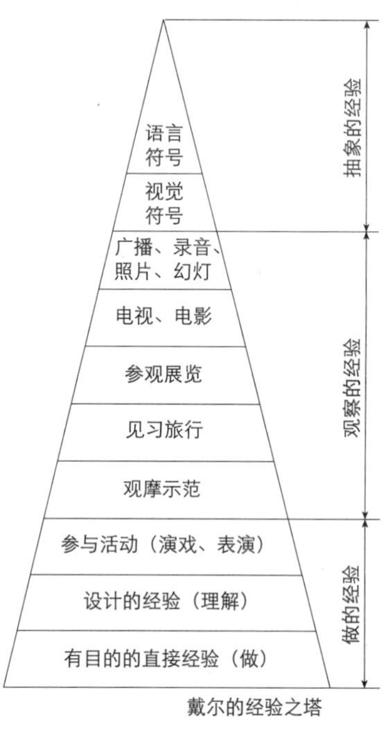

图2　戴尔的经验之塔❶

3.5　课程当前面临的挑战与建议

从“专业英语”到“专业传达”，从旧有的传统专业英语学习模式中突破出来，对课程的原有的基础条件和设施也提出了新的要求，原有的课程设置的各个方面都面临着新的挑战。

目前来说，从课程的准备及课堂实践的效果来看，面临的问题与挑战主要在以下几个方面：

---

❶　资料来源：吴疆．现代教育技术教程（第三版）．北京：人民邮电出版社，2009.

来自教学内容和设置方面：

（1）目前建筑及城市规划类的专业英语课程，国内并没有统一编制审定的教材，教学内容各校不一，课程编排也因人各异。当前国内出版的教材有了一定程度的更新，吸收了较新的专业理论文章和行业实践介绍，内容上更接近业内实践。但是目前市面可供选用的教材种类十分之少。与直接提供大量原版英文重要论著的海外同类高校相比，在教材方面的差距相当大。摒弃以语言学习为出发点，而立足于专业知识点的英文教材亟待建立。

（2）目前的教材大多主要集中为相关专业文章的剪辑，局部附上部分单词注释。教材中普遍缺乏对学生学习专业类英语的目的和方法的系统性介绍，也缺乏对文章内容本身的知识性要点的拓展和解释。就目前对学生的教学实践效果来看，需要增加对学生作为建筑与城市规划类专业的学生学习专业英语的特有学习目标和学习方法的介绍和讲解，以增加学生对学习该类知识的系统性方法的了解。授之以鱼，不若授之以渔。

（3）在教材的编制中，精读和泛读的概念不够清晰，未加区别，在教学中面不足点不深的情况兼具。当前的教材和练习册亟待从数量上增加以及从深度上做系统化的具体整理。

（4）目前的国内出版的教材多为文字文章的罗列，媒体方式比较单一。而专业英语，本身就是兼具听说读写多角度的能力运用的学科，应有这四方面的学习和联系。多媒体应该是结合时代需要的有力工具。目前的教材内容也需要从多媒体多方式的角度进行综合的编排。

（5）更为重要的，从“专业英语”到“专业传达”，本学科课程已不仅仅局限于专业英语的语言知识的学习，更增加了现代的专业的沟通技术和能力的培养要求。而现代的全方位立体的沟通与传达方式，从语言技巧，到沟通能力，到对媒介的控制和运用，对沟通流程的控制和管理，甚至对受众的接收交流情况的掌控，甚至涉及相关的管理学、心理学、传达学方面的知识，在本学科的学习中都存在需要，故建议加入，并进行系统编排。

整体而言，从教学内容来看，课程的内容需要综合整体的统筹与编排，以适应新形势下的要求。

来自学生方面：

（1）建筑及城市规划类的学生的英语学习相对于其他专业的学生有其自身特色。相对而言，学生在设计类课程上比较主动，投入大量时间，而对于英语学习，主动性和时间投入相对较少。而相对当前课程设置需要达到的教学目标而言，如果仅凭现时每学期 16 课时的课堂学习是远不够的，极需要在课下增加训练时间或增加课时。

（2）从学习基础来看，经过两年的低年级的英语课程学习之后，普遍来说，仍有相当多的学生英语基础较弱，在听说读写方面都不流利。学生存在的学习问题和困难又有不同。有的学生擅长文字翻译，但听说的能力较弱；大部分学生英语词汇量有限，尤其在专业科技类词汇方面；另外有的学生基础不差，但在公众面前，缺乏表达的勇气和自信，等等。

（3）在学生对学习方法和目标的掌握上，普遍存在方法和概念不够清晰的问题。对“专业传达”课程设置的综合性整体多方位的能力要求，很多学生在参加课程之前缺乏对此方面的系统学习和训练。针对此，课堂学习中除了对于英语专业原文的课文讲授，还应增加对于专业英语的学习方法以及现代传达的综合能力及方法的学习和训练。

整体而言，从学生的层面来看，课程内容可以结合学生的基础，适当增加方法性的系统学习。

传统教学设计与现代教学设计的区别❶ **表1**

设计因素		传统教学设计（以知识为中心）	现代教学设计（信息化教学设计）（以学生为中心）
设计理由	知识观	知识是客观的，可以从教师那里传递给学生	知识不是纯客观的，是学生在与外在环境的交互过程中主动建构起来的
	学生观	学生只是接受知识的容器	学生是有生命意识、社会意识、潜力和独立人格的人，是对知识的积极加工者，每个学生都会对知识有独特的理解
	教学观	教学是课程传递和执行、教学生学的过程	教学是课程创设和开发、师生交往、积极互动、共同发展的过程

❶ 资料来源：吴疆．现代教育技术教程（第三版）．北京：人民邮电出版社，2009.

续表

设计因素	传统教学设计（以知识为中心）	现代教学设计（信息化教学设计）（以学生为中心）
教学目标	以教师为阐述主体，使学生掌握基础知识和培养能力	以学生为阐述主体，学生在基础知识、过程与方法、情感态度和价值观方面都得到发展
教学分析	教材教法和教学重点及难点分析	对任务、目标、内容、情景、资源等方面进行分析
策略制定和作业设计	①传授的策略和帮助学生记忆的策略； ②以传统媒体为主； ③技能训练、知识（显性）记忆和强化作业设计为主	①学法指导、情景创设、问题引导、媒体使用、反馈调控等策略； ②多媒体的教学设计； ③根据不同需要，如知识、技能、方法、态度、能力的培养来设计作业
教学过程	传授知识、鼓励学生模仿记忆的以教为中心的五环节教学过程设计	创设情景鼓励学生在体验、探究、发现、思考、问题解决过程中获得自身提高和发展的教学过程设计
效果评价	掌握知识技能，解决问题	掌握知识（隐性的和显性的），提高综合能力和素质，培养创新精神和主动学习的意识，注重过程性的评价

3.6 当前的探索及效果

从课堂效果及课后对学生做的问卷访谈的回馈来看，学生们对当前探索中的教学方式和内容提出了积极的反馈，对新的"专业传达"课程表示强烈兴趣和欢迎。

学生们对在课堂尝试采用结合多媒体的多元化授课方式表示热情。过往国内传统教育模式中的专业英语，较多地偏重于从纯语言角度出发的较为单一的教学模式，在当前的形势下显得功能不足。针对过往学生对专业英语学习觉得枯燥，学习积极性不高的现象，笔者通过课堂实践的尝试，发现在课堂中积极引入多媒体辅助的手段进行专业及英语的媒体材料，对吸引和增加学生对本学科及专业知识的兴趣提升有强烈的辅助作用。其中，多元化的多媒体手段包括：与专业知识及理论相关的图片、影片，与城市规划和城市介绍相关的照片、资料，与当今业内实践紧密相关的项目介绍资料等，在课堂上都成为吸引学生积极关注的兴趣点，大大提升学生对课程内容的兴趣和投入度,并且让学生切身体会到"专业传达"作为一门课程本身所具有的实用性和意义。

学生对课堂互动环节表现出积极地配合和反馈。传统教学以教师讲授为主，而现代化的教育模式主张在教学中积极引入互动环节，提高学生的参与度。笔者通过教学实践的尝试，发现学生对课堂随堂讨论、人人参与的现场模拟汇报、分组讨论完成的报告作业等学习训练环节表达出了积极的兴趣和配合，并且在课后给教师特别提出表示有积极的学习兴趣。正因为多媒体互动式的课堂教学组织，减少了传统英语类基于纯语言学习的课程教学显得较为单挑枯燥的弱点，使得学生在互动和主动参与中提升个人学习兴趣，并学会主动式的学习方法，积极吸纳专业知识以及传达方法。

在新的课程体系中的教学是令人愉快的，通过这个过程，其中一个重要的教学体会是"不可低估学生的潜力"。通过上述内容中提到的多种教学形式的开展与尝试，学生们从初期的不熟练到后期展现出超出预期的具备一定水准的专业传达能力与组织交流能力，也令教师感到学生深具可发掘的潜力，同时课程也深具进一步发展的潜力。

4 课程的展望与思考：可持续发展的活力课程

作为建筑与城市规划领域的专业工作者，也是一名新加入该课程教学的教育工作者，笔者有幸参与该课程的教学实践。以上内容仅仅是根据实践，作出初步的总结与思考，希望能以此为将来课程的进一步发展建设提供基础资料。就教学整体建设方面来看，当前在北京建筑工程学院开展的"专业传达"课程，已经有了一个良好的开始，并且仍在积极的探索和成长中。同时，因为要从原有的传统教学内容和模式中改革创新，要从国内当前普遍存在的较弱的"专业英语"基础上进行提升，尚需要有更长时间的投入和可持续的团队努力，在教学整体课程设置的系统配合、课时配合、教学内容及教材的选取、教学方法的多元化等方面进行更多的配合与提升。整体看来,"专业传达"课程现在已开始的有益探索，将为可持续发展的现代建筑和城市规划类基础教育提供积极的思路，并有希望在今后的持续努力下成为更为系统全面且生动而有活力的专业课程。

主要参考文献

[1] 国际建筑师协会 . 北京宪章 . 国际建协第 20 届世界建筑师大会 .1999 年 6 月 .

[2] 张子新 . 胡欣雨 . 高校土木工程专业英语教学的实践与思考 . 理工高教研究，2006，25（6）.

[3] 杨菲 . 建筑专业英语的教学现状及改革探索 . 科技信息(学术版)，2008，（6）.

[4] 戴明元 . 建筑类复合型人才培养“英语 + 专业教学模式的构建”，职业教育研究，2008，（4）.

[5] 吴疆 . 现代教育技术教程（第三版）. 北京：人民邮电出版社，2009.

[6] 张薇 . 建筑专业英语的教学现状及改革探索 . 山西建筑，2009，35（28）.

[7] 王兰 .“参与式教学：一种国际化城市规划教学方式”，2010 全国高等学校城市规划专业指导委员会年会论文集 . 北京：中国建筑工业出版社，2010.

From “Professional English” to “Professional Communication” ——A Review to Course Development of Professional English and Bilingual Education in the Field of Urban Planning and Architecture under the Background of Globalization

Chen Wenzhe　Liu Linan

Abstract：In the era of globalization，with the requirements from the registration system of urban planners and architects，professional English，communication and management skills in the field of urban planning and architecture，have been the important goal for university professional education.The background of globalization requires the university to construct the bilingual course system and the course of professional English with multi-purposes.This paper is an analysis to the practices in the course reform in Beijing University of Architecture and Civil Engineering.By studying the existing course contents and experiences，the review and suggestions have been approached to the course development in this field in the future.

Key Words：globalization，urban planning，architecture，professional english，professional communication，creative education，bilingual education，registration system of urban planners

城市规划专业 GIS 课程教学改革的思考❶

韩贵锋　颜文涛　孙忠伟

摘　要：根据城市规划综合性、复杂性与系统性的特点，针对 GIS 自身的特点以及目前在国内建筑院校教学中存在的问题，从课程内容安排、教学方式、考试方式等方面提出了若干具体的建议，让学生不但掌握 GIS 的基本原理，而且熟悉实际操作，将其应用于城市规划全过程，从而增强规划的科学性与合理性。

关键词：城市规划，GIS，教学改革

1　城市规划对 GIS 的需求

随着城市化进程的加剧、科学技术的进步，城市现代化水平不断提高、城市功能更趋复杂化、城市规划也由形体规划或物质规划发展为社会、经济与生态环境相结合的综合规划，具有综合性与系统性、长期性与可变性等显著特点[1]。在快速发展背景下，城市发展面临的不确定性影响因素增多；城乡规划法颁布实施后，规划编制和城市设计难度、风险性也加大，对规划设计成果的科学性、合理性提出更高要求[2]。张庭伟指出，城市规划的基本原理是常识[3]，如何根据常识出发认识规划区的历史和现状、内部与外部社会经济环境，区域生态背景，就必须与时俱进地借助各种新技术与手段，然后对现状场地条件和现状的各种社会、经济、人口、环境数据进行深入分析，对城市空间进行三维可视化模拟，在此基础之上，对传统的感性的、凭经验的设计进行辅助分析和反馈修正，有助于提高规划设计的效率，促使规划成果回归于理性。

自 20 世纪 80 年代末期以来，随着计算机硬软件的飞速发展，地理信息系统（GIS）经历了一个飞跃的发展阶段，是对整个或部分地球表层（包括大气层）空间中的有关空间分布的数据进行采集、储存、管理、运算、分析、显示和描述的技术系统。因为 GIS 强调空间关系、空间分析及空间事物的动态变化过程，与城市规划中的空间特点有紧密的联系，所以在国际上被大量地引入了城市规划的教学和实践中。由于我国城市规划和地理信息科学的起步都相对较晚，传统的城市规划思路、方法、分析手段及成果的科学性和合理性越来越多地受到质疑和挑战，庆幸的是，在相对较发达地区的高校和规划院所，正在积极地尝试将 GIS 及遥感（RS）等分析方法和手段应用到规划实践中，并取得了较好的效果。然而，在城市规划专业人才培养阶段，这些相关知识引入较晚，并且课程设置和教学活动未受到充分重视，使得培养的学生仍然只懂得主观判断和经验的形态设计，而大多不明白为什么？正是因为这些原因，造成了目前城市规划界对 GIS 及其相关科学知识的应用实践滞步不前。因此，如何加强 GIS 教学和实践，培养顺应现代科技发展的复合型城市规划人才，是当前城市规划专业教育中一个不容忽视的问题。

2　城市规划教学中 GIS 课程现状

在全国高等学校城市规划专业本科（五年制）课程设置中，明确要求开设 GIS 课程，同时在国家注册规划师考试中，GIS 及其相关的信息技术也一项重要的内容。根据王成芳的统计，国内设置城市规划专业的相关院校都陆续开设了 GIS 课程[2]。

2.1　GIS 课程设置

从目前全国开设城市规划专业的院校性质来看，可以分为两类。一类是脱胎于建筑学，另外一类则是源于地理学。前者如国内传统的八大建筑院校，学生的入门

❶　基金项目：国家自然科学基金（41001364），教育部博士点基金（20090191120030），2011 年度重庆市高等教育教学改革研究重大项目（111012）

韩贵锋：重庆大学建筑城规学院副教授
颜文涛：重庆大学建筑城规学院副教授
孙忠伟：重庆大学建筑城规学院高级工程师

课程是建筑空间构造及设计，学生对空间的认识是从建筑、街道等小尺度空间到区域大尺度空间，涉及空间事物大部分为人造物，而对自然事物的理性、量化分析及自然规律认识不足，很少涉及 GIS 空间分析；而后者如北京大学、南京大学等，学生基础的入门课程是地理学及地理空间（地球空间），学生对空间的认识是从宇宙、地球等巨型空间到区域空间再到局部小空间，所涉及的空间事物大多数为地理自然事物，要求用系统和整体角度出发，在用科学的量化分析方法认识自然规律的基础上，再考虑人造物。因此，后者院校学生接触到 GIS 知识要早于前者，同时大学阶段对 GIS 的理解和认识要强与前者。

2.2 GIS 教学方式

在 GIS 教学方式上，大部分院校重理论而轻实践。由于 GIS（Geographic Information System）从当初的工具到现在已经发展到了目前已经成为了一门相对完整的学科——地理信息科学 GIs（Geographic Information science），涉及地理学、地图学、数据库、软件工程、计算机科学、数量分析等大量的相关学科的知识。以 GIS 代表性的软件平台——ArcGIS 为例，其中每一个模块都涉及相关专业的知识，如地图投影，涉及复杂的数学变换方程；水文分析模块（Hydrology），涉及水文学、地貌学、统计学的知识；地统计分析模块（Geostatistical Analyst Tools）、空间统计分析模块（Spatial Statistics Tools）都涉及统计学知识。由于城市规划专业学生，在地貌学、水文学、概率论、数理统计、多元统计等方面的基础理论知之甚少，只讲授理论，学生根本无法理解，更谈不上掌握。而系统的实践课程上，让学生动手实际操作，才会到领会 GIS 强大的空间分析功能，熟悉其基本思路和过程。

2.3 GIS 教学内容

当前的 GIS 的理论与实践可以分为三大类：第一类是研究 GIS 本身，既 GIS 学科的基础理论，主要涉及计算数学和程序设计；第二类是以现有的通用 GIS 软件（ArcGIS、MapInfo、IDRISI、MapGIS 等）为工具或者平台来分析各种不同问题，可以应用到不同的研究领域，比如可以用于生态学研究、环境科学研究、土地利用、城市规划前期分析、预测及方案比选等；第三类是将 GIS 与不同研究领域的专业知识结合，针对后者的特殊专业需要，对前者在功能上进行扩展，形成专题地理信息系统，既 GIS 的二次应用开发。在城市规划专业教育和培养中，应该以第二类为主，第三类可以适当介绍。而目前，大部分单位在 GIS 课程讲授时，只是按照 GIS 的体系来安排课程，这和城市规划专业学生的知识背景相差较大，学生不易抓住重点，教学效果不理想。

3 GIS 在城市规划教学中的改革实践

由于 GIS 起源于地学，而城市规划专业学生绝大部分基础课程均重视城市形态、空间营造以及物质形体、色彩、构图等，很少涉及地理学相关知识，学生在学习 GIS 课程时在主观上自认为是与专业无关紧要的课程，从心理上对该课程有种抵触情绪，从而在学习上缺乏必要的积极性与创造性。因此，首先要从传统的城市规划方法和手段的缺点出发，展示 GIS 具有的优势和特点，让学生对 GIS 课程学习充满兴趣。本文以重庆大学建筑城规学院为例，结合国内建筑院校普遍存在的问题，提供一些 GIS 教学的改革建议和措施，和同行共同切磋。重庆大学建筑城规学院为建筑老八校之一，GIS 课程在 2000 年开始开设，安排在第三学年度上半学期，授课对象为城市规划专业和景观建筑五年制学生。

3.1 教学方式上，注重 GIS 基本原理，强调 GIS 实践操作

GIS 源于地理学，在地图学和计算机辅助制图的基础上发展起来的，如果按照 GIS 完整的课程体系，应该从地图投影开始讲起，随机涉及复杂的数学变换方程，空间分析作为 GIS 的核心和灵魂，其实质也是统计学和数值运算，还有数据库原理等。而城市规划专业和景观建筑专业学生仅学习过高等数学，根本不能理解大量的数学公式含义。我们在具体的课程讲授过程中，尽量避免大量的数学公式和繁琐的推导过程，但是必须让学生知道结果是怎么得来的。例如，在讲授高程表面生成时，不要求学生掌握复杂的数理算法，但要学生掌握计算步骤和关键的参数设置，从而可以调整参数得到自己的预期的分析结果。

在讲授基本原理的同时，强调实际的操作能力。因为不要求学生掌握数学推导过程，他们只有一个模糊的感性认识，那么只有通过实际的操作，才能有更深的理解。实际操作时，选用市场占有率较高的主流 GIS 软件，如 ArcGIS，上机操作素材最好与学生的课程设计相关，使学生感兴趣并能获得立竿见影的效果。例如，高程分析的山体阴影、坡度、坡向、可视域、地表起伏度、缓冲区、道路密度、河网水系、河网密度、可达性等分析结果立即应用到他们的课程设计作业中，从而增强学习的积极性和主动性。

此外，城市规划学生对 CAD 的技能培训比较多，应用比较熟练，那么在 GIS 课程讲授过程中随时和 CAD 功能作比较。CAD 图形编辑功能强大而 GIS 图形查询、属性管理、空间分析、成果表达等功能强大，利用两者之间的优势互补、数据互转共享的特点，激发学生的使用 GIS 的兴趣。课时设置中，建议理论课程 36 学时，上机 36 学时。

3.2 结合城市规划体系安排课程内容

国内有关地理信息原理（概论或导论）的教材较多，内容体系大致相似，这些教材对于地理学、环境科学、测绘学等专业的学生较适合，对于城市规划专业的学生并不合适。从国外现行使用的 GIS 课程教材来看，作为纯粹 GIS 基础理论的介绍较少，而与特定专业融为一体的 GIS 教材反而较多[4]。在国内，针对城市规划专业而编写的 GIS 教材较少，目前使用较多的是《地理信息系统及其在城市规划与管理中的应用》（宋小东，叶嘉安编著，1995，科学出版社）。在课程内容上不能照搬现有 GIS 教材本身的体系，而要充分结合城市规划的体系来安排课程内容。例如在讲授 GIS 空间分析功能时，将其众多的分析功能穿插在区域规划、城市总体规划、城市设计、控制性详细规划，或者交通规划、居住区规划、景观规划、绿地规划、基础设施规划等专项规划中，进行实例演示操作。只有这样，学生才能从自己的知识背景出发，接收并应用 GIS 于具体的规划设计中。

既要兼顾 GIS 完整的课程体系内容，又要充分结合城市规划课程体系，是 GIS 课程讲授中的面临的一个挑战，期待这方面的教材早日面市。目前，重庆大学建筑城规学院 GIS 教学组正在组织编写。

3.3 加强遥感应用的教学内容

随着对地观测手段日益加强，遥感探测不仅在广度上，而且在深度上，使用、研究的范围已越来越广泛，渗入到国民经济发展的多个部门中。对于城乡规划专业的学生，学习遥感这门新方法、新技术的学科，具有很重要的意义。目前，在那些起源于地理学的城市规划专业学生培养过程中，普遍开设了遥感课程；而在传统的建筑类院校中，城市规划专业教学中开设遥感课程的并不多。遥感是 GIS 重要的数据来源，笔者认为，可以将遥感的内容安排在 GIS 课程中讲授，主要讲解遥感成像的最基本原理、遥感影像识图判图、影像解译，以及如何通过遥感获取有关城市的形态和空间信息，并结合学生学习所在的城市或者学校进行讲解。遥感图像最直观地反映了地表覆盖情况，结合具体的规划项目或者学生的课程设计，培养宏观性、综合性、时相性等思维，体现其在现状调查、评估、历史演变、用地选择、空间配置等方面的优点，增强方案的科学性。

3.4 适当增加数里分析方法实践课程

虽然在 GIS 课程教学上尽量避免复杂的数学公式和推导过程，但有些简单的数理方法，涉及线形代数、数理统计、多元统计、线形规划、AHP 等内容，这些在规划前期调查数据分析、预测与模拟中是最基本的知识。而 GIS 的大部分工具又是基于这些理论的，从城市规划专业五年制课程设置中看，这方面的课程设置甚少。因此，建议在学习 GIS 课程前，学生具备这方面的基础知识，并且能初步掌握使用相应的专门的软件进行实际操作的能力。只有这样学生在规划过程中，才能准确地从现状资料中发现规律，深刻剖析问题，然后使用 GIS 工具进一步分析空间关系，并在此基础上进行预测和模拟，然后构思出科学合理的规划方案。

3.5 GIS 课程考试的改革

针对 GIS 课程理论和实践并重，并强调在规划实际中的应用特点，该课程的考试也应该做相应的调整。笔记建议，根据课程内容和授课方式，将考试分为两个部分单独进行：其一是基本理论笔试，其二是上机操作。理论笔试部分主要考查学生对 GIS 及其相关知识（包括 RS、GPS）最基本的理论掌握情况；上机考试主要考查使用某一款软件的熟练程度，教师可以结合实际规划项目，并注意与规划中最常用的CAD结合，拟定问题和预期的分析目标，让学生在规定的时间内完成。这样的考试方式，可以让学生在今后的学习和规划实践中，能主动使用GIS方法高效便捷地解决实际问题。

3.6 研究生阶段GIS课程设置

五年制城市规划专业本科毕业后，部分学生进入研究生阶段继续学习，研究生阶段的GIS课程设置应该与本科阶段开设的内容有较大的区别。研究阶段应该以专题讲座的方式，介绍国内GIS应用于城市规划中的成功案例，介绍GIS新的发展动态及现代地学中的数学方法，如空间统计分析、时态GIS、跟踪分析、时间序列分析、元胞自动机（CA）等，开阔学生视野，引导他们更深一步去分析社会、经济、环境的时空关系、历史演变规律、及未来演进图景，从而通过分析推导或者指导城市规划方案，使规划具有较强的科学性与合理性。

4 结论

探索在教学中的强化GIS教授方式、课程内容安排、教学方法和手段的革新，充分结合城市规划专业特点和GIS专业特点，将GIS理论和实践融入与城市规划设计的全过程，增强学生的实际应用能力，不仅充实和完善了城市规划本身的理论和方法，同时能培养出能适应城市规划行业的需求的复合型人才。

通过GIS课程教学的不断改革、创新和探索，相信城市规划专业的学生也能积极、主动地学习GIS，拓展他们的知识面，完善知识结构，并且能在今后的工作中，更好地应用在规划实践中，增强学生的工作应变能力和社会适应能力。

主要参考文献

[1] 黄光宇．城市规划学科特点与城市规划专业教育改革．城市规划，1998，(3)：51-52.

[2] 王成芳．建筑院校城市规划专业GIS课程教学的探讨．南方建筑，2006，(6)：89-91.

[3] 张庭伟．城市规划的基本原理是常识．城市规划学刊，2008，(5)：1-6.

[4] 罗德安，朱光，王晏民．具有建筑行业特色的GIS课程体系设置探讨．高等建筑教育，2006，15(3)：63-66.

Thinking about Teaching reformation of Geographic Information System in Urban Planning Major

Han Guifeng Yan Wentao Sun Zhongwei

Abstract: Based on the integrated, complicated and systemic characteristics of urban planning, this paper puts forward some advice to curriculum arrangements, style of teaching and style of examination for the curriculum of Geographic Information System (GIS) teaching to student with urban planning major combining the powerful spatial analysis function of GIS with universal lack of analytical capacity during earlier planning stage.These reforms in teaching make student not only learning basic principle but also knowing actual operation well.Only in this way student can use GIS easily in the whole process of urban planning and thus urban planning is endued more scientificalness and rationality.

Key Words: urban planning, geographic information system, teaching reformation

城市规划专业本科城市社会学课程教学模式探讨❶

黄 瓴 许剑峰 谭文勇

摘 要：论文以某学院城市社会学课程开设情况为例，指出该课程教学目前所存在的问题，同时总结教学心得，提出体验式教学模式概念，并从理论学习、案例分析——城市社会调查、与专业设计课程衔接、课堂作业与报告写作四个方面分析其特色。论文最后针对当前我国城市规划学科调整与发展的良好时机，提出了关于城市社会学课程设置的建设性意见与建议。

关键词：城市规划专业，城市社会学，体验式教学模式

1 序言

人文社会科学课程的欠缺一直是我国工科院校的不足之处，对于从建筑学和工程技术学发展起来的城市规划专业而言更是如此。二战以后，城市规划学从城市形体规划扩展到社会、经济等宏观的规划，从建筑学和工程技术学伸展到人文科学，涉及包括城市社会学、城市经济学、社会心理与行为科学、城市地理学、城市生态学、城市行政管理学等相关学科领域[1]。随着城市规划学科的发展与转型，进行规划教学改革，重构人才培训机制，培养适应新时期城市建设与管理的高素质规划人才，是发展我国规划教育事业之根本[2]。

我院人文学科教学始于20世纪80年代初期。1986年开始为城市规划专业研究生开设城市社会学课程，并一直延续至今。本科生也曾开设过，由于种种原因终止一段时间，后于2002年恢复开课，主要针对城市规划专业本科四年级学生，2006年开始在本科三年级开设；2009年起延伸到风景园林专业本科三年级教学，2011年起延伸到建筑学专业本科四年级教学（表1）。笔者从2002年起开始承担这门课程的本科教学工作，十年轮回，经历了从多数师生对这门课程的漠然与不屑到今天的关注与喜爱。面对城市规划学科本身的发展契机，整理出如下教学心得，以供探讨。

某学院城市社会学课程开设情况 表1

		开设时间	开课年级	课时（学时）
硕士研究生（不限专业）		1986年至今	研一	30
本科生	城市规划	2002年至今	大三（下）	24
	风景园林	2009年至今	大三（下）	24
	建筑学	2011年至今	大四（下）	32

2 问题提出

2.1 城市社会学能给专业学习带来什么影响？

这是每个年级学生问得最多的问题。一直以来，城市社会学被划在理论课程教学的范畴。在传统的以专业设计课程为重点的教学体制下，大部分同学对设计课程的重视程度远远高于理论课程学习，对于后者的评价也以能为设计课程产生多少影响或是直接应用作为标准。

❶ 基金项目：2011年度重庆市高等教育教学改革研究重大项目（111012）。

黄 瓴：重庆大学建筑城规学院副教授
许剑峰：重庆大学建筑城规学院副教授
谭文勇：重庆大学建筑城规学院副教授

可以有两种理解：一是实用主义与工具理性的价值取向导致学生对于规划专业本身的认识是有限而肤浅的，对于城市规划的深刻内涵、城市形态背后的人文思想与历史逻辑知之甚少；二是反思专业教育本身，大学本科阶段本应是以通识教育铺陈学生的知识结构背景为主，欠缺“杂食与博学”[3]根基，❶何以让个人今后的专业发展枝繁叶茂？应当在同学们做第一个规划题目之前，就知道必须进行针对性的社会调查研究和社会学思考。

2.2 怎么教、怎么学与学什么？

基于上述背景，应该如何教授这门课程？学生又该如何学习这门课程呢？这也是每年授课时的开篇论题之一。至于怎么教，首先涉及老师对于这门课程的基本教学理念。城市社会学本身就是一门理论与实践相结合的学科，改变教师讲学生听的传统教学方式，鼓励甚至要求学生积极参与教学过程，充分发挥学生的积极性、主动性和社会学的想象力[4]是至关重要的。❷至于怎么学，课堂讲授与讨论只是一种形式，体察社会才是最为重要的方法：大量阅读、田野调查、影视文学以及社会交往等等，积极参与社会生活是学习社会学的最佳途径。短短的二三十节课能学到什么呢——学科发展的历史源流、理论梳理、课堂讨论、社会调查方法、案例实践与分析方法。所有种种具体的学科内容，要求精简扼要；而对于专业学习的意义和价值，则重在培养学生正确的城市社会价值观。

3 体验式教学模式特色

体验式教学，是在“轻松、积极、开放”的教学理念指导下，针对城市社会学学习内容，尽可能鼓励学生的主动参与和亲身感受，以期获得对于城市社会问题的真切体会和积极思考所采用的一种互动式教学模式。具有如下特色。

3.1 特色之一：理论学习（8学时）

大多数城市规划专业的学生，形象思维的训练甚于理论素养的培养。对于城市社会学的诸多理论学习，相对而言是比较枯燥难耐的。我们的做法是不指定某一本教材，而是从古今中外众多的社会学、城市社会学书著及文章中总结出核心教学内容，具体如下：

（1）课前列出书单，重点指定必读书目与选读书目，包括城市社会学理论与社会调查方法以及散文、小说与电影作品等。作为基础理论的学习，旨在吸引入门者立志登堂入室，窥其堂奥。

（2）讲解每一种理论时增加对代表人物的历史背景及成长故事介绍，同时也以课后作业方式布置给学生自己收集和整理相关文献以便课堂上参与补充和讨论。比如说，社会网理论学生感触很深，多能联系身边事参与分析探讨；讲到大家熟悉的大卫·哈维，学生纷纷讲述自己的理解和疑问。

（3）增加原文导读环节，对比原作与译文，加强对不同理论的理解，同时也拉近与大师的距离。此外，增加课间的“温故知新”环节，在温故基础上补充适当内容，再开始讲授新课。

3.2 特色之二：案例分析——城市社会调查（8学时）

这部分是最能引发学生兴趣的内容。在有限的课时内，从大师笔下的著名案例到当代中国的城市问题，与同学展开讨论；对于自身所处城市的现实问题以及身边无处不在的微观社会学现象，则发动学生展开观察与总结，使学生成为课堂的主角，老师只做堂前评论员。同时，学生可以采用多种形式汇报，包括PPT、纪实电影、录音、口述、辩论等方式。如果尚有多余时间，也可安排合适的电影、纪录片片段作为现实教材。多样的教与学互动形式使学生在轻松的氛围中获得对城市社会的认识和思考方法。

3.3 特色之三：与专业设计课程的衔接（6学时）

这部分内容笔者认为是城市规划专业开设城市社会学课程最能创新和出彩的地方，也是学生最想直接有所收获的地方。因为笔者长期承担三四年级的专业设计课

---

❶ 郑也夫教授在《城市社会学》中专门谈到学科间的沟通，并且提醒大学生在本科阶段甚至研究生阶段要“吃杂食”，要读别的学科的东西，越宽越好。

❷ 米尔斯在《社会学的想像力》中指出，社会学的想像力是一种心智的品质，这种品质可以帮助人们利用信息增进理性，从而使他们看清世事。即“个人只有通过置身于所处的时代之中，才能理解他们所身处的环境中所有个人的生活机遇，才能明了他自己的生活机遇。”

程教学，所以在城市社会学的教学过程中特别增加了“城市社会学知识在专业设计中的应用”环节。特别针对城市设计、居住区规划、大学校园规划、公园设计、住宅设计等设计课题做专项社会学分析，重点讲述人群的社会性需求与空间设计的关系，并从项目策划师、政府、开发商、设计师和使用者不同角度展开比较，大多以所在城市熟悉的实际项目为例。这些设计课题有些是学生刚刚完成的，有些是正在做的，有些是将来马上就要做的，很容易引起学生的共鸣与思考。这样的教学实践也一直是笔者十年来从困惑到清晰的过程体现：对于不是社会学科班出身而是专业设计出身背景的教师，到底怎样才能上好这门博大精深的课程？对于本科生而言，教到什么程度是合适的？这些疑问在这个环节似乎有了答案。

3.4 特色之四：课堂作业与报告写作（2学时）

这部分是作为最终课程主要评价依据纳入教学环节的。在“轻松、积极、开放”的教学理念指导下，我们在理论部分讲授完“社区”和“城市社会心理学”内容时，当堂留出2学时时间，要求学生在没有任何准备的前提下，徒手绘制一幅A4大小的居住地心智地图，表达方式自拟，占最后总成绩的30%。这项课程作业坚持了八年，获得了较好的反馈，这是同学们运用所学社会学理论和分析方法结合专业空间图示语言的一次“实战演习”，集创造性、趣味性于一体（图1、图2）。这门课程终期考核方式一直采用个人完成一份调查报告的方

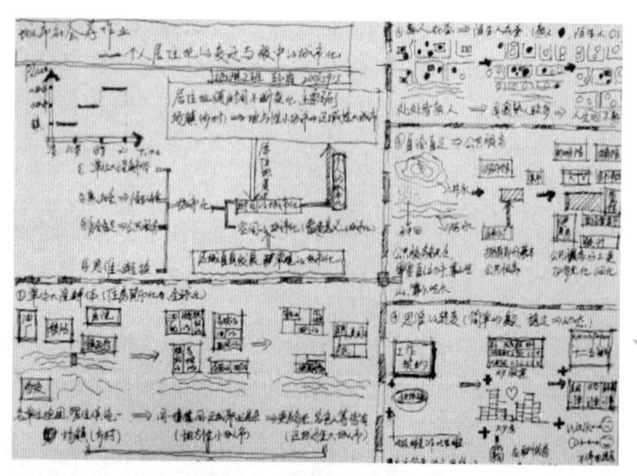

图1 心智地图作业1

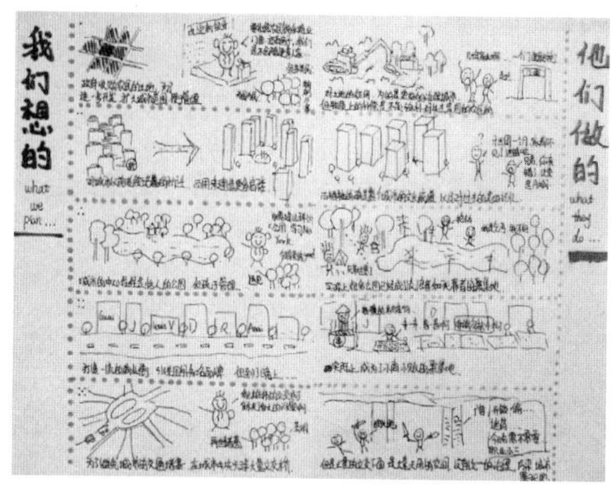

图2 心智地图作业2

式，选择以身边的社会学现象为题，运用城市社会学知识与调查方法，严格按照调查报告的格式，4000~5000字，图文并茂，占最后总成绩的60%。中间有一次选题审定环节，学生自拟三个题目，老师初定，反馈学生认可，或另外选定。选题原则：题目要小，重在身边可触摸的社会学现象，并且可以通过亲自调查获得真实的数据。这次调查重在方法的掌握，同时也是为四年级展开深入的“城市社会调查”奠定基础。

该课程体验式教学模式特色如表2所示。

城市社会学课程体验式教学模式特点　表2

	特点	内容
体验式教学模式特点	特色之一 理论学习（8学时）	列课前书单
		历史与传记故事
		原文导读
	特色之二 案例分析——城市社会调查（8学时）	大师笔下著名案例
		当代中国城市问题
		身边微观社会学现象
	特色之三 与专业设计课程的衔接（6学时）	城市设计
		居住区规划
		大学校园规划
		公园规划
		住宅设计
	特色之四 课堂作业与报告写作（2学时）	居住地心智地图
		社会调查报告

4 结论与思考

从老一辈教授传递下来的这门课，旨在培养有社会学知识视野和社会责任感的新一代规划师，体现着一个崇高的专业教育目标。比照今天我国城市规划建设的现状，一方面物质建设的成就是巨大的，但从社会学的价值尺度去衡量，许多项目都说不上是先进规划思想的产物，许多空间财富被少数人非法占有了。这同过去培养的规划人员缺失社会学素养有很大的关系。社会学揭示了社会集团利益限制城市空间合理发展的亟待扭转的现实。所以作为教师，我曾告诉同学们，“这门课至少帮助你们知道自己的方案在哪些地方是坚持了社会的公平正义，哪些地方做了不得已的社会妥协，以及乌托邦的理想为什么会失败，如此等等。由于社会学知识的武装，你将获得做一个时代进步的规划师的勇气和信心。”

在脱胎于工科背景的城市规划专业开设城市社会学及其他人文社会科学课程无疑是值得推崇并应大力发展的。但从社会发展来看，目前的城市规划专业课程设置中类似的课程还很不够，开设的时间与方式也值得商榷，并且应随时代发展而动态更新。城市规划已获批升为一级学科，其内涵与外延都发生了很大的变化，城市社会学作为相关人文社会学科中一门重要支撑学科，其本科阶段的教学模式需要思考以下方面的问题：

（1）是否应该更早引入社会学概论？（比如作为大一入学时城市规划相关知识基础系列介绍之一）

（2）如何将城市社会学理论教学与专业设计课程结合起来？

（3）如何将城市社会调查与城市认知课程结合起来？（这是目前课程中非常缺失的部分）

（4）城市社会学师资的培养方式？（最好是既有科班出身的社会学教师，又有规划专业背景的城市社会学教师一同授课）

（5）能否建立城市规划专业人文社会科学大类课程平台，并组成该类课程教师组共同授课？（更加突出相关人文社会学科间的联系和本科学生的通识教育）

正值学科调整与发展之际，同时也面临城市社会学的新前沿，❶[5]科学、审慎地完成课程设置与安排，对于今后十年甚至更远期的专业建设与人才培养至关重要。作为一名青年教师，任重道远。

主要参考文献

［1］ 彭震伟．城市规划专业社会经济类课程体系建设［J］．高等工程教育研究，2000，（1）：89-91.

［2］ 黄天其．城市规划专业中的人文学科［J］．规划师，1998，（02）：10-11，9.

［3］ 郑也夫著．城市社会学［M］．上海：上海交通大学出版社，2009.

［4］（美）C·赖特·米尔斯等著．社会学的想象力［M］．陈强等译．北京：三联书店，2005.

［5］（美）萨斯基娅·萨森著．世纪之交的城市社会学新前沿［J］．朱力等译．国际城市规划，2011，（2）：11-18，66.

---

❶ 指当前城市社会学面临的一些主要挑战，这些挑战来自于主要的宏观社会发展趋势与它们特有的空间模式的交织。这些趋势包括全球化和新的信息技术的涌现，跨国和跨地区动态的增强，以及社会文化多样性的逐渐加强。

A Discussion on Teaching Approach of Urban Sociology in Undergraduate Subject of Urban Planning

Huang Ling　Xu Jianfeng　Tan Wenyong

Abstract: By taking the case of the course of Urban Sociology in some college, this paper fingers out some questions in the present teaching process and makes a conclusion for it.Moreover, the paper puts forward the concept of Experiential Teaching Pattern, and analyses its features from four views of theoretical study, case study——urban social survey, connection with professional design course and homework and report writing.At the end of this paper, the author gives some constructive suggestions about arrange of Urban Sociology in the time of good age for development of urban planning discipline.

Key Words: field of urban planning, urban sociology, experiential teaching pattern

互动——中国城市建设史的特色教学方法研究

武凤文

摘　要： 根据城市规划专业的特点，我们在《中国城市建设史》中增加了教学实践环节，在教学的实践环节过程中教与学的互动方法。主要采取了学生互动、师生互动、卓越工程师与学生的互动等方法，通过互动教学，提高学生在实践调研、案例分析、语言表达等方面的综合能力。

关键词： 学生互动，师生互动，卓越工程师与学生互动，中国城市建设史

《中国城市建设史》是城市规划专业的二年级的必修课，根据城市规划专业的教学规划体系、本校学生生源的特点及本校所处的重要地理位置——北京，在本课程的教改中，我们引入了教学互动的方法，整合了中国城市建设史课程教学的理念。《中国城市建设史》实践环节的主要教学内容是调研北京城墙、城门、历史街区的城市建设变迁；实践教学分为四个阶段：第一阶段由主讲教师确定调研范围；第二阶段学生自主选取调研区域，根据学生选取的调研区域进行分组，每组四人；第三阶段是学生的调研过程及阶段性成果制作，第四阶段是成果互动阶段，也是本论文的主要核心部分，在这个过程中我们采取了互动的教学方法，这是本课程的教学特色。

1　互动环节

本课程的教学目的是使学生在社会实践调研的基础上，采用现场教学的方法，增强学生对中国城市建设史相关知识理解；同时结合实践教学环节，建立与时俱进的历史课程的学习理念，在注重实践调研的基础上，注重学生互动、师生互动；关注学生理论与实践相结合的能力；培养学生的语言与徒手的表达能力；注重实践调研成果的研究；注意多学科的渗透，改变历史课程枯燥难理解的现状；同时构建多元互动，培养学生的实践能力、沟通能力和表达能力。

学生互动方法是每个学生针对自己的调研方法及成果，进行学生间的互动；师生互动方法是教师和学生之间的互动，师生之间的调研方案及成果的互相互动；卓越工程师与学生互动方法是请校外的卓越工程师对学生的调研方案及成果进行互动。

2　学生互动阶段

学生互动阶段是每个学生解读本团队内“调研—分析—成果”的过程，在学生互动的过程中，提高学生的学习效果。学生互动是一种自我发展的动力因素，对提高学生沟通表达能力很重要，是学生提高学习效果的根本内部动力。辩证唯物主义认为：内因起关键作用，它决定了外因，所有的外因都需通过内因来起作用。因此，我们通过学生实践调研的自我互动的机制，通过学生的自查、认同，使实践调研更具有实际意义。

2.1　学生互动的内容

学生互动包括三个阶段：涉及课程的每一个实践教学环节；第一个阶段是调研阶段；第二个阶段是分析研究阶段；第三个阶段是制作成果阶段。学生的互动贯穿于每一个阶段中。每个阶段的互动内容包括：调研方法的可行性、调研的可实施性、调研内容的分析、调研成果等等。

2.2　学生互动的方法

教师针对不同的教学阶段，学生的不同调研内容，采取有效的教学手段充分调动同学们的积极性，同学们都针对自己的调研成果，从调研的构思开始讲解，原始调研方案的由来、调研分析及调研方案的发展过程，进行内部互动，总结调研方案的最优化成果，教

武凤文：北京工业大学建筑与城市规划学院城市规划系副教授

师在学生推出的最优的成果中选出最佳方案，在学生中推而广之。

大栅栏组学生互动情况表

姓名	调研内容（30%）	调研分析（20%）	互动表现（30%）	表达方式（20%）	综合成绩（100%）
A 同学	70 分	80 分	80 分	90 分	79.00 分
B 同学	80 分	85 分	80 分	85 分	82.00 分
C 同学	80 分	81 分	78 分	90 分	81.60 分

从上表中学生互动的综合成绩可以看出，学生通过自己的分析、观察和研究得出的评分也是非常客观的，在这一过程中，培养了学生的观察能力、分析能力及解决问题的能力，同时也学习了很多他人的优点，取他人之长补自己之短。

3 师生互动阶段

在学生互动的基础上，老师和同学们在每一个调研阶段都要展开互动。师生互动的方法是把整个班级分成四个组，每个教师与学生互动，教师对学生的调研方案及调研成果的讲评。

3.1 师生组合

师生组合的方式首先让同学们选择老师给定的题目，根据题目的选择情况，老师把同一题目的同学组成一组，以每组四人为佳，如果超过四人则再根据同学们的兴趣爱好另行分组，这种分配的方式能够产生最佳的组合，这些组合或者是长期师生组合、或短期师生组合，常用的组合模式有以下两种。

3.1.1 长期师生组合

长期师生组合是指师生团队形成后保持到整个课程结束，按照学生的兴趣、知识结构及学习能力等因素，分成较为稳定的师生组合，可作为一个学期或学年的学习单位。这种师生组合的特点是教师与学生的兴趣、知识结构及学习能力基本相同，性别、性格可能不同，但便于任务的分配和形成特色方案。

3.1.2 短期师生组合

短期师生组合是教学过程中常用的一种模式，它应用于每一个不同的教学单元，单元教学结束时，师生也随之解散，短期师生组合有两种分组方式：

（1）按学习兴趣组合，教师和学生的特点是学习兴趣基本相同。例如在北京城门的实践调研单元中，把兴趣基本相同的老师和学生分在一组，由于北京的城门有这样的说法：内九外七皇城四，不同的门在古代有不同的含义及用途，例如把选择研究西直门的学生分在一个师生组合，西直门是走水车的，这个师生组合对北京的水源地及其历史变迁感兴趣，他们可以从不同的调研构思、不同的调研方向入手，进行分析、研究最后呈现调研成果。

（2）学生挑选老师，其特点是教师和学生具有相同的特长。例如在历史区域研究单元中，让对历史区域方面有一定研究的教师和学生组合，充分调动教师和学生的主观能动性，激发他们的兴趣，挖掘他们的实践潜力，使他们的调研能力有较大幅度的提高，提高综合水平，从而使调研方案更加优化，在此过程中会激发教师的创新和改革精神。

3.2 师生互动的方法

首先，每个师生组合对各自负责的实践调研部分进行讲解；然后，师生内进行互相讲评，共同讨论，在此基础上，使课堂的中心多元化、不再是以教师为中心的呆板的教学模式，从而促进学生的独立发展，提高学习兴趣；同时使他们具有很强的互动精神，在此期间，学会了互相帮助、互相激励、互相交流、互相启发，并在组合中寻求发展；与此同时，学生通过各种互动正确认识自我、完善自我；最后，各个师生派代表主讲，同时，有一辩、二辩、三辩准备答疑解惑，并且现场把其他同学不理解的地方用徒手画的形式进行形象的描绘，这样，既锻炼了学生的语言表达能力，又展示了同学们的徒手表达能力及沟通能力。

3.3 师生互动的目标

师生互动的目标是把以教学为主的课堂教学的模式逐步形成以互动为主导的中国城市建设史新型教学模式，将师生互动形式设计为课件模式，并将其推广为师生互动、师师互动、卓越工程师与学生互动等相结合的互动体系。从课堂学习上引导师生互动逐步走向班级之间的互动，将互动的结果从单纯反映学习成绩拓展到综合反映学生整体素质。

4 卓越工程师与学生互动阶段

在学生互动和师生互动的基础上，由学院或授课老师把城市建设史方面的卓越工程师请进课堂来。让卓越工程师参与到我们的教学互动中，卓越工程师互动可以渗透到教学的每一个互动环节，在学生互动和师生互动的过程中，都有卓越工程师参与，同时结合学生的实际互动情况，对学生的调研目标、调研过程及成果进行点评。

4.1 卓越工程师互动的方法

卓越工程师互动贯穿于整个实践教学环节中，卓越工程师在参加学生互动的过程时，先听后评，即每个师生组合内再进行自我互动时，卓越工程师先听取同学的调研讲解；然后，参与到师生内的自我互动，共同讨论。

卓越工程师在参加师生互动的过程时，先倾听后互动，然后，参与到师生间的互动，共同讨论；与此同时，学生通过卓越工程师的富有实践经验的各种互动，正确认识自我、完善自我；整个过程既锻炼了学生的语言表达能力，又使同学们的理论与实践相结合的能力有所提高。

4.2 卓越工程师互动的成果

通过卓越工程师互动使课堂教学从校内讲述环节逐步走向以校外互动环节为主导的新型教学模式，将多种互动形式设计为课件模式，并将其推广为师生互动、师师互动、卓越工程师与学生互动等相结合的互动体系。

从课堂教学上引导学生互动逐步走向卓越工程师与学生互动，将互动的结果从单纯反映学习成绩拓展到综合反映学生整体素质，这对于将来学生更好的参与校外的实践、实习及老师的科研项目奠定了坚实的基础。

5 结语

通过中国城市建设史三种教学互动方法：学生互动、师生互动和卓越工程师与学生互动，老师对学生的调研及其成果进行综合性的分析，从而得出对每个学生和师生更具说服力的评判；通过三种教学互动方法，达到提高学生语言表达能力及实践调研等方面的综合能力。

6 后续研究课题

我们将根据我们目前的研究及实施情况，及时更新互动体系，丰富理论教学过程，今后还要对互动进行进一步的研究，主要研究项目有：

（1）学生互动的模式；

（2）师生互动的方法更新；

（3）卓越工程师与学生互动的类型；

（4）研究提高互动的效率方法；

（5）制作量化表格跟踪互动对学生及教师的促进情况。

主要参考文献

［1］ 陈玉琨著．教育互评学［M］．北京：人民教育出版社，1999：23-24.

［2］ 叶奕乾，何存道，梁宁建主编．普通心理学［M］．上海：华东师范大学出版社，1997：66-67.

Interactive——Beijing urban history research characteristics of teaching methods

Wu Fengwen

Abstract：according to the characteristics of urban planning in Beijing city，we increased in the history of practice teaching in the teaching，practice teaching and learning in the process of interaction.Mainly take the interaction between teachers and students to interact with the interaction between students and experts，through the interactive teaching methods，enhance students' practical investigation，in case analysis，language，etc.

Key Words：students interact，teacher-student interaction，experts and students interact，China urban history

基于ISM分析法的城市地理学教案设计

熊　文　张　建　赵之枫

摘　要： 在城市规划本科生教育中，城市地理学是一门跨越众多学科、知识结构庞杂的讲授课程，其教案设计的好坏直接影响着教学效果的优劣。面向城市地理学教学大纲，论文归纳了教案设计的六项关键内容：教学目标、教学重点、教学难点、教学工具、教学内容、板书，总结了各类要素的设计要点，提出了表格式教案模板；针对城市地理学复杂的知识结构，引入了ISM教材分析法，指导了教序的合理安排；以城市地理学一堂课程为例，给出了基于ISM分析法的教案设计范例。

关键词： ISM分析法，教案，城市地理学

1　城市地理学的学科特点与课程内容

城市地理学是研究不同地理环境下，城市的形成、发展、组合分布和空间结构变化的学科，研究意义在于揭示和预测世界各国、各地区城市现象发展变化的规律性[14],[15]。城市地理学发源于聚落地理学，与经济地理学、社会地理学、人口地理学、交通地理学、历史地理学等学科紧密联系，有着极其复杂的学科背景与知识结构，如图1所示。

在北京工业大学城市规划专业的教学计划中，“城市地理学”为讲授课，于大三下半学年开设。课程主要参考教材包括许学强，周一星编著的《城市地理学》和Michael Pacione编著的《Urban Geography：A Global Perspective》。因与“城市经济学”、“城市规划原理”等课程存在知识重叠，经过与授课老师充分协商，调整后的核心课程内容如表1所示，包括八个单元：城市地理学入门、城市化地域空间、城市化原理、城市职能分类、城市规模分布、中心地理论、城市土地利用模型、城市地理学延伸，共32学时。

综上所述，“城市地理学”是一门跨越众多学科、课程内容庞杂、关键知识点多的讲授课程，其教学方案的设计是否科学合理、生动有趣，必将影响到教学质量的优劣，下面结合北京工业大学教案撰写要求，对其教案设计的关键要素及设计要点做出讨论。

2　城市地理学教案结构要素及设计要点[1]~[9]

教案是课堂教学的实施方案，是介于教学大纲与讲稿之间的教学文件，是教师悉心钻研教材、了解学生、研究教法、安排教学步骤的“备忘录”。城市规划专业课程的教案一般以堂为单位完成，即每一堂课（两节或四节课）准备一份教案。参照教学要求，一堂城市地理学课程的教案设计应至少包括六部分内容：①教学目标，②教学重点，③教学难点，④教学媒体，⑤教学内容，⑥板书设计。

2.1　教学目标描述

提出教学活动预期达到的结果，重点评价学生通过学习以后预期产生的行为变化。描述教学目标时必须包括三个要素：行为条件、表现程度和行为动词[7]，如能对照世界卫星图（行为条件）准确无误地（表现程度）指出（行为动词）世界大都市带分布特征。其中，行为动词必须是可观察、可测量的行为，如“说出”、“指出”、“写出”、“复述”、“辨识”、“说明”、“解答”、“解释”等，应避免抽象含糊、难以观测的词语，如“理解”、“了解”、“培养”、“弄懂”、“体会”、“欣赏”等。

熊　文：北京工业大学建筑与城规学院讲师
张　建：北京工业大学建筑与城规学院教授
赵之枫：北京工业大学建筑与城规学院副教授

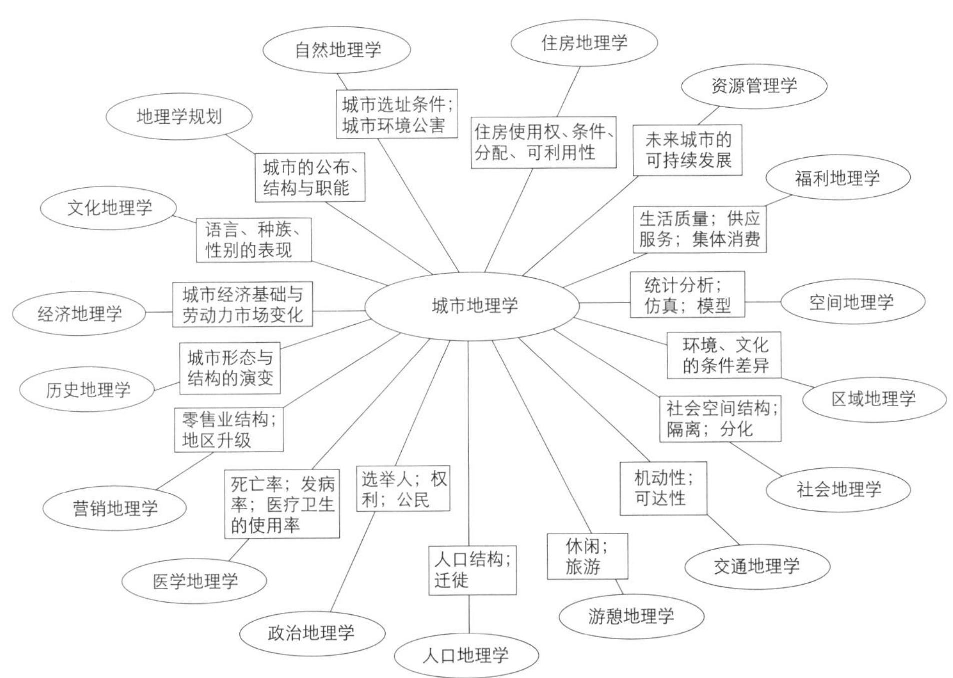

图 1　城市地理学极其复杂的交叉学科背景[15]

北京工业大学城市规划专业《城市地理学》核心课程内容[15]　　表1

学时	核心课程内容	关键知识点
4	城市地理学入门	重要定义；课程内容；研究方法（地图分析、统计分析）；名著导读
4	城市化地域空间	城乡划分标准；城市化地区；大都市区；大都市带；世界性大都市带；一小时通勤圈理论
4	城市化原理	城市化定义；城市化类型；城市化机制；城市化指标与测度；中国城镇化；全球城市化进程；全球化
4	城市职能分类	基础理论（B/N 活动、金字塔、位序－规模）；城市职能 vs 城市性质；城市职能分类方法；美国城市职能分类；中国城市职能分类；世界城市
4	城市规模分布	基础理论（首位率、金字塔、位序－规模，城市规模的成本效益分布曲线）；城市规模分布类型；世界城市规模分布；中国城市规模划分及发展政策
4	中心地理论	基础理论（空间作用、空间扩散、中心性、服务范围）；克里斯塔勒中心地理论；廖氏景观理论；中心地理论案例分析；城市空间体系
4	城市土地利用模型	土地利用类型；土地利用指标计算；发达城市的几类用地结构模型；发展中城市的几类用地结构模型；典型 CBD 空间结构模型
4	城市地理学延伸	城市商业空间；城市人文空间；城市交通地理

2.2　教学重点分析

提出教学活动最基本、最主要的内容，在课程中具有重要的地位和作用，是教学的主攻方向。教学重点通常包括三类基本知识：基本概念、基本理论、基本方法[7]。如“城市化地区”、“克里斯塔勒中心地理论”、“城乡划分方法”等。

2.3 教学难点说明

说明教学活动中学生不易掌握的内容，通常是学生不易理解的知识，或掌握有困难的技能，既包含教材本身难理解的知识，也包括由学生特点造成的难点[7]。例如“规模位序理论”、“中心地理论”、“城市规模成本效益分布曲线”对于统计知识欠缺、数学基础薄弱、尚未学习城市经济学的城市规划专业三年级学生而言，无疑是不易掌握的内容。只有明确了教学难点，才能有效指导学生。教学难点和教学重点有时可能是同一知识点。

2.4 教学工具准备

说明辅助教学的工具或者资料。既包括传统的教具，如模型、挂图，也包括现代教学媒体，如教学课件、多媒体素材等。现代教学媒体的跨时空性、形象性、交互性能够在教学中很好地强化重点、化解难点，提高教学质量和效益[7]。“地图分析法”是城市地理学的重要研究方法，“地图”应成为重要的教学工具，应充分利用传统的纸质地图、航空相片、卫星照片，电子的栅格地图、矢量地图以及可实时测量的GOOGLE-EARTH地图、Google-Street-view地图，帮助学生掌握城市形态及其随时间变化发生的空间演变。

2.5 教学内容设计

教学内容设计应如电影脚本般清晰地规划出详细教学步骤和行为，将教学活动组织得井然有序、环环相扣，充分发挥每一分钟的效益和效率[7]。教学内容设计包括三项要点：教学顺序、教学模式、教学行为。教学顺序是教学关键步骤的排列次序，即决定先教什么知识点，后教什么知识点，教序设计应兼顾知识体系的逻辑顺序与学生认知的心理顺序；教学模式是关于教学的理想意图及实施步骤，以知识点“城市化地区”为例，教学意图可表述为“通过描述和分析性讲述，结合媒体演示，使学生能准确说出城市化地区的定义”，相应实施步骤为“提出具体知识→分析组成成分→指出各成分的作用→分析各成分之关系”；教学行为是每一教学步骤所对应的具体教学方法，按照师生互动的强度，依次包括“讲述”、“演示”、“板书”、“板图”、“提问”、“设问”、“讨论”等。

2.6 板书设计

板书是城市地理学教案设计的必要内容，可以弥补幻灯片逻辑性弱、显示时间短的不足。板书设计必须有明确的框架、清晰的条理，应提纲挈领、突出重点、言简意赅[7]。

上述六项设计要点，应紧密围绕教学大纲、指定教材展开，但切忌照搬大纲和教材，必要时可超出大纲范围，重组教材内容。按照撰写方式和详略程度，教案的格式通常可分为纲要式、表格式、综合式等。纲要式教案相对简略，仅写出主要教学过程和主要教学内容，因其难以展现知识体系的完整框架，不建议年轻老师使用;综合式教案需十分细致地写出整个教学过程和全部教学内容，即把构思中的教学活动全部写于纸上[3]，因其过于繁琐亦不推荐。表格式教案可层次清晰地表达教序安排、教学模式设计，更利于分解教学目标、详解教学重点、攻克教学难点，推荐在城市地理学本科生教学中使用。宋青龙（2004）[1]介绍过英国Bournemouth & Poole学院的表格式教案，充分体现了双主原则（以教师为主导、以学生为主体），值得借鉴。首都师范大学的毕晓白教授也曾创建过程导向的表格式教案模板（表2），充分贯彻了上述六项设计要点，推荐使用。

城市地理学教案设计模版　　表2

教学单元：（学时）		设计依据
一、教学目标		
二、教学重点		
三、教学难点		
四、教学媒体		

五、教学内容设计

导入、知识点	设计思路	教学模式	教学行为	详细、具体的教学内容
导入				
知识点1				
知识点2				
知识点3				
小结				

3 城市地理学知识结构的 ISM 分析

城市地理学的学科背景十分复杂，要撰写好教案，必须认真分析每堂课的知识结构。ISM 分析法为分析知识结构、明确知识点间的关系、科学安排教序提供了工具。

3.1 ISM 分析法简介[11]~[13]

ISM（Interpretive Structure Modeling，解释结构模型）是美国沃菲尔德教授于 1973 年为了分析复杂社会经济系统问题而开发出的一种分析模型。ISM 分析法可将系统中各要素之间复杂、零乱的关系分解成清晰的、多级的结构形式，最终明确系统要素之间的相互关系。ISM 分析法是一种行之有效的知识结构分析方法，适用于高校教学内容分析。

3.2 城市地理学教案设计中的 ISM 分析[11]

陈家玮（2007）曾将 ISM 分析法引入了高校教学内容的安排，为本文城市地理学教案设计中的知识结构分析提供了范例。为了简要说明 ISM 知识结构分析方法，以第 2 讲城市化地域空间为例（4 学时，包含六个关键知识点，见表 1），ISM 分析步骤如下。

第一步：列出本堂课的关键知识点

本堂课程共包括 6 个关键知识点，*K*={*K*1，*K*2，…，*K*6}，如图 2 所示。

*K*1：城乡划分标准
*K*2：城市化地区（Urbanized Area，简记为UA）的定义
*K*3：大都市区（Metropolitan Area，简记为MA）的定义
*K*4：大都市带（Megalopolis，简记为MS）定义与组成特点
*K*5：世界性大都市带（Ecumenopolis，简记为ES）发展趋势
*K*6：城市地域空间扩张的"1小时通勤圈"理论

图 2 第二讲关键知识点

第二步：知识点的两两关系分析

由于各知识点存在前后、因果关系，需正确判断这种关系。分析知识点间的两两关系如图 3 所示，*K*1、*K*6 没有基础知识，*K*1 是 *K*2 的基础（预备）知识点，*K*1、*K*2 是 *K*3 的基础知识点，*K*1、*K*3 是 *K*4 的基础知识点，*K*1、*K*4、*K*6 是 *K*5 的基础知识点。

*K*1 没有基础知识
*K*2 ← *K*1
*K*3 ← *K*1，*K*2
*K*4 ← *K*1，*K*3
*K*5 ← *K*1，*K*4，*K*6
*K*6 没有基础知识

图 3 知识点两两关系

第三步：基于 0–1 矩阵分析的知识点层级确定

若 K_j 是 K_i 的基础知识，则（K_i，K_j）=1，否则（K_i，K_j）= 0，列出初始关系矩阵如图 4–*a* 所示；把矩阵中全部是 0 的列找出，其对应的 K_i 为最底层知识（即 *K*1、*K*6），删除矩阵中 K_i 对应的行、列，形成新的关系矩阵如图 4–*b* 所示；运用同样的方法继续寻找矩阵中全部是 0 的列所对应的知识点，挑选出较低级知识点 *K*2，删除所在行列后的关系矩阵如图 4–*c* 所示；同理，挑选出中间级知识点 *K*3，删除所在行列后的关系矩阵如图 4–*d* 所示。再进行两次同类操作，依次找出较高级知识点 *K*4 和最高级知识点 *K*5 如图 4–*e* 所示。综上，知识点分为五层，按由高向低依次为：*K*5，*K*4，*K*3，*K*2，*K*1 和 *K*6。

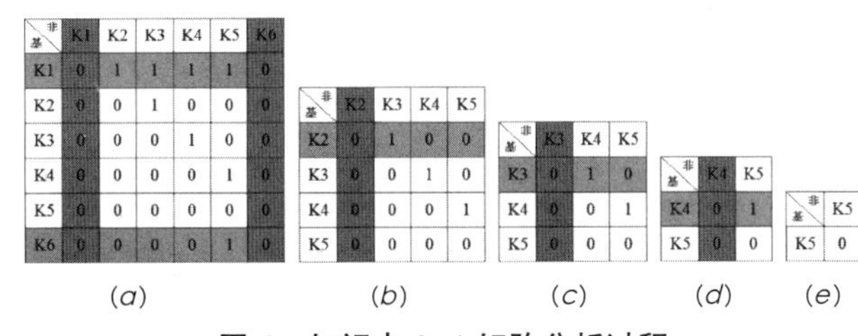

非 基	K1	K2	K3	K4	K5	K6
K1	0	1	1	1	1	0
K2	0	0	1	0	0	0
K3	0	0	0	1	0	0
K4	0	0	0	0	1	0
K5	0	0	0	0	0	0
K6	0	0	0	0	1	0

(*a*)

非 基	K2	K3	K4	K5
K2	0	1	0	0
K3	0	0	1	0
K4	0	0	0	1
K5	0	0	0	0

(*b*)

非 基	K3	K4	K5
K3	0	1	0
K4	0	0	1
K5	0	0	0

(*c*)

非 基	K4	K5
K4	0	1
K5	0	0

(*d*)

非 基	K5
K5	0

(*e*)

图 4 知识点 0–1 矩阵分析过程

知识点的层级结构　　　　表3

高级知识	第一层	*K*5
	第二层	*K*4
	第三层	*K*3
基础知识	第四层	*K*2
	第五层	*K*1，*K*6

第四步：基于知识层级关系的教序设计

画出知识点逻辑关系图。和 STEP2 有所区别，这里的关系图是建立在知识点所在层级结构上，如图 5 所示。根据知识点层级关系，依据由基础向高级、自浅入深的顺序，安排关键知识点的讲授顺序如下：“$K1 \rightarrow K2 \rightarrow K3 \rightarrow K4 \rightarrow K6 \rightarrow K5$”。

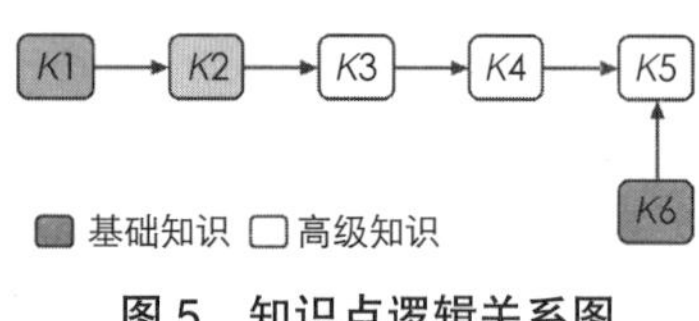

图 5　知识点逻辑关系图

4　城市地理学教案设计范例

上文以讲授城市地理学第二讲为例，通过 ISM 分析法明晰了关键知识点的逻辑关系，确定了教学顺序，教案设计据此展开，可用表 2 作为模板来规范撰写过程。

如表 4 所示，首先针对本堂课程的六个知识点确定了六项教学目标，以学生为主体提出了预期学习行为效果，目标被量化为可供观测的行为动词，如“指出”、“复述”、“辨识”、“说明”、“解释”等，部分目标给出了学习效果的行为条件，如“能够对照世界地图”；“城乡界限划分”是其他所有知识点的基础，具有重要地位，应作为教学重点；“一小时通勤圈理论”是交通工程学的知识，城规专业的学生不宜掌握，归纳为教学难点；核心教学媒体选用了全球城市灯光图（Lights of the world），该图根据一年的卫星遥感图叠合而成，可以生动地描述小至村镇，大至世界大都市带的“城市化地域空间”。

教学内容设计由八个板块构成，在导入板块，通过设置悬念创设了问题情境，引入了本堂课程的学习内容。中间六大板块分别围绕六项教学目标展开，面向由 ISM 分析所得到的知识结构，设计了相应的教学模式，强调了知识点之间的逻辑关系，通过多次纵向比较来明确区别、加强记忆，设计了多元教学行为，如“讲述”、“演示”、“板书”、“板图”、“提问”、“设问”、“讨论”等，在结束板块，通过在黑板上绘制“城市地域空间关系图”回顾了四大概念性知识点的空间关系及其与理论性知识点的交互关系。

城市地理学教案设计范例　　**表4**

教学单元：《城市地理学》（4 学时）　第 2 讲 城市化地域空间		设计依据
一、教学目标	1. 能用自己的话说出城乡界限划分标准	抽象知识；教学大纲内容；解释要求
	2. 能够正确复述城市化地区（UA）的定义	具体的知识；教学大纲内容；再现要求
	3. 能够正确复述大都市区（MA）的定义	具体的知识；教学大纲内容；再现要求
	4. 能对照世界地图辨识大都市带（MS），说明其四大组成特点	具体的知识；学科地位较高；再现要求
	5. 能对照世界地图指出世界大都市带（ES）分布及其发展趋势	具体的知识；学科地位较高；再认要求
	6. 能运用一小时通勤圈理论解释城市化地域空间演进现象	概括性知识；学科作用很大；解释要求
二、教学重点	城乡界限划分标准	方法性知识；本课知识体系的关键基础
三、教学难点	一小时通勤圈理论	原理性知识；对大三学生而言较深奥
四、教学工具 美国、全球城市灯光卫星遥感图，北京建成区遥感图及城乡划分图，俄州、全球 UA 图，美国、全球 MA 图，欧洲 ES 结构图、全球 ES 预测图，城市通勤时间散点图、理想城市化地域空间四阶段演化图等		通过卫星遥感图、空间结构图、散点统计图三种形式，帮助学生更加直观地认识 UA、MA、MS、ES 四类城市化地域空间及其演进机制

续表

五、教学内容设计

内容	设计思路	教学模式	教学行为	详细、具体的教学内容
导入	通过设置悬念创设问题情境	创设情境	演示	NOAA：全球、美国城市灯光卫星遥感图
			讲述	无论从国家还是世界尺度，城市灯光的分布均呈现出明显特点
		发现问题	设问	城市灯光分布规律反映的地理现象，对城市化研究有何帮助?
		提出课题	讲述	不同研究尺度下的城市化区域均呈现出极强的集聚与组团特征
		思维定向	设问	1. 城市内部、城市组团的城市化区域如何界定? 2. 地区、国家、全球层面的城市组团有何特点? 3. 城市扩张、城际融合的空间演进动力有哪些?
		明确课题	讲述	这正是本堂课的学习内容
			板书	2-2 讲 城市化地域空间
K1讲解	通过演绎推理讲述，结合设问及媒体演示，使学生能结合城市建成区分析技术，正确划分城、乡地理界限	提出抽象知识	演示	1. 南美与北美城市灯光遥测图、人口分布图 2. 印度与意大利城市灯光遥测图、人口分布图
			设问	为什么部分人口密集城市（多为发展中国家）的灯光反而稀疏?
			讲述	按人口构成划分城乡的方法已很过时，需要更加科学的划分标准
			板书	一、城乡界限的地域划分
		分析抽象知识	演示	城市辖区、城市实体两类空间叠加图
			讨论	城市实体区域与行政区域的脱节问题
			讲述	城市建成区的定义及遥感识别技术
			板图	基于建成区域的城乡界限划分标准
		举例说明抽象知识	演示	北京市域地图（1.6 万 km^2）
			讲述	北京市建成区的遥感识别方法
			演示	北京市建成区影像图（0.12 万 km^2）
			演示	基于建成区域的北京市城乡界限划分图
K2讲解	通过描述和分析性讲述，结合媒体演示，使学生能准确说出 UA 定义	提出具体知识	讲述	类似于建成区，美国国情普查局提出了更科学的城乡划分单元
			板书	二、城市化地区（UA，Urbanized Area）
		分析组成成分	讲述	一个典型的 UA 通常由两部分构成
			板图	1. 中心城市（Central City）的定义 2. 市郊密集居住区（Urban Fringe）的定义
			演示	俄亥俄州代顿 UA 构成图
		指出各成分的作用	讲述	1. 中心城市是 UA 的核心区域（人口大于 1.5 万人） 2. 市郊密集居住区是 UA 外延景观（人口、区位及连续性门槛）

续表

内容	设计思路	教学模式	教学行为	详细、具体的教学内容
K2讲解		分析各成分之关系	讲述	市郊密集居住区通常是中心城市的飞地，受辐射道路条件制约
		与 K1 的纵向比较	讲述	UA 比城市建成区更细致，兼顾了人口密度、连续性与交通区位
			演示	全美 UA 分布图
K3讲解	通过描述和分析性讲述，结合媒体演示，使学生能准确说出 MA 的定义及其与 UA 的区别	提出具体知识	演示	美国城市灯光遥测图、美国 UA 分布图
			讲述	明显有二十余处 UA 组团，这是城市化地域更高级空间组织形态
			板书	三、大都市区（MA，Metropolitan Area）
		分析组成成分	讲述	一个典型的 MA 通常由两部分构成
			板图	1. 中心城郡的定义 2. 外围城郡的定义
			演示	纽约市 MA 构成图
		指出各成分的作用	讲述	1. 中心城郡是 MA 的人口、经济、产业核心区域 2. 外围城郡是 MA 社会、经济外延景观（有产业、区位门槛）
		分析各成分之关系	讲述	中心城郡就业机会集中（需要劳动力），外围城郡人口相对过剩（供应劳动力），体现了 MA 高度的社会、经济一体化倾向
		与 K2 的纵向比较	讨论	MA 一定包括多个 UA UA 不包括乡村地域；基于经济一体，MA 有时会包括部分乡村
			演示	全球 MA 分布图
K4讲解	通过描述和叙述性讲述，结合课件、提问，使学生能准确说出 MS 的定义及其与 MA 的关系，能结合世界地图迅速指出九个 MS 的分布及空间组织特点	提出具体知识	演示	美国城市灯光遥测图、美国 MA 分布图
			讲述	东北部、五湖区、西海岸三处组团，是城市化地域更高级空间组织形态。1970 年代，地理学家 Jean Gottmann 对其做出了界定
			板书	四、大都市带（MS，Megalopolis）
		分析组成成分	讲述	一个典型的 MA 通常由三部分构成
			板图	核心 MA、中级 MA、低级 MA
			演示	波士顿—纽约—华盛顿—巴尔的摩（波士华）MS 构成图
		指出各成分的作用	讲述	各级城市在经济、社会、文化三方面存在着密切的交互作用
		分析各成分之关系	演示	长三角 MS 图
			提问	以波士华、长三角为例，MS 的地域组织有哪些关键特点?
			讲述	有四大特点： 1. 人口规模特别巨大（大于 2500 万人） 2. 拥有多个核心城市（不少于 2 个） 3. 拥高效的交通走廊（铁路→高速公路→高速铁路） 4. 密集城际交互作用（社会、经济等联系）
		与 K3 的纵向比较	讲述	MS 通常由 MA、UA 构成，其地域组成具备上述四个特点
			演示	全球 MS 分布图

续表

内容	设计思路	教学模式	教学行为	详细、具体的教学内容
K5讲解	通过归纳和描述性讲述，结合课件、讨论，使学生能举例说明一小时交通圈理论	提出原理知识	讲述	城市化地域演进尺度与诸多因素相关，与交通最密切
			演示	1950 ~ 2000 年全球大城市居民日均通勤时间散点图
			讨论	从散点图中能发现什么规律？城市日均通勤时间分布规律
			板书	五、一小时通勤圈理论
		解释原理知识	板图	不同速度下一小时辐射范围
			讲述	一小时通勤圈理论
			演示	步行→铁路→高速公路→高速铁路时代的城市化地域空间范围
		举例说明原理知识	演示	北京市明、清城区地图，21 世纪城区地图
			讲述	出行速度、城区半径提高了 5 ~ 7 倍，验证了一小时通勤圈理论
			讲述	因之，UA、MA、MS 的地域演进，与交通提速的关系十分密切
K6讲解	通过叙述和解释性讲述，结合课件、讨论，使学生能准确再现 ES 定义，结合 K6 知识预测全球 ES 的发展趋势	提出具体知识	提问	一小时通勤圈理论对未来的城市化区域演进有何指导意义？
			讲述	面向交通、通讯革新，30 年前 Doxiadis 对以上问题作过大胆推测
			板书	六、国际大都市带（ES，Ecumenopolis）
		分析组成成分	讲述	一个典型的 ES 由两类空间要素构成
			板图	1. 巨型节点、2. 发展极
			演示	欧洲 ES 空间演变图（巨型节点、发展极）
		分析各成分之关系	讲述	城市动力场逐渐合并为复杂系统，发展极引导了巨型节点发展
		与 K4、K6 纵向比较	讨论	伴随高速磁浮，基于一小时通勤圈理论，哪些 MS 会集聚为 ES
			演示	全球 ES 分布预测图
结束	揭示知识点关系，拓展思路	总结归纳	板图	城市化地域空间关系图： 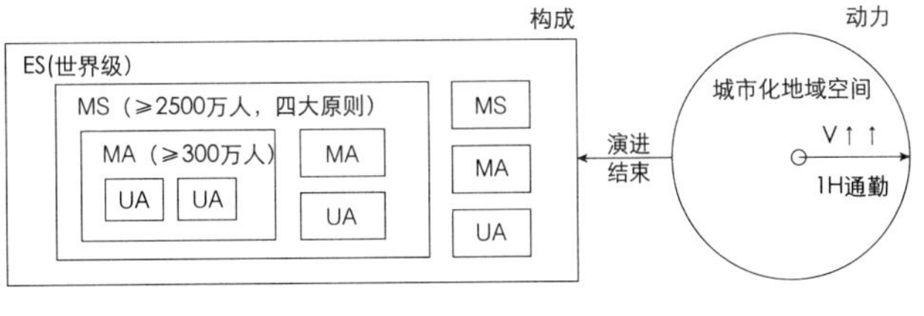 构成　动力 ES(世界级) MS（≥2500万人，四大原则） MA（≥300万人） UA　UA　MA　UA　MS　MA　UA 演进结束 城市化地域空间 V↑↑ 1H通勤
		拓展延伸	提问	试用以上知识，分析京、津、塘 MA、MS，预测 ES 发展可能

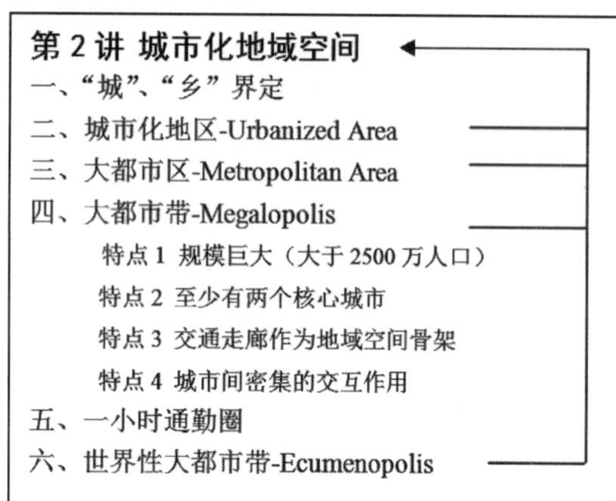

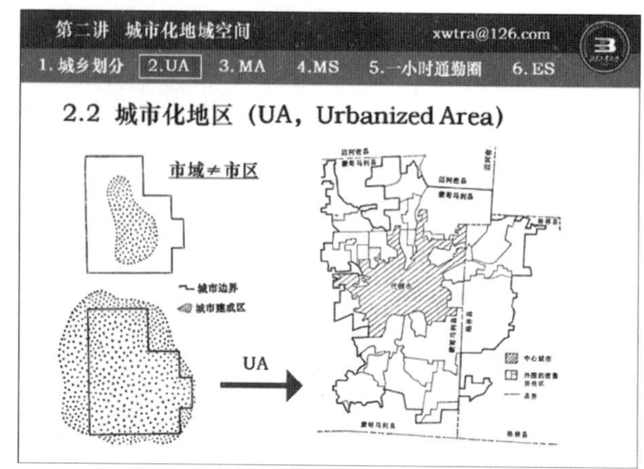

图 6　板书（左侧）与幻灯片（右侧）设计

板书设计如图 6 所示，通过在黑板上做出板书及板图，向学生暗示关键知识点的到来，引导学生逐步构建起本堂课程的知识框架，弥补右侧幻灯片逻辑性弱的不足。

5　结语

针对城市地理学复杂的知识结构，本文引入了 ISM 分析法，提出了教案设计的要点与方法，给出了设计范例。ISM 知识层次分析法与表格式教案模版对于交叉学科同类课程的教案设计亦会有所帮助，值得在城市规划教学活动中广泛实践、不断完善。

注释

感谢首都师范大学毕晓白教授，本文的 ISM 分析法与教案表格设计均来自毕老师的培训课程。

主要参考文献

[1] 宋青龙 . 改进教案格式撰写简洁实用的课时计划——英国波恩茅斯普尔学院表格式教案的启示［J］. 襄樊职业技术学院学报，2004，6（3）：111–112.

[2] 苗维纳，孙小钧，杨晓放 . 写好教案是提高课堂教学质量的关键［J］. 成都中医药大学学报（教育科学版），2010（12）：15–16.

[3] 曹海宾，邵建新，侯娟 . 浅谈高校教师如何编写教案［J］. 科技信息，2009，（33）：538–534.

[4] 南纪稳，殷春华 . 优秀教案的特征［J］. 教育科学，2003，19（12）：27–28.

[5] 田慧生，李如密 . 教学论［M］. 石家庄：河北教育出版社，1996.

[6] 成官文，王敦球，李金城 . 编写好教案的初步探讨［J］. 有色金属高教研究，1998，（4）：58–59.

[7] 吴彦良，张朝红 . 基于教学设计思想的教案编制探讨［J］. 现代教育技术，2010，20（13）：22–26.

[8] 蔡铁权，钱旭鸯 . 教学设计过程模式的结构与规范［J］. 浙江教育学院学报，2008，（4）：36–43.

[9] 高艳茹 . 高校教学设计初探［J］. 软件导刊，2003，（12）：70–71.

[10] 王伟，高齐圣 .DEMATEL 方法在高校教学设计中的应用［J］. 现代教育技术，2009，（3）：31–33.

[11] 陈家玮，王桂敏，冯海艳 . 论 ISM 解释结构模型在高校教学中的应用［J］. 唐山师范学院学报，2007，29（1）：104–105.

[12] 林慧君 .ISM 分析法在高校课程设计中的应用［J］. 软件导刊，2011，10（1）：132–133.

[13] 佘春华，冼伟铨 .ISM 教材分析法及其个案研究［J］. 软件导刊，2010，（2）：24–26.

[14] 许学强，周一星，宁越敏 . 城市地理学［M］. 北京：高等教育出版社，2009.

[15] Michael Pacione.Urban Geography：A Global Perspective［M］.Publisher：Routledge，2009.

Analytical method of ISM in Design of lesson plans in Urban Geography

Xiong Wen　Zhang Jian　Zhao Zhifeng

Abstract: In undergraduate education in urban planning, urban geography is a cross many disciplines course taught in heterogeneous knowledge structure.The lesson plans designing have a direct impact on the merits of teaching effectiveness.For urban geography teaching curriculum, the paper summarizes the six key elements of lesson plans design: teaching objectives, teaching key points, teaching difficulties, teaching media, teaching content, and writing on the blackboard, concludes the various elements of the design features, and puts forward the table format lesson plans templates.Aiming at urban geography of complex knowledge structure, the introduction of the analytical method of ISM guide the reasonable arrangement of teaching procedures.An example for design urban geography lessons plan is given finally.

Key Words: ISM (interpretive structure modeling), lesson plan, urban geography

城市地理学在城市规划专业的教学实践与思考——以上海大学问卷调查为例[1]

李永浮

摘　要：作为城市规划专业的主要理论课程，城市地理学并未受到应有重视，包括有的重点院校没有开设这门课程，分配的教学时数少，规划专业学生轻视理论知识等，这已成为城市规划专业长期存在的棘手问题。原因固然有许多，但也反映出城市地理学的固有问题，如教材针对性不强，理论晦涩难懂，针对性的规划案例匮乏等。本文以上海大学城市规划专业为例，通过问卷调查和分析，既检查城市地理学的教学效果，又对学生的意见和建议认真思考，诸如教学方法、教材内容安排。结合我们所做的教改尝试，希望为城市规划专业的城市地理学教学改革提供有益参考。总之，既动脑又动手，理论联系实际，尽可能为学生创造实践机会，是我们一贯的教学原则。

关键词：城市地理学，城市规划，上海大学，问卷调查

城市地理学的教学探讨，此前已有多位专家相继撰文，着重对教学内容、重点和难点加以分析。但在城市规划专业教学中，城市地理学的教学地位却不容乐观，据不完全调查，目前有许多高校（包括名校在内）都未开设这门课程。即使开设了，也没有受到应有的重视。有消息称，轻视理论课学习是城市规划设计专业的“传统”，师生将大部分精力投到设计课程中。那么，在城市规划专业中，城市地理学作为理论性较强的课程，应该处于何种地位？与其他相关课程有何联系？针对城市规划的专业特点，应如何进行相应的教学改革？为此，在上海大学城市规划专业的二、三年级学生中，开展了城市地理学教学问卷调查，针对上述问题进行初步分析研究，希望对城市地理学的教学改革有所裨益。

1　学生基本情况

本学期选修城市地理学课程的学生，为二年级和三年级城市规划专业学生，还包括 3 个其他院系的学生。为了改进城市地理学教学，在这学期末进行了教学问卷调查。由于二年级同学尚有几门课程没有选修，他们的问卷与三年级学生有显著差异，因此我们将这两个年级问卷单独统计和比较分析。学生们有性别差异，来自城市和农村，所接受中学教育也有较大差异。

其中，二年级共有学生 31 人（包括非规划专业的 3 人），其中女生 12 人，男生 19 人；来自农村的学生 10 人，城市的 21 人；有 30 人在中学学习了地理学课程，仅 1 人没有学过。三年级共有学生 24 人，其中女生 13 人，男生 11 人；来自农村的学生 4 人，来自城市的 20 人；有 23 人在中学学习过地理学，仅 1 人没有学过。因此，我们认为将二三两个年级进行单独分析，比较他们对城市地理学课程的预期和学习这门课的前后感受，还是非常必要和切实可行的。

另外，我们采用课堂上实名填写问卷和当场收回，因此问卷的回收率达 100%，有效率也达 100%，只有个别题存在 1~2 人回答不符合要求，需剔除不予统计。

2　问卷设计

本问卷主要包括四个方面内容，一是个人基本信息，包括性别、成长地点、专业和中学地理学习情况。二是

[1] 上海大学创新基金资助 (A.10-0113-09-001)。

李永浮：上海大学美术学院建筑系副教授

城市地理学对规划设计课程的帮助作用，包括城市设计、景观规划、控制性详细规划。三是改进城市地理学的教学内容，包括加强理论内容、增强教学时数、感兴趣的城市地理学理论和主要内容、有关改进城市地理学教材的建议。四是个人对城市地理学的兴趣和看法，包括喜欢城市地理学、选修该课程的目的，与预期有无差异、阅读相关外文文献及其主要障碍。

为了减轻问卷难度，提高有效问卷率，本问卷采用选择题型，只有关于城市地理学的看法、及城市地理学有待改进的建议，采用了填空题型。由于没有个人隐私问题，我们采用了实名制，希望能与学生个人成绩相结合，进行更为深入的问卷分析。如果单选题（是与否）同时勾选，则这道题为无效回答。总体来看，问卷效果较为理想。另外，只有学习成绩好的同学，认真回答了填空题，约占总人数的 2/3。

3 调查问卷的分析

3.1 城市地理学对规划设计类课程的辅助作用

二年级的同学尚未学习城市设计、景观设计和控制性详细规划的课程，他们也就不曾在上述设计类课程中运用城市地理学知识。但是，关于城市地理学知识对这些设计类课程的辅助作用，绝大部分同学都持肯定态度。在 31 个同学中，持否定态度的只有 1–2 个，认为对景观设计没有帮助作用的也仅有 5 个。可见，经过一个学期的认真学习，大家普遍认识到了城市地理学对城市规划和设计的积极作用。

三年级的 24 个同学中，有 22 人认为城市地理学有助于城市设计工作，17 人认为有助于景观设计，20 人表示有助于控制性详细规划工作，显然绝大部分同学持肯定态度，只是认同有助于景观设计的同学相对较少。同时，对于他们在景观设计、城市设计和城市控制性详细规划中，是否运用了城市地理学知识，持肯定与否定的人数约各占一半，只有景观设计方面，16 人表示否定，8 人表示肯定。

3.2 城市地理学教学内容有待改进之处

关于城市地理学理论部分是否需要加强，二年级同学中有 16 人赞成，15 人反对，双方势均力敌。是否需要加强城市规划和设计的案例，29 个同学持赞成态度，只有 2 人反对。有无必要增加城市地理学的教学时数，目前为 30 个学时。同样有 16 人赞成，15 人反对。

三年级同学中，14 人表示城市地理学理论有待加强，10 人持反对意见。对于现行教材应该加强研究案例，22 人持赞成态度，只有 2 人表示反对。是否需要增加城市地理学的教学时数，24 个人全部表示肯定，认为现在的 30 个学时非常不足，有必要增加教学时数。

3.3 关于感兴趣的城市地理学主要内容

从下表不难发现，二年级的学生，对于城市化、城市职能和城市问题较感兴趣，选择人数约占 50% 左右；其次为城市发展史、城市土地利用和城市感应空间，人数约占 40% 以上。对于城市内部空间结构、市场空间和社会空间，只有 1/3 人数感兴趣。而城镇体系只有 20% 人选择。这种选择结果虽有偶然性，但也大致反映了同学们的喜好，这也受到了他们对于上述内容熟悉程度的影响。例如城市发展史、城市化、城市问题等，都是他们非常熟悉的内容。

同样，三年级的同学对于城市发展史和城市问题的选择人数，超过了 70%。对于城市化、城市职能和城市分布，也有超过一半的同学选择。对于城市土地利用、城市内部地域结构、城市市场空间和城市社会空间，约有 1/3 以上人数选择；城市感应空间有 42% 的同学选择。只有城市规模和城镇体系两部分内容，选择人数只占了 20% 上下。这种选择结果，原因大致与二年级相同，只是有关城市发展史和城市问题两部分内容，受到三年级同学更大程度的关注。

关于城市地理学主要内容的关注度　　表1

主要内容	二年级		三年级		主要内容	二年级		三年级	
	人数（个）	比例 (%)	人数（个）	比例 (%)		人数（个）	比例 (%)	人数（个）	比例 (%)
城市发展史	13	41.9	17	70.8	城市土地利用	14	45.2	9	37.5

续表

主要内容	二年级		三年级		主要内容	二年级		三年级	
	人数（个）	比例 (%)	人数（个）	比例 (%)		人数（个）	比例 (%)	人数（个）	比例 (%)
城市化	16	51.6	14	58.3	城市内部地域结构	11	35.5	9	37.5
城市职能	16	51.6	14	58.3	城市市场空间	10	32.3	8	33.3
城市规模	6	19.4	6	25.0	城市社会空间	10	32.3	9	37.5
城市分布	9	29.0	12	50.0	城市感应空间	13	41.9	10	41.7
城镇体系	7	22.6	4	16.7	城市问题	16	51.6	19	79.2

3.4　选择感兴趣的城市地理学理论

从下图不难发现，二年级的同学，对空间相互作用理论和中心地理论兴趣最浓，人数达到了 60% 以上。其次为空间扩散和市场空间结构理论，选择人数接近 40%。选择城市地域结构理论的人数约占 30%，生长极理论和核心边缘理论的人数相对较少。

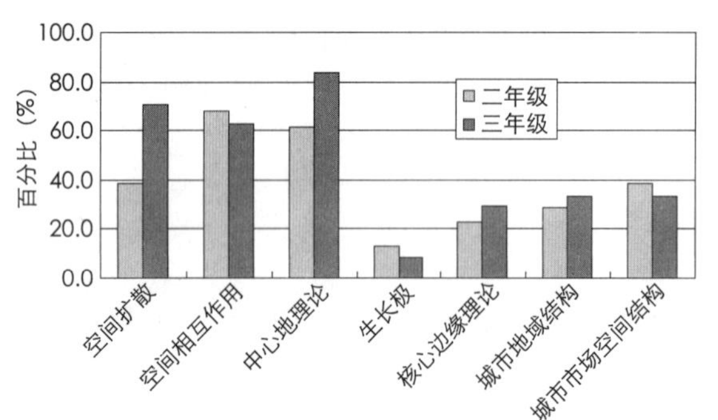

图 1　关于城市地理学主要理论的关注度

三年级同学中，将理论学习兴趣集中在中心地理论、空间相互作用和空间扩散方面的，分别占总人数的 83.3%、70.2% 和 62.5%。其次，城市市场空间结构、城市地域结构和核心边缘理论的选择人数，都在 30% 上下。只有生长极理论只有 8.3% 的同学感兴趣。之所以形成这种结果，对于理论的熟悉程度是最主要原因，可能也与教师在授课过程中重视程度不同有关。例如，中心地理论、空间相互作用和空间扩散理论，在教学中都反复强调，在问卷之前的期末考试中也是测试的重要内容。

3.5　对于现行城市地理学教材的不足和改进建议

二年级同学的代表性意见，是认为规划案例少，难以理解和运用，例如有的同学写道："知识点太多"，"教材在理论讲解时应该结合更多国内外城市的案例，使得理论更加直观，易于理解"。他们同时要求教师能把生涩的理论讲得生动有趣味。

三年级的同学，认为应增加规划案例，增强实践性，理论与实践相结合，使理论更易于理解和接受。代表性意见为："文字太多，看起来有些枯燥；教材框架体系不够明确，看书时有些混乱"，建议"多图文结合，并且框架体系更加明确一些"；"增加更多利用城市地理学知识进行城市规划的成功案例"。同时他们建议教师"利用实际规划案例进行讲解，使教学更为生动形象，提高学习效果"。

3.6　对城市地理学的兴趣和个人看法

二年级同学关于选修这门课程的目的，有 22 人表明为了学分，7 个同学是出于兴趣，2 个同学表明既有兴趣也为了学分。询问是否喜欢城市地理学，17 人表示喜欢，12 人表示不喜欢，有 2 人两项同时选择而不予统计。对于专业外文文献的阅读，13 人表示曾经读过；24 人认为存在语言障碍，7 人表示没有兴趣阅读。

三年级的同学中，有 18 人表示为了学分而选修这门课程，5 人表示出于兴趣，1 人表示既有兴趣也为了学分。对于是否喜欢城市地理学，15 人表示喜欢，9 人表示不喜欢。对于外文专业文献的阅读，有 13 人表示曾经阅读过，11 人表示没有读过。对于外文文献的看法，有 21 人认为语言是主要障碍，3 人表示没有兴趣。

通过一个学期的学习，二年级同学对于城市地理学的理解，发生了较大变化。二年级有 20 个同学表示与预期有显著变化，11 人认为变化不大。例如，有人“本来以为城市地理学有点像高中地理，但学习之后才发现比高中地理更加理论化，专业性更强”，“本以为是地理方面的知识占主导，就像是高中地理的延续却增加了许多理论知识”，“使我对城市内部空间分布的规律产生浓厚兴趣”，“发现它在实际工作中用途更大”，“有助于了解一些有关地域与城市发展、城市过去与现在存在的问题”。总体来看，同学们还是认同城市地理学对认识城市的积极作用，同时认为与高中地理有显著差异。

三年级同学中，有 23 人表示，对于城市地理学的预期发生了显著变化，仅有 1 人表示无显著变化。例如，有人认为“少了预期中地理信息技术的介绍，与理解中的地理学有偏差”，“原以为是纯地理的，学完才发现是整个城市体系发展的研究”。发现城市地理学有助于“对城市的了解加深，特别是城市结构与城市化问题”，“对城市的认识更加深刻，对城市发展的理论有更多的了解”。还有的同学表示“原以为城市地理学是研究城市机理，并与地形地貌有密切关系；学习完才明白，是从宏观、区域尺度上分析城市之间的联系”，发现城市地理学“还涉及更多的经济、政治、文化知识”，据此认为“城市地理学对城市规划学有很大帮助，可以充实自己的规划设计方案”。

因此，当询问是否喜欢城市地理学时，二年级的 31 个同学中，有 17 人表示喜欢，12 人表示不喜欢，2 人不置可否。他们当中有 27 人认为高校城市规划专业应该开设城市地理学课程，仅有 4 人认为不必要开设这门课程。同样，三年级的 24 个同学中，有 15 人表示喜欢城市地理学，9 人表示不喜欢。对于有无必要开设这门功课，24 个同学全票表示赞成，认为有必要开设城市地理学。从中不难发现，对于喜欢与不喜欢，二三年级相差不大，但绝大部分认同应该开设这门课程，而且三年级的同学比例达 100%，二年级中也仅有 4 人表示无需开设。

我们不难发现，通过城市地理学的教学，同学们已经远远超出原先中学地理中的一些认识，对城市发展理论有了更充分的了解，特别是城市和区域的空间关系及相互作用和城市内部结构等，也认识到城市地理学对城市规划与设计有很大帮助。

4 思考与讨论

4.1 关于教材内容的讨论

目前，广泛采用的教材是高等教育出版社的《城市地理学》(第二版)，由我国著名的城市地理学家许学强、周一星和宁越敏主编，这本教材第一版经过多年使用，根据世界和我国城市地理学的发展，适时更新充实新内容，特别是加强了城市内部地域结构、市场结构和城市意象空间等内容，使之理论体系更为完整，适应范围更广，因而得到更多相关专业的使用。

但是，正因为这本教材体系完整，兼顾许多相关专业，它对城市规划专业的针对性就较弱，在选择研究案例时也无法全部照顾到城市规划专业，这也同样受到教材篇幅的制约。从问卷分析结果来看，学生对于自己熟悉和使用频率较高的理论都比较喜欢，会主动学习和使用。例如，中心地理论有助于理解城市空间分布规律、城市商业中心布局等，学生们经过亲自推导中心地理论，理解更为透彻；其次，空间扩散可以指导城市各种现象的分布变化规律，而空间相互作用理论在城市腹地划分方面得到广泛应用，这种实用性显然是引起学生高度关注的主要原因。但总体上，该教材对于城市规划专业的针对性仍嫌不足，除了专业教师根据教学需要加以补充之外，如有可能重新撰写一本城市规划专业专用教材，主要由城市规划专业专职教师执笔，那无疑将是规划专业师生的福音。建议新编教材以城市地理学理论为纲，理论阐述要求简洁实用，加强理论的应用案例，突出它们对城市规划与设计的理论指导作用。

4.2 关于教学方法的讨论

鉴于上述所说的现行教材针对性不足，就要求教师在教学过程中，适当补充一些区域规划、城市规划与设计和景观设计等相关案例，这样可以使得教学内容学以致用，理论与实践紧密结合，并将城市地理学的抽象理论形象化和具体化，更易于学生理解和运用。

例如，为了学生更好掌握中心地理论，从三个方面进行教学和实践活动。一是在教学过程中，要求学生亲自从市场原则、行政原则和交通原则推导中心地理论模式，使得他们对于中心地理论知其然，也知其所以然。二是精心挑选出有关中心地理论的著名中外文文献，要求学生译成中文稿，便于学生仔细研读。三是在暑期社会调查中，以上海市五角场副中心为例，调查这个地区的商业现状，除了要求撰写调研分析报告，还进一步要求他们结合 GIS 技术分析五角场商业中心的分布特点和布局规律。上述三个步骤，环环相扣，层层递进，学生对于中心地理论理解更为透彻，也可以较灵活地运用到城市总体规划和商业网点规划实践工作。此外，重点内容的教学，也应该与平时作业和期末考试相结合，例如，期末考试中要求学生阐述城市意象理论，并手绘出他们对于上海的城市意象，请见图 2。学习兴趣固然是第一位，教师施加一定外在压力也是必需的，只有这样学生才会给予更多重视，将重点教学内容融会贯通。

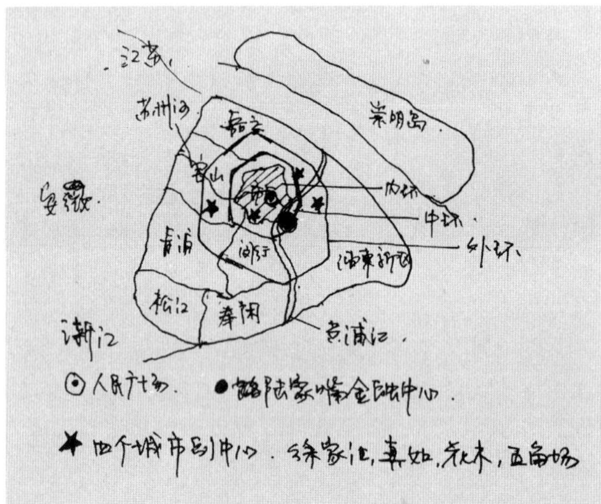

图 2　上海城市意象图

4.3　关于学习方法的讨论

根据以往教学经验，只在课堂上认真听讲，学生还无法真正掌握教学内容。必须为他们提供实践机会，将书本知识与实践相结合，反过来又促使他们重新思考书本知识，经过多次反复最终将理论融会贯通。例如，通过夏季社会实践活动，让学生进行地铁站点周边商业调查和用地调查，使他们真正理解交通干线对于城市商业分布的影响作用，TOD 模式在上海市不同地铁站点的实施情况，以及地铁交通对城市空间结构的巨大影响作用，并进而思考我国目前许多地铁“大跃进”的得失问题。

再比如，鼓励学生积极参考各类竞赛，如城市规划专指委的社会实践活动竞赛，争取到更多实践机会，一来检测书本知识的掌握程度，二来增强理论对实践的指导能力。我们让学生以上海为例，进行杨浦区商品房价格调研，分析杨浦区近十年来房价的变化过程及其原因，加强他们对于城市空间区位条件的理解，更好地掌握城市空间结构理论模式。此外，有一个小组进行上海市大型购物中心的班车调查，因为这种班车接着方式，拓展了商业中心原有腹地范围，加剧了不同商业中心的竞争强度，从而一定程度上突破了原有的城市商业中心布局模式，为城市商业中心结构调整提出了新挑战。我们相信，这些内容仅靠课堂教学是远远不够的，诸如暑期社会实践和各类竞赛都是极好的补充。

“纸上得来终觉浅，绝知此事要躬行”，我们在努力实践着诗圣的真知灼见！

主要参考文献

［1］麦克 · 帕西诺 .21 世纪的城市地理学: 一个研究议程 . 城市与区域规划研究，2010，(1): 88–117.

［2］日野正辉 .1950 年代以来日本城市地理学进展与展望 . 城市与区域规划研究，2010，(1): 118–131.

［3］布赖恩 · 贝利 .20 世纪不同国家和地区的城市化道路 (I) . 城市与区域规划研究，2008，(1): 157–180.

［4］布赖恩 · 贝利 .20 世纪不同国家和地区的城市化道路 (I)，城市与区域规划研究，2008，(2): 184–196.

［5］保罗 · 诺克斯，琳达 · 迈克卡西 . 城市化 . 北京: 科学出版社，2009: 1–21.

［6］许学强，朱剑如编著 . 现代城市地理学 . 北京: 中国建筑工业出版社，1988.

［7］许学强，周一星，宁越敏编著 . 城市地理学 (第二版) . 北京: 高等教育出版社，2009.

Practice and Thinking of Urban Geography's Teaching in Urban Planning Education——a case study of questionnaire survey in Shanghai University

Li Yongfu

Abstract: As one of the major theory courses in urban planning education, urban geography is mostly underestimated of its importance. The phenomenon includes that some key schools have not set up the course, the existing courses don't have enough hours and urban planning students pay little attention to the study of theory. Those are all long-standing problems that comprise of urban planning education. Their reasons are diverse, and some even directly reflects the problems of the urban geography discipline itself, such as that the teaching materials are not clearly targeted, the theories are far too complex for students and the planning examples using the technique are lacking. This paper takes the example of urban geography teaching in Shanghai University. Through questionnaire survey and analysis, we could rate the teaching and understand the students' views in terms of their preferred way of teaching and the form of teaching materials. We hope all those, combined with our trials in teaching reform, would be beneficial for the future direction of urban geography teaching in urban planning education. In general, our desired principle in urban geography teaching is to integrate theory with practice and provide students with more chance to do practical works themselves.

Key Words: urban geography, urban planning, shanghai university, questionnaire survey

城市规划建筑物理课程教学探讨

李莉娟　刘　铮

摘　要：随着能源的消耗和气候状况的改变，人们需要安全、健康、舒适、高效的热环境、光环境、声环境及空气品质等物理环境。人们的设计观由以人为中心向以环境为中心转变，设计因地制宜、结合气候，应用建筑物理的基本原理和方法，选择被动式手段，创造适宜环境。目前，城市规划以量化为向导，应用城市规划整合技术。在城市规划专业整个课程体系中，建筑物理课程正在从小角色发展为最佳配角，对建筑物理课程的教授不仅仅围绕课本知识，还应结合案例讲授新颖的建筑物理环境控制方法，调动学生学习的积极性，能够在设计之初，考虑物理环境要素，选择适宜技术，完善规划设计。本文从给城市规划专业的学生讲授建筑物理出发，分析目前教与学情况，提出改进方法，期望进一步提高建筑物理课程的教学质量。

关键词：城市规划，建筑物理，教学

1　建筑物理与城市规划

一个好的设计方案，不仅体现在空间的营造，还体现在空间的适宜性。空间的适应性，最主要的在于创造积极的物理刺激，规划设计中把握地域气候，分析人们的舒适性，选者适宜的建筑物理技术尤为重要，建筑物理为城市规划设计的理论基础，指导着规划设计。同时，城市规划设计，是建筑物理等技术的实践平台，推动着建筑物理学科的发展，二者相互影响，不可分割。

城市规划的专业特点是规划设计从整体出发，注重人居外部环境设计，联系着外部环境的光、热、湿与声等因子。规划设计结合地方气候，应用建筑物理环境的控制方法，可以更好地指导建筑单体设计。城市规划为人居环境学科的一部分，城市规划当前主要的问题是解决城市与地球之间的问题，进一步使地域气候、城镇、人三者的和谐。比如，在世博会实施过程中间，利用水、能、雾、气、地的室外五大要素进行的生态模拟体系[1]，改善城市中热、干、湿岛效应等物理现象，建筑物理与城市规划息息相关。

建筑物理在我校城市规划专业课程体系中为学科基础课，建筑物理控制技术为城市规划整合技术之一。建筑物理主要阐述热工学、光学、声学基本原理，讨论以被动式为主的建筑物理策略，并将其应用于建筑、规划设计中，创造良好的物理环境。

2　建筑物理课程的教与学

2.1　教授建筑物理

目前，本校城市规划专业建筑物理课程开设于第五学期，建筑物理课总学时40，其中建筑物理实验占8学时，教材选用刘加平主编的建筑物理。从基本知识、基本原理、设计策略三个方面讲解建筑物理的声、光、热三部分，侧重点为室外物理环境。建筑物理授课以集中授课为主，主要采取理论讲课和实验相结合的教学模式。声、光、热三部分的建筑物理实验贯穿于本部分理论课结束后；另外布置适当的课外作业。课程考核方式为平时占10%，实验课占10%，考试占80%，考试采取半开卷。

2.2　学习建筑物理

对于学习建筑物理来说，由于大部分学生的数理基础较薄弱，对技术类课程的学习不积极，在他们的脑海中产生了建筑物理难、枯燥、与设计没有联系等想法，基本上形成三种学习状态，一种为从初始的被动性学习

李莉娟：内蒙古工业大学建筑学院助教
刘　铮：内蒙古工业大学建筑学院教授

到后来的主动性学习，另一种为通过本课程考核，一种来上课不学习。

通过三届的课程教学，学生在学习建筑物理的过程中，能够掌握建筑物理的基本原理，并结合建筑物理实验深入理解基本概念和原理；不善于计算公式推导，但基本能进行建筑物理计算。部分学生在规划设计中，认识到规划现场调研分析不是单一定性分析，利用声级计、红外测温仪、即时温湿度计和风温风速仪等仪器实际测量，对规划场地进行定量分析，综合分析场地环境，建筑物理环境控制方法应运于规划设计中。部分学生能够从建筑物理角度，简单地分析现有的规划空间，但是学生整体学习建筑物理的积极性不够高，规划设计课程中不能有效地应用建筑物理知识。

3 建筑物理课程教学改革

基于本校城市规划专业建筑物理现有教学情况，为了提高建筑物理课程的教学质量，增加学生学习的积极性，探讨建筑物理在教学内容、教学方法等方面，期望教学改革能够达到教有所收、学有所用的目的。

3.1 整合建筑物理课与规划设计课

开设时间调整。建筑物理为技术类课程，具有独立性，但是与住区规划设计、城市设计等课程又有相联性，建筑物理课程开设时间安排应与设计课程相协调。因此建筑物理课程开设时间由大四下学期提大三上学期，开设与住区规划设计之前。

教学内容不断革新。除了讲解《建筑物理》书本的基本内容外，还在课程中加入太阳能利用技术、先进的自然采光系统、绿色照明，被动式声环境处理措施等等，有利于指导住区规划设计、城市设计。对于城市规划专业开设的建筑物理实验，是通过实验帮助学生对基本概念的理解，对设计及规划方案和物理环境关系进一步的认识以及初步了解，研究分析物理环境的方法[3]，建筑物理实验与规划设计结合可以进一步推敲设计方案。

3.2 引入建筑物理仿真模拟技术

建筑物理课程中不仅要讲述基本的建筑物理原理，还需涵盖目前仿真模拟数字技术，应用于设计中，直观分析所创作的环境，充分理解建筑物理基本原理。

（1）住区日照仿真分析

通过对住区的日照分析，分析冬至日或大寒日日照情况，优化建筑布局，优化外部环境。比如大寒日日照短的区域，应避免布置公共活动空间，夏至日的分析，应该综合考虑树木 + 草灌的综合布置。

（2）住区噪声环境质量仿真分析

通过仿真模拟小区室外噪声分析，邻近干道两侧建筑物周边声环境较差，可以采用绿化等隔声处理方式，来解决干道两侧建筑物周边声环境，给人们营造一个好的声环境（如图 3-1）。

（3）分析一定区域内的太阳辐射量。

太阳辐射是气候要素中主要因素，一方面是造成夏季地表温度和室温过高的主要原因，另一方面是冬季提高室温的天然能源。通过仿真模拟分析区域的太阳辐射量（如图 3-2），优化外部环境，调节周边微气候，指导建筑体量、色彩材质的选择，控制区域下垫面层。

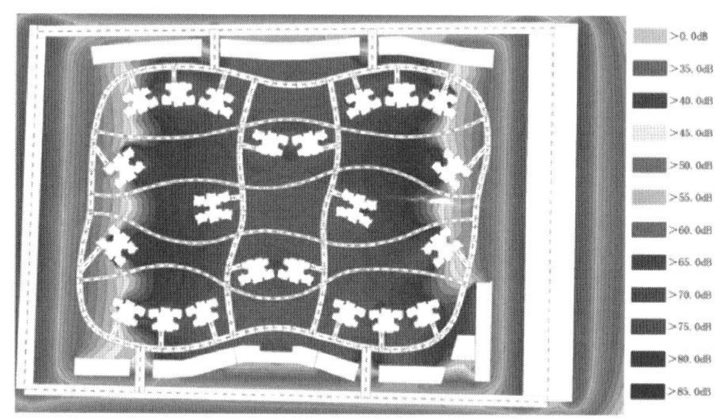

图 3-1 城市小区噪声分析[5]

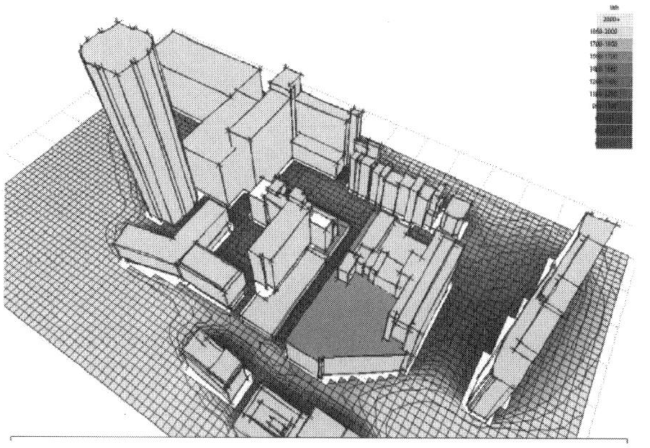

图 3-2 区域的太阳辐射量分析[6]

（4）分析住区室外风环境

通过风环境软件模拟分析，直观显示外部气流分布，住区及其周边风环境变化状况，创建适宜的住区微气候（如图 3-3）。

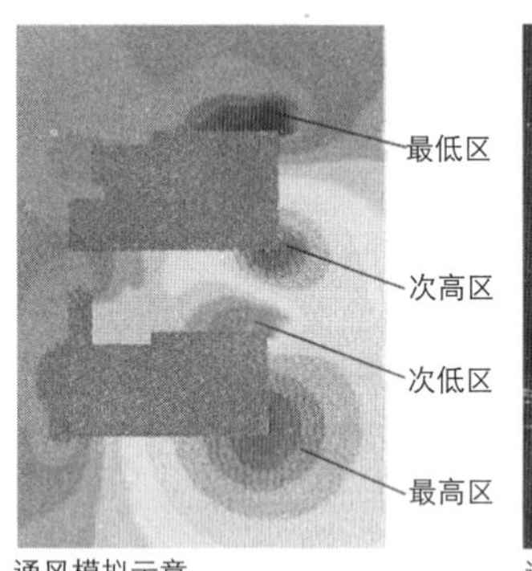

通风模拟示意

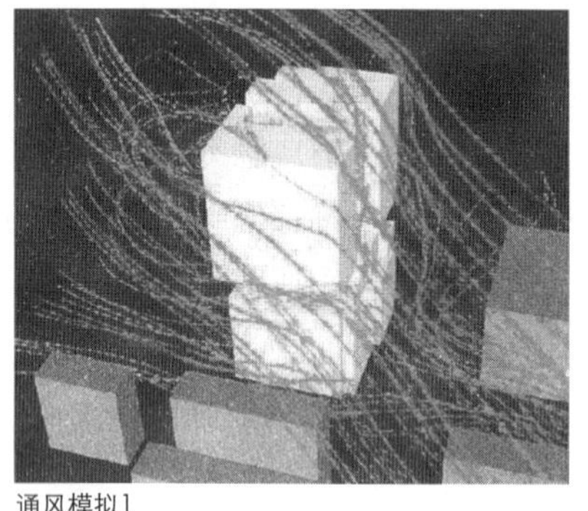
通风模拟1

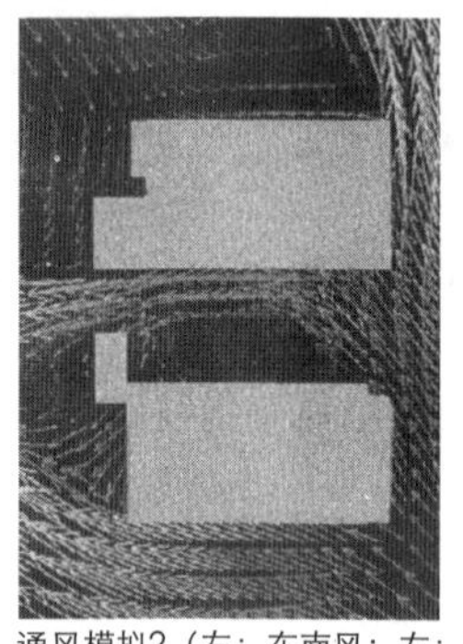
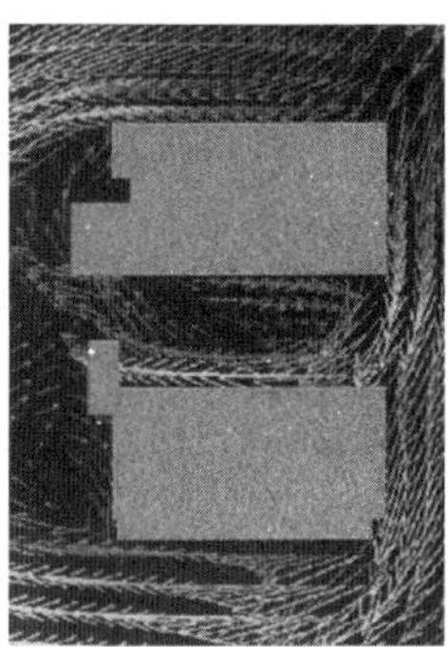
通风模拟2（左：东南风；右：东北风）

图 3-3　室外风场分析[4]

由此，仿真模拟技术可以对一定区域外部环境的声、光、热、风等物理要素的层层分析，其作用，一方面，规划设计中考虑了建筑物理要素、采用适宜技术，是否达到预期的目标，通过仿真模拟技术来检验，仿真模拟技术服务于规划设计；另一方面，利用仿真模拟技术对城市、住区、单体建筑的物理环境质量的科学评价，利于环境建成后的运营管理。我校建筑物理课程正在逐步引入仿真模拟技术。

3.3　增设体验式教学

为了增加学生学习的主动性，开拓学生的设计创造思维，在课程教学中增加体验式学习。体验式学习分三部分，首先在建筑光学授课之后布置作业，观察体验校园一处室外环境或建筑的对自然光和人工光的应用。采用分组讨论、集中汇报的形式，掌握所学内容能够将课本内容转为实际空间环境中，从理论与实践互动式学习。其次在授课过程中，增加实例分析，先让学生来分析，鼓励学生主动发现问题，分析问题，激发思维，然后再集中讨论分析。最后，联系本学期课程设计，由学生讲解自己的方案，在设计中考虑哪些建筑物理环境因素，指导设计方案。

4　结语

综上所述，建筑物理课程教学，需要不断调整教学内容、优化教学方法，调动学生学习的积极性，与设计课紧密联系，提高学生的创作能力，实现理论与实际相结合，同时加强年轻院校专业建设。

主要参考文献

[1] 吴志强，肖建莉．世博会与城市规划学科发展——2010上海世博会规划的回顾．城市规划学刊，2010，(3)：14-19.

[2] 孟庆林，江亿．人居环境的科学评价．南方建筑，2001，3.

[3] 沈天行，谈谈建筑物理课的实验．中国建筑学会建筑物理分会第八届年会学术论文集．2000.

[4] 袁小宜，叶青等．实践平民化的绿色建筑——深圳建科大楼设计．建筑学报，2010，(1)：18.

[5] http：//jpkc.cqu.edu.cn/cqujpkc/Course/00181/0000000261/X/Page/Upload/Html/hdp/ppt/4/index.html.

[6] http：//blog.sina.com.cn/s/blog_53e2f61e0100h80c.html.

Teaching discussion of Urban planning architecture physics course

Li Lijuan　Liu Zheng

Abstract: With the use of energy and climate conditions change, people need to safe、healthy and comfortable、high efficient thermal environment、light environment、sound environment and air quality、and other physical environment. The design of the people view with the artificial center by the environment as the center, change, design adjust measures to local conditions and combined with climate. At present, the city planning to quantify for guides, city planning application integration technology. In urban planning the whole professional curriculum system, building physics course is from the role for best supporting role to the development, building physics course professor not just around the textbook knowledge, but also be combined with case teaching building of the new physical environment control method, arouse the enthusiasm of students' study, can be in the beginning of design, consider the physical environment factor, choose appropriate technology, perfect the planning and design. This paper, from the city planning students to teach architecture physics of teaching and learning, the analysis of the current situation, put forward the improvement methods, expect to further improve the teaching quality of building physics course.

Key Words: urban planning, architecture physics, teaching

规划专业城市地理学课程的本科双语教学模式初探

彭 翀 刘 云 任绍斌

摘 要：目前，国内高校城市规划专业教学的国际化进程加速，大力推行相关理论课程的双语教学模式成为其有效措施之一。本文以城市地理学为例，从教学特色、教学目标与内容、教材与讲义建设、课程组织形式四方面对双语教学模式的构建进行探讨，并提出未来发展建议。

关键词：城市地理学，双语教学模式，城市规划教育

目前，国内高校教学的国际化进程加速，大力推行专业课程的双语教学模式成为其有效措施之一。国内一些高校教师结合实践在教学思路、教学模式等方面进行了积极探索（李晓琴，2005；张宏，2008；赵天英，2010）。在华中科技大学等高校，双语教学[1]已经作为本科教学的一个必备环节和考核指标被纳入教学要求。从实施上看，双语教学仍处于探索阶段，主要通过选择若干课程先行试点。我专业现已开设包括城市地理学在内的四门双语课程，取得了初步进展；城市地理学作为城市规划专业本科教学的必修理论课程，通过双语教学模式的构建，在教学特色、教学内容、讲义编制、教学组织等方面较常规教学模式有所创新。

1 双语教学特色

常规的城市地理学教学以专指委相关规定和该课程的教学大纲为指导，制定以理论内容掌握为导向的教学目标。双语教学在这一目标之上并非仅仅加之“用双语”的要求，从更深层次看，需要体现“三化”特色。

1.1 国外理论直接化

大多数情况下，城市地理学所涉及的国外相关理论由任课教师先行翻译整理成间接的“二手理论”再教授给学生。从目前城市规划本科生的英语水平看，多数学生基本具备的专业英语阅读能力，因此，应尽量直接而真实地反映国外经典理论和模式本身。

1.2 教学方法国际化

国外教学和学习方式较国内开放与多元化。在双语教学中，除语言本身，更重要的是贯彻国际化的教学理念与方法。例如组织活跃的课堂讨论、课堂汇报，以活学活用为导向的扩展阅读和学分组小作业等。

1.3 能力拓展多维化

双语课教学中的能力拓展体现在多方面，包括提高学生自主学习和英语交流与表达的能力、运用理论和技术分析和解决实际规划问题的能力等。

在城市地理学双语教学特色的导向下，可以构建包括教学目标、教学内容、教材与讲义建设、教学组织形式在内的教学模式，如图 1 所示。

[1] 从广义上讲，我校将双语教学分为两个层次：全英语教学和双语教学。其中，前者是指所有的教学环节全部使用英语进行教学，包括讲授、板书、教学软件、实验报告、作业、考试、答疑等；对于教学中的疑难点，可辅之以汉语（普通话）进行解释，这类课程主要聘请兼职外教开展教学。后者是指使用汉语（普通话）和外语（主要为英语）进行课堂教学的一种教学方式；这类教学一般要求板书用外语，由本专业全职教师讲授，兼用汉英两种语言。本文中“双语教学”即指后者这种形式。

彭 翀：华中科技大学建筑与城市规划学院城市规划系副教授
刘 云：华中科技大学建筑与城市规划学院城市规划系讲师
任绍斌：华中科技大学建筑与城市规划学院城市规划系讲师

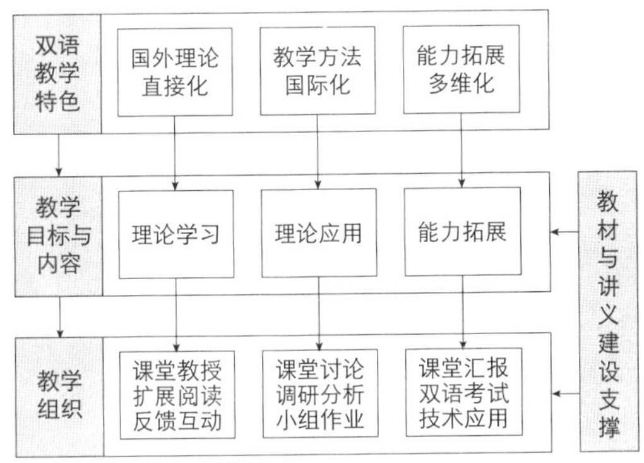

图 1　城市地理学双语教学模式示意图

2　教学目标与内容

作为城市规划专业的相关理论课程，城市地理学的教学及其课程考核偏重基本理论的传授，学生往往难以具备运用所学理论分析和解决规划问题的能力。因此，城市地理学双语教学目标需要体现教学特色和实践需要，可构建如下教学目标与内容：

（1）理论学习，即教授学生掌握城市地理学相关基本理论。主要包括：城市地理学的研究领域、研究任务及其与城市规划的关系；城市发展与城市化相关基本理论；区域空间发展理论；城市内部空间发展理论等。

（2）理论应用，即指导学生熟悉城市地理学在城市规划中的基本应用。主要通过城市问题和城市规划案例分析与讨论及课程小作业的综合训练来实现。

（3）能力拓展，即培养学生运用专业英语和辅助技术进行扩展学习的能力。主要通过给出相关英文专业文献书目进行课下自学与课堂讨论、相关重要知识点英汉互译、课程小作业的课堂汇报与书面报告、软件辅助定量分析等方式进行。

3　教材与讲义建设

3.1　讲义素材选取

目前在城市规划相关理论课程的教学中，教材仍占有主导地位，教师多基于教材配合自编讲义（PPT）进行课堂教学。在国内城市规划专业本科的城市地理学课程教学中，较多采用由国内城市地理学知名教授许学强、周一星、宁越敏等编著的《城市地理学》，该书由高等教育出版社出版，并经过多次修订，最近一次为2009年版。《城市地理学》教材较全面地介绍了国内外城市地理学相关理论，并结合中国实际分析了城市内部的典型地域结构，对城市问题也简要述及，适合作为高校地理类和土建类专业本科作为教材和教学参考书使用。国外近几年城市地理学相关参考书主要为：① Tim Hall. Urban Geography 3rd ED （Routledge Contemporary Human Geography Series），② Michael Pacione. Urban Geography：A Global Perspective。前者对城市地理学若干关键问题进行较为深刻解析，后者对城市地理相关理论、世界城市化发展规律及各地区特征进行较为系统阐述，成为国内学生学习城市地理学的有益补充。

比较国内外教材（教参）可以发现，国内教材结合中国国情，针对性较强；国外参考书偏重对世界城市城市化及地域空间一般规律的介绍。随着中国城市化进程的加速，中国城市发展已逐渐融入全球城市体系之中。因此，有必要在城市地理学的课程中概要介绍国际城市化和欧美、拉美、亚洲等地区城市化及城市区域空间发展的相关理论。这些内容在中文教材中较少提及，而在外文原版城市地理学著作中论述较多。除此以外，已有城市地理学教材由于编写基础以地理学为主，理论深度较高，而对规划研究和规划实践的指导偏弱，学生往往对理论死记硬背，难与城市规划研究与设计的实践相结合。从双语教学的角度出发，城市地理学讲义编制可充分吸收国内外教材的优点。一方面，在国内城市地理学传统优势的基础上融入更多对世界城市化和城乡空间发展理论与经验的介绍和分析，且采用英文原文讲述；另一方面，可增加城市地理学应用性研究的比重，如对城市社会和空间问题分析的比重。

3.2　讲义编制形式

现行本科生教材普遍采用文字（书）的形式，具有直观性的特点。然而，这一方面浪费资源、不便保存和携带，另一方面更新较慢，且不能有效地进行案例、课程作业的电脑互动式训练。城市地理学双语讲义的改革方向可以采用文字和电子相结合的方式，主体部分（城市地理学理论与方法）采用文本方式；课程内容提要、问题解答、地理学理论与方法在城市规划中应用的案例和课程小任务数据等采用电子方式储存，有的作业甚至需要借助学校教学管理 HUB 系统及其他方式在电脑中使用互动式模式进行。

4 教学组织形式

本课程针对理论学习、理论应用和能力扩展三大教学目标，采取“课内与课外相结合、集中与分散相结合”的多元化开放式课程教学组织方式，充分发挥学生的主观能动性，主要包括课堂讲授、指导自学、互动反馈、课堂讨论、调研分析、小组作业、课程汇报等形式。

4.1 理论学习的教学组织

从目前城市规划本科生的英语水平看，多数基本具备的专业英语阅读能力，因此，对于国外经典理论和模式，应尽量直接而真实地反映。对于理论学习中的基础知识，可首先依托双语讲义对重要理论进行串讲，对当前发展趋势进行介绍，然后给出参考文献列表要求学生进行扩展阅读，并可分理论专题让学生分组进行归纳总结以强化学习内容。

4.2 理论应用的教学组织

理论应用是城市地理学双语教学的重要方面，主要依托对城市问题和城市与区域空间的分析实例，启发学生运用理论知识解决实际问题。在双语教学中需要体现国际化、开放式的教学方式。首先，教师在分析案例时不求给出唯一答案，而是提出质疑，启发学生自主思考；第二，将城市问题和空间分析案例纳入课堂讨论，通过“头脑风暴（Brain storm）”、课堂辩论等形式引导学生将理论活学活用；第三，在案例分析的基础上，提供真实空间数据，让学生分组并在规定几周时间内完成课程小作业（Assignment），方法和解决方案可以多样化。这种小作业、小研究的教学形式同时也是推进规划研究型教学内容的重要方面。如图 2 所示，本课程所处的实践阶段为专题研究（中高年级）。

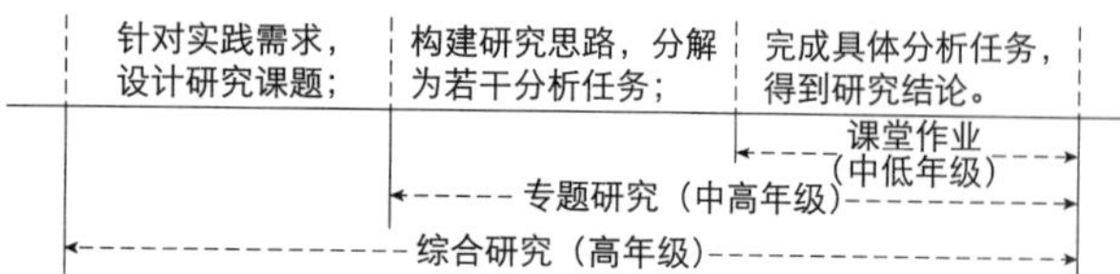

图 2 城市规划理论课程中研究型教学内容的强化

资料来源：彭翀．关于加强规划教育中规划研究教学内容的思考．城市规划，2009，(9)．

4.3 能力拓展的教学组织

能力拓展的教学组织与理论学习与应用相辅相成。一方面，从双语运用能力上看，课堂讨论和辩论是最基本而灵活的形式，其次可以在多个环节中开展课堂汇报与交流（Presentation），如学生对重要理论的英汉互译、扩展阅读的归纳总结、小作业的成果和双语考试等，这促进了学生在专业英语听说读写各方面均得到提高。另一方面，从技术应用上看，在进行课程分组小作业的前期，示范并鼓励学生在作业中采取技术手段进行部分定量分析，使用诸如 Arcgis、SPSS 等空间和数据分析软件，甚至结合社会调查实践，从而提高学生的基础研究能力。

4.4 课程评分

本课程涉及的教学组织环节较多，在评分上需要综合考虑学生的各项表现。然而，由于城市规划理论课不同于设计课，一般以大课形式存在，难于对每个学生的课堂表现进行精确评价；因此，课程评分可以成果为主，大体设置为：

课堂参与度（20%），包括到课情况，参与讨论与课堂汇报情况。

扩展性学习（20%），扩展阅读的总结归纳或读书笔记。

课程小作业（20%），5 人小组完成理论应用小作业。

课程笔试（40%），开卷，双语作答。

5 实施效果与改进

双语模式在城市地理学教学的初步实施体现出一定优势。不经转译直接获取国外相关理论，强化了学生的自主学习效果；通过理论应用训练，巩固了理论知识的学习，并能联系实际，活学活用；对专业英语的综合能力的培养，有助于为开展规划研究奠定基础。然而，在教学中还存在一些问题需要不断改进。首先，需要关注学生在英语基础的差异性，进而采取差别培养；加强教材建设，特别是采用电子形式和加强案例等应用性内容的比重；通过更丰富的形式增强学生的课堂参与；基于 HUB 教学平台的反馈互动；不断更新案例与小作业命题，体现规划的现实导向与实践需求。

主要参考文献

[1] 彭翀．关于加强规划教育中规划研究教学内容的思考．城市规划，2009，(9)．

[2] 李晓琴．“城市规划原理”课程双语教学的思考．高等理科教育，2005，(5)：99-100.

[3] 张宏．城市规划专业双语教学探索．高等建筑教育，2008，17(4)：130-133.

[4] 赵天英．城市规划专业双语教学模式探讨．鸡西大学学报，2010，10(6)：54-55.

On The Consideration Of Bilingual Teaching Procedure In Urban Geography

Peng Chong　Liu Yun　Ren Shaobin

Abstracts: Currently, with the acceleration of the internationalization of domestic urban planning teaching, the prevailing Bilingual Teaching consequently has become one of the most efficient procedures. Based on the urban geography, a brief analysis is discussed from the following four aspects: teaching features, teaching aims and contents, the construction of course books and teaching materials and the types of course organization. And, certain recommendations for further development are also put forward within this essay.

Key Words: urban geography, bilingual teaching procedure, urban planning teaching

国际化教育中城市规划全英语课程体系建设的探讨

黄 怡

摘 要：本文探讨了在国际化教育中城市规划全英语课程体系建设的重要议题。文章首先概述了城市规划国际化教育的趋势与背景，并进一步分析了城市规划全英语课程体系建设的困难与挑战。然后对城市规划全英语课程的体系与内容、教材与参考书以及全英语课程的师资建设等方面进行了具体阐述。

关键词：国际化教育，城市规划，全英语课程体系建设

1 城市规划国际化教育的趋势与背景

近年来，高等教育的国际化趋势日渐清晰，全世界的大学面临着资源与市场的双重竞争，因此国际化教育成为国内知名大学及其重点院系必然而迫切的选择。

以同济大学建筑与城市规划学院为例，近年来，学院以国际化为办学特色，无论在形式上还是在内容上都日趋成熟，并在制度上不断加以完善。一方面，学院积极主办和参与国际性会议、展览等各种学术活动，支持教师通过双向交流提高学术水平；另一方面，学院推进学生参与各种形式的国际交流，为培养具有国际视野的专业人才创造条件。目前，学院已和国际上多所著名建筑规划院校建立起多种形式的合作交流关系，包括定期学术交流和联合培养学生等合作计划，形成了更加密切和常态化的合作交往。

除了上述教育合作交流之外，国际化教育标志性地体现在以下这些方面，例如：具有长期和固定的国际教职（包括教席）；至少确立一门国际语言作为整个教学和研究的国际用语；形成以某门国际语言贯穿的课程体系等等。国际化教育程度最根本的衡量标准是拥有国际学生的数量和学位。除了汉语语言及文化类的学科之外，对国内绝大多数理工科学科来说，现阶段比较切实的国际化教育目标是联合培养。联合培养主要有两种形式：一是学分互认，合作学校相互承认学生在对方院校学习时取得的成绩，使学生国际交流纳入正式培养计划。二是互授学位，对分别在合作学校参加课程学习并达到一定学习要求的学生，双方学校同时授予学位，即国际双学位。对朝向国际化教育目标的学校来说，在学位层面的国际合作是最具实质意义的合作办学方式。各个国家和学校对学位授予都有严格的质量标准和要求，因此，涉及学位的国际合作本身预示着更高的准入门槛和培养目标。

联合培养的模式目前已在全世界范围内的高等学校和院系之间展开。例如在欧洲，博洛尼亚协定推动了欧盟内部以及与欧洲之外发达国家和发展中国家大学的合作；在北美，美国和加拿大与其他国家之间的联合培养项目也都纷纷开展。对同济大学建筑与城市规划学院来说，从 2001 年开始，学院每年选派本科生前往新加坡国立大学、香港大学等境外大学进行交流，同时学院每年接受来自多个国家和地区的交换学生；自 2005 年以来，学院又逐步建立起了多个国际双学位项目，已经成功培养了多届中外双学位毕业生，包括和柏林工业大学城市设计、包豪斯大学 IIUS 城市研究的双学位项目、法国国立公共工程大学、里昂二大以及美丽城大学的双学位项目等。这些合作主要集中在研究生阶段，尤其在硕士学位层面上。而卓越人才培养计划的推进又将进一步扩张联合培养的双学位研究生和交换生的数量，学院将在三年内做到每年有 100 名硕士生可以通过国际双学位项目获得欧美大学的学位，这意味着，学院同时将接受 100 名外国交换生，并授予他们同济大学的学位。

就城市规划教育的国际化来说，英美等国家在学科内当然存在特殊的区位空间优势，吸引着全世界的生源。

黄 怡：同济大学建筑与城市规划学院副教授

但是就中国来说，巨大的实践及市场机会也是吸引国际学生来中国求学与就业的重要方面。通过联合培养的课程学习，为学生们日后的国际流动性尤其是从事与中国市场相关的业务带来了充分的优势条件与准备。

2 城市规划全英语课程体系建设的困难与挑战

在规划国际化教育的趋势与背景下，在联合培养的模式下，原有的城市规划全中文课程体系现在面临着国际交换学生和双学位学生的双重挑战。为了适应层次不断提高的交流，直至能够满足全英文覆盖的双学位培养要求，建设城市规划全英文课程体系的需求切实而迫在眉睫。

国际化的课程体系意味着至少确立一门国际语言作为整个教学和研究的国际用语。对城市规划学科来说，这门国际语言当然首先是英语。因为现代西方城市规划理论，基本上是以盎格鲁－撒克逊（Anglo-Saxon）的理论与实践为代表的主流理论。并非其他国家或地区缺乏卓有成效的规划研究与实践，而是语言的障碍（或者说英语的“霸权”地位）在很大程度上阻碍了他们各自的理论与实践在世界范围内的广泛传播与推广。被普遍认同和参照的规划国际期刊最主要地也是英文期刊。因此，在规划国际化教育中，必然以英语作为主要工具。以英语为母语者的课程和大学则具有先天的主导优势；反过来，对母语非英语的国内大学和院系来说存在着一个预设的语言障碍，这种障碍比母语同样非英语的多数欧洲国家程度更甚，因为毕竟在语系乃及在文化渊源上，欧洲大陆诸国与英伦岛国之间仍存在着不可割裂的联系。因此城市规划全英语课程体系所要求的国际语言环境成为最直接的困难。

第二个困难是在短时期内形成完整的全英语课程体系（主要针对研究生）。开设一两门英语课程也许不算困难，但是要形成一套全英文课程体系，意味着整体的办学水准具备了与国际一流学校和知名大学同台竞技的可能。如果不能达到并保持一定的水准，联合培养计划可能就无法长期、稳定、全面地开展，并且源源不断地吸引国际学生。

因此，对城市规划全英语课程体系建设来说，存在着两个明确的挑战。一是要建立起与国外著名大学具有国际可比性的课程。对于规划的国际化教育来说，全英文课程体系的建设必然带来与其他国家的院系规划课程的比较。近年来，我院城市规划与设计专业研究生的生源背景日益多元化，交换生与双学位的国际学生更多地来自不同国家、院校和相关专业，随之而来的是不同的地域文化、知识结构、专业背景和求学目标的相互碰撞与融合。就以学院国际学生的来源国别来说，覆盖了以英语为主要语言的美、英、澳大利亚等国，和德国、法国、西班牙、捷克、罗马尼亚等欧洲国家，还有南美的巴西、委内瑞拉和非洲的津巴布韦等国家，以及亚洲的韩国等。其中的很多学生首先成为我们的联合培养国外合作学校的国际学生，然后又进入此类计划再次成为同济（中国）的国际学生。对于我们的全英文课程的质量，他们将是最客观的评价者。因此，在国际化教育中，参与到联合培养项目中的世界各国的院系、专业的课程设置将变得透明，从而具可比性以及兼容性，正所谓大家“知己知彼”。

第二个挑战是在城市规划全英文课程建设中全球视野与来自中国城市规划研究与实践成果的知识贡献的结合。与建筑学专业不同，城市规划的理论与实践更多地与其产生的土壤也就是所涉及国家的政治、经济、社会、文化制度与现实相关联，所以对于规划理论与知识的理解很大程度上与上述广泛基础的积累不可分割。通过城市规划全英文课程的教学，意味着在不同教育背景的国际学生之间能够建立起对规划专业的共同的理解和包容的认同。概括地说，一方面，城市规划全英语课程体系必须建立在一个全球的视野之上，才能确保激起所有学生在规划知识与理论学习中的共鸣；另一方面，城市规划全英语课程体系又能够形成区域的聚焦，尤其是对于中国城市发展、规划理论与实践的剖析，来自世界各地的学生既然来中国学习，他们必然期望能更多地了解中国的国情与现实，所以结合最新的国内现实是规划全英文课程建设的另一个重要挑战，这也是在课程建设特色中“扬长避短”。

3 城市规划全英语课程的体系与内容

目前国内高校中知名的城市规划院系已经建立起了相对成熟的规划中文课程体系。但是规划全英文课程体系并非简单地“翻译”过来，由于前述的挑战与特点，并且全英文课程主要是研究生课程，更强调课程的研究

英国皇家规划师学会（RTPI）认定的规划研究生课程表

学校	课程	学校	课程
Queen’s University Belfast	环境规划 Environmental Planning	Manchester	规划 Planning
Cardiff	规划实践与研究 Planning Practice & Research	New Castle	城镇规划 Town Planning
Central England	空间规划 Spatial Planning	Oxford Brookes	空间规划 Spatial Planning
Heriot-Watt	城市和区域规划 Urban & Regional Planning	Reading	开发规划 Development Planning
Leeds Metropolitan	城镇和区域规划 Town & Regional Planning	Sheffield	城镇和区域规划 Town & Regional Planning
Liverpool	城市设计 Civic Design	Sheffield Hallam	城市和区域规划 Urban & Regional Planning
Liverpool John Moores	环境规划 Environmental Planning	Westminster	城镇规划 Town Planning
University College London	空间/国际规划 Spatial/International Planning	West of England	城镇和乡村规划 Town & Country Planning
London South Bank	规划政策和实践 Planning Policy & Practice		

资料来源：根据 http：//www.rtpi.org.uk 上资料整理。

性、综合性与国际可比性。即使同一名称的中、英文课程相比较，虽然在课程的结构框架方面大体是一致的，在内容侧重方面也很可能有所差别，例如中文课程会较多偏向于对国外理论与实践的介绍，而全英文课程则兼顾国内外实践的介绍，尤其是要让外国学生了解并理解中国城市研究的现状与实践。

城市规划的全英语课程体系可以分为专业类课程和人文特色类课程两大类。一是专业类课程，例如我院已经开设或即将开设的城市规划与设计、城市交通、城市设计理论等，可以供城市规划、建筑学与景观的学生共同选择。目前，国内大学已逐渐开始开设研究生全英语课程，随着国际化教育的进一步发展，最终很可能也会像教育部认定中文精品课程一样形成全英文品牌课程。正如上表所示的英国各知名大学的规划专业类课程，就是英国皇家规划师学会（RTPI）认定的规划研究生课程，当然毫无疑问是全英语课程，一方面它在英国国内类似于我们的中文精品课程性质，同时却又得天独厚地是国际化的规划课程。另一方面，人文特色类课程，主要是专业选修课，例如我院已经或即将开设的城市社会学、城市社会空间与规划、中美城市发展比较等课程。在以研究生课程为主流模式的西方发达国家的城市规划教育中，来自人文和社会学科的规划研究生在数量上往往超过来自设计和工程学科的规划研究生，供其选修的人文类课程也较丰富。而国内城市规划专业中的人文社会类课程较少，对研究生理论知识的完善与高端人才研究能力的培养来说存在结构性的薄弱。因此在国际化教学的目标趋势下，极其有必要加强人文特色类全英文课程的建设。

城市规划全英文课程体系的建设和课程内容的精心组织，将使得国内城市规划教学与教育质量特别是研究生规划教育在朝向国际化的目标上跃升一个新的台阶。

4　城市规划全英语课程的教材与参考书建设

城市规划全英语课程建设的一个重要方面是教材建设。从目前的情况来看，国内自编的英文教材极少，主要是英文原版教材的引进，或采用英文原版文献作为教学参考书，如经典著作以及国际国内的规划英文期刊等，常见的如 Urban Studies、Journal of the American Planning Association、Town and Country Planning 等国际期刊和 China City Planning Review 等国内主要期刊。例如，我们的《城市社会空间与规划》课程拟采用美国城市社会学领域的成熟教材 The New Urban Sociology 作为主要教材，将《城市社会空间与规划》建设成一门采用全球视野、结合最新的国内外现实并适应国际化教学的理论课程，无论在课程内容，还是在研究方法上，都将契合多元化、交叉性、国际化的全英文课程需求。

在我们以往的联合培养项目中，对英语非母语国家的大学院系来说，英语教材建设与阅读参考材料提供是个共同的难题。例如在德国柏林工业大学（TU Berlin）攻读双学位的中国学生以前常常反映，英文图书资料或文献比较难以获得，特别是在大家需要集中完成老师布置的小论文期间，资料借阅更加困难。而在英美等国大学的规划院系，这个问题几乎不存在，因为英文文献量大丰富、可选择性强。近年来，随着高校图书馆电子文献的服务逐渐完善，参考书难题有所缓解。但是，英文教材建设将是一项较长期存在的任务。

5　城市规划全英语课程的师资建设

无论对于全英语课程体系建设，还是某一门具体课程而言，师资是决定性的。同一门课程，即使拥有同样的教材、同样的教学大纲，由不同的教师来讲，水平、特点也千差万别，这是由于教师的素养、积累、风格最终决定了课程的质量。全英文课程的开设也不例外，虽然网络时代信息的共享性以及国外大学课程教育的透明性，很多著名大学的课程大纲都可以从网上获得，这仅仅提供了我们一个比较与综合的基础，教师自身的理论研究积累以及外文文献的积累就格外宝贵。

全英文课程对于授课教师自身的语言能力、教学技能、学术视野与学术涵养都有较高的要求。语言能力是传授知识的基础，在以讲授式为主的教学中，教学语言应力求清晰、精练、准确、生动，这对英语并非母语的教师来讲是个非常高的要求，老师必须具备相当的语言素养与积累，否则很可能词不达意或意犹未尽。为提高教师的语言能力，同济大学以及建筑与城市规划学院都在这方进行了大量投入，例如每年都会选派骨干教师赴国外著名大学进行英语和教学培训或教学访问交流，将语言培训与专业教学技能培训结合进行。教学技能则更多反映在教学理念与教学方法上，在这方面，中、英文课程并无差异。而教师的学术视野与学术涵养，则要求授课教师具有一个全球的视野以及对规划研究国际领域内动态的把握，因为这些都会充分地反应到教学内容上和授课过程中。

因此，我院规划全英文研究生课程的开设，最初是直接引进外籍老师，例如学院曾邀请哈佛大学的教授来讲授城市设计理论、邀请魏玛包豪斯大学的教授讲授城市社会学课程，然后逐渐过渡到培养自己的全英语课程授课教师。授课教师大都具有海外留学或访问进修经历，但是作为学生听课与作为教师讲课要求是不一样的，进行一般的学术交流与系统的授业解惑要求也是不同的，因此城市规划全英语课程的开设，对于授课教师来说是一项巨大的挑战，不但要熟知授课内容，还有了解听众的背景、应对学生的反应，并且具备相应的积累，这样才能够保证将知识完整准确地传递给背景多样化的学生。学校层面非常重视全英文课程建设，组织进行了全英语课程的申报、专家初评和答辩等活动，以确保全英文课程建设的整体水准。

结语

国际化教育、国际化办学的浪潮已经扑面而来，作为国内城市规划教育国际化的前沿，我们别无选择，只有迎着浪潮而上，城市规划全英文课程体系建设就是我们的一支有力的桨。对于城市规划的全英语课程来说，必然会经过一个从无到有、从有到优、从优到特的过程。

主要参考文献

[1] 黄怡．欧洲规划教育的新趋势与启迪．更好的规划教育・更美的城市生活——2010 全国高等学校城市规划专业指导委员会年会论文集．北京：中国建筑工业出版社，2010：71-75.

[2] 吴长福，黄一如，李翔宁．从兼收并蓄到博采众长——同济大学建筑与城市规划学院国际化办学历程与特色．城市建筑，2011，(3)：15-18.

Exploration on the System Building of Urban Planning Courses in English in International Education

Huang Yi

Abstract: This paper explores the issue of system building of urban planning courses in English in international education. The paper first generalizes the trend and background of international education in the discipline of urban planning; and further analyzes the difficulties and challenges in building the system of urban planning courses in English. Moreover, the paper elaborates the system and components, textbooks and reference readings, and qualified teachers of urban planning courses in English.

Key Words: international education, urban planning, system building of courses in english

城市空间与社会调研❶
——城市规划专业社会综合实践调研的教学探索

武前波　陈前虎

摘　要：社会综合实践教学是培养城市规划专业学生价值取向的重要环节。从社会调研的焦点“城市空间”着手，详细阐述了空间的社会属性，即空间的社会意义正是开展社会调研的重要原因。结合近年来城市规划专业社会调研获奖作品的选题，认为城市群体、城市地块、城市问题是社会调研的主要对象，而不断追求城市经济、社会与空间的协调发展是调研的重要目的。

关键词：城市空间，社会综合实践，社会公平，城市规划

随着西方国家工业化的全球转移，以及发展中国家城市化进程的加速，日益涌现出来的城市问题时刻困扰着经济社会的快速发展。与20世纪西方发达国家城市规划专业的社会转向相比，2011年我国正式将城市规划专业确立为一级学科，这标志着以交叉学科思维办学的趋势更加明显，即有别于传统以工程设计为主导地位的办学方针。一般来说，城市规划职业教育的指导标准包括3个方面的培养要求，分别是知识、技能和价值取向，其中价值取向决定了规划师要承担重要的社会角色。[1]这方面的要求将推动城市规划专业学生勇于参与社会综合实践，协调城市社会群体的各方面利益，关注“弱势群体”，不断追求城市空间的社会公平。

2000年全国高等学校城市规划专业指导委员会开始举办城市规划专业社会调研作业评优活动，10年来涌现出来的调研作品成效巨大，有力地推动了全国高校城市规划专业社会调研课程的开设，以及大学生参与社会综合实践调研的积极性，这也比较切合当前城市规划学科转型的趋势。同时，社会实践也有利于培养城市规划专业学生的认知能力、发展能力和创新潜力，并强化对知识和技能的理解、消化与掌握。本文首先将重点分析“城市空间”的内涵与意义，这是城市规划专业社会调研的焦点所在，之后将结合近年来社会调研获奖作品的选题特征，探索社会综合实践调研课程的教学方法。

1　调研焦点：城市空间

目前，国内外的城市规划教育主要设置在建筑学院和地理学院，这是由于两门学科具有共同的研究对象，即城市空间，正是由于空间属性的多元化，从而吸引相关学者从空间性质的不同角度来分析城市规划，推动城市规划领域对社会调研的重视，促使城市规划逐步发展成为新的一级学科。

1.1　“空间”的解释

从哲学的角度来讲，空间可以划分为绝对空间和相对空间，以及物质空间和精神空间两个范畴，其中，绝对空间、相对空间均属于物质空间。

牛顿认为空间是绝对的，即空间既不受占据其中的客观事物影响，也不受人的主观感知的影响；莱布尼茨认为空间具有相对性，它属于一种关联性概念，指涉事

❶　浙江省新世纪高等教育教学改革项目：以专业评估为导向的土建类专业课程体系优化研究（zc2010006）；浙江工业大学人才培养模式改革研究项目：“精”+“通”型城市规划人才培养模式改革研究（2009）。

武前波：浙江工业大学城市规划系讲师
陈前虎：浙江工业大学城市规划系教授

物的数学关系。这种空间的二元划分决定了空间的自然属性，即空间是事物的容器，可以运用物理学、几何学等理论方法和技术手段进行精确地度量、测算和配置。德国哲学家康德在讲述地理学的性质时，较为认同空间的绝对性，视地理学为关于空间的知识领域，这是早期关于空间经验主义研究的哲学基础，包括后来地理学、经济学领域内针对空间的逻辑实证研究，以及早期的城市设计与土地利用规划，也是基于如此。

然而，康德在第二次空间哲学批判中，认为空间是主观的、虚构的，作为感知者观念的产物而存在，他将空间视为从属于人脑的主观构成，强调人作为行为者对世界进行的认知结构，这种关于精神空间的定义即是"新康德主义"。后来的行为地理学、人本主义地理学均受到这种哲学观念的影响，包括城市社会学的芝加哥学派研究计划。例如，在1970年代兴起的人本主义思潮，侧重于对行为人及其现象环境或感知空间的研究，反对简单的理性现代科学主义。

1.2 "社会－空间"辩证法

传统城市研究所认识的空间一般属于自然属性空间，即可以运用自然科学工具精确测量与确定的空间，具有客观性和物质性。1960年代以来西方发达国家开始出现对科学主义的批判，法国社会学家列斐伏尔（Lefebvre）肯定了空间的重要性，他将空间性与历史性、社会性并列于同等重要的地位，从而形成存在三元辩证法的本体论。[2] 但是，他认为社会关系将自身投射到空间中，在空间中再现，同时又进行着空间的生产，即传统"空间中的生产"已经转变为"空间的生产"，自然属性的空间向社会属性的空间过渡。

后现代都市学家索亚（Soja）将传统空间称之为第一空间，或生活的空间（真实空间），而城市的计划设想则为第二空间，即构想的空间（想象空间）。[3] 其中，前者的认识论和思维方式统治着空间知识的积累长达数个世纪，如客观性的空间计量分析，而后者总是想方设法企图打破前者的统治地位，如利用艺术家对抗科学家或工程师。同时，索亚认为尽管第二空间有利于加深对第一空间的认识，但是那些掌握第二空间认识的群体具有相应的话语霸权性，会造成空间认知的错觉或理想化的拔高，如所谓的建筑或规划大师及来自于唯心主义哲学的空想等。所以，索亚承接列斐伏尔对空间的表述相应提出了"第三空间"，它具有多元化的包容性，即包括城市各类群体对城市的表述，如文学者、摄影者、电影批评者、社会学者及女性主义等所感知的空间。

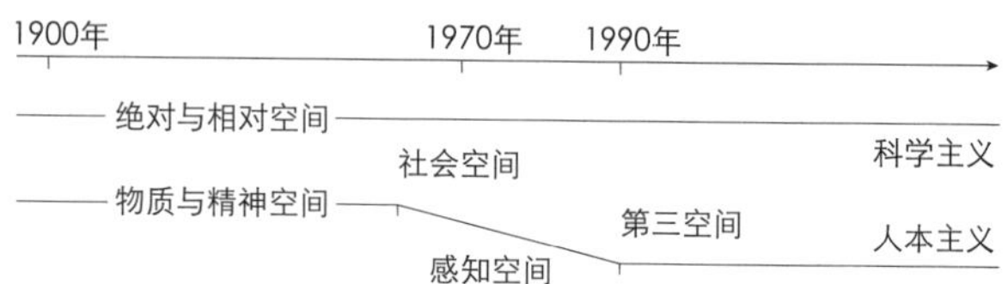

图1　有关"空间"属性解释的演进

"社会－空间"辩证法的提出丰富了城市空间的多元化内涵，吸引更多学科领域的学者开展城市研究，并为城市规划专业开展社会调研提供了哲学指导。例如，1960年代以来建筑与城市规划学者凯文·林奇所实施的"城市意象"实践、社会学者简·雅各布斯对传统城市规划的质疑、地理学者大卫·哈维发表的《社会公正和城市》等，均体现了"社会－空间"辩证法的哲学内涵。

2　调研对象：城市群体、城市地块和城市问题

纵观近10年来全国大学生城市规划社会调研获奖作品，笔者发现"城市空间"是开展社会调研的焦点，而在此基础上主要关注三大调研对象，包括城市群体、城市地块和城市问题，三者之间并存在相互交叉重叠的部分，即交叉型选题（图2）。其中，城市群体重点关注城市社会中的弱势人群，如老年人、女性、儿童、残疾人、外来人口等；城市地块主要是指快速城市化和商业化进

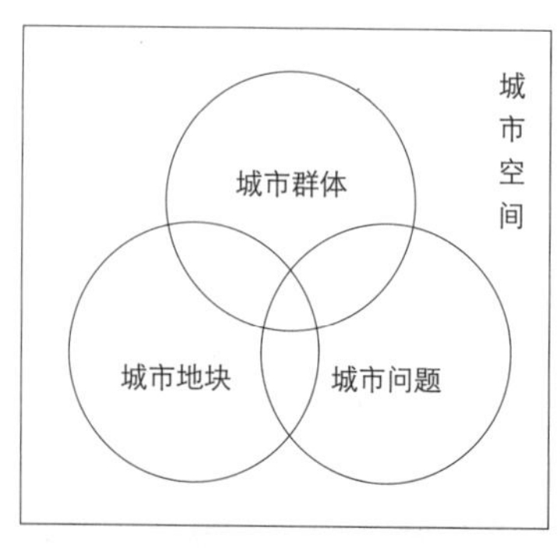

图2　以"城市空间"为基底的典型调研对象

程中功能性质变化较快的街区，如传统历史街区、现代商业区、居住老区、休闲旅游区、城市近郊区等；城市问题主要包括道路交通、公共设施、住房变迁、生活环境、社区管理等方面。

本文统计了 2004 年以来相继荣获一二三等奖的调查作品，[1] 其中，一等奖共计 16 份，每年平均 2 份；二等奖共计 70 份，年均 10 份；三等奖 124 份，年均 18 份（表 1）。同时，作者对历年作品的选题类型进行了归纳（表 2），针对城市群体、城市地块、城市问题三大调研对象的分别有 44 份、67 份、99 份作品，其中，作品数量较大的城市问题可以细分为交通停车、公共设施及其他社会问题，三者分别约占 1/3 比重，而交通类选题相对突出。

总体上来看，将城市群体、城市问题作为选题对象的作品数量呈逐年上升的趋势，说明社会调研作品选题的视角更加具体化和细化，而以城市地块为选题对象的作品仍然占据重要份额，这是城市规划专业长期所形成的调研传统。

历年全国大学生城市规划社会调查获奖作品统计 **表1**

奖项	2004 年	2005 年	2006 年	2007 年	2008 年	2009 年	2010 年	总计
一等奖	2	2	0	3	4	3	2	16
二等奖	12	10	6	12	12	10	8	70
三等奖		18	10	15	23	43	15	124

历年全国大学生城市规划社会调查获奖作品选题类型 **表2**

选题	2004 年	2005 年	2006 年	2007 年	2008 年	2009 年	2010 年	总计
城市群体	2	4	3	6	10	10	9	44
城市地块	9	12	3	7	11	18	7	67
城市问题	3	14	10	17	18	28	9	99
①交通		5	3	5	4	9	3	29
②停车		1		1	2	3	1	8
③设施	1	6	5	6	5	6	3	32
④其他	2	2	2	5	7	10	2	30

2.1 特殊的城市群体

城市社会学较为强调对城市社会群体发展规律的研究，其中，对弱势群体的关注成为城市规划过程中能够体现社会公正的重要一环。近年来城市规划社会调研获奖作品注重将非主流城市群体作为研究对象，包括老年人、女性、残疾人、摊贩、农民、外来人口等（图 3），并取得了较为突出的成绩（表 3）。例如，2007 年、2010 年北京大学和 2009 年同济大学的 3 份一等奖作品均将老年人作为调研对象。外来人口、摊贩、农民也是近年来调研作品的重要选题对象，2006 年 2 份三等奖作品、2007 年 3 份二等奖作品、2009 年 4 份二三等级

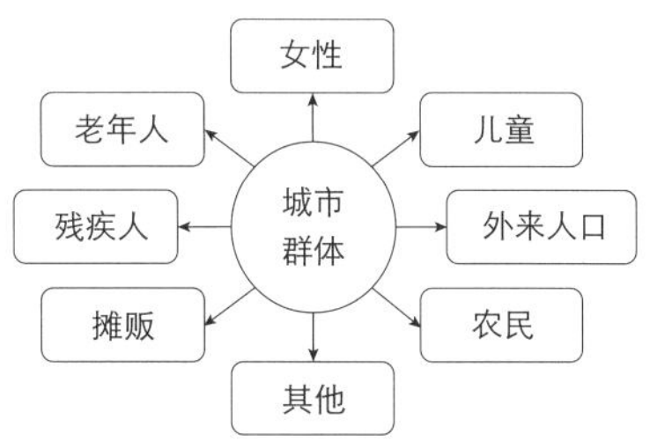

图 3　近年来城市社会调研的热点对象——“城市群体”

[1] 2004 年以前作品主要是佳作奖和鼓励奖，并限定了选题范围，故此没有进行统计。

作品均有以上选题特征，2010年有5份三等奖作品选择了农村、农民社会问题调研。另外，也有部分获奖作品将少数民族、外国人聚集区作为调研对象。以上表明，城市老龄化、农村城市化、人口流动化成为当前城市社会发展最为鲜明的现实特征。

近年来城市社会调研的特殊群体　　表3

特殊群体	获奖案例	获奖单位	获奖等级
老年人	遗忘的角落——城市老年人使用非常规空间社会调查（2010）	北京大学	一等奖
女性	女性·路径·安全——大路社区公共空间路径安全调查（2009）	重庆大学	一等奖
外来人口	南京市居住空间求租群体调研报告——以大学生、进城农民、白领为主（2004）	南京大学	二等奖
残疾人	愿与光明同行——北京市盲人使用公交车情况调查（2005）	北京大学	二等奖
摊贩	商旅不行，后不省方——沙坪坝核心区流动商贩存在状况调查分析暨改进建议（2007）	重庆大学	二等奖
农民	禾去何从——“厂中村”农民生活状况及土地利用情况（2009）	苏州科技学院	三等奖
儿童	街巷·儿童——广州传统街巷式住区儿童户外活动空间调研（2008）	中山大学	三等奖

2.2　变化的城市地块

城市地块调研是城市规划专业的传统课题，在近年来的获奖作品中仍然占据主流地位，其选题重点主要揭示商业化背景下各种用地功能性质的变化特征及其深层原因。根据统计结果，2005年、2007年、2009年均有1份一等奖作品关注于商业街区或历史街区的城市调研；而在历年的二三等奖作品中，对城市公共空间、广场、小区、公园、商业街和历史街的关注热度较高，其次是城市近郊区、边缘区和遗忘区（表4）。在以上获奖作品的调研中，时常出现将城市地块选题与城市群体、城市问题相互融合，从而获得“平淡中见真奇”的选题效果，例如，2007~2010年北京大学相继通过老年人、儿童、人力车夫的视角，对北京传统四合院、胡同、历史社区等城市地块进行调研，获得了4次一等奖的竞赛成绩。由此可见，我们对城市空间的规划更要注重对社会群体的尊重，即充分体现出“人本主义”的人文关怀，这也正是国内外城市规划专业强化社会调研的主旨所在。

近年来城市社会调研的变化地块　　表4

主要地块	获奖案例	获奖单位	获奖等级
商业街区	商业化背景下的住区变迁——以珠江路科技街的兴起为例（2005）	中山大学	一等奖
休闲空间	“城市新名片”历史环境中的现代城市广场——西安大雁塔南北广场调研报告（2004）	西安建筑科技大学	二等奖
历史街区	“流行”碰撞“传统”——酒吧进入什刹海历史街区影响的调查报告（2005）	北京大学	二等奖
居住小区	80新颜，08旧貌——哈尔滨新发小区实证调研（2008）	哈尔滨工业大学	二等奖
公共空间	城市客厅里的休闲时光——西单广场使用模式调查（2007）	北方工业大学	二等奖
遗忘区	遗忘的城市橱窗－杭州市古荡地区城市围墙调研报告（2006）	浙江大学	二等奖
近郊区	四十而“惑”——上海城郊中年失地农民就业难现象调查（2010）	同济大学	三等奖

2.3　典型的城市问题

城市问题是许多学科关注的重要研究对象，包括社会学、地理学、经济学、管理学等综合性一级学科，当前城市规划专业已经发展成为一门新的一级学科，对城市问题的关注也将是其研究重点。从历年城市规划专业社会调研获奖作品来看，有关城市问题的调研占据最多的数量，其中，城市交通、城市公共设施、城市住房、城市管理及其他方面是主要的选题类型。第一，约有37份获奖作品选择交通问题为调研对象，占获奖总数的17.6%，表明城市交通已经成为国内各大城市所面临的最为重要问题，而道路交通规划也是城市规划专业的重要组成部分。第二，约有32份获奖作品选择公共设施问题为调研对象，占15.2%，说明随着城市化快速推进、城市规模日渐扩大和城市生活质量日益提高，公共服务设施的稀缺不完善及其布局不合理将是城市规划所要关注的重点。第三，城市居住、就业、管理、环境等约占城市问题选题总数的1/3，表现出国内城市生活软环境有待逐步提升的发展趋势。

近年来城市社会调研的典型问题　　表5

典型问题	获奖案例	获奖单位	获奖等级
道路交通	安车乐业——天津大胡同商业区停车难问题社会调研（2010）	天津大学	二等奖
公共设施	垃圾何处容身？——南京奥体新城环卫设施配置调查（2009）	南京大学	三等奖
住房变迁	庭院深深"深"几许——杭州市庭院改造绩效评价调研报告（2009）	浙江工业大学	二等奖
社区管理	社区管理：从"政府本位"到"公众本位"——由基层居委会向社区管理网络的转变（2007）	东南大学	三等奖
生活环境	夜初上，几多流明——社区夜间照明调研报告（2006）	哈尔滨工业大学	二等奖

3 调研目的：城市空间与经济、社会协调发展

从国外城市规划学科发展的历程来看，相继经过了物质空间规划、经济社会规划、生态环境规划等演变阶段，最终成为一门综合规划类型学科，而设计和工程学科的主导地位逐渐被人文和社会学科所取代。[4]当前我国正处在快速工业化和城市化的进程中，这决定了物质空间形态规划仍然占据主流地位，其次是经济社会规划及生态环境规划。然而，国内城市规划学科的社会转型也将是未来发展的必然趋势，城市空间与经济、社会、环境的协调发展是城市规划的终极目标，而开展城市社会综合实践调研的目的也即是如此（图4）。

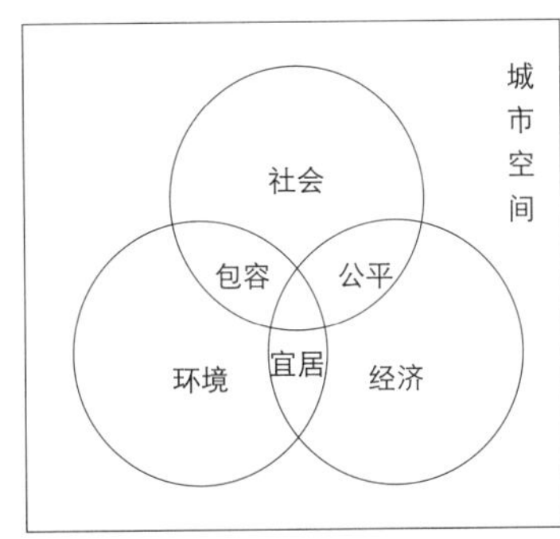

图4　城市社会调研与规划建设的目标

城市规划作为一门公共政策性质学科，其重要的功能之一就是促进社会发展。广义的社会发展是指涵盖经济发展在内的社会全面发展进步；狭义的社会发展则是指与经济发展相并列的社会发展层次，主要关注于人类关系的建构，以人的全面发展为中心。[5]美国学者塞缪尔·亨廷顿认为，发展包括经济增长、公平、稳定、民主和自由等五个方面，但各个目标之间存在着冲突与矛盾，追求相互和谐发展很难实现。然而，根据"空间的生产"理论和"社会－空间"辩证法，我们可以通过调整重组城市空间来实现社会的公平，例如，保证城市土地、空间资源、环境资源的公平分享，排除性别、种族、阶层的划分和居住空间的差异，将城市基础设施、公共服务设施、公益性设施等在空间上合理而平衡布局，从而可以控制或减少社会分化，推动社会公平目标的实现。

由此可见，历年的城市规划专业社会综合实践调研无不是围绕这些目标来深入推进，包括对城市弱势群体、城市敏感地块、城市公共设施、城市典型问题等方面的选题，其共同目标就是促进城市空间与经济、社会、环境的协调发展。

主要参考文献

[1] 唐子来．不断变革中的城市规划教育[J]．国外城市规划，2003，18（3）：1-3.

[2] 亨利·列斐伏尔（著）．空间：社会产物与使用价值．包亚明（编）．王志弘（译）．现代性与空间的生产[M]．上海：上海教育出版社，2003：47-58.

[3] 爱德华·W·索亚（著）．后现代地理学——重申批判社会理论中的空间[M]．王文斌（译）．北京：商务印书馆，2004.

[4] 谭少华，赵万民．论城市规划学科体系[J]．城市规划学刊，2006，（5）：58-61.

[5] 黄亚平．城市规划、城市空间环境建设与城市社会发展[J]．城市发展研究，2005，12（2）：12-16.

Urban Space and Social Practice & Investigation——Research of Social Comprehensive Practice in Urban Planning Courses

Wu Qianbo　Chen Qianhu

Abstract: Social practice & investigation is important part of teaching students values in urban planning courses. Through focusing on "urban space", the paper analyzes social nature of space, and the social significance of space is an important reason for social research. Combined with the winning topics of social practice & investigation in recent years, it points that urban populations, urban blocks, urban problems are the main object of social research, and the coordinated development of urban economy, society and urban space is an important research goal.

Key Words: urban Space, social practice & investigations, social justice, urban planning

规矩与方圆
——《城市规划管理与法规》课程教学研究

赵丛霞　薛滨夏　吴松涛

摘　要：我国城乡规划的属性正在由技术性蓝图向公共政策转变，而以工科建筑学专业教育为背景的城市规划专业普遍重视设计的基础、理论与实践能力，如何在教学中满足学科对专业人才培养的新要求，《城市规划管理与法规》课程是一个很好的切入点。本文从教学内容、方法及考核方式等具体操作层面，探讨了如何通过该门课程让学生领会规划管理与法规不仅是贯穿他们所学的各种原理知识的线索，也是不同规划设计项目都必须遵循的技术法则，还是各种建设主体工作的统一平台。本课程不是让学生学会某条法律法规条文，而是使他们熟悉城乡建设得以顺利实施所依靠的一整套制度框架。课程的教学组织注重了本科教学体系的承上启下与学生所学知识的融会贯通。

关键词：城市规划管理与法规，教学组织，制度框架

《城市规划管理与法规》是我校城市规划专业本科生的一门专业主干课、建筑学专业学生的一门专业限选课，安排在本科教学的第八学期，即大四下学期。我校的城市规划专业教育延续了老八所建筑院校的传统，以工科建筑学专业教育为背景，课程设置和学生的观念都十分重视各种设计课与原理课，因而我校的规划专业毕业生具备较强的工程设计能力和作图基础技能。然而当今我国的城市规划正在由技术性蓝图向公共政策转变，新版的《城市规划编制办法》和《城乡规划法》已在制度层面确认了城市规划的公共政策属性。学科属性的转变对规划专业人才的培养提出了新的目标和要求，即规划专业学生应当具备公共政策的基础知识，熟悉我国城乡建设的制度框架，了解各种利益在空间层面的实现途径，价值判断有明确公共取向，并具有社会责任感。对于建筑学的学生，他们应当了解设计并不是建设活动的全部，也不是毕业后工作内容的全部，应当知道设计方案报批的程序、规划部门审核的要点以及违法用地、违法建设的原因及处理等常识。

《城市规划管理与法规》课程围绕“中华人民共和国城乡规划法”和“中华人民共和国建筑法”两部城乡建设领域最重要的法律法规，讲述我国的城乡建设得以顺利实施所依靠的制度框架、制度体系，以及规划管理的内容、操作程序和要点。笔者认为这门课程应当起到承上启下、融会贯通的作用，即将中低年级的设计实践和设计原理知识与高年级的实习和即将面临的实际工作相衔接，将所学的《城市规划原理》、《城市道路交通》、《控制性详细规划》、《城市设计》等内容在规划管理的教学中融会贯通。法律法规条文通常是枯燥乏味的，如何上好这门课，设置哪些内容，如何讲解以及采取什么样的考核方式，下面谈谈我们的思考。

1　承上启下——教学内容框架构建

1.1　教学内容与注册考试接轨

20 世纪 80 年代以来，我国工程建设领域开始实施专业人员注册管理的制度，注册城市规划师、注册建筑师考试是绝大多数学生毕业后将面临的重要考验，对其个人事业的发展有着重要的影响。注册城市规划师考试有四个科目，《城市规划管理与法规》是其中的一个科目。一级注册建筑师考试中“建筑经济、施工及设计业务管理”，二级注册建筑师考试中“法律、法规、经济与施工”都包含城市规划管理与法规的内容。为了使教学更

赵丛霞：哈尔滨工业大学建筑学院讲师
薛滨夏：哈尔滨工业大学建筑学院讲师
吴松涛：哈尔滨工业大学建筑学院教授

好地满足学生就业后的需要，本门课程在内容设置上参考了注册城市规划师和注册建筑师的注册考试大纲，基本涵盖了大纲要求掌握的内容（见表1）。设置“城乡规划管理与法规”和“建设管理与法规”两部分内容不仅仅是为了兼顾城市规划和建筑学两个专业的学生同时上这门课，或是毕业后有更灵活的就业选择，更是因为这样才能帮助学生在头脑中建立起我国城乡建设的制度框架。

《城市规划管理与法规》教学内容与注册考试大纲的关系 **表1**

<table>
<tr><th colspan="3">教学内容</th><th>注册考试大纲要求</th></tr>
<tr><td rowspan="14">城乡规划管理与法规</td><td colspan="2">城乡规划管理基本知识</td><td rowspan="10">注册城市规划师考试大纲相关要求：
城乡规划管理知识
城乡规划编制与审批管理

城乡规划实施管理
城乡规划监督检查与法律责任

注册建筑师考试大纲相关要求：
了解对工程建设中各种违法、违纪行为的处罚规定</td></tr>
<tr><td rowspan="2">城乡规划编制与审批管理</td><td>城乡规划编制管理</td></tr>
<tr><td>城乡规划审批管理</td></tr>
<tr><td rowspan="7">城乡规划实施管理</td><td>乡、村庄规划管理</td></tr>
<tr><td>建设项目选址规划管理</td></tr>
<tr><td>建设用地规划管理</td></tr>
<tr><td>建设工程规划管理</td></tr>
<tr><td>历史文化遗产保护规划管理</td></tr>
<tr><td>规划核实</td></tr>
<tr><td>违法用地和违法建设的查处</td></tr>
<tr><td rowspan="4">城乡规划的法律法规体系</td><td>我国城乡规划法律法规体系的构成及框架</td><td rowspan="4">注册城市规划师考试大纲相关要求：
城乡规划法制建设概况
《中华人民共和国城乡规划法》
配套法规
城乡规划技术标准与规范
城乡规划相关法律法规等</td></tr>
<tr><td>《中华人民共和国城乡规划法》</td></tr>
<tr><td>配套法规文件</td></tr>
<tr><td>地方法规</td></tr>
<tr><td rowspan="11">建设管理与法规</td><td colspan="2">《建筑法》简介</td><td rowspan="4">注册建筑师考试大纲相关要求：

了解设计业务招标投标、承包发包及签订设计合同等市场行为方面的规定</td></tr>
<tr><td colspan="2">工程建设的基本程序</td></tr>
<tr><td rowspan="5">工程勘察设计管理与法规</td><td>工程设计招投标</td></tr>
<tr><td>工程勘察设计合同</td></tr>
<tr><td>工程设计文件的编制</td><td>熟悉设计文件编制的原则、依据、程序、质量和深度要求；熟悉修改设计文件等方面的规定</td></tr>
<tr><td>工程设计标准与标准化
工程设计强制性条文</td><td>熟悉执行工程建设标准，特别是强制性标准管理方面的规定</td></tr>
<tr><td>《建设工程勘察设计管理条例》</td><td>了解与工程勘察设计有关的法律、行政法规和部门规章的基本精神</td></tr>
<tr><td rowspan="4">工程设计单位资质与从业人员资格管理</td><td>建筑工程设计单位资质管理</td><td rowspan="4">熟悉注册建筑师考试、注册、执业、继续教育及注册建筑师权利与义务等方面的规定</td></tr>
<tr><td>城市规划编制单位资质管理</td></tr>
<tr><td>注册建筑师管理</td></tr>
<tr><td>注册城市规划师管理</td></tr>
</table>

1.2 内容适时更新

管理与法规不是科学定理一成不变，法规会不断修订，管理的操作程序也会随着社会经济的发展而不断调整，这就要求这门课程的内容要追踪变化、及时更新。

比如我国的工程建设基本程序，过去讲建设前期都是从项目建议书开始，但那是计划经济时期的工作程序。过去建设项目的投资主体基本上都是国家，所有项目，不分项目性质，一律由各级政府审批。如今，市场经济环境下，企业投资建设的项目不宜干涉过多，按照“谁投资、谁决策、谁收益、谁承担风险”的原则，一律不再实行审批制，区别不同情况实行核准制和备案制。通常由企业按照属地原则向地方政府投资主管部门备案，有些关系到公共利益、国家安全、生态环境和资源的合理开发利用等项目，按照《政府核准的投资项目目录》报政府核准。因此我国的工程建设基本程序关于建设前期的内容就应当修改，见图 1。

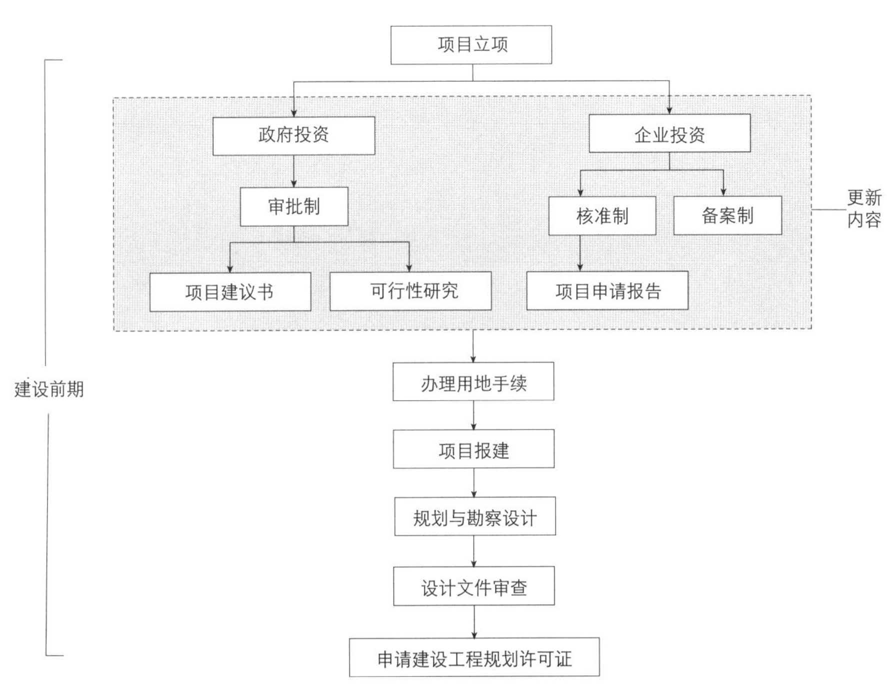

图 1 我国的工程建设基本程序建设前期图示

又如，《城乡规划法》修订后，城乡规划管理中的许多内容都发生了变化。首先规划管理的范围扩大了，城乡规划体系也做了相应的调整；其次不同层次规划增加了强制性的内容，规划编制与审批的程序不同了，规划修编的程序严格了，调整了建设项目竣工验收的程序；最后，明确了政府的规划责任和相应处分，加强了包括人大、专家、公民和上级的全方位的监督，完善了城市规划中公众参与的途径。这些内容都要反映在授课内容中。

2 融会贯通——教学方法探索

以建筑学专业教育为背景的学生，接受了多年的建筑设计教育和熏陶，崇尚先锋和各种设计思潮、设计大师，对法律法规一类“枯燥”的东西是不感兴趣的。然而这门课程的内容对他们日后的实际工作又确是越来越重要，如何让学生理解这门课程的作用，如何使其真正掌握课程内容，又如何调动学生的学习兴趣呢，这里有几点体会。

2.1 明确授课目的

《城市规划管理与法规》课程不是让学生学会某条法规条文，那些内容他们可以自学，并通过实践工作的反复使用逐渐掌握。本课程要使学生理解管理与法规是一个线索、一个容器和一个平台。它将学生本科前四年八个学期所学过的各种原理课（如《公共建筑设计原理》、《住宅设计原理》、《城市规划原理》、《城市道路与交通》、《城市设计概论》等）的内容串在了一起；它是各种规划设计、建筑设计必须遵循的技术法则，任何创意构思不可突破的容器；它是开发商、勘察、设计、施工、监理单位等不同建设主体工作的统一平台（见图2）。这门课要让学生掌握的是我国城乡建设得以顺利实施所依赖的一整套制度框架，这些才是本课程的根本目的。

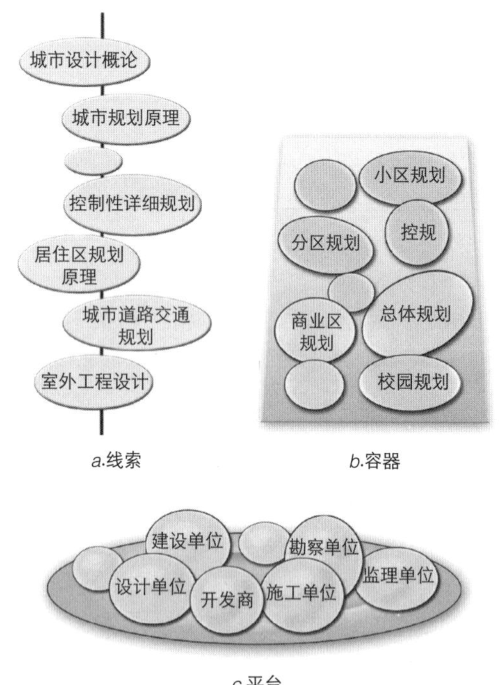

a.线索　b.容器

c.平台

图2　城市规划管理与法规的作用

2.2 分析法律条文的背景与深层意义

《城市规划管理与法规》课程要帮助学生熟悉《中华人民共和国城乡规划法》和《中华人民共和国建筑法》这两部建设领域最重要的法律法规。但是了解法律条文字面的含义是粗浅的认识，条文背后的深层背景和意义则更加重要，它们能使学生真正理解法律条文，引发其思考。

2007年修订颁布的《城乡规划法》对城乡规划实施管理增加了“乡村建设规划许可证”的内容。课程讲授中除了“乡村建设规划许可证”的适用范围、申请程序、实质等内容外，不妨谈谈“乡村建设规划许可证”产生的社会背景。20世纪90年代以来，乡村集体所有土地上出现了大量的违法用地、违法建设现象，如以租代征、拆分征地、非法占用基本农田、小产权房等等。通过分析这些社会现象，学生不仅可以了解到我国的土地所有制度、土地使用制度、农地征用审批的权限、农用地转用的程序，以及社会热点现象小产权房为何是违法的，同时也从根本上理解了该条文产生的原因，做到“知其然，知其所以然”。

再如，《城乡规划法》是本课程要讲授的一部重要法律，学生学习它，不仅要了解规划的编制审批、实施管理及相关法律责任等具体规定，同时更要领会该法的修订标志着我国的城乡规划正在从一种塑造物质空间的技术手段向公共政策转变。市场经济条件下，城市规划是为弥补市场失灵、解决公共问题、维护和协调城市公共利益，由政府及其相关利益主体共同协商形成的、由政府强制力保障的空间使用政策。国外城市规划的发展大体上经历了从“关注物质空间”向“关注社会经济”再向“作为公共政策”的转化过程，并基本上已经形成了基于公共政策的城市规划体制。相对于国外，我国城市规划自新中国成立以来则呈现出从“纯粹的物质工程设计的技术工具”向“独立的行政职能”进而向“综合空间政策”的转变趋势，这符合我国的政府职能从经济建设型向公共服务型转型的趋势。[1]

2.3 案例式教学

案例式教学在国外的法学院已得到广泛运用，通过分析和研究现有的案例，可以调动学生的兴趣，帮助学生理解抽象的法律概念、原理及条文，将理论与实践相联系，加强对实际能力的培养。

例如，在讲到城乡规划实施管理中“规划核实”的内容时，首先给大家播放一段视频——“长高长胖的楼超超”，讲的是江苏省连云港市市中心有四栋楼，被当地许多百姓称为“楼超超”，规划沿街建筑由6层调整为17层，最后建成为22层，原规划四栋楼之间的绿地也被建成了门面房。短短的几分钟视频迅速抓住了学生们的注意力，并引发其思考：规划实施管理仅仅通过“一书三证”是不够的，还应在建设过程中延续。在此基础上，接下来讲授规划核实的内容就容易“深入人心”了。

又如，招投标程序是一个比较繁琐的过程，不仅阶段步骤多，而且每个环节的操作要点也较多，讲授中更显抽象庞杂，难以记忆。教学中可以在原理讲解之后，通过一个真实案例的介绍，如北京奥运会场馆建设的招投标过程，使学生熟悉招投标程序、评标委员会构成、评标方法等内容。

3 注重过程与能力——考核方式的引导意义

考核方式对学生的学习方式有重要的引导意义。死记硬背的考试内容导致学生机械地记忆而不能真正理解和活学活用；一张考卷定分数的方式，可能造成学生的前松后紧、突击学习，难以扎实地掌握学习内容。为此本课程在考核方式上做了一些新的尝试，实践证明比较有效。

3.1 累加式考核方式

为督促学生认真对待整个教学过程，同时引导和鼓励学生课下的自主学习与探索，本课程采用累加式考核方式。学生成绩由以下几部分构成：课堂测验（15%）、课下作业（15%）、上课出勤（10%）和最后的考试（60%）。课堂测验主要是以案例分析的方式考核建设工程规划管理的内容。考试同样考虑与注册考试接轨，采用单项选择和多项选择两种题型，比传统的名词解释、填空、简答等题型更能体现对知识的实际掌握和运用。

3.2 贯穿核心内容的场景模拟作业设计

为帮助学生切实掌握课程的核心内容，并能够活学活用，减少死记硬背，本课程设计了一个工作过程模拟的大作业。作业要求运用课程所学，对校园内的一个建筑单体或相邻街坊住宅小区从规划、报批、建设的全过程进行模拟，掌握基本建设程序、方法，把握主要矛盾。内容主要包括四部分内容：项目策划书、规划设计条件下达、设计方案汇报以及工期排序。

以城市规划专业的作业为例：项目策划书是以开发企业策划部门的名义，向企业董事会汇报住宅小区建设轮廓性构想的文件。内容包括环境分析、项目定位、规划与设计构想、初步概算和项目实施策划等内容。规划设计条件下达是以市规划局的角度，对该建设项目提出主要的规划设计条件，内容包括：用地情况、使用性质、使用强度、建筑设计要求（建筑规模、高度、层数、后退控制线距离、建筑间距、交通出入口方位、停车数量、绿化等）、城市设计要求、市政要求、配套要求、设计单位要求等。设计方案汇报是从规划设计院的角度，根据项目策划书、规划设计条件以及相关法律法规，拟定设计方案。内容包括总平面图、系统分析图、主要街景立面图、局部透视和设计说明，各图比例自定。工期排序是以开发公司基建处的角度，以表格的形式说明工作的阶段和时间安排，各阶段相关责任方（如业主、设计部门、规划局、其他部门）的工作内容，涉及的法律法规要点等。

作业要求图文结合，手写手绘，4人一组合作完成。作业完成后，在课堂上由学生对其中的某部分内容进行场景模拟，如各班分派2~3名同学，分别扮演规划师、开发企业项目部领导、项目负责人、规划局处长、局长等角色，参照规划设计条件对设计方案进行讨论。改变教师满堂灌的教学方式，调动学生的主动性和独立性，活跃课堂气氛。

4 结语

管理与法规课确实比设计原理课、史学课等课程难上，同时学生的重视程度也不高。如何上好这门课，笔者一直在探索，取得了一些成效，也存在许多不足，还需要在日后的工作中继续钻研，并向其他院校学习，不断完善和提高。

主要参考文献

[1] 何流.城市规划的公共政策属性解析.城市规划学刊，2007，(6)：36.

[2] 赵民.推进城乡规划建设管理的法制化.城市规划，2006，(12)：51-53，66.

Rules and Innovation——Teaching Research on the Urban Planning Administration and Regulation

Zhao Congxia　Xue Binxia　Wu Songtao

Abstract: The attribute of rural and urban planning in China is shifting from technical blueprint to public policy, but lots of urban planning specialty which are based on the architecture pay great attention to design foundation, theory and practice ability.Urban Planning Management and Regulations is a good chance to meet the requirement.From teaching contents, teaching methods and assessment methods, this paper discusses how to help students to understand that Urban Planning Management and Regulations is not only the clues which run through the various principle knowledge they learned, but also the technical requirements which different planning and design projects must follow, and a unified platform which various construction body work on.The aim of this course is not to make students learn some pieces of regulations, but to make them master a set of institutional framework on which our country's rural and urban construction rely.The teaching organization pays great attention to the linkage of the undergraduate's teaching system to make them master the learned knowledge better through this course.

Key Words: urban planning management and regulations, teaching organization, system framework

中外城市建设史课程的探究式教学实践与探索

陈　芳　张金荃

摘　要：探究式教学在城市规划实践课教学领域已经有比较广泛的应用，但是在理论课领域的尝试却方兴未艾。论文以中外城市建设史为例，探讨了探究式教学在规划专业理论课程教学实践中组织方法，主要特色，以及存在问题与挑战。

关键词：探究式教学，问题导向，团队协作，规划理论课

1　研究背景

探究式教学法（inquiry based teaching）最早由美国教育学家杜威所倡导，这种方法最初被应用于科学教育，杜威认为当时的科学教学过于强调信息的积累，而对科学作为一种思考的方式和态度没有予以足够的重视。他坚持科学教育不仅仅是要让学生学习大量的知识，更重要的是要学习科学研究的过程或方法。探究式教学的先进理念自 1979 年由美国教育家、哈佛大学教授兰本达女士引进中国之后，已经历经三十多年的发展历史。此间，中国教育界在探究式教学的本质、特点、模式、实施条件、适用范围、存在问题及解决对策等方面做了有益的探讨，在教育实践领域，尤其是中小学科学和数学教育中获得了广泛的认同和应用。目前这种方法目前也越来越多地应用于人文社科领域。

目前，探究式教学作为一种新型教学尝试，在中国高等教育的实施尚处摸索阶段。城市规划专业属于实践应用型学科。一直以来，探究式教学这套发现问题，分析问题，解决问题的基本方法以及团队协作的模式在城市规划实践课程的教学中发挥着非常重要的作用，但是在理论课程教学中应用却远不及实践课广泛和深入。欧美国家城市规划专业的理论课通常采取讲授或专题讲座 + 高级研讨班（Seminar）相结合的形式。城市发展史这样的史论课往往采用带有探究性质的专题讲座 + 研讨班（Seminar）的形式。其中专题讲座注重的是知识的纵横向梳理，往往没有单一指定课程教科书，而是每个专题后布置若干参考书。学生课后自主学习的文献阅读量和探究工作非常大，远远超过国内学生。研讨班则在课程之初由老师指定研究范围，学生自己选题，通过个人或小组合作完成，并在学期进行过程中逐个展示或期末统一展示。中国城市规划理论教育的应试机制导致学生在理论学习过程中只注重知识获取，同时长期受到“工具主义”的影响，又导致教育导向偏重学生的绘图表达能力训练，普遍缺乏对学生的问题意识、深入探究能力、口头表达和人际沟通能力的培养。随着中国经济、社会的转型，通过参与式、协商式规划来和有关利益相关者共同思辨城市的建设、规划和发展，制定和调整有关规划和政策成为未来规划师的重要职责。传统的以建筑学为基础的教学体系培养出来的毕业生往往较难适应这一需求，因此，规划教育领域亟需探索有益于提高学生探究、沟通能力的教学模式和方法。从西方的教学实践经验来看，问题导向型的探究式教学是沟通规划教育与规划实践之间的一座桥梁。作为“认知教练”的规划教育工作者，应当把培养学生的积极探索、相互协作和专业反思精神作为首要任务，使他们能够更好得利用理论知识解决好现实世界的规划问题。

2　探究式教学的基本特征

探究式教学以培养学习者的科学素养和解决实际问题的能力为目标，广义的探究式教学既包括探究教学，又包括探究学习。按照美国国家科学教育标准，探究式

陈　芳：宁波大学建筑工程与环境学院讲师
张金荃：宁波大学建筑工程与环境学院讲师

学习包括了“发现问题”，“提出猜想与假设”、“制订方案、实验观察”和“利用数据得出结论”四个环节。探究式教学具体又可根据探究方式的不同分为完全探究与部分探究、开放的探究和有指导的探究。探究式课堂教学活动可以为学生构建开放的学习环境，提供多渠道获取知识、应用知识的实践机会，使学生逐渐形成主动参与、探究发现和交流合作的学习方式，真正让课堂教学焕发出生命的活力。

2.1 自发提问

朱熹说过：“读书无疑者，须教有疑，小疑则小进，大疑则大进。疑者，觉悟之机也，一番觉悟，一番长进。”爱因斯坦甚至认为：“提出一个问题往往比解决一个问题更重要。因为解决问题也许是一个数学上或实际上的技能而已，而提出新的问题，新的可能性，从新的角度去看旧的问题，却需要有创造性的想象力，而且标志着科学的真正进步”。疑问是思维的“催化剂”，它能刺激学生的求知欲，有力地调动学生思维的积极性和主动性。探究式教学与传统的老师讲授，学生被动听取、接受的教学模式不同，它一方面通过老师设问启发学生思考，另一方面也注重培养学生的问题意识，在日常生活中主动发现专业相关问题。老师针对问题给予学生适当的帮助和指导，学生通过查阅资料、讨论等方式自主寻求答案，达到掌握知识的目的。它以学生的自主性、探索性学习为基础，强调学生形成主动探究式的学习精神，注重培养学生的兴趣和思考分析能力，锻炼学生的创新思维能力。

2.2 自我教育

一切教育都可以归结为自我教育。学历和课堂知识均是暂时的，自我教育的财富确是终身的。探究式教学主张学生的自主学习。学习是学习主体自己的事情，体现着“主体”所具有的“能动”品质。“自主”才是学习的本质。注重自我教育的探究式方法一改传统教学中老师是课堂教学主角的局面，更过地鼓励学生进入课堂教学的中心舞台并成为主角。

2.3 自主参与

美国教育学者琼 · 艾斯林（Joe Exline）曾经指出知识是一种“告诉我，我会遗忘，展示给我，我会记得，让我参与构建，我才会理解”的东西。探究意味着参与其中，参与意味着一种寻找问题解决方案的技巧和态度。参与和理解是探究性学习的本质之所在，参与是探究性学习中导向理解的必要途径。

3 探究式教学在规划理论教育中的实践

笔者于 2011 年对中外城市建设史课程进行了探究式教学法的有益尝试。中外城市建设史是城市规划专业指导委员会指定的城市规划专业的主干理论课程之一。该课程安排总学时为 68 学时，其中 17 个学时为自主学习，授课对象为本科三年级学生，修课人数为 46 人。这门课涵盖中国城市建设史和外国城市建设史两大部分，具有信息量大，基本知识点多、理论性强的特点。长期以来，中外城市建设史课的课堂教学都以知识传授为核心，强调学生掌握知识的数量和精确性，教师的教学方法以讲授、灌输为主，学生的学习成了以模仿、背诵和训练为主要特征的维持性学习，重视传授轻视参与的缺陷，从理论到理论，缺乏与实践的对接的教学模式使学生很难对所学知识及时消化、融会贯通、学以致用，同时，学生的自主性、能动性、批判性和创造性被销蚀得越来越少，学生的探究精神和实践能力得不到培养。也很难激发起学生的学习热情。

3.1 探究式教学改革的目标

中外城市建设史探究式教学改革的总体目标为通过学习城市发展过程、纵横向比较城市变迁经历理解如何城市及其空间的本质及内在发展规律；通过学生自主的问题导向型专题研究，提高学生对史论课的学习兴趣，使学生了解和初步掌握基本的城市历史研究方法；培养学生的批判性思维，促使其有鉴别地学习不同时期城市规划理论与思想。

具体可以体现为以下四个方面的转变：一是从断代分期的顺序讲述向纵向梳理，突出发展主线的讲述方式转变；二是中、外史分立的讲述向打通中外，加强横向比较转变；三是从强调理论综述，介绍案例要点向问题引导，回溯本源方向转变；四是从面向历史向贴近现实，展望未来方向转变。

3.2 探究式教学过程设计

探究式教学与传统教学最大的区别在于改变了过去以老师讲授为主导的教学模式，体现在中外城市建设史这门课上，就是对老师课本知识点的讲授时间做出大幅度的压缩，在 24 个课时里将城建史的发展脉络提纲挈领地向学生展示出来。讲授围绕城市起源、中外历史不同阶段理想城市模式、未来城市发展趋势三大核心问题展开。在这个过程中，融入了学生对课本知识的探究，如通过学生自己制作中外城市建设大事记对比年表加强对课本内容的逻辑梳理和中西方横向比较，通过学生合作共同制作城市不同时期经典案例版图及特征分析卡片让学生初步熟悉重要城市的形态特征和发展特点，为后一阶段的知识点复习做准备。通过分角色辩论等形式增强学生对城建史的学习兴趣以及重要知识点的掌握程度。之后的 44 个课时是以学生的自主学习为主，老师的指导、点评和相关知识点拓展为辅的教学模式。在这个过程中学生是课堂的主角，每节课抽出 15 分钟，学生以小组为单位进行组内卡片知识点抢答和组间挑战性竞赛，作为课堂问题研讨阶段的热身活动。整个教学过程设计共分为四个阶段：

3.2.1 厘清脉络，发现问题阶段

这个阶段以老师讲授为主，通过对课程核心内容的纲要式提炼和梳理，以及对城市建设发展三大核心问题的提出，诱导启发学生思考，并引起他们对自己感兴趣的城市建设问题的设问。

3.2.2 专题研究、小组讨论阶段

这个阶段以学生自主学习为主，要求组建 6~7 人的探究小组，各小组内部通过每个成员提出问题及分析框架的讨论，初步筛选确定小组共同研究问题，并针对问题制定探究计划，小组成员分工协作进行文献查阅、证据搜集或外业考察，并提出基本研究思路、内容和技术路线。

3.2.3 交叉汇报，成果预审阶段

这个阶段的主要任务是小组间交叉汇报初步研究成果，同时老师对研究成果进行预审，并提出相应的修改完善意见。

3.2.4 成果展示，评价矫正阶段

这个阶段主要任务是各小组研究成果的展示，集体研讨，老师点评和对研究课题涉及的相关知识点的补充与链接。各小组对汇报小组的表现予以打分评价。

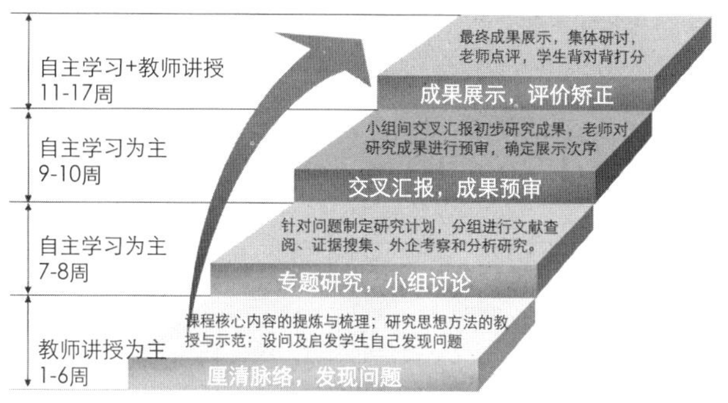

图 1 课程设计示意图

3.3 探究式教学过程特色

3.3.1 问题导引

中外城市建设史的内容讲解主要围绕三大核心问题展开。

第一个问题是城市是如何起源的？在关于这个问题的课堂教学组织中，重点安排了四大城市起源学说（市场、水利、军事、宗教）的辩论环节。各小组选定学术立场后，搜集相关资料和论据，通过主辩手阐明论点，组员自由辩论的形式组织辩论。通过辩论，学生不仅对城市起源的不同学术观点有了较为系统的认知，同时也引发了对城市起源问题的深层次思考，例如城市产生的基本条件是什么（导致历史上某些城市消亡的原因是什么）？东西方早期城市的产生有何异同点？城市聚落区别于乡村聚落的基本特征是什么？城市的产生存在是必然的吗？假如可以重回起点，有没有可以替代的形式？

第二个问题是在历史上有过那些理想城市的规划建设模式？在有关这个问题的课堂教学组织中，除了对中西方理想城市模型的归纳对比分析，还安排了西方近现代城市规划三大师（霍华德、勒柯布西耶和赖特）分角色辩论。通过辩论使学生对集中主义、分散主义、适度分散主义的城市规划思想有了比较深刻的认识，同时也引发了学生对当前中西方城市规划模式的批判性思考。

第三个问题未来城市将走向何方？在有关这个问题的课堂教学组织中，除了分组讨论，还要求每个组撰写 300 字左右对未来城市形态、结构、功能的畅想和预言。这个环节不仅达到了学生对城市建设史知识点和分析方法的综合运用的目标，同时也要求学生紧扣时代脉搏，对现代科技发展将如何改变人类生活方式和居住模式的问题以及未来城市命运等问题产生充分的关注。

以上三大问题同时也作为学生探究专题的三大基本方向，在自主学习环节的学生分组问题探究中起着重要的指导作用。学生提出探究问题的选择原则有以下四个方面：一是主题与课程相关；二是从兴趣出发；三是尽可能对三大核心问题以及古代、近代、现当代城市有全面覆盖；四是鼓励从身边城市入手，做实地考察分析。

各组学生探究问题与探究形式一览表

探究专题方向	最初关注的核心问题	最终的汇报题目	探究类型	成果形式
城市起源	市场在中国城市起源与发展中起到怎样作用?	中国人的“轻商”与“重商”在中国城市起源中的作用小探	理论探讨类	PPT、论文
	城市存在的基本条件是什么?	生态环境条件对城市存在发展的影响——兼谈楼兰古城消失的原因	理论探讨类	PPT、视频资料、论文
理想城市	中国城市的发展近现代转型是如何发生的?	改变并影响南京的《首都计划》	案例解析类	PPT、论文
	近代西方城市规划思想有哪些不足之处?	城市美化运动的近现代影响——以华盛顿为例	案例解析类	PPT、视频资料、论文
	理想的城市交通组织模式是什么?	理想城市中交通方式与交通结构的构想	理论探讨类	PPT、视频资料、论文
		宁波三江滨水走廊变迁——从桥梁看一座城市的建设发展历程	实地考察类	PPT、采访和实地考察视频、论文
	城市理想的居住模式是什么?	从里坊到门禁社区：中国封闭居住模式历史演变	理论探讨类	PPT、视频资料、论文
未来城市	未来的城市空间形态是什么?	遐想城市的方与圆	理论探讨类	PPT、论文
	信息时代对未来城市生活模式有怎么样的改变?	信息技术改变城市生活形态	理论探讨类	PPT、论文
	未来的城市生活方式是什么?	水上方舟——鹿特丹、阿姆斯特丹	案例解析类	PPT、视频资料、论文

3.3.2 团队协作

探究式教学的另一个突出特点是对学生团队协作能力的重视。课程组织过程中，所有探究环节均以6~7人小组为单位。小组式学习的好处不只是可以来增进知识同时也可以促进沟通技巧、团队合作、解决问题、独立自主的学习、信息分享以及训练团队成员彼此尊重。

每个团队设定一名临时组长和一名临时书记员。组长由组员轮流担当，其职责是组织好小组内部讨论，维护小组讨论氛围，调动组员积极性，控制讨论时间。通过担任组长可以使每个组员得到研讨组织能力的锻炼。书记员也由组员轮流担当，负责记录小组讨论要点，梳理小组汇报思路，可以有效培养学生的信息总结归纳能力。组员的职责是参与讨论，倾听并尊重他人见解，提出开放式问题，分享学习信息。教师的角色则是导引讨论的进行（协助组长维持团队讨论动力，并督导工作的进行），确认团队讨论确实符合课程的学习目标。

团队协作在不同教学环节中的组织模式

教学阶段	主要任务	组织对象	组织模式	时间
教师讲授阶段	问题讨论	组内	头脑风暴法	课堂每次15~20分钟
		组间	分角色辩论（理论性辩论中扮演不同理论观点的倡导者，规划案例分析中扮演规划师、城市管理者、投资开发商和市民等不同身份）	课堂每次30~45分钟 课余每人平均2~3小时

续表

教学阶段	主要任务	组织对象	组织模式	时间
教师讲授阶段	知识点归纳整理	组内	组内分工协作	课余每人平均 4~6 小时
		组间	纠错讨论	课堂 30 分钟
	各章考点模拟试题	组内	组内分工协作	课余每人平均 4~6 小时
			组内对抗赛	课余每人平均 4~6 小时
学生自主学习和探究阶段	研究主题的筛选确定	组内	头脑风暴法	课堂每次 30~45 分钟
		组间	讨论、互评	课堂每次 30 分钟
	研究计划的制订	组内	讨论	课余每人平均 2 小时
	研究成果的完成	组内	分工协作	课余每人平均 8~10 小时
	研究成果的展示	组间	各小组代表发言	课堂每组 15 分钟
		组内	讨论	课堂 15 分钟
		组间	公开提问	课堂 15 分钟
	知识点巩固记忆	组内	共同学习，相互检查	课堂每次 10 分 课后每周 1 小时
		组间	小组对抗赛	课堂每次 5 分

3.4 探究式教学实践存在的问题和挑战

3.4.1 学生学习热情与时间分配不足的矛盾

从课程结束后的问卷调查来看，91% 的学生对探究式教学的形式表示非常认同。82% 的学生认为探究式教学对学习兴趣的促进作用十分明显。从探究式教学开始的摸底问卷调查来看，学生对探究式教学普遍充满期待，每周愿意拿出 4~8 小时课余时间来学习这门课程占到总人数的 80%，但是实际教学过程中，由于三年级学生其他课业繁重，实际花费在中外城市建设史上的时间每周仅 1.5~2.5 小时，与实际预期相差较大。同时，组与组之间、个体与个体之家的学习时间差异性也较大。摸底问卷中分别有 70% 和 60% 的学生倾向于实地调研考察和文献查阅的研究方式，但是实际的探究结果是，除了一组同学真正进行了实地考察，其余小组均采用了传统文献查阅方式。这一点与学生探究时间分配不足有重要关系。学生课外学习时间的不足，必然导致课堂效率的降低，尤其是在课堂辩论、热身复习环节中表现最为突出。探究式教学需要第一课堂和第二课堂的有效配合。如果把探究式课堂比作舞台，学生比做演员的话，课外就是演员练功的时间。学生要成为课堂的主角，需要更多的课余时间来做准备。

3.4.2 发散性自主研讨与课程基本要求的矛盾

探究式课堂教学打破教师一言堂的格局，给学生流出了更多的自主研讨机会。但是从学生的探究问题题目上看，从兴趣出发的发散性探究并不一定都有利与学生对知识的整合和理解。问卷分析数据显示，52% 的同学认为对强化专业知识的理解和掌握的效果明显，其余的 48% 则认为效果一般。教师在学生探究课题选题的过程中，扮演重要的引导角色，必须做到及时矫正偏差，才能确保研究成果的质量，这对教师的知识储备、灵活应变能力以及专业思维能力要求相对很高。其次，探究式教学激发学生自由设问的模式，使得探究面不能均衡覆盖整个中外城市建设史，学生对现当代以及为未来城市建设发展的关注度明显高于古代和近代，而古代和近代部分同样属于城市建设史的核心内容。由于学生相对缺乏深入探究，造成老师在教学后期也难有机会对这部分相关的知识点补充和链接，最终可能导致学生对这部分知识的理解和掌握相对薄弱。

3.4.3 全员参与初衷与个体收获差异的矛盾

探究式教学的初衷是提高学生的学习兴趣，调动每个学生的参与积极性，提高其学习效率。在课堂组织模式中，原则上分配给每个学生的锻炼和表现机会是均等的，但是实际操作过程中，总是由于个体的个性、能力差异而出现有些学生积极活跃，有些则相对消极被动的现象。在传统教学模式里，老师授课，学生听讲，对于每个学生而言，知识分享是相对平等而无差异的。但是在探究式教学中，学生特体的个性、能力差异被加倍放大。尽管探究式教学总体上对每个学生都思路拓展都有所帮助，但是个人获益的程度却存在较大差别。如何普遍提高学生的口头表达能力和沟通能力的方面，将成为探究式教学研究的重要课题。

4 结语

探究式方法在中国城市规划理论教学领域的应用方兴未艾，它在提高学生学习兴趣，开拓学生视野，增强学生团队合作精神方面发挥着积极有效的作用，但同时由于原有教育体制的弊病及其惯性效应，也给探究式教学带来不少挑战。其中最大的挑战莫过于教和学理念的革命。对学生而言，其革命性在于，理论课的学习不再只是记住一些知识，而是围绕自己感兴趣的问题进行艰苦而有意义的探究过程，是个“累，却快乐着”的过程。对老师而言，其革命性在于，理论课不再只是对知识的传授，而是对一门学科的理论研究框架和结构性思维方式的传授，同时也是与学生共同学习、成长、进步的过程。

主要参考文献

[1] 程伟伟，王清.我国“探究式教学”研究30年述评[J].科技信息，2010，(28).

[2] 周江评，邱少俊.近年来我国城市规划教育的发展和不足[J].城市规划学刊，2008，(4).

[3] 刘博敏.城市规划教育改革：从知识型转向能力型[J].规划师，2004，(4).

[4] 何妍.探究式教学模式在高校公共选修课中的建构[J].四川教育学院学报，2010，(6).

[5] 李楠等.将探究式教学思想融入人才培养过程[J].计算机教育，2010，(4).

[6] Inspired Issue Brief：Inquiry-based Teaching，http://www.inspiredteaching.org/admin/Editor/assets/Inquiry%20Issue%20Brief.pdf.

[7] Anna S.Bryna C.Problem-based Learning：A bridge between planning education and planning practice.Journal of Planning Education and Research.Jun 1998，(17).

Practice & Exploration of Inquiry-based Teaching on the Course “Urban History of China and the Abroad”

Chen Fang　Zhang Jinquan

Abstract: Inquiry-based teaching has been widely used in the practice course of urban planning while the attempting in the theoretical course has just been unfolding.Based on the course of “Urban History of China and the Abroad”, this paper discusses the organizing method, essential features of inquiry-based teaching of the theoretical course of urban planning and the problems and challenges it faces.

Key Words: inquiry based teaching, problem-oriented, team collaboration, course of planning theory

实践教学

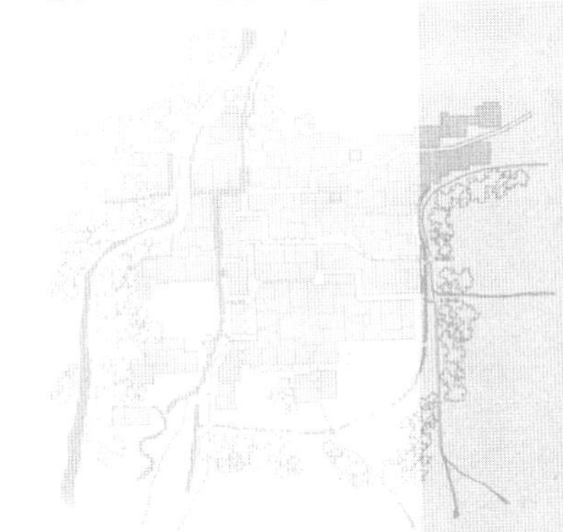

面向社会实践的多专业混编模式城市设计毕业设计探索

董　慰　王世福　吴婷婷

摘　要：由于当前我国城市设计本科教育中存在着定位模糊和专业隔阂的问题，城市设计教学很难有传达出其作为连接城市规划与建筑学、景观建筑学的桥梁学科作用的渠道和空间，进而使得毕业生难以应对当前我国城市设计实践的项目类型多样化和实践主体多元化的职业需求。因此，本文探讨在毕业设计这一个社会实践练兵环节中，针对城市设计学科特有的多专业协作特征，打破专业界限，采取更为开放的、面向真正社会实践的多专业混编创新模式。从城市设计的多专业交融特征的共识出发，提出面向社会实践的城市设计多专业协作能力训练的必要性。在华南理工大学建筑学院的“3+2”本科教育模式和建筑学院本科毕业设计制度改革的背景下，从选题、组织模式与工作框架以及设计成果几个方面探讨多专业混编模式的具体实施问题，并对实施的效果和出现的问题进行总结，进而提出改进建议。

关键词：多专业混编，城市设计，本科毕业设计

1　实践与教学：两条“平行线”的迷思

1.1　纷繁多样的城市设计实践

现代城市设计从20世纪80年代引入国内至今，尽管学术界对其认识一直存在分歧，但其实践一直呈现出积极活跃、纷繁多样的特征。国内很多城市都进行了重要城市区域或地段的城市设计，国际设计咨询和招标活动也越来越普遍和活跃。从实践类型来看，既有整体城市设计，也有局部城市设计；既有大规模的新城开发建设项目，也有旧城保护与更新项目；既有概念型城市设计，也有导控型城市设计；既包括城市中心区、滨水区、商业步行街等特色地区城市设计，也包括城市交通设施（地铁站、交通枢纽等）、城市出入口、城市广场等公共区域城市设计……与此同时，城市设计的实践主体也呈现出多种专业背景并存的特征，建筑学、城市规划专业以及景观建筑专业背景的设计公司或设计者都从事着各种类型的城市设计项目。

1.2　未明所属的城市设计教学

城市设计引入国内至今，学术界仍存在对其内涵及外延理解的分歧和争议，这导致了城市设计一直难以形成独立的专业划分，也导致了当前城市设计教育无法形成独立、系统的教学体系。城市设计只能作为一门理论或设计课程，向建筑学和城市规划专业学生“普及”城市设计知识。虽然国内越来越多的建筑和城市规划的院校在专业教育的培养计划中加设了城市设计课程，但其培养目标、教学内容和学时安排也有着很大差异，也没有一个相对一致的评估标准。

显然，如此的城市设计教学培养出来的城市设计人员并不能真正满足相对如火如荼的城市设计实践，反而导致了城市设计实践中主体素质上的不同和实践上的诸多混乱。可见，教学和实践就像两条“平行线”一样，没能形成有效的配合。

2　背景与契机

2.1　多学科交融——城市设计的共识

尽管学术界对城市设计的定位有所纷争，但基于城市这一复杂研究对象和城市建设这一复杂进程，对城市设计有两点认识是基本一致的。首先，城市设计联系着城市规划与建筑设计，起着承上启下的作用（图1）；进

董　慰：华南理工大学建筑学院讲师
王世福：华南理工大学建筑学院教授
吴婷婷：华南理工大学建筑设计研究院城市规划师

一步地，城市设计是一个需要多学科交融的过程（图 2），正如美国城市规划师卢伟民先生所说："城市设计师的工具已经拓展，从视觉形式分析到认知心理学，从交通流理论到货币流分析，从设计方针到执行标准，从激励分区制到冲突评价。没有任何一个单独的学科能掌握所有这些技能，学科间联系是必要的"。

因此，在社会实践中，城市设计往往不是一个或几个独立设计师所能完成的，而是由多部门、多专业的人员组成多元设计团队，其中不仅涉及包括设计师、城市管理部门等城市建设相关专业人员，还可能涉及经济、社会、文化、法律等各方面专业人员。在这个团队运作过程中，各专业成员都应参与其中，发挥其专业优势，

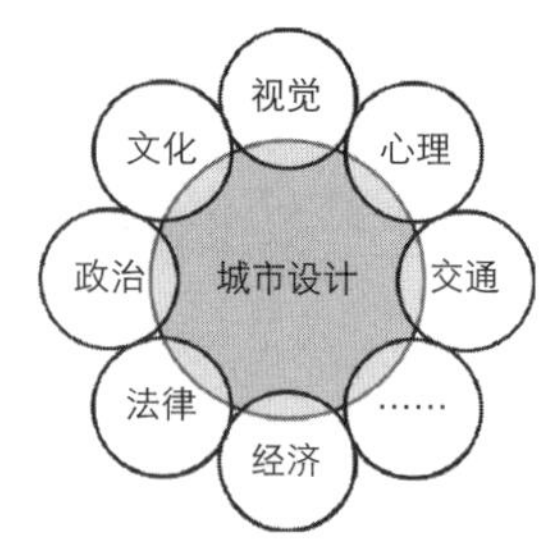

图 2　多学科交融的城市设计

协同设计并共同推进实施。但是，当前城市设计教育却因为专业细分所带来的专业隔阂，很难有传达出其作为连接城市规划与建筑学、景观建筑学的桥梁学科作用的渠道和空间。

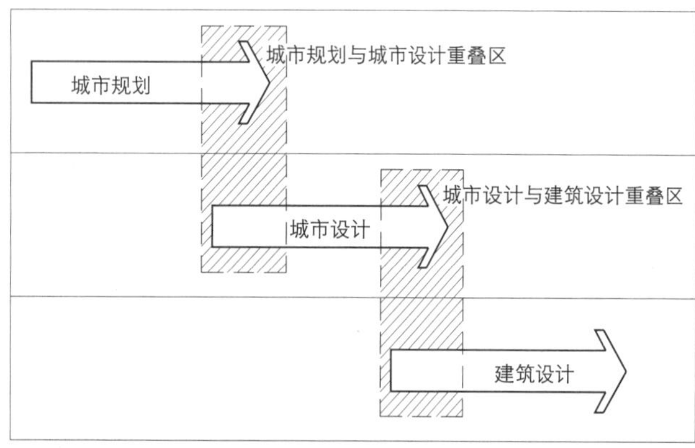

图 1　城市设计承上启下的桥梁作用

2.2　通识和精专相结合的"3+2"本科教育模式

在国内现有城市规划专业的高校中，一部分是在建筑学背景下发展起来的，往往会以建筑学的基础课程作为城市规划、景观建筑学专业低年级的主体课程，而城市规划、景观建筑学的基础课程也会作为建筑学专业学生的辅修课程。也就是说，在本科低年级阶段（通常是 3 年）建筑学、城市规划、景观建筑学三个专业的课程是一样的，实行"通识"教育模式，而高年级阶段则会针对不同专业进行专门性职业教育，实行"精专"教育模式。华南理工大学建筑学院正是采取这种通识与精专相结合的"3+2"本科教育模式（表 1）。

华南理工大学"3+2"本科教育模式中三个专业的教学内容　　表1

学年	建筑学	城市规划	景观建筑设计
1~3	建筑学、城市规划及景观建筑设计三个专业基本同步的学科通识课程 （建筑设计原理、城市规划原理、景观设计原理、建筑设计基础、建筑设计、人文艺术等）		
4~5	建筑工程技术、建筑历史	城市规划设计、城市生态与环境保护、城市交通、市政工程规划、区域规划	景观规划与设计、生态学基础、园林植物、景观施工工程

2.3　应对于实践的本科毕业设计制度变革

当前，在国内高校的建筑学和城市规划专业的毕业设计中，为了使毕业设计能够更加贴近实践，选题往往是指导教师选择合适的实践项目进行真题真做，尽量让学生参与到真正的实践过程中。但由于不同专业划分的限制，多数采用的是专业或班级分组制度，也就是以学生专业或者班级为单位，再划分毕业设计小组。这种相对简单的划分方式，有利于毕业设计的教学组织和小组成员的合作，但也存在一定的问题。首先，在这样的毕业设计组织方式中，学生是被动地分配到不同的选题下，

很可能会缺少主动性，影响其积极性和投入程度；其次，当前实践项目，尤其是城市设计项目的综合性和多样性，单一专业学生已经不足以满足项目的需要；最后，也是最为重要的，这样的毕业设计过程是缺乏对学生对综合项目全局组织和多专业配合能力训练的。

在这样的认识下，华南理工大学建筑学院对本科毕业设计制度进行了改革，主要包括增加多专业混编板块和导师、学生双向选择两个主要内容。前者是根据项目不同，划分建筑设计、历史建筑保护、城市设计、城市规划和景观建筑设计五个板块，其中历史建筑保护和城市设计两个板块为多专业混编板块；后者则是由所有副高以上老师报送选题，经过甄选和分组，集中时间向全部毕业生公开介绍选题、说明所需专业学生及人数等基本问题，最后再由学生和导师进行双向选择。(图3)

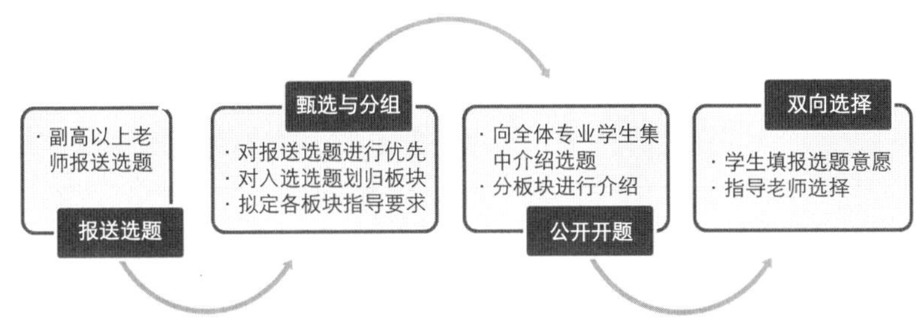

图3 华南理工大学建筑学院本科毕业设计前期流程

在这样的背景下，城市设计板块作为多专业混编板块之一，就成为建筑学、城市规划和景观建筑学三个专业学生的选择之一，而这些学生在日后的职业生涯中将很有可能从事城市设计的工作。

3 组织与成果

3.1 选择规模适中、问题综合的设计题目

采取多专业混编的模式，选择一个能够在一个学期内满足三个专业学生毕业设计要求的题目就尤为重要。如果规模过大，对微观环境考虑会有所力所不能及，则对建筑学和景观建筑学专业学生的训练有所欠缺；如果规模过小，项目综合性不足，各个专业学生之间很难真正产生交集，则失去了多专业混编的意义。

本文讨论的毕业设计选题是“广州市上下九商业街区城市设计”。该项目的提出是在广州旧城保护和更新的背景下，从街区的层面对上下九步行骑楼街进行提升，突破以往仅仅对上下九步行骑楼街本身进行立面粉饰和环境设计的更新思路。该项目研究范围为72公顷，范围内除了上下九步行骑楼街以外，还有着若干浓缩广东文化和代表西关风情的文化古迹、老街名店、古宅古巷，也有着多处突破传统肌理和风貌的近现代建筑（其中不乏荔湾广场之类的高层建筑），有着众多被历史建筑、街巷所湮灭的历史典故，也有着现代人生活与老旧城区所发生的种种冲突。因此，该项目一方面要求从规划角度，从更大范围内梳理动静态交通系统、功能分区、肌理风貌乃至高度、强度问题，另一方面则要求从相对微观层面，梳理、评价街区内部的建筑和景观资源，并提出具体方案，这实现了对三个专业方向的教学目标。但需要强调的是，这两个方面并不是各自为政的，而是相互配合、相互补充的，规划为建筑、景观设计提供前提条件，建筑、景观则为规划设计提供依据，并最终形成从整体到各个系统再到微观建筑和景观设计层面的全面保护和更新对策，各个层面的成果相互关联、富有逻辑性。

3.2 多专业协作的组织模式与工作框架

该毕业设计小组成员包括3名指导教师和5名学生，其中，指导教师采取2+1模式，即2名城市规划系（城市设计方向）教师和1名职业规划师，其中职业规划师既负责实际项目，也以助教身份介入教学。学生专业和数量分别为城市规划专业3人，建筑学专业1人和景观建筑学专业1人。组长为城市规划专业学生，负责协助导师进行项目统筹和分工。(图4)

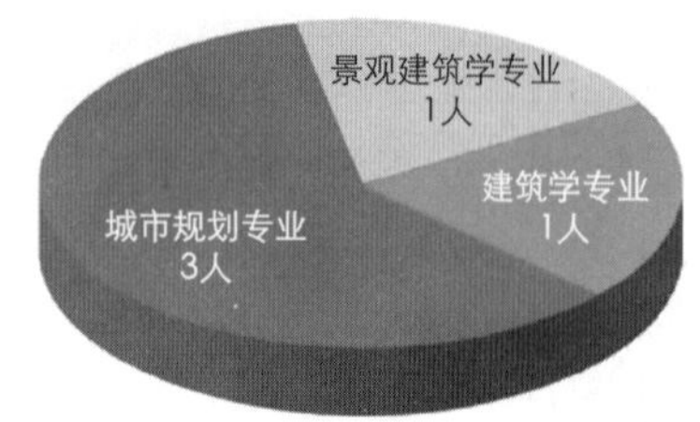

图 4　毕业设计小组学生专业及其数量

从整个工作流程来看，本次毕业设计遵循常规的逻辑，从现状调研和资料搜集入手，对设计范围内的资源进行分析和梳理，最后对交通、功能、形态、景观以及建筑等各个系统提出设计对策。但由于不同专业学生的加入，从调研开始，就有所侧重地进行了专业分工，并分别要求对其专业方面进行一定深度的专题研究。其中，城市规划专业学生主要关注设计范围内乃至更大层面的城市各个系统的问题，并对相关的上层次和平行规划进行解读；建筑学专业学生主要关注设计范围内的建筑特色、建筑尺度、构成以及材料等问题；景观建筑学专业学生则主要关注设计范围内的景观特色、公共空间尺度及其构成要素、绿化配置、环境小品等问题。尽管每个学生研究内容有所侧重，但项目从始至终都贯彻着全部成员参与的讨论，在讨论过程中，大家的观点不断发生碰撞，但也不断地在碰撞中找到平衡矛盾的方法。这种讨论对项目而言，能够全面、综合地处理城市问题，但更为有价值的是，学生们在此过程中了解到不同专业对问题理解的差异，和处理城市复杂问题所应具有的全局观念，而这些在以往的课程设计中，尤其在建筑学和景观建筑专业的课程设计是较少了解到的。

最后，在中期检查和毕业答辩的环节中，答辩小组同样是由多专业老师组成，规划专业老师会针对整体工作成果及工作方式提出问题，而建筑学或景观建筑学专业的老师则会针对建筑学或景观建筑学专业毕业生的标准提出相应的问题。

3.3　多层次、有针对性的设计成果

本次毕业设计成果最后以统一逻辑的文本和图纸进行表达，但在这统一逻辑下，包括了整体成果和个人成果两大部分，其中整体成果是在综合全部调研和资料信息后集体讨论得到的街区发展目标和整体架构，个人成果体现为两个层次，分别为：①在整体架构下分别负责的专题报告和设计策略、导则，②侧重其专业方向的节点详细设计。（图 5）

4　问题与改进建议

通过三个专业学生的相互协作，本次毕业设计基本完成了教学所要求的主要内容，并在成果审阅以及答辩

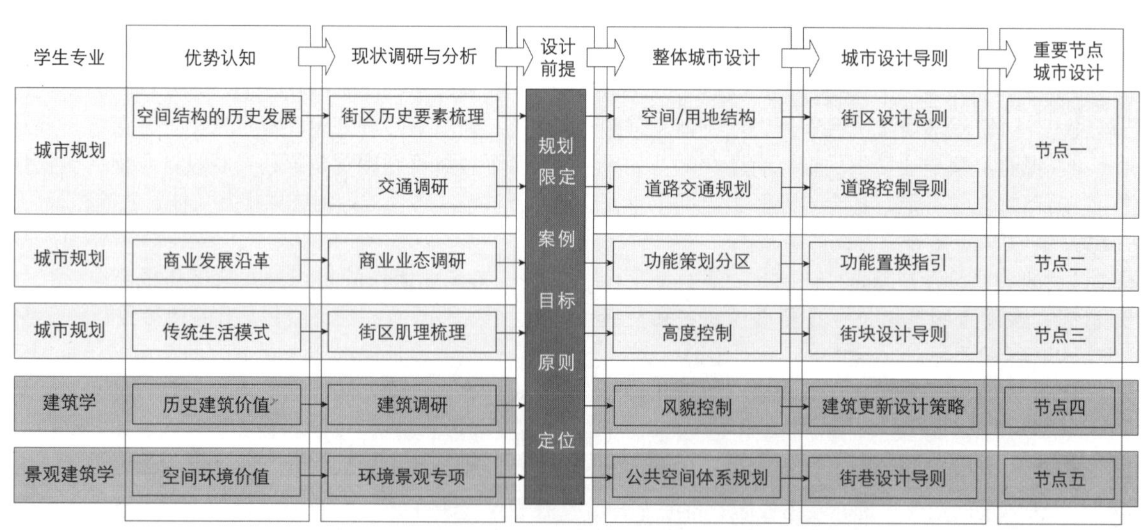

图 5　毕业设计成果架构

中得到了普遍的认可。对于学生来说，他们也都认为经过毕业设计的训练，一方面了解了城市设计项目的具体运作过程，另一方面拓展与加深了对相关不同专业知识、工作范畴以及思维方式方法的理解，增强了在团队中多专业协作的能力，例如城市规划专业学生认识到建筑和景观细节深入的作用和有效性，建筑学和景观建筑学专业学生了解到社会、经济、土地形态调研和研究的系统性，同时也了解到形体设计上游的价值观。

但是，由于设计时间、学生素质、专业限制等原因，本次毕业设计还存在着一定的问题，以下进行总结并提出改进建议。

4.1 根据项目具体情况，合理确定组织结构

本次毕业设计在公开开题的时候，计划招收城市规划与建筑学（或景观建筑学）的学生混编比例为1：1，但由于总的学生数量的限制，最后招收的比例为3：2。对于本次旧城改造的选题而言，传统建筑的保护、置换与更新问题是比较关键的问题，也是项目最后落实的基本单位，但由于建筑学学生数量和能力均不够充足，使得此关键问题的解决方案距离预计目标有着一定的差距。

从专业性质来说，建筑学专业关注的对象相对微观，而在一般城市设计项目考虑的范围内，往往都会确定若干"相对微观"的重要节点，来引导项目的启动与推进。因此，结合建筑学专业学生培养目标和城市设计项目的实际要求，建筑学（景观建筑学）专业的学生可以适当增加。但具体的混编数量和比例，还是要根据具体项目来进行安排。

4.2 重方法，建立区别真实项目的有限目标

本次城市设计项目实际上是由城市规划管理部门委托进行的，希望能够为旧区改造提出一套具有可操作性的实施方案。而可操作性的要求很大程度依赖于对旧区现有居民和商业是否搬迁，以及涉及搬迁后的安置等相当复杂问题的解决方案。但对于为期一个学期的本科毕业设计而言，其所能达到的全面、综合以及可实施程度会因为时间和学生素质等原因，并不能完全满足实际项目的要求。同时，对于即将进入社会实践的毕业生来说，学会方法比完成一个项目更具有价值。因此，还是要把毕业设计与实际项目相区别，不能完全依照委托方的要求来组织设计，而是应在传达真实城市设计项目流程的前提下，分别确定小组整体和每一位学生个体的有限目标，着重引导学生对城市设计方法的主动学习。

4.3 重过程，尽可能地提高组织的开放性

尽管我们强调有限目标，但同时，理解城市设计的综合性、跨学科性的特征对于教学来说，还是很有必要的。因此，我们建议适当对真实城市设计过程进行模拟，尽可能提高毕业小组专业构成以及工作方式的开放性。

（1）不同专业指导教师的参与：本次毕业设计的指导教师均是城市规划专业的老师，尽管是城市设计方向，但在建筑学和景观建筑学毕业设计教学目标的理解可能会存在误差。因此，小组在指导教师方面，也可以尝试混编的模式，引入建筑学和景观建筑学专业的指导教师，或者不定期邀请建筑学和景观建筑学专业的老师参与方案讨论的过程。此外，也可邀请城市设计方向的研究生参与方案的讨论。

（2）更多相关专业的加入：在实践中，城市设计项目涉及的专业领域更为多元，需要考虑的内容更为全面，例如城市管理、法律、经济、生态技术等等。例如项目实际上会涉及旧城改造中住宅拆迁和安置、商业经营与升级等若干社会问题。因此，应该尽可能将这些方面专业内容加进来。尽管作为本科毕业设计，很难真正跟踪实施层面的这些问题，但仍然可以尝试采取一些补充方式来进行拓展，例如开展与其他专业专家的讲座、访谈等。

主要参考文献

［1］ 乔纳森 · 巴奈特．城市设计概论［M］．谢庆达，庄建德译．中国台湾：创兴出版社，1993.

［2］ 金广君，邱志勇．论城市设计师的知识结构[J]. 城市规划，2003，(2)：55-60.

［3］ 赵天宇，冷红．城市规划专业毕业设计指南［M］．北京：中国水利水电出版社，2000.

［4］ 朱德本．建筑学专业毕业设计指南［M］．北京：中国水利水电出版社，2000.

The Research of Multi–disciplinary Mixed Pattern in the Undergraduate Graduation Project of Urban Design to Face the Social Practice

Dong Wei　Wang Shifu　Wu Tingting

Abstract: Because of position ambiguity and disciplinary barrier of the undergraduate education of urban design in our country today, there is no way to transit the concept that urban design as a bridge between the urban planning and architecture, landscape architecture in the education of urban design. As a result, the graduates are unable to meet the needs of project diversify and body diversify in the practice of urban design. Thus, the paper discusses the innovation pattern of multi–disciplinary mixed that being more open and breaking the barrier of disciplinary, to be faced to the character of multi–disciplinary cooperation in the Graduation Project. Begin with the common understanding and recognition of multi–disciplinary integration of urban design; discuss the necessity of the multi–disciplinary integration skills face to the practice. Under the background of the "3+2" undergraduate education pattern and the reform of undergraduate Graduation Project in the School of Architecture, SCUT, the paper discusses the multi–disciplinary mixed pattern in the aspects of project selection, organization pattern, work frame, and design result, summarizes the effect and problem, and furthermore gives recommendations.

Key Words: multi–disciplinary mixed, urban design, undergraduate Graduation Project

“承前启后”的场地设计教学探索

刘　晖

摘　要：作为工科背景城市规划专业的主干设计课，做好低年级建筑设计和高年级城市规划设计之间的衔接和过渡，对于学生学好城市规划有着重要意义。在课程设计中开设场地设计是做好这个衔接和转变的尝试。本文阐述了场地设计的教学安排、课题设置、教学重点和难点，分析了场地设计教学中容易出现的问题并提出了若干改进意见。

关键词：场地设计，课程设计，教学改革

城乡规划学成为一级学科后，工科背景城市规划专业的课程设置依然延续了低年级与建筑学同步训练的模式，在高年级才进入城市规划专业学习。华南理工大学城市规划专业与其他大部分建筑院校一样，实行两段式培养模式，作为专业主干的设计课同样分为两段：低年级建筑设计和高年级城市规划设计。因此城市规划专业在进入高年级时面临一个“专业再入门”问题。为适应设计主干课从建筑尺度到城市尺度，从建筑形体和空间组合到城市空间和城市形态的转变，近年来我校以场地设计作为过渡，起到了承上启下的作用。

1　场地设计教学

课程设计目的

（1）在《场地设计》理论课程学习的基础上，巩固和理解总平面布局和场地设计的基本原理。

（2）从建筑视角到规划视角的过渡。在上一个作业——城市用地和建筑调查——中，实地调查不同用地的规划指标，再通过场地设计对这些指标进行运用。逐步把城市规划专业学生的关注点从建筑引导到外部空间，使之学会如何处理建筑外墙到用地边界之间的场地环境，如何塑造高品质的城市空间，为住区规划和城市设计等后续课程设计做好准备。

（3）掌握场地分析、竖向设计、土方计算、停车场设计、道路交通组织、广场和绿化布置的基本知识和方法。

选题

场地设计教学的知识点多，内容琐碎。经过几年摸索，我们确定了多样化的选题。各指导教师可以从幼儿园、大学科技楼、景观研究所等3个选题之中根据自身特长进行选择，3个选题各有侧重，但也有着共性要求：

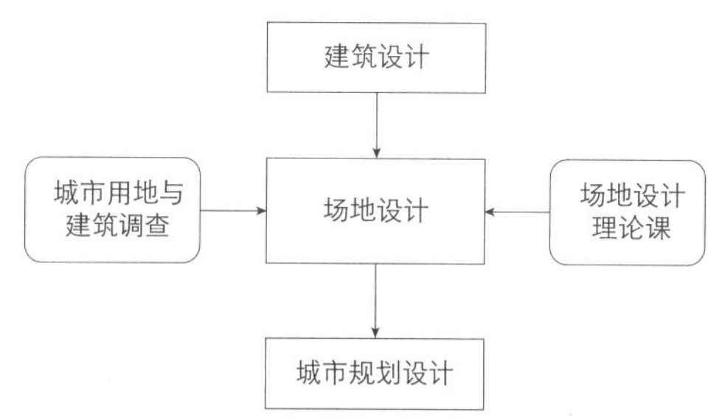

图1　场地设计与相关课程

（1）真实地形。场地设计必须结合实地，不能闭门造车，所以可以实地踏勘的基地非常重要，大学校园内踏勘方便，基础资料和控规也都完备，可以组织学生对场地的周边情况和场地内的地形、坡度乃至土质、植被进行详细调研。

（2）高差较大。为了让学生理解场地的排水组织，也便于创造丰富的立体绿化景观，所有3个选题都选择了高差较大的复杂地形。

（3）规模合理。为了在6周时间内保证一定的设计深度，各选题规模都控制在$2hm^2$以下，不纠结于建筑形态，重点是把场地做深做细。

刘　晖：华南理工大学建筑学院城市规划系讲师

各选题场地规划设计要求 表1

选题	幼儿园	大学科技楼	景观研究所
选址和面积	高校校园内的AT0504-57地块，面积0.8924hm^2	校园北区的A-02-01地块，面积1.349hm^2	高校校园内的AT0504-57地块，面积0.8924hm^2
建筑状况和条件	现有建筑清拆，给出拟建主体建筑的位置，连廊和雨篷等附属建构筑物可做适当调整	现状临时建筑全部清拆，修建科研教学楼群。高层建筑主体建议采用60m×20m平面的标准层，独立设置的多功能厅建议24m×20m的平面形状，门厅和多功能厅的位置可适当调整	要求根据园林景观的主题性进行建筑的总平面布局和场地设计。新建建筑面积不超过3000平方米，其总平面布局、层数、间距等符合规范
室外场地要求	对室外游戏场地、绿化用地及其他场地进行合理布置，功能分区合理，方便管理，朝向适宜，游戏场地日照充足，并满足通风、安全疏散和景观等要求，创造符合幼儿生理心理特点的空间环境	根据科研业务要求，合理布置总平面图，符合功能分区、空间组合、日照、通风、场地排水、安全疏散和环境景观的要求，满足建筑退让道路红线以及建筑间距要求	根据景观研究所的特色进行场地布置，结合地形和景观主题要求进行设计，并符合相应规范，
停车和交通组织	合理组织场地内外人车流线，布置拟建建筑的各个出入口和集散广场、停车场、消防车道，标注道路中线或转折点坐标和标高。配建停车位不少于12个（含2个残疾人停车位），另安排一个接送幼儿的中巴临时停车位	组织场地内外人车流线，布置拟建建筑的各出入口和集散广场、停车场和地下停车库，消防车道及高层建筑消防扑救面应满足规范要求，标注道路中线或转折点坐标和标高。配建停车位100个，其中地面停车位不少于20个（内含2个大巴车位，2个残疾人停车位）。另布置一个中型货车装卸平台	合理组织场地内外人车流线，布置拟建建筑的各个出入口和集散广场、停车场、消防车道，标注道路中线或转折点坐标和标高，配建停车位不少于8个（含2个残疾人停车位）
景观设计要求	绿化景观设计应合理选择植物品种，严禁种植有毒、带刺的植物，株距和树木与建筑物间距合理	绿地景观设计应满足各项功能要求，株距和树木与建筑物间距合理	绿化景观设计应合理选择植物品种，突出景观研究所主题
竖向和排水	根据土方就地平衡原则，用设计标高法或设计等高线法处理场地标高，标注新建建筑物角点坐标和标高。做好场地排水设计，并与市政管线衔接		
无障碍	为保障残疾人受教育和工作的平等权利，设计应符合无障碍设计的强制性标准要求		
其他要求	在场地周边200m范围内统筹解决幼儿接送高峰期的临时停车问题，安排150~180个临时停车位		

（4）场地设计的图纸要求：参照修建性详细规划的深度，要求有：规划总平面图（1：300）、道路交通系统规划图（1：500）、绿化景观设计图（1：500）、竖向规划图（1：500）、从残疾人停车位到建筑入口的无障碍设计图（比例自定）、简要的设计说明和技术经济指标，其他分析图和效果图自定。

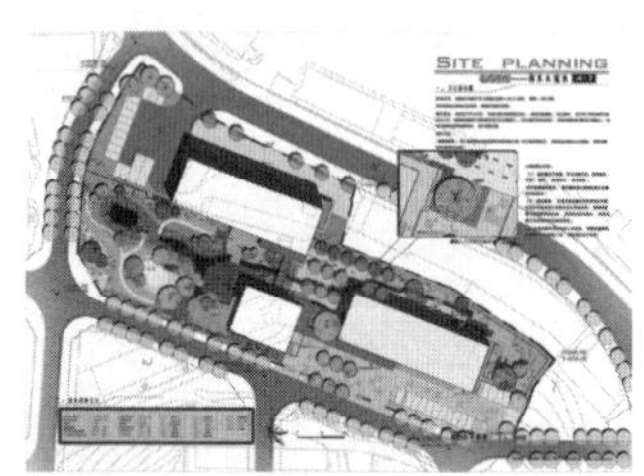

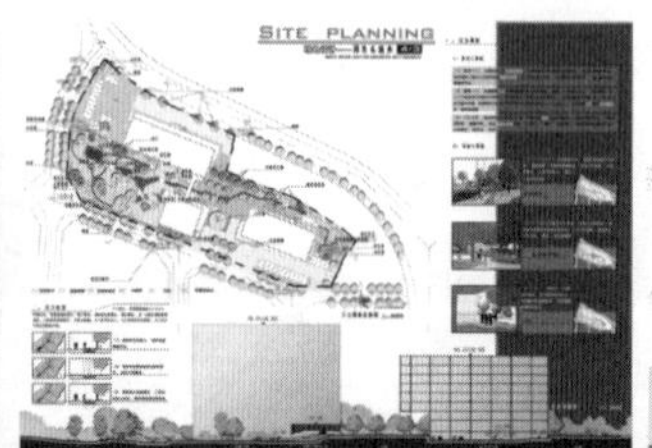

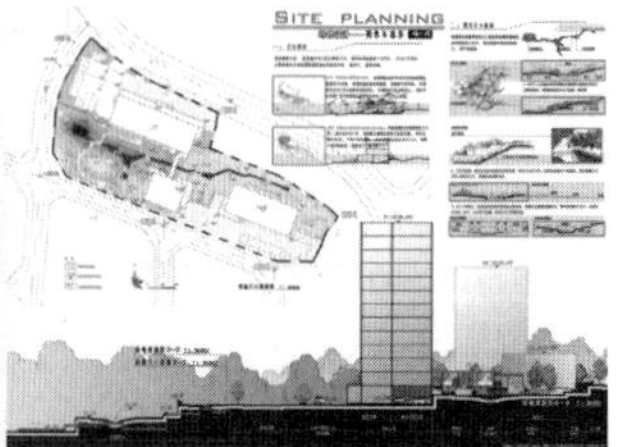

（图2~图5 一套场地设计学生作业）

2 与建筑设计课程的衔接

场地设计与之前的建筑设计有着较大区别，为了做好衔接和过渡，在课程设计之初安排 1~2 次专题讲课，既帮助学生重温场地知识，更是针对学生易常见问题和疏漏有针对性的讲解，着重分析方法、设计手法、规范要求及其理解，并辅之以正反两方面的案例。

与建筑设计课程的衔接关键是让建筑落地，让学生了解建筑是如何坐落于场地上的。包括理解室内外高差及建筑出入口高差的处理、建筑周边的排水方式、散水和明沟的设置、地下车库的出入口车道和建筑的关系、高层建筑周边的消防通道和扑救面如何设置、建筑安全出口与室外场地的疏散如何衔接等等。例如，地下停车位及车行道。学生往往规划了进出地下停车库的坡道位置，但没考虑到该坡道进入地下后与停车库内车道的衔接关系，造成坡道长度不够下不去、坡道与高层建筑核心筒冲突等问题。为了帮助学生解决这个地下和地面的衔接，特要求学生设计地下停车库的平面，使之学会地面地下协同考虑，也为后续的住区规划中的高层住宅设计打下基础。

无障碍设施水平是文明的体现，也是规划设计的强制性要求。本科生处于人生中健康状态最佳时期，做设计主要从形式美出发，很少考虑到残疾人出行的困难。场地课程设计有责任让学生意识到好的室外环境应该是对（包括残疾人在内的）所有人友好。为保障残疾人受教育和出行的平等权利，场地设计应符合无障碍设计的强制性标准要求。由于建筑内部（含出入口）的无障碍设计在之前的建筑设计课里已有训练，所以场地设计着重解决室外场地和室内衔接的无障碍设计，包括：残疾人停车位的布置（明确设置 2 个残疾人停车位，且靠近建筑出入口）、从场地入口到建筑入口的无障碍通道、残疾人享用园林景观的便利。指导过程中要求学生反复修改，尽可能缩短残疾人停车位到建筑出入口的距离，并对所有无障碍详图要求放大到 1：100~1 ：50 比例出图。无障碍设计除了满足规范之外，更多的是为了培养未来规划师尊重和保护弱势群体的价值导向，维护残疾人等使用场地空间的权利。

教学过程中发现虽然题目已经限定建筑体量，但部分同学仍习惯性的花很多时间重新设计建筑体量和形式，仍过于关注建筑布局和室内空间，忽略了场地设计的学习重点。鉴于此，后来在任务书的设计上详细规定了建筑体量，减少了灵活性。使学生关注焦点集中到场地。教学过程之中还发现：学生设计时理念口号很多、但关注实际问题较少。受到先入为主的观念影响，经常把对称、轴线、大台阶等手法运用到教学科研和幼儿园建筑；功能分区绝对化，不敢设计人车适当混行的内部道路；对于常见的排水沟、路缘石、挡土墙、停车位划线等熟视无睹。日常生活之中的劣质场地设计也给学生留下了深刻印象，经常有学生说为什么这样不合规范，有些地方就是如此。因此，要在场地设计中鼓励学生关心身边的细节和构造作法，也希望他们能够从场地设计的视角来反思建筑。

3 与城市规划设计课程的衔接

（1）技术经济指标的落实。进入高年级的学生对控制性详细规划涉及的技术经济指标普遍知其然不知其所以然。由于容积率、建筑限高等在之前的建筑设计课程之中已有训练，所以场地设计着重于建筑密度、绿地率、配件停车位指标和机动车出入口等指标和控制要素的训练。

（2）场地内外的交通组织。主要是组织从周边道路进入场地的人车流线，布置建筑的各出入口和集散广场、地面停车场和地下停车库，其中高层建筑还要考虑环形消防车道及扑救登高面的规范要求，解决种植高大乔木影响消防扑救的问题。另外科技开发楼还需要布置一个货车装卸平台，并在停车场的管理模式和闸口设置上进行细致考虑。针对教学过程中的 2 种倾向：一是因为担心人车交叉而盲目设人行天桥，或要求行人无谓绕行，另一极端就是只规划一大片硬地不再细分场地，人和车都无所适从，指导时要求适当混合高效的利用场地，并对不同铺装进行精细化的设计。

（3）景观设计的主题性。特别是在景观研究所的选题上，鼓励学生对不同园林风格开展研究性学习，在有坡度的地形上可以选择设计意大利台地园、法国古典主义园林、日式园林、中国传统园林或现代园林，通过中期汇报交流，也给其他同学普及园林发展历史和景观知识。

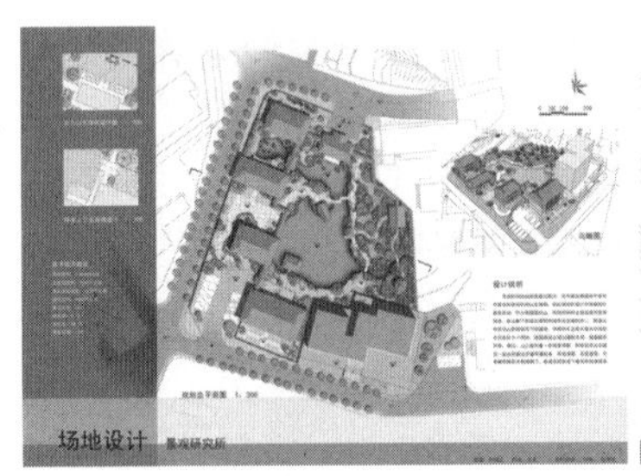

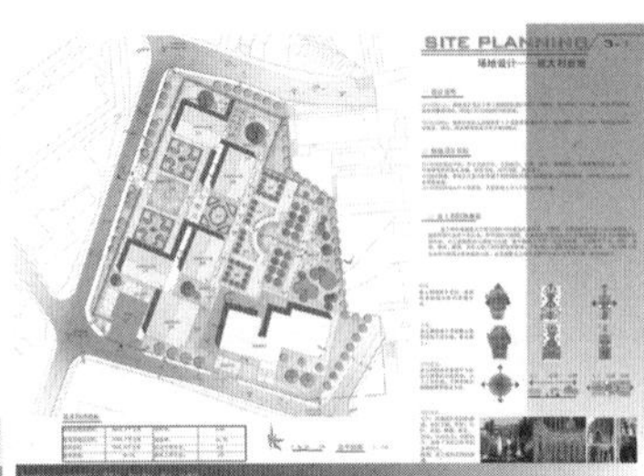

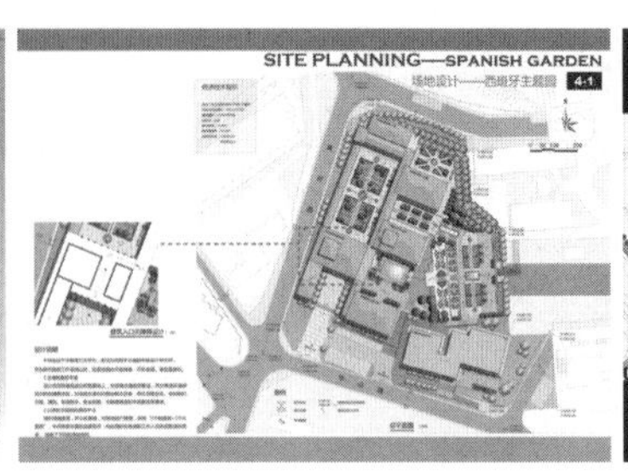

（图 6~ 图 9　不同主题的园林景观设计）

（4）发现和解决实际问题的能力。因为所选幼儿园场地狭小，早晚接送高峰时周边道路因临时停车而导致交通堵塞，于是增加了在幼儿园场地周边 200m 范围内合理划定 150~180 个接送用临时停车位的设计条件。要求学生去实地查看接送停车的需求和使用方式，在附近寻找到合适地点划定停车位。让学生明白学生：场地设计首先是对场地独特问题的发掘、分析和解决。

4　问题与讨论

现在我校《场地设计知识》是在 2 年级讲授，与场地课程设计之间间隔 1 年半，理论知识如不在短时间内通过设计进行强化，很容易遗忘。所以今后教学计划调整时应缩短作为先修课程的《场地设计知识》与场地设计的间隔，做好衔接。

场地设计的多方面知识对辅导教师提出了很高要求：既要懂得规划知识、又要熟悉建筑设计和构造、还要对植物造景有一定了解。因为之前配备的教师都是建筑学和城市规划专业背景，不熟悉植栽设计而使得景观设计深度受到限制，今后建议引进熟悉植栽设计的老师参与辅导。

场地设计的教学内容介乎于建筑和规划之间，是建筑学和城市规划都应掌握的重要内容，却又易被双方所忽视。缺乏良好的场地设计是影响我国当前城市空间质量的重要原因，希望我们的场地设计能真正起到承上启下的作用，帮助城市规划专业学生顺利实现从建筑到规划的过渡。

本文研究受到华南理工大学教研课题“城市规划专业四年级实践教学的整合与优化”项目的资助，文中场地设计图纸来自华南理工大学城市规划专业 2006、2007 级学生作业，感谢参加城市规划 4 年级场地规划设计教学的全体老师和同学们。

主要参考文献

［1］刘晖，梁励韵 . 城市规划教学中的形态与指标 .［J］. 华中建筑，2010，（10）：182–184.

［2］刘晓惠，罗枫 . 基于可持续理念的“场地规划”课程教学［C］// 全国高等学校城市规划专业指导委员会，同济大学建筑与城市规划学院编 . 更好的规划教育 · 更美的城市生活——2010 全国高等学校城市规划专业指导委员会年会论文集 . 北京：中国建筑工业出版社，2010：117–121.

［3］刘晖 . 城市规划入门课程“城市认识”教学改革 .［J］. 华南高等工程教育，2008，（1）：40–42.

Site planning curriculum teaching as a transition from architecture to urban planning

Liu Hui

Abstract: Series of design course is the main urban planning courses with the engineering professional background.The interface between architectural design in low grade and the urban planning in high grade is very important for urban planning students. Site planning is to do the convergence and transformation attempt.This paper describes the teaching arrangements of the site planning, the subject set, teaching focus and difficulty of analyzing the teaching process prone to the problem and made several improvements.

Key Words: site planning, curriculum design, teaching reform

城市规划专业低年级城市空间设计思维培养

王 侠 蔡忠原 赵雪亮

摘 要：城市规划专业低年级学习的难点在于思维转化，在低年级建构城市空间设计思维非常必要，它包括创造思维、逻辑思维、系统思维、人文精神等。在不同的教学阶段，城市空间设计思维教学重点不同，由以视觉为核心的形态思维训练过渡到基于价值观取向下的空间设计思维再到综合设计要素权衡下的空间设计思维。建立良好的空间思维对于高年级的专业学习事半功倍。

关键词：城市规划，专业教学，城市空间思维

1 “城市空间”是我校城市规划专业低年级教学的核心

在城市规划经历了追求综合化的阶段之后回归物质空间本元。基于我校建筑学背景下办学条件，2006 年城市规划专业低年级教改明确了城市规划专业教育的核心是“空间”教育。城市规划的所有专业属性都是围绕空间展开的。“城市空间”教学内容依然是城市规划专业本科教学的“主体”。“城市空间”内容贯穿低年级教学，是教学的核心，作为专业认知的载体，全面建立城市空间思维体系。城市空间教学中又以空间设计思维的培养为重点，空间思维培养是激发学习潜能、掌握专业知识的关键。

2 现实教学中引发的思考

规划低年级教学的难点在于思维的转化。学生要从高中的逻辑推理思维转变到以视觉思考为核心的空间形态思维，紧接着又要从纯视觉思考转向对功能、技术、经济和社会等要素的综合设计思维，学生很难在一两年内轻易领会并完全掌握这些转化。思维能力的发展对设计类专业学生拓展设计能力，发展创造潜能，具有切实作用。

在低年级教学中强调“空间设计思维”的建构至关重要。首先，从培养一流人才目标来看，“意识”的培养至关重要。他们需要对设计的学习过程有主动的认知意识。不仅要掌握技能、专业知识，还需要对自身的发展进程有积极主动的认识与掌控，以及如何使自身的设计知识面最大化的问题。意识决定行动，意识培养利于激发求学者的主动性。

其次，在低年级教学中强调“空间设计思维”建构，是打破“设计基因论”的观点，给学生树立一种观念和信心——设计是可以“学”会的，并且设计是在设计中学会的。设计作为一种思考方式，没有统一的程序和固定模式的过程。但是，有一些可以掌握的规律和方法去学习。认知不同思维方式在设计中的作用，需要有意识的不断激活和发展隐藏深处未经开发的设计潜能。在低年级建立良好的空间设计思维将会使专业学习事半功倍。

再有，基于教育的使命，任何知识应该是用“言传”、“身教”的方式“教”出来。但是从专业特点来看,“身教”容易“言传”难,“身教”可以通过模仿、实践、反复重复，训练出专业技能；然而，城市规划专业的核心即空间设计思维似乎难以言传，难以传授，它才是设计之道。如何让学生领会空间设计思维，这也是国内外设计教育的差距所在。面对学生的纠结与迷茫，在教学中可以尝试分析不同空间思维与设计的关系，帮助学生较快掌握设计方法同时鼓励学生形成自己的创造风格。

3 城市空间设计思维特征

思维是人内在的心理活动。城市空间思维就是在城

王 侠：西安建筑科技大学建筑学院讲师
蔡忠原：西安建筑科技大学建筑学院讲师
赵雪亮：西安建筑科技大学建筑学院讲师

市空间设计过程中的一系列心理活动。城市空间思维是多种思维模式的综合结果。

3.1 创造性思维

创造性思维，是以产生、提出新的方案并创作出新的思维成果为特征的思维。创新思维能力的培养，旨在培养一种思维方式，既培养创造能力、激发创造活动，同时也培养创造性思维的物化能力。但是创造性思维不等同于空间设计思维，专业知识与技能的提高，有助于激发潜在的创造能力。

对于一名优秀的设计师来说，应具备创新思维的素质：有能力运用现有的知识和信息对问题进行精准的定义，具有丰富的想象力并对设计灵感控制自如，不断否定自我的勇气和灵活多变的设计态度，能够根据外界变化快速敏锐的做出判断，采取相应的解决方案，以及将设计目标转换成设计成果的能力。设计不仅仅是一个解决问题的过程，它的目的是去除一些原有不好的因素，并且带来一些新的东西，因此设计比解决问题更需要创造力。

3.2 逻辑性思维

逻辑性思维就是依据某种逻辑关系，经过一系列的理性判断引领思维过程走向预设的目标，是一种具有强烈目的性的思维方式。逻辑思维讲究循序渐进、注重知识积累，核心是分析、认识问题的规律性。

逻辑性思维和创造性思维并非是完全对立的，而是相对的。并不存在绝对的逻辑思维与创造思维，理性的逻辑关系中无时无刻不与感性的自由想象紧密地联系着，创造思维和逻辑思维是同等重要的，将两种思维相结合是城市空间设计师最重要的能力之一。

一个设计不只是需要好的灵感，还需要制订计划，使设计过程体系化、顺序化。当然设计过程的可计划性并不是单调而僵硬的前后顺序，也可以变化这种顺序。安排不同要求的工作阶段是非常必要的，当感到创造力枯竭的时候，可以用熟悉和常规的方法来继续工作，这样也能解决问题。通过变换大脑不同的思维模式可以在设计中唤醒和提高设计能力。

3.3 系统思维

城市空间设计思维是一个系统性的思维。城市是一个巨系统，城市空间也是一个复杂的系统，因此思考和解决城市空间问题是一个系统工程，必须运用系统的方法才能得到合理的解答。解决城市问题包括处理城市空间要素系统本身的问题，要素系统之间的相互关系、要素与整体之间的关系，还要处理好系统内部和外部系统的关系，以及目标系统的关系等。系统的意识需要设计师把诸多目标结合起来综合考虑，在错综复杂的矛盾和各种因素作用下，懂得如何取舍重要和次要的目标，一个设计形成的全过程，正是设计各阶段不断解决主要矛盾的过程。

3.4 人文精神

城市空间设计思维具有很强的人文性，是一种基于人本主义和文化创新的思维。一切从人出发、关心人、研究人、理解人、为人而设计的思想是建构城市空间的核心指导思想。首先要考虑人对自然的依赖性，从自然审美和自然机能两方面解决人的生存问题和生活质量问题。其次，还要加强社会洞察力，考虑人与人、人与社会集团、社会集团与社会集团之间的依赖性与制约性，要从保护公众利益和有利公众身心的角度出发解决公共空间和环境景观的问题，体现城市规划的人文关怀。还有，城市空间设计既要吸纳外来优秀文化，更要保护和创新本土文化，妥善处理好两者的关系。

4 各教学阶段城市空间设计思维培养的重点

在短期内全面建立空间思维有一定的难度，根据学生由简到难的认知规律，低年级城市空间设计思维培养可以分为三个阶段：

城市规划专业低年级（1~3学期）空间设计思维构建　　表1

课程	时间	课程设置	思维培养
城市规划专业初步	第一学期	专业概述	职业素质
		专业识图	思维转化
		平面构成	形象思维
		色彩构成	形象思维
		立体构成	创造思维
		材料构成	创造思维

续表

课程	时间	课程设置	思维培养
城市规划专业初步	第二学期	建筑测绘	表达能力
		名建筑解析	分析能力
		空间与尺度	创造思维
		校园环境测绘	观察、表达能力
		城市空间解析	逻辑思维
		类城市空间设计	创造思维
		数字与城市空间	创造思维
城市规划思维训练	第三学期	社区调研	逻辑思维
		公共政策属性学习	人文精神 逻辑思维
		系统规划	系统思维
		局部地段空间设计	创造思维 逻辑思维

4.1 第一阶段是以视觉为中心的物质空间设计思维

这个阶段是专业入门阶段，主要培养对物质空间的基本设计能力，其中创造性思维和形象思维是培养的重点。

在第一学期，建立形态与空间的概念，激发三维空间设计意识。核心课程是三大构成。平面构成启发学生从日常所见事物产生联系，强化发散性思维和异向性思维方式。色彩构成激发学生联想和发现色彩中非常规的表达和性质；立体构成则鼓励学生打破头脑中对“原型”的思维定势，对材料进行反常规的使用和形象表达。

图 1　空间实体搭建作业
（学生：城规 08 级　王渊等）

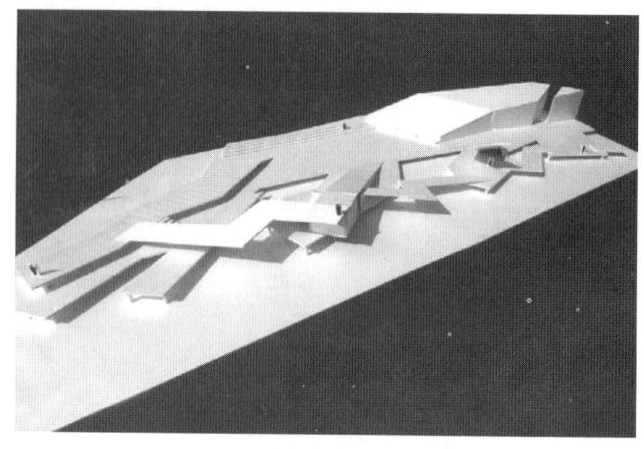

图 2　类城市空间设计作业
（学生：城规 10 级　刘雪源）

图 3　类城市空间设计作业
（学生：城规 10 级　张晓）

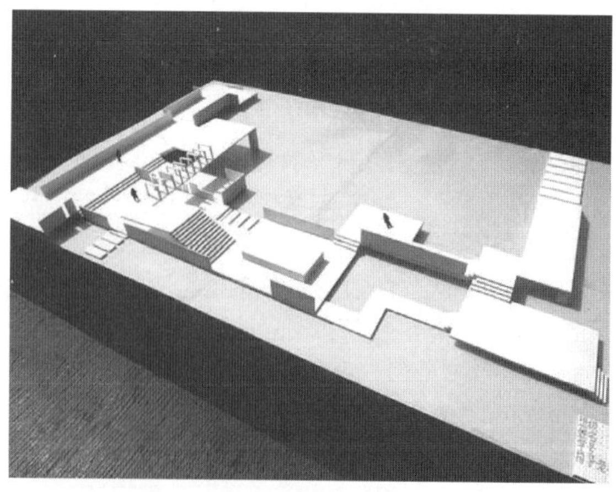

图 4　一年级类城市空间设计作业
（学生：城规 10 级　归屹尧）

在第二学期，培养学生多种创造性思维方式的运用以及逻辑分析能力，并形成思维成果的物化。在名建筑解析、城市空间解析中选择合适的空间对象对其解读，运用逻辑分析思维等方式，进行元素分解重构。类城市空间探讨的是剥离了经济、政治、社会、文化、技术……属性后的单纯物质空间。设计开始要求引入一个“主题”，目的是强调创造性思维。开放的、概念性的主题为学生提供了丰富的空间。学生基于不同的生长背景、知识视野、思维能力，表现出强烈的个体差异，将选择不同的概念，以形态要素限定手法等空间语汇进行对“主题”的诠释，表达他们对概念的解释与理解。这个过程有别于一般的工程设计逻辑思维占主导的特征，主要是培养对空间设计的创造能力，该课程极大的提高城市规划学生对宏观空间的设计兴趣，培养学生将概念形成空间的转化能力。数字与城市空间，将城市规划中的数学指标概念与立体构成相结合，让学生尝试在严谨的指标下产生多种方案的可能性。培养感性空间的理性思考以及对抽象数据和具象空间之间的转化能力。

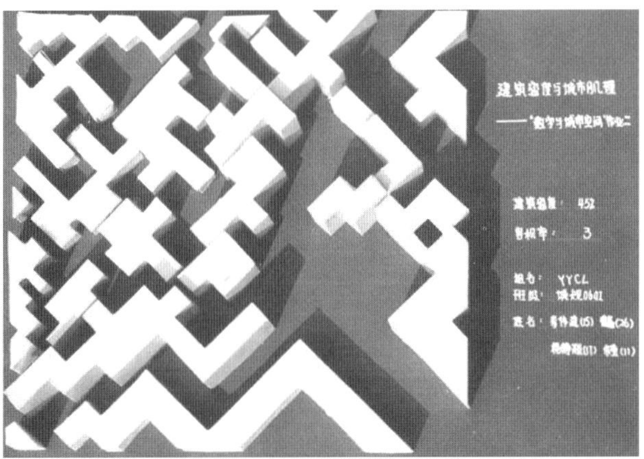

图 5　数字与城市空间
（学生：城规 06 级　李伟建等）

图 6　铁路局社区局部地段空间设计作业
（学生：城规 07 级　石哲宇）

图 7　铁路局社区局部地段空间设计作业
（学生：城规 09 级　蒋欣辰）

4.2　第二阶段是空间价值观下的社会空间设计思维

城市社会问题凸现，城市规划的社会属性增强。由此，城市规划基础教育越来越具有明确的社会学指向。

第三学期的“城市规划思维训练”。主要培养学生对城市空间社会属性的认知，目的是在低年级阶段建立规划价值取向，并在此基础上进行空间创造。课程分为两部分：基于铁路局社区整体的城市规划逻辑思维、系统思维培养；基于铁路局社区局部地段的城市空间设计方法培养。

第一部分重点培养空间思维能力有：①空间价值观取向的初步建立。对比不同的空间类型，启发学生城市规划是从观察日常生活入手，设计应从人出发，充分考虑人文关怀，而空间是载体，最终实现的是人的价值。城市规划价值核心是大多数普通人的日常生活，而非少数既得利益者的空间需求。②系统整体的思维能力。用系统的方法认知城市空间，理解空间各要素之间是相互影响、相互制约的。另外，“调研——分析——设计”规划过程是系统的，系统的解决目标要素要之间、要素与要素之间、要素与整体之间的问题。

教学内容以铁路局社区整体为空间调研对象，立足于人的需求，了解铁路局社区居民的价值观、空间使用习惯和生活目标，调研铁路局社区的功能设置、使用距离、空间容量、空间尺度、空间密度等，以人的使用程度、空间安全度、舒适度和心理满意度等为评判标准，发现空间中存在的问题，并用系统的思维方法将问题进行汇总，分类。然后，了解铁路局社区内不同利益群体对空间的诉求，深入剖析问题产生的社会原因以及空间原因。为了加深学生理解，课堂上要求每个学生扮演社区内一个利益群体代表，共同探讨社区内部问题，并拟定社区空间改造措施。由于角色置换，让学生懂得个体的社会角色差异化，跳出个人的思维模式，以别人的思维视角对同一事物进行思考，以开拓空间思维，找出问题出现的原因。进而，明确设计价值取向，明确空间为谁而设计，制定设计原则。由于这些设计原则是学生们自己经过大量调研、分析后得出的，更能够理解这些文字的深刻含义。

第二部分，重点培养空间设计创新思维能力与逻辑思维的交织运用。教学内容要求在之前制定的设计原则依据下，针对“铁路局”局部地段出现的空间问题进行空间设计，鼓励运用创造性思维，结合恰当的建筑、环境等改造手段，提升空间品质，体现城市规划的社会人文关怀。从设计的过程性来看是符合逻辑性的，但是尽管有前期的大量调研与分析，但是这些调研结果仍然不能推导出一个合理的空间设计。因此,在分析与设计之间，仍然存在“创造性的飞跃”，创造性思维在空间设计中仍起主导作用。在课堂上与学生多次展开探讨思维问题，诸如：“设计灵感”从何而来，在设计的不同阶段思维特点表征如何，徒手草图与设计思维的关系，对付思维卡壳我们能做些什么，等等问题。通过这样的讨论，是让学生明白设计是可以学会的，目的是激活设计者自身的创造潜力，并使创造能力不断发展。同时，在设计过程中也强调“草图思维”通过“脑眼手图”四位一体循环往复的活动，产生比大脑更多的想法。最后局部地段空间设计的成果评判标准：①是否体现了设计的逻辑过程，是否满足社区居民使用的空间设计，是否提升了空间品质；②体现空间设计的创造性。既强调了设计过程的逻辑性，又突出了创造性思维在整个设计中的重要性。

4.3 第三阶段是多要素权衡下的综合空间设计思维

在对空间的物质属性、社会属性有了较为全面的认知之后，开始转入对功能、环境、构成、技术、经济、社会等要素权衡之下的综合空间设计思维的建立。对应的课程是第四、第五学期的设计基础Ⅰ、Ⅱ、Ⅲ。

强化建筑设计与上位规划的逻辑关系，设置一定的背景条件，例如：设计基础Ⅰ融入规划管理条件的内容，初步掌握制定规划设计条件的要点。设计基础Ⅱ融入建筑计划学概念，拟定建筑设计任务书。在设计过程中将逻辑思维与创造性思维相结合，引导学生将自己的感性认识通过调查分析、研究统计等手段进行检验和量化，最终以逻辑分析后的结论作为依据，指导接下来的设计。

深化专业知识。在接触过较大规模的城市空间设计后（类城市空间 5000m^2，局部空间设计 1hm^2），进一步掌握小、中型建筑设计方法、程序，并具备相应的专业技能。然后深化建筑设计所涉及的各个要素，通过“切片”解读的方式将场地、空间、结构、材料以及形式等要素系统进行剖析，以专题形式使学生在较短的时间内理解建筑设计的普遍性要求，理解建筑并非是简单的物质空间，它与社会、心理、行为、材料、结构、视觉艺术、城市环境、基地条件等具有复杂的关系。

5 需要提高的地方

5.1 教学目标的单纯化

城市规划的复杂性决定了空间设计思维的复杂性。然而，思维的培养不是一蹴而就的，低年级规划教育不应求大求全，通过循序渐进的专业思维引导，让学生形成基本的空间设计思维意识。在每个教学环节的设置上，应进一步明确教学目标是要培养怎样的空间设计思维能力，目标要纯粹，而不是一味的求全求多，进而改进作业设置，减少作业量，留出更多思考、讨论的时间给学生。

5.2 教学手段的多样化

思维的培养在于激发设计者的潜能，因此教师对学生情绪的调动非常重要，如果不设法使学生产生情绪高亢和智力振奋的内心状态，就急于传授知识，那么这种知识只能使人产生冷漠的态度，并且是不动感情的脑力劳动的疲劳。因此课堂教学应采用多种教学手段，比如案例式教学、角色模拟、学生主导下的讨论、体验式教学、以真实空间为教学对象、以学生以及他的家庭为设计空间使用者，等等。让学生以饱满的精神投入到学习中去，充分调动学习的主动性。

主要参考文献

［1］褚冬竹. 开始设计［M］. 北京：机械工业出版社，2010.

［2］（德）赖因博恩/科赫. 城市设计构思教程［M］. 汤朔宁，郭屹炜，宗轩译. 上海：上海人民美术出版社，2005.

［3］余柏椿. 非常城市设计——思想·系统·细节［M］. 北京：中国建筑工业出版社，2008.

［4］段德罡，白宁，王瑾. 立足专业背景　面向学科发展——城市规划专业基础教学体系构建［J］. 城市规划，2010，（09）.

［5］白宁，段德罡，杨蕊. 城市规划专业基础教学中的思维能力培养. 更好的规划教育·更美的城市生活——2010城市规划专业指导委员会年会论文［M］. 北京：中国建筑工业出版社，2010.

［6］王侠，段德罡，吴锋. 从“空间”到“城市空间”：城市规划专业一年级的城市空间意识培养. 更好的规划教育·更美的城市生活——2010城市规划专业指导委员会年会论文［M］. 北京：中国建筑工业出版社，2010.

The train of urban space design cogitation in the Junior college of urban planning

Wang Xia　Cai Zhongyuan　Zhao Xueliang

Abstract: The construction of urban space design-thinking is necessary in the Junior college which includes creative thinking, logical thinking, systems thinking, humanism and so on.At different stages of teaching, the urban space design-thinking is different.By the form of visual thinking as the core values of orientation training under the transition to space-based thinking to the design trade-offs under the integrated design elements of space design-thinking.It is better to establish a good space thinking for high-grade professional studying.

Key Words: urban planning, professional teaching, urban spatial thinking

空间创造性的培养
——“类城市空间设计”教学

王　侠　段德罡　徐　岚

摘　要：针对城市规划学生在一年级难以理解和把握较大规模城市空间的复杂属性，西安建筑科技大学基础教研室创新性提出了“类城市空间”，即去除城市空间复杂属性如社会、经济、政治、文化、技术等属性之后单纯物质空间。城市空间属性的简化符合学科的认知规律和学习的认知规律，亦有利于激发学生的创造力，使空间设计过程富有乐趣，更是符合城市规划教学回归的本质。本文全面展示了“类城市空间”的教学内容，旨在引发更多的低年级教育工作者对空间教学的思考和实践。

关键词：城市规划，基础教学，空间教育，空间创造性，类城市空间

1 “类城市空间”的定义

类城市空间是西建大城规低年级教改后，第二学期城市规划专业初步课程中重要的一个环节，是针对低年级空间设计教学设置的一个教学环节。

类，意为类似、接近；类城市空间是将城市空间中一些复杂属性如经济、政治、社会、文化、技术等剥离后的单纯物质空间，侧重于微观层面的城市公共空间。

教学内容旨在研究空间的形态设计、空间尺度、限定手法以及空间与人的心理感受等。教学目的是便于初学者在相对单纯的概念下认识城市空间的空间本质，以相对宽松的条件激发学生对城市空间的创造力。

2 “类城市空间设计”教学环节的设计原则

2.1 符合“两大规律四个主线”的教学体系构建

空间是城市规划的核心，对低年级专业学生的空间教育应成体系，即“两大规律四个主线”。❶尊重两个规律，即符合城市规划学科的由整体到局部、由宏观到微观认知规律，也符合由简单到复杂的学习规律。“类城市空间设计”教学设置应符合这个体系，在空间启蒙教学中，打破建筑学由小空间到大空间的类型学教学规律，让学生一开始就把握较大尺度（5000m^{2}左右）的城市空间设计；另外，剥离城市空间复杂属性后的单纯物质空间，对于初学者的空间认知相对容易，有利于培养空间的创造力。“类城市空间设计”教学也是四大主线之一——“空间主线”的重要平台，是实现学生由简单空间认知向复杂城市空间认知的桥梁。

2.2 根本目标是激发空间设计的创造力

创造性是大学人才教育的根本目标之一。大学以前的教育模式重视聚向思维的培养而忽视求异思维的训练，往往以标准答卷来固化思维模式，严重影响了学生的观察力、好奇心、想象力及主动性的发展。创造性思维对于城市规划专业学习来说非常重要，城市规划或者城市设计本身就是创造性的活动。低年级培养创造性思维，就更容易产生灵感，更容易产生富有想象的城市空间。“类城市空间设计”教学创造性的设置也是为保证在专业启蒙阶段培养创造性而降低设计条件的复杂性。

❶ 段德罡，白宁，王瑾. 立足专业背景　面向学科发展——城市规划专业基础教学体系构建［J］. 城市规划 2010，09.

王　侠：西安建筑科技大学建筑学院讲师
段德罡：西安建筑科技大学建筑学院副教授
徐　岚：西安建筑科技大学建筑学院讲师

3 “类城市空间设计”教学实践

3.1 教学内容

3.1.1 城市空间概述

城市空间是经济、社会、政治、技术、文化等要素共同作用下的人类聚居地。城市空间是巨系统，若干个要素按照一定的结构关系组成的，若干要素之间有着层级关系，存在着从大到小、从整体到局部的空间层次。城市广场、街道、绿化系统是构成城市空间的三个要素。

类城市空间，定义为是微观层面的城市公共空间，侧重研究的是以视觉为核心的物质空间。应处理好两个关系，一是空间与实体的关系。空间是由实体而限定的，实体限定要素决定空间的品质；二是空间与人的关系。空间是人活动的容器，并且是具备磁体功能的容器，促发更多的人的活动、行为。城市空间的主体是人，一切应以人出发，关心人，尊重人，尤其应关心、尊重人精神层面的生活，最终体现人的价值。

人们对空间的认识和理解与人体尺度有关。人对空间的感知不是静止的，会因人生理、心理因素的作用而发生变化。其中人体尺度是空间设计的基础。比如人的视野距离和建筑高度的关系，会影响人对封闭空间的感受程度。

城市公共空间可以是封闭的独立性空间也可能是与其他空间联系的空间群。城市空间动态特征为：①空间体验过程是加入时间要素的动态过程，当人们体验城市空间时，往往是从一个空间向另一个空间运动时，才能欣赏它、感受它。②空间的生成是动态的，城市空间建设的时间跨度往往很长，而且始终处于新陈代谢的过程之中。任何空间设计都是阶段性的。

3.1.2 空间设计思维特点

设计是一种思维活动。空间设计是多种思维方式下的综合结果，其中最具代表性的有：创造性思维、逻辑性思维等。

创造性思维是对于空间设计有着决定性的作用。创造力就是打破旧思想的牢笼并形成新思想的能力。设计过程中常常需要通过直觉来克服设计的困境。创造力意味着一种精神行为。教育中传授专业技巧、固定思想相对容易，但是传授创造力似乎是一件心有余而力不足的事情。创造力就是要把自己从前人思想的光环中解放出来，敢于否定自己并保持灵活多变的设计态度。设计师应具备创新思维的素质：有能力运用现有的知识和信息对问题进行精准的定义，具有丰富的想象力并对设计灵感控制自如，不断否定自我的勇气和灵活多变的设计态度，能够根据外界变化快速敏锐的做出判断，采取相应的解决方案，以及将设计目标转换成设计成果的能力。设计不仅仅是一个解决问题的过程，设计是去除一些原有不好的（问题导向），并且带来一些新的东西（目标导向），因此设计比解决问题更需要创造力。

然而，设计思维也不等同于创造性思维。一个设计不只是需要好的灵感，还需要制订计划。逻辑思维使设

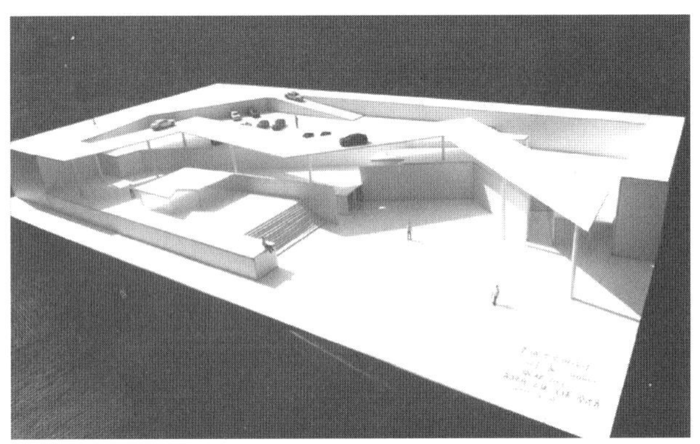

图 1 类城市空间设计模型

（学生：城规 10 级 刘辰）

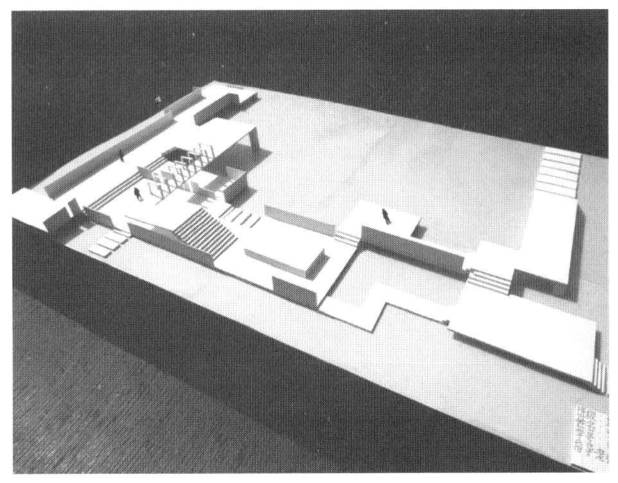

图 2 类城市空间设计模型

（学生：城规 10 级 归屹尧）

计思维过程具有清晰的、连续的步骤，每一个步骤都决定了下一个步骤，使思维过程具有线性特征。当然设计过程的可计划性并不是单调而僵硬的前后顺序，也可以变化这种顺序。安排不同要求的工作阶段是非常必要的，当感到创造力枯竭的时候，可以用熟悉和常规的方法来继续工作，这样也能解决问题。通过变换大脑不同的思维模式可以在设计中唤醒和提高设计能力。设计思维只有同时运用这两种思维才有可能形成新的思想。将两种思维相结合是设计者最重要的能力之一。

3.1.3　空间设计手法

在低年级不涉及过多的规范、设计背景等限定条件，来讨论设计手法，就是培养的是对空间设计的创造力，放开思维，极大程度的启发设计潜能。

设计手法的探讨体现在：①对物质空间构成要素的创新。空间的构成要素简单地说可以分为：水平基面（如变化的地形、覆盖要素）、垂直边围（如建筑或树木的垂直围合界面等）和空间控制重点（中心水池、钟塔、主体建筑、雕塑或立柱等等）。启发学生改变一下限定要素的形态，就会有意想不到的结果。比如，加强水平基面与垂直边围的连续性，对空间要素“母题”的运用等。②对空间要素造型方式的创新。探讨如围合、覆盖、附加、折叠、体块、交错、重叠等空间造型方式产生的空间效果。③对空间组织手法的创新。人在有组织的空间序列中运动，体验的是空间序列的“起承转合”，可以通过理处理动静空间以达到空间与时间的相互转化、相互渗透，创造出有时间连续感的空间；也可以通过大小空间的收放安排、分隔联系、营造出一种层层递进的空间环境。

3.1.4　作业要求

基地规模约为 3000~5000m^2；

充分发挥创造性思维，确立一个空间主题，构想你

图 3　类城市空间设计草图
（学生：城规 10 级　李大洋）

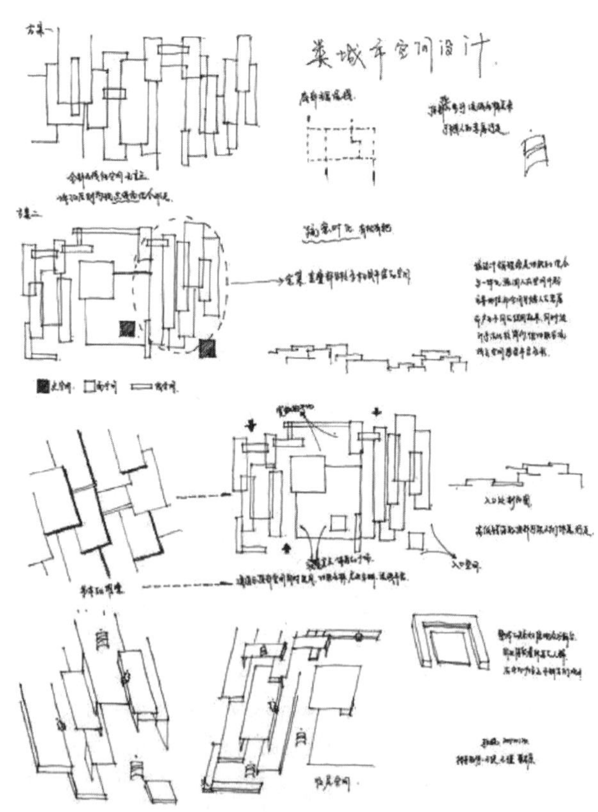

图 4　类城市空间设计草图
（学生：城规 10 级　张晓）

理想中的城市空间；

可以自己假设设计条件（如地形、周围环境要素、特定的使用者等等）；

运用形态构成、空间限定等方法进行空间塑造；

形成丰富的空间序列效果；

满足人的使用尺度和心理需求。

3.2 教学要点

3.2.1 设计主题的引入

设计开始要求引入一个“主题”，目的是强调创造性思维，这个主题可以是一个故事，比如有的同学表达的是自己的 20 年来教育经历下心路历程或者选自一个电影情节、童话故事等；可以是对某种空间的感悟，如禅意空间、朝拜空间等；可以是建立自己空间哲学的表达，比如有同学的命题为“转角即变化”，很好得将人生感悟与空间概念结合在一起；也可以使自己对空间的理解，也可以是基于生活体验下对某个城市空间中的人的活动空间的重新认识，如交通对日常生活影响下的对车行空间或人行空间的重新审视；还可以是对空间形态的一种探讨精神；等等。

这些模糊的、概念性的主题为学生提供了丰富的思维空间。学生基于生长背景、知识视野、思维能力的不同表现出强烈的个体差异，因此对概念的理解不相同。学生在设计之初天马行空的表达了自己的想法，教师应该鼓励其想法并且引导如何用空间语汇表达。

3.2.2 空间语汇的表达

好的构思不一定会有好的设计结果。如何用空间语汇表达设计主题，是个本课题的难点。教学中强调以视觉要素为设计核心，探讨物质空间的形态构成、空间与尺度、空间限定手法、空间组织手法、空间与人的心理之间的关系，等等。通过模型、草图演绎多种方案。

好的设计是会引起共鸣的，而非设计师的自话自说。课程辅导中不是让设计者去说明自己的作品，而是让其他同学来谈对作品的视觉感受，目的是让设计者摆脱在设计过程中的孤芳自赏，理解城市公共空间是公众审美下的产物。

3.2.3 设计思维的梳理

设计过程不是一成不变的，也没有统一程序和固定模式。但是可以通过一些方法的总结和介绍使得这个过程变得简单一些。

设计是与白纸的斗争。设计开始的时候，因为存在很多不确定性因素，设计者拥有的是一些凌乱的信息和

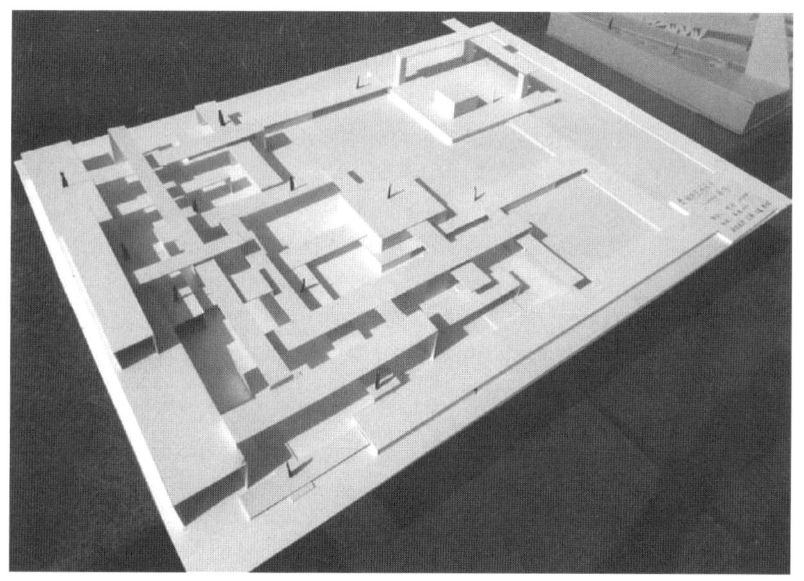

图 5 类城市空间设计模型

（学生：城规 10 级 贺琦）

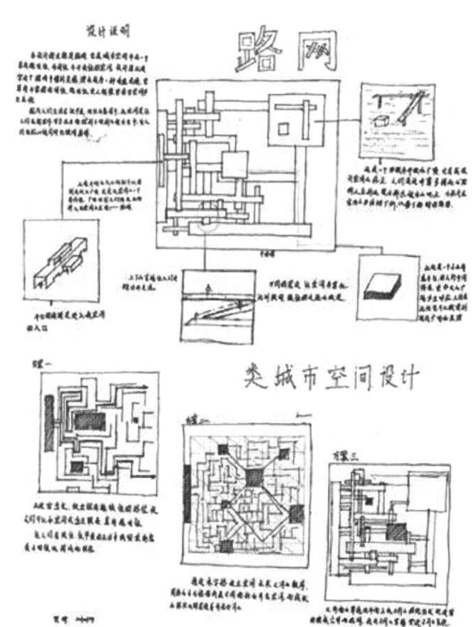

图 6 类城市空间设计草图

（学生：城规 10 级 贺琦）

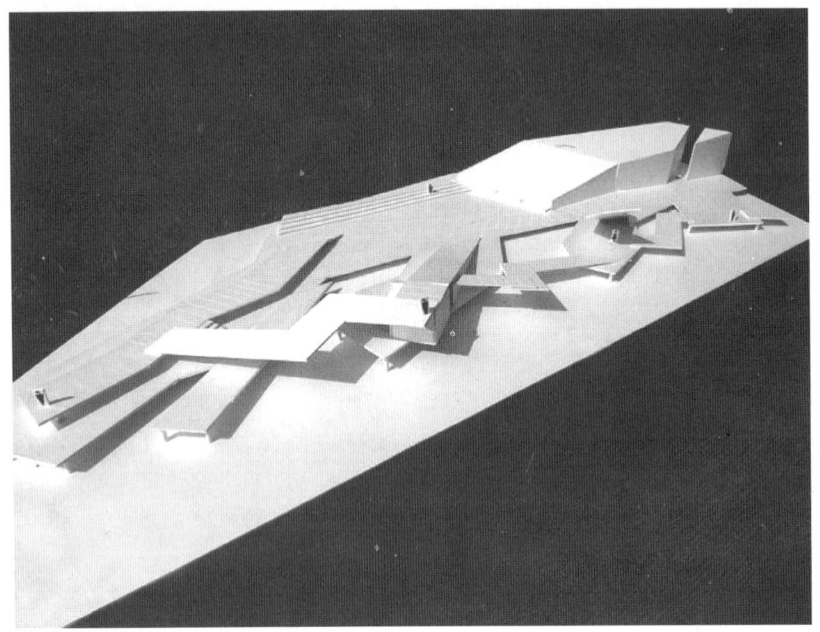

图 7　类城市空间设计模型
（学生：城规 10 级　刘雪源）

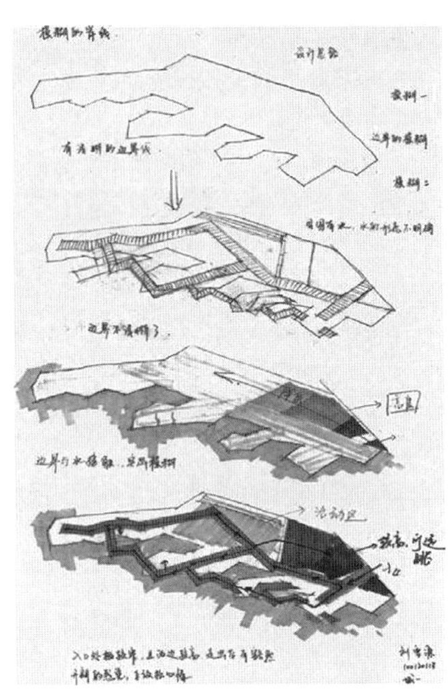

图 8　类城市空间设计草图
（学生：城规 10 级　刘雪源）

想法，往往会陷入“思维混乱”或者“挫折大于兴趣”的境界。这时候不要把它看作是一种负担，而应该看成是有趣的挑战，往往这时候很容易使设计者获得灵感。克服“卡壳”的办法是，一定要有所行动，不管是做什么。可以是模仿范例，研究设计条件也可以是不停地画草图，要无序的发泄一下自己的想法。

随着工作的不断深入，面对白纸的犹豫也会随之增加。这个阶段会陷入一种不断循环、反复的设计过程。表现为：创造力—形成想法—抛弃—混乱—方案生成。逻辑分析具有清晰的、连续性的步骤，每一个步骤都决定了下一个步骤。但是，一个好的分析并不一定就能产生好的思路。从分析到思路之间的

过渡并不是连续的，通常是突发的。构思过程需要运用创造力脱离固有思维模式从而解决问题，更多的表象是跳跃的和直觉的。

总的来说，设计分析的流程是理性的，合乎逻辑的，但是设计过程往往是跳跃发展的，因为通过分析并不能自动归纳出设想和方案，分析和综合作为直觉的补充，量和质的跳跃是设计工作的本质特征。

3.2.4　设计思维的表达

草图与手工模型作为重要的设计语言，是将各种设计思想明确表达出来的媒介，对于促进设计思维也很重要。设计构思不能仅凭大脑来完成，有时候很容易被理性思想覆盖或者铲除，设计更多时候是脑和手的交流，同时也需要眼睛的观察。设计的生成是“脑、眼、手、图”共同运作的结果。头脑中的初步想法被反映在手勾画的图形上，勾画的形象通过眼睛的观察评判反馈会大脑，激发更多更深的想法和构思，再回到手上和纸上进行增减或修改。通过“脑眼手图”四位一体循环往复的活动，产生比大脑更多的想法。有了草图、突发的文字记录或者草模方便了进一步的设计工作。在设计过程中，回顾这些记录，有利于找到设计的出发点，对于推动设计是很有帮助的。

4　结语

城市规划专业教育的目标庞杂，但作为基础教学的一个核心使学生在在保持高度兴趣的前提下激发他们的创造力，所有基础教学的体系、内容、教学方法、手段都是为这一核心服务的。

主要参考文献

[1] (德)赖因博恩/科赫. 城市设计构思教程[M]. 汤朔宁，郭屹炜，宗轩译. 上海：上海人民美术出版社，2005.

[2] 褚冬竹. 开始设计[M]. 北京：机械工业出版社，2010.

[3] 段德罡，白宁，王瑾. 立足专业背景　面向学科发展——城市规划专业基础教学体系构建[J]. 城市规划，2010，(09).

[4] 王侠，段德罡，吴锋. 从"空间"到"城市空间"：城市规划专业一年级的城市空间意识培养. 更好的规划教育・更美的城市生活——2010城市规划专业指导委员会年会论文[M]. 北京：中国建筑工业出版社，2010.

A Study on Cultivating space Creative Abilities ——the teaching of "pure urban space design"

Wang Xia　Duan Degang　Xu Lan

Abstact: It is a problem that urban planning students in first grade is difficult to understand and grasp the complexity of large-scale properties of the urban space problem.Xi'an University of Architecture and Technology Department of the based teaching and research innovative "pure urban space", that is a simple physical space which remove the complexity of urban spatial attributes such as social, economic, political, culture, technology and other properties .The simplify urban spatial attributes consistent with the law of subject's cognitive and law of cognitive learning.It can help to stimulate students' creativity and to make the space design process enjoyable.It is also consistent with the nature of urban planning education.This paper has fully demonstrated the "pure of urban space"'s teaching content, lead to more low-grade educators on teaching thinking and practice space.

Key Words: urban planning, basic teaching, space Education, creative space, pure urban space

博观约取，厚积薄发
——城市规划快速设计的教学方法与实践

周志菲　李　昊

摘　要：本文旨在探讨适应当前城市建设特征的城市规划快速设计教学方法。打破以往以类型为主导的成果式“快题”训练模式，回归专业教育原点。以提高学生整体素质与设计能力为核心，将快速设计分解为“知识准备—表现准备—方案构思—实战技能—实例反馈”五个环节，由浅入深，由局部到整体，通过渐进式单元展开教学。在教学实践中，突出“快速设计”特点，明确阶段教学目标，强调规划设计方法，训练学生在“眼、手、脑”的体验中快速转换，培养多维度、创造性、高效率的综合专业素养与技能。

关键词：城市规划，快速设计，教学方法，教学实践

我国正处于城市化的快速发展阶段，独特的历史背景与现实境遇使得中国城市规划建设依然处于探索阶段，如同人的“青春期”，既躁动盲目、不知所求，又热情积极、充满活力。“青春期”的城市与社会，可变因素远远大于不变因素，切实的建造成为适应当下社会与城市最实际的选择。专业人才的培养目标要适应社会需求，现阶段需要保持和加强城市规划设计型人才的培养力度，通过进一步学习和工作实践完善知识体系，提高专业能力。城市规划快速设计是提高学生规划设计能力的重要手段，它适用于修建性详细规划或街区层面的城市设计阶段，一般以一个相对完整的街区为设计对象，要求学生在较短的时间内，对题目的任务和要求进行快速的分析，进而完成方案构思，并通过简明直观的分析图解和快速有效的方案表现来传达设计意图。这就对学生在知识、能力和素质方面提出了很高的要求。正因如此，快速设计成为考查专业素养和选拔优秀人才的有效手段，是目前研究生入学考试、工作面试的主要测试工具。本文尝试探讨城市规划快速设计教学方法并进行教学实践。

1　教学基础一：城市规划快速设计的知识与能力要求

1.1　知识要求

学生应对城市建立科学的认识，了解城市发展的基本规律，明确当代城市在经济、社会、文化、生态等方面的价值取向。规划设计方案不仅仅解决地段的用地布局、群体建筑和环境设计等空间问题，同时也反映了设计者对城市的基本价值观；学生应掌握城市规划的一般方法和技术路线，熟悉城市不同类型用地的布局特征和相互关系，熟悉空间布局的模式、结构和形态等技术知识；学生应熟悉快速设计所涉及的各类建筑，掌握这些建筑的功能构成、平面形态、空间组织和布局要求等基本内容，熟悉不同功能区建筑群的空间布局特征和模式；学生应熟悉场地中各种组成元素的基本知识，熟悉各场地要素的功能构成、平面形态、布局特征和设计要点，熟悉建筑和场地以及场地和场地之间的关系和基本要求。

1.2　能力要求

快速设计的第一步就是阅读和理解任务书，需要学生具备一定的分析和研究能力。在阅读过程中，善于对已知信息进行判断、定义和分类，筛选出重要的、关键的信息，从而理解题目意图，抓住命题关键点。在对背景资料和设计任务进行归纳和提取的基础上，综合城市

周志菲：西安建筑科技大学建筑学院助教
李　昊：西安建筑科技大学建筑学院副教授

规划的基本价值观念，明确地段规划目标和空间设计概念，需要学生具备一定的综合概括能力。优秀的规划设计方案应是完整的用地布局，合理的功能组织，清晰的结构逻辑，丰富的空间形态和宜人的环境设计的完美结合，这不但反映了考生临场思维的活跃和深入程度，更能体现出平日里的专业素养与水准，这就需要学生具备良好的整体规划意识和空间塑形能力。同时，快速设计不仅要求应试者具有活跃的设计思维和扎实的专业基础知识，更要求应试者具备良好的图示语言表达能力和徒手表现能力。图面表达能够反映应试者的设计基本功和专业素质。通过适当的线形和色彩突出表达效果，使图面具有感染力。图面表现能力需要经过长期的学习和训练，学生只有在平时进行大量的徒手表达技巧训练，才能做到游刃有余。

快速设计的显著特点在于“快”字上，快速理解题意，快速分析设计条件，快速推敲完善方案，直至快速表达设计成果。但如何“快”起来呢？表面上看仅仅是在规定时间的 3~8 小时内快速完成方案设计，其实考察的是学生的综合专业能力。既要求专业知识的熟练掌握和专业技能的灵活应用，也需要心理素质、统筹能力、应变能力等应试技巧的有效保障。所以学生应掌握观念知识、规划知识、建筑知识和场地知识等专业基础知识，明晰不同类型快速设计的特点和设计要求，熟悉常用的设计手法和规范要求，同时做好针对快速设计的详细计划和统筹安排。

2　教学基础二：城市规划快速设计的内容和类型

2.1　城市规划快速设计的内容

城市规划快速设计的内容包括四个部分（见图 1）：第一，在明确任务要求的基础上进行定位、定性和定量研究；第二，地段的用地组织和空间结构规划；第三，各子系统，道路、建筑、场地和环境的具体设计；第四，方案的图纸表达。

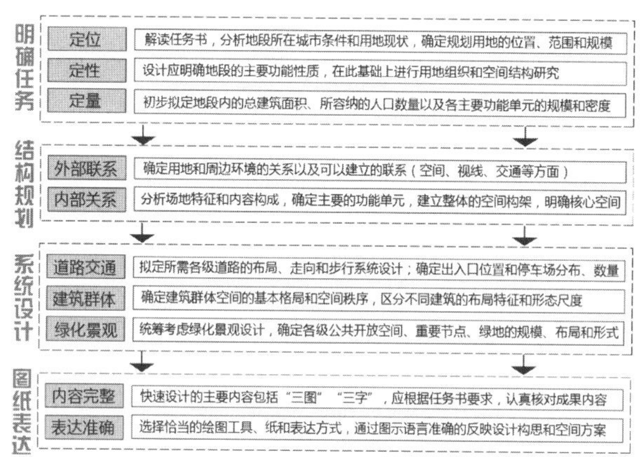

图 1　城市规划快速设计的内容

2.2　城市规划快速设计的类型

城市规划快速设计一般以修建性详细规划或街区层面的城市设计类的题目为主，主要包括三种类型：住区、城市重点地段和功能片区，用地规模通常在 10~30hm^2 左右。住区是规划快速设计最常见的类型，内容兼顾建筑和场地不同要素的规划要求，主要包括两种类型：普通住区和商住混合区。城市重点地段是规划快速设计最主要的类型，涉及城市主要功能，要求学生综合解决城市公共设施、道路交通、城市景观等一系列问题，能够全面考查学生的综合素质，适用于各种类型的规划快速设计训练，包括以下五种类型：城市商业、商务中心，城市商业、文化中心，城市市政、商务中心，城市公园，城市各级综合公共中心。规划快速设计还会涉及大学校园、科技产业园等各种园区等。

3　教学体系构建：城市规划快速设计整体教学计划

城市规划快速设计不仅仅是给出题目，教授给学生“快题模式”，让学生在教室中进行 3~8 小时的封闭训练，而是让学生走出教室，让他们体验自我，体验生活，体验设计。从过程入手，分步经历不用环节中“认知、思考、表达”的过程，形成属于自己的设计体验和积累。同时要突出“快速”二字，每个阶段的训练目标清晰，方法简练，各个单元教学内容之间实现分解递进，训练学生在“眼、手、脑”的体验中快速转换，传递整体设计的创意思维。

3.1　城市规划快速设计的教学计划（见图 2）

3.2　城市规划快速设计的教学实践

3.2.1　第一阶段：知识准备——要素与组合（一周）

规划设计就是将规划地段中的所有空间要素按照一

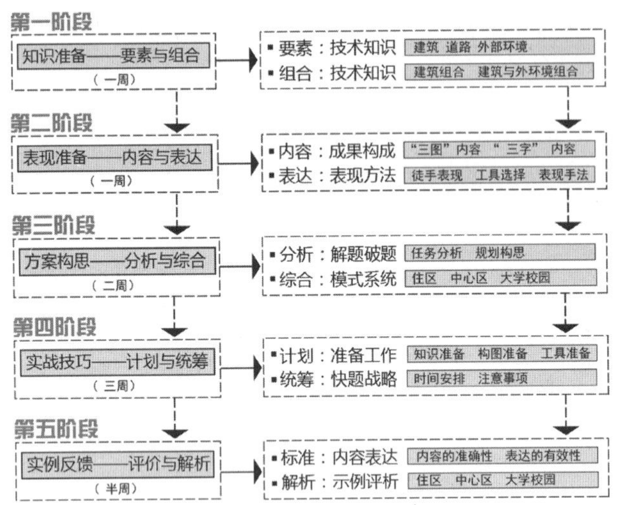

图 2 城市规划快速设计的教学计划

定的原则和方法进行合理的布置与组织，以满足特定功能要求和活动需求的专业技术操作。掌握空间要素的特征和组合是开展地段空间布局的前提和基本条件，是规划快速设计考查的内容之一。

在课程的开始，首先让学生了解城市规划的基本价值取向和思想观念以及快速设计的目的和作用。在建筑知识方面，介绍各种类型建筑的进深开间、空间组织和平面特点；在外部环境方面，介绍道路、广场、水体和绿化的设计要点。然后让学生利用课外时间以分组的形式有针对性地对建筑、外环境以及相互元素组合进行调研和资料搜集并汇集成图，并标明主要功能、基本尺寸以及常用指标（见图 3）。在下一节设计课以集中讨论的形式向大家介绍自己的汇总成果，完成资料共享。这个阶段旨在通过空间认知和资料搜集培养学生对规划快速设计的兴趣，为课程的下一阶段打下基础。

3.2.2 第二阶段：表现准备——内容与表达（一周）

规划快速设计最终通过图纸的方式表达设计理念和空间方案，有效的表达可以起到事半功倍的效果，画图之前需要进行图纸表现的充分准备。在表现手法方面我们需要强调两个方面：第一，内容的准确性；第二，表达的有效性。

首先，以提问的方式让学生讨论"三图"（即总平面图、规划分析图、鸟瞰图）和"三字"（即标题、设计说明和经济技术指标）的构成及要求，教师补充说明各

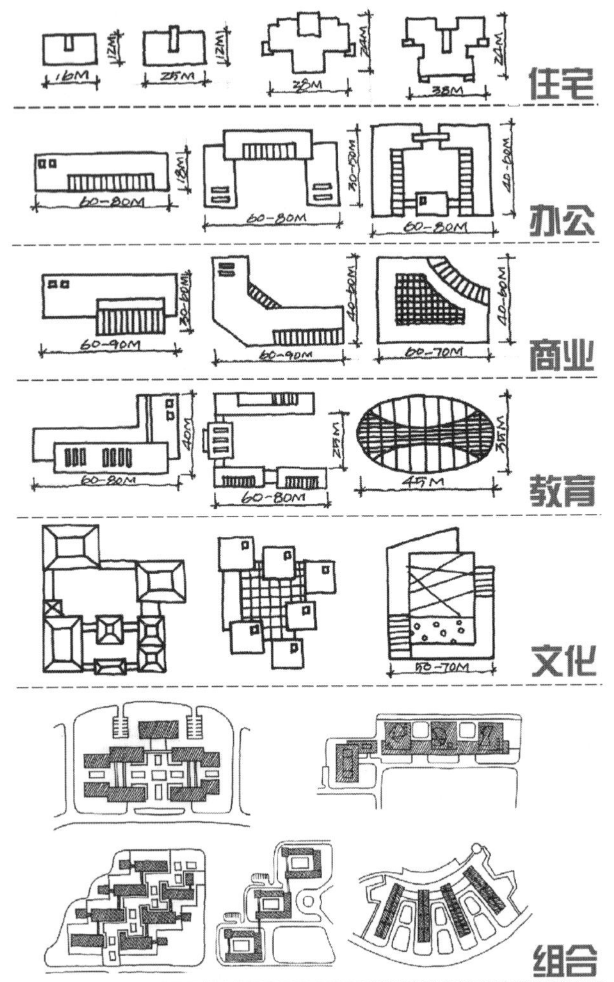

图 3 元素与组合

个部分的具体功用和权重，让学生将设计内容熟记于心。然后以大量图片和例图的形式向学生介绍徒手表现的要求和作用，不同绘图工具的特性和使用技巧，以及各部分图纸的表现手法和绘图步骤，此环节需设两个规定时间内完成的练习课程：同一总平面的绘图分解步骤练习（见图 4），同一总平面的不同绘图工具练习（见图 5），最后集体展示成果。这一阶段较为简单，让学生将表达手法、工具、技巧系统化，并尝试形成自己的表现风格，"工欲善其事，必先利其器"，图纸表达不是为单纯炫耀技法，更是能成为凸显方案设计巧思的辅助工具和点睛之笔。

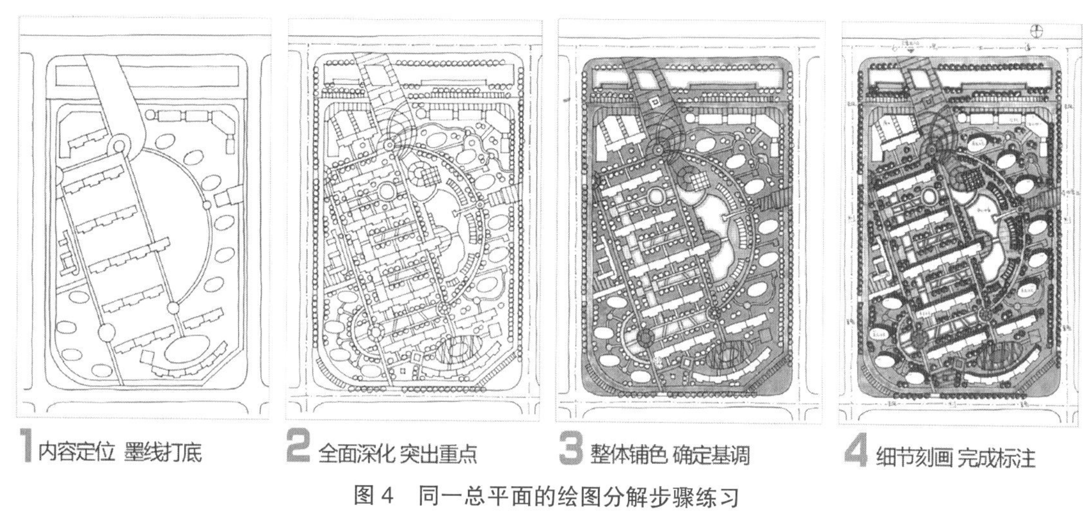

图 4 同一总平面的绘图分解步骤练习

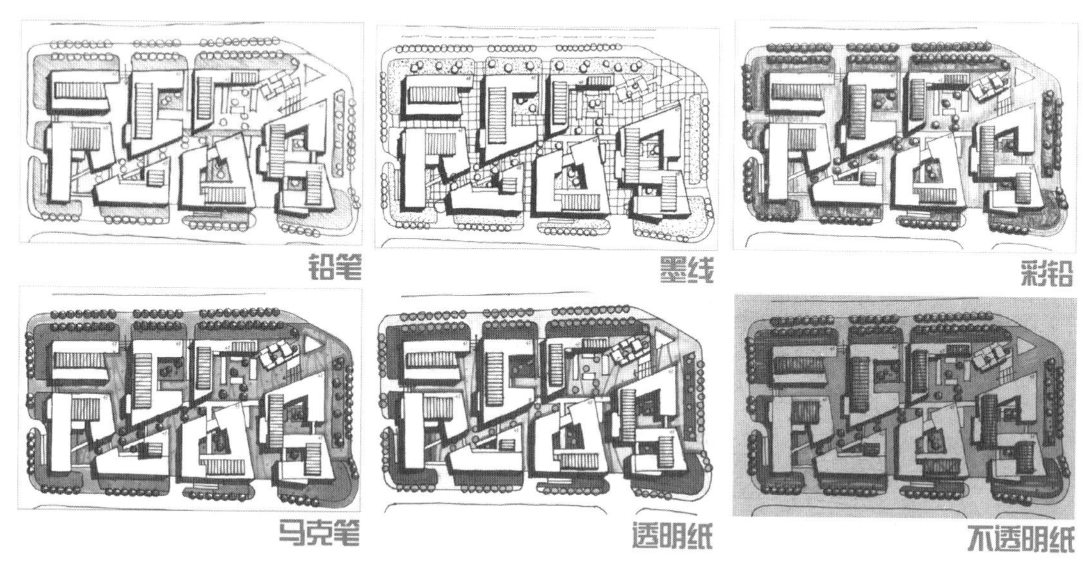

图 5 同一总平面的不同绘图效果练习

3.2.3 第三阶段：方案构思——分析与综合（二周）

快速设计要求学生在短时间内分析研究各种条件，快速做出综合判断，形成空间方案并进行图纸表达，方案构思就是对规划任务和场地特性的创造性解读和空间生成过程。基地条件解读为规划概念的提出和空间方案的形成奠定了基础，切合题意的设计概念和整体有序的空间布局是规划构思的主要内容，也是规划快速设计考查的核心，将规划构思转化成空间方案需要了解各种类型设计对象的基本特征，掌握各空间要素的关键点和相互关系。

这一阶段的教学内容有一定难度，功能组织和空间布局作为规划设计的核心，长期以来的做法是将不同功能的建筑体块，按照其面积进行组合，似乎满足了基本的功能合理就达到了设计的要求。实际上，这种做法仅在重复训练着学生的逻辑性，但是对于空间的感性认识相对滞后。另外，在设计时，图纸上的空间与真实的空间往往相去甚远，这是由于我们对于空间的现场感知经验与图纸感知经验的错位引起的。空间不仅要在逻辑上满足各个功能间的合理方便，还要随时关注人体的基本尺度处于三维空间中，伴随时间变化体验到的空间不同的组织方式对心理、行为的影响。

在此环节中，我们提出“解析 + 体验 + 归纳”的复合教学法：让学生大量解读各种类型案例，在资料搜集和阅读的过程中，不能只注意结果，如总平面、鸟瞰图的处理技巧，这样对方案的理解就停留在表面，知其然不知其所以然。鼓励学生从设计者角度入手，从对基地的解读、破题的思路出发，真正理解方案生成的过程与结果；让学生带着设计方案图和问题去建成后的现场看看，切身体验图纸和实际建成效果之间的异同，感知人性尺度下的空间构成；让学生以小组形式按类型将方案收编，总结同一类型方案中共性并提炼结构模式（见图 6），作为自己方案库的存档。这一阶段时间较为紧张，但往往是学生最感兴趣且最投入的学习过程。快速设计不意味着方案的照搬和模仿，知识的解读、资料的积累、眼界的开阔和实践的体会构成其短时间设计高下的关键点。“台上十分钟”由无数个“台下十年功”构成，短短两周对于方案构思的训练是远远不够的，课堂上教师只是教授给学生案例解读、空间感知、方案设计的学习方法，而这个学习过程是需要学生做大量课下知识积累的，甚至作为职业生涯的一门必修课来长期坚持的。

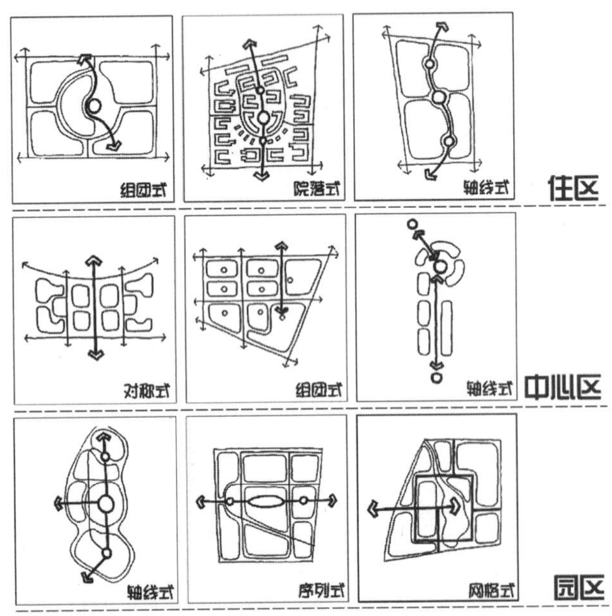

图 6　结构模式

3.2.4　第四阶段: 实战技巧——计划与统筹（三周）

针对于快速考试的详细计划与统筹安排是学生发挥最佳水平的重要途径。快速设计考察的不仅仅是设计水平，更是对学生综合素质和能力的全面考察。基础知识的梳理，绘图工具的准备以及图纸表达的要点的把握都是画图前需要注意的内容，同时还需对画图的整个时间过程和具体内容进行详细的规划，抓住从审题、构思、图纸绘制到说明文字编撰等各个环节的关键点，展开针对性练习。

这一阶段为快速设计的系列训练，要求学生针对三大类型题目（住区、重点地段、园区）做出快速方案设计和图纸表达（见图 7）。结合前四个环节的基础训练，学生要对具体题目具体问题进行设计应答，切入角度、设计手法的不同所带来多样的空间效果，并进一步针对空间的结构、功能、道路、绿化等等进行分析，在图纸上以模式图的方式表达出来。同时，教师在布置任务书和作业辅导是可注意一些技巧，重点解析任务书中的关键点，讲授一些关于构图和时间安排的技巧，强调图纸的逻辑顺序和注意事项。在连续的 3 周 6 个题目的“连番攻击”下，学生从对方案的力不从心到胸有成竹，从对图纸的手足无措到运笔自如，这一训练对学生的方案能力、表达技巧甚至是专业态度的蜕变都是显而易见的。

3.2.5　第五阶段: 实例反馈——评价与解析（半周）

快速设计最终通过图纸的评阅判定成绩。学生在教学的最后应了解快速设计的评判标准，明确考察的特点、重点和难点，避免整体方向上的失误和偏差。强调对任务书与规划地段的设计应答，注重规划内容的完整性和准确性，鼓励方案的创新性和适当的个性表现是教师评判图纸的基本标准和导向。

最后这一阶段由校园公开评图、年级大课讲评和小组讲评三个部分构成，教学过程中教师和学生可以直接面对面交流，不再局限课堂上的指导与被指导关系，产生直接的思维碰撞，学生清晰了解教师的评图

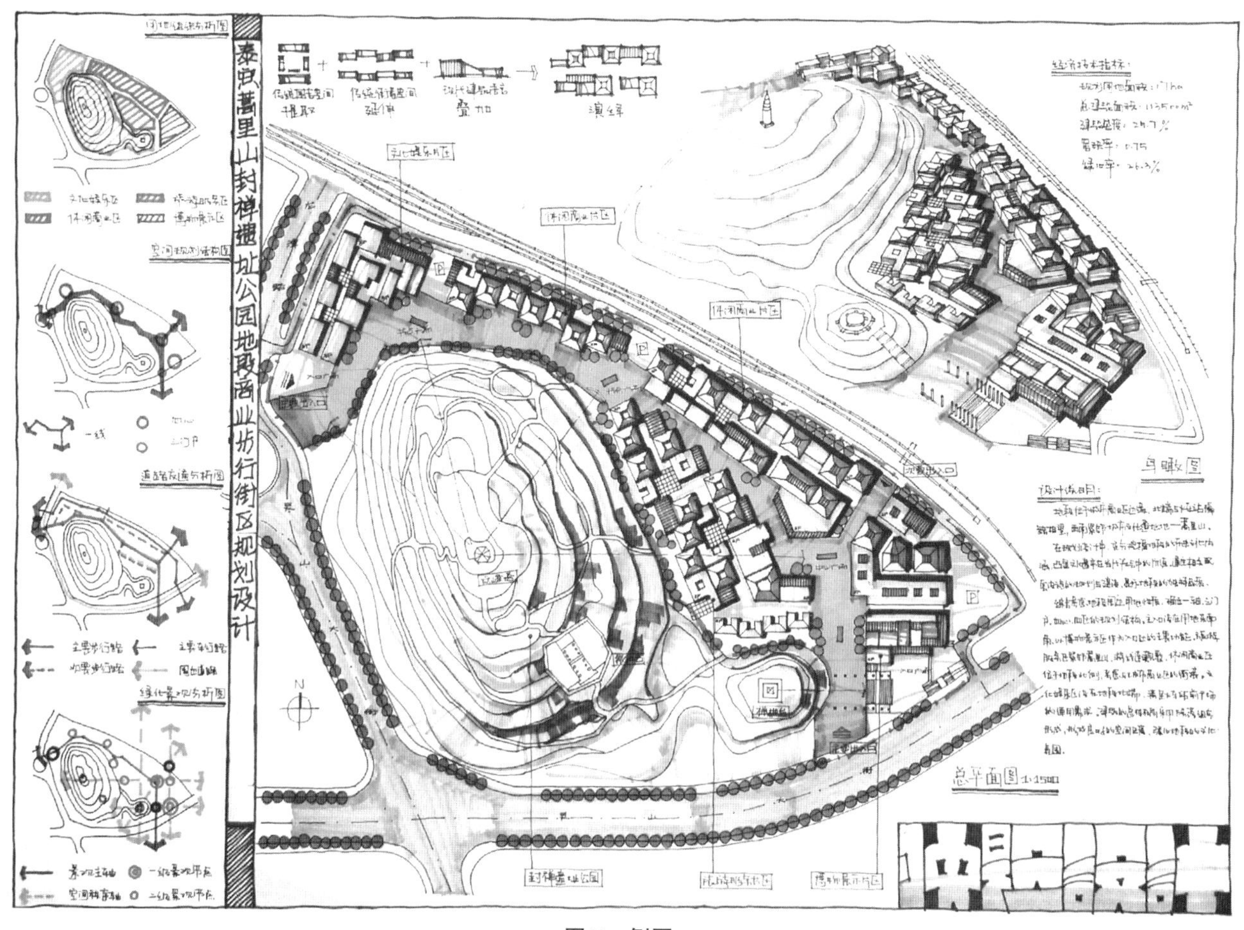

图7　例图

方式、要点和过程，教师也可以明确掌握学生在课程中的碰到问题、难点和想获取的专业知识，相互反馈以便及时调整教学大纲，教给学生更专业、实用的课程知识。

4　结语

今天的时代是一个快速运转和创意至上的时代，一个规划师的专业价值取向、对城市空间的理解能力、视觉图式能力以及工程技术的素养都可以体现在快速设计的这个过程中。无论是电脑效果图、模型，还是手绘草图都是为规划设计服务的工具和手段，我们注重快速设计的不仅是时间上的“快速”、方案上的“设计”，而是实现“快速设计”所具备的综合专业素养的养成，这也是我们之所以强调快速设计在城市规划教学中起着至关重要作用的原因。

主要参考文献

［1］ 李昊，周志菲．城市规划快题考试手册［M］．武汉：华中科技大学出版社，2011.

［2］（美）爱德华 ·T· 怀特．建筑语汇［M］．大连：大连理工出版社，2001.

Spur With Long Accumulation——Discussion on the Teaching Methods and Practice for Rapid Design of Urban Planning

Zhou Zhifei　Li Hao

Abstract: This paper aims to explore the rapid design teaching methods in urban planning which adapted to the characteristics of urban construction.Starting from the process, break the old type-led result training mode, return to the original point of the planning and design.To improve the overall quality and design capabilities of students as the core, the author will degrade rapidly design courses into "knowledge-actual combat skills technique-concept-feedback-instance" five aspects.The five links, easy-to-digest, from local to overall, started teaching through incremental unit .In the meantime, stressing the "rapid design" key points of this training .Targets are clear, concise training methods, training students to make a rapid transformation in the "eye, hand and brain" experience, developing multidimensional, creative, efficient and integrated professional competence.

Key Words: urban planning, rapid design, teaching methods, teaching practice

城市规划社会调查教学探索

欧莹莹

摘　要：从城市规划专业社会调查课程的教学目的入手，从课程设置、理论教学和实践指导三个方面研究和探讨城市规划社会调查课程的教学问题，分析教学案例，以改进教学手段，提高教学质量。

关键词：城市规划，社会调查，教学，探索

城市规划社会调查（Urban Planning Survey Research），是指有目的有意识地对城市生活中的各种城市社会要素、城市社会现象和城市社会问题，进行考察、了解、分析和研究，以认识城市社会系统、城市社会现象和城市社会问题的本质及其发展规律，进而为科学开展城市规划的研究、设计、实施和管理等提供重要依据的一种自觉认识活动。[1]

城市规划社会调查课程是城市规划本科教学的必修课程，是为增强学生认识城市、寻求和探讨城市问题的本质及其发展规律的能力的实践课程。近年来，随着各项城市规划社会调查报告评优活动的开展，各高校更加重视学生社会调查能力的培养。而在城市规划社会调查课程的教学过程中，笔者认为有三方面的问题需要进一步探讨：

（1）关于课程设置，社会调查课程设置应更好地与城市规划专业的主干课程相结合。城市规划专业社会调查课程多为安排在高年级的实践课，然而城市规划社会调查实践与方法的运用则贯穿于整个城市规划学科的学习过程中。社会调查课程的独立设置，削弱了其作为城市规划工作辅助性工具的作用。

（2）关于理论方法教学，缺乏与多学科联动。作为一门实践课程，学生对于社会调查理论和方法的运用多在命题和调查过程中进行探索，这样不利于学生掌握多种社会调查方法。

（3）关于实践教学，城市规划专业学生在社会调查实践的几个环节中较容易遇到问题，分别为：命题、方法实施与社会调查报告写作。

1　城市规划社会调查的课程设置

1.1　明确社会调查课程的目的

社会调查课程的目的在于让学生认识和探索各种社会事物、社会现象，揭示事物发展的规律性。

作为城市规划专业的学生，更重要的是，在未来的学习和工作中，能将社会调查作为其获取信息和分析信息的方法和手段，为城市规划设计工作提供指导和依据。

因此，面向城市规划学生的社会调查课程，其教学目的应具备以下三个特性：

（1）社会调查的普遍性：

指导学生掌握认识和探索各种城市社会事物、现象，揭示城市社会发展的规律性，从而寻求改造和引导各项事物合理发展的方法。

（2）社会调查的综合性

以多种理论方法开拓学生的思维，指导学生综合运用所学课程的调查方法，综合培训学生对社会调查选题、操作、实践及报告写作的能力。

（3）城市规划专业社会调查的特殊性

培养学习运用社会调查的方法更加深入了解城市规划设计的对象，以达到深入现状分析，开拓设计思路的目的。

1.2　社会调查课程的安排

针对以上对城市规划社会调查教学目的的分析，为

欧莹莹：云南大学城市建设与管理学院讲师

指导学生更好地将社会调查方法运用到学科领域中，社会调查课程的设置不应是独立的实践课程，课程设置应由三部分构成。

（1）穿插于城市规划设计课程中

在城市规划设计课程中，指导和布置社会调查作业。规划设计中的调查内容可分为现状调研和专题调研两部分。这样能帮助学生开拓思路，从多方面深入认识规划设计的对象。另一方面，也可从低年级开始就培养学生认识城市探索城市的求知与创新能力。

（2）在高年级安排社会调查必修课程

在四年级下学期安排独立的社会调查必修课。可指导学生综合运用以往所学各科目的社会调查方法，总结以往规划设计中的调查经验，自行命题，开展调查活动，撰写调查报告。

城市规划专业社会调查课程设计设想 表1

课程名称	学期	学分	城市规划设计内容	社会调查目的与作业内容
城市规划设计（1）	5	4	修建性详细规划	结合居住小区或步行街修建性详细规划，布置学生对建筑内部空间、建筑外部空间、建筑群体间关系，小范围内的人流、交通展开社会调查。增进学生对居住区、街道空间的认识
城市规划设计（2）	6	4	中心区城市设计	结合中心区设计及城市更新的内容，布置学生学习使用问卷、访谈等方式进行居民满意度和设计意向调查，提高学生规划设计的公共参与意识
城市规划设计（3）	7	4	控制性详细规划	结合控制性详细规划的内容，布置学生对一个城市片区展开用地布局、公共空间、交通、绿化、公共设施、市政公用设施、防灾等各项系统的综合调查
城市规划设计（4）	8	4	城市总体规划	结合城市总体规划内容，除了总体规划收资阶段的综合调查外，引导学生发现城市发展中的社会问题，针对城市问题自行命题进行总体规划的专题调查研究
城市规划社会调查	8	2	—	全面学习和总结社会调查的理论与方法，引导学生自行命题展开城市规划社会调查，侧重于调查方法、命题、论述的创新性

2 城市规划社会调查理论教学指导

在以往的城市规划社会调查实践课中，学生对于社会调查理论和方法的运用多在命题和调查过程中进行探索，不利于学生掌握多种社会调查方法，社会调查课可利用2~3周时间进行理论方法的综合指导。

2.1 城市规划社会调查基础理论教学

社会调查应区别于规划设计的现状调研。在理论讲授中，要让学生了解社会调查的基本类型和方法，学习对数据的统计和加工。

2.2 城市规划社会调查应为规划设计服务

城市规划专业学生进行社会调查，应区别于一般性的社会调查。从命题－方法手段－调查成果几个环节都应具有城市规划学科特色。在社会调查方法理论教学过程中，应强调探索和解决城市问题，为政府决策和规划设计提供依据。

2.3 城市规划社会调查应与多学科交叉融合

在高年级设置城市规划社会调查课程，学生已完成多门专业必修课和选修课的学习，应帮助学生对所学的相关学科和调查方法进行复习和总结。主要涉及的课程，可包含社会学、地理学、经济学、生态学、心理学、统计学、软件运用等方面内容。

2.4 城市规划社会调查理论部分教学框架设计

综合以上几点，城市规划社会调查的理论教学提纲如下：

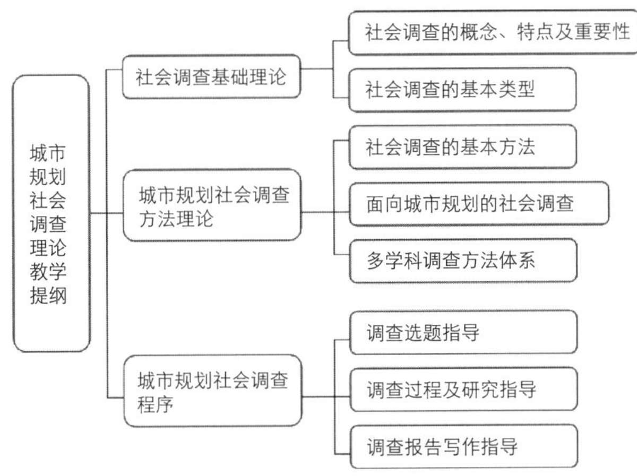

图 1　城市规划社会调查理论教学提纲

3　城市规划社会调查实践教学指导

3.1　社会调查的命题

在教师的教学过程中，通过对某高校城市规划专业 2003~2005 三个年级社会调查课程学生首次命题的结果进行统计：

总结以往学生自行命题的结果，应从以下几方面注重引导学生选题：

（1）以城市问题为核心，综合介绍选题的系统和方法

城市规划社会调查的选题即是围绕城市问题，对调查对象、调查时段、调查范围、基本方法、学科侧重、技术方法与手段几个要素的组合，在教学中，应系统的介绍社会调查选题的方法，由学生自拟题目出发，引导学生对选题创新性进行思考。

学生自行命题情况统计　　表2

年级	2003	2004	2005
分组	20 组	16 组	12 组
命题指导	在社会调查普遍方法论指导由学生自行拟题	在社会调查普遍方法指导后，强调城市规划学科社会调查的特殊性，由学生自行拟题。	在社会调查普遍方法指导后，强调城市规划学科社会调查的特殊性，进行方法论指导，启发学生的创造性，由学生自行拟题。
选题情况	城市物质环境 8 篇：商业形态及街区调查 4 篇、城乡问题 2 篇、城市绿化、城市无障碍通道的使用调查。 城市非物质环境 2 篇：红酒文化、小区物业管理水平调查 校园问题 10 篇：消费行为 6 篇、就业择业 2 篇、校园计算机使用、大学生爱情观	城市物质环境 10 篇：中小学校的布置、居民交往活动空间、立交桥下层空间利用状况、古建筑风貌与格局的演变、无障碍设施 2 篇、商业老街、城中村问题 3 篇。 城市非物质环境 5 篇：历史风貌兴盛与衰退、城市文化发展 2 篇、公交爱心卡、流动摊点 校园问题 1 篇：校园文化环境	城市物质环境 9 篇：交通问题 3 篇（道路交通管理设施、公交线路配置、公共交通建设与发展方向）、旧城改造与保护问题 2 篇（历史文化名镇、街区保护）、城市绿化 2 篇（公园改造、风景区规划）、建筑色彩 1 篇、盲道调研 1 篇 城市非物质环境 3 篇：街名调查 1 篇、城市管理 2 篇 校园问题 1 篇：校园公共开敞空间
经验总结	未强调社会调查与城市规划专业结合的重要性，学生倾向于从自己身边寻找调查问题	未进行方法论和多学科理论指导，学生选题范围集中于城市的基本功能和城市重点地段的调查	学生调查思维有所开拓，但对技术和方法的创新性仍显不足

（2）坚持由学生自拟题目，注重学生的兴趣和爱好

由学生自拟题目，可保证调查的方向符合学生的兴趣和爱好，由学生的选题结果可发现，学生倾向于选择与自己相关的以及容易获取调查资料的调查对象。将城市问题归纳为物质环境调查、非物质环境调查及行为主体活动调查（人的活动），学生倾向于选择城市的物质环境调查，而几乎没有学生主动选择以行为主体的活动作为调查对象，这与城市规划学生的学科背景有关。可继续鼓励学生选择自己感兴趣且容易驾驭的题目，这能够保证学生参与社会调查的积极性和自主性。

（3）对被选几率较低的命题给予提醒和指导、增进选题的创新性

被选几率较低的题目原因有两点：一是学生不感兴趣；二是学生知识结构不全面，观察视角不够开阔。对

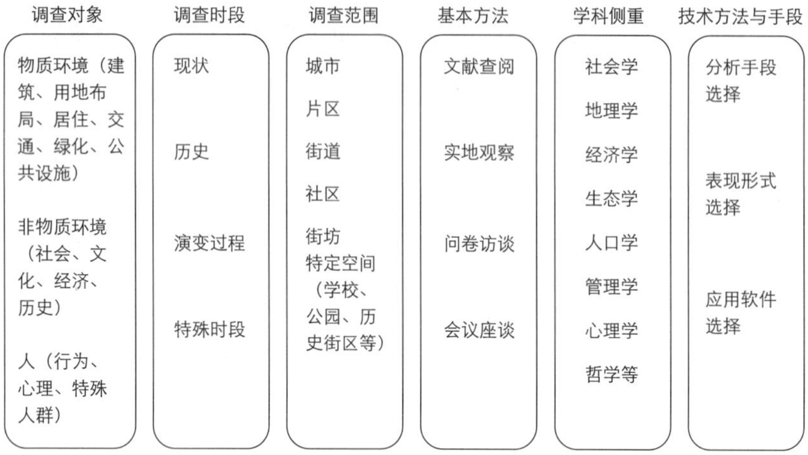

调查对象	调查时段	调查范围	基本方法	学科侧重	技术方法与手段
物质环境（建筑、用地布局、居住、交通、绿化、公共设施） 非物质环境（社会、文化、经济、历史） 人（行为、心理、特殊人群）	现状 历史 演变过程 特殊时段	城市 片区 街道 社区 街坊 特定空间（学校、公园、历史街区等）	文献查阅 实地观察 问卷访谈 会议座谈	社会学 地理学 经济学 生态学 人口学 管理学 心理学 哲学等	分析手段选择 表现形式选择 应用软件选择

图 2　城市规划社会调查选题系统和方法

这类题目，教师可给予提醒和指导，启发学生探索城市问题的兴趣，增进选题的创新性。如指导学生针对城市非物质环境及行为主体（人）进行调查，提醒学生关注社会新鲜话题和弱势群体。

3.2　调查过程的指导

（1）将发现和探索城市问题作为社会调查的核心目的

调查过程指导中要始终将发现和解决城市问题作为社会调查的核心目的，从低年级设计课的调查活动开始培养学生社会调查能力，调查对象与问题可从小到大，从浅入深。通过社会调查实践学习，从观察建筑内外部空间关系、建筑群体间关系，到能够深入了解城市规划各方面的现状调研，再到能够将多学科的方法与知识与城市问题相结合进行社会调查，逐步提高学生观察城市，认识城市，发现和解决问题的能力。

（2）注意培养学生的团队合作精神

鼓励学生分组完成社会调查，可以 2~4 人为一组，对于调查量大的题目可满足其需要，此外，可培养学生的团队合作精神，锻炼学生的领导及合作能力。在调查过程中，也可增进学生之间及师生之间的友谊。

（3）注重阶段性的指导

运用“区别对待”和“循序渐进”两项教学原则，调动和保持绝大多数学生的积极性和自觉性[2]。一般情况下，指导学生完成社会调查的过程为：命题 – 提纲 – 方法探索 – 调查阶段 – 调查报告初稿 – 修改完稿。为避免学生偏题或出现调查方法和方向不明确，在调查的方法探索、调查提纲设计（问卷设计或访谈内容设计）、数据统计等阶段都应给予指导。而对于学习能力强的学生，可更多的尊重学生自身的调查思路，对完成进度快的学生可安排其补充调查和多次修改。这样才能在尊重学生学习的主动性和自觉性的同时达到因材施教的目的。

（4）培养学生实事求是的研究态度

在社会调查的过程指导中，强调实事求是的调研态度，避免学生在调查过程中出现提前下结论，以结论为导向的取证，或论据不足等问题。

3.3　调查报告的写作

（1）从低年级培养学生写作能力

城市规划是一门综合性很强的学科，城市规划专业的学生应具备进行规划设计的能力、发现和研究城市问题的能力、管理与协调能力、文字和语言的表达能力[3]。然而在专业培养的过程中，专业教育和学生的学习都更倾向于规划设计能力的培养，应提高学生对城市社会、人文等问题的思考能力，更注重学生文字和语言能力的培养，达到全方位培养人才的目的。

从低年级开始培养学生的写作能力，可从规划设计中的调查报告写作、理论课的论文写作、规划设计说明书写作三个方面展开。

写作能力培养方法　　表3

培养方法	规划设计中的调查报告写作	理论课的论文写作	规划设计说明书的写作
对应课程	从城市规划设计（1）—城市规划设计（4）	社会学、地理学、经济学、生态学等理论课程	从城市规划设计（1）—城市规划设计（4）；城镇体系规划、概念规划等选修课程
作业布置	堂下作业或假期作业	堂下作业或期中考	设计成果、堂下作业、期中考等多种形式
年级	城市规划 3、4 年级	城市规划 2、3、4 年级	城市规划 3、4 年级
教学要点	教授学生调查报告写作的形式和写作要点。	教授学生论文写作的格式、方法和写作技巧。	教授城市规划说明书的写作方法与技巧。培养学生运用城市规划的专业语言进行文字表述。

（2）调查报告的常出现的主要问题

根据历年的教学总结，城市规划学生社会调查报告的写作常出现的问题有：在主题结构方面，学生在写作过程中经常存在主题不明确，报告结构松散片面，或主题与提纲不符的问题。分析论述存在论证方法和内容单一、论据不足，题材与观点不符，论述观点没有新意等问题。此外，在语言运用和排版上，也存在语言不准确，缺乏专业特色，排版过于复杂或表现形式单一等问题。

4　总结

社会调查是城市规划专业人员认识城市，发现和解决城市问题，辅助规划设计的重要手段，在城市规划专业教学中应得到足够的重视。围绕城市规划专业教学开展社会调查课程，应设置系统完善的教学体系，以培养城市规划专业人才为目的，讲授社会调查普遍方法的同时，重视城市规划专业社会调查的特殊性，充分结合设计课程安排社会调查课程；结合社会调查综合性的特征开展理论与实践相结合，多学科交叉，多种授课形式并存的社会调查理论教学；从选题、调查操作及报告写作多个环节，对学生进行阶段性监督和引导；总结以往教学经验，不断完善和改革社会调查各环节的教学体系，培养全方位发展的城市规划专业人才。

主要参考文献

［1］李和平，李浩．城市规划社会调查方法［M］．北京：中国建筑工业出版社，2004：23.

［2］李浩，赵万民．改革社会调查课程教学，推动城市规划学科发展［J］．规划师，2007，23（11），66-67.

［3］姜云，王宝君，张洪波，李冬梅，张卓．城市规划专业应用型人才的基本素养与教学［J］．高等建筑教育，2010，19（3）：39.

Study on Teaching of Urban Planning Survey

Ou Yingying

Abstract: Based on teaching of Urban planning survey, the paper discusses the course offering, the teaching methods of theory and practice, analyzes the teaching cases, in order to improve teaching quality and reform teaching methods.

Key Words: study, teaching, urban planning, social Survey

城市设计教学中“互动式”案例教学法的应用研究

刘代云　翟媛媛

摘　要：本文通过分析案例教学法的内涵及城市设计教学的特征，阐明案例教学法是适合城市设计教学的重要方法；在此基础上，论文阐释了城市设计教学中案例分为“被动式”与“主动式”两类，“被动式”案例主要为由教师主导讲授的国内外经典城市设计案例，“主动式”案例主要为学生主动参与其中的对所熟悉城市环境的阅读与解析案例；最后，论文提出建构城市设计案例库的构想，以期在提高城市设计教学趣味性的同时，使城市设计教学更加契合我国城市建设的发展趋向。

关键词：城市设计，案例教学法，教学组织

城市设计是着力于改善人们物质生活环境的社会实践，属实践应用型学科范畴，规范性研究是其研究体系的重要构成部分，而规范性研究需要大量的实践经验的归纳与整合，进而城市设计教学中除讲述城市发展史中的经典理论知识外，尚需对许多经典的城市设计案例进行阅读与解析，进而案例教学法是其教学中的重要方法，本文即是以城市设计教学中案例教学法的应用为主题，探求城市设计教学中案例的类型与特征、案例的选择与组织及城市设计案例库的建构。

1　案例教学法的内涵

“案例教学法”最初应用起始于哈佛大学法学院，其后，哈佛大学商学院也开始运用这一教学方法，由于此方法取得了良好的教学成效，自此，案例教学法逐渐应用到各大教育机构教学及企事业单位培训中，进而成为学校教育与社会教育中的重要教学方法。

案例教学法中的案例是指对真实的事物、事件或对象的纪录，具有客观实在性和矛盾多元性。在大学的课程教学中，把真实详细的案例介绍给学生，让他们思考分析，公开讨论，并最终决定应该采用哪种行为方式，给学生提供详尽的事实，未加工的原材料，让他们从中做出有效的决策。案例一般从问题开始，可能是一个具体的有预定结果的问题，也可能是一个自由回答、有多种可能答案的问题，学生们要回答的内容包括他们会怎样进行思考，会如何行动，以及他们认为什么问题是重要的。[1]

案例教学法注重对客观实在问题的探讨与解析，所选择的案例既有成功的案例也有失败的案例，其根本主旨在于从错综复杂的客观现象中解析、归纳、整合出其背后的内在规律与客观经验，进而更加有效的规避负面因素的影响，为解决相关问题提供更加科学合理的方法。

案例教学法注重历史与当前的结合，所选案例既有历史发展过程的经典事物、事件与问题，也十分注重解决当前发生的新问题，其实，对过往研究的根本目的即在于解决现世发生的问题，如此，也有利于把学生推向世界的前沿，培养成能够解决新问题的高材生，而不是只会解释问题的“理论高手”。

案例教学法中的案例具有多元性、开放性，学生可以依据自身的知识水平、价值观及内在感知做出自己的解读与判断，通过课堂演说与讨论，在阐述自己观点的同时，可以吸纳他人的不同见解，进而使自己不断地得到完善与提高，由此，案例教学法是素质教育的重要方法，其传授的是解决问题的智慧。

2　城市设计教学的特征

现代城市设计自 1980 年代从国外传入我国以来，

刘代云：大连理工大学建筑与艺术学院讲师
翟媛媛：大连理工大学建筑与艺术学院硕士研究生

经过30多年的发展与完善，已逐步形成自身的知识结构，主要包括：理论知识、操作知识与实践技能（图1）。

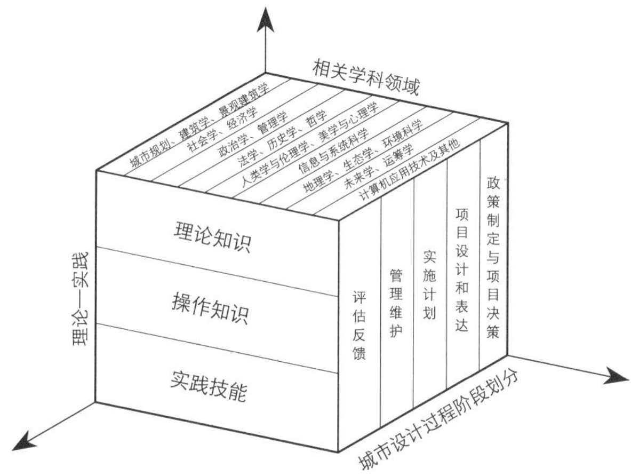

图1　城市设计知识结构立方体

与其相对应，城市设计的课程主要包括三个部分：理论知识课、操作知识课、设计技能课。理论知识课：主要指关于对城市设计理论层面的理解和对城市设计实践操作有指导意义的相关学科理论的课程；操作知识课：主要指关于城市设计实践操作层面的理解以及城市设计方法的课程；设计技能课：主要指在城市设计过程中所需要的个人技能的课程。[1]在上述课程的讲授过程中，城市设计教学的突出特征主要体现在两个方面：创新设计能力的培养与理性管理能力的培养。

2.1　创新设计能力的培养

城市设计的内核在于城市物质空间环境的设计，设计学特征是其重要的学科特征，进而创新设计能力的培养是城市设计教学的核心目标。城市设计的创新设计能力主要体现为：空间设计意识、空间解析与阅读、空间创造与组织、设计图示表达等方面。

能力是思维的外在，能力的提高需要设计者融入自身的时空阅历，学生设计能力的提高是一不断演化的渐进过程，而在高校本科教育中，设计方法、设计思维的培养是城市设计教学的根本，学生在领悟基本的设计方法，形成一定的创新设计思维后，在将来的工作实践过程中，设计能力将会不断得到提高。思想指引行动，设计能力的提高需要丰富的创作思维的积淀，由此城市设计教学中应注重解决问题的创新性方法与思维的培养，在教学过程中，注重启发性与互动性教学，培养每一个学生个体形成自身独特的创造性设计思维，在此基础上，再通过实践案例和课程设计来培养学生创新设计能力。

2.2　理性管理能力的培养

“罗马非一日而成”，城市物质空间的塑造具有较长的时间跨度，进而城市设计实质上是导控城市空间塑造的动态过程，在此过程中，实施管理是城市设计实践不容忽视的重要内容，进而理性管理能力的培养是城市设计教学的另一主要目标。管理能力的培养主要体现在：协调组织、目标控制、法制意识、经济意识、服务意识、市场意识等。与此相对应，城市设计教学在理性管理能力培养的深层次目标是培养学生系统、辩证、经验等理性思维的能力，用理性思维对城市问题进行深入剖析、判断，从而为城市居民营造更加美好的生活环境。[1]

综上所述，现代城市设计不仅是物质空间环境的设计，也是设计产品与导控过程的融合，是创新设计与理性管理的融合，由此创新设计能力与理性管理能力的培养是城市设计教学的核心内容与突出特征。

3　城市设计教学中案例的类型

依据案例内涵与特征的异同及城市设计教学组织的需求，城市设计教学中的案例可分为两大类型：“被动式”案例与“主动式”案例，“被动式”案例主要为由教师主导讲授的国内外经典城市设计案例，“主动式”案例主要为学生主动参与其中的对所熟悉城市环境的阅读与解析案例。

3.1　“被动式”案例

“被动式”案例是指国内外城市建设史上经典的城市设计案例。“被动”是相对学生主体而言的，大学教育中学生是知识的接受者，其知识的储备一方面需要自身的主动探求，另一方面也需要教师的指引。而“被动式”案例即是主要由教师讲授、学生聆听消化的案例。在大连理工大学建筑与艺术学院的城市设计教学中，主要选取的“被动式”案例有：欧洲中世纪小城镇、巴黎、纽约、德国的波茨坦广场重建、中国的北京、江南传统聚落、云南丽江及当前快速城市化发展时期的上海陆家嘴、深圳福田 CBD、天津滨海新区等（图 2）。

“被动式”案例具有一定的典型性和模式化特征，其往往代表了一定历史时期城市建设的基本模式，体现了当时的政治组织体系、科技发展水平与社会文化思潮，是学生学习城市设计理论知识的重要凭借。

3.2 “主动式”案例

“主动式”案例是指在教学过程中由学生主动参与完成的课程作业。“主动式”案例的重要职能在于让学生参与到课程教学中，注重学生自身的感知，注重学生自我认知、分析和解决问题能力的培养。

“主动式”案例在当前的国内外大学的教学实践中都应用，如瑞典隆德大学将城市设计教学分成 3 个阶段：调研、构思、设计。隆德大学很重视前期的调研工作，为此安排了设计课的 1/3 时间，用时 5 周。在前 3 周对基地调查的过程中，学生要自己建设一个工具箱（toolbox），收藏和积累对于城市要素的观察分析资料，包括：①街道。街道的宽度，沿街立面的高度，与周边建筑的关系，建筑物的出入口和街道上不同种类活动的数量等。②地块。建筑物前院的平面布置，与出入口关系，建筑层数，每层高度等。③公共场所。公共场所所处的位置和它的作用，人们怎样使用它，其平面布局形式，对其进行评估，提出改进的建议等等。在前期的调查研

图 2　经典案例示意

究阶段建立这样的工具箱，能够培养学生系统而全面地认知和分析城市、从宏观和微观的角度理解城市的能力。[2]这种“工具箱”即是学生切实参与设计现场、体验场所、感悟现场的感知融合，如此，才能是学生真正的融入到设计之中，体味到设计的真实感与内在价值。与此相类似，大连理工大学的城市设计教学中在也选择了多个“主动式”案例应用到教学中，如绘制大连理工大学校园的城市意象地图、学生在某一天的活动组织、大连青泥洼商业中心区的城市阅读等（图3）。

与“被动式”案例相比较，“主动式”案例具有问题单一性、内容简练性与表达丰富性等特征。问题单一性是指要解决的问题具有针对性，如校园的开放空间设计、某一区域的活动组织等，在教学中，这种分解的由浅入深的方法可以降级学习的门槛，提高学生参与的兴趣，进而逐步深入的引导学生去解决更为复杂的问题；内容简练性是指让学生感知、阐释的内容较为简练，不需要学生宏篇大论，只需要针对具体问题简要阐明自己的观点即可，如此一则能够锻炼学生的概括、提炼、归纳问题的能力，二则也有利于课堂交流，在有限的时间内获得更多的知识交流；表达的丰富性是指“被动式”案例的表达具有灵活性和丰富性特征，可充分发挥学生的主观能动性，通过多元的表现技法来表达自己的概念与观点，如此在培养学生设计思维的同时，也能提高学生的表现技能。

4 城市设计教学中案例库的建构

4.1 “被动式”经典案例库的建构

经典案例库的建构分为两个层次，首先，教师应从国内外相关书籍及数据库中搜集经典案例的资料，并对其进行解读，从而更加有效地应用到城市设计教学中；其次，在条件允许的前提下，教学团队应进行实地的考察与阅读，将理论知识与客观外在有机结合起来，如此一方面可以给予教师不断学习、不断充实自我的机会，进而增加教师的知识储备。另一方面也有助于提高教师自身的教学素养，增强教学的趣味性，进而提高课堂的授课质量。

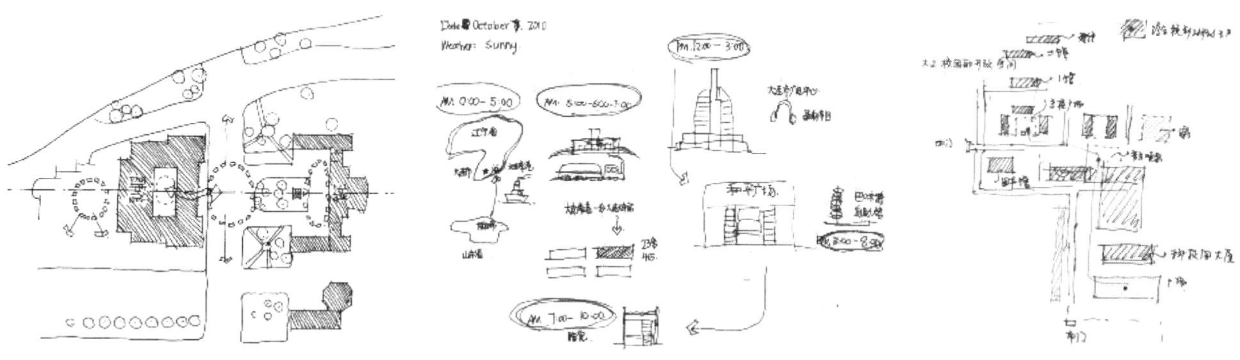

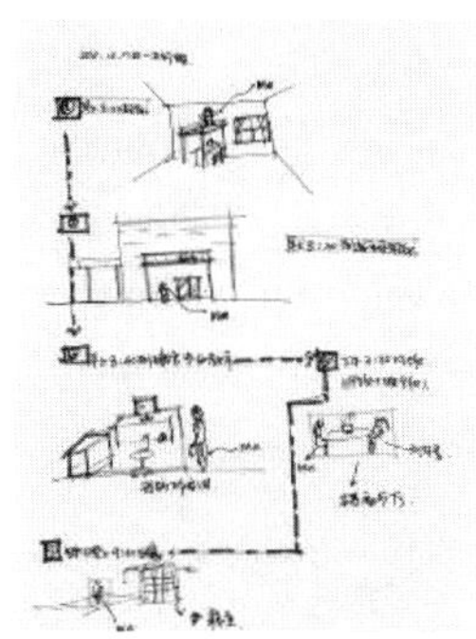

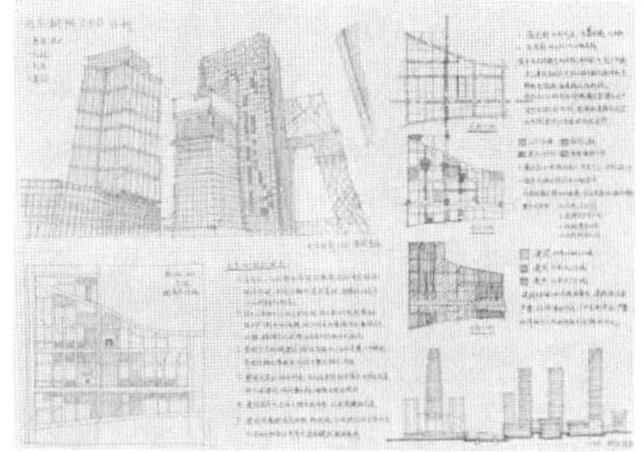

图3 学生课程作业示意

经典案例库的建构要有持续性，尤其是对处于正在成长过程的许多案例，要进行不间断的跟踪与调查，如此既可保障案例库的科学性与合理性，又可以记录案例的发展过程，对于研究城市发展历史及背后的内外在推力具有重要的价值。

4.2 “主动式”参与案例库的建构

“主动式”参与案例库与经典案例库的建构有所不同，其不具有经典案例的历史长久性和典型性，其应是与授课内容紧密联系的小课程作业，进而应依照教学的组织合理安排相关课程案例，如在讲授城市设计的作用要素时，针对于开放空间、道路交通、土地利用、建筑形式与体量、街区尺度、活动组织设置学生日常生活中经常参与其中的空间阅读或解析案例，使学生从身边的小尺度空间着手开始分析空间中存在的问题，为将来大尺度空间的塑造奠定基础。再者，“主动式”参与案例的内容不仅仅包括题目的阐释，还应包括上一届学生对问题的探讨与解答，在课堂讨论时，可将其与现在的解答进行对比，以使学生更好的掌握相关知识。

5 总结与展望

人类拥有几千年的城市建设史，在漫长的发展过程中，创造出许多具有典型特征的城市结构与形态，并且，跟随着时间发展的脚步，人类不断完善、创造城市建设的进程仍在不断继续，进而解读经典的城市设计案例是学生学习城市设计的重要路径，建构经典城市设计案例库也是城市设计教育的重要内容。素质教育是当前我国高校改革的核心目标，素质教育的重要宗旨之一在于提高学生学习的主动性，让学生积极参与到学习过程中，而“主动式”参与案例教学即是让学生自主参与教学的过程与方法，在教学过程中激发学生的自我认知，以自我感知为主导来分析现象，并提出解决问题的方法，进而有效的提高城市设计教学的质量。

当前，案例教学法已经在我国城市设计教育中得以较为广泛的应用，只是案例的选择与解读的方式、方法内容各异，希望本文所阐释的观点能为城市设计案例教学的规范性提供有益的探索。

主要参考文献

[1] 金广君 . 我国城市设计教育研究 . 同济大学博士学位论文 .2005.

[2] 梁江，王乐 . 欧美城市设计教学的启示 . 高等教育研究 .2009，(1)：2-8.

Application Research on Interactive Case Method in Urban Design Teaching

Liu Daiyun　Zhai Yuanyuan

Abstract: This paper Clarifies case method is an important method of urban design teaching, by analyzing the case method context and urban design teaching character.On this basis, it explains the urban design case includes two styles: active style and passive style.Passive style case is the classic urban design case of professor teaching.Active style case is the city environment read and analysis case of student Active participation.Final, it proposes the concept of constructing urban design case library, to improve readability of urban design teaching, and let it adapt the trend of urban construction.

Key Words: urban design, case method, teaching organization

《城市规划初步 2》课程中诸多不利因素的教学应对探讨

高 源 吴 晓

摘 要：针对近年来东南大学建筑学院城市规划系《规划初步 2》课程中出现的一些不利因素与不良现象，提出相应的教学思考与应对措施。

包括调整授课、作业模式，鼓励阶段成果自组织评比以提升学生学习热情；杜绝学校大班授课要求，依托教师团队建立半导师体制对学生实施更为细腻深入的指导；通过合理选题与规范指导“量度”促进学生在训练中的能力发挥；以组内分工表、组长制、均分调节制等形式减少学生集体作业中的偷懒现象；以及通过强调教学宗旨、采用教学与竞赛相对分离、杜绝等额制的方式弱化竞赛对课程造成的功利冲击。

关键词：城市规划初步 2，半导师体制，均分调节制，等额制

1 课程概述

作为规划专业低年级的起始专业课程，东南大学建筑学院城市规划系于 2000 年设置《城市规划初步》系列课程[1]，以在我国城市发展进入改革开放背景下，培养知识能力兼具的综合规划人才，为后续的学习与科研工作奠定基础。

作为《初步 1》的进阶课程，《城市规划初步 2》在前一学期基础知识培养的基础上，以能力培训为主要教学目标，以调查报告为主要训练载体，培养学生理论联系实际、从社会生活中发现问题、分析问题并在一定程度上解决问题的专业能力。

课程通常设置在本科二年级下半学期，32 课时，2 个学分。在教学时段上，课程主要划分为前后两部分，前 10 周以集体理论授课的形式讲授知识要点并进行阶段能力培训；后 6 周则要求学生完成一份具有一定规模的、完整的社会调查报告，并择优参加全国高等院校城市规划专业本科生调查报告竞赛。

2 不利因素的教学应对

经过约十年、前后 4~5 任教师的摸索探讨，《城市规划初步 2》业已成为引导学生专业入门、培训基本素养并深受学生喜爱的课程之一，但在具体实践过程中也常常受到一些客观条件的制约或是出现一些不令人满意的情况，针对这些不利因素，教学展开改革与应对。

2.1 热情匮乏

近年来，我校教学倡导“通识教育”模式，要求学生在掌握专业素养的同时，扩大知识领域，对相关专业课程作一并了解，从而导致目前二年级规划专业学生课时数增至 40 学时 / 周，几乎每天从早到晚都为课程包围。在这样高强度、密集型的客观氛围中，学生上课普遍热情匮乏，疲于奔走于各门课程之间。为减少这一现象的发生，课程采取应对策略如下：

应对一：调整授课、作业方式。课堂教学中，除必要的关键点外，减少其他知识点的灌输（必要时采用讲义模式发于班级 QQ 群上），缩短单纯的教师授课时间（由原先 18 课时调整为 12 课时）；同时在确保作业总量

[1] 《城市规划初步》系列课程分为《初步 1》与《初步 2》两门课，课程教学知识传授与能力培训双线并举，引导学生入门。其中《城市规划初步 1》授课对象为二年级本科生（上本学期），32 学时，2 个学分，侧重基础知识的培养；《城市规划初步贰》，授课对象为二年级本科生（上本学期），32 学时，2 个学分，侧重基础能力的培训。

高 源：东南大学建筑学院城市规划系副教授
吴 晓：东南大学建筑学院教授

不变的前提下，对照教学大纲进行拆分，增加作业频次，减少单次作业时间，不让学生产生“作业疲劳”感。

应对二：阶段成果自组织评比。将调整后结余的6课时改为课堂内作业的自组织评比环节，由学生自行组织课堂评比，形成由师生共同参与的“组织－主持－提问－评论－结果”的全套流程，以竞争机制刺激学生积极性与主动性，同时以“面面交流”的直观形式引导学生对结果的评判。当然，为形成作业比拼的可能性，在作业设置上需要有意识将几个小组的作业题设置得一样或有一定可比性。

应对三：作业评语代替分数。尽管课堂上可以对阶段成果实施评价，但受时间制约，约1/3~2/3作业可以得到较为详细的点评。对于剩余部分的作业，课程不再实施“分数通知”方式，而改为“评语”模式，通过教师批注与学生之间形成互动与交流。事实也证明，尽管写评语需要花费教师较多的时间与精力，但准确精辟的点评很受学生欢迎，同时也更有助于学生对相关问题的理解。

2.2　隔岸观火

约四五年前，该课程后半程（约6周）调查报告的完成主要采用“放养”模式，由一名授课教师负责6~10个组学生的调查情况。从反馈意见看，这样的辅导方式基本处于隔岸观火、隔靴搔痒的层次，即可以促使学生完成报告，但无法很好的面对每个组在调查过程中遇到的问题，学生反映基本是走个过场，收获不多，能力提高不大。

应对一：依托教师团队。要给予学生足够的指导，后期仅凭授课教师一己之力明显难以招架，为此规划系近年来以基本形成一支以全系教师为后盾的团队，在课程后期参与教学，扩大辅导的范围与深度，教师一方面可以结合各自阶段的科研形成选题，形成科研－教学的双赢，另一方面不同教师之间的专业分工差异也为调查报告的选题提供了更为宽阔的选择余地（表1）。

应对二：建立半导师体制。依据年度本专业学生的总人数，教学后期基本形成1位教师对应1~2组学生的半导师体制。为不过多影响教师正常的教学科研工作，近期在条件许可情况下尽可能保证1名教师只负责1组学生，借助这种小规模的、相对深入的、甚至口手相传的辅导模式，更为细腻地指导与训练学生。

应对三：杜绝大班授课要求。前文已述，根据学校目前倡导的“通识教育”宗旨，大量课程由原先的专业课改为了选修课（尤其是必选课），今年该课程就面临着面对160人（所有建筑系学生，包括建筑、规划、景园等五个专业）进行授课的要求。而这样的调整明显与课程既定的教学目标与发展思路相悖，为此在院系商议并向校方申请后，该课程“退大还小”，依然保持规划专业课性质。

东南大学《城市规划初步2》教学团队专业方向分工　**表1**

城市交通学	2人	城市居住空间	1人
城市经济学	1人	城市形体空间	2人
城市生态学	1人	城市区域规划	2人
城市社会学	1人	其他方向	2人

2.3　越俎代庖

这一不良现象的出现可以说是后期多名教师加入辅导团队后形成的“副反应”，具体表现在分组学生过多地依赖指导教师的力量，完全跟着“指挥棒”运转，从而丧失了在调查过程中进行思考、评判的能力与环节。

应对一：合理选题。调查过程中学生能力的发挥，在很大程度上取决于对选题内容的可操控性，因此后半程教学中各分组的选题非常重要，教学近年来尤其强调“教学为本、适度选题”的宗旨，要求选题应该在学生相对熟悉、易于掌握其相关知识、易于调查的前提下进行，严厉杜绝那些一味求新、求难、或是仅仅服务于教师个人科研课题的选题类型（表2）。同时为了保证选题的质量，各组选题确定前，所有指导教师会对各自选题进行集体教学商讨，彼此听取意见并修订调整。

应对二：规范指导“量度”。在正式进入后期分组辅导阶段以前，教学会对所有指导教师作出相对统一的指导“量度”安排，要求教师以“教练员”而非“运动员”的身份指导完成调查，合理引导学生自主地去发现问题、分析问题与得出结论。

辅导时间依然采用每周2课时的课程时间，具体可由辅导教师根据具体情况与分组学生商议决定。辅导结果则要求尽可能保持学生成果的原真性，引导学生进行完善，或是通过局部示例的方式由学生自行完成全篇的调整。当然，不可否认，教师指导的深度的确会因为题目的绝对差异与各组学生之间的能力差异而有所差别，但是在对指导深度做出一定的规范以后，“越俎代庖”的现象的确有所遏制。

2009~2010年东南大学城市规划系调查报告选题列表　　表2

01	围墙的昨天、今天、明天—南京市典型老小区问题调研
02	开往休闲的高铁—南京南站休闲消费意向调查
03	欲与天公试比高—南京老城高层建筑地标（1980~2009）变迁调查
04	“孪生”的公交站牌—南京市主城区公交站点同名不同站现象调查
05	通勤路漫漫—南京市 P&R 系统选择意向调研
06	菜篮子的叹息—南京白云亭蔬菜集散市场调研
07	“减少两个轮子”的憧憬—— 南京中山林景区公共自行车潜在需求群体调查
08	孩子的第二课堂——少儿类民办非学历教育机构发展现状调研
09	南橘北枳—南京市玄武区生活垃圾分类情况调研报告
10	走近蜂族，聆听蜂声——南京市宁康苑小区高校毕业生居住情况调查
11	我们的城市正在孤岛化吗——对南京老城内门禁社区的调研

2.4 浑水摸鱼

由于课程训练以“小组”的形式展开，这意味着每次作业都是集体劳动的成果。这种“单位组别”在训练学生团队意识与合作意识的同时，也为部分学生提供了学习偷懒、作业浑水摸鱼的可能。

应对一：提供“组内分工表”。即每次作业在要求学生提供常规内容以外，再提供一份相对详细的分工表，或是要求学生在各自负责的成果内容后签字署名，此举虽然不能从根本上解决问题，但多少可以起到一定的威吓作用，迫使学生起码认真对待自己的那一份工作。

应对二：组长制与均分调节制。长期以来，教学对于这一问题并无太多良策，因而近期多采用鼓励、奖励的方式，具体体现在前期阶段训练中要求每组每次作业皆由学生推选出组长，负责该一阶段作业的统筹、安排与协调工作，为奖励学生主动承担该一职务，组长得分可在组分基础上作半档提升，同时鼓励学生在作业轮换之时进行组长人选的轮换；后期分组辅导阶段，由于指导教师与分组学生接触密切，对个人作业完成情况相对了解，则要求在评定出小组分的基础上，由指导教师进行上下分数调剂，确保小组均分值不变，通过相对公平的分数差异杜绝作业“大锅饭”的思想。

2.5 功利冲击

由于本课程是“全国高等院校城市规划专业本科生调查报告竞赛”的主要依托课程，“竞赛”因素在广泛调动师生积极性的同时，也给大家带来了很多的功利冲击，主要体现在竞赛结果与教师的职称评审、学生的考研加分之间挂钩，造成轻教学、重竞赛、争抢竞赛出现名额等一系列不良现象。

应对一：为教学“正名”。可以认为，专指委发起全国竞赛的目的在于提高教学质量，如果因此而将竞赛视为课程导向无疑本末倒置。为此，课程坚持为教学“正名”，无论是理论授课，还是后期的分组辅导，都强调坚守教学目标，以学生能力的培养与锻炼为宗旨；具体教学中注意不人为渲染竞赛氛围，引导师生以正常的“作业”心态对待课程。

应对二：教学与竞赛分离。为尽可能减少课程与竞赛因素长期捆绑操作带来的不利影响，近期课程采用教学与竞赛相对分离，尤其是教学结果与竞赛结果分离的方式。即所有参加课程的教师只对教学负责，包括授课、辅导、评分，所有均不带有竞赛属性。在期末作业提交教学评判，成绩登录完毕后，所有作业提交由非辅导教师以外的其他系资深教师组成的评审小组选出入选作品，并由原辅导教师与学生一同作为期 2 周的新一轮完善后形成竞赛作品。

从结果上说，由所有辅导教师给出的教学评判成绩与由系评审小组给出的竞赛成绩可能不完全吻合（如教学分数不一定最高的作品但由于潜力等因素而入选等），但实际应用中此举反而更体现公平性，教师与学生还比较容易接受。

应对三：杜绝等额制。此点主要针对一名教师辅导一组以上作业的情况，尤其是前几年，大多数教师人均辅导 2~3 个组别，评选时往往有每个教师送选一份指导作业的惯例，此举有利教师，但对学生有欠公正。在商讨下，教学团队决定取消等额制，改为整体拉通评判，更为客观的选拔作品。

3 结语

教学是一门学问，也是一个长期动态的过程。伴随时间的推移，目前教学中遇到的很多问题也许会迎刃而解，但也有可能会生长出更多更新的问题，它需要学生、教师、教师团队、乃至更多的社会力量进行持续的探讨、关注与实践，从而不断培养出更为优秀的规划专业人才。

主要参考文献

[1] 刘博敏. 城市规划教育改革：从知识型转向能力型[J]. 规划师，2004，(4)：17-18.

[2] 龚绍文. 大学青年教师教学入门——大学施教学起步[M]. 北京：北京理工大学出版社，2006.

A Discussion on Negative Factors of Preliminary Planning 2

Gao Yuan　Wu Xiao

Abstracts: In face of some unfavorable factors and phenomenon took place in the course of preliminary planning 2, urban planning department, southeast university, relevant teaching thinking and actions is put forward.First is to improve the students' passion by improved homework mode and self-organized competition.Second is more exquisite and deeper guidance on students relying on teachers-team among the whole department.The third action is to training students' ability through reasonable topic-selection and guide-measure.Furthermore, in order to reduce lazy phenomenon during the collective work, division-table, leader system and the average score regulation system are all adopted.At last, teaching and competition are separated to reduce the negative impact lead by the latter.

Key Words: preliminary planning 2, semi-director-system, average-score-regulation system, even-quota-system

关于设计初步课空间造型训练体系的研究

李志英　撒　莹　汪洁泉

摘　要：空间造型是现代设计教育的最重要训练内容之一，城市规划专业的空间造型训练应围绕空间的感知、尺度、功能、形态几个方面进行，在设计初步课程中设置了空间认知类、空间调查类、空间设计类作业，并结合城市规划专业特点进行针对训练，使学生初步了解和运用空间构成的手法进行室内、室外、建筑设计的一般方法和步骤。

关键词：空间造型，构成，设计

1 "空间"概念解析

1.1　空间的概念与特性

空间"是物质存在的一种客观形式，由长度、宽度和高度表现出来"，它被形态所包围、限定的空间为实空间，其他部分称为虚空间，虚空间是依赖于实空间而存在的。所以，谈空间不能脱离形体，正如谈形体要联系空间一样，它们互为穿插、透漏，形体依存于空间之中，空间也要借形体作限定，离开实空间的虚空间是没有意义的；反之，没有虚空间，实空间也就无处存在。老子在《道德经》里有言，"埏埴以为器，当其无，有器之用。凿户牖以为室，当其无，有室之用。故有之以为利，无之以为用"。这句话很好地解释了空间的特性—空间之所以有用正是源于其"无"，即人们建房、立围墙、盖屋顶，而真正实用的却是空的部分；围墙、屋顶为"有"，而真正有价值的却是"无"的空间；"有"是手段，"无"才是目的。"三十辐，共一毂，当其无，有车之用。埏埴以为器，当其无，有器之用。凿户牖以为室，当其无，有室之用。故：有之以为利，无之以为用。"说明了如果没有车子的辐和毂、没有陶土、没有复杂的砖瓦墙壁这些具体的"有"，那些空虚的部分又从哪里来，又怎能有车、器、房子的用处？我们用的是"无"的部分，但是由"有"形成的。

1.2　空间的功能

空间的功能包括物质功能和精神功能，物质功能体现在空间的物理性能上，精神功能是建立在物质功能基础之上，在满足物质功能的同时，以人的文化、心理精神需求为出发点，从人的爱好、愿望、审美情趣、民族习俗、民族风格等方面入手，创造出适宜的建筑、城市、景观环境，使人们获得精神上的满足和美的享受。空间精神功能的创造要满足形式美的构图规律，如：和谐、对比与统一、对称、均衡、比例、视觉重心、节奏与韵律、联想与意境等。这是创造空间形象美不可缺少的原则；但是符合形式美的空间，不一定能达到一种意境美，意境美的创造是综合性的，涉及设计师的艺术修养、文化修养与积淀，需要设计师有敏锐的观察能力、创新能力；同时意境美的创造还表现在特定场合下的特殊性格，也可称为空间个性或性格。故宫太和殿的"威严"，落水别墅的"幽雅"，中国古典园林的"曲径通幽"都表现出了空间的个性特点，所以空间从来都不是孤立和绝对的。

2 "空间"造型是现代设计的灵魂

现代造型艺术体系始于德国的包豪斯，它是以在科学而非个人感情基础上培养起来的视觉经验，将形式、色彩、肌理、材质等方面的训练及研究分离出来。这类造型训练作为包豪斯的重要基础课程，一直为后来的设计专业教育所采用，并不断取得突破。一方面更加紧密地与色彩、素描、构成等教学紧密衔接；另

李志英：云南大学城市建设与管理学院城市规划系副教授
撒　莹：云南大学城市建设与管理学院城市规划系讲师
汪洁泉：云南大学城市建设与管理学院城市规划系讲师

一方面更深入产品设计的各个角落，成为工业设计专业教学的一条内在主线，是产品造型设计的核心课程。越来越多国内外学校把基础造型训练及相关理论在设计专业教学领域进行整，并列为“形态学”课程予以讲授，以系统全面地掌握造型艺术的相关理论及手法。“形”通常指物体外在的形状，“态”则是物体蕴涵的“神态”。因此，形态就是物体“外形”与“神态”的结合。在我国古代便有“内心之动，形状于外”，“形者神之质，神者形之用”等论述，指出了形与神之间相辅相成的关系。可见，形态要获得美感，除了要有美的外形外，还需具备与之相匹配的“精神势态”形态作为形式要素之一，是形式的基础。形态学重点是通过外形把握其表现，即通过特点对观者所产生的心理效益去研究形态的“态势”或“生命态”表现，以设计上对形态注入感人的魅力为切入点。

空间的重要性在于相对于色彩、形式而言它是感受产生的最直接刺激载体，不论各种形式的空间类型，从学习训练的角度来看都是循序渐进、从简单到复杂、从单一到复合的一个过程。现代关于“空间”造型学的发展逐渐形成“类型学”（typology）、“几何学”（geography）、“拓扑学”（topology）等类型，试图从形态的历史文化属性、几何属性、网络结构等方面进行造型设计。

3 设计初步课程“空间”造型训练

3.1 设计初步课程“空间”造型的要求

城市规划专业的设计初步课程是设计类专业的学科基础课程，课程的主要内容包括基础理论（建筑、环境、色彩、空间、设计基础技法等）和设计实训两部分，设计实训内容突出设计实践训练特点，主要内容包括建筑认知、建筑表达、空间体验与设计。在学习设计基本理论和方法的基础上，循序渐进地进行有针对性的训练，通过基础训练启发学生的设计兴趣、训练学生的设计思维、培养学生的设计能力。现代设计学科的发展已经是融合了多种学科思维，逐渐使得设计初步成为一种融汇建筑、城市、景观等学科的“通识”训练，使学生在没有明确专业分野的视角下进行设计思维的训练，其中最为关键的内容就是关于“空间”思维的塑造和训练，现代设计观普遍认为取得合乎使用的“空间”是人们所有建筑活动的根本目的，强调空间的重要性核对空间的系统研究是近代设计行业发展的重要的转折点，“空间”设计是一切造型设计的核心和灵魂，也是设计功能的具体体现，因而就产生了建筑空间、城市空间、景观空间……，随着设计技术和手段的不断更新和发展，空间在功能上和艺术上两方面都取得了突破和进展。

对于刚刚接触专业学习的新生来说，其空间感受具有直观的、主观的、模糊地、单一视角等特点，要通过设计课程的训练，完善其空间构成的能力和体验，因此对于设计初步课程的“空间句法”的训练应该是启发式的训练，将学生潜在的对空间的直观的、模糊的感受逐渐转换成为专业审视的角度。

3.2 设计初步课程“空间”造型训练内容

设计初步课程“空间”造型的相关内容见表1。

设计初步课程“空间”造型内容　　表1

训练类型	空间认知类	空间调查类	空间（构成）设计类
训练内容	环境认知 建筑认知	人体尺度调查 空间尺度调查	空间构成 室内空间设计　小型建筑 室外环境空间　设计 设计

3.3 空间认知

3.3.1 环境认知

环境认知是对选定某城市环境进行空间体验和认知，包括对该环境的区位、交通、绿地环境、行为方式、视线、开放度、可达性、建筑肌理、建筑历史文化等方面进行分析，学生就感兴趣的方面以“图解”的形式完成认知表达。通过环境的观察、分析、问卷调查等体现行为，学生将对空间的各方面属性产生切实的体会，空间不再是抽象的概念，空间分析能力会得到一定程度的提高。学生采用分组形式，每3人一组，分别就该环境感兴趣的内容进行调查和分析，要求每位同学独立完成至少一个方面的分析和图解的绘制（图1），最后进行课堂汇报和交流。

3.3.2 建筑认知

建筑认知是采用图解、模型重构的方式对建筑作品进行分析，其中最主要的内容是对建筑空间进行分析和认知，通过认知学习建筑空间的尺度、流线、功能组合、意向等特点，鼓励学生提出个人的观点和想法，要求言之有据，学习建筑分析和建筑评论的基本方法；建筑认知为后续的建筑设计教学打下基础。学生 2 人一组，共同完成模型制作和图解（图 2）。

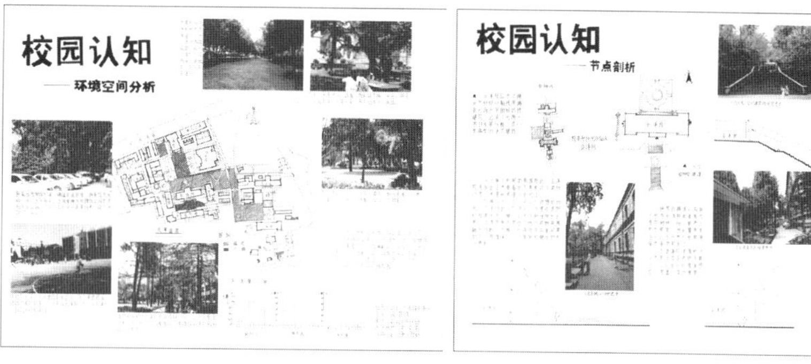

图 1　环境认知

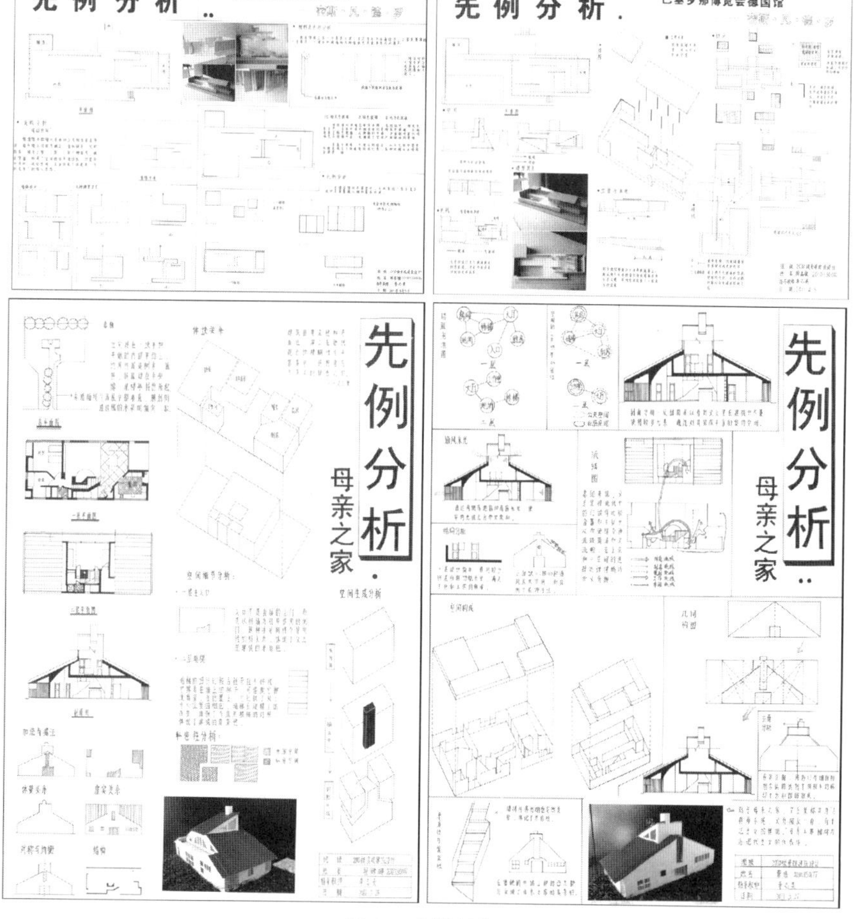

图 2　建筑认知

3.4 空间尺度调查

“尺度”一直是各年级设计课程要强调的问题，在设计教学实践中发现，相对于色彩、质感、形式而言，学生对于尺度概念的掌握较为困难和模糊，因为尺度是具有相对性的，不同的空间的尺度也存在较大的差异和变化，因此尺度往往是贯穿于城市规划专业的个教学阶段的一个教学难点，即从人体尺度、室内空间尺度、室外空间尺度、建筑空间尺度、城市空间尺度……；设计初步课程的空间尺度调查分为两个部分，一是人体基本尺度，即人体站、立、行、坐、卧等活动的基本尺度，二是小型室内外空间的尺度，选题主要针对校园室内外空间环境，如宿舍、食堂、便利店、教室、小场地等，分为居住空间、交通空间、商业空间等类型进行对比分析。测量时要求学生先目测后实测，不断修整学生对空间的尺度感，学生以3人左右为一组，完成尺度的测量和调查图纸（图3），并在课堂上对调查结果进行汇报总结和交流。

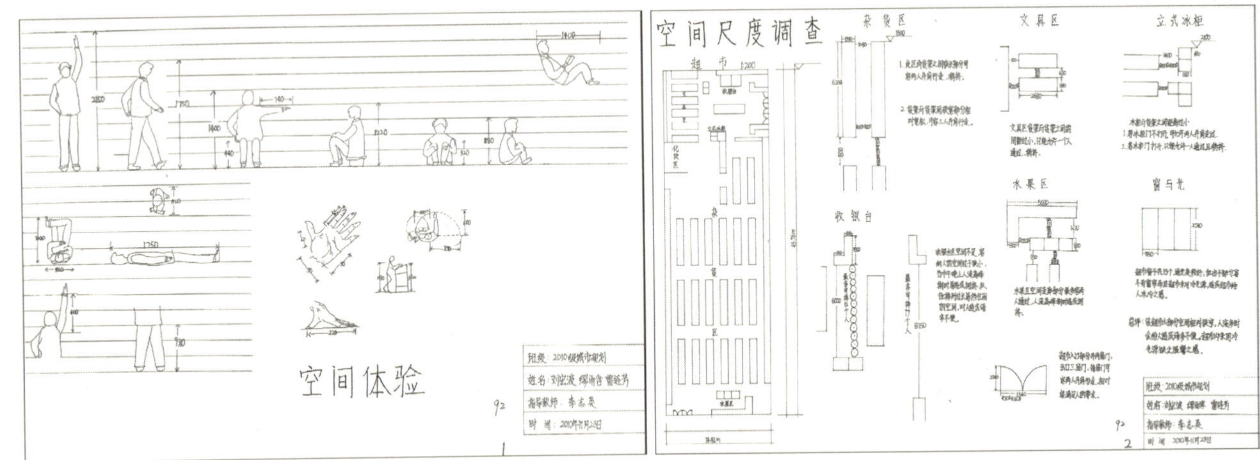

图3 空间尺度调查

3.5 空间（构成）设计

3.5.1 空间构成

空间构成是运用元素通过基本的构成方法（对比、渐变、积聚……）组合而成的一个整体的空间组合形态，空间构成是训练空间造型的主要方法和手段，是现代造型设计教育的重点。通过动手进行空间构成模型的训练，使学生体会空间造型的形态和意向，训练造型的手法。空间构成鼓励学生的创造力和对各种材料的尝试，学习材料的加工性能，培养学生的动手能力（图4）。

图4 构成

3.5.2 室内空间设计

通过给定尺度的空间进行具有一定使用功能的空间设计，着重于空间的划分和空间意向的营造，渐渐地把前面几项空间造型训练引导致空间设计中，在设计重要充分考虑使用功能和空间形态之间的结合，通过室内空间尺度的设计，学习设计的一般步骤和方案深入的方法，起到一个承上启下的作用。完成设计图纸和模型制作（图5）。

3.5.3　室外环境空间设计

室外环境空间设计是学习运用空间限定（围、设立、覆盖、架起、凸、凹、肌理变化）的手法，在对选定的小型场地的功能、环境进行分析的基础上，进行场地空间构成设计，强调空间构成和功能的结合，完成设计图和模型制作（图6、图7）。

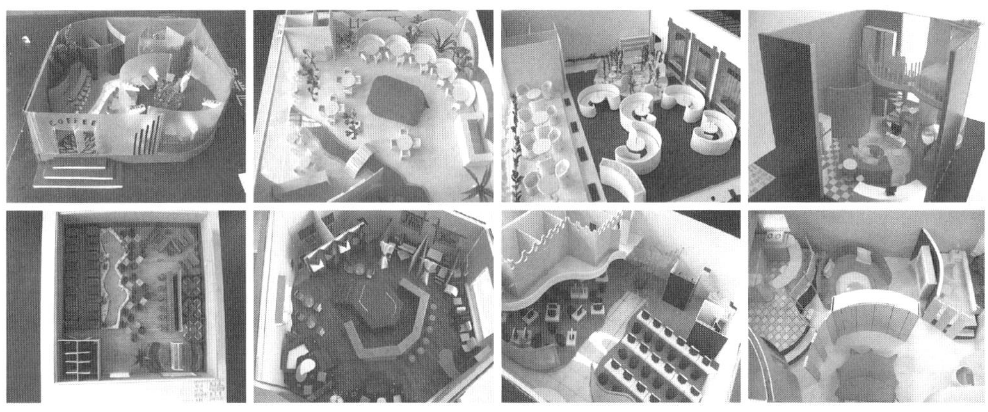

图5　室内空间设计

图6　室外空间设计

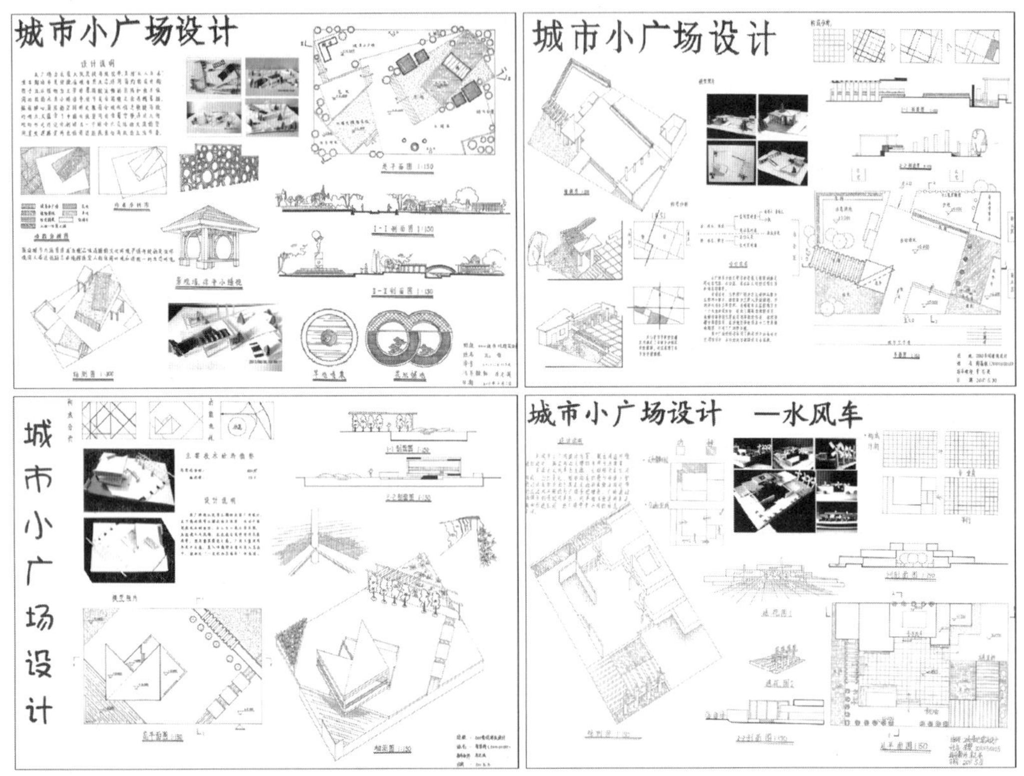

图 7　室外空间设计

3.5.4　小型建筑设计

运用空间构成的手法，结合具体的建筑使用功能，进行建筑室内外空间的布局和设计，主要学习运用形态构成原理建构建筑空间的方法，体会建筑空间的基本尺度，运用空间围合、空间组合的手法构筑形态优美、富于想象力的建筑及环境空间；体会场地、建筑与环境的关系。设计选题偏重于小规模、功能简单的小型景观及服务型建筑，如游船码头、公园小茶室、校史陈列室等，学习建筑空间功能和流线布局，以及对建筑造型的训练。

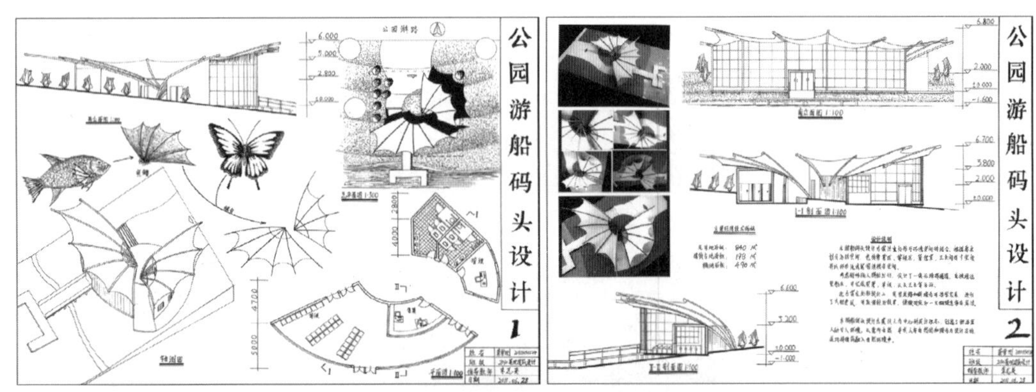

图 8　小型建筑设计（一）

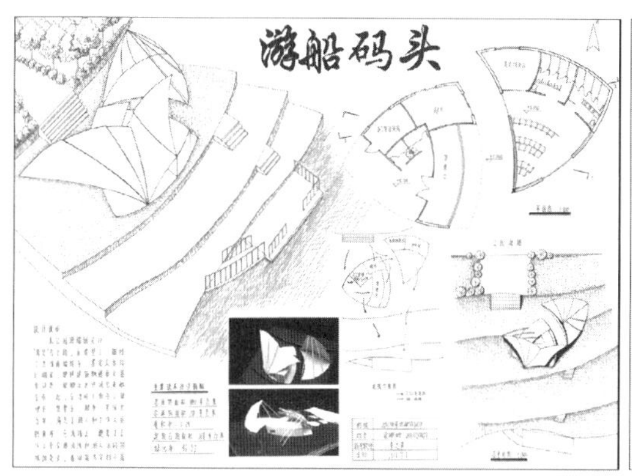

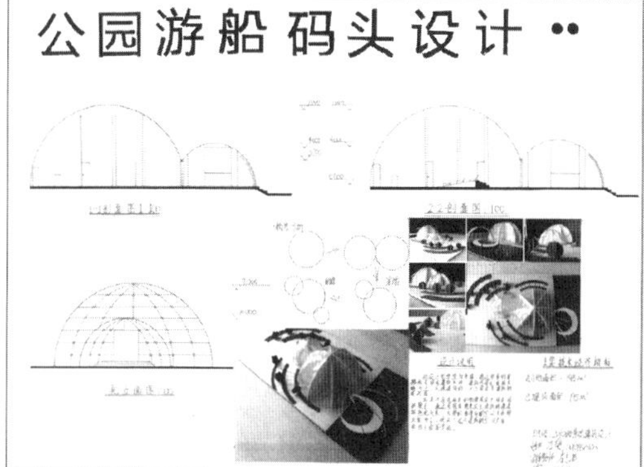

图 8　小型建筑设计（二）

4　结语

空间造型设计是设计初步课程训练的核心内容，从城市规划专业教育的角度来看，空间造型应注重“单体—群体”空间思维的营造和训练，培养学生的对城市环境和群体空间的意识和体验，为后续城市规划课程设计奠定设计思维基础。

Research of the Space Modeling Training System of Design Basis Course

Li Zhiying　Sa Ying　Wang Jiequan

Abstract: Space modeling is one of the most important training contents.Space training of urban planning includes the contents of perception, scale, function, and form of the space.Therefore the school assignments of the course of design basis should be composed of space perception, space investigation and space design, which may be combined with the character of the urban planning.Series space training could make students have primary knowledge of ordinary method and procedure of indoor, outdoor and architecture design with space component skills.

Key Words: space modeling, component, design

城市规划专业景观设计课程教学研讨

吴远翔　陆　明　冯　瑶

摘　要：景观设计课程的开设是为了让城市规划专业的学生更好地掌握、应用当代景观学理论来解决当前城市普遍面临的生态条件恶化和人居环境质量下降的问题，并为适应日益综合、宽泛的规划设计任务奠定基础。在课程教学中，我们把景观学的理论应用和规划设计的能力训练作为教学重点；通过自选地段、自定主题和自查理论与案例的研究式教学来提高学生的独立分析与解决问题的能力，引入小组合作机制来强化学生的团队合作意识与交流沟通能力，同时鼓励学生运用多手段辅助设计来开拓思路，在问题多解的基础上得到最优化的设计方案。

关键词：城市规划专业教育，景观设计，教学研讨

1　课程简介

伴随着持续、快速的城市化进程，生态条件恶化和人居环境质量的下降成为当前我国大多数城市面临的迫切问题。新版《城乡规划法》把“改善人居环境（第一条）”和“改善生态环境，促进资源、能源节约和综合利用（第四条）”作为下一步城乡统筹规划的重点方向之一。时代的发展和城市问题的凸显要求当代规划师掌握景观规划与设计的基本理论，同时运用景观学的设计方法来引导我们在城市规划中走向更健康的“人地协调关系”。基于以上的学科发展背景，我院于2006年在城市规划本科教学中引入了《景观设计》，作为本科培养四年级秋季学期的专业设计主干课。经过不断的教学探索与实践，目前已初步形成一套较为完整的教学体系与方法。

现代景观学（landscape architecture）之所以区别于以往的landscape gardening，是由于景观师敏锐地意识到在工业化的城市化的大背景下，传统的园林设计师所进行的贵族化和私人化的风景造园已不能满足时代的要求，对社会问题、生态环境的关注已成为景观设计的核心性内容。正如，西蒙兹（Simonds）所言：“我们可以说景观设计师的终生目标和工作就是帮助人类，使人、建筑物、社区、城市以及他们的全活同生命的地球和谐相处[1]”。

景观设计的课程着重培养学生从景观学的角度发现问题、分析问题、解决问题的能力，为适应日益综合、宽泛的设计领域的要求奠定基础。景观强调人与自然的紧密结合，强调与生态、社会和艺术的紧密结合。本设计题目是城市的生态公园设计，公园规模控制在12~20hm^{2}之间。设计周期为7周+k（集中周），分为四个设计阶段：

（1）现状调研与案例抄绘：以组为单位完成地段选择、现场调研、swot分析与结论，相关案例的抄绘与总结，设计周期为12学时；

（2）系统设计：分别对城市公园的三大系统——生态系统（生态价值、生态手段、生态技术等）、行为系统（交通体系、人群活动、空间处理、动物轨迹等）和艺术系统（审美体验、场所意义、环境氛围等）进行独立而深入的设计，设计周期为24学时；

（3）总平面设计与节点设计：在三大系统设计的基础上对公园的整体进行调整与修改，对公园内的重要节点（如广场、构筑物、标志物、生态核心区等）进行深入设计，设计周期为20学时；

（4）最终成功图的绘制表达：包括完善设计说明、经济技术指标、版面布置等，设计周期为一周。

2　教学重点

通过课程设计的训练，希望能达到以下的教学目的：

吴远翔：哈尔滨工业大学建筑学院讲师
陆　明：哈尔滨工业大学建筑学院副教授
冯　瑶：哈尔滨工业大学建筑学院讲师

其一是加强城市规划专业学生对于城市景观领域的设计思想、方法与价值评判的理解与把握，特别是培养并提高学生综合解决生态、功能、技术、美学等景观问题的能力。其二是提高学生的规划设计能力和专业素养；与建筑设计、环境设计或机械设计等其他设计学科相比，城市规划设计有其自身的特点与要求，而独立分析问题的能力和团队协作意识是一个合格规划师必备的职业素养。

课程的教学重点主要集中在以下三个方面：即研究式教学、团队合作训练和多手段辅助设计。

2.1 研究式课程教学与独立分析能力的培养

从城市规划的工作特点来看，要求规划师要具有独立分析问题与解决问题的研究、创新能力；城市是一个复杂的巨系统，城市问题牵一发而动全身，规划师在进行规划设计的过程中，要综合考虑大量的相关因素创造性地提出问题的解决方案。依靠一个固定、现成的模式来解决所有城市问题是不可能的，独立分析、创新解决的能力至关重要。

本次教学改革主要在以下三方面加强了对学生研究能力的培养与训练。

（1）设计地段自选、独立完成调研。本课程设计要求学生在哈尔滨市选择一个符合要求的真实设计地段，通过实地调研与分析，论证地段建设生态公园的意义与价值。教师没有直接给定设计地段，是希望学生通过自己的实地调查与分析，综合考虑地段的植被、土壤、区位条件、交通状况、人群活动等多方面因素，来对设计地段给出一个全面的评价。这个环节的设计训练重点是提高学生独立分析问题的能力。

（2）设计主题自定，独立论证主题的可行性与应用意义。要求学生根据地段的环境特征与地段自身的优劣势条件，提出设计方案的主题，确定生态公园预期达到的设计目标，并论证设计目标实现的可行性与价值意义。同时对保证设计目标实现的关键技术和重点研究方向展开初步研究（见图 1）。这个设计环节的训练重点是提高学生独立解决问题的能力。

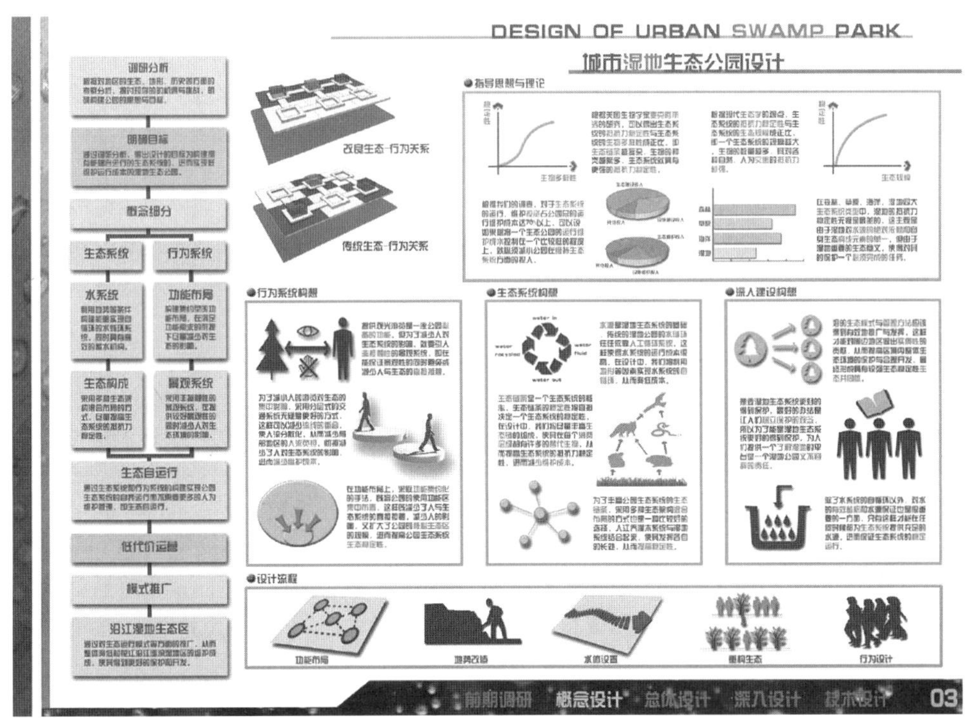

图 1 设计主题的阐述与表达

（3）相关理论与案例自查，独立完成方案的深化与调整。在设计方案的深化阶段，要求学生以组为单位查阅相关的理论并对类似的优秀案例进行深入分析，借鉴先进的设计理念与设计手法，使方案不断地进行完善。

2.2 小组合作制与团队协同素质的训练

从规划设计的工作方式来看，要求规划师具备良好的协调合作能力与团队精神。如何在团队合作中与其他的设计组成员紧密合作，并充分发挥自身的特长是规划师的执业基本素质之一。城市规划的设计项目通常规模比较大，工作周期比较长，因此绝大多数的规划设计项目都是由设计团队或项目组来完成的。传统的教学模式没有刻意强化对规划学生的协同合作能力的训练，往往在毕业设计阶段才采用小组合作的方式来完成设计。笔者在日常的规划设计实践中感到，对执业规划师而言，协同合作的团队素质不仅是每一个设计者必备的基本专业素质，同时很大程度上决定了项目的完成质量。在课程设计中尽早引入团队合作的工作机制对城市规划专业的学生来讲，不仅必要，而且迫切。

在教学改革的讨论中我们认为，小组合作制对培养学生的专业素质有以下四方面的积极意义。①学生在以往的设计中没有接触过团队合作的工作模式，本次教改可以让学生尽早接触、提前适应规划师团结与协作的工作模式。在规划设计的实际工作中，良好的团结协作能力有时比单纯的专业知识更重要。②组内成员的交流与互动可以促进学生更快的提高。小组成员的设计能力与专业素养有高有低，方案设计过程中的小组成员讨论可以有效形成小组成员的相互带动，从而达到共同提高的目的。③小组合作的方式可以引导小组成员学习如何发挥个体的优势，形成小组的合力，避免小组的内耗。在实际工作中，规划设计成果的评判关键要看项目组的合力成果，小组成员都很优秀，但合作成果成为 1+1<2 的惨痛教训也不在少数。④小组个体的分析与设计都难免片面或有所偏颇，小组成员的相互补充与完善可以保证集体成果的全面与深入。学生在表述自己的设计方案时首先要说服组内成员，然后才是老师和其他组成员，这样的训练使得学生在设计当中要综合考虑许多问题，因而得到了良好的锻炼。

在景观设计的教学过程中，我们引入的全程的小组合作制以锻炼学生的协调合作能力。即从地段选择和现状调研开始，直到最终的成果图绘制与表达，始终以小组作为一个基本单位，共同来完成课程设计。每小组由三人组成，组员搭配自由选择。在设计地段选择、方案深化、项目分工乃至与老师的交流讨论过程中，我们始终引导学生以团队合作的方式来展开设计，强调个体的能动性对团队成果的贡献；在最终的成绩评定上，也是按团队成果给小组成员同样的分数，与传统的教学方式和评分方式有很大的不同，让学生切实感受到个体的设计优势只有转化为团队的优秀成果，才能取得良好的成绩。在课程结束后的学生反馈意见中，大部分同学都认为这种小组合作的方式"很新鲜"、"与以往的设计完全不同"、"小组合力的成果才是最重要的"；但也有 40% 的同学认为小组合作的成果表达效果较差（见附表），这从一个侧面说明了学生的团队协作能力还需进一步加强。

2.3 多手段辅助与设计思维的开拓

景观师要求是具有艺术、技术、工程、科学等多学科知识背景的复合型人才。从规划设计的方法与手段来看，也要求规划师具备多方位、多角度评析问题的能力，并进行方案的比选与择优；城市问题纷繁复杂，从不同的角度来解析问题有助于设计方案综合地考虑各方面的影响因素并不断深化。积极采用多种设计辅助手段来进行方案讨论可以保证规划师问题多解的基础上得到最优化的方案。从而保证方案本次教改活动中，我们主要从计算机辅助设计技术和模拟汇报答辩这两个方面着手来强化多手段辅助设计。

当前计算机辅助设计的技术已发展的相当成熟，熟练地掌握各种绘图设计软件是执业规划师必备的基本素质。在课程教学中，我们除要求学生运用传统的 CAD、SKETCHUP、PHOTOSHOP 软件之外，还鼓励并指导学生使用犀牛（BEAM）和 GIS 来深化、调整设计，教学成果显著。BEAM 软件是一款 3D 渲染软件，对景观设计中自然地形的调整、自然地貌和水体、植物的表现与调整效果良好。GIS（地理信息系统）与我们用的传统绘图软件不同，其数据编辑和信息结果的图形化表达功能强大。学生经过基础数据的采集，将其图形化输出，可以从不同角度与数据分类对现状地形、地貌作出整体、宏观的了解与掌握；同时，在方案的调整与推敲阶段，通过 GIS 图形的显示来检验设计方案与改造地形的吻合程度，深化方案的细部与环境的尺度，都显示出了以往平面绘图软件（或手工草图）不具备的三维数据优越性（见图 2）。

与甲方或业主进行沟通与汇报是规划师设计工作的重要组成部分，传统的教学设计只注重对学生设计能力的培养，忽略了学生汇报、表达和积极沟通能力的训练。在本次教改活动中，我们安排了三次规划专业全学年的方案汇报（前期地段调研、生态系统设计、总平面设计和各系统的初步设计），通过模拟汇报和答辩的形式来强化学生的表述、交流能力。通过实践反馈和教师点评与同学提问，使得学生的汇报表达能力得到了很大提高；同时在学年内的方案交流中，对设计的取长补短和特色明晰都起到了积极的效果，是一种有效推动设计的辅助手段。

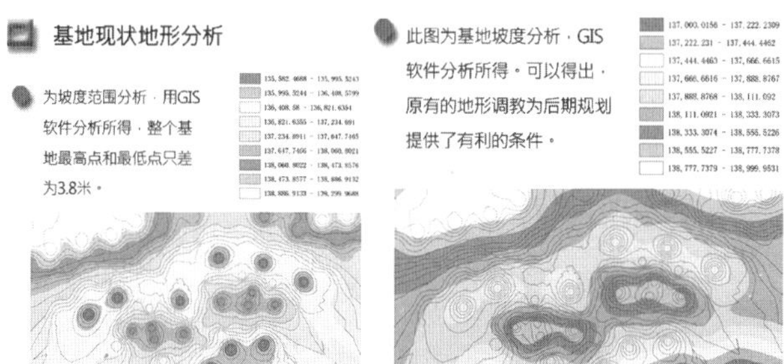

图 2　地形的 GIS 分析

3　教学总结与展望

通过景观设计课程教学，学生们对景观学基本理论的理解与运用以及规划设计能力都有了一定程度的提高。我们在课程结束后的教学反馈调查中（见附表），大部分学生认为通过课程设计，加深对景观规划设计的理解，效果良好（见图 3、图 4）。对课程设计的总体评价为：67% 认为效果良好，收获较大，33% 认为收效一般，差评率为 0%。

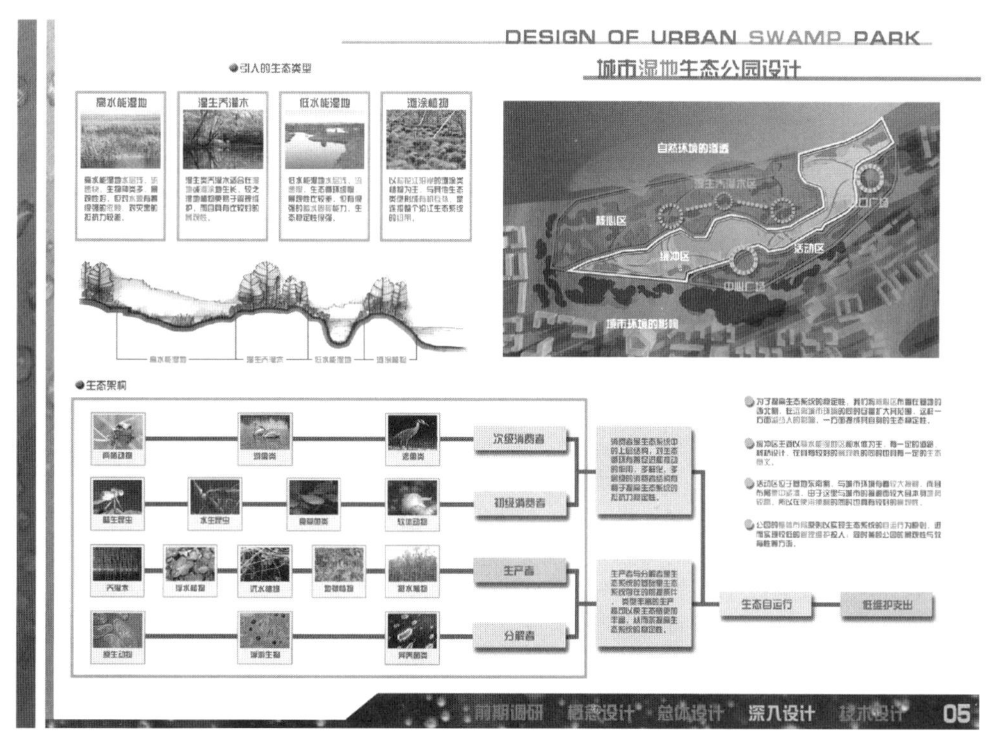

图 3　生态系统设计

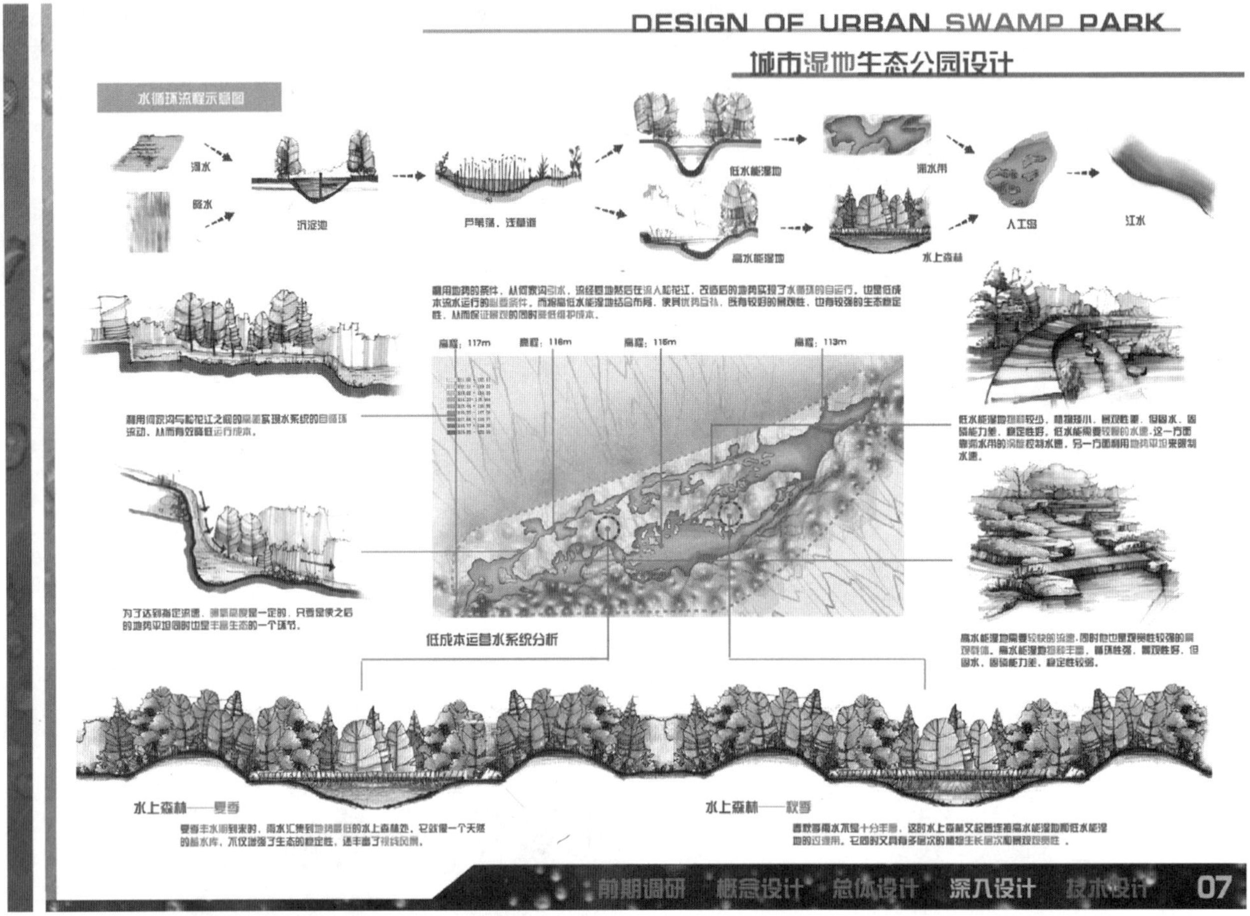

图 4　湿地公园节点设计

图 5　课程教学反馈

在教学过程中，我们也发现了存在的一些不足，如学生的景观学理论知识储备不足（先期只上过 16 学时的景观概论课），导致设计当中学生需要查阅大量的相关资料来进行知识弥补。在设计过程中对学生的要求较高，部分学生（20% 左右）感觉到课程设计难度较高，所需知识跨度较大，不太适应。对于这些教学中存在的不足，我们会在以后的课程设计中逐步地进行改正与完善。

主要参考文献

[1]（美）约翰·O·西蒙兹，巴里·W·斯塔克.景观设计学——场地规划与设计手册[M].朱强，俞孔坚，王志芳，孙鹏等译.北京：中国建筑工业出版社，2009：9.

城市规划专业《景观设计》教学情况调查表 附表

题号	调查问题	平均得分
1	开放式教学：教师不指定固定的设计地段与设计主题	7.8
2	研究式教学：在经过小组讨论确定设计主题后，通过资料收集与小组讨论进行方案的深化与细化	7.1
3	研究式教学：通过对特定设计主题的研究与资料收集，感觉对所学知识与理论的理解与掌握	7.4
4	方案交流：对课程设计中间小组进行汇报式的方案交流评价，是否开阔了思路，促进了方案的深化	7.2
5	团队合作：小组合作进行设计主题的确定与方案的探讨	7.5
6	团队合作：小组合作进行成果图的分工合作与设计表达	6.7
7	多技术手段辅助设计：通过 GIS、SKETCHUP、犀牛等多技术手段辅助深化设计	7.5
8	多技术手段的设计表达：通过 GIS、SKETCHUP、犀牛、手工草模等多技术手段进行设计成果的表达	7.6
9	通过课程设计的训练，对景观规划与设计的认识与理解	7.1
10	对教学改革难易程度的评价	7.0
11	对课程教学效果的总体评价	81.7

注：此表为问卷调查以后的统计结果，1~10 题满分 10 分，总评价满分 100 分，表中给出的分值为统计后的平均分；评分标准为：A. 效果良好，收效很大（8~10 分） B. 效果一般（5~7 分） C. 无所适从，效果不好（1~4 分）。

Teaching Research On Landscape Design Course In The Professional Education Of Urban Planning

Wu Yuanxiang　Lu Ming　Feng Yao

Abstract: In China, the ecology environments and human dwelling circumstance are getting worse in many cities.It is helpful for urban planners to rescue these problems if they grasp landscape architecture theories and more urban plan projects need these knowledge.During landscape design course in the professional education of urban planning, these points are emphasized to develop students' design ability: first, researching methods using in landscape design may be helpful for students to analyze and resolve problems independently; second, team work mechanism is helpful for students' cooperation and transformation; third, multiple methods aid design (including GIS, CAD, BEAM, SKETCHUP, PHOTOSHOP) is encouraged to help students to enlarge their analyze.The final design should be selected among several choices.

Key Words: professional education of urban planning, landscape design, teaching research

居住小区规划设计中前期调研的教学探索

李 健 陆 伟 刘代云

摘 要： 通过以所在城市居住用地较多的次中心区、地区中心、普通居住区内3个适宜规模的居住小区重新进行规划设计作为题目，探讨居住小区规划设计中前期调研教学，提出学生必须掌握的绘制地段选址图，拟定详细调研内容，对居住小区进行定位，确定规划设计条件等重要教学内容，培养学生查阅文献资料、实地调查研究的能力，为后续的控制性详细规划、城市总体规划教学打下基础。

关键词： 地段选取，调查研究，定位，规划设计条件

1 引言

居住小区规划设计介于城市规划与狭义上的建筑学之间，既涉及城市规划的部分内容，也涵盖了景观规划、建筑设计的内容，是从建筑设计向城市规划设计过渡的课程设计，一般安排在三年级下学期或四年级上学期，是城市规划专业教学中能够较早地培养学生调查研究能力的课程设计。在以往的教学中发现：历时8周的课程设计，学生往往在方案设计阶段、成果编制阶段花费时间较多，只重视居住小区物质空间形态设计，不重视前期对设计题目进行分析，调查研究能力较弱。城市规划专业高年级的控制性详细规划、城市设计、城市总体规划的教学，对学生的调查研究能力要求越来越高，希望通过居住小区规划设计这门课程教学，培养学生在规划设计前期将理论运用于实践，分析问题、解决问题的能力。

2 居住小区规划课程设计的地段选取

《雅典宪章》认为，城市活动可划分为居住、工作、游憩和交通四大活动，《城市主要规划建设用地标准》GBJ137—90中规定居住用地占城市建设用地的比例为20%~32%。可见作为城市主要功能的一部分，居住小区不可避免地与城市其他功能区发生密切联系，其规划设计必然受到所在地段周边地区、甚至整个城市规划布局的影响；相反，居住小区，尤其是大型居住区一旦建成，必然会对周边地区乃至整个城市产生深远的影响，带来人口集聚、交通流量增加、公共服务设施完善、社会网络结构重组等变化。因此居住小区规划课程设计的地段选取是非常重要的。

从现实角度来说，目前许多城市居住区级规模的居住用地出让较少，更多的是居住小区甚至是居住组团，10hm^{2}以上规模的居住用地都很少见。但我们在居住小区规划课程设计教学中还是希望选取15~20公顷用地规模地段，因为只有用地规模足够大的居住小区，才能充分完成居住组团划分、道路交通组织、绿化与景观体系塑造等核心教学内容。笔者所在教研组利用Google Earth软件，在所在城市居住用地较多的、具有代表性的城市次中心区、城市地区级中心、城市普通居住区中心区域内选取地形起伏不大、规模适宜、周边用地开发建设成熟的3个居住小区，指导学生实地调研，结合当前市场需求，重新进行规划设计。这种设计地段选取方式，可达到真题真作效果，使学生全面了解城市居住生活，了解居住小区和城市之间丰富的互动关系。

2.1 选取设计地段一：星海人家居住小区

星海人家居住小区（图1）位于大连市沙河口区城市主干路中山路与富国街交汇处，东侧有电车道，毗邻

李 健：大连理工大学建筑与艺术学院博士研究生
陆 伟：大连理工大学建筑与艺术学院教授
刘代云：大连理工大学建筑与艺术学院讲师

图 1　星海人家居住小区地段示意图

图 2　宏基书香园居住小区地段示意图

和平广场（大型商业综合体）、和平现代城，用地面积 18.99hm^2，于 2004 年竣工，由高档住宅和普通住宅组成，容积率为 1.0，小区内部配套设施有实验中小学、点石双语幼儿园、独立会馆，会馆内有游泳池、健身馆。周边小区只有兰亭山水早于星海人家建设，其他如星海中龙园、幸福 e 家、世嘉星海等均在其后建成，周边城市支路逐渐完善，在此现状基础上重新进行居住小区规划设计。

2.2　选取设计地段二：宏基书香园居住小区

弘基书香园居住小区（图 2）位于大连市沙河口区学苑广场附近，为地区级中心地段，南靠中山路延长线，东临东北财经大学，西面是省外贸学校、轻工学校，北面是辽宁税务高等专科学校。东临数码路的公建部分是未来高新技术园区的商业一条街。小区现状由多层、小高层、高层住宅构成，以多层为主体，内部配套设施有小学、幼儿园，用地面积 20hm^2 左右，容积率 2.0，也于 2004 年竣工。沿南侧中山路的大连设计城、欣半岛酒店、大连化工研究设计院三处现状公共建筑，可根据设计方案需要保留或拆除，有地铁站正在建设。

2.3　选取设计地段三：华兴山庄居住小区

华兴山庄居住小区（图 3）位于大连市甘井子区大连理工大学西侧居住区中心，406、10 路两条公交线路终点站北侧，南临城市次干路凌水路，由近 10 年间建设的几个不同居住组团构成，现状以多层住宅为主体，内部配套设施有幼儿园，用地面积约 14.78hm^2。随着周边大有恬园一、二期、壹品漫谷小区建成使用，东、北

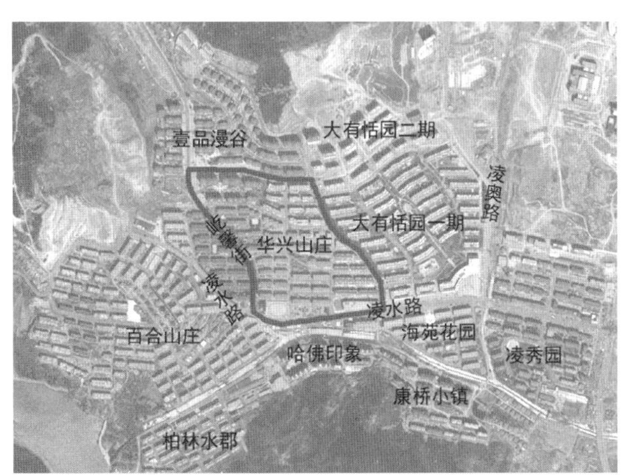

图 3　华兴山庄居住小区地段示意图

两侧居住区级道路陆续形成，为地段带来了全新的环境面貌。

3 居住小区规划课程设计的前期调研

居住小区规划设计的教学重点在于让学生灵活地将所掌握的理论知识与实践结合起来，这需要教师摒弃传统的填鸭式教学方式，调整教学模式，增加现场调研等教学环节，使得教师由知识的传授者、灌输者转变为学生主动获取知识的帮助者、促进者。居住小区规划课程设计教学一般由一个老师辅导大约 10 名学生，一个班级划分 3 小组，教学时间一般为 8 周，可安排为“2+6”模式，采用 2 次分组方法，前 2 周按照地段划分调研小组，后 6 周重新划分设计小组，要求每设计小组中各个地段不得少于 2 人。调研小组内部学生自己选举组长，首先根据 Google Earth 软件中数据资料及实地考察情况自行绘制 cad 地形图，包括规划用地红线、周边道路断面、红线范围 50 米外的现状建筑情况；然后按照老师设定的核心调研内容，制定详细的调研计划和内容，调研成果可采用多种表达形式：word 文字、表格、照片、cad 文件、ppt 演示文件都行，教师检查调研初步成果，并指导其进行更深入调研；接着了解住宅市场需求及居住小区规划设计发展趋势，对本次规划居住小区进行定位；最后 3 个小组集体汇报最终成果，公布为每个地段所制定的规划设计条件。

3.1 拟定调研内容

经历了几年的发展，3 个地段周边都发生了较大的改变，由小区建设之初较多考虑对周边地区产生影响转变为此次更新设计需要较好地考虑周边地区对它的影响，因此充分调研各个小区及周边与之密切联系用地的开发建设时间及边界用地规划设计形式，深入认识居住小区规划设计的客观依据。居住小区规划设计前期调研的主要内容还包括道路交通规划、公共服务设施配套、绿化与景观组织、住宅邻里空间塑造等 4 个方面，每方面调研工作由 2~3 人完成，要求既对地段进行实地调研，又要查找相应的文献资料，培养学生尽快地将住区规划

图 4 星海人家居住小区地段调研照片

图 5 宏基书香园居住小区地段调研照片

原理课上所学内容、国家居住区规划设计规范中限定性要求、期刊论文中创新性理论研究与课程设计实践、城市中的样品有机结合起来。学生在实地考察之后需要抄绘小区规划总平面图及各个方面分析图。

道路交通规划实地调研主要包括基地周边城市道路级别及断面、公交车站位置、相邻小区交通出入口、本小区车行、人行出入口位置及根据实际情况可调整位置，小区内部交通形态、静态停车方式等方面内容；公共服务设施配套实地调研主要包括地段外周边小区及小区内部现状公建布局类型、位置、数量等方面内容；绿化与景观组织调研主要包括地段1000米服务半径内有无可利用的居住区级以上公共绿地或自然山体公园、水体资源，小区内部的公共绿地布局形式、规模、宅间（旁）绿地及硬质空间设计内容、方法；住宅邻里空间塑造主要调研周边居住小区的整体高低关系，小区内部居住组团划分方式、组团内多层、小高层、高层等不同高度住宅布局方法，板式、点式等不同形态的住宅布局形式，塑造适宜居民交往的邻里空间方法。学生在实地调研过程中可发放调查问卷，也可通过与居民访谈，了解居民对小区目前使用状况的意见及需求，在自己的课程设计中予以避免或关注（图4~图6）。

图6　华兴山庄居住小区地段调研照片

3.2　定位居住小区

城市中的居民依据经济力量可以简化地分为高、中、低三个层次，相对应的居住区则分别是高档居住区、中档居住区与低档居住区。一般来说高档居住区的单位居住面积都会大于同一地区的中低档居住区，在区位、施工质量、材料性能、物业管理、服务项目配置等方面也与后者普遍存在差距，当然最重要的还是居住者身份与社会地位上的不同。一定的居住区中往往高、中、低多档次结合，且以中档为主。就居住文化而言，居住区日益在居住观念、形态、材料、技术、美学方面体现出多元化的趋势，居住区的类型也不断产生与发展，以满足人们日益多样化的物质与精神生活需求。

房地产开发市场中住宅定位、营销策划越来越重要，因此需要学生尽量脱离学院派作风，早日了解市场需求，掌握居住小区定位的相关知识。首先要分析地段的区位条件，包括周边用地性质、交通是否便利、自然资源及人工环境优劣等客观存在；其次对各个地段所在区域内近3年建成的居住小区及周边在售的、即将要建设的居住小区售楼处实地考察，再有通过网络资源，查找北京、上海、广州、深圳等一线城市最新的居住小区产品资料，收集其户型设计及比例、住宅造型、景观设计品质、机动车停放等主要方面信息，了解市场上目前所提供的及未来几年即将出现的产品特征。通过以上方面调研，学生可因地制宜地对3个地段居住产品进行定位，为后期具体的规划设计提供明确的方向。

3.3　确定规划设计条件

传统的居住小区规划课程设计直接给学生下达规划设计条件，指标都变成了一种教条，设计首先要符合各项规定，经验术语、规范和指标都成为一种先入为主的框架，学生不会对各种规划设计条件及其彼此之间内在关系理解透彻。在课程设计调研阶段要求学生查找设计地段控制性详细规划编制成果，结合地方法规，参考市场需求，自行确定规划设计条件。

居住小区规划设计条件分为指令性指标和指导性指标两种。指导性指标包括户型比、建筑风格、建筑结构等方面内容，实际上是居住小区定位中考虑的核心内容，根据该方面调研成果，确定相关指标。指令性指标较多，包括建筑后退红线距离、小区交通出入口位置、容积率、建筑密度、绿地率、停车率、建筑控高、用地性质等主要指标。参考地段周边新建居住小区建筑退线情况，规划局网站上公告方案中不同红线宽度道路退线资料，确定各个地段建筑后退红线距离要求；在早晚交通高峰期间考察地段周边交通状况，遵从城市居住区规划设计规范要求，明确小区交通出入口位置选择范围；查找地段所在区域控制性详细规划成果，调研周边新建居住小区容积率，参考规划局网站上公示的区位条件相似居住小区容积率，确定适宜的下限指标；查找不同气候区、不同住宅层数的住宅建筑净密度上限指标，结合绿地率、住宅类型、停车方式、公共服务设施配置要求综合确定建筑密度上限；对于易混淆的绿地率和公共绿地两个指标，理解规范中相关内容要求，分辨出两者的计算范围、内容差别，结合居住小区定位，合理给出绿地率下限指标；小区内的停车问题越来越严重，地下停车是不可避免的趋势，而地下停车场的建设又受开发主体对资金回收期长短考虑影响，因此适宜的停车率设定至关重要，学生可综合考虑居民近远期使用、居住小区外环境建设质量、住宅层数、居住小区定位等要素综合确定；考虑城市景观要求、容积率大小、建筑造价及户型设计等因素给出建筑控高；根据对地段周边用地调研，结合容积率、户型比等居住小区定位方面内容估算人口规模，列出需要配置的主要公共服务设施；按照国家规定的人防指标计算出需要布置的人防建筑数量。

4 小结

居住小区规划设计关系到千家万户的切身利益，仅有“纸上谈兵”不足以让学生深入理解人居设计的真正内涵，无法真正地指导形态操作，造成对居住空间的随意、简单化设计。在课程设计前期阶段加强现场调研教学环节，通过选取城市3个典型区域适宜规模的居住小区重新进行规划设计，学生分组调研，再统一汇报，全班成果共享，全面了解城市中不同区位的居住小区特点，了解小区、住宅的社会性、文化性、

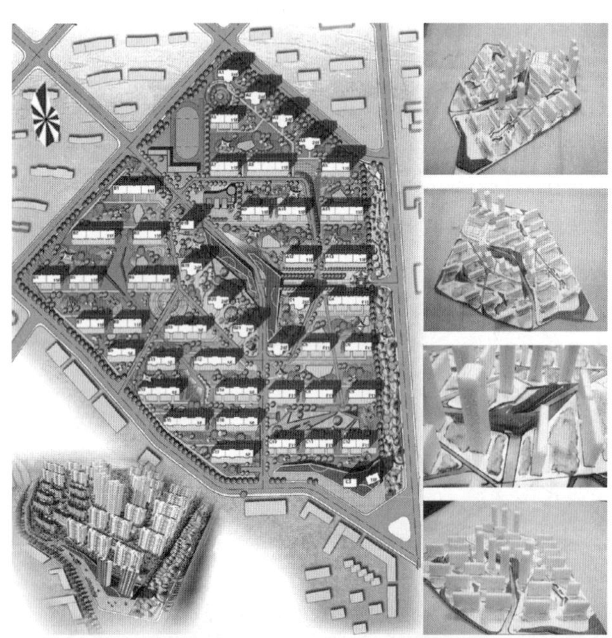

图7 星海人家居住小区地段课程设计成果

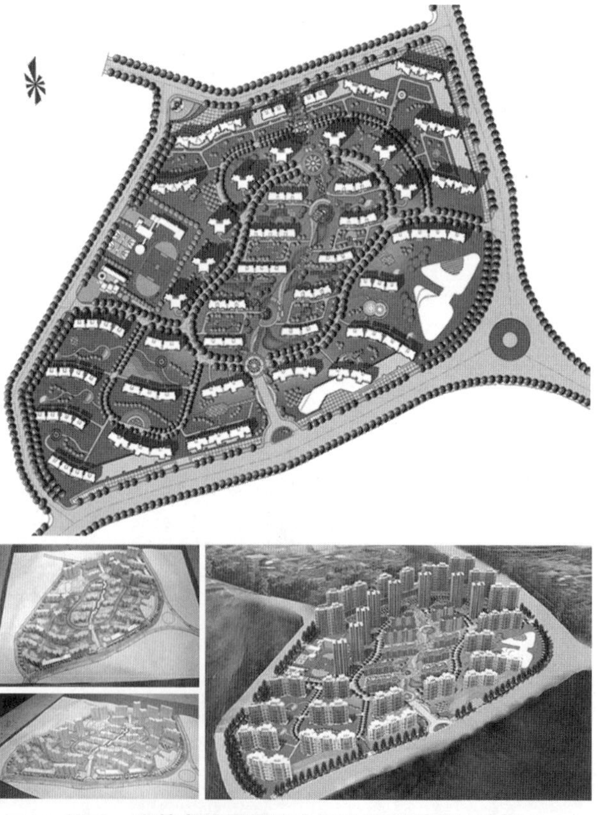

图8 宏基书香园居住小区地段课程设计成果

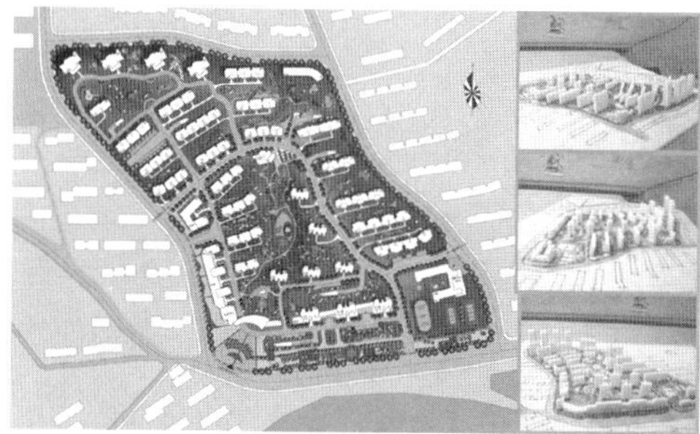

图 9　华兴山庄居住小区地段课程设计成果

经济性特征，更多地关注城市规划中的非物质性规划层面内容，培养学生作为建筑师、规划师应具有的社会责任感（图 7~ 图 9）。

（感谢赵伟博、裴晶、陈彤三位同学提供课程设计成果）

主要参考文献

［1］ 杨辰 . 将选址问题引入居住区详细规划的尝试 . 规划师，2004，（1）：92-94.

［2］ 喻明红，关于城市规划专业居住区规划设计课程的教改探讨 . 土木建筑教育改革理论与实践，2009，（11）.

［3］ 赵春容，符娟林 . 新形势下城市规划专业人才培养的教学探讨——以居住区规划原理教学改革为例 . 土木建筑教育改革理论与实践，2009，（11）.

Teaching Exploration on the Preliminary Investigation of Residential Community Planning and Design

Li Jian　Lu Wei　Liu DaiYun

Abstract: By selecting three suitable size residential quarter re-planning and design as topics in the city where there are more residential land such as sub-center, regional center and ordinary residential area, this paper explores teaching of preliminary investigation in residential quarter planning and design, it poses important teaching content that the students must predominate, including drawing topographic maps, studying out detailed research contents, locating residential quarters, determining the factors of planning and design and so on, in order to train them skills of finding relevant literature and field research location, and lay a foundation for follow-up regulatory plan and master plan teaching.

Key Words: select location, survey research, locate, factor of planning and design

任务驱动型城市规划模型制作实践教学探索

成 维 李 政 张 明

摘 要：任务驱动型教学是新课程改革实践中出现的一种新教法，新模式；它体现的是课程改革的新理念，新思想。城市规划模型制作是城市规划专业实践教学体系的一个环节，旨在培养学生在学习专业文化知识的基础上注重实践动手能力，开拓规划设计思路，从而达到造就城市规划技能型人才的目的。

关键词：任务驱动，模型制作，实践动手能力，技能型人才

城市规划模型制作是城市规划专业实践教学体系的一个环节。城市规划建筑模型作为城市规划设计表现手段之一，已进入到一个全新的阶段，它既是设计交流的最直观媒介，又是检验和评价设计成果的重要依据。能够培养学生的实际动手能力，培养高度的空间概况能力和丰富的空间想象力，培养学生的创新意识，树立起严谨细致的工作作风，为以后的专业课学习打下坚实基础。在教学过程中，大胆引入任务驱动教学模式，不仅在培养学生综合能力方面取得了显著的效果，而且初步构建了在模型制作实践教学环节中培养学生综合能力的任务驱动型课堂教学模式。

任务驱动型教学是指学生在任务的驱动下，借助他人的帮助，利用必需的学习资源，通过课堂上的自主、合作、探究学习获得知识意义的建构和能力提高的一种教学方法。它以任务为主线、教师为主导、学生为主体，体现了新课程改革“自主—合作—探究”的学习理念。从学习者的角度说，“任务驱动”是一种学习方法，适用于思维训练和技能练习类的学习活动；“任务驱动”学习法可使学习者的学习目标十分明确，便于发挥主体的综合能力。从教师的角度说，“任务驱动”是一种建立在建构主义教学理论基础上的教学方法，适用于培养学生的自学能力和相对独立地分析问题、解决问题能力。任务驱动教学法吸收了目标激励教学法的目标引导学习和活动驱动型课堂教学法的学生活动为主体等成果，并引入了新的教育理论，在任务驱动下展开教学活动，引导学生由简到繁、由易到难、循序渐进地完成一系列“任务”，在“任务” 完成中探究方法、拓宽思路、掌握知识，形成学生分析问题、解决问题以及处理信息的能力。在这个过程中，学生还会不断地获得成就感，更大地激发求知欲望，形成心智活动的良性循环，从而培养出独立探索、勇于开拓进取的创新意识。

1 任务驱动型模型制作实践课堂教学模式的提出

教育部曾提出 “要加强产学研密切合作，拓宽大学生校外实践渠道，与社会、行业以及企事业单位共同建设实习、实践教学基地。要采取各种有力措施，确保学生专业实习和毕业实习的时间和质量，推进教育教学与生产劳动和社会实践的紧密结合”。

在教学方法上打破满堂灌的“填鸭式”教学模式，采用注重学生实践能力、创新能力培养的“启发式”教学方法，创造性地探索“做中学”、“学中做”等方法。走出去，与企事业单位共同合作，将真实的案例拿到课堂上来。

学生在以往的教育环境中，多是适应教师的教学，被动地吸收间接经验；在面临问题情景时，往往凭间接经验去解决问题，缺乏创新精神。而任务驱动型教学就是要改变这种状况，培养学生全面的素质和创新的精神，主张将学习还给学生，由学生自主去观察新事物，形成新概念，探究新方法，解决新问题。因此，在课堂教学中，特别强调教学对象个体化、教学手段现代化、教学原则

成 维：河北科技师范学院城市建设学院讲师
李 政：河北科技师范学院城市建设学院副教授
张 明：河北科技师范学院城市建设学院讲师

主动化等。因此教师必须创造新的课堂教学环境，采用新的不同于以往传统教学的方法，以学生主体的自主学习，探究学习，合作学习为重点，让学生的潜能得到淋漓尽致的开发，各种素质得到综合的协调发展。

2 任务驱动型模型制作实践课堂教学模式的内容

2.1 模型制作实践课程任务

知识点从模型制作材料、工艺流程、制作工艺要素等方面突出重点，结合已完成的前导课程《建筑设计基础》课题方案和企业真实项目，通过选择合理的设计与制作方法，以实现建筑及空间设计，并按一定的比例实现三维和材质的表现。

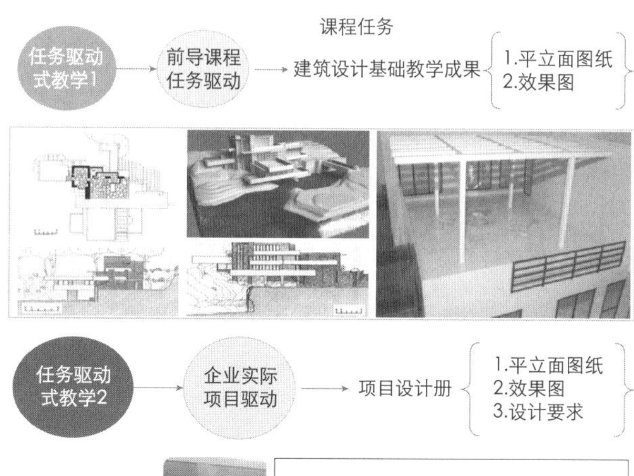

与企业之间建立合作关系
结合客户的产品需求
开展课题设计
针对性教学。
课堂、实验室、实习基地一体化的实践教学模式，使学生能得到更深刻的体验和交流！

2.2 模型制作实践课程模块

根据“以培养能力为核心，以工作实践为主线，以项目为载体，以任务为驱动”的课程设计理念，将模型设计与制作教学内容分为三大教学模块：

准备阶段——建筑模型设计与制作过程阶段（重点）——建筑模型装饰与表现阶段

2.2.1 准备阶段

（1）分组，确定合作伙伴。

（2）了解课题的相关信息、课程信息、特点并熟读图纸内容：

A. 小区整体规划模型

B. 客户要求：充分表达出设计意图、造型表现丰富精细、尺度准确、构建牢固材料用 ABS 板、有机玻璃、软木及其易加工的其他材料实现二维到三维的转换，确定比例

（3）调研 – 了解岗位操作流程、收集和整合资料

调研内容：

A. 当地的模型公司走访调查

B. 房地产售楼处走访调查

C. 市场模型材料店物料准备

2.2.2 建筑模型设计与制作过程阶段

此阶段作为建筑模型制作的重点阶段。

（1）单体模型设计与制作

A. ABS 板材制作：单体模型放样、勒线，剪切，折边和组合；

B. 软木制作：单体模型放样、勒线，剪切，折边和组合；

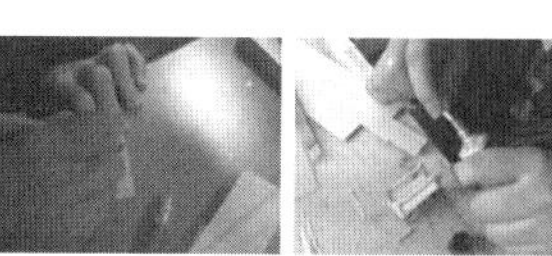

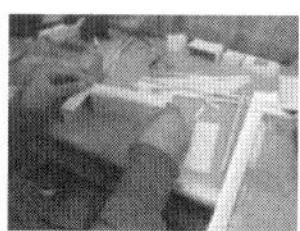

结构的搭建是考虑的重点问题

C. 有机玻璃板：单体模型放样、勒线，剪切，折边和组合。

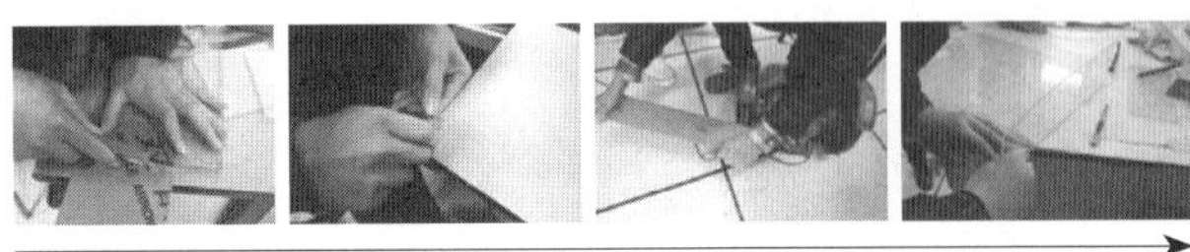

模型的制作代表了一种创造性构思的发展过程

（2）模型组装、固定、修整

2.2.3　建筑模型装饰与表现阶段

建筑配景是建筑环境中不可缺少的内容，包括绿地、水体、栏杆、路牌、路灯、汽车、建筑小品、标盘、指北针、比例尺等，通过总图分析制作相关内容。制作完成的建筑及其配景模型需排布在底盘上，在制作底盘的同时，附着道路、山体等；按总图将单体建筑、配景布置在底盘相应的位置并配置灯光效果，最后进行整体调整。

2.3　模型制作实践课程评价

为了检验和促进学生达到预期的目标，发现教学中的问题，要对学生的学习效果进行评价，教师可根据学生学习情况及时地改革教学方式，学生也能通过评价了解自己的学习情况，及时地调整自己的学习方式。对学生完成模型进行评价，评价学生对知识的掌握、应用水平，作品中所包含的创意，可以让学生自己来评价，也可以让同学来评价，也可以由教师来评价。

2.4　模型制作实践课程总结

这是一个全开放性的教学环节，其目的在于让学生在自主探索的过程中完成对新知识的理解和巩固。通常，教师对知识进行讲解、演示后，关键的一步就是让学生动手实践，让学生在实践中把握真知、掌握方法。在任务完成阶段教师只是一个帮助者和引导者，要多给学生以鼓励，让每个学生都能自由地、大胆地去完成任务。教师要走进学生之中，即时地为学生提供帮助，还要主动去观察学生，发现学生中出现的问题，特别是共同性的问题，教师要给予指导。而学生可以按几种方式来完成任务。

自主探索：学生独立完成任务，进行自主探索学习，在学习过程中充分发挥学生的主动性，体现出学生的首创精神，学生通过学习正确评价自己的认知活动，从中获取对知识的正确理解，探求问题的最终解决。学生在遇到困难时，可以向老师、同学、书本、网上请教，以培养学生获取信息、鉴别信息、处理信息的能力。对于比较单一的任务可以采用这种学习方式。

协作学习：根据模型制作的要求，成立小组（5~6人），各个小组有不同的要求，小组内既合作又竞争。在操作中，我们重视分层要求，分层指导，满足各层次学生的需求，从而使每个学生的个性得到充分的发展。这样既达到教学目的，学生也各有所得，期间还让学生懂得协作的重要性，掌握了自我协调的方法，既发展个性，又培养了团队协作精神。同时，也有利于创设民主、和谐的课堂气氛，生动活泼地教学。通过这种协作和沟通，学生可以看到问题的不同侧面和解决途径，开阔了学生的思路，从而对知识产生新的理解。

3　任务驱动型模型制作实践课堂教学模式的思考

3.1　任务驱动型教学的优势

从学生的学习兴趣、生活经验和认知水平出发，倡导体验、实践、参与、合作与交流的学习方式和任务驱动型教学途径，可发展学生对建筑整体及空间想象能力。边做边讲、边讲边做，理论与实践相结合。实际问题实际分析，遇到问题请指导教师协助解决。

3.2　教学模式和教学方法

在教学过程中，可以综合采用如下教学模式或方法。

教学模式：

（1）抛锚式教学模式——建构真实的情境；

（2）认知学徒模式——做中学，理论联系实际，紧密结合现实；

（3）理论与实践一体化教学模式；

（4）合作教学模式——教师与学生、学生与学生。

教学方法：

（1）讲授教学法——对建筑模型设计与制作基础知识的讲解所采用的教学方法；

（2）演示教学法——对在实践过程中教师所采用的操作方法进行演示；

（3）参观教学法——对相关模型制作企业及房地产售楼处实体模型进行直观教学；

（4）“案例式”教学法——案例在用作课程导入、课堂举例以及学生讨论等方面具有很好的效果，可以增强学习的趣味性、针对性和实践性；

（5）“探究式”教学法——在教师的指导下，以学生为主体，让学生自觉地、主动地探索，掌握认识和解决问题的方法和步骤，研究客观事物的属性，发现事物发展的起因和事物内部的联系，从中找出规律，形成自己的概念；

（6）“项目式”教学法——通过进行一个完整的“项目”工作而进行的实践教学活动的培训方法。采用项目法教学，教师需要做大量的准备工作。确定项目内容、任务要求、工作计划，设想在教学过程可能发生的情况以及学生对项目的承受能力，把学生引入到项目工作中后，退居到次要的位置，时刻准备帮助学员解决困难问题；

（7）“行为引导”教学法——行为引导型教学法不是一种具体的教学法，而是各种以能力为本的教学方法的统称，是要求学生在学习中不只用脑，而且是脑、心、手共同参与学习，提高学生的行为能力的一种教学法。其目标是培养学生的关键能力，让学生在活动中培养兴趣，积极主动地学习，让学生学会学习。

3.3 模型制作实践课程对条件的要求

（1）对教学条件的要求

要有专门的模型制作工作室，要有专门的切割、钻孔等工具设备。

（2）对学生条件的要求

需要学生具备一定的专业理论知识，理解图纸、理解设计师的设计思想及设计意图，并能进行模型材料的选用及加工，还要有良好的团队合作精神。

（3）对教师条件的要求

任务式教学对教师各方面的素养要求极高。也只有教师有很好的素养才真正能够驾驭自如地推行任务式教学。教师要在具备专业知识的基础上，熟悉各种设备及材料的使用方法，能够给学生作示范。掌握一定的教学方法，能够引导学生思考问题、解决问题。

3.4 在任务驱动教学中遇到的困难

（1）任务的设计。包括内容的确定，难度的把握，任务链的坡度；

（2）任务的评价。如何设计一个即有利于过程又有利于结果的评价体系；

（3）学生的自我约束能力。课堂纪律的自我约束力、尽可能地运用交流的方式自我约束、课后的自觉完成任务的约束力都有待提高；

（4）时间。有些任务是需要足够的时间作保障，但对模型制作而言，我们最为难的就是时间不够；

（5）对任务驱动教学理解的片面性。有任务就是任务驱动型教学。任务驱动型课堂教学最重要的是它所代表的一种全新的教学理念，而不仅仅是一种方法和形式，我们贯穿课堂的应该是这样一种思想和理念。

4 结语

总之，我们在建筑模型制作教学过程中，力求通过任务驱动对教学内容进行组织和安排，以及多种教学方法的运用，尽可能地引导和激发学生的学习兴趣，培养学生的主体学习能力。经过调查和比较，发现教学效果相对于教改前，确实有一定的进步，特别是学生的学习兴趣有了很大的提升，但是也存在着一定的问题，有待于在今后的教学实践中不断探讨，反复实践。

主要参考文献

［1］杨继红，孔永红．“行动导向、任务驱动”教学模式的研究与实践［J］．山西广播电视大学学报，2011，（01）．

［2］邹卫进．项目导向教学模式在高职《应用文写作》教学中的应用——以“我为就业做准备”教学单元设计为例［J］．常州信息职业技术学院学报，2009，（04）．

［3］何雪钰．建筑学专业课程整合浅谈——以建筑模型制作课程为例［J］．长江大学学报（社会科学版），2008，（06）．

［4］谢雪甜．建筑环境模型制作 课程的教学探讨［J］．教育管理，2009，（3）：142．

［5］李斌，李虹坪．模型制作与实训［M］．上海：东方出版中心，2010．

［6］周美茹，王爱广．“项目导向、任务驱动”的项目化课程教学模式实践［J］．大家，2011，（08）．

［7］王司，杨冬云，叶树江，刘柏森．基于认知规律的实践任务驱动教学模式的研究与实践［J］．科技与管理，2011，（01）．

Mission Oriented Teaching Practice in Urban Planning Modeling Courses

Cheng Wei　Li Zheng　Zhang Ming

Abstract: Mission oriented teaching is an emerging methodology and approach in the education practice reformation.Mission oriented teaching represents the trends of renovation ideas and thoughts.Modeling course is an important section within urban planning teaching practice.This course aims to develop students' practical ability as well as theoretical knowledge learning. Mission oriented teaching methods will help students widen design ideas and improve design technology, so as to train skilled talents in the field of urban planning.

Key Words: mission oriented, modeling, practical ability, skilled talents

公园课程设计教学优化探索❶

郭剑锋　聂晓晴　孙国春

摘　要：重庆大学城市规划专业在 2010~2011 学年展开了公园课程教学优化探索，在强化公园形态设计以及对服务人群、规划建设实际需求的调查分析的基础上，提出了一系列立足于优化、提升公园课程的教学探索活动。在课程中，我们强调实践性、研究型的训练教学方法，理论结合实际训练学生认知、感受与理解能力。

关键词：公园设计，教学，优化

1　引言

城市规划专业教育的目标是培养具备全面综合素质、适应社会需要的未来城市规划师。随着时代的发展、科技的进步及生活水平的不断提高，人们对于城市规划提出更多、更高的新需求，使得规划师关注的视野不再仅仅局限于传统设计中的形式与功能，更要拓展到使用者的需求、心理乃至项目的策划等；设计内容的扩展要求规划师必须具备更加广博的知识储备、相关学科理论及研究综合能力，才能使各知识系统很好整合并协同工作。

2　传统公园课程设计教学中需要优化的方面

公园设计是规划专业学生告别建筑设计进入规划大门的一个里程碑式的课程学习阶段，起着承上启下的重要作用。以前的公园设计在这个过程中已经起到了很好的引导作用，也取得了很好的成绩。但从同学反馈的意见以及教学中已发现的问题的来看，如何紧紧抓住城市规划的专业特点，还有一些值得优化和提升的方面。

2.1　调查、调研方法的教学需要进一步细化、明确

以往课程设计的现状调研不够充分，对社会、使用群体、使用需求等方面的认知不够充分。规划用地与以前学习的建筑方案设计的场地相比较，面积更大，涉及范围更广，现状调查与分析要求更高，对于一个刚刚从建设设计转向规划设计的同学来说，如何在以前学习的常规现状分析方法基础上全面提升，站在更高的视角角度，树立从宏观到微观、有系统、有层次的调研与分析方法，是提高规划学生专业技能，迅速转换工作思路的客观需求。

2.2　与社会及规划建设实际需求相适应

一是公园类型方面，结合重庆的建设实际情况，目前城市综合公园的建设相对较少，主题公园、社区公园方兴未艾，课程设计的主题宜与之相适应，过于集中、强调城市综合公园的命题，也不利于充分发挥学生的想象力与创造力；二是目前实际规划建设项目越来越要求规划师具备一定的项目策划与概念运作的能力，在课程教学中，宜适应社会需求，使我们培养的学生不仅巩固以往的技法优势，又不断提高了他们的项目策划与概念组织能力。

3　探索与实践

在具体的操作层面，规划设计教学中研究理念的引入需渗透到教学目标、内容和方法等各个环节中去。在重庆大学建筑城规学院新一轮的本科生教学中进行了多层面的探索，集中体现在设计题目设置与基地选择、教学方法改进等方面，并在实践中取得了有益的启示。

❶　基金项目：2011 年度重庆市高等教育教学改革研究重大项目（111012）

郭剑锋：重庆大学建筑城规学院讲师
聂晓晴：重庆大学建筑城规学院副教授
孙国春：重庆大学建筑城规学院讲师

3.1 设计题目设置

在新的课程安排中，我们试图以理性思考、科学研究的过程为导向，突破以往固定的标准化的命题，转变为主题化命题，丰富公园设计类型，鼓励学生结合规划热点与自身兴趣创造性提出不同主题的概念，并引导他们针对提出的主题与概念，策划、组织相应的项目，并以空间技法的方式予以表达，形成方案。

3.2 教学方法

人们常说："教学有法，但无定法，贵在得法。"既说明教学有规律可循，但又没有固定模式；贵在能够在教学过程中探索出适宜的方法，实现教学目标，圆满完成教学任务。要求教师在教学过程中强化方法与思维的教学，着力培养学生的学习能力和研究能力，使其在未来的职业生涯中具有不断学习的能力，以跟上社会和学科的发展步伐。在实际教学中，各种教学方法及教学辅助手段往往不是孤立运用，而是相互交叉、互相渗透。

3.2.1 讲授与引导

教师根据教学的需要设定明确的研究目标和研究问题，由学生自主地进行研究探索、教师积极引导的教学模式。要求学生通过直接的和间接的调查研究来了解问题、分析问题，解决问题。要求学生保留阶段性的成果（包括图与文等），它是一个完整的设计思维过程的写照，这样更有利于培养学生理性思维的形成。这种模式改变了传统灌输式教学模式下学生学习动力和能力不足的问题，倡导学生创造性地获取知识和经验。教师在讲授基本的理论知识之外，还应融入教师的研究成果与学科的前沿知识，拓展学生的知识面和思想深度；同时在引导之余，要留有学生自主学习的空间，激发学生的学习热情和积极性，培养学生独立分析和解决问题的能力，使设计学习成为学生的一种"主动"过程。

在设计课程中的重要节点，采取上大课的方式，每次用一节至两节课的时间，由几位任课教师分别讲述公园设计概论与相关理论、调研分析方法、植物配置、交通组织、场地设计等专题，强化相关理论对于主干设计课的支撑作用，实现知识的广度和深度的双向拓展，将设计的基本知识、公园与文化，公园与场地环境，公园与使用人群需求，公园与人的行为方式及学科热点问题的研究探讨引入设计，使学生对设计的基本理论和本质要素产生研究的兴趣，引导学生进行理性思考与科学探索，架构能够使学科交叉融合、理论实践结合、课内课外同步，利于学生实现自主性学习、研究与实践并进的培养方法。

通过大课讲授，并引导学生对基地社会经济历史文化、基地内外的自然环境、城市设施和景观、特别是人的活动与参与、使用者的需求进行详细而系统的分析，并形成调研报告，最后与正图一起上交存档。

3.2.2 开放式讨论

改变以往设计课教学多以"教师主讲、学生主听"模式，在教学的不同阶段，安排一定的讨论课时，由学生讲述自己收集的感兴趣的设计案例、设计概念、设计构思过程，甚至是学生自己准备的不同的专题，可以使自身思路更加明晰，也可使其他同学从中得到启发或提出质疑。指导教师主要起引导作用，教学中注意激疑——鼓励学生质疑——师生共同释疑，进行提问式、双向交流式的教学；尽量给学生多一点思考的时间，促使学生之间充分交流，激发学生热情，提高其对事物的洞察力、解决设计问题的能力及表达能力。在讨论的教学活动中倡导师生共同探索、共同发现、共同创造。可以锻炼并提高学生对设计问题的自主思考能力、口头表达能力、沟通与交流的能力。

3.3 实践效果

通过本次教学优化，同学们普遍反映较好。

经课程结束后的问卷调查，有同学反馈，公园设计跟之前的建筑设计不同，涉及的范围更多，前期的调研相对于建筑来说更加系统、广泛，对"人"的考虑也更多了；公园设计很有趣，限制因素比较少，可以自由发挥等等。

结语

在公园设计中强化调查与分析，倡导规划教育的开放性、个性与导向性，注重多学科的交叉融合，注重培养学生的综合素质。同时我们也认为，在今后的教学工作中，需要教育工作者在实践中的不断地探索：如何掌握与统一公园课程设计中的调研报告成果的具体内容与深度要求，如何更好地将纯粹的理论教学与实际园林、公园的体验、分析相结合等。

主要参考文献

[1] 张建龙，戚广平．回归建筑本质进行建筑设计基础教学——24小时纸板建筑建造实验．北京：中国建筑教育，2008，(01)：38-43.

[2] 赵建波．基于生活观、科学观和教育观的研究型建筑设计思想．天津大学博士论文，2006：145-176.

[3] 邵郁，邹广天．国外建筑设计创新教育及其启示．建筑学报，2008，(10)：66-67.

The Optimization Discussion Of the Park Design Education

Guo Jianfeng Nie Xiaoqing Sun Guochun

Abstract: Chongqing University urban planning subject carry out the optimization discussion of the park design education in 2010-2011, based on the analysis of the form of park design、service groups and construction of the actual needs, propose a series about the optimization, improved Park curriculum exploration activities.In the curriculum, we emphasize the practical, research-based teaching methods, training students to integrate theory with practical knowledge, experience and understanding.

Key Words: park Design, education, optimization

“半张任务书”
——城市调研实习课程教学研究

范霄鹏　李　勤　魏菲宇

摘　要：面向培养专业应用型人才的教学目标，实习实践课程在城市规划专业教学体系的重要性越加突出。城市调研实习作为衔接城市认识、城市交通和城市物理环境实习的实践课程，在教学方法设计上侧重通过分类专题的城市组成对象调查，设立调查主体的多样化角色，以达到深化和细化调研实践课程的分析与统合内容、培养学生建立理性分析与评价能力的目的。

关键词：任务书，城市调研实习，评价，判断

1　城市调研课程的设计

专业课程内容、方法和实施步骤的设计，对于课程教学的开展以及教学目标的达成有着至关重要的推动作用，即根据教学阶段的不同相应地设计出具有逻辑递进关系的教学方法和步骤，通过分阶段教学步骤的落实推动课程总体目标的达成。我校城市规划专业的城市调研实习课程开设在四年级上学期，之前已经历了城市认识、城市交通和城市物理环境实习的实践调研教学环节，在具备了前期调查、分析和表达能力的基础上，如何培养学生面对城市复杂问题的深入和细致的分析、评价与判断能力，就成为了城市调研实习开展课程教学设计的主要内容。

1.1　教学任务书的设计

城市尤其是像北京这样人口大量集聚的大都市，其城市的建设历史悠久、规模庞大，城市组成功能、组成对象极其众多而复杂。城市调研实习如涉及内容过多则不利于达到课程教学深入和细化调查分析的培养目的，鉴于此，在课程教学内容的设计上，侧重衔接城市物质空间规划设计的专业教学主线，以划分不同的城市功能对象专题开展调研实习的教学。通过划分城市诸多组成对象的专题，每一位学生选择一项专题开展调查，使学生掌握城市功能和空间对象专题调查的方法、内容与评价，并侧重培养学生专业调查的自主能力和综合能力。

在具体教学任务书的设计上，首先，将城市组成对象专题的调查范围限定在北京二环以内的旧城区域内，一来达成控制调研对象的数量，以适应实践课程的教学时长；二来建立城市组成对象的调查与空间分布的调查之间的紧密关联，即在城市尺度上开展对象的专题调研。其次，为将城市调研课程的教学内容与学生日常生活和观察的经历紧密结合，调动学生观察和关注城市的专业兴趣，在教学任务书中设置“半张”调查专题清单，即第一版城市调研课程的任务书拟定了14个调研专题供半个班的学生进行选择，另一半调研专题由学生自主拟定，从而形成了引发学生热烈投入讨论的“半张任务书”。

自第一版拟定的“半张”教学任务书以来，至今城市调研实习课程已开展了四个年级的教学，并积累了89个城市组成对象专题调研的成果。在第二、三、版的教学任务书拟定时，只列出已经调研的而不再列出可选的对象专题，只在教学任务书中作出不可与已有调研专题重复的规定，从而进一步激发了学生审视和发掘城市组

范霄鹏：北京建筑工程学院建筑与城规学院副教授
李　勤：北京建筑工程学院建筑与城规学院讲师
魏菲宇：北京建筑工程学院建筑与城规学院讲师

成对象的热情。

1.2 方法与步骤的设计

紧扣工科城市规划专业教学侧重城市空间营造的能力培养要点，加强实践课程与规划设计课程之间的对应衔接，选定城市物质空间环境的对象专题作为调查对象。在课程教学中对调研的方法和步骤进行设计，即采取现场调查记录和专题要素影响因子的层次分析的两种基本方法，建立专题对象调查→调查对象的评价→多专题对象的整合分析的三个步骤阶段。

具体的方法与步骤是：首先，要求每个学生依据选定或拟定的调研专题，首先提交包括具体调查路线、记录内容和记录工具在内的工作计划表，在与指导教师讨论后展开所选专题要素的详细调查；其次，要求学生将所调查的专题对象进行拆分，对拆分的组成因子进行分类评价，从而形成对专题对象的价值判断；最后，要求学生转换评价的主体角色，将单一专题的调查和评价扩展成与已有几十个专题的关联分析，从而形成对城市众多组成对象的整合评价。

总之，城市调研实习课程在教学方法和步骤上的设计呈现渐次展开的状态，即建立由观察到分析、由分析到评价、由单一到综合、由对象尺度到城市尺度的调研序列。通过在教学过程中调查和分析深度的不断推进，培养学生对于专题对象深化和细化的研究能力、培养学生对于众多复杂对象的综合判断能力。

2 专题调查与价值判断

单一城市组成对象的专题调查，有利于推动调查与分析研究的深入和细化，同时也有利于与城市调研实习的 2 周教学时长相适应。通过对城市实体空间环境的专题调查，开展紧扣专题的全面资料收集，不仅可以促使学生建立起对于所选专题对象的深刻认识，并可促使学生深入了解构成专题对象的各种因子。通过对影响城市组成对象的外部因子和内部因子的层次分析，给出所调查的对象在城市中的评价分值，从而以定量和定性相结合的方式获得调查对象理性的价值判断，使学生建立起对北京旧城内组成对象的认知。

2.1 专题调查

如前所述，第一版的“半张任务书”拟定的 14 个专题作为全班 23 个专题组成的基础，为学生们自主寻找和拟定专题提供了参考。这种半开放式的教学任务书不仅提高了学生的自主选题能力和调研的兴趣，而且也促使每一个学生细致掌握专题调研的内外业过程和成果要求。在课程教学的前期，对北京旧城内的各个组成对象进行筛选并作为独立的专题，每个学生确立一个专题后展开调研实习，如学生在 14 个给定专题之外自主选定的：北京旧城博物馆专题调研、北京旧城商品批发市场专题调研、北京旧城会馆分布情况专题调研和北京旧城高等学校专题调研等，反映出“不完全”的教学任务书对于调动学生观察城市的积极作用。专题对象的调查不仅可以培养学生对于城市组成要素现状的认识和掌握，而且可以由此建立起一条贯穿城市历史与发展的线索，通过了解该专题对象在城市建设中的历史脉络，获得其在未来城市发展中的研究基础。

根据选定专题所开展的前期调查规划大大提高了学生调研的目标意识，同时学生就自选专题与指导教师的反复讨论，可进一步明确在课程教学时长中如何掌握调查的数量和调查的精度。专题化的调研可促使学生在城市组成的复杂环境中专注于某一要素，对单纯对象的不断追问有利于学生掌握理性的调研方式，对对象构成因子层层递进的深究分解，不仅可以建立缜密的思维逻辑，也能为其后对于专题对象之间的价值对比建构起统一判断标准。

2.2 价值判断

培养学生对于城市对象的分析、评价与判断能力，是城市调研实习课程中的重要教学环节，而分析、评价与判断能力的获得重在理性逻辑的建立。通过专题对象在组成上的类、因子和要素的划分，并就构成因子的权重和构成要素分别赋值，从而形成专题对象的调查评价表（详见表 1：专题对象评价样表）。通过评价表的赋值打分，建立起专题调研对象的评价尺度和评价体系，并由此形成专题对象的对比基础，以达到培养学生掌握理性分析和评价方法的目的。

专题对象评价样表——北京旧城公共图书馆现状评价表　　表1

名称	类	因子	要素	权重值	分值分配	打分	合值	得分	总分
国家图书馆分馆	内部	道路交通	出入口						
			交通组织						
			停车						
		使用情况	馆藏						
			开放时间						
			阅览座位数量						
			室内设施						
			功能						
		文化积淀	历史悠久						
			历史建筑						
			知名度						
		环境	建筑风貌						
			用地面积						
			绿化						
			设施						
	外部	道路交通	所临道路等级						
			交通组织						
			公共交通						
			交通管制						
		周边环境	文化氛围						
			自然环境						

通过专题对象在类别、因子和要素三级划分上形成的分析、评价与判断，为城市调研课程建立起对象尺度的评价体系，也为城市众多组成对象之间的综合对比建立了分析、评价和判断的基础。

3　分析与评价主体转换

无论是客观对象的分析还是主观层面的评价，都取决于作出判断的人，即调研主体的视角对于分析、评价和判断的尺度与体系的形成有着至关重要的作用。另外，对于城市众多复杂的组成对象而言，在城市调研实习课程教学中，如何由单一对象的专题调研出发，逐渐拓展调研的认知视野进入城市尺度以达到提升实践教学的效率，就成为了教学中应当涉及和设计的内容。基于以上两点考虑，在教学任务书中设计了调研主体转换和城市多种组成对象的拓展评价两个环节，其目的在于培养学生建立多样化的分析和综合判断的能力。

3.1　主体角色转换

教学任务书中设定了调研的三种主体角色，即城市组成对象专题的物质实态调查者、行业管理部门的评价者、城市综合管理部门的决策者，由此形成了三种不同的视角。三种主体角色对于城市组成对象的分析与评价分别有其各自的侧重，即作为物质实态的调查者更多关注于对象实体调查的准确性和完整性、作为管理部门的评价者更多关注于同类对象的对比评价、作为综合管理部门的决策者更多关注于城市多种组成对象之间的关联以及相互之间的带动发展效应。

鉴于此，城市调研实习教学中设计的三种类型主体角色转换，其用意就在于通过角色转换构建起不同的认知和评价视角，来推动层层递进的城市研究，形成由单一专题到综合专题、由对象尺度到城市尺度、由纵向深入到横向拓展的调查→分析→评价→判断的实践教学架构。通过主体角色的转换，培养学生深入掌握和广泛认识复杂城市问题的能力，以达到在高年级阶段提升专业实践课程教学效率的目的。

3.2 整合拓展评价

为了提升城市调研实习课程的教学效率，跳出就专题对象调研而形成分析与评价调研成果的窠臼，在教学任务书中设计了多专题对象的拓展评价。拓展评价是在每一学生所选专题调查和评价的基础上，对已有多个调查专题进行综合评价，建立起由对象尺度到城市尺度的评价体系。通过建立城市尺度的评价体系，串联起各个专题的调研成果，形成拓展评价与专题调研报告的整合，将学生对北京旧城组成对象的认知由单一向多样的推进。

整合拓展评价在教学任务书中的设计分为以下两个步骤：

首先由每一位学生所选的专题对象出发，分析其与各已有专题对象之间的关联度，划分为关联度强、关联度一般和关联度弱的三种类型，分别将已有专题列入并形成城市组成对象之间的发展关联网；

其次就三种不同的关联度分别划分相应的专题发展建设影响权重，并进行赋值打分评价，通过这样的多专题对象整合评价，来促进学生认知城市中各种对象发展建设之间复杂的带动推进作用。（详见表2：专题对象相关度评价样表）

总之，整合拓展评价是在每一个专题评价的基础上，以各专题的关联度为链条形成的多专题的综合评价，是在学生掌握专题调研对象理性评价基础之上的拓展再评价。从城市调研实习课程运行四年的教学效果来看，调查专题评价和其后的整合拓展评价对于培养学生提升分析能力、培养学生团队合作精神具有明显的效果。

专题对象相关度评价样表——北京旧城公共图书馆专题 表2

分析专题	相关专题	专题权重	相关专题的类级别	相关专题的因子级别	因子权重	分值分配	打分	得分	总分
图书馆	交通		内部	设计					
				道路设施					
				通行能力					
				交叉口组织					
			外部	环境					
				可达性					
				道路影响					
	交通设施		内部	建筑状况					
				周边环境					
			外部	道路交通					
	换乘空间		内部	基本特征					
				文化艺术					

续表

分析专题	相关专题	专题权重	相关专题的类级别	相关专题的因子级别	因子权重	分值分配	打分	得分	总分
图书馆	换乘空间		外部	外部联系					
				绿地环境					
	公园绿地		内部	植被					
				水体					
				景观					
				原有特色					
				新兴特色					
				古建筑保护程度					
				新建建筑质量					
				游乐设施					
				服务设施					
			外部	交通					
				周边环境					

补充：反思城市调研实习课程运行四年的教学效果，整合拓展评价存在着时间上的局限性，其主要问题体现在由于城市组成对象极其复杂多样，前期建立的专题由于数量少而使得建立的专题关联网偏于单薄，随着后期调研专题的不断增多和丰富才得以逐渐丰满起来。

主要参考文献

[1] 范霄鹏，冯丽，李勤．构建规则逻辑——城市设计课程中导则专题教学．2010年全国高等学校城市规划专业指导委员会年会论文集．北京：中国建筑工业出版社，2010.

[2] 范霄鹏．多向整合——规划专业设计课程教学内容的拓展途径．2008全国建筑教育学术研讨会论文集．北京：中国建筑工业出版社，2008.

[3] 范霄鹏．城市调研实习教学任务与指导书（2007~2010年版）.

An Unfinished Program List ——Survey Practice Course of the City

Fan Xiaopeng　Li Qin　Wei Feiyu

Abstract: The significance of practical courses has been more prominent in the teaching system of urban planning.Following the practice courses of city cognition, urban traffic and physical environment, survey course of the city focuses on urban factor based on diversification of the subject, to deepen and refine the content of disintegration and integration, and to cultivate students' abilities to rational analysis and evaluation.

Key Words: program list, survey practice course, evaluate, judge

城市规划快速设计教学方法与模式的探索与创新

高　进

摘　要：本文以基于城市规划专业本科毕业班学生就业、考研为导向而开设的专业选修课《城市规划制图表现》为研究对象，简要介绍了该门课程的现有教学模式，对几年来的教学方法和成果进行了系统分析和总结，提出存在的问题。并横向对比其他高校和培训机构的同类课程教学方法，对如何高效提升学生快速设计能力进行了探讨，提出了全面而系统的教学创新思路和教学模式。

关键词：快速设计，构图，表现技法，教学模式，评价标准

1　城市规划快速设计及《城市规划制图表现》课程简介

1.1　规划快速设计训练的特点和重要性

城市规划快速设计是城市规划设计过程中方案设计的一种特殊形式，即在有限的时间内完成方案构想及表达过程，较多地运用于修建性详规阶段。因其能够快速地检验设计者的分析、归纳和表达能力，常常被作为高校和设计院遴选规划设计人才的重要手段。

1.1.1　“快速设计”与“快题”的概念。

“快题”只是以考试的方式考查“快速设计”能力甚至“设计”能力的一种形式。

快题通常按时间分为3~8小时等不同类型，要求设计者在规定时间内，快速解读题目和任务要求，明确设计目标和思路，在对建设用地条件全面分析的基础上，对所有空间要素等进行空间布局和艺术处理，完成简明直观的分析图和准确的规划方案总平面、以及空间意向效果图等。由于时间有限，不能像普通设计过程那样展开现场调查、讨论等较为费时的基础性系统研究。而是要设计者迅速领会题意，抓住重点、确立思路并快速表现规划构思。

“快速设计”是准备“快题”的基础，它是基于充分思考和准备的设计策略，针对普遍问题的快速应用，是设计思想的“速写”。通过学习“快速设计”准备“快题”，和简单地以纯应试为目的的从“快题”到“快题”相比较，其效果存在很大差别：

（1）从学习设计角度而言：良性的“快速设计”可以集中帮助同学理清设计过程的脉络，形成有效的设计策略，通过长期训练，对设计能力会有不同程度的提高；**而以“快题”出发去准备“快题”，不仅对设计的提高没有帮助，而且由于多数同学设计功力尚浅，这种恶性的训练还有折损设计能力的副作用。**

（2）从应试角度而言：纯“快题”的准备，往往很难适应富于变化或设置了陷阱的考题，如今年某校考研

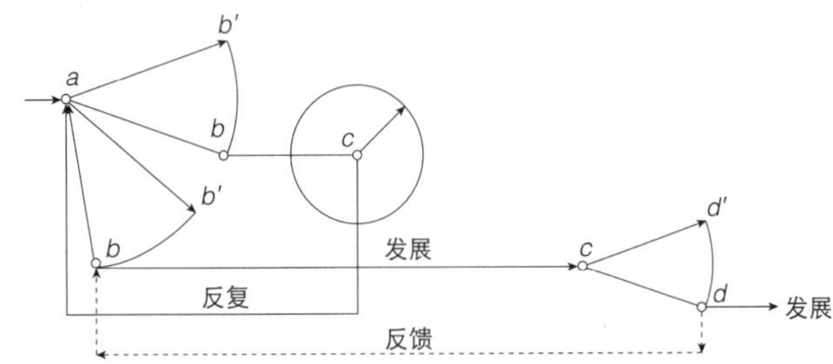

图1　一般方案设计的反复、反馈、发展过程

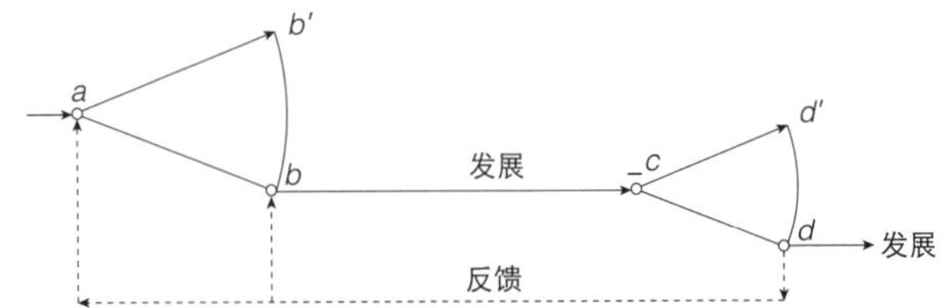

图2　短期快速设计的反馈发展过程，比一般方案设计少了很多反复的推敲过程

高　进：云南大学城市建设与管理学院规划系讲师

试题中，用地为校园内部一块坡度非常陡的坡地，是历年考题里非常罕见的，结果很多致力于平地设计训练的同学都惨遭滑铁卢；如果从“快速设计”的原理出发，一旦掌握纯熟，万变皆不离其宗。

1.1.2 快题的类型

快题大致可以分为两种不同类型：

（1）设计院的快题，一般为功能较简单的中小城市中心区规划、居住小区规划、居住区中心区规划、校园规划等某一特定功能建筑群的规划。

（2）考研快题则根据不同高校各自要求在初试或复试中出现，近年来通常是趋于复合功能的城市商业中心区、居住中心区、行政中心区、城市旅游文化区（滨水、历史遗迹等）以及更为综合的“中心区＋旅游文化中心＋居住区”如某高校近四年的快题分别为：历史文化保护区的改造、红色旅游城市中心区、某旅游城市综合商业街、某大城市的商贸中心、文化广场、城市综合体、公交站等的功能复合及地形较复杂的快题。

1.2 城市规划快速设计能力培养目标

在建筑规划类高校的专业教学中，快速设计与表达有着重要的地位，它担负着培养学生创造性思维能力、提高学生视觉审美修养、锻炼学生专业表达能力等加强设计综合能力的重要任务。规划快速设计的训练目的，主要是为了检验学生或考生们独立运用所积累的知识与技能去解决规划设计问题的实际能力。

规划快速设计课程开设是为了能全面提高学生以下能力：

1.2.1 扎实的专业基础知识

（1）理论观念知识：关注城市规划专业自身和相关学科如城市社会学、地理学、生态学、经济学等，形成全面而科学的城市规划理念。

（2）规划专业知识：主要掌握不同类型用地的布局特征、空间布局模式、结构形态、道路交通组织以及规划相关法律法规和技术措施等知识。

（3）建筑专业知识：熟悉规划所涉及的建筑单体设计原理，功能构成、平面形态、尺度、造型。群体建筑空间组合方式、外部环境处理手法以及相关经济技术指标的计算方法。

（4）外部环境、场地知识：熟悉外部环境要素的组织关系和设计要求；建筑退界、日照间距、防噪间距、安全距离、适宜坡度、建设条件等场地知识。

1.2.2 综合全面的设计能力

（1）分析研究、综合概括能力：能迅速对题目给出的信息进行判断、分类，筛选信息，抓住重点，如用地性质、范围、周边环境、功能组成、规模容量、开发强度等设计要求。通过分析与研究，结合规划理念、进而综合提取、概括归纳规划目标。

（2）平面构图、空间想象能力：形成空间布局方案的能力，能将建筑、道路、景观等要素有序合理、多样统一地落实到场地中、运用形式美的法则协调用地布局、功能组织及交通结构逻辑。

（3）良好的图面表达能力：能够准确有效地传达设计构思、通过流畅的线条和适宜的色彩让评阅者迅速理解设计意图和方案特点；还包括图纸数量符合要求、设计深度合理、文字工整、语句通顺、措辞简明准确以及图纸布局逻辑清晰、整体性等的表达。

2 对规划快速设计课程培训的横向对比分析

2.1 相关训练课程分类：

（1）课程中的快题环节

许多建筑规划院校都很重视快速设计能力的培养，但训练基本是和设计课结合在一起，单独安排4~6节课时间进行。如我校城规和景观建筑学专业在所有设计课中均设置了期中快题环节，如总体规划、建筑设计、景观规划课等都结合各门课程选取适合的题目来测验学生。

（2）快速设计竞赛

西安建筑科技大学建筑学院每年举办一次快题竞赛，并设立奖金以激发同学的设计热情，本科生自愿参加，所有建筑和规划专业的研一学生都要参加，排在最后的10~20人第二年要重新参加竞赛。这样既有激励又有“惩罚”性质的竞赛，大大提高了学生的设计能力。

（3）快题培训机构

这类培训机构大多依托建筑规划类名校，对考研的学生进行有针对的辅导，应试目的性较强，专业性也较强。通过辅导班，让学生短时间内掌握某所学校出题、表现风格等。时间往往利用假期半个月到一个月，集中讲授与训练。这类培训机构较偏重手绘表现能力的练习。

另外学员来自不同的院校、不同年级、抱有不同的目的、有着不同的基础和特长，甚至有着不同的性格，因此不可能提供一套付诸四海皆准的方法来教授，但往往这样的培训机构却用同样的模式和标准来授课，教学质也量参差不齐，学生在专业设计能力方面很难取得实质性提升。

2.2 相关培训模式对比

首先，设计课期间设置快题环节，有利有弊，如设计课较多的学期，快题考试频繁，但考核内容往往重复，没有针对性，反而让学生疲惫不堪；实践证明，快题能力的培养是一个长期的积累过程，不是通过考一两次试，进行简单的课后点评就能得到提高的。

其次，设计竞赛的设立可以借鉴，可在教学计划之外单独安排时间，可以在毕业班和研究生中进行，有条件应设立奖金以激励学生学习积极性、营造良好的学习氛围。

而培训机构是以盈利为目的而设置的，费用相对较高，对很多同学来说异地补习也会带来经济和精力上的压力；当然也有很多高校的快题补习班还是能在短期内给学生带来明显的进步，并和有经验的老师和同学充分学习交流，笔者有学生参加类似的培训班后，设计及表现能力都有相当明显的进步。个别高校过于强调所谓“风格特色”，学生为了考入该校，不得不接受填鸭式或风格统一的训练，这是与大学教育包容开放的理念背道而驰的，在一定程度上扼杀了设计个性；但如重大、同济等院校近年来较为开放包容，评阅者往往在考试点评中希望看到多元表现风格的作品。

3 《城市规划制图表现》课程教学模式与问题总结

为使毕业班学生能够在短期内提高规划设计综合能力，适应即将面对的考研和就业的挑战，云南大学城建学院城市规划系于 2006 年开设了《城市规划制图表现》课程，始终紧扣“快速设计知识”与“快速表现技法”两大主题，试图对城市规划快速设计表现的相关基础知识进行系统梳理，对各类表现工具及技法、相关资料进行收集整理介绍，并对规划快速设计快题进行了分类梳理、训练。

3.1 主要教学方法及内容

（1）通过课堂讲授将基础知识、评价标准、能力要求、经验技法、相关参考资料等问题采用图文并茂的多媒体教学方法传授给学生。

（2）课内练习，每次练习严格控制时间、在模拟考试过程中，及时提出存在的问题。

（3）课内点评讨论：结合每次训练成果，集中评图，个人汇报结合共同讨论，对学生在快速设计过程中的方法、程序、技法、表现进行点评，及时发现优缺点、总结经验与教训。

（4）课下加强知识贮备：包括对不同类型建筑功能原理、尺度、群体组合的总结；重新以草图形式绘制改进后的方案平面、透视等，并对优秀规划案例的分析、主要图纸临摹，加强对快题能力的训练并定期检查、点评。

本课程总学时为 36 学时、周学时 4、分 9 周连上 。

序号	教学内容		教学时数	
一	集中讲授理论部分：	城市规划快速设计的基本分析方法和设计大致程序	4 学时	4 学时
二	设计实训与讲评部分	1. 城市广场绿地景观规划快速设计训练	8 学时	32 学时
		2. 城市居住小区快速设计训练	8 学时	
		3. 城市居住公共中心区快速设计训练	8 学时	
		4. 城市综合商业中心区快速设计训练	8 学时	
总计				36 学时

3.2 课程经验与问题总结

2006年开设课程至今，经几年教学实践的摸索，笔者对城市规划快速设计的教学积累了一定的经验和方法，该门课程参加2009年云南大学第一届实践教学比赛获得第一名，得到了一定的认可。学生通过对这门课的学习，在各种快题考试中均取得了较好成绩。但因时间有限，课时较少，仍有很多不足之处。

3.2.1 教学过程中学生主要存在的问题：

过对2002~2007级六届学生该门课程的训练考核成绩进行综合分析，最后成绩在90分以上的同学占5%左右，80~90的占多数，为72%，70~80的为20%，低于70分的为3%；呈现两头小、中间大的态势。说明大部分同学：

（1）自主学习能力较欠缺，收集、归纳、整理相关知识的能力差；

（2）汇报、评讲过程中沟通、交流和语言表达能力欠佳；

（3）练习过程中时间把握欠佳、难以在规定时间内完成题目要求；

（4）构图能力、空间塑造能力亟待加强；

（5）手绘基本功不扎实、表现手法稚嫩、潦草、用色搭配不当、审美水平有待提高。

3.2.2 原有教学模式存在的问题

原有《城市规划制图表现》课虽将知识讲授和实训是紧密结合，但因课时安排相对较少，导致节奏相对过快。

学生一开始就进行快题模拟，加上多数同学设计功力尚浅，很难在短期内形成有效的设计策略，知识储备和运用间无法顺利衔接。另外四次训练也不能涵盖所有类型的题目；学生基础不同，难以因材施教。

4 以提升规划设计实践能力为目标的教学模式和方法改进

4.1 了解学生的目标、使学生明确评判标准

快题训练最主要的目的是为了使学生顺利通过考试，因此首先应了解学生的考试目标，这样才能因材施教；其次，应该使学生了解快题的评价标准，有针对性地进行备考训练。低年级的快速设计训练强调手绘基本功和设计创意思想的快速表达，而高年级则应强调设计能力的全面综合和图面表达。

4.1.1 表达的有效性

（1）总体印象

评阅人首先会将全部作品进行总体浏览，并迅速将所有的作品分为几档：良好、一般和不及格的，比例大致是2：3：5。也就是说，一半左右的作业在很短的时间里就会被淘汰了，所以图纸应做到：内容完整、制图规范；图面均衡、排布有序；绘图工整、标注完整。

（2）图面效果

每张图被关注的时间很短，图面效果如果不能突出出来，很可能首先被淘汰。因此图纸要重点突出、细节深入；色彩协调、深浅适宜；技巧娴熟、效果突出。

4.1.2 设计的合理性、创新性

大效果过关后，评阅人会深入考察设计水平，主要有以下几方面：

a. 规划结构合理性

b. 建筑群体空间布局

c. 环境设计

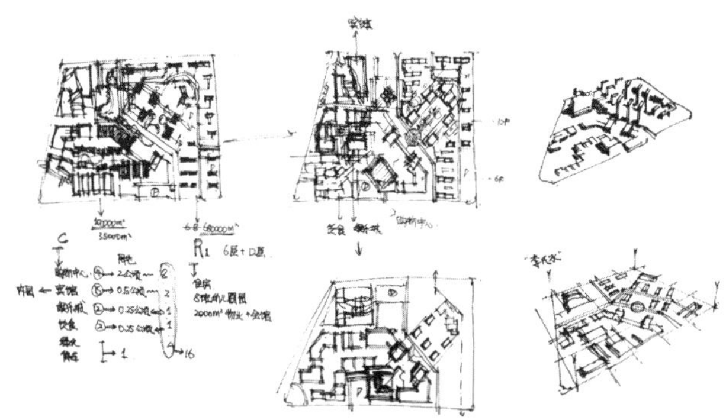

图3 学生快题训练中的构思草图

作者：2007规划 马若予

4.2 调整学时及相关内容、加强专项练习——“良性的‘快速设计’培训”：

《城规快题训练课程施行方案》：

共100学时，16周，每周6~8节课，分三个阶段，逐步提高学生能力。

第一阶段：高分快题秘笈阶段：即快题考点、重点以及难点、相关知识集中讲授（两周、12学时）

第一步：从阅卷者的角度介绍优秀快题的标准。

第二步：从阅卷者的角度针对各种试题做一个全面的剖析，找出考点、重点以及难点所在。

第三步：针对各种案例给学生做讲解，找出它们的应对策略

第四步：方案分析的强化训练，即提高学生审题、解题、答题的能力，为以后快速快题训练做好知识储备。

第二阶段：手绘训练（四周、24学时）

把手绘能力的培养做为最重要的一个版块，集中给学生进行系统、科学并有针对性的训练。

第一步：基础表达专题训练——线条表现方案

最基本的一些线条表达的技巧：树、植被、乔木、水系、建筑、铺装的画法以及立面、平面以及透视和鸟瞰的一些技巧。

第二步：马克笔、彩铅表现专题训练

图4　第一步钢笔线条与第二步马克笔的对比

马克笔表现是城规专业重要的表现手段，画快题马克是首选。从马克的色彩体系入手，让学生找到一个适合自己的色系。马克的一些表达技巧，包括：建筑、植被、灌木、乔木、铺装、水系、建筑、玻璃屋顶、道路等的笔触运用技巧。

第三步：快题字体表现专题训练

标题、说明、图名中的字是快题的“门面”，往往是给老师的第一印象。要个性、饱满、有冲击力、并和城规的方案融为一体。

第四步：快题的构图专题训练

快题的构图本身就是一次方案设计，构图是否完整、饱满、匀称，是评价一份快题好坏的重要标准。

其次快题考试时间非常短，若到了考场上才现场斟酌构图，会浪费很多时间，导致最后表现整体性大打折扣。

第三阶段：专题强化训练——真题面对面（十周、62 学时）

这一阶段，经过了手绘技巧性训练和专业基础理论知识的学习阶段，学生有了一定的基础，随后即进入真题面对面阶段，由于规划知识体系庞杂，针对快题笔者分了下列专题进行有针对性的集中性训练和以上知识的应用阶段。

教学进度表

序号	内　容	教学时数	
一阶段	知识讲授专题	12 学时	12 学时
二阶段	手绘训练专题	24 学时	24 学时
三阶段	1. 城市广场绿地景观规划快题专题	8 学时	64 学时
	2. 居住区规划快题设计专题	8 学时	
	3. 商住混合区快题设计专题	8 学时	
	4. 中学或大学校园规划快速设计专题	8 学时	
	5. 城市商业中心区快速设计专题	8 学时	
	6. 城市行政中心区快速设计专题	8 学时	
	7. 城市旅游文化区快速设计专题（滨水、历史遗迹等）	8 学时	
	8. 综合“中心区 + 旅游文化中心 + 居住区”设计专题	8 学时	
总计			100 学时

该阶段分三步：

第一步：针对八个专题分别进行系统的讲解，应注意哪些地方，如何组织，相关规范，牵扯的专业知识等；

第二步：开始计时，3~6 小时，学生在规定时间内做完方案；

第三步：按照真正考试的流程，学生先介绍自己的方案；然后老师会给学生做的方案一一进行点评，并给学生打分；然后让学生给自己做总结；这个阶段是学生查漏补缺的阶段，是真正提高的阶段。

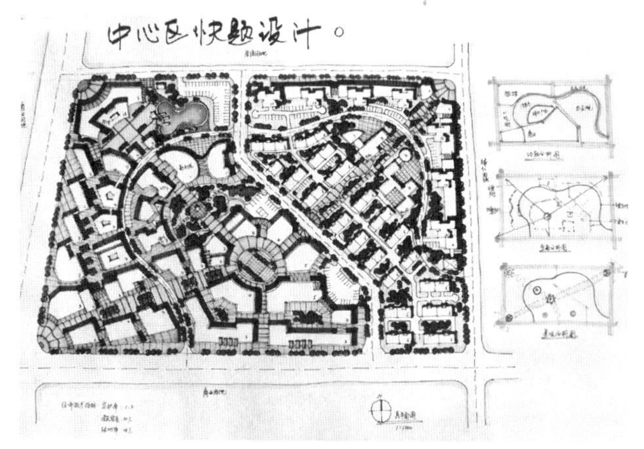

图 5　6 小时城市中心区快题学生作品

作者：2007 规划 刘通

5　结语

快题设计对于测试设计者的设计能力和训练培养学生针对设计对象快速分析、构思与表达设计方案是有作用的。训练强度很高，但只要能坚持下来，大部分学生的设计与表达的能力将会有一个质的飞跃，本文探讨的教学方法和模式仅是个人多年教学的一次总结和思索，难免有所疏漏。作为此课程的教师，也应该不断提升设计能力、工程实践经验，在教学活动中不断改良教学方法，为学生毕业后能顺利地接受专业上的挑战尽好责任。

主要参考文献

[1] 于一凡，周俭编著．城市规划快题设计方法与表现．北京：机械工业出版社，2010.

[2] 李昊，周志菲著．城市规划快题考试手册．武汉：华中科技大学出版社，2011.

[3] 王耀武，郭雁编．规划快题设计作品集．上海：同济大学出版社，2009.

[4] 戴志中等编著．建筑创作过程表达．山东：科学技术出版社，2005.

Research and Innovation in Teaching Method and Model of Rapid Urban Sketch Design

Gao Jin

Abstract: This article considered about Rapid Urban Planning Design Presentation which is an elective course for student of Urban Planning in graduating class as a research object, introduced the current teaching mode of this course in brief, analysed and summarized the teaching method and achievement in recent years, and exposed existing problems.We made a crosswise comparison of the teaching methods of similar course in other colleges, universities and training institutions, discussed how to promote the rapid design ability of students, and finally proposed a comprehensive and systemic teaching innovation and method.

Key Words: rapid sketch Design, the composition of a picture, presentation skill, evaluation criterion, teaching mode

城市设计课的“主题理念”教学

蒋正良　李兵营

摘　要：我校城市规划专业本科城市设计课程中，强化了“主题理念”教学环节。本文通过阐述对城市设计主题理念及其特点的理解、城市设计主题理念的阐述过程和方法，初步构建出城市设计主题理念教学的基本框架。同时，通过介绍本学期我校城市设计课程中主题理念环节的教学实践，以及对主题理念教学的展望，提出先进理念的培养是城市规划专业本科教学的重要内容之一，并需要在5年教育全过程不断加强。

关键词：城市设计，主题理念，本科教育

在我校，城市设计课程属专业设计课。通常会选择青岛市历史城区更新改造题目，作为城市规划专业本科教学最后一项课程设计。旨在指导学生综合运用本科所学知识，提高专业理论水平和设计能力，了解当前城市发展状况。

由于我校城规专业依托于建筑学学科，在近年的教学实践中，笔者感到城规学生存在重视“审美和技术”；忽视“理念”培养的倾向。而先进的思想理念本应是创新型人才的必备素质，是我们本科教学的重点。因此，近年尝试在教学中增加“主题理念”的教学环节，现将个人所思所想和教学实践有关问题记录如下。

1　城市设计的“主题理念”

在城市设计方案评审会中，各设计单位往往只有15~20分钟的汇报时间。有些单位汇报内容面面俱到，但给人印象不深；而有些单位则在大部分时间里只谈一个问题，让人充分了解到设计的特点和优势，并认为这是一项有特色的设计方案。而事实上这就是抓住了设计的“主题理念”。

所有创造性活动都需要有鲜明的“主题理念”，它是创新的根本。上述例子可以广泛类比：苹果产品Iphone的广告就是不紧不慢，但言之有据地罗列着产品的主题理念——“它更轻、更薄……可以玩的更多……”。而城市设计也需要为人们提供未来生活的前景，它的主题理念也应像苹果产品一样，令人向往，甚至着迷。

2　城市设计“主题理念”的特点

从大学第一个设计课开始，多数指导教师都在强调“想法”，鼓励发散式思维。但能作为城市设计主题理念的“想法”却有共同的特点，笔者总结为4点，即概括性、广义性、针对性和可形态化性。

首先，所谓“概括性”，指城市设计的主题理念要有一定的高度，要能统领整个设计。一般来说，主题理念要有概括性，它需要至少做两件事，一是要研究设计题目的关键问题和突出矛盾；二是要综合提炼，通过寥寥几句话，或几张图，反映出比较综合、深刻和概括性的主题理念。

其次，城市设计不能脱离经济、社会、人文等方面，避免犯“就形态论形态”的错误。主题理念的“广义性”，主要指辩证看待城市设计的物质形态和综合社会两方面，要通过物质形态设计，解决当前普遍存在的经济社会问题。

第三，所谓“针对性”，是要与设计题目紧密相关。课程选择的题目通常为真实的城市地段，存在某些特殊问题。城市设计要有针对性地提出改造理念和措施，要避免生搬硬套；又要避免将设计“原则”同理念相混淆。设计原则是当前类似工作普遍遵循的规则，如“以人为本”，若将其作为主题理念，则显然十分笼统，缺少针对性。

蒋正良：青岛理工大学讲师
李兵营：青岛理工大学副教授

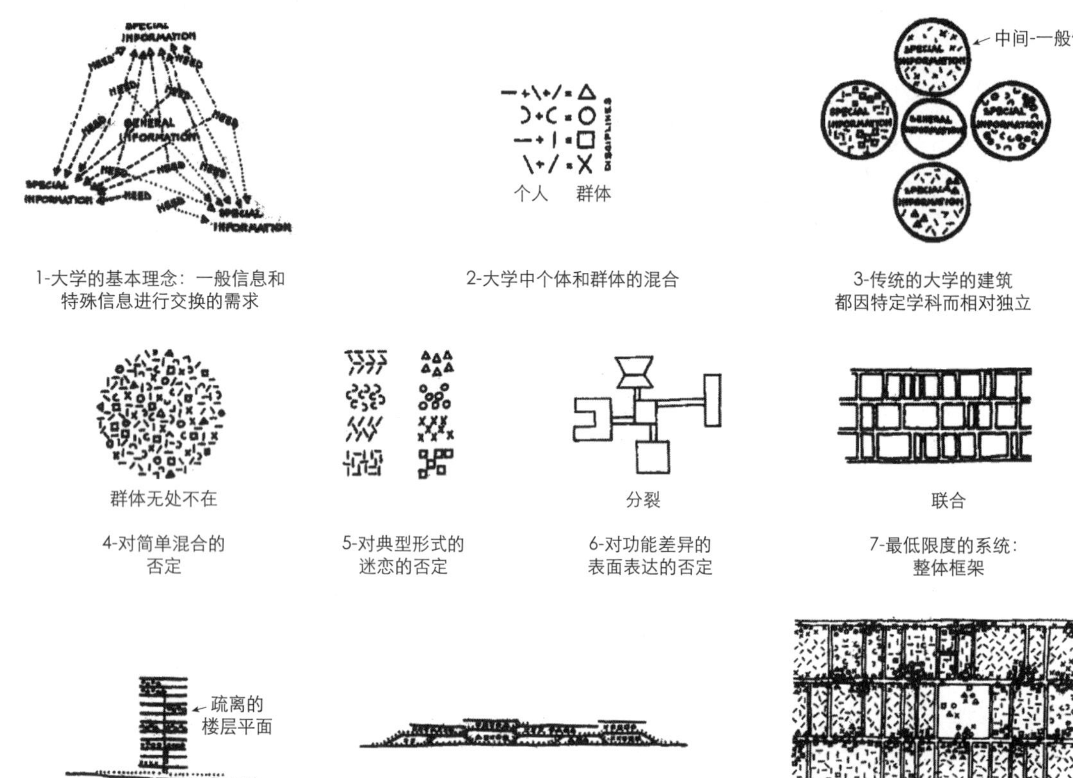

图 1　伍兹对柏林自由大学主题理念的阐释

第四，“可形态化性”是指主题理念应同城市设计的空间形态设计紧密结合。众所周知，城市设计的核心是“空间”的设计，所有理念最终都需要物质形态落实。同时，“可形态化性”也是衡量主题理念的真实性和可行性重要依据。

3　城市设计主题理念的阐述

城市设计主题理念的阐述是说明主题理念的引出，主题理念的理由，及其物质形态化的过程。正如我国古人写文章，讲究“义理考据辞章”，主题理念是“义理”；而理念的阐述过程则是“辞章”。正如曾国藩的观点，义理第一位、辞章第二位，考据最末。好的理念阐述过程将对理念起到支持巩固作用。

在笔者的教学过程中，以谢德拉克 · 伍兹(Shadrach Woods) 柏林自由大学设计为例[1]，为学生展示什么是好的主题理念及其阐述过程，它是如何由概括性、抽象性的语言表达，又令人信服地、有逻辑地转化为城市设计的语言——物质形态的。

伍兹提出大学的主题理念是，“一般信息和特殊信息进行交换的需求”。我理解的“一般信息”为自己专业的专业课课程；而“特殊信息”则是其他课程的知识和教学。大学里两种信息彼此交混回响，激发创新思想。笔者作为大学教师，深有同感：某日有些许闲暇，到相邻教室听了一会儿生物遗传的课程，了解了有关“碱基”、“信使 DNA”等知识；联想自己的城市规划学科，不知不觉之间又对城市这一“有机体”多了一番了解。但伍兹同时也指出，传统的大学的建筑都因特定学科而相对独立，如我国院系，并不适于一般信息和特殊信息进行交换。因此，寻找创新的建筑布局形式，满足主题理念，就显得十分迫切了。

接着，伍兹否定了三种可能性，包括简单随意的混合、对功能差异的表面表达（现代主义的“形式追随功能”理念）、对典型形式的迷恋（如美国典型的弗吉尼亚大学形式），这些形式都将趋向于将大学分裂为特定的学科，也都是传统大学存在的普遍问题。进一步支持了最终的形态构思——一种最低限度的系统：整体框架，它可以容纳不同群体进行信息交换的可能性。进而又继续在三维上否定了摩天楼的形式，从而最终确定了底层、框架系统建筑布局形式。

通过柏林自由大学主题理念的解析，从中可以明显看出主题理念应有的概括性、广义性、针对性和可形态化性特征。同时，正如文章的写作，主题理念的阐述也存在技巧和方法。在伍兹案例中就熟练运用“排除法”、“递进法”。“排除法”体现在对三种平面布局方式的否定；“递进法”体现在从平面分析到三维分析的递进上，学生们都可以加以吸收借鉴。

4 我们的探索实践

在本学期的城市设计课程中，笔者将主题理念做课程教学重点之一。在教学过程中，除了上述内容的理论讲授外，又增加了实践训练环节，包括城市考察和研究（2周）、经典城市设计解析（3周）。“城市考察和研究”环节强调两个重点：对城市社会的体验和调研成果的写作，旨在开阔学生视野，了解城市物质形态之外的因素，同时加强对所感所悟的语言能力；经典城市设计解读环节则强调提炼案例的主题理念，分析在特定经济社会发展阶段中，城市设计的主题理念。这部分内容参考借鉴了哈佛大学城市设计教学[2]。

前面这些都是铺垫，具体城市设计中的应用才是教学的重头戏。本次城市设计题目选址位于青岛的原城中村——大水清沟村及周边用地，该村始建于明代，青岛建置以来一直作为工人聚集区。教师在一草和二草的评图和讨论过程中，反复提问：“主题理念是什么？”部分学生能理解教学要求，提出了较好的主题理念。如一位同学提出了“慢空间”的主题理念，设想根据当代人对自由闲暇生活的渴望，利用城中村传统建筑、空间资源，结合现代功能进行整合改造，并可以参考当今国际“慢城”运动的相关原则理念。但也有较多同学出现各种问题，有的照搬某种房地产概念，如“RBD（中央居住区）”；有的内容含混，欠精炼，如“民风＋新风”——既保持传统城中村风貌的，又适合当代工人的新型居住区。

对主题理念的强调使每个学生的课程设计具有了各自的“灵魂”，体现出自己的特色。

5 结语

通过笔者在城市设计教学中引入“主题理念”环节，经过一学期以来的教学实践，感到在总体上拓宽了学生的专业视野，丰富了他们的知识面，有利于创新性思维的培养。但仍感到学生限于传统规划学科重视技术教学的影响，对理念的训练有待于进一步加强，尤其是应提高对理念训练的系统性和连贯性。

先进的设计理念是学生综合素养的体现，它展现出学生思想的复杂性、对知识运用的娴熟程度、对时代发展的敏锐察觉能力。它是我们培养创新型人才的重要环节，需要将理念训练更好地渗透到大学5年的各个环节。

主要参考文献

[1]（美）唐纳德．沃特森．城市设计手册．北京：中国建筑工业出版社，2006：231-244.

[2]（西）布斯盖兹．多元路线化都市．武汉：华中科技大学出版社，2010.

“key concepts” education in urban design course

Jiang Zhengliang　Li Bingying

Abstract: In our school, the urban design courses of the city planning major has been strengthen the “theme of the concept of” teaching.This paper describes the concept of urban design and characteristics of the subject to understand, explain the concept of urban design theme of the process and methods, the initial theme of urban design to build a basic framework for the teaching of philosophy.At the same time, through the presentation of our school this semester courses in urban design theme of the teaching practice, and teaching the concept of the subject's vision put forward the concept of advanced urban planning undergraduate training is an important part of teaching and education needs in 5 years continue to strengthen the whole process.

Key Words: urban design, key concepts, undergraduate education

对麻省理工学院公开课程“场地与基础设施规划”的借鉴

刘艳丽

摘　要：场地规划设计课程是对城市规划专业学生进行理论指导和实务训练的重要环节，但目前我国很多高校的城市规划专业已不再开设该课程，其原因是目前的场地规划设计课程和其他设计课程在教学方法和形式上具有很大的相似性，因而经常被详细规划设计和城市设计等设计课程取代。本文借鉴了麻省理工学院的“场地与基础设施规划”公开课程，从设计尺度之小与大、设计过程之联想与逻辑、设计成果之多种技术方案与集成应用几个方面总结了其课程教学的特点，并提出其在EOD理念、技术与艺术的结合、教学设计和实践教学等方面对我国场地规划设计课程的借鉴价值。

关键词：场地设计，MIT，教学设计

“场地规划设计”是一门贯穿于城市设计、建设设计和景观设计三大学科的重要课程。它既是城市规划设计的深度拓展，也是建筑设计和景观设计的外向延伸。与其他设计课程相比，场地设计课程的特点是强调“设计”与“场地”的密切关系，也就是设计与自然环境、人工环境、社会和文化等的结合，尤其着重设计与场地自然元素的关系。因此，场地规划设计课程和其他设计课程相比具有较强的综合性。

场地规划设计课程是对城市规划专业学生进行理论指导和实务训练的重要环节。但目前我国很多高校的城市规划专业已不再开设该课程，其原因是目前的场地规划设计课程和其他设计课程在教学方法和形式上具有很大的相似性，因而经常被详细规划设计和城市设计等设计课程取代。场地规划设计课程究竟是否有必要开设，它与其他设计课程的区别究竟在哪里？其教学方法是否可能有所创新？笔者在参考美国麻省理工学院（简称MIT）的“场地与基础设施规划”（11.304J Site and Infrastructure Planning）课程后，对这些问题有了一些新的思考。

1　MIT及课程简介

MIT始建于1861年，1865年起正式招生。MIT建筑与规划学院的前身是成立于1861年的建筑系，1932年改为建筑学院，同时创建了城市规划专业，并于1933年开设第一门城市规划课程。MIT规划专业的创建在美国城市规划教育史上仅迟于哈佛大学，但由于哈佛大学后来不再授予城市规划的职业学位，所以城市规划专业在目前美国规划教育协会所属的众多院系中是资历最老的一个。如今的MIT建筑与规划学院包括建筑系、城市研究与规划系、媒体实验室、房地产中心以及高级视觉研究中心五大部门，形成了具有强烈特色的跨专业综合性学科群。

MIT的城市研究与规划系（Department of Urban Studies and Planning，简称DUSP）拥有着来自不同专业背景的近40名专家组成的教师团队。DUSP的教学和科研工作主要由下属4个教研组（Program Areas，又称Groups）具体负责，分别是：城市设计和发展组（City Design and Development）、环境政策与规划组（Environmental Policy and Planning）、住房、社区和经济发展组（Housing，Community and Economic Development）、国际发展组（International Development Group）。

MIT的“场地与基础设施规划”（11.304J Site and Infrastructure Planning）课程就是由城市设计和发展组和建筑系合开的硕士研究生课程，其主要教学内容是场地元素的分析和场地与基础设施的规划设计，具体包

刘艳丽：宁波大学建筑工程与环境学院讲师

括空间功能组织、道路设计、地形设计、公用设施系统、雨水径流、停车、交通和周边影响、景观等内容。课程中包含一系列的作业和一个实际项目。它的课程设计内容和具体项目每年都有所变化。2009 年春季，该课程的设计任务是由日本 SEKISUI HOUSE 公司委托的一个实际设计项目，该项目是日本 SEKISUI HOUSE 公司与 MIT 建筑与规划学院的长期合作项目，其总体目标是设计 2030~2050 年可持续住区的建设模式。在 2009 年春季的“场地与基础设施规划”课程中，其课程设计的成果目标是编写关于 EOD（Ecologic Oriented Development）和基础设施建设模式的手册，该手册强调 EOD 原则下基础设施建设模式的多种方案的可选择性，并给出在邻里层面上的各种基础设施建设技术的集成应用方案。

2　课程教学过程和特点

设计类课程的教学过程非常重要，它某种程度上是在引导学生按照怎样的过程来生成规划设计成果。MIT 的“场地与基础设施规划”课程教学同样包括课程讲授、现场调研、设计和讨论等环节，但其教学过程和方法颇有特点，尤其表现在以下几个方面。

2.1　设计对象的尺度——小与大

场地设计中强调对场地自然环境、人工环境、景观、氛围等的设计，涉及的场地元素一般尺度较小，为了实现设计意图和达到设计深度，往往需要对较小尺度的设计对象进行深入设计，因此当前场地设计教材和课堂教学中多采用单体建筑或建筑群尺度上的设计任务。但这类设计题目更符合建筑学专业的教学要求，而城市规划专业着眼的城市空间范畴往往尺度更大，怎样在大尺度的城市规划设计中体现对小尺度场地设计的要求？这在规划专业的场地设计课程教学一直是一个难点。

MIT 的“场地与基础设施规划”课程采用了一种划分城市片段的方式来解决这一问题。该课程包含了一系列作业，其中第一个作业就是要求学生建立起典型的景观单元和片段作为场地设计的基础。景观单元的选择因素包括小流域、坡度和植被条件等，然后在该景观单元中选择 4–5 个有代表性的片段，片段的选择因素包括水、气候、循环和建设情况等。通过这种方式，学生可以提取出规划范围 内不同自然环境和不同人工环境条件下的代表性片段，作为深入场地设计的对象，这样既可以在小尺度上深入设计，也可以在大尺度上体现整体设计的意图。

2.2　设计过程——联想与逻辑

设计是怎样产生的，是灵光一闪还是理性推导？怎样引导学生形成其设计方案？ MIT 的设计教学过程可以从其作业设置序列中一窥其貌。

2.2.1　作业一：未来场景联想

MIT 的该课程的总体设计目标是设计 2030~2050 年可持续住区的建设模式，由于设计对象是未来的城市空间，为了确定设计对象，该课程的第一个作业就是对未来场景的联想。“场景联想是设定非常重要而又未知的未来的有力工具。与从现在的模式推算未来的预测方法不同的是，场景联想是似是而非、相关而又多样的策略性思维，它试图突破我们头脑中有限的设定，找出大部分人的可能选择，以及与我们的世界不同的观点。由于我们的目标是引导和设计面对未来变化时具有适应力和再生力的社区，我们必须定义和假设一定的场景作为设计决策的基础。”该作业要求每个学生列出他们认为的未来生活场景，以及它对未来社区层面的影响。场景至少要包括交通、能源、邻里关系、工作和教育、家庭、自然生态、食物、科技、管理等方面的展望。

2.2.2　作业二：确定景观单元和城市片段

具体内容和方法如前所述。2009 年春季该课程的规划地块位于日本 TAMA 新城。

2.2.3　作业三：场地和基础设施技术中的可选方案和新方法

在明确了未来生活场景和前述城市片段的基础上，该作业要求每位学生针对某种场地和基础设施技术提出具有实验性、创新性和生态可行性的可选方案和新方法。可能涉及的技术类型包括：废水系统、雨水系统、水体修复、社区能源供给、社区食物生产、气候变化、交通和游憩系统、社区信息系统等。

2.2.4　作业四：技术引导的初步场地规划

结合前述某种技术的不同方案，进行不同城市片段的初步场地规划。图 1 是该作业的部分成果。

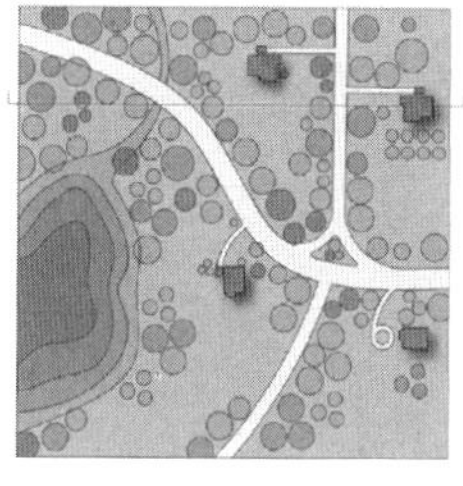

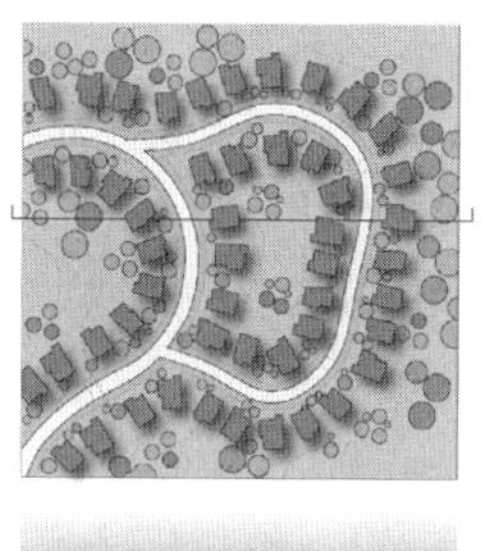

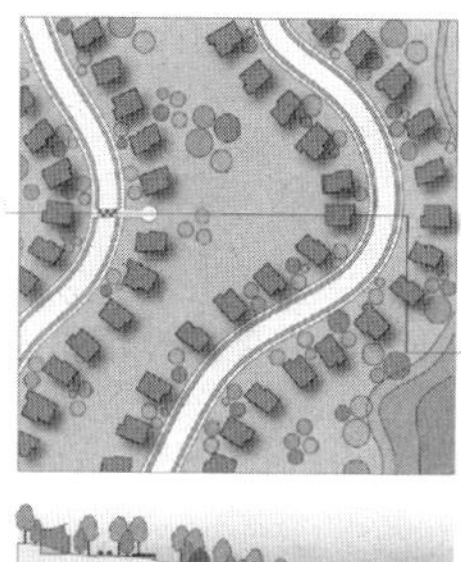
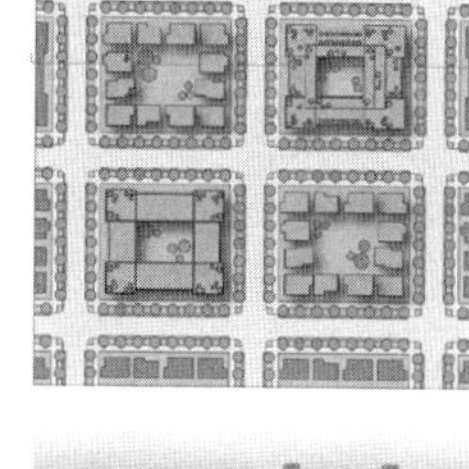
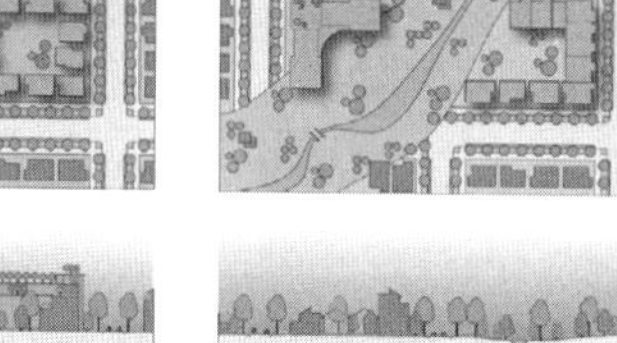

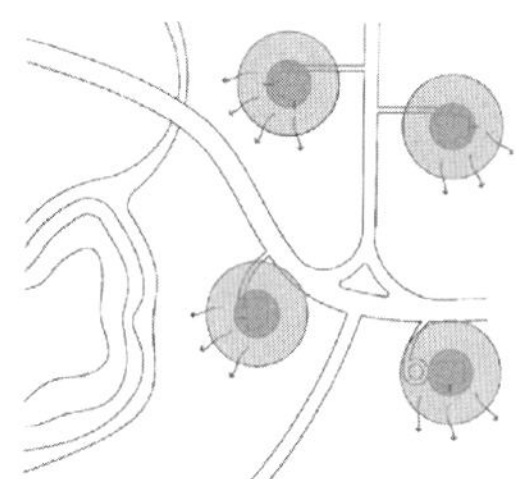
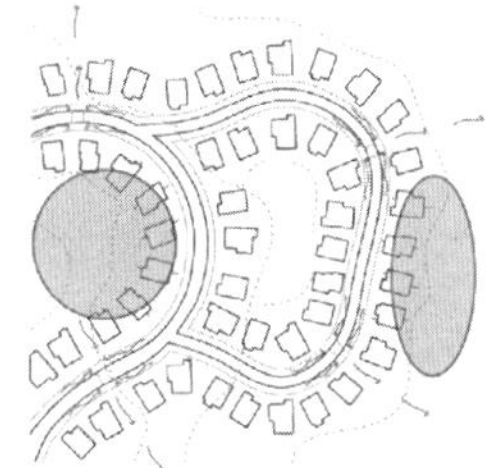
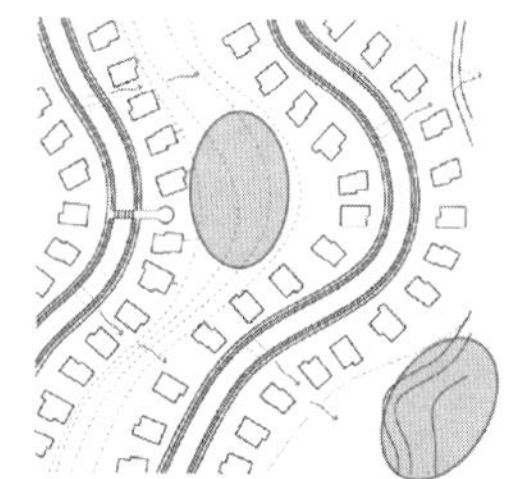
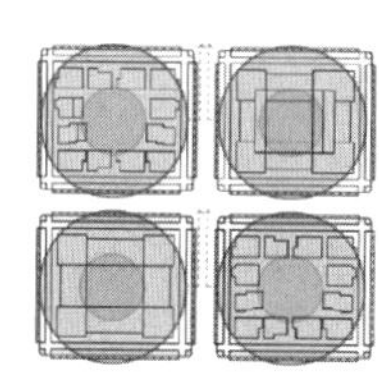
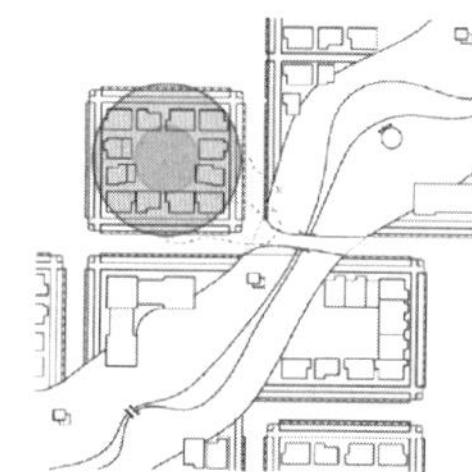

图 1　作业四的部分成果

资料来源：MIT 网上公开课程

2.2.5　作业五：不同类型技术在社区层面的集成应用

学生分成几个小组，将前述技术进行集成应用，进行综合性的场地和基础设施规划。图 2 是该作业的部分成果。

2.2.6　最终项目任务

将前述五个作业的成果汇总，编写关于 EOD 和基础设施建设模式的手册。

纵观整个设计过程，从未来场景的联想出发，到不同类型技术的选择，再到社区规划设计，由学生自己逐步形成明确的设计前提、目标和原则，使得设计成果既有创意又不失逻辑性。

2.3　设计成果——多种技术方案与集成应用

与普通设计课程作业的唯一成果相比，MIT 该课程的设计成果不是强调唯一方案，而是着重在多种技术方案及集成应用的多种可能性。这种方式可以避免单纯从功能内容和艺术感觉进行设计，导致方案的平面化和图形化的情况。EOD 概念的引入、技术方案和空间设计的结合、与规划地块场地特性的融合，使得 MIT 该课程的设计教学相对传统教学方法更有科学依据，也更结合实际。

3　借鉴

MIT 的“场地与基础设施规划”课程对我国场地设计课程教学具有很大的借鉴价值，主要体现在以下几个方面。

3.1　EOD（Ecologic Oriented Development）理念的引入

场地规划设计与其他设计类型的重要区别就在于场

Bento Machi弁当街

Bento Machi弁当街

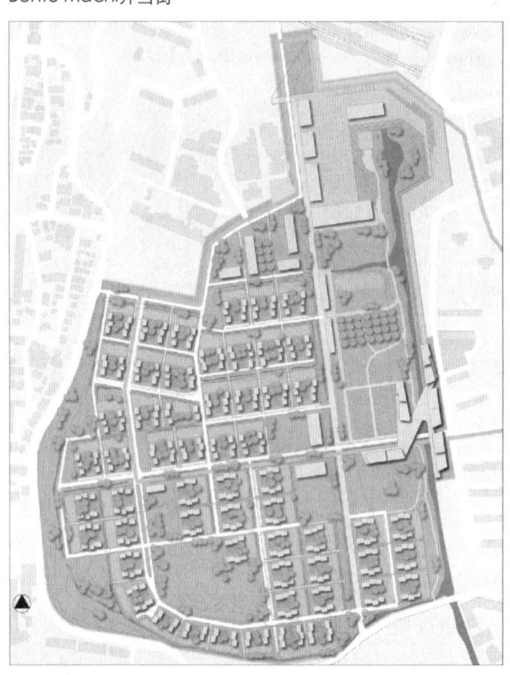

Bento Machi弁当街

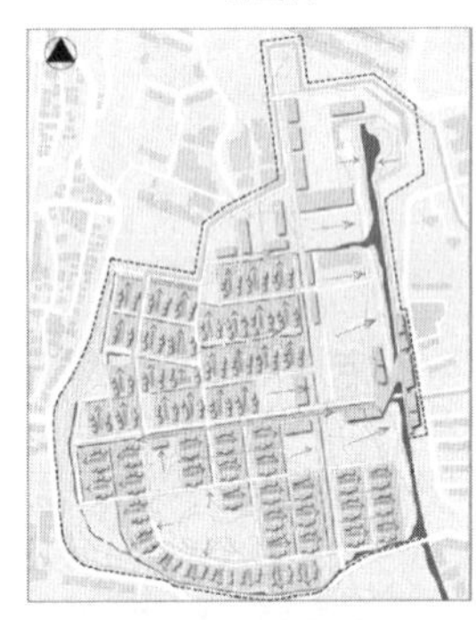

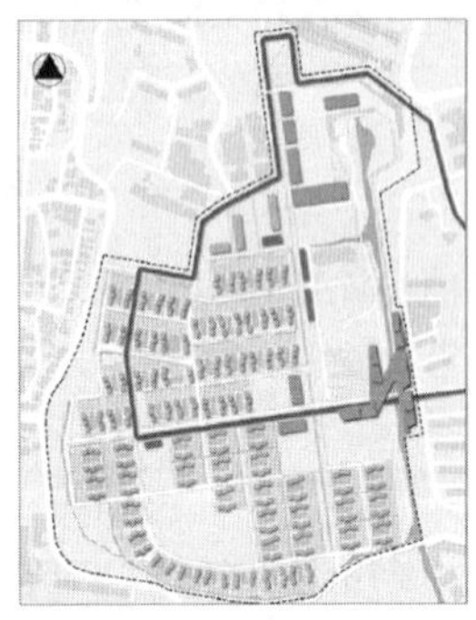

3-in-1 Water Management System

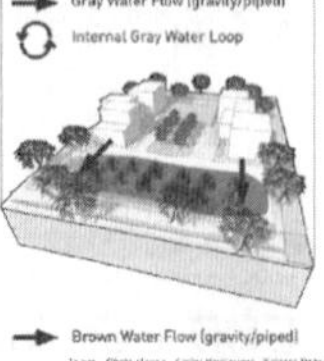

Bento Machi弁当街

Section C @ 1:250

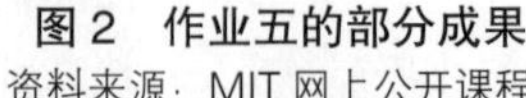

图 2　作业五的部分成果

资料来源：MIT 网上公开课程 .

地规划设计重视场地、人与环境的关系，强调对自然要素的保护和审慎设计。但这一点在目前国内的场地设计课程教学中并未得到足够的重视，导致场地设计教学与其他设计课程同质化，使得场地设计课程失去应有的作用，甚至被忽视。而 MIT 的“场地与基础设施规划”课程将 EOD 理念引入场地规划设计，将生态作为重要的设计前提和目标，这对我国场地设计课程教学有很大的启发性。

3.2 技术性与艺术性的结合

技术性分析在我国目前的场地规划设计教学中仍是薄弱的一环。MIT 该课程注重技术性和艺术性的结合，教学中融入了 GIS 分析、基础设施技术分析等内容。随着我国对建设活动的环境影响的逐步重视，相信场地自然要素的技术性分析也将成为场地设计的重要内容。技术性和艺术性的更好结合是场地设计课程发展的必然趋势。

3.3 科学的教学设计

MIT 该课程的教学设计有很多值得借鉴之处。比如：①将对未来场景的联想作为设计的开端和基础，进而将对社会和生活的畅想传递到对空间的设计，这种设计过程非常有助于学生对设计目标、原则和场地氛围等的推导和把握。②课程的一系列作业中，既有要求独立完成的，如未来场景联想和某种基础设施技术的分析；也有要求小组完成的，如技术引导的初步场地规划和社区层面的技术集成应用设计；还有要求全体完成的，如 EOD 册子的成果制作。这样多种工作方式的组合能够充分调动每位学生的能动性，有助于避免单纯小组工作时经常出现的低效、争执和搭便车情况。③重视设计原则、技术策略和集成应用的多种可能性，而不是将唯一空间设计方案作为重要成果。这种教学方式更能启发学生思考，提高设计的科学性和创新性，避免对图形平面的过度追求。

3.4 参与实践的机会

MIT 的城市研究与规划系（DUSP）十分重视学生将书本知识同实践相结合。自 2002 年起，DUSP 硕士研究生开始必修实践课。实践课全部为 DUSP 与城市地方政府合作的真实项目，要求学生实地考察，与甲方直接交流，解决实际问题。DUSP 也十分注重培养学生的国际视野。除了海外实践、实习机会，城市设计与发展组也经常开设海外课程设计课，项目城市包括中国深圳、巴西圣保罗、印度孟买、意大利佛罗伦萨等，上述课程中的日本 TAMA 新城项目就是其中之一。参与实践的机会无疑会对提高学生的综合能力有很大帮助。

4 结语

目前，我国规划教育正在发生深刻变化，借鉴国际知名大学的教学经验能够给我们提供有益的启示。但同时，由于社会发展、文化背景和物质设施条件的不同，我们在实际教学中还需要结合自己的实际情况进行调整。MIT 的公开课程是非常好的资料来源和了解渠道，其“场地与基础设施规划”课程资料对我国场地规划设计课程教学具有很大的参考价值。相信找准定位的场地规划设计课程将在我国城市规划教育中发挥更为重要的作用。

主要参考文献

［1］ http：//ocw.mit.edu/courses/urban-studies-and-planning/11-304j-site-and-infrastructure-systems-planning-spring-2009/.

［2］ http：//web.mit.edu/11.304j/www/japan/.

［3］ 毛其智．美国麻省理工学院城市研究与规划系简介［J］．城市规划汇刊，1997，(4)：36-39.

［4］ 陈宇琳，田瑞丰，姜洋．麻省理工学院建筑与规划学院［J］．世界建筑，2009，(1)：101-103.

［5］ 刘晓惠，罗枫．基于可持续理念的“场地规划”课程教学［A］．全国高等学校城市规划专业指导委员会．2010 全国高等学校城市规划专业指导委员会年会论文集．北京：中国建筑工业出版社，2010：117-121.

Reference on the Open Course “Site and Infrastructure Planning” of MIT

Liu Yanli

Abstract: “Site planning and design” course is an important part in the professional education of urban planning program. Unfortunately many urban planning program in China had cancelled this couse nowadays, since its teaching procedure and content is similiar with the other design courses.With reference on the open course “site and infrastructure planning” of MIT, this article summarized the teaching characteristics of its design scale, process and results.

Key Words: site planning and design, MIT, teaching plan

城市规划人才培养中建筑设计课程的教学研究

公　寒　高　伟

摘　要：在城市规划学科晋升为一级学科的历史背景下，本文通过分析城市规划人才培养中的必要阶段——建筑设计课程其设置的现状，重新讨论城市规划人才培养和建筑设计课程的关系。阐述建筑设计课程在城市规划人才培养中应起到的作用、培养目标的调整以及课程设置改革的实践总结，并提出相关的观点和看法。希望能够为城市规划学科人才基础培养的发展作出有益的探索。

关键词：城市规划学科，人才培养，建筑设计课程，基础培养

引言

城市规划学科今年由二级学科晋身为一级学科，学科面临着新的广阔发展以及学科调整背后社会经济对城市规划专业的学科人才培养的多样化需求。同时，这也是学科教育的新平台，对于非重点地方院校而言将是一个巨大的机遇但也将是一个现实的瓶颈的来临。城市规划学科的独立预示着学科人才的培养对于社会将更为负责任，学科人才将从事大量的城市规划管理、设计及其衍生工作，也将为社会发展做出更大的贡献。

近五年来，随着城市规划学科被广泛地了解和关注，学科的热门度不断的提升。生源的扩展、专业开设增多和招生数量的扩大都为学科教育带来了更大的难度和资源分配的不足。同时，生源的专业基础质量就非重点建筑院校而言还在不断地下降，也给传统的城市规划学科教育模式提出了新的挑战。

吉林建筑工程学院近六年师生人数及专业基础能力情况表　　**表1**

	2005 届	2006 届	2007 届	2008 届	2009 届	2010 届	2011 届
学生人数	32 人	28 人	30 人	45 人	46 人	64 人	约 60 人
有美术及相关训练基础的比例	约 20%（6~7 人）	约 25%（7~8 人）	约 10%（3~4 人）	约 10%（4~5 人）	约 10%（4~5 人）	约 8%（5~6 人）	
专业教师投入人数	14~16 人	16~18 人	16~18 人	14~16 人	15~17 人	15~17 人	15~17 人

各类院校的城市规划教育特色区别较大，其中有建筑工程类背景的院校一直注重城市形态规划的教育。其学科教育中的基础教育大多来自于头两至三年的建筑设计课程的教育，所以建筑设计课程的教学对于城市规划学科的人才培养至关重要，在新的形势下讨论二者的关系与发展方向是学科人才培养面临的日益突出的问题。

1　建筑设计课程在城市规划学科人才培养中的现状及存在的问题

有建筑工程背景院校的城市规划人才培养中一般都采用依托建筑学专业的基础教育资源，在教师的安排和课程设计上都是互通的。这样的教育模式是近二十年来为人所认可的教育惯例。但这种专业教育的通用模式在城市规划学科人才培养新的需求下存在很多的问题。

（1）服务城市规划的建筑课程缺乏独特性和对城市规划专业基础素质培养的关注。建筑设计课程的授课过程、课题题目及要求与建筑学专业相同，但实施过程与

公　寒：吉林建筑工程学院建筑与规划学院讲师
高　伟：吉林建筑工程学院建筑与规划学院讲师

目标要求又较低，达不到建筑学专业的要求更不适应城市规划专业的基础训练的需求。

（2）授课教师依托建筑学教育，授课的方式、过程和关注要点均以建筑学的培养要求为标准，学生学习后养成的设计思维模式、尺度概念等均适应建筑学的后期发展，而这种在思维模式和基本尺度上缺乏对城市规划学生的引导，直接会导致学生出现高、低年级学习上的代沟，出现转换的困难。

（3）在低年级城市规划学生缺乏规划专业课程引导的情况下，建筑设计课程的教学会形成先入为主。近年来，城市规划专业的学生在毕业后转向建筑设计专业继续攻读和选择建筑设计工作的比例在逐年升高，造成了大量的专业人才的流失。

2 重新认识建筑设计课程在城市规划学科人才培养中的作用和地位

在学科人才培养中，以往建筑设计课程的作用不仅是提供专业基础训练的必要手段。在“厚基础，宽口径”广泛被提出后，建筑设计课程的学习往往作为了城市规划学生的第二出路或是可同时进行行业选择的一个必要学习，处在一个与专业规划学习同等和先入的地位。

对建筑设计课程的作用和地位重新审视，应当在城市规划学科的人才培养中确立其的基础地位和辅助作用。

（1）其是城市规划人才培养中的基础培养。在学生的认知规律上应起到以小见大的作用，而不是一叶障目的作用。

（2）其可以是专业教育的另一个出口，但不可以在培养方案中优先确立其的并列地位。尊重学科能力要求之间的差异，起到应有的辅助作用，并为高年级的规划专业学习奠定应有的学科基础。

对于建筑设计课程在城市规划学科人才培养中的定位，其与学生所在的地域性、学科的发展状况、社会对学科人才的需求要求等因素也有较大的关系。

3 以适应城市规划学科人才培养要求为根本的建筑设计课程培养目标的调整

建筑设计课程的培养是一个基础性的培养，学习的时间和课程内容是十分有限的。在教学过程中应注重方法的学习，过程的训练；同时城市规划学科的人才应是可拓展型人才、即设计＋研究型人才。专业人才具备基本的科学研究能力是培养的一大目标。能力与素质的培养应是第一位的，学科知识的掌握只是较为片面的考核指标；有能力、有素质就能较好的灵活的掌握学科知识，但只是掌握学科知识不一定能很好地解决工作中的问题，这也是多年来所说的“学得好不一定能干得好”的道理。

建筑设计课程的培养目标应以城市规划学科人才的培养目标为准则，与城市规划人才的培养方向一致，应以规划人才的高年级学习需求为最实际的出发点。建筑设计课程的知识可以兼得，但是能力培养必须突出。

4 城市规划学科专业人才培养中建筑设计课程教学实践

近几年来，随着学院城市规划专业招生的扩增和学科整体实力的增强，对城市规划学生的教学质量的提高迫在眉睫。近三年不断对城市规划学科的培养方案和教学计划表进行多方面的研讨，对建筑设计的系列课程进行全面的适应性探索和教学改革。本人及相关团队在教学中反复调整课程的题目设置、完成内容的具体要求、实施过程的知识要点拓展等相关内容，体系逐渐完整，构架也逐渐丰满。

4.1 教学中的特色

（1）在建筑设计课程教学中强调过程教学。

课程的教学效果不仅仅只是学生作业的成果体现，学生的学习过程是一个知识输入、知识理解与消化、应用知识分析解决问题和能力养成的多层面混合式学习过程。对设计学习过程的师资投入和管理的加强和有效引导，使得学生在基础学习中对相关的专业知识、能力有较好的掌握以及对学科有深入的了解认识。

（2）依托建筑学专业的建筑设计课程，同时体现学科能力培养的特殊要求。

所在院校的城市规划专业的教学培养与建筑学专业的培养有密切的依托关系，就于现有的教学师资、管理制度和办学条件完全的建立独有的城市规划基础教育体系还不成熟。所以在体系和大方向上依托于建筑学的基础教育，但在题目细节的安排上处处体现城市规划学科的独特性要求。

（3）在建筑设计课程的教学中，放宽题目的设定条件，鼓励学生的多方面、不同兴趣点的拓展和项目研究。

社会的多元信息的快速发展、时代特征的影响以及对学生个性的强调，这些都使得现在学生的培养不可能是一视同仁，标准规格。学生对学习的要求总要问个为什么，对成果的要求总要再加上一些自己的理解；这些无法避免，同时也提出了现代的专业教育应该重申“因材施教”的理念。学生不应因知识的侧重掌握而被烙上毕业的学校印记，而是应该因专业能力的擅长体现自我的社会价值。

4.2 教学内容的特色体现

建筑设计课程的以上教学特色通过教学内容及相关要求进行体现。见下表 2。

吉林建筑工程学院城市规划专业建筑课程结构 表2

教学阶段	理论课程	实践课程	练习题目	过程、实施重点	教学目标
一年级（上）	建筑概论	建筑设计基础	基础制图的相关训练	学科的专业介绍、图形语言的表达规律	掌握建筑制图基本知识、绘图工具及仪器的使用方法
			平时相关图片、资料收集	城市、建筑要素的了解与记忆；二维的形态表达、比例尺度概念	
一年级（下）	规划概论 建筑力学	建筑设计基础及理论	平面形态构成	形的组合规律、美的基本界定、城市要素的基本形态、图底转换的研究方法	掌握平面构成规律
			色彩构成 城市色彩采集	色彩与人文的关系、城市色彩特征的表达与渊源、色彩采集手法	掌握色彩设计的基本规律
			立体形态构成 城市空间的复制	街区、广场、院落与微观堆砌的尺度区别、要素的基本形态、典型空间形态的认知、尺度与空间形态的关系	点、线空间的围合方式、实体与空间的关系
			建筑解析 经典建筑评析	建筑与环境的依托关系	初步了解建筑的组成原理
			外部空间环境设计 设定要素、自己完善设计相关环节	对设计题目的前期调研、设计要素的定位、整体出发的思维模式的建立、非形态因素的介入	环境要素、实体的形态设计规律、流线与功能的市县
			环境认知 城市典型空间的实践调查	城市现象与实体空间的关系、城市最表象的问题与形态的关系、城市的要素、尺度、实体的抽象化表达	掌握环境认知要素、资料收集的表达与反洗方法
二年级（上）	建筑结构	建筑设计 1	分项设计 空间分割、空间限定、空间整合	空间类型及方法，体会从平面到形体的设计过程。对微观尺度的理解更进一步	了解建筑设计的基本方法和过程。建立环境、空间、功能、尺度、体量等概念，初步培养学生的设计能力和环境意识
			小型建筑空间设计	环境与总平面的设计、了解建筑到城市的空间介质的形态、不同尺度建筑的体量关系对比	
二年级（下）	建筑构造 住宅原理	建筑设计 2	单元空间设计 幼儿园或中小学	类型建筑的相关规划设计规范和要求、总平面设计的深入训练、城市空间的实体形态的控制	培养正确的设计方法，深入了解建筑功能、技术、构造、空间、环境、形式之间的辩证关系。加强空间组合能力
			单元空间设计 留学生公寓或会所	城市中各种要素的相许依托关系，运用图底转换的研究方法对不同尺度的空间与实体进行研究、城市灰空间的特质	

续表

教学阶段	理论课程	实践课程	练习题目	过程、实施重点	教学目标
三年级（上）	建筑史 公建原理	建筑设计 3	专题公共建筑设计	设计功能较复杂的建筑，理解建筑与人及环境的关系、公建的城市形态表达特征	继续培养整体设计和环境设计的能力。了解公共建筑的有关知识和防火、抗震等要求，培养对大规模、多空间的建筑的设计能力，初步具有综合和协调能力
			居住空间设计	培养居住空间户型设计能力，加强对建筑技术的认识程度，锻炼户型组合能力。通过施工图的绘制，培养施工图方面的准确表达能力，掌握施工图绘制的方法和技术指标的计算方法。其中，同时介绍高层住宅的设计特点（一次课），完成对居住空间的综合控制能力	
三年级（下）	居住区规划设计	建筑设计 4B	高层公共建筑设计	设计多空间、复杂功能建筑，深入理解建筑与人及环境的关系。掌握多功能高层建筑，掌握高层建筑设计原理、垂直交通设计、防火规范、结构选择、建筑设备等方面内容。高层建筑与城市的形态和人文关系。高层建筑对城市的各方面影响的调研及结论的相关生成	掌握综合性和高层建筑中技术性设计和规范的有关知识及设计方法、了解高层建筑的有关知识和防火、抗震等要求；强化建筑的环境意识

4.3 教学实践的目标

通过建筑设计课程的教学实践已经解决和预计将要解决目前实际存在的相关问题：

（1）实现建筑学专业和城市规划专业基础教育的融合性和独特性。

二者的融合是对有限的教育资源的充分利用，而寻求各自的独特性是学科阶段发展的必然要求。

（2）实现基础教育的多维度。

基础教育是一个潜移默化的过程，投入越多后期的成效越大。在基础教育中应包含多维度的复合型的训练目的，例如手、口的表达能力，交流能力、思维的方式、资料的收集及科学的分析态度、规划专业的社会责任感以及学习的主动性、学习兴趣等等。

（3）实现高、低年级学习上的顺利对接。

要想实现高、低年级学习上的顺利对接，必须在基础教育中一直贯穿城市规划学习应具有的设计思维方式、设计过程管理及确保相关基础概念的正确性。

4.4 教学实施手法的调整

在城市规划学科人才的基础培养过程中，为配合教学重点的转移和过程管理的可能性，在教学实施手法上也进行了相应的改革和调整。教学手法上采用了本科导师制度、多年级课业的课上、课下的广泛交流、建筑设计课程的兴趣激发等等手法以确保建筑设计课程在城市规划学科人才培养中的基础作用。

教学目标的顺利完成需要教学条件的支撑、需要教师的一腔热忱更需要学生的全程投入。在建筑设计课程的探索中仍然存在许多问题，这也是教学改革中最原始的动力。

主要参考文献

［1］吉林建筑工程学院本科培养方案 2009.

［2］全国高等学校土建类专业本科教育培养目标和培养方案及主干课程教学基本要求［R］. 城市规划专业高等学校土建学科教学指导委员会城市规划专业指导委员会编制 . 北京：中国建筑工业出版社，2004.

Study on the Teaching course of Architecture in education of Urban Planner

Gong Han　Gao Wei

Abstract： As now time Urban Planning has been taken as an independent science，the author analyses the architecture design course，as the requirement courses for urban planner education，and its teaching settings in practices，in order to re-estimate the connection of architecture design course to the urban planner cultivating，and to redefine the function，the goals，and the setting of its teaching courses.The author also brings forward his opinion on the adjustments and reforming aspects with his practice experience，with the order to be beneficial to urban planner education.

Key Words： urban planning science，urban planner cultivating，architecture design course，basic education

基于建构主义理论的城市调研类实践课程教学研究

白淑军　任彬彬　肖少英

摘　要： 本文从城市调研类实践课程的特性与教学实际出发，结合教学实践与改革，研究建构主义理论的内涵及其研究与发展；剖析城市调研类实践课程的内容体系与认知特征；提出建构主义教学观在城市调研类实践课程中需要竖立的三个观念：建构主义知识观、建构主义学习观、建构主义师生观；对在城市调研的不同阶段引入不同的建构主义教学模式进行了探索，并对实际教学案例进行解析。

关键词： 城市调研类实践课程，建构主义，认知特征，教学观，教学模式

1　问题的提出

城市调研类实践课程是城市规划专业本科生的必修课程，是专业培养中必不可少的重要环节，在城市规划专业的实践教学中处于核心地位。自 2000 年城市规划专业指导委员会开始举办本科生社会综合实践调研报告的评优交流工作之后，国内各大高校对于城市调研类实践课程的重视程度有了极大提高，课程设置日益完备，教学研究与探索也非常活跃。

但是由于城市调研类实践类课程具有非常强的综合性、开放性、社会性、实践性与主体性，其教学目的是为了培养学生认知社会、系统分析、理性思维的能力。主要教学过程是以学生为主体，发挥其能动性深入社会、亲身体验，观察、思考、发现问题并分析问题、解决问题来进行的，这就决定了适合于课堂教学的很多方法与理论都不太适合此类课程的教学。作为认知城市的社会实践类课程和城市规划方法论教育的重要环节，城市调研类实践课程的教学研究与课程建设任重道远，找到适合课程的教学方法与模式，是笔者几年来一直致力于思考与解决的问题。国外十分流行的建构主义理论似乎比较适合此类课程的教学过程，笔者尝试把该理论引入到了此类课程的教学实践中，并取得了初步效果。

2　建构主义理论的研究与发展

2.1　建构主义理论的内涵

建构主义理论是认知学习理论的一个重要分支，其基本观点是“知识是由认知主体积极、主动建构的，而不是从外界消极接受的”，可见建构是对被动反映论的彻底否定；认为学习是一个能动建构的动态过程，是学习者本人在教师和学习伙伴的帮助下，在真实的情境里，以协作会话的形式自觉主动地去建构知识的意义，与此同时学习者的认知结构也得以重构。知识的建构活动不是认知主体的个人行为，而是具有社会性的集体活动；知识是在认知主体对已有外界社会的认知过程中，构建起来的一个新的认知结构；可见能动性、构建性与社会性是建构主义理论的三要素，也是建构主义的实质。而“情景”、“协作”、“会话”和“意义建构”是建构主义学习环境的四大要素，[1] 与以往的学习理论相比，建构主义学习理论体现出三个重要倾向：强调学习的主动建构性，学习的社会互动性，学习的情景性。与之相应的教学观强调教学并不是把知识经验从外部装入学生的头脑中，而是要引导学生从原有经验出发，生长（建构）起新的经验。

2.2　建构主义理论的研究现状

建构主义理论最早由瑞士心理学家皮亚杰于 20 世纪 60 年代提出，经过不断完善和发展于 20 世纪 90 年代兴起并风靡于西方教育界。21 世纪初开始被我国广泛

白淑军：河北工业大学建筑与艺术设计学院讲师
任彬彬：河北工业大学建筑与艺术设计学院副教授
肖少英：河北工业大学建筑与艺术设计学院讲师

接受并应用到教学研究当中，对我国的教育教学产生了全方位的影响，短短十多年的时间相关研究论文量多面广，且对建构主义教学模式的研究与实践探讨于 2007 达到一个前所未有的高潮。根据笔者查阅的文献资料，目前这种教学模式更多地运用于外语、数学、化学、计算机等学科领域且取得很好的效果，但是在具体的使用过程中，仍然存在着许多问题，且应用于工程学科特别是实践类课程的论著不多见。

3 城市调研类实践课程的内容体系与认知特征

3.1 城市调研类实践课程的内容体系

随着我国经济的高速发展，城市化进程正在进入快速发展时期，目前我国的城市人口比重已经达到了 49.6%，根据世界城市化进程的“诺瑟姆曲线”理论，50% 正是一个国家或者地区进入到城市化社会的门槛，这个时候城市的辐射能力增强，开始能够反哺农村，城市发展方式转型，城乡统筹协调发展成为这个阶段城镇化战略的重点。这将对城市空间布局、承载能力、管理方式等方方面面提出新课题，同样对于城市规划专业教育的人才培养和模式都提出了新的要求和挑战，作为一个地方院校，我们在制定城市规划专业培养计划的时候，组织调整了教学内容体系。

城市规划专业指导委员会建议城市规划的专业教学实践环节不少于 40 周，[2] 结合本校作为地方院校人才培养的实际，城市调研类实践课程体系由城市专题调研（一）、城市专题调研（二）、城市专题调研（三）组成，分别针对于不同学期、相应的设计与理论课程的教学来设置（表 1），保证整个教学体系的完整与教学目标的实现。

城市调研类实践课程体系框架　表1

课程名称	学期 / 学分 / 周数	教学目的	调研内容
城市专题调研（一）	5/2/2	培养学生联系实际、关注社会问题的学术态度；发现问题、分析问题、解决问题的研究能力；增强学生把工程技术知识与经济发展、社会进步、法律法规、社会管理、公众参与多方面结合的意识及运用能力；学会几种调研方法的灵活运用	了解群体建筑之间关系，增强对城市空间认识，侧重于居住区模式与形态、城市中心区、城市公共空间方面的内容
城市专题调研（二）	6/2/2		了解城市外部空间关系、增强对城市问题理解，与城市建设、发展、规划相关内容，侧重于城市交通、公共空间、城乡结合地区等物质性内容
城市专题调研（三）	8/2/2		增强对社会问题的理解，侧重于城市历史文化遗产、生态问题、社会公平、人文关怀、公众参与、城市规划管理、规划实施与法规等方面的内容

3.2 城市调研类实践课程的认知特征

城市调研类实践课程是一类综合性很强的方法论课程，其研究内容包含了城市规划、建设和发展的各个层面和阶段，涉及建筑、工程、管理、历史、人文、生态、社会、经济等多学科的交叉，这就意味着此类课程的认知对象具有系统性、抽象性、复杂性。

就认知行为的主体而言，作为调研类实践课程，学生对该课程的学习主要是通过社会认知来进行的。其认知特征有三个：一是认知活动具有选择性的特点，由于学生个体性及现有知识结构的不完善性，在一定的时间内能够引起学生重视并认知的对象只能是其中一部分事物；二是认知活动具有反映的显著性特点，社会认知反映的显著性特点是指在一定的社会刺激下个人心理所发生的某些变化，这与人的情绪体验相关，刺激物对个体的意义越重大，认知反映的显著性就越明显；三是社会认知的完形性特点，人们在认识事物的时候，自觉或者不自觉的贯彻完形原则，倾向于把有关认知客体的各方面特征材料加以规则化形成完整印象。学生的这种认知特征就需要教师在调研实践的各个阶段适时引入不同的教学模式，合理引导，搭设情境，促进学生对事物全面客观的认知。

4 建构主义教学观在城市调研类课程中的竖立

4.1 建构主义知识观

学生在开始进行城市调研之前，已经拥有了一些理论知识，但是在调研实践过程中碰到很多现象和问题时，却并不能用已有的知识解释，学生会对课堂的理论知识产生怀疑。这个时候教师将建构主义的知识观讲解给同学，就可以引起同学的兴趣和理解，建构主义认为知识并不一定是对客观现实的准确表征，而只是一种假设，知识的建构首先在于解构原有的知识结构。社会调研正好可以提供给学生接触社会、接触不同的实际情景与问题的机会，学生将已有的知识解构，再根据自身行动的反馈信息形成对客观事物的认识和实际问题的解决方案，形成新知识体系的建构，实现自身知识结构的高级化，从而达到学习的目的。

4.2 建构主义学习观

建构主义强调认知主体的能动性，更主张以情景学习代替传统的学习，也就是学习者深入社会实践，与已有的知识结构发生联系和作用，从而构建起新的认知结构。鼓励学生深入调研实践，根据已有的知识结构，去初步分析认知客观世界，在分析问题的过程中，对已有的知识进行修正与提升，从而完成学习。建构主义学习观的竖立最主要的在于竖立学生在调研实践中的主体作用，如果没有学生的主体性，就无法进行知识的建构。

4.3 建构主义师生观

作为城市规划专业而言，整个课程体系可以分为理论课程、设计课程、实践课程三大板块。理论教学大多采用传统教学模式，教师处于绝对的主体地位，学生主要是通过听课来被动地接受知识；设计课程主要采取“POINT-TO-POINT”的教学辅导模式，虽然学生与教师之间有了更多对话的空间，但是还是以理论教授为主，教师还是处于绝对的主体地位。而城市调研类实践课程不同，整个课程基本都以学生走出校门进入社会进行调研为主，这个时候学生是绝对的主体，教师只是作为学生获得知识建构的帮助者和促进者，不是知识的提供者和灌输者，是学生学习的高级伙伴和合作者。深入社会进行调研实践给了学生更多自己管理自己的机会，学生只需把自己在调研实践中的真实体会与教师进行交流讨论，教师起引导作用。

5 建构主义教学模式在城市调研类课程中的探索

在各种建构主义教学模式中，比较典型的有观念转变教学模式、支架式教学模式、随机进入式教学模式、抛锚式教学模式[3]。

5.1 调研选题阶段观念转变教学模式的引入

选题是城市调研的起步工作，良好的选题意味着调研成功了一半，选题中建构主义理论的应用重在选题理念的引导与转变。作为地方性院校，课程设置侧重于建筑与工程技术类课程的学习，以单体建筑－群体建筑－城市小空间等物质性规划设计的内容为主，而城市调研内容非常广泛，更多的是学生接触较少的非物质规划的内容，包括社会、经济、人文、生态等等。如果让学生根据已有知识结构选择合适的调研主题就会非常困难，大多集中在城市物质形体的问题上，这个时候教师引入观念转变的教学模式，扩大学生的思路，提高选题的有效性。观念转变就是引发认知冲突并解决冲突的过程，教师首先根据学生已有的知识，促使学生的观念发生变化；其次，引发学生的认知冲突，促使学生进行观念的重建；最后，促使学生进行反思评价，构建新的观念网络。

具体到调研选题过程中，首先根据学生已经掌握的知识体系，启发引导学生，使学生认识到自己选题的孤立与狭隘；然后深入引导，触发冲突，加深学生对之前选题局限的认知；最后适时引导，解决冲突，使学生能够确立合适的选题，构建起新的知识结构网络。这其中还包括学生选题途径的观念转变，以往学生只关注于书本、专业期刊的专业问题，在选题的过程中还应该引导学生视角转变，更多的关注于国家大政方针以及报纸、网络、电视新闻上的关乎民生的热点问题。

5.2 提纲拟定阶段支架式教学模式的引入

题目选定之后，就应该是分析问题、拟定调研提纲的工作了。在调研题目确定之后，根据以往的教学经验学生不知道如何对调研对象进行系统的分析，或者是分析问题都非常片面，系统分析问题的能力很差，往往只孤立的关注问题，不会把问题放入到城市这个巨系统中去进行深入的剖析。在这个阶段教师应该实行支架式教学模式，具体步骤是：搭建支架、创设情境；引导探究、深入思考；反思小结、适时评价。提纲拟定阶段的教学过程中，教师同样是扮演好引导者的作用，帮助学生确立分析目标，为完善调研提纲提供方向。搭建支架，就是围绕学生已经确定的选题来给下一步的分析搭建所需的概念框架，这个概念框架应该是教师根据学生已有的认知结构，在尽可能真实的情境基础上进行搭设的，以激活学生原有的认知结构，引导学生积极探索，深入分析问题。之后引导学生在已有情境与框架基础上，深入思考，引起认知冲突，进一步完善先前的支架，即调研提纲或者是分析问题的思路。

5.3 调研实施阶段随机进入教学模式的引入

拟定调研提纲之后，学生进入到了调研实施阶段。根据建构主义理论，调研提纲只是一个假设，在实地调研中会遇到很多真实的情况，是继续按照调研提纲调研，还是终止、抑或是修改思路继续进行调研实践呢。在这个阶段引用随机进入教学模式，引导学生从实地调研中遇到的具体问题出发，再次进行情境创设，积极探索分析问题；鼓励学生从随机遇到的真实内容出发，把新的问题纳入到原有的调研提纲里进行重新考虑、组合、分析，继续调研实践。经过几次反馈修正之后，学生就会自主根据调研的实际情况寻求适宜的认知根源，促进学生具体问题具体分析能力的提高，帮助学生完成从抽象到具体、再由具体到抽象的思维模式的过度。

5.4 建构主义教学模式实施案例解析

针对城市调研类实践课程的不同阶段，引入不同的建构主义教学模式，进行教学改革研究，取得一定效果（表 2）。

建构主义教学案例解析　　表2

过程阶段	主体	主导	教学模式	模式引入之前	模式引入之后
调研选题阶段	学生	教师	观念转变教学模式	由热点经济适用房、公租房启发欲关注城市底层的居住问题	经教师启发引导之后开始关注城市外来工的居住问题，再继续引导，关注外来工聚居区的问题，选题确定为外来工聚居区调研。
提纲拟定阶段			支架式教学模式	调研提纲拟定为： 分析外来工居住环境 工作去 子女上学	经教师创建情境、引导思考之后，调整为：外来工系统对当地的影响，包括环境、交通、治安、生活；外来工自身的生活、居住、工作、子女上学问题；当地居民对外来工的接纳度。
调研实施阶段			随机引入教学模式	按照提纲进行调研，发现外来工的心理与精神需求问题很多	经教师积极引导，对于随机出现的问题具体分析，调整调研提纲，继续深入调研。学生根据调研所得信息与已学的《区域经济与区域规划课程》中的空间吸聚理论的“双系统”模型对外来人口的流动机制进行延伸探讨。

6 结语

在一定程度上，当前人们对于城市规划的困惑并不是学科意义的定义，而是为了适应城市规划在现阶段的专业实践以及在多元的背景下，从业者需要具有什么样的专业素养的问题[4]。要求我们的规划教育必须结合社会的发展和城市建设的需要，深入实践，才能真正发展，保证规划的科学性。城市调研类实践课程经过几年的实践教学与摸索，取得了初步的成效，但是在我国快速城市化和城乡统筹协调发展战略的背景下，如何建构科学的互动课程体系，如何建立综合的调研效果综合评价机制，更好地实现专业人才培养，都是需要继续探索的问题。

主要参考文献

［1］ 何克抗．建构主义的教学模式、教学方法与教学设计［J］．

北京师范大学学报（社会科学版），1997，（5）：74-81.
［2］高等学校土建学科教学指导委员会城市规划专业指导委员会．全国高等学校土建类专业本科教育培养目标和培养方案及主干课程教学基本要求－城市规划专业［M］．北京：中国建筑工业出版社，2004.
［3］彭红卫，蒋京川．对建构主义学习理论及其教育意义的反思［J］．教育探索，2004，（5）：52-54.
［4］韦亚平，赵民．推进我国城市规划教育的规范化发展－简论规划教育的知识和技能层级及教学组织［J］．城市规划，2008，（6）：33-38.

The Study on the Teaching of Urban Research Category Practice Courses Based on Constructivism

Bai Shujun　Ren Binbin　Xiao Shaoying

Abstract: This paper, firstly, based on the characteristic of urban research category practice courses and teaching practice, with teaching practice and reform, studies the content, study and developing of constructivism;secondly, puts forward three ideas of teaching concept of constructivism in urban research category practice courses: the concept of knowledge of constructivism, the concept of studyof constructivism, the concept of teacher and student of constructivism; lastly, it explores the different teaching mode of constructivism during different stages of urban research, and also analyzes actual teaching cases.

Key Words: urban research category practice courses, constructivism, cognitive characteristics, teaching ideas, teaching mode

设计课程与设计竞赛结合实践研究

郭兴华　陈　谦　毕晓莉

摘　要：在日益开放的建筑学教育背景下，专业设计课程与设计竞赛结合有利于培养学生的自我意识、发现问题、解决问题的能力。设计课程与设计竞赛结合所作尝试可以为其后学科发展以及教学方法的改进提供借鉴和参考，并希望能够探索新的教学模式。

关键词：设计课程，设计竞赛，实践研究

引言

为了繁荣建筑创作，促进青年人才的成长，中国建筑学会与全国高等学校指导委员会、中国联合工程公司在去年成功举办第一届“中联杯” 全国大学生建筑设计方案竞赛的基础上，又举办的第二届“中联杯”全国大学生建筑设计方案竞赛。竞赛至 2010 年 10 月 20 日截稿，共收到包括香港地区在内的全国 26 个省、自治区、直辖市 100 多所高校报送的 746 项作品，创近年来新高。以“我的城市，我的明天”为主题的 746 份作品，以不同的创作手段，不同的表现方式，体现出年轻设计者对中国城市发展中的焦点问题的关注，同时也具有一定的探索未来的意义。对于今年部分作品中体现的环保与绿色建筑的思想，也反映了我国建筑教育的一大进步。

值得关注的是，兰州理工大学设计艺术学院 2007 级学生在第二届“中联杯”全国大学生建筑设计方案竞赛中获得两个优秀奖。而本次参赛也是设计课程与设计竞赛结合的一次尝试。

1　课程与竞赛相结合的背景

建筑学与城市规划是设计与实践相结合很紧密的专业。

我院二、三年级的教学以约十五个学生一位教师一个题目的模式展开，从草图到正式图，学生基本上与一位老师交流，师生间难于得到多视角的深入交流。

依托办学之初与建筑工程专业联系紧密的教学背景，让一些在建筑技术、建筑材料和建筑实践等方面有自己独到的研究心得和科技成果的教师在四年级学生中尝试开展“实践研究型教学”，争取以实际项目作为设计题目，强化培养职业建筑师的特色。通过加强建筑结构、构造、设备等相关知识的学习，强化计算机辅助设计技能，提高解决实际工程问题的能力等措施。同时强调建立建筑设计地域观，可持续发展观，对创新意识高、设计能力强的同学提出更高的要求，引领学生向研究的设计深度迈进。

2　课程与竞赛相结合的过程

根据教学改革的需要和系内教师的讨论，特将本次课程设计与“中联杯”大学生设计竞赛结合起来进行，总的过程分为以下两个步骤：

（1）选拔学生：发任务书——学生报名——教师筛选——确定名单——上报名单（学院审核）。

（2）设计过程：自主选题——学生调研（初次）——开题汇报——教师定位——学生调研（二次）——统计问卷（发现问题）——确定设计方向（总结调查问卷中的问题，形成设计要点）——中期答辩——深入调研——补充调研——深入设计（形成中期设计图纸）——后期答辩——修改图纸——终极答辩——完成图纸——教师与学生始终在互动之中。

郭兴华：兰州理工大学设计艺术学院建筑系讲师
陈　谦：兰州理工大学设计艺术学院城市规划系讲师
毕晓莉：兰州理工大学设计艺术学院建筑系副教授

将设计课程与设计竞赛结合，对于学院的教师和学生也是第一次。在设计课程与设计竞赛结合的过程中，将26位学生分成7个组（每一组3~4人），每组设计题目都不相同，都反映了一定的现实城市问题。比如，两组（题目为：Tree E · Free E and On the Road_创意青年社区，图纸如下）是关心大学周边情况、为刚毕业学生建立青年社区；一组是关注城中村改造的问题；有三组是关注城市中工业用地中工厂区改造问题；还有一组是关注火车轨道两侧、有民族差异性居住空间改造问题。

总的来说，让学生在调研中自己发现感兴趣的问题，然后在教师的引导下确定设计方向，设定具体设计任务书，查阅相关设计资料，完成设计图纸。在此过程中，教师起到的是引导与协助的作用，而将学生推到设计主体的位置上，主动地完成设计任务。

学生通过对设计题目所在地各种资料的调研以及问卷调研，得出设计意图以及设计中要主要解决的问题。在此过程中，每一组可以提出一个或几个规划设计方案，由多位教师共同进行评审。同时，设计组中的各个成员要达成一致意见，并利用语言、文字、图示（图纸表达）以及汇报的形式充分表达对于设计题目周围环境、文脉、自然条件等的理解，以此形成设计方案的基础，与学生共同探讨设计，并修改设计。

在此期间，邀请年富力强的青年建筑师，经验丰富的国家一级注册建筑师、城市规划师参与到答辩与评图环节中，完善设计方案在实际经验中的不足。（以下为两组获奖学生作业部分设计图纸）

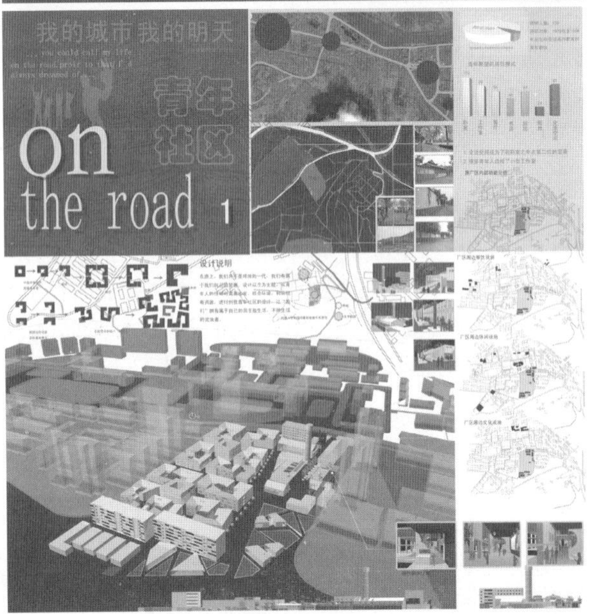

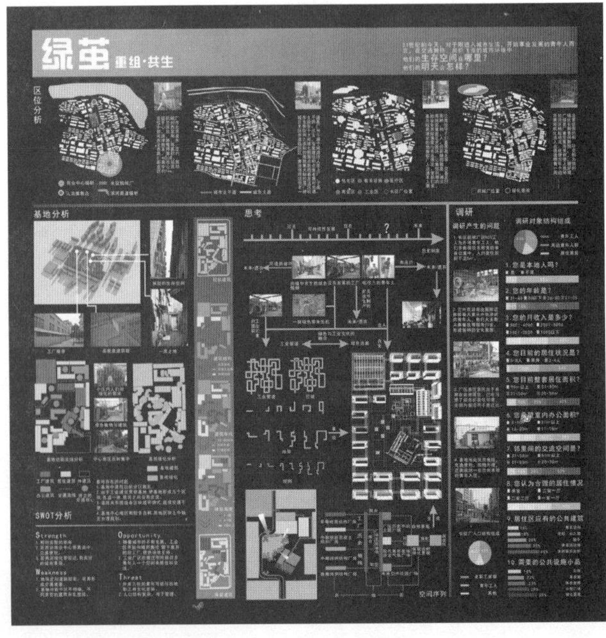

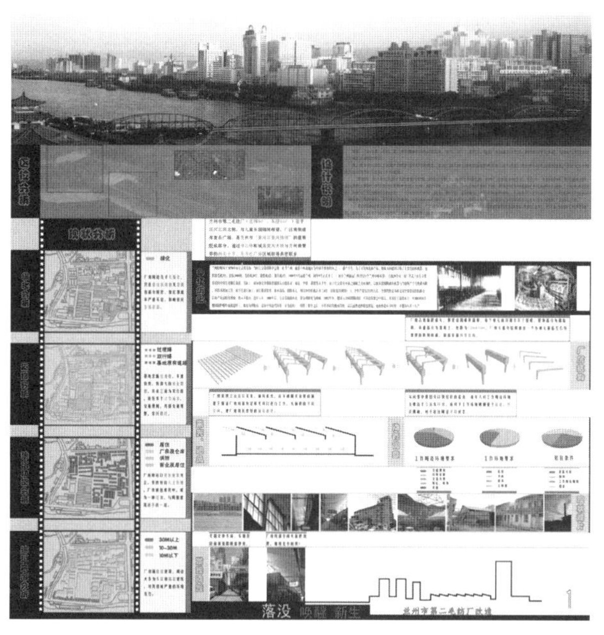

3 课程与竞赛相结合的意义和反思

3.1 以赛代练，激发学生的学习兴趣，自主学习软件及相关建筑技术

在设计题目下发之后，多数参赛同学能够自觉自愿地学习新知识（建筑节能技术）、新软件（Google Earth，Google SketchUp 3DMAX，Eco-Solar），并用于设计过程的分析与图纸表达之中。（以下为另外两组学生作业部分设计图，综合了上述软件的应用）

3.2 学生沟通、协调的能力的提高

由于竞赛学任务量大，设计深度要求高，促使参与学生课下需花大量时间完善设计，整个教学过程下来，参与设计学生的设计能力，以及和其他学生沟通、协调的能力，计算机多方软件运用与绘图能力都得到了很大的提高。

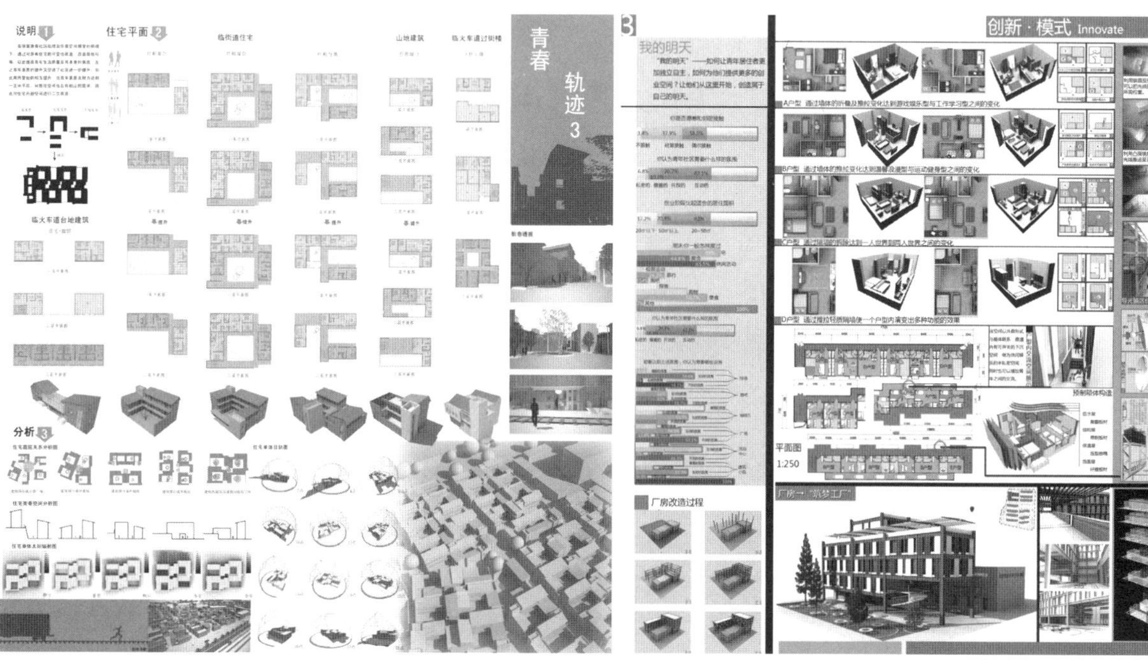

3.3 学生口头表达和图示表达都得到较大的提高（以前主要注重的是学生图纸的表达）

由于此次的设计课程与设计竞赛结合进入正常的排课计划，采取按照进程计划授课，以确保授课阶段的任务和内容，符合教学大纲以及课程管理要求。

教师协助学生制定每个设计阶段的任务和内容，并从而确保每次能够按时完成；教师将设计任务要求与学校目前的实际情况相结合，综合制定了适应我校学生的设计内容及评分标准，使教学环节符合学校的教学规定。

此次教学活动对于学院的本科教学来讲收获颇丰。学院的参与老师及学生都得到不同程度的提高。教师提高了教学业务水平；学生从中开拓了视野，同时也加强了团队协作的精神，对于今后走向工作岗位有着积极、深远的意义。

尽管上述工作取得一定的进步，但是在教学过程中也发现了不少问题：

（1）难以实现教育公平性，导致某些学生的学习兴趣没有激发出来

由于是在 2007 级两个班中选拔出成绩较好的同学参加竞赛，而其余同学没有得到参加竞赛的机会，也没有得到多位教师和建筑师、规划师的指导，这对于这些同学来说确实是不够公平。还有某些同学没有得到参加竞赛的机会，致使学习积极性较差，对于安排的正常课程设计也未能按照课程要求的设计深度完成，以至于最终课程成绩未达到合格要求。

（2）某些参赛学生较为功利

对于某些参赛的学生来讲，争取获奖成为了参加竞赛的唯一目的。他们的设计内容着重于参照某些竞赛图纸的设计外形、版式设计，而忽略了这是为解决实际问题而做的城市设计方案。把本应是讨论如何解决实际社会与城市问题的是的方案变成设计软件参数化表达的“炫设计”，这种设计倾向应该予以纠正。

结语

由于是首次将设计课程与设计竞赛结合教学过程，可能很多事情都是在摸索阶段，在过程中也遇到了很多问题。从整体上看，本次教学活动达到教学目的。教师也在此次教学活动中，积累了教学经验以及教学认识，并希望在今后还能够继续开展这样的活动，丰富学生学习经历，拓展教师教育视野，达到为国家培养高水平人才的目的。

主要参考文献

[1] 毕晓莉．西部地方高校建筑设计教学体系整合探索——基于兰州理工大学与东南大学建筑设计教学模式比较［J］．华中建筑，2010，(01)．

[2] 莫弘之，王海松．2010 全国建筑教育学术研讨会论文集［C］．北京：中国建筑工业出版社．2010．

The Practice and Research about Combination of Design course and Design Competition

Guo Xinghua　Chen Qian　Bi Xiaoli

Abstract: With the background of architecture education opens widely, the combination of design course and design competition in architecture is good for students to be self-awareness, discover and solve problems by themselves.This test of the combination of design course and design competition in architecture would be a simple and reference for the academic development and the improvement of teaching method, to provide the new teaching model for architecture of Lanzhou University of Technology.

Key Words: design course, design competition, practice and research

市场经济背景下的居住小区规划设计教学思考

马　琰　杨　辉　黄明华

摘　要：市场经济背景下，住区建设快速发展，在物质空间得到极大改善的同时，也引发了对传统居住区规划理论和《城市居住区规划设计规范》的种种质疑，这一现象影响着学生对居住区规划设计理念和手法的认识与应用。论文提出，应对当今的市场需求和居民现代生活内容的改变，“传统”、“经典”和《规范》的核心思想并没有过时。在规划设计过程中应强化对经典理论内容和内涵的学习，关注人的居住生活需求，注重空间本质的探索和研究，从而能够回归居住小区规划设计的“本源”。

关键词：市场经济，居住小区规划设计，教学思考

1　市场经济背景对居住小区规划设计课程的影响

从解放初期到今天的市场经济时代，人们的生活发生了巨大的变化，住区的规划和建设也随之不断发展。一方面，住房建设的类型趋于多样化，出现了普通商品房、经济适用房、廉租房等面向不同社会群体的住房类型，相应的住区规划与建设的理念和方法亦趋于多元化；另一方面，由于投资主体往往片面追求经济利益，导致许多住区的建设理念和方法发生扭曲。而后者在很大程度上给学生在居住小区规划设计的学习中带来了错误导向或不利影响。总结起来，主要有以下几点：

1.1　规划对象不够明晰

市场经济给人们带来了丰富的物质生活内容，人与人之间的差异越来越大，对住房的需求也各不相同。因而，住区规划应结合不同的人群需要反映出具有针对性的规划定位。目前商品房开发中，对于居住人群没有明确的指向性及深入分析，在住区功能设置、建筑类型选择及布局以及空间形态方面没有呼应规划对象的具体需求。因而，在建成后的实际使用中，很多设施和活动场地的使用率不高，人与人之间的沟通和交往十分有限。学生从这一市场实际建设中没有深入认识到规划对象与设计内容和形式的深层关系，从而在课程设计中忽略对规划对象的分析与研究。

1.2　混淆“地块”与“小区”

商品住房一般是以“地块”为单位进行开发建设。往往在老城区内，住房“地块”开发规模较小，达不到《规范》中居住小区对应的人口规模。市场对这样小地块的住区开发仍然冠以“某某小区”的名称，使得学生对于“小区”的规模和概念界定不清。与此同时，在城市新区的住区开发规模通常较大，有利于配套完善的基础服务设施。这种“大规模”住区相当于或超出《规范》中居住区对应的人口规模，市场对其以“国际社区”、“新都市”等命名，很少提及居住区的概念。这种情况下，学生会误以为“地块”就是小区，居住区在城市中无法界定，居住区理论在实际应用中缺乏可操作性。

1.3　片面追求高档环境营建

住房市场开发通常是以满足购房者最直观的利益为主，具体体现为具有观赏性的、平面化的物质形态，如高品质的绿化铺地环境，精美的雕塑喷泉设施，大面积图案画的广场绿化。这些都让购房者明显体会到“新”住区与“旧”住区的不同，以此突出“新”的优势和价值。然而，“旧”住区丰富的户外活动内容，人与人亲和、

马　琰：西安建筑科技大学建筑学院助教
杨　辉：西安建筑科技大学建筑学院讲师
黄明华：西安建筑科技大学建筑学院教授

融洽的交往氛围却在“新”小区中难以维系。这反映出新建住区的绿化环境较少考虑居民的日常活动内容与活动规律，对居民的内心感受和情感需求也顾及较少，使得环境成为只注重景观要素，不能很好地融入居民生活的场地，而非场所。这一现象对学生的影响是，忽视居住小区中人的活动内容和规律，片面追求图案画的景观环境设计。

1.4 片面认识人车关系

目前，居民日常出行越来越依赖小汽车，居住小区内的车行交通与人行交通关系的处理已成为小区规划的重点内容之一。然而在已建成的商品房中，常常出现如下情况：一方面，对人行和车行交通的关系认识片面，视二者为矛盾，要么过度的人车分流，导致人行和车行的转换不便，要么顾此失彼，或影响人行安全，或造成车行不便；另一方面，由于追求住区开发强度的最大化，停车空间被大幅度压缩，导致路边车满为患，加剧了人车之间的矛盾，也进一步强化了人们对人车关系的片面认识。学生通过实例调研往往形成错误信息：人车混行的小区，车行必然对人的活动造成影响，没有车行交通的小区环境质量和安全性较高。

1.5 弱化服务设施配建标准

以“地块”为主的商品房开发，其规模往往达不到《规范》界定的居住小区规模，也达不到居住小区对应的公共服务设施配套标准，比如无法单独配置小学、幼儿园等。因而，市场中的商品房开发常常指出《规范》过于“计划”，难以指导实际灵活多变的“地块”规模。在此情况下，各开发商根据自身开发需要配建公共服务设施，没有统一标准。而各个“小地块”住区建设的“各自为政”更加剧了这一情况，使得幼儿园、小学、公共绿地等公益性设施缺乏，而商业性设施过剩。学生在学习中会误以为《规范》已经过时了，或是教条的理论，从而忽视其指导设计的重要性。

1.6 忽视“规范”规定的概念

将《规范》规定的“绿地率”概念替换为“绿化率”。绿地率是衡量居住小区绿化环境“质”与“量”的重要指标。“质”体现在计入绿地率统计内的公共绿地必须具有一定规模，并满足1/3面积有充足的日照；“量”体现在公共绿地面积与总用地之间具有合理的比例关系。而绿化率淡化了“质”，仅仅强调了绿化面积的“量”，是开发商逃避建设满足人日常活动的公共绿地的一种行为。

在商品房开发中，也出现将组团中心绿地集中到小区级公共中心，或将几个居住小区的公共绿地指标合并为具有一定规模的城市街头绿地。这种“集中”其实变相地减少了公共绿地的面积，仅仅将绿地作为一种景观元素，无法融入人的生活。组团级绿地、小区级绿地和居住区级绿地各自承担不同频率、不同规模的居民活动，在人的日常居住生活中各自占有重要的地位。开发商的这种“集中”，其实就是消减了某一种或几种依附于绿地的居民活动，无形中降低了居民居住生活质量。

学生在实例调研中，因为感受不到不同层级的公共绿地所承载的居民活动，所以忽视大面积集中的公共绿地存在的重要性和必要性。

2 回归本源的居住小区规划设计

2.1 满足规范要求又不羁绊于指标

《城市居住区规划设计规范》中规定的相关要求是居住小区设计的前提和基础，是与其他专业可以良好衔接的基本平台。商品房开发中将“地块”与“小区”概念相互混淆，地块对应的是用地规模，而“小区”对应的是人口规模，公共服务设施配建标准是根据人口规模计算的，配套设施内容也是以满足居民日常生活的方方面面为依据。因此，若用一个小“地块”来套“小区”公服配建标准，难免过于浪费。实际中应将人口规模等同于小区规模的数个“地块”合并起来配建公共服务设施，由此可以体现《规范》的实际指导意义并没有因市场而失效。

在课程学习之初，应给学生强调遵守规范基本要求的概念，培养良好的设计习惯，为以后的课程学习、职业经历做好铺垫。同时，又不应使学生过分受到规范的束缚，畏首畏尾、不敢下笔设计。对于学生而言，这是一个矛盾的过程，因而需要教师能够在设计之初引导学生学习、运用各类规范，指导学生以多变、灵活的方式应对规范强制性的要求。让学生对各种“要求”、“数据”

烂熟于心，下笔设计之时自然而然地考虑到规范的相关内容，使得方案更具有合理性和规范性。

2.2 回归理性的观念设计方法培养

规划设计过程是一个理性的思维过程，如何建立一套清晰而连续的理性思维脉络，将现状用地条件、社会需求、方案的形成、空间特色的产生紧密联系。社会需求的变化使得设计观念不断更新，如低碳、可持续、生态、绿色、节能等观念是当今城市各项发展建设所倡导的总体趋势；融合各个阶层、吸引各类人群的小区是近年来规划所倡导的理想；为低收入阶层建设环境品质较好的保障性住房是近期国家所提倡的民生工程。如何让学生理解这些社会需求中所蕴含的内容，应成为教学的重点之一。进而学习并掌握适应于当前社会背景下的居住空间设计理念，同时做进一步的探索与尝试。该教学阶段的核心是观念的提出与运用两个方面，前者包括了设计前期的策划准备、技术及可行性的论证、文化意义的思考、地域特征的研究、客户及市场调研、空间形式的收集和分析、设计概念的提出与讨论；后者指理性地将设计观念赋予设计的过程，即将设计理念以结构图的形式予以凝炼和体现，作为下一步总平面设计的前提。

2.3 以“三级模式”组织小区结构

“三级模式”是按照经典理论提出的以“小区—组团—宅间邻里”的空间划分方式组织小区结构，形成环境层次丰富、生活空间完整的布局方案。没有交流的小区恰恰反映出不恰当的价值观念导向的物质空间，只有静态的美景，没有鲜活的生活。交流对于居住生活来说，是灵魂，更是组织空间的核心理念。三级结构模式正是保证各类交流得以展开的层级划分方式，其很好的组织了满足不同人群规模的绿化活动场所，不同层级的道路、公共服务设施之间的相互联系又相互影响的复杂关系。因而，三级结构模式是小区内实现各类交流的良好空间组织方式。

在具体应用中，可根据实际地块大小、形状以及住宅形式、层数，灵活运用三级模式组织小区结构，形成“小区—组团—宅间邻里”、“小区—组团”、“小区—宅间邻里”等多种结构组织方式。这一过程强调以小区级道路划分若干规模、形状相似的组团或宅间邻里，各个组团或宅间邻里环绕具有一定规模的小区公共中心；组团级道路不穿越宅间邻里，各组团内布置明确的组团级中心绿地。具有三级模式的小区结构，其道路交通层级分明，可以确保组团内、宅间邻里内部的活动场地形态完整、安全且不受干扰；三级结构划分的不同层级的公共空间根据人群使用频率、空间私密开放程度、使用规模等布置相应的设施。既方便各类人群活动和使用，又能经济、高效、合理地利用各类资源，形成丰富又具有活力的空间环境。例如，宅间邻里内布置幼儿活动场地（如沙池）和休闲花架，可满足小规模、私密性较高的幼儿活动和家长看护；组团中心布置少儿活动场地（如儿童活动组合器械）和健身器械，满足较多少儿和成年人丰富的活动，小区中心设置青少年活动场地（滑冰场、健身器械）和具有景观环境的休闲广场、步道，满足大量人群的集体活动和多变的趣味景观营造。

2.4 注重空间环境的模型研究过程

“空间”是城市规划最核心、最本质的研究内容，因而，居住小区规划设计的各种理论及理念，最终都应回归“空间”。对于空间最直观和直接的研究方法莫过于“模型”，从三维角度整体把握空间的环境尺度与建筑尺度。

在结构相对完整、平面布局相对完善的设计过程中，鼓励学生运用手工模型进一步推敲空间环境关系，修改、优化平面布局方案。模型材料选取易于加工、造价低廉、颗粒细腻的泡沫塑料，将小区中的各类建筑按照体量比例切块，对应平面“摆出”三维空间。在这一过程中，学生往往会发现，平面空间关系较为合理的建筑布局，变成三维空间就会产生许多相互不协调的冲突，或平面组合看似相互协调，但立体模型又略显单调、缺乏变化。此时，学生和老师可以一起针对模型随时微调个别建筑的布局方式，从建筑走向到建筑形式、建筑高度进行不断变换，形成整体既有秩序又不乏变化的布局方案，最后用相机记录并反映到平面图纸中。这样推敲方案的过程如同摆积木一样，轻松又充满趣味，直观又易于操作，从制作时间和对居住空间整体和细部的研究都优于电脑模型，使其真正成为推敲琢磨空间、优化方案的良好助手。

2.5 追求完整统一的规划设计手法

完整统一的规划设计手法是体现小区“均好性”的重要途径，可有效避免“厚此薄彼”、资源分配不均的问题。其主要体现在规划总体结构完整，即有清晰的、规模均等的组团划分、明确的小区级公共中心和组团级绿化中心；居住建筑布局形式完整，每个组团内的居住建筑环绕组团中心布置、有完整的宅间院落空间、组团级道路不穿越宅间院落、各组团内不同类型住宅建筑比例相似；公共设施分配均等，地面停车场布置位置和数量在各组团内手法一致，绿地面积和公共活动设施布置均等，幼儿园、会所、商业布局能够满足小区整体居民使用的便捷性；等等。完整统一的规划设计手法是塑造便利生活、融洽交往的住区环境的基础。

2.6 组织融入公共生活的绿地环境

绿地的功能性应重要于其景观性。各类形态的绿地、水体、喷泉、花架、雕塑等都应结合人的户外公共活动布置，与步道、活动场地、休闲座椅相互结合，形成情景交融的绿化景观环境。在小区规划中，要求学生设计1：500的小区级公共中心绿地、组团中心绿地及邻里院落环境。在注重景观品质的同时，更加强调不同规模的绿地环境中如何组织相应的公共生活，满足不同年龄的人群的各种活动需求。以此来体现小区理念中的“以人为本”和“人性关怀”。

3 市场经济背景下的居住小区规划设计的培养重点

3.1 构建具有职业道德和社会责任感的价值观

城市规划的主要任务之一就是协调社会各个集团、阶层之间的利益诉求，通过对公共资源的合理有效配置最大限度的保障公众利益。居住环境作为人们日常生活重要的空间载体，与人们的生活息息相关，居住环境的品质直接影响着人们日常生活的舒适度、幸福感，社会公平、利益均等应作为其规划设计最基本的出发点。在今天，信息社会为学生提供了极为便利的信息获取和资料收集渠道，但这些信息和资料未经甄别，良莠不齐。许多以盈利为单一目标的商品房规划和建设，带来的负面信息充斥着学生的学习环境，冲击着他们的根基——作为未来的规划师应有的价值观和判断力。因此，在居住小区规划设计的教学过程中，对于学生职业道德和社会责任感的培养应作为教学、立学之本，并将其贯穿整个教学过程。

3.2 注重人性关怀的居住空间理论学习

从邻里单位、街坊住区到今天的社区建设，从较为封闭内向到趋于开放的住区空间布局思想，住区规划的相关理论一直随着社会经济的发展而不断充实、完善，但其核心思想始终如一，即注重对人性的关怀。超大的城市尺度、林立的高楼大厦、数量激增的小汽车、建设滞后的公共活动场所、不断被压缩的步行空间，这一切都在客观上使人成为弱势群体。因而，学生对于居住空间理论学习的过程，应该是认知、了解、熟悉人的生活规律的过程，进而将对人的关怀注入空间环境中，也就是掌握理论所体现的空间模式背后的内涵，以人的活动和需求为依据组织空间要素，营造充满人情味的居住生活空间。

3.3 源于真实生活的设计思维

居住环境承载的是人们的生活，其规划设计以真实的生活为依归是再简单不过的逻辑。然而受到成长环境、学习经历等因素的影响，很多学生对每天都发生在身边的居住生活缺乏认识，更缺乏去感受生活、认识生活的意识。设计过程中难免纸上谈兵，主观臆断，忽视了人的行为习惯和尺度感受，出现一些令人啼笑皆非的问题，同时学生自己也感到不同的功能空间的组织缺乏有力的依据，无所适从。因此，在教学过程中应首先使学生真正深入到居住生活之中，使他们对构成和影响居住环境的每一个要素形成认识。大到住区所处的城市或地段、周边的用地和设施、住区的组织结构，小到住区中的一棵树、一个沙坑、一张座椅。让学生深切感知到所设计的是一个鲜活的、丰富多彩的住区环境，帮助他们形成源于真实生活的设计思维和主动认识生活的意识。

4 小结

在市场经济背景下商品房开发如火如荼之时，新理念、新形态、新需求、新功能无不冲击着传统居住区理论的方方面面。在居住小区规划设计课程教学中，应充分剖析商品房开发建设中的种种不利影响，强化学生对住区规划基本概念和内涵的理解。透过市场中纷繁多样的住区建设现象，重新认识传统经典居住区理论所包含的本质和精髓。由此得出，“传统”、“经典”并没有因时代的变迁而“过时”，居住小区规划设计中仍应延续和体现“经典”理论的核心内容，从商品房建设所注重的“外表”回归居住生活的“本质”。

主要参考文献

［1］赵文凯，张播．居住小区不因市场而失效——小区理论在市场机制下的理解与应用［J］．城市规划，2010，(09)．

［2］李京生，付予光，李将，郭亮．对小区规划模式可持续性的思考［J］．城市规划学刊，2008，(01)．

The Thought on the Teaching of Residential Area Planning and Design in the Background of Market economy

Ma Yan　Yang Hui　Huang Minghua

Abstract: Nowadays the dwelling construction booms in the background of market-oriented economy environment.Although the affluence of material, the traditional urban planning theory of populated area and <Principles of Populated Area Urban Planning > are queried lots.This appearance affected the students to understand and apply the idea and operation of populated area urban planning.This paper proposed that the "traditional", "classical", and "principles" are not out of day, even the market demand and people modern lives changed.In the process of urban planning, the classic theory and intension should be learned more.In addition, we should pay much more attention to the human resident demand, the research of space, in order to recurrence the "origin" of populated area planning.

Key Words: market-oriented economy, residential planning and design, course thinking

后 记

2011年全国高等学校城市规划专业指导委员会年会在云南大学召开。受全国高等学校城市规划专业指导委员会的委托，云南大学城市建设与管理学院组织了本次年会教学研究论文的征集。本次征文受到了全国各地高校城市规划专业教师的积极响应并踊跃投稿，一共收到了来自各地33所高校的各类教研论文93篇。论文内容涵盖了城市规划专业的学科发展、教学体系、设计类课程、社会经济类课程、工程技术类课程、实践教学等多个领域，成果丰硕。经专家评阅，遴选出71篇，分为学科建设、教学方法、理论教学、实践教学等4个专题结集出版。

本论文集的编委老师们，中国建筑工业出版社的编辑们，云南大学城市建设与管理学院的徐颖、王玲、姜鹏等老师和林子威、孙本川等同学，为本次论文集的编辑辛勤耕耘，在此表示衷心的感谢！

云南大学城市建设与管理学院城市规划系